数学·统计学系列

# 数学不等式（第3卷）——循环不等式与非循环不等式

Mathematical Inequalities (Volume 3) —Cyclic and Noncyclic Inequalities

［罗］瓦西里·切尔托阿杰 (Vasile Cîrtoaje) 著

易桂如　文湘波　译

哈尔滨工业大学出版社

HARBIN INSTITUTE OF TECHNOLOGY PRESS

黑版贸审字 08－2020－220

## 内 容 简 介

　　本书分两章详细讲述了循环不等式和非循环不等式,每章都分为两个部分,第一部分列举循环不等式和非循环不等式的应用,尽可能多的归纳总结关于循环和非循环不等式的问题,而第二部分则给出这些应用问题的解决方案,很多问题都给出了多种解决方法,供读者研究参考.本书中的许多问题和解决方法还可以作为优秀的高中学生的小组讨论题目.在第三部分附录中,列举了不等式术语,即常用不等式,供读者研究不等式问题时参考.

　　本书适合高中生、大学生、教师、不等式研究人员及数学爱好者参考阅读.

**图书在版编目(CIP)数据**

　　数学不等式.第3卷,循环不等式与非循环不等式/
(罗)瓦西里·切尔托阿杰(Vasile Cirtoaje)著;易
桂如,文湘波译.—哈尔滨:哈尔滨工业大学出版社,
2022.5
　　书名原文:Mathematical Inequalities:Volume 3,
Cyclic and Noncyclic Inequalities
　　ISBN 978-7-5603-9802-0

　　Ⅰ.①数…　Ⅱ.①瓦…②易…③文…　Ⅲ.①不等式
Ⅳ.①O178

中国版本图书馆 CIP 数据核字(2021)第 220682 号

策划编辑　刘培杰　张永芹
责任编辑　刘春雷
封面设计　孙茵艾
出版发行　哈尔滨工业大学出版社
社　　址　哈尔滨市南岗区复华四道街 10 号　邮编 150006
传　　真　0451－86414749
网　　址　http://hitpress.hit.edu.cn
印　　刷　哈尔滨市工大节能印刷厂
开　　本　787 mm×1 092 mm　1/16　印张 29　字数 500 千字
版　　次　2022 年 5 月第 1 版　2022 年 5 月第 1 次印刷
书　　号　ISBN 978-7-5603-9802-0
定　　价　88.00 元

　　(如因印装质量问题影响阅读,我社负责调换)

不等式是我们数学工作者常常遇到的内容,正如数学家越民义先生所说:"当我们求解一个数学问题时,常常会遇到一个复杂的表达式,很难判断它的大小,而这正是我们所关心的,希望有一个较简单的式子去代替它,这时就出现了不等式."当作者解决了他的问题之后,作为过渡工具的不等式往往遭到遗弃,因此同样一个不等式可能在不同的时间、不同的场合多次出现,但每次出现,作者的注意力只限于解决他当时所考虑的问题,从普遍性和完整性的角度看,这总会带来某些缺陷.因此,要去搜集众多的不等式,将它们加以整理,发现它们之间的关系,并加以推广,使之完善,以便有更广泛的应用,的确是一件重要而艰难的工作.

本书作者 Vasile Cîrtoaje 是罗马尼亚普罗伊斯蒂石油天然气大学自动控制和计算机系的教授.自 1970 年以来,他在罗马尼亚期刊和网站上发表了许多数学问题、解答和文章.此外,他与 Titu Andreescu,Gabriel Dospinescu 和 Mircea Lascu 合作出版了《旧的和新的不等式》,与 Vo Quoc Ba Can 和 Tran Quoc Anh 合作写了《不等式与美丽的解》,他个人出版了《代数不等式——新旧方法》与《数学不等式(第 1 卷~第 5 卷)》.

我们眼前的这部著作就是由数学家 Vasile Cîrtoaje 经过多年的辛勤劳动完成的. 在本书中详细介绍了作者过去和现在创建和解决不等式的十种新方法:包括 Jensen 型离散不等式的半凸函数法(HCF 法),Jensen 型离散不等式的部分凸函数法(PCF 法),Jensen 型有序变量离散不等式,实变量或非负变量的相等变量法(EV 法),算术补偿法(AC 法),实变量六次对称齐次多项式不等式的充要条件,非负变量六次对称齐次多项式不等式的充要条件,实变量中六次和八次对称齐次多项式不等式的最高系数抵消法(HCC 法),非负变量中六、七、八次对称齐次多项式的最高系数抵消法,实变量或非负变量的四次循环齐次不等式的 *pqr* 方法等问题的相应的处理方法. 这既是一本关于不等式的经典著作,又是一本学习和研究不等式的工具书,读者从中不仅可以看到许多著名的不等式,而且还可以学到如何处理问题,如何将一个问题加以推广并扩大其应用范围使之臻于完美.

本书是在原书第 2 版的基础上翻译出来的中译本,在这里我要感谢熊昌进先生的推荐,还要感谢审稿人提供的宝贵意见.

译者　易桂如　文湘波
2021 年 1 月

作者 Vasile Cîrtoaje 是罗马尼亚普罗伊斯蒂大学的教授,在他还是高中学生的时候(在普拉霍瓦山谷,位于 Breaza 市),就因其在数学不等式领域的杰出表现而闻名.作为一名学生(很久以前,哦,是的!),我已经熟悉 Vasile Cîrtoaje 的名字.对于我和许多同龄人来说,这是一个帮助我在数学上成长的人的名字,尽管我从未见过他.这个名字是涉及不等式的艰难而美丽的问题的同义词.当你提到 Vasile Cîrtoaje("问题解决艺术"网站的 Vasc 用户名)时,你说的是不等式.我记得当我解决了 Cîrtoaje 教授在 *Gazeta Matematica* 或者是在 *Revista Matematica Timisoara* 上提出的一个问题时,我是多么的开心.

这套书的前三卷为读者提供了一个很好的机会,可以使读者看到并了解许多应用新旧基础知识求解数学不等式的方法,如第 1 卷——对称多项式不等式(实变量和非负实变量),第 2 卷——对称有理不等式与对称无理不等式,第 3 卷——循环不等式与非循环不等式.通常,这些卷中每个部分的不等式都是按照变量的数量来排序的:2,3,4,5,6 和 $n$ 个变量.

最后两卷(第 4 卷——Jensen 不等式的扩展与加细,第 5 卷——创建不等式与解决不等式的其他方法)包含了用新的美丽和有效的原始方法来创建和解决不等式:半凸或部分凸函数法——对于琴生型不等式,相等变量法——对于非负或实变量,算术补偿法——对于对称不等式,最高系数消去法——对于非负或实变量中六、七、八次对称齐次多项式不等式,对于实变量或非负变量的四次循环齐次多项式不等式的 *pqr* 法等.

1

本书中的很多问题,我想说大多数问题都是作者自己原创的,章节和卷是相互独立的.你可以打开书的某个地方去解决一个不等式或者只读它的解答.如果你仔细研究这本书,你会发现你解决不等式问题的能力有了很大的提高.

这套书包含了 1 000 多个美丽的不等式的提示、解答和证明方法,其中一些在过去的十年里由作者和其他有创造力的数学家发布在"问题解题艺术"网站上(Vo Quoc Ba Can,Pham Kim Hung,Michael Rozenberg,Nguyen Van Quy,Gabriel Dospinescu,Darij Grinberg,Pham Huu Duc,Tran Quoc Anh,Le Huu Dien Khue,Marius Stanean,Cezar Lupu,Nguyen Anh Tuan,Pham Van Thuan,Bin Zhao,Ji Chen 等).

本书中大多数不等式和方法都是由作者自己原创的.其中,我想指出以下的不等式

$$(a^2 + b^2 + c^2)^2 \geqslant 3(a^3 b + b^3 c + c^3 a), a,b,c \in \mathbf{R}$$

$$\sum (a - kb)(a - kc)(a - b)(a - c) \geqslant 0, a,b,c,k \in \mathbf{R}$$

$$\left(\frac{a}{a+b}\right)^2 + \left(\frac{b}{b+c}\right)^2 + \left(\frac{c}{c+d}\right)^2 + \left(\frac{d}{d+a}\right)^2 \geqslant 1, a,b,c,d \geqslant 0$$

$$\sum_{i=1}^{4} \frac{1}{1 + a_i + a_i^2 + a_i^3} \geqslant 1, a_1,a_2,a_3,a_4 > 0, a_1 a_2 a_3 a_4 = 1$$

$$\frac{a_1}{a_1 + (n-1)a_2} + \frac{a_2}{a_2 + (n-1)a_3} + \cdots + \frac{a_n}{a_n + (n-1)a_1} \geqslant 1$$

$$a_1,a_2,\cdots,a_n \geqslant 0$$

$$a^{ea} + b^{eb} \geqslant a^{eb} + b^{ea}, a,b > 0, e \approx 2.718\ 281\ 8$$

$$a^{3b} + b^{3a} \leqslant 2, a,b \geqslant 0, a + b = 2$$

这套书代表了美丽、严肃和深刻的数学的丰富来源,处理古典、新方法和技术,提高读者解决不等式的能力、直觉和创造力.因此,它适合于不同的读者,如高中生和教师、大学生等,数学教育家和数学家将会在这里发现一些有趣的东西.每个问题都有一个提示,许多问题都有多个解决方案,几乎所有的解决方案都非常巧妙,这并不奇怪.几乎所有的不等式都需要仔细地思考和分析,那些对数学奥林匹克的问题和不等式领域的发展感兴趣的人来说,这套书是非常值得一读的.有许多问题和方法可以作为中学生的小组项目.

是什么让这套书如此吸引人?答案很简单:大量的不等式,它们的质量和新鲜度,以及原创和富有灵感的处理不等式的手段和方法.当然,任何对不等式感兴趣的读者都会注意到作者在创建和解决棘手不等式方面的坚韧、热情和能力.这套书不仅是大师的著作,而且是大师的杰作,我强烈地推荐它.

**Marian Tetiva**

◎ 目 录

# 循环不等式

## 1.1　应　　用

**1.1**　如果 $a,b,c$ 是非负实数,且满足 $a+b+c=3$,那么
$$ab^2+bc^2+ca^2 \leqslant 4$$

**1.2**　如果 $a,b,c$ 是正实数,且满足 $a+b+c=3$,那么
$$(ab+bc+ca)(ab^2+bc^2+ca^2) \leqslant 9$$

**1.3**　如果 $a,b,c$ 是非负实数,且满足 $a^2+b^2+c^2=3$,那么:

(a) $ab^2+bc^2+ca^2 \leqslant abc+2$;

(b) $\dfrac{a}{b+2}+\dfrac{b}{c+2}+\dfrac{c}{a+2} \leqslant 1$.

**1.4**　如果 $a,b,c \geqslant 1$,那么:

(a) $2(ab^2+bc^2+ca^2)+3 \geqslant 3(ab+bc+ca)$;

(b) $ab^2+bc^2+ca^2+6 \geqslant 3(a+b+c)$.

**1.5**　如果 $a,b,c$ 是非负实数,且满足
$$a+b+c=3, \quad a \geqslant b \geqslant c$$
那么:

(a) $a^2b+b^2c+c^2a \geqslant ab+bc+ca$;

(b) $8(ab^2+bc^2+ca^2)+3abc \leqslant 27$;

(c) $\dfrac{18}{a^2b+b^2c+c^2a} \leqslant \dfrac{1}{abc}+5$.

1.6　如果 $a,b,c$ 是非负实数,且满足

$$a^2 + b^2 + c^2 = 3, \quad a \geqslant b \geqslant c$$

那么

$$ab^2 + bc^2 + ca^2 \leqslant \frac{3}{4}(ab + bc + ca + 1)$$

1.7　如果 $a,b,c$ 是非负实数,且满足 $a^2 + b^2 + c^2 = 3$,那么

$$a^2b^3 + b^2c^3 + c^2a^3 \leqslant 3$$

1.8　如果 $a,b,c$ 是非负实数,且满足 $a + b + c = 3$,那么

$$a^4b^2 + b^4c^2 + c^4a^2 + 4 \geqslant a^3b^3 + b^3c^3 + c^3a^3$$

1.9　如果 $a,b,c$ 是非负实数,且满足 $a + b + c = 3$,那么:

(a) $ab^2 + bc^2 + ca^2 + abc \leqslant 4$;

(b) $\dfrac{a}{4-b} + \dfrac{b}{4-c} + \dfrac{c}{4-a} \leqslant 1$;

(c) $ab^3 + bc^3 + ca^3 + (ab + bc + ca)^2 \leqslant 12$;

(d) $\dfrac{ab^2}{1+a+b} + \dfrac{bc^2}{1+b+c} + \dfrac{ca^2}{1+c+a} \leqslant 1$.

1.10　如果 $a,b,c$ 是正实数,那么

$$\frac{1}{a(a+2b)} + \frac{1}{b(b+2c)} + \frac{1}{c(c+2a)} \geqslant \frac{3}{ab+bc+ca}$$

1.11　如果 $a,b,c$ 是正实数,且满足 $a + b + c = 3$,那么

$$\frac{a}{b^2+2c} + \frac{b}{c^2+2a} + \frac{c}{a^2+2b} \geqslant 1$$

1.12　如果 $a,b,c$ 是正实数,且满足 $a + b + c \geqslant 3$,那么

$$\frac{a-1}{b+1} + \frac{b-1}{c+1} + \frac{c-1}{a+1} \geqslant 0$$

1.13　如果 $a,b,c$ 是正实数,且满足 $a + b + c = 3$,那么:

(a) $\dfrac{1}{2ab^2+1} + \dfrac{1}{2bc^2+1} + \dfrac{1}{2ca^2+1} \geqslant 1$;

(b) $\dfrac{1}{ab^2+2} + \dfrac{1}{bc^2+2} + \dfrac{1}{ca^2+2} \geqslant 1$.

1.14　如果 $a,b,c$ 是正实数,且满足 $a + b + c = 3$,那么

$$\frac{ab}{9-4bc} + \frac{bc}{9-4ca} + \frac{ca}{9-4ab} \leqslant \frac{3}{5}$$

1.15　如果 $a,b,c$ 是正实数,且满足 $a + b + c = 3$,那么:

(a) $\dfrac{a^2}{2a+b^2} + \dfrac{b^2}{2b+c^2} + \dfrac{c^2}{2c+a^2} \geqslant 1$;

(b) $\dfrac{a^2}{a+2b^2} + \dfrac{b^2}{b+2c^2} + \dfrac{c^2}{c+2a^2} \geqslant 1$.

1.16　设 $a,b,c$ 是正实数,且满足 $a+b+c=3$,那么

$$\frac{1}{a+b^2+c^3}+\frac{1}{b+c^2+a^3}+\frac{1}{c+a^2+b^3}\leqslant 1$$

1.17　如果 $a,b,c$ 是正实数,那么

$$\frac{1+a^2}{1+b+c^2}+\frac{1+b^2}{1+c+a^2}+\frac{1+c^2}{1+a+b^2}\geqslant 2$$

1.18　如果 $a,b,c$ 是非负实数,那么

$$\frac{a}{4a+4b+c}+\frac{b}{4b+4c+a}+\frac{c}{4c+4a+b}\leqslant\frac{1}{3}$$

1.19　如果 $a,b,c$ 是正实数,那么

$$\frac{a+b}{a+7b+c}+\frac{b+c}{a+b+7c}+\frac{c+a}{7a+b+c}\geqslant\frac{2}{3}$$

1.20　如果 $a,b,c$ 是正实数,那么

$$\frac{a+b}{a+3b+c}+\frac{b+c}{b+3c+a}+\frac{c+a}{c+3a+b}\geqslant\frac{6}{5}$$

1.21　如果 $a,b,c$ 是正实数,那么

$$\frac{2a+b}{2a+c}+\frac{2b+c}{2b+a}+\frac{2c+a}{2c+b}\geqslant 3$$

1.22　如果 $a,b,c$ 是正实数,那么

$$\frac{a(a+b)}{a+c}+\frac{b(b+c)}{b+a}+\frac{c(c+a)}{c+b}\leqslant\frac{3(a^2+b^2+c^2)}{a+b+c}$$

1.23　如果 $a,b,c$ 是实数,那么

$$\frac{a^2-bc}{4a^2+b^2+4c^2}+\frac{b^2-ca}{4a^2+4b^2+c^2}+\frac{c^2-ab}{a^2+4b^2+4c^2}\geqslant 0$$

1.24　如果 $a,b,c$ 是实数,那么:

(a)$a(a+b)^3+b(b+c)^3+c(c+a)^3\geqslant 0$;

(b)$a(a+b)^5+b(b+c)^5+c(c+a)^5\geqslant 0.$

1.25　如果 $a,b,c$ 是实数,那么

$$3(a^4+b^4+c^4)+4(a^3b+b^3c+c^3a)\geqslant 0$$

1.26　如果 $a,b,c$ 是正实数,那么

$$\frac{(a-b)(2a+b)}{(a+b)^2}+\frac{(b-c)(2b+c)}{(b+c)^2}+\frac{(c-a)(2c+a)}{(c+a)^2}\geqslant 0$$

1.27　如果 $a,b,c$ 是正实数,那么

$$\frac{(a-b)(2a+b)}{a^2+ab+b^2}+\frac{(b-c)(2b+c)}{b^2+bc+c^2}+\frac{(c-a)(2c+a)}{c^2+ca+a^2}\geqslant 0$$

1.28　如果 $a,b,c$ 是正实数,那么

$$\frac{(a-b)(3a+b)}{a^2+b^2}+\frac{(b-c)(3b+c)}{b^2+c^2}+\frac{(c-a)(3c+a)}{c^2+a^2}\geqslant 0$$

1.29　如果 $a,b,c$ 是正实数,且 $abc=1$,那么

$$\frac{1}{1+a+b^2}+\frac{1}{1+b+c^2}+\frac{1}{1+c+a^2}\leqslant 1$$

1.30　如果 $a,b,c$ 是正实数,且 $abc=1$,那么

$$\frac{a}{(a+1)(b+2)}+\frac{b}{(b+1)(c+2)}+\frac{c}{(c+1)(a+2)}\geqslant\frac{1}{2}$$

1.31　如果 $a,b,c$ 是正实数,且 $ab+bc+ca=3$,那么

$$(a+2b)(b+2c)(c+2a)\geqslant 27$$

1.32　如果 $a,b,c$ 是正实数,且 $ab+bc+ca=3$,那么

$$\frac{a}{a+a^3+b}+\frac{b}{b+b^3+c}+\frac{c}{c+c^3+a}\leqslant 1$$

1.33　如果 $a,b,c$ 是正实数,且满足 $a\geqslant b\geqslant c,ab+bc+ca=3$,那么

$$\frac{1}{a+2b}+\frac{1}{b+2c}+\frac{1}{c+2a}\geqslant 1$$

1.34　如果 $a,b,c\in[0,1]$,那么

$$\frac{a}{4b^2+5}+\frac{b}{4c^2+5}+\frac{c}{4a^2+5}\leqslant\frac{1}{3}$$

1.35　如果 $a,b,c\in\left[\frac{1}{3},3\right]$,那么

$$\frac{a}{a+b}+\frac{b}{b+c}+\frac{c}{c+a}\geqslant\frac{7}{5}$$

1.36　如果 $a,b,c\in\left[\frac{1}{\sqrt{2}},\sqrt{2}\right]$,那么

$$\frac{3}{a+2b}+\frac{3}{b+2c}+\frac{3}{c+2a}\geqslant\frac{2}{a+b}+\frac{2}{b+c}+\frac{2}{c+a}$$

1.37　如果 $a,b,c$ 是非负实数,且无两个同时为 $0$,那么

$$\frac{4abc}{ab^2+bc^2+ca^2+abc}+\frac{a^2+b^2+c^2}{ab+bc+ca}\geqslant 2$$

1.38　如果 $a,b,c$ 是非负实数,且 $a+b+c=3$,那么

$$\frac{1}{ab^2+8}+\frac{1}{bc^2+8}+\frac{1}{ca^2+8}\geqslant\frac{1}{3}$$

1.39　如果 $a,b,c$ 是非负实数,且 $a+b+c=3$,那么

$$\frac{ab}{bc+3}+\frac{bc}{ca+3}+\frac{ca}{ab+3}\leqslant\frac{3}{4}$$

1.40　如果 $a,b,c$ 是非负实数,且 $a+b+c=3$,那么:

(a) $\dfrac{a}{b^2+3}+\dfrac{b}{c^2+3}+\dfrac{c}{a^2+3}\geqslant\dfrac{3}{4}$;

(b) $\dfrac{a}{b^3+1}+\dfrac{b}{c^3+1}+\dfrac{c}{a^3+1}\geqslant\dfrac{3}{2}$.

1.41 设 $a, b, c$ 是正实数,并设

$$x = a + \frac{1}{b} - 1, \quad y = b + \frac{1}{c} - 1, \quad z = c + \frac{1}{a} - 1$$

求证:$xy + yz + zx \geqslant 3$.

1.42 设 $a, b, c$ 是正实数,且 $abc = 1$. 求证

$$\left(a - \frac{1}{b} - \sqrt{2}\right)^2 + \left(b - \frac{1}{c} - \sqrt{2}\right)^2 + \left(c - \frac{1}{a} - \sqrt{2}\right)^2 \geqslant 6$$

1.43 设 $a, b, c$ 是正实数,且 $abc = 1$. 求证

$$\left|1 + a - \frac{1}{b}\right| + \left|1 + b - \frac{1}{c}\right| + \left|1 + c - \frac{1}{a}\right| > 2$$

1.44 设 $a, b, c$ 是正实数,且无两个相等,那么

$$\left|1 + \frac{a}{b-c}\right| + \left|1 + \frac{b}{c-a}\right| + \left|1 + \frac{c}{a-b}\right| > 2$$

1.45 设 $a, b, c$ 是正实数,且 $abc = 1$. 求证

$$\left(2a - \frac{1}{b} - \frac{1}{2}\right)^2 + \left(2b - \frac{1}{c} - \frac{1}{2}\right)^2 + \left(2c - \frac{1}{a} - \frac{1}{2}\right)^2 \geqslant \frac{3}{4}$$

1.46 设

$$x = a + \frac{1}{b} - \frac{5}{4}, \quad y = b + \frac{1}{c} - \frac{5}{4}, \quad z = c + \frac{1}{a} - \frac{5}{4}$$

其中 $a \geqslant b \geqslant c > 0$. 求证:$xy + yz + zx \geqslant \frac{27}{16}$.

1.47 设 $a, b, c$ 是正实数,并设

$$E = \left(a + \frac{1}{a} - \sqrt{3}\right)\left(b + \frac{1}{b} - \sqrt{3}\right)\left(c + \frac{1}{a} - \sqrt{3}\right)$$

$$F = \left(a + \frac{1}{b} - \sqrt{3}\right)\left(b + \frac{1}{c} - \sqrt{3}\right)\left(c + \frac{1}{a} - \sqrt{3}\right)$$

求证:$E \geqslant F$.

1.48 设 $a, b, c$ 是正实数,且 $\frac{a}{b} + \frac{b}{c} + \frac{c}{a} = 5$,那么

$$\frac{b}{a} + \frac{c}{b} + \frac{a}{c} \geqslant \frac{17}{4}$$

1.49 设 $a, b, c$ 是正实数,那么:

$$(a)\, 1 + \frac{a}{b} + \frac{b}{c} + \frac{c}{a} \geqslant 2\sqrt{1 + \frac{b}{a} + \frac{c}{b} + \frac{a}{c}};$$

$$(b)\, 1 + 2\left(\frac{a}{b} + \frac{b}{c} + \frac{c}{a}\right) \geqslant \sqrt{1 + 16\left(\frac{b}{a} + \frac{c}{b} + \frac{a}{c}\right)};$$

$$(c)\, 3 + \frac{a}{b} + \frac{b}{c} + \frac{c}{a} \geqslant 2\sqrt{(a+b+c)\left(\frac{1}{a} + \frac{1}{b} + \frac{1}{c}\right)}.$$

1.50　如果 $a,b,c$ 是正实数,那么

$$\frac{a^2}{b^2}+\frac{b^2}{c^2}+\frac{c^2}{a^2}+15\left(\frac{b}{a}+\frac{c}{b}+\frac{a}{c}\right)$$

$$\geqslant 16\left(\frac{a}{b}+\frac{b}{c}+\frac{c}{a}\right)$$

1.51　如果 $a,b,c$ 是正实数,且 $abc=1$,那么:

(a) $\dfrac{a}{b}+\dfrac{b}{c}+\dfrac{c}{a}\geqslant a+b+c$;

(b) $\dfrac{a}{b}+\dfrac{b}{c}+\dfrac{c}{a}\geqslant\dfrac{3}{2}(a+b+c-1)$;

(c) $\dfrac{a}{b}+\dfrac{b}{c}+\dfrac{c}{a}+2\geqslant\dfrac{5}{3}(a+b+c)$.

1.52　如果 $a,b,c$ 是正实数,且 $a^2+b^2+c^2=3$,那么:

(a) $\dfrac{a}{b}+\dfrac{b}{c}+\dfrac{c}{a}\geqslant 2+\dfrac{3}{ab+bc+ca}$;

(b) $\dfrac{a}{b}+\dfrac{b}{c}+\dfrac{c}{a}\geqslant\dfrac{9}{a+b+c}$.

1.53　如果 $a,b,c$ 是正实数,且 $a^2+b^2+c^2=3$,那么

$$6\left(\frac{a}{b}+\frac{b}{c}+\frac{c}{a}\right)+5(ab+bc+ca)\geqslant 33$$

1.54　如果 $a,b,c$ 是正实数,且 $a+b+c=3$,那么:

(a) $6\left(\dfrac{a}{b}+\dfrac{b}{c}+\dfrac{c}{a}\right)+3\geqslant 7(a^2+b^2+c^2)$;

(b) $\dfrac{a}{b}+\dfrac{b}{c}+\dfrac{c}{a}\geqslant a^2+b^2+c^2$.

1.55　如果 $a,b,c$ 是正实数,那么

$$\frac{a}{b}+\frac{b}{c}+\frac{c}{a}+2\geqslant\frac{14(a^2+b^2+c^2)}{(a+b+c)^2}$$

1.56　设 $a,b,c$ 是正实数,且满足 $a+b+c=3$,并设

$$x=3a+\frac{1}{b},\quad y=3b+\frac{1}{c},\quad z=3c+\frac{1}{a}$$

求证: $xy+yz+zx\geqslant 48$.

1.57　如果 $a,b,c$ 是正实数,且满足 $a+b+c=3$,那么

$$\frac{a+1}{b}+\frac{b+1}{c}+\frac{c+1}{a}\geqslant 2(a^2+b^2+c^2)$$

1.58　如果 $a,b,c$ 是正实数,且满足 $a+b+c=3$,那么

$$\frac{a^2}{b}+\frac{b^2}{c}+\frac{c^2}{a}+3\geqslant 2(a^2+b^2+c^2)$$

1.59　如果 $a,b,c$ 是正实数,那么

$$\frac{a^3}{b} + \frac{b^3}{c} + \frac{c^3}{a} + 2(ab + bc + ca) \geqslant 3(a^2 + b^2 + c^2)$$

1.60 如果 $a,b,c$ 是正实数，且满足 $a^4 + b^4 + c^4 = 3$，那么：

(a) $\dfrac{a^2}{b} + \dfrac{b^2}{c} + \dfrac{c^2}{a} \geqslant 3$；

(b) $\dfrac{a^2}{b+c} + \dfrac{b^2}{c+a} + \dfrac{c^2}{a+b} \geqslant \dfrac{3}{2}$.

1.61 如果 $a,b,c$ 是正实数，那么

$$\frac{a^2}{b} + \frac{b^2}{c} + \frac{c^2}{a} \geqslant \frac{3(a^3 + b^3 + c^3)}{a^2 + b^2 + c^2}$$

1.62 如果 $a,b,c$ 是正实数，那么

$$\frac{a^2}{b} + \frac{b^2}{c} + \frac{c^2}{a} + a + b + c \geqslant 2\sqrt{(a^2 + b^2 + c^2)\left(\frac{a}{b} + \frac{b}{c} + \frac{c}{a}\right)}$$

1.63 如果 $a,b,c$ 是正实数，那么

$$\frac{a}{b} + \frac{b}{c} + \frac{c}{a} + 32\left(\frac{a}{a+b} + \frac{b}{b+c} + \frac{c}{c+a}\right) \geqslant 51$$

1.64 找出最大的正实数 $K$，使得对于任意正实数 $a,b,c$，下列不等式成立：

(a) $\dfrac{a}{b} + \dfrac{b}{c} + \dfrac{c}{a} - 3 \geqslant K\left(\dfrac{a}{b+c} + \dfrac{b}{c+a} + \dfrac{c}{a+b} - \dfrac{3}{2}\right)$；

(b) $\dfrac{a}{b} + \dfrac{b}{c} + \dfrac{c}{a} - 3 + K\left(\dfrac{a}{2a+b} + \dfrac{b}{2b+c} + \dfrac{c}{2c+a} - 1\right) \geqslant 0$.

1.65 如果 $a,b,c \in \left[\dfrac{1}{2}, 2\right]$，那么：

(a) $8\left(\dfrac{a}{b} + \dfrac{b}{c} + \dfrac{c}{a}\right) \geqslant 5\left(\dfrac{b}{a} + \dfrac{c}{b} + \dfrac{a}{c}\right) + 9$；

(b) $20\left(\dfrac{a}{b} + \dfrac{b}{c} + \dfrac{c}{a}\right) \geqslant 17\left(\dfrac{b}{a} + \dfrac{c}{b} + \dfrac{a}{c}\right)$.

1.66 如果 $a,b,c$ 是正实数，且 $a \leqslant b \leqslant c$，那么

$$\frac{a}{b} + \frac{b}{c} + \frac{c}{a} \geqslant \frac{2a}{b+c} + \frac{2b}{c+a} + \frac{2c}{a+b}$$

1.67 如果 $a,b,c$ 是正实数，且满足 $abc = 1$.

(a) 如果 $a \leqslant b \leqslant c$，那么

$$\frac{a}{b} + \frac{b}{c} + \frac{c}{a} \geqslant a^{\frac{3}{2}} + b^{\frac{3}{2}} + c^{\frac{3}{2}}$$

(b) 如果 $a \leqslant 1 \leqslant b \leqslant c$，那么

$$\frac{a}{b} + \frac{b}{c} + \frac{c}{a} \geqslant a^{\sqrt{3}} + b^{\sqrt{3}} + c^{\sqrt{3}}$$

1.68 如果 $k$ 和 $a,b,c$ 均是正实数，那么

$$\frac{1}{(k+1)a+b}+\frac{1}{(k+1)b+c}+\frac{1}{(k+1)c+a}$$

$$\geqslant \frac{1}{ka+b+c}+\frac{1}{a+kb+c}+\frac{1}{a+b+kc}$$

**1.69** 如果 $a,b,c$ 是正实数,那么:

(a) $\dfrac{a}{\sqrt{2a+b}}+\dfrac{b}{\sqrt{2b+c}}+\dfrac{c}{\sqrt{2c+a}} \leqslant \sqrt{a+b+c}$;

(b) $\dfrac{a}{\sqrt{a+2b}}+\dfrac{b}{\sqrt{b+2c}}+\dfrac{c}{\sqrt{c+2a}} \geqslant \sqrt{a+b+c}$.

**1.70** 设 $a,b,c$ 是非负实数,且 $a+b+c=3$. 求证

$$a\sqrt{\frac{a+2b}{3}}+b\sqrt{\frac{b+2c}{3}}+c\sqrt{\frac{c+2a}{3}} \leqslant 3$$

**1.71** 设 $a,b,c$ 是非负实数,且 $a+b+c=3$. 那么

$$a\sqrt{1+b^3}+b\sqrt{1+c^3}+c\sqrt{1+a^3} \leqslant 5$$

**1.72** 如果 $a,b,c$ 是正实数,且 $abc=1$,那么:

(a) $\sqrt{\dfrac{a}{b+3}}+\sqrt{\dfrac{b}{c+3}}+\sqrt{\dfrac{c}{a+3}} \geqslant \dfrac{3}{2}$;

(b) $\sqrt[3]{\dfrac{a}{b+7}}+\sqrt[3]{\dfrac{b}{c+7}}+\sqrt[3]{\dfrac{c}{a+7}} \geqslant \dfrac{3}{2}$.

**1.73** 如果 $a,b,c$ 是正实数,那么

$$\left(1+\frac{4a}{a+b}\right)^2+\left(1+\frac{4b}{b+c}\right)^2+\left(1+\frac{4c}{a+c}\right)^2 \geqslant 27$$

**1.74** 如果 $a,b,c$ 是正实数,那么

$$\sqrt{\frac{2a}{a+b}}+\sqrt{\frac{2b}{b+c}}+\sqrt{\frac{2c}{c+a}} \leqslant 3$$

**1.75** 如果 $a,b,c$ 是非负实数,那么

$$\sqrt{\frac{a}{4a+5b}}+\sqrt{\frac{b}{4b+5c}}+\sqrt{\frac{c}{4c+5a}} \leqslant 1$$

**1.76** 如果 $a,b,c$ 是正实数,那么

$$\frac{a}{\sqrt{4a^2+ab+4b^2}}+\frac{b}{\sqrt{4b^2+bc+4c^2}}+\frac{c}{\sqrt{4c^2+ca+4a^2}} \leqslant 1$$

**1.77** 如果 $a,b,c$ 是正实数,那么

$$\sqrt{\frac{a}{a+b+7c}}+\sqrt{\frac{b}{b+c+7a}}+\sqrt{\frac{c}{c+a+7b}} \geqslant 1$$

**1.78** 如果 $a,b,c$ 是非负实数,且无两个同时为 0,那么

(a) $\sqrt{\dfrac{a}{3b+c}}+\sqrt{\dfrac{b}{3c+a}}+\sqrt{\dfrac{c}{3a+b}} \geqslant \dfrac{3}{2}$;

(b) $\sqrt{\dfrac{a}{2b+c}} + \sqrt{\dfrac{b}{2c+a}} + \sqrt{\dfrac{c}{2a+b}} \geqslant \sqrt[4]{8}$.

1.79  如果 $a,b,c$ 是正实数,且满足 $ab+bc+ca=3$,那么:

(a) $\dfrac{1}{(a+b)(3a+b)} + \dfrac{1}{(b+c)(3b+c)} + \dfrac{1}{(c+a)(3c+a)} \geqslant \dfrac{3}{8}$;

(b) $\dfrac{1}{(2a+b)^2} + \dfrac{1}{(2b+c)^2} + \dfrac{1}{(2c+a)^2} \geqslant \dfrac{1}{3}$.

1.80  如果 $a,b,c$ 是非负实数,那么

$$a^4 + b^4 + c^4 + 15(a^3b + b^3c + c^3a) \geqslant \dfrac{47}{4}(a^2b^2 + b^2c^2 + c^2a^2)$$

1.81  如果 $a,b,c$ 是非负实数,且满足 $a+b+c=4$,那么

$$a^3b + b^3c + c^3a \leqslant 27$$

1.82  设 $a,b,c$ 是非负实数,且满足

$$a^2 + b^2 + c^2 = \dfrac{10}{3}(ab + bc + ca)$$

求证

$$a^4 + b^4 + c^4 \geqslant \dfrac{82}{27}(a^3b + b^3c + c^3a)$$

1.83  设 $a,b,c$ 是正实数,那么

$$\dfrac{a^3}{2a^2+b^2} + \dfrac{b^3}{2b^2+c^2} + \dfrac{c^3}{2c^2+a^2} \geqslant \dfrac{a+b+c}{3}$$

1.84  设 $a,b,c$ 是正实数,那么

$$\dfrac{a^4}{a^3+b^3} + \dfrac{b^4}{b^3+c^3} + \dfrac{c^4}{c^3+a^3} \geqslant \dfrac{a+b+c}{2}$$

1.85  设 $a,b,c$ 是正实数,且 $abc=1$,那么:

(a) $3\left(\dfrac{a^2}{b} + \dfrac{b^2}{c} + \dfrac{c^2}{a}\right) + 4\left(\dfrac{b}{a^2} + \dfrac{c}{b^2} + \dfrac{a}{c^2}\right) \geqslant 7(a^2 + b^2 + c^2)$;

(b) $8\left(\dfrac{a^3}{b} + \dfrac{b^3}{c} + \dfrac{c^3}{a}\right) + 5\left(\dfrac{b}{a^3} + \dfrac{c}{b^3} + \dfrac{a}{c^3}\right) \geqslant 13(a^3 + b^3 + c^3)$.

1.86  设 $a,b,c$ 是正实数,那么

$$\dfrac{ab}{b^2+bc+c^2} + \dfrac{bc}{c^2+ca+a^2} + \dfrac{ca}{a^2+ab+b^2} \leqslant \dfrac{a^2+b^2+c^2}{ab+bc+ca}$$

1.87  设 $a,b,c$ 是正实数,那么

$$\dfrac{a-b}{b(2b+c)} + \dfrac{b-c}{c(2c+a)} + \dfrac{c-a}{a(2a+b)} \geqslant 0$$

1.88  设 $a,b,c$ 是正实数,那么:

(a) $\dfrac{a^2+6bc}{ab+2bc} + \dfrac{b^2+6ca}{bc+2ca} + \dfrac{c^2+6ab}{ca+2ab} \geqslant 7$;

(b) $\dfrac{a^2+7bc}{ab+bc}+\dfrac{b^2+7ca}{bc+ca}+\dfrac{c^2+7ab}{ca+ab}\geqslant 12.$

1.89　如果 $a,b,c$ 是正实数,那么:

(a) $\dfrac{ab}{2b+c}+\dfrac{bc}{2c+a}+\dfrac{ca}{2a+b}\leqslant\dfrac{a^2+b^2+c^2}{a+b+c}$;

(b) $\dfrac{ab}{b+c}+\dfrac{bc}{c+a}+\dfrac{ca}{a+b}\leqslant\dfrac{3(a^2+b^2+c^2)}{2(a+b+c)}$;

(c) $\dfrac{ab}{4b+5c}+\dfrac{bc}{4c+5a}+\dfrac{ca}{4a+5b}\leqslant\dfrac{a^2+b^2+c^2}{3(a+b+c)}$.

1.90　如果 $a,b,c$ 是正实数,那么:

(a) $a\sqrt{b^2+8c^2}+b\sqrt{c^2+8a^2}+c\sqrt{a^2+8b^2}\leqslant(a+b+c)^2$;

(b) $a\sqrt{b^2+3c^2}+b\sqrt{c^2+3a^2}+c\sqrt{a^2+3b^2}\leqslant a^2+b^2+c^2+ab+bc+ca.$

1.91　如果 $a,b,c$ 是正实数,那么:

(a) $\dfrac{1}{a\sqrt{a+2b}}+\dfrac{1}{b\sqrt{b+2c}}+\dfrac{1}{c\sqrt{c+2a}}\geqslant\sqrt{\dfrac{3}{abc}}$;

(b) $\dfrac{1}{a\sqrt{a+8b}}+\dfrac{1}{b\sqrt{b+8c}}+\dfrac{1}{c\sqrt{c+8a}}\geqslant\sqrt{\dfrac{1}{abc}}$.

1.92　如果 $a,b,c$ 是正实数,那么

$$\dfrac{a}{\sqrt{5a+4b}}+\dfrac{b}{\sqrt{5b+4c}}+\dfrac{c}{\sqrt{5c+4a}}\leqslant\sqrt{\dfrac{a+b+c}{3}}$$

1.93　如果 $a,b,c$ 是正实数,那么:

(a) $\dfrac{a}{\sqrt{a+b}}+\dfrac{b}{\sqrt{b+c}}+\dfrac{c}{\sqrt{c+a}}\geqslant\dfrac{\sqrt{a}+\sqrt{b}+\sqrt{c}}{\sqrt{2}}$;

(b) $\dfrac{a}{\sqrt{a+b}}+\dfrac{b}{\sqrt{b+c}}+\dfrac{c}{\sqrt{c+a}}\geqslant\sqrt[4]{\dfrac{27(ab+bc+ca)}{4}}$.

1.94　如果 $a,b,c$ 是非负实数,且满足 $a+b+c=3$,那么

$$\sqrt{3a+b^2}+\sqrt{3b+c^2}+\sqrt{3c+a^2}\geqslant 6$$

1.95　如果 $a,b,c$ 是非负实数,那么

$$\sqrt{a^2+b^2+2bc}+\sqrt{b^2+c^2+2ca}+\sqrt{c^2+a^2+2ab}\geqslant 2(a+b+c)$$

1.96　如果 $a,b,c$ 是非负实数,那么

$$\sqrt{a^2+b^2+7bc}+\sqrt{b^2+c^2+7ca}+\sqrt{c^2+a^2+7ab}\geqslant 3\sqrt{3(ab+bc+ca)}$$

1.97　如果 $a,b,c$ 是正实数,那么

$$\dfrac{a^2+3ab}{(b+c)^2}+\dfrac{b^2+3bc}{(c+a)^2}+\dfrac{c^2+3ca}{(a+b)^2}\geqslant 3$$

1.98　如果 $a,b,c$ 是正实数,那么

$$\frac{a^2b+1}{a(b+1)}+\frac{b^2c+1}{b(c+1)}+\frac{c^2a+1}{c(a+1)}\geqslant 3$$

1.99 如果 $a,b,c$ 是正实数,且 $a+b+c=3$,那么

$$\sqrt{a^3+3b}+\sqrt{b^3+3c}+\sqrt{c^3+3a}\geqslant 6$$

1.100 如果 $a,b,c$ 是正实数,且 $abc=1$,那么

$$\sqrt{\frac{a}{a+6b+2bc}}+\sqrt{\frac{b}{b+6c+2ca}}+\sqrt{\frac{c}{c+6a+2ab}}\geqslant 1$$

1.101 如果 $a,b,c$ 是正实数,且 $abc=1$,那么

$$\left(a+\frac{1}{b}\right)^2+\left(b+\frac{1}{c}\right)^2+\left(c+\frac{1}{a}\right)^2\geqslant 6(a+b+c-1)$$

1.102 如果 $a,b,c$ 是正实数,那么

$$\frac{a}{a+b}+\frac{b}{b+c}+\frac{c}{c+a}\geqslant\frac{a+b+c}{a+b+c-\sqrt[3]{abc}}$$

1.103 如果 $a,b,c$ 是正实数,且 $a+b+c=3$,那么

$$a\sqrt{b^2+b+1}+b\sqrt{c^2+c+1}+c\sqrt{a^2+a+1}\leqslant 3\sqrt{3}$$

1.104 如果 $a,b,c$ 是正实数,那么

$$\frac{1}{b(a+2b+3c)^2}+\frac{1}{c(b+2c+3a)^2}+\frac{1}{a(c+2a+3b)^2}\leqslant\frac{1}{12abc}$$

1.105 设 $a,b,c$ 是正实数,且满足 $a+b+c=3$,求证:

(a) $\frac{a^2+9b}{b+c}+\frac{b^2+9c}{c+a}+\frac{c^2+9a}{a+b}\geqslant 15$;

(b) $\frac{a^2+3b}{a+b}+\frac{b^2+3c}{b+c}+\frac{c^2+3a}{c+a}\geqslant 6$.

1.106 如果 $a,b,c\in[0,1]$,那么:

(a) $\frac{bc}{2ab+1}+\frac{ca}{2bc+1}+\frac{ab}{2ca+1}\leqslant 1$;

(b) $\frac{a}{ab+1}+\frac{b}{bc+1}+\frac{c}{ca+1}\leqslant\frac{3}{2}$.

1.107 如果 $a,b,c$ 是非负实数,那么

$$a^4+b^4+c^4+5(a^3b+b^3c+c^3a)\geqslant 6(a^2b^2+b^2c^2+c^2a^2)$$

1.108 如果 $a,b,c$ 是正实数,那么

$$a^5+b^5+c^5-a^4b-b^4c-c^4a\geqslant 2abc(a^2+b^2+c^2-ab-bc-ca)$$

1.109 如果 $a,b,c$ 是正实数,且 $a^2+b^2+c^2=3$,那么

$$\frac{a}{1+b}+\frac{b}{1+c}+\frac{c}{1+a}\geqslant\frac{3}{2}$$

1.110 如果 $a,b,c$ 是非负实数,且 $a+b+c=3$,那么

$$a\sqrt{a+b}+b\sqrt{b+c}+c\sqrt{c+a}\geqslant 3\sqrt{2}$$

11

1.111　如果 $a,b,c$ 是非负实数,且 $a+b+c=3$,那么

$$\frac{a}{2b^2+c}+\frac{b}{2c^2+a}+\frac{c}{2a^2+b}\geqslant 1$$

1.112　如果 $a,b,c$ 是正实数,且 $a+b+c=ab+bc+ca$,那么

$$\frac{1}{a^2+b+1}+\frac{1}{b^2+c+1}+\frac{1}{c^2+a+1}\leqslant 1$$

1.113　如果 $a,b,c$ 是正实数,那么

$$\frac{1}{(a+2b+3c)^2}+\frac{1}{(b+2c+3a)^2}+\frac{1}{(c+2a+3b)^2}\leqslant\frac{1}{4(ab+bc+ca)}$$

1.114　如果 $a,b,c$ 是正实数,那么

$$\sqrt{\frac{a}{a+b+2c}}+\sqrt{\frac{b}{b+c+2a}}+\sqrt{\frac{c}{c+a+2b}}\leqslant\frac{3}{2}$$

1.115　如果 $a,b,c$ 是正实数,那么

$$\sqrt{\frac{5a}{a+b+3c}}+\sqrt{\frac{5b}{b+c+3a}}+\sqrt{\frac{5c}{c+a+3b}}\leqslant 3$$

1.116　如果 $a,b,c\in[0,1]$,那么

$$ab^2+bc^2+ca^2+\frac{5}{4}\geqslant a+b+c$$

1.117　如果 $a,b,c$ 是非负实数,且满足

$$a+b+c=3,\quad a\leqslant b\leqslant 1\leqslant c$$

那么

$$a^2b+b^2c+c^2a\leqslant 3$$

1.118　如果 $a,b,c$ 是非负实数,且满足

$$a+b+c=3,\quad a\leqslant 1\leqslant b\leqslant c$$

求证:

(a) $a^2b+b^2c+c^2a\geqslant ab+bc+ca$;

(b) $a^2b+b^2c+c^2a\geqslant abc+2$;

(c) $\dfrac{1}{abc}+2\geqslant\dfrac{9}{a^2b+b^2c+c^2a}$;

(d) $ab^2+bc^2+ca^2\geqslant 3$.

1.119　如果 $a,b,c$ 是非负实数,且满足

$$a+b+c=3,\quad a\leqslant 1\leqslant b\leqslant c$$

那么:

(a) $\dfrac{5-2a}{1+b}+\dfrac{5-2b}{1+c}+\dfrac{5-2c}{1+a}\geqslant\dfrac{9}{2}$;

(b) $\dfrac{3-2b}{1+a}+\dfrac{3-2c}{1+b}+\dfrac{3-2a}{1+c}\leqslant\dfrac{3}{2}$.

1.120 如果 $a,b,c$ 是非负实数,且满足
$$ab + bc + ca = 3, \quad a \leqslant 1 \leqslant b \leqslant c$$
那么:

(a)$a^2 b + b^2 c + c^2 a \geqslant 3$;

(b)$ab^2 + bc^2 + ca^2 + 3(\sqrt{3} - 1) abc \geqslant 3\sqrt{3}$.

1.121 如果 $a,b,c$ 是非负实数,且满足
$$a^2 + b^2 + c^2 = 3, \quad a \leqslant 1 \leqslant b \leqslant c$$
那么:

(a)$a^2 b + b^2 c + c^2 a \geqslant 2abc + 1$;

(b)$2(ab^2 + bc^2 + ca^2) \geqslant 3abc + 3$.

1.122 如果 $a,b,c$ 是非负实数,且满足
$$ab + bc + ca = 3, \quad a \leqslant b \leqslant 1 \leqslant c$$
那么
$$ab^2 + bc^2 + ca^2 + 3abc \geqslant 6$$

1.123 如果 $a,b,c$ 是非负实数,且满足
$$a^2 + b^2 + c^2 = 3, \quad a \leqslant b \leqslant 1 \leqslant c$$
那么
$$2(a^2 b + b^2 c + c^2 a) \leqslant 3abc + 3$$

1.124 如果 $a,b,c$ 是非负实数,且满足
$$a^2 + b^2 + c^2 = 3, \quad a \leqslant b \leqslant 1 \leqslant c$$
那么
$$2(a^3 b + b^3 c + c^3 a) \leqslant abc + 5$$

1.125 如果 $a,b,c$ 为实数,那么
$$(a^2 + b^2 + c^2)^2 \geqslant 3(a^3 b + b^3 c + c^3 a)$$

1.126 如果 $a,b,c$ 为实数,那么
$$a^4 + b^4 + c^4 + ab^3 + bc^3 + ca^3 \geqslant 2(a^3 b + b^3 c + c^3 a)$$

1.127 如果 $a,b,c$ 是正实数,那么:

(a) $\dfrac{a^2}{ab + 2c^2} + \dfrac{b^2}{bc + 2a^2} + \dfrac{c^2}{ca + 2b^2} \geqslant 1$;

(b) $\dfrac{a^3}{a^2 b + 2c^3} + \dfrac{b^3}{b^2 c + 2a^3} + \dfrac{c^3}{c^2 a + 2b^3} \geqslant 1$.

1.128 如果 $a,b,c$ 是正实数,且 $a + b + c = 3$,那么
$$\frac{a}{ab + 1} + \frac{b}{bc + 1} + \frac{c}{ca + 1} \geqslant \frac{3}{2}$$

1.129 如果 $a,b,c$ 是正实数,且 $a + b + c = 3$,那么

$$\frac{a}{3a+b^2}+\frac{b}{3b+c^2}+\frac{c}{3c+a^2}\leqslant\frac{3}{2}$$

1.130  如果 $a,b,c$ 是正实数,且 $a+b+c=3$,那么

$$\frac{a}{b^2+c}+\frac{b}{c^2+a}+\frac{c}{a^2+b}\geqslant\frac{3}{2}$$

1.131  如果 $a,b,c$ 是正实数,且 $abc=1$,那么

$$\frac{a}{b^3+2}+\frac{b}{c^3+2}+\frac{c}{a^3+2}\geqslant1$$

1.132  设 $a,b,c$ 是正实数,且满足

$$a^m+b^m+c^m=3$$

其中 $m>0$.求证

$$\frac{a^{m-1}}{b}+\frac{b^{m-1}}{c}+\frac{c^{m-1}}{a}\geqslant3$$

1.133  如果 $a,b,c$ 是正实数,那么:

(a) $\dfrac{1}{4a}+\dfrac{1}{4b}+\dfrac{1}{4c}+\dfrac{1}{a+b}+\dfrac{1}{b+c}+\dfrac{1}{c+a}\geqslant3\left(\dfrac{1}{3a+b}+\dfrac{1}{3b+c}+\dfrac{1}{3c+a}\right)$;

(b) $\dfrac{1}{4a}+\dfrac{1}{4b}+\dfrac{1}{4c}+\dfrac{1}{a+3b}+\dfrac{1}{b+3c}+\dfrac{1}{c+3a}\geqslant2\left(\dfrac{1}{3a+b}+\dfrac{1}{3b+c}+\dfrac{1}{3c+a}\right)$.

1.134  如果 $a,b,c$ 是正实数,且满足 $a^6+b^6+c^6=3$,那么

$$\frac{a^5}{b}+\frac{b^5}{c}+\frac{c^5}{a}\geqslant3$$

1.135  如果 $a,b,c$ 是正实数,且 $a^2+b^2+c^2=3$,那么

$$\frac{a^3}{a+b^5}+\frac{b^3}{b+c^5}+\frac{c^3}{c+a^5}\geqslant\frac{3}{2}$$

1.136  如果 $a,b,c$ 是实数,且 $a^2+b^2+c^2=3$,那么

$$a^2b+b^2c+c^2a+9\geqslant4(a+b+c)$$

1.137  如果 $a,b,c$ 是实数,且 $a^2+b^2+c^2=3$,那么

$$a^2b+b^2c+c^2a+3\geqslant a+b+c+ab+bc+ca$$

1.138  如果 $a,b,c$ 是正实数,且 $a+b+c=3$,那么

$$\frac{12}{a^2b+b^2c+c^2a}\leqslant3+\frac{1}{abc}$$

1.139  如果 $a,b,c$ 是正实数,且 $a+b+c=3$,那么

$$\frac{24}{a^2b+b^2c+c^2a}+\frac{1}{abc}\geqslant9$$

1.140  设 $a,b,c$ 是非负实数,且满足

$$2(a^2+b^2+c^2)=5(ab+bc+ca)$$

求证:

(a) $8(a^4+b^4+c^4)\geqslant17(a^3b+b^3c+c^3a)$;

(b)$16(a^4 + b^4 + c^4) \geqslant 34(a^3b + b^3c + c^3a) + 81abc(a + b + c)$.

1.141  如果 $a,b,c$ 是非负实数,且满足

$$2(a^2 + b^2 + c^2) = 5(ab + bc + ca)$$

求证：

(a)$2(a^3b + b^3c + c^3a) \geqslant a^2b^2 + b^2c^2 + c^2a^2 + abc(a + b + c)$ ；

(b)$11(a^4 + b^4 + c^4) \geqslant 17(a^3b + b^3c + c^3a) + 129abc(a + b + c)$ ；

(c)$a^3b + b^3c + c^3a \leqslant \dfrac{14 + \sqrt{102}}{8}(a^2b^2 + b^2c^2 + c^2a^2)$ .

1.142  如果 $a,b,c$ 是实数,且满足

$$a^3b + b^3c + c^3a \leqslant 0$$

那么

$$a^2 + b^2 + c^2 \geqslant k(ab + bc + ca)$$

其中

$$k = \frac{1 + \sqrt{21 + 8\sqrt{7}}}{2} \approx 3.746\ 8$$

1.143  如果 $a,b,c$ 是实数,且满足

$$a^3b + b^3c + c^3a \geqslant 0$$

那么

$$a^2 + b^2 + c^2 + k(ab + bc + ca) \geqslant 0$$

其中

$$k = \frac{-1 + \sqrt{21 + 8\sqrt{7}}}{2} \approx 2.746\ 8$$

1.144  如果 $a,b,c$ 是实数,且满足

$$k(a^2 + b^2 + c^2) = ab + bc + ca, k \in \left(-\frac{1}{2}, 1\right)$$

那么

$$\alpha_k \leqslant \frac{a^3b + b^3c + c^3a}{(a^2 + b^2 + c^2)^2} \leqslant \beta_k$$

其中

$$27\alpha_k = 1 + 13k - 5k^2 - 2(1 - k)(1 + 2k)\sqrt{\frac{7(1 - k)}{1 + 2k}}$$

$$27\beta_k = 1 + 13k - 5k^2 + 2(1 - k)(1 + 2k)\sqrt{\frac{7(1 - k)}{1 + 2k}}$$

1.145  如果 $a,b,c$ 是正实数,且 $a + b + c = 3$,那么

$$\frac{a^2}{4a + b^2} + \frac{b^2}{4b + c^2} + \frac{c^2}{4c + a^2} \geqslant \frac{3}{5}$$

1.146 如果 $a,b,c$ 是正实数,那么
$$\frac{a^2+bc}{a+b}+\frac{b^2+ca}{b+c}+\frac{c^2+ab}{c+a}\leqslant\frac{(a+b+c)^3}{3(ab+bc+ca)}$$

1.147 如果 $a,b,c$ 是正实数,且 $a+b+c=3$,那么
$$\sqrt{ab^2+bc^2}+\sqrt{bc^2+ca^2}+\sqrt{ca^2+ab^2}\leqslant 3\sqrt{2}$$

1.148 如果 $a,b,c$ 是正实数,且满足 $a^5+b^5+c^5=3$,那么
$$\frac{a^2}{b}+\frac{b^2}{c}+\frac{c^2}{a}\geqslant 3$$

1.149 设 $p(a,b,c)$ 是三次循环齐次多项式,对于所有的 $a,b,c\geqslant 0$,不等式 $p(a,b,c)\geqslant 0$ 成立,当且仅当同时满足下列两个不等式:

(a) $p(1,1,1)\geqslant 0$;

(b) $p(0,b,c)\geqslant 0,\forall\, b,c\geqslant 0$.

1.150 如果 $a,b,c$ 是非负实数,且满足 $a+b+c=3$,那么
$$8(a^2b+b^2c+c^2a)+9\geqslant 11(ab+bc+ca)$$

1.151 如果 $a,b,c$ 是非负实数,且满足 $a+b+c=6$,那么
$$a^3+b^3+c^3+8(a^2b+b^2c+c^2a)\geqslant 166$$

1.152 如果 $a,b,c$ 是非负实数,那么
$$a^3+b^3+c^3-3abc\geqslant\sqrt{9+6\sqrt{3}}\,(a-b)(b-c)(c-a)$$

1.153 如果 $a,b,c$ 是非负实数,且无两个同时为 0,那么
$$\frac{a}{b+c}+\frac{b}{c+a}+\frac{c}{a+b}+7\geqslant\frac{17}{3}\left(\frac{a}{a+b}+\frac{b}{b+c}+\frac{c}{c+a}\right)$$

1.154 设 $a,b,c$ 是非负实数,且无两个同时为 0,如果 $0\leqslant k\leqslant 5$,那么
$$\frac{ka+b}{a+c}+\frac{kb+c}{b+a}+\frac{kc+a}{c+b}\geqslant\frac{3}{2}(k+1)$$

1.155 设 $a,b,c$ 是非负实数,求证:

(a) 如果 $k\leqslant 1-\dfrac{2}{5\sqrt{5}}$,那么
$$\frac{ka+b}{2a+b+c}+\frac{kb+c}{a+2b+c}+\frac{kc+a}{a+b+2c}\geqslant\frac{3}{4}(k+1)$$

(b) 如果 $k\geqslant 1+\dfrac{2}{5\sqrt{5}}$,那么
$$\frac{ka+b}{2a+b+c}+\frac{kb+c}{a+2b+c}+\frac{kc+a}{a+b+2c}\leqslant\frac{3}{4}(k+1)$$

1.156 设 $a,b,c$ 是非负实数,且无两个同时为 0,如果 $k\leqslant\dfrac{23}{8}$,那么
$$\frac{ka+b}{2a+c}+\frac{kb+c}{2b+a}+\frac{kc+a}{2c+b}\geqslant k+1$$

1.157  如果 $a,b,c$ 是正实数,且满足 $a \leqslant b \leqslant c$,那么

$$\frac{a}{b}+\frac{b}{c}+\frac{c}{a}+3 \geqslant 2\left(\frac{a+b}{b+c}+\frac{b+c}{c+a}+\frac{c+a}{a+b}\right)$$

1.158  如果 $a \geqslant b \geqslant c \geqslant 0$,那么

$$\frac{3a+b}{2a+c}+\frac{3b+c}{2b+a}+\frac{3c+a}{2c+b} \geqslant 4$$

1.159  设 $a,b,c$ 是非负实数,且满足

$$a \geqslant b \geqslant 1 \geqslant c, \quad a+b+c=3$$

求证

$$\frac{1}{a^2+3}+\frac{1}{b^2+3}+\frac{1}{c^2+3} \leqslant \frac{3}{4}$$

1.160  设 $a,b,c$ 是非负实数,且满足

$$a \geqslant 1 \geqslant b \geqslant c, \quad a+b+c=3$$

求证

$$\frac{1}{a^2+2}+\frac{1}{b^2+2}+\frac{1}{c^2+2} \geqslant 1$$

1.161  设 $a,b,c$ 是实数,且满足

$$a \geqslant b \geqslant 1 \geqslant c \geqslant -5, \quad a+b+c=3$$

求证

$$\frac{6}{a^3+b^3+c^3}+1 \geqslant \frac{8}{a^2+b^2+c^2}$$

1.162  如果 $a \geqslant 1 \geqslant b \geqslant c > -3$,且满足 $ab+bc+ca=3$,那么

$$\frac{1}{a^2+ab+b^2}+\frac{1}{b^2+bc+c^2}+\frac{1}{c^2+ca+a^2} \geqslant 1$$

1.163  如果 $a \geqslant b \geqslant 1 \geqslant c \geqslant 0$,且满足 $a+b+c=3$,那么

$$\frac{1}{a^2+ab+b^2}+\frac{1}{b^2+bc+c^2}+\frac{1}{c^2+ca+a^2} \leqslant \frac{3}{ab+bc+ca}$$

1.164  如果 $a,b,c$ 是正实数,且满足

$$a \geqslant 1 \geqslant b \geqslant c, \quad abc=1$$

那么

$$\frac{1-a}{3+a^2}+\frac{1-b}{3+b^2}+\frac{1-c}{3+c^2} \geqslant 0$$

1.165  如果 $a,b,c$ 是正实数,且满足

$$a \geqslant 1 \geqslant b \geqslant c, \quad abc=1$$

那么

$$\frac{1}{\sqrt{3a+1}}+\frac{1}{\sqrt{3b+1}}+\frac{1}{\sqrt{3c+1}} \geqslant \frac{3}{2}$$

17

1.166　如果 $a,b,c$ 是正实数,且满足

$$a \geqslant 1 \geqslant b \geqslant c, \quad abc = 1$$

那么

$$\frac{1}{a^2 + 4ab + b^2} + \frac{1}{b^2 + 4bc + c^2} + \frac{1}{c^2 + 4ca + a^2} \geqslant \frac{1}{2}$$

1.167　如果 $a,b,c$ 是正实数,设 $a \geqslant 1 \geqslant b \geqslant c \geqslant 0$,且满足

$$a + b + c = 3, \quad ab + bc + ca = q$$

其中 $q \in [0,3]$ 是一固定的数,求证:乘积 $r = abc$ 当 $b = c$ 时最大,当 $b = 1$ 或 $c = 0$ 时最小.

1.168　设 $p,q$ 是固定的实数,且存在三个实数 $a,b,c$ 满足

$$a \geqslant 1 \geqslant b \geqslant c \geqslant 0, \quad a + b + c = p, \quad ab + bc + ca = q$$

求证:

　　(a) 当 $b = c$ 时,乘积 $r = abc$ 最大;

　　(b) 当 $a = 1$,或 $b = 1$,或 $c = 0$ 时,乘积 $r = abc$ 最小.

1.169　设 $p,q$ 是固定的实数,且存在三个实数 $a,b,c$ 满足

$$a \geqslant b \geqslant c \geqslant 1, \quad a + b + c = p, \quad ab + bc + ca = q$$

求证:

　　(a) 当 $b = c$ 时,乘积 $r = abc$ 最大;

　　(b) 当 $a = b$ 或 $c = 1$ 时,乘积 $r = abc$ 最小.

1.170　设 $a \geqslant b \geqslant 1 \geqslant c \geqslant 0$,且满足

$$a + b + c = 3, \quad ab + bc + ca = q$$

其中 $q \in [0,3]$ 是一固定的数.求证:乘积 $r = abc$ 当 $b = 1$ 时最大,当 $a = b$ 或 $c = 0$ 时最小.

1.171　设 $p,q$ 是固定的实数,且存在三个实数 $a,b,c$ 满足

$$a \geqslant b \geqslant 1 \geqslant c \geqslant 0, \quad a + b + c = p, \quad ab + bc + ca = q$$

求证:

　　(a) 当 $b = 1$ 或 $c = 1$ 时,乘积 $r = abc$ 最大;

　　(b) 当 $a = b$ 或 $c = 0$,乘积 $r = abc$ 最小.

1.172　设 $p,q$ 是固定的实数,且存在三个实数 $a,b,c$ 满足

$$1 \geqslant a \geqslant b \geqslant c \geqslant 0, \quad a + b + c = p, \quad ab + bc + ca = q$$

求证:

　　(a) 当 $b = c$ 或 $a = 1$ 时,乘积 $r = abc$ 最大;

　　(b) 当 $a = b$ 或 $c = 0$ 时,乘积 $r = abc$ 最小.

1.173　设 $a \geqslant 1 \geqslant b \geqslant c \geqslant 0$,且满足 $a + b + c = 3$,那么

$$abc + \frac{9}{ab + bc + ca} \geqslant 4$$

1.174　设 $a \geqslant 1 \geqslant b \geqslant c \geqslant 0$，且满足 $a+b+c=3$，那么

$$abc + \frac{2}{ab+bc+ca} \geqslant \frac{5}{a^2+b^2+c^2}$$

1.175　设 $a \geqslant b \geqslant 1 \geqslant c > 0$，且满足 $a+b+c=3$，那么

$$\frac{1}{abc} + 2 \geqslant \frac{9}{ab+bc+ca}$$

1.176　设 $a \geqslant b \geqslant 1 \geqslant c > 0$，且满足 $a+b+c=3$，那么

$$\frac{1}{a} + \frac{1}{b} + \frac{1}{c} + 11 \geqslant 4(a^2+b^2+c^2)$$

1.177　设 $a \geqslant b \geqslant 1 \geqslant c > 0$，且满足 $a+b+c=3$，那么

$$\frac{1}{abc} + \frac{2}{a^2+b^2+c^2} \geqslant \frac{5}{ab+bc+ca}$$

1.178　设 $a \geqslant b \geqslant 1 \geqslant c \geqslant 0$，且满足 $a+b+c=3$，那么

$$\frac{9}{a^3+b^3+c^3} + 2 \leqslant \frac{15}{a^2+b^2+c^2}$$

1.179　设 $a \geqslant b \geqslant 1 \geqslant c \geqslant 0$，且满足 $a+b+c=3$，那么

$$\frac{36}{a^3+b^3+c^3} + 9 \leqslant \frac{65}{a^2+b^2+c^2}$$

1.180　如果 $a,b,c$ 是一个三角形的三边长，那么

$$10\left(\frac{a}{b} + \frac{b}{c} + \frac{c}{a}\right) > 9\left(\frac{b}{a} + \frac{c}{b} + \frac{a}{c}\right)$$

1.181　如果 $a,b,c$ 是一个三角形的三边长，那么

$$\frac{a}{3a+b-c} + \frac{b}{3b+c-a} + \frac{c}{3c+a-b} \geqslant 1$$

1.182　如果 $a,b,c$ 是一个三角形的三边长，那么

$$\frac{a^2-b^2}{a^2+bc} + \frac{b^2-c^2}{b^2+ca} + \frac{c^2-a^2}{c^2+ab} \leqslant 0$$

1.183　如果 $a,b,c$ 是一个三角形的三边长，那么

$$a^2(a+b)(b-c) + b^2(b+c)(c-a) + c^2(c+a)(a-b) \geqslant 0$$

1.184　如果 $a,b,c$ 是一个三角形的三边长，那么

$$a^2b + b^2c + c^2a \geqslant \sqrt{abc(a+b+c)(a^2+b^2+c^2)}$$

1.185　如果 $a,b,c$ 是一个三角形的三边长，那么

$$a^2\left(\frac{b}{c} - 1\right) + b^2\left(\frac{c}{a} - 1\right) + c^2\left(\frac{a}{b} - 1\right) \geqslant 0$$

1.186　如果 $a,b,c$ 是一个三角形的三边长，那么：

(a) $a^3b + b^3c + c^3a \geqslant a^2b^2 + b^2c^2 + c^2a^2$；

(b) $3(a^3b + b^3c + c^3a) \geqslant (ab+bc+ca)(a^2+b^2+c^2)$；

19

(c) $\dfrac{a^3b + b^3c + c^3a}{3} \geqslant \left(\dfrac{a+b+c}{3}\right)^4$.

1.187　如果 $a,b,c$ 是一个三角形的三边长,那么
$$2\left(\dfrac{a^2}{b^2} + \dfrac{b^2}{c^2} + \dfrac{c^2}{a^2}\right) \geqslant \dfrac{b^2}{a^2} + \dfrac{c^2}{b^2} + \dfrac{a^2}{c^2} + 3$$

1.188　如果 $a,b,c$ 是一个三角形的三边长,且满足 $a < b < c$,那么
$$\dfrac{a^2}{a^2-b^2} + \dfrac{b^2}{b^2-c^2} + \dfrac{c^2}{c^2-a^2} \leqslant 0$$

1.189　如果 $a,b,c$ 是一个三角形的三边长,那么
$$\dfrac{a}{b} + \dfrac{b}{c} + \dfrac{c}{a} + 3 \geqslant 2\left(\dfrac{a+b}{b+c} + \dfrac{b+c}{c+a} + \dfrac{c+a}{a+b}\right)$$

1.190　设 $a,b,c$ 是一个三角形的三边长. 如果 $k \geqslant 2$,那么
$$a^kb(a-b) + b^kc(b-c) + c^ka(c-a) \geqslant 0$$

1.191　设 $a,b,c$ 是一个三角形的三边长. 如果 $k \geqslant 1$,那么
$$3(a^{k+1}b + b^{k+1}c + c^{k+1}a) \geqslant (a+b+c)(a^kb + b^kc + c^ka)$$

1.192　设 $a,b,c,d$ 是正实数,且满足 $a+b+c+d=4$,求证
$$\dfrac{a}{3+b} + \dfrac{b}{3+c} + \dfrac{c}{3+d} + \dfrac{d}{3+a} \geqslant 1$$

1.193　设 $a,b,c,d$ 是正实数,且满足 $a+b+c+d=4$,求证
$$\dfrac{a}{1+b^2} + \dfrac{b}{1+c^2} + \dfrac{c}{1+d^2} + \dfrac{d}{1+a^2} \geqslant 2$$

1.194　如果 $a,b,c,d$ 是非负实数,且满足 $a+b+c+d=4$,那么
$$a^2bc + b^2cd + c^2da + d^2ab \leqslant 4$$

1.195　如果 $a,b,c,d$ 是非负实数,且满足 $a+b+c+d=4$,那么
$$a(b+c)^2 + b(c+d)^2 + c(d+a)^2 + d(a+b)^2 \leqslant 16$$

1.196　如果 $a,b,c,d$ 是正实数,那么
$$\dfrac{a-b}{b+c} + \dfrac{b-c}{c+d} + \dfrac{c-d}{d+a} + \dfrac{d-a}{a+b} \geqslant 0$$

1.197　如果 $a,b,c,d$ 是正实数,那么:

(a) $\dfrac{a-b}{a+2b+c} + \dfrac{b-c}{b+2c+d} + \dfrac{c-d}{c+2d+a} + \dfrac{d-a}{d+2a+b} \geqslant 0$;

(b) $\dfrac{a}{2a+b+c} + \dfrac{b}{2b+c+d} + \dfrac{c}{2c+d+a} + \dfrac{d}{2d+a+b} \leqslant 1$.

1.198　如果 $a,b,c,d$ 是正实数,且满足 $abcd=1$,那么
$$\dfrac{1}{a(a+b)} + \dfrac{1}{b(b+c)} + \dfrac{1}{c(c+d)} + \dfrac{1}{d(d+a)} \geqslant 2$$

1.199　如果 $a,b,c,d$ 是正实数,那么

$$\frac{1}{a(1+b)}+\frac{1}{b(1+c)}+\frac{1}{c(1+d)}+\frac{1}{d(1+a)}\geqslant\frac{16}{1+8\sqrt{abcd}}$$

1.200 如果 $a,b,c,d$ 是非负实数,且满足 $a^2+b^2+c^2+d^2=4$,那么：

(a)$3(a+b+c+d)\geqslant 2(ab+bc+cd+da)+4$；

(b)$a+b+c+d-4\geqslant(2-\sqrt{2})(ab+bc+cd+da-4)$.

1.201 设 $a,b,c,d$ 是正实数.

(a) 如果 $a,b,c,d\geqslant 1$,那么

$$\left(a+\frac{1}{b}\right)\left(b+\frac{1}{c}\right)\left(c+\frac{1}{d}\right)\left(d+\frac{1}{a}\right)$$

$$\geqslant(a+b+c+d)\left(\frac{1}{a}+\frac{1}{b}+\frac{1}{c}+\frac{1}{d}\right)$$

(b) 如果 $abcd=1$,那么

$$\left(a+\frac{1}{b}\right)\left(b+\frac{1}{c}\right)\left(c+\frac{1}{d}\right)\left(d+\frac{1}{a}\right)$$

$$\leqslant(a+b+c+d)\left(\frac{1}{a}+\frac{1}{b}+\frac{1}{c}+\frac{1}{d}\right)$$

1.202 如果 $a,b,c,d$ 是正实数,那么

$$\left(1+\frac{a}{a+b}\right)^2+\left(1+\frac{b}{b+c}\right)^2+\left(1+\frac{c}{c+d}\right)^2+\left(1+\frac{d}{d+a}\right)^2>7$$

1.203 如果 $a,b,c,d$ 是正实数,那么

$$\frac{a^2-bd}{b+2c+d}+\frac{b^2-ca}{c+2d+a}+\frac{c^2-db}{d+2a+b}+\frac{d^2-ac}{a+2b+c}\geqslant 0$$

1.204 如果 $a,b,c,d$ 是正实数,且满足 $a\leqslant b\leqslant c\leqslant d$,那么

$$\sqrt{\frac{2a}{a+b}}+\sqrt{\frac{2b}{b+c}}+\sqrt{\frac{2c}{c+d}}+\sqrt{\frac{2d}{d+a}}\leqslant 4$$

1.205 如果 $a,b,c,d$ 是非负实数,并设

$$x=\frac{a}{b+c},\quad y=\frac{b}{c+d},\quad z=\frac{c}{d+a},\quad t=\frac{d}{a+b}$$

求证：

(a) $\sqrt{xz}+\sqrt{yt}\leqslant 1$；

(b)$x+y+z+t+4(xz+yt)\geqslant 4$.

1.206 如果 $a,b,c,d$ 是非负实数,那么

$$\left(1+\frac{2a}{b+c}\right)\left(1+\frac{2b}{c+d}\right)\left(1+\frac{2c}{d+a}\right)\left(1+\frac{2d}{a+b}\right)\geqslant 9$$

1.207 设 $a,b,c,d$ 是非负实数.如果 $k>0$,那么

$$\left(1+\frac{ka}{b+c}\right)\left(1+\frac{kb}{c+d}\right)\left(1+\frac{kc}{d+a}\right)\left(1+\frac{kd}{a+b}\right)\geqslant(1+k)^2$$

21

1.208　　如果 $a,b,c,d$ 是正实数,且满足 $a+b+c+d=4$,那么

$$\frac{1}{ab}+\frac{1}{bc}+\frac{1}{cd}+\frac{1}{da}\geqslant a^2+b^2+c^2+d^2$$

1.209　　如果 $a,b,c,d$ 是正实数,那么

$$\frac{a^2}{(a+b+c)^2}+\frac{b^2}{(b+c+d)^2}+\frac{c^2}{(c+d+a)^2}+\frac{d^2}{(d+a+b)^2}\geqslant\frac{4}{9}$$

1.210　　如果 $a,b,c,d$ 是正实数,且满足 $a+b+c+d=3$,那么

$$ab(b+c)+bc(c+d)+cd(d+a)+da(a+b)\leqslant 4$$

1.211　　如果 $a\geqslant b\geqslant c\geqslant d\geqslant 0$,且 $a+b+c+d=2$,那么

$$ab(b+c)+bc(c+d)+cd(d+a)+da(a+b)\leqslant 1$$

1.212　　如果 $a,b,c,d$ 是非负实数,且 $a+b+c+d=4$. 如果 $k\geqslant\dfrac{37}{27}$,那么

$$ab(b+kc)+bc(c+kd)+cd(d+ka)+da(a+kb)\leqslant 4(1+k)$$

1.213　　设 $a,b,c,d$ 是正实数,且 $a\leqslant b\leqslant c\leqslant d$. 求证

$$2\left(\frac{a}{b}+\frac{b}{c}+\frac{c}{d}+\frac{d}{a}\right)\geqslant 4+\frac{a}{c}+\frac{c}{a}+\frac{b}{d}+\frac{d}{b}$$

1.214　　设 $a,b,c,d$ 是正实数,且

$$a\leqslant b\leqslant c\leqslant d,\quad abcd=1$$

求证

$$\frac{a}{b}+\frac{b}{c}+\frac{c}{d}+\frac{d}{a}\geqslant ab+bc+cd+da$$

1.215　　设 $a,b,c,d$ 是正实数,且 $a\leqslant b\leqslant c\leqslant d,abcd=1$. 求证

$$4+\frac{a}{b}+\frac{b}{c}+\frac{c}{d}+\frac{d}{a}\geqslant 2(a+b+c+d)$$

1.216　　设 $A=\{a_1,a_2,a_3,a_4\}$ 是一个实数集合,且满足 $a_1+a_2+a_3+a_4=0$. 求证:存在 $A$ 的一个排列 $B=\{a,b,c,d\}$ 满足

$$a^2+b^2+c^2+d^2+3(ab+bc+cd+da)\geqslant 0$$

1.217　　如果 $a,b,c,d$ 是非负实数,满足

$$a\geqslant b\geqslant 1\geqslant c\geqslant d,\quad a+b+c+d=3$$

那么

$$a^2+b^2+c^2+d^2+10abcd\leqslant 5$$

1.218　　如果 $a,b,c,d$ 是非负实数,且满足

$$a\geqslant b\geqslant 1\geqslant c\geqslant d,\quad a+b+c+d=6$$

那么

$$a^2+b^2+c^2+d^2+4abcd\leqslant 26$$

1.219　　如果 $a,b,c,d$ 是非负实数,且满足

$$a\geqslant b\geqslant 1\geqslant c\geqslant d,\quad a+b+c+d=p,\quad p\geqslant 2$$

那么
$$\frac{p^2-4p+8}{2}\leqslant a^2+b^2+c^2+d^2\leqslant p^2-2p+2$$

1.220  设 $a\geqslant b\geqslant 1\geqslant c\geqslant d\geqslant 0$ 满足
$$a+b+c+d=4,\quad a^2+b^2+c^2+d^2=q$$
其中 $q\in[4,10]$ 是固定的实数,求证:当 $b=1$ 和 $c=d$ 时,乘积 $r=abcd$ 最大.

1.221  如果 $a,b,c,d$ 是非负实数,且满足
$$a\geqslant b\geqslant 1\geqslant c\geqslant d,\quad a+b+c+d=4$$
那么
$$a^2+b^2+c^2+d^2+6abcd\leqslant 10$$

1.222  如果 $a,b,c,d$ 是非负实数,且满足
$$a\geqslant b\geqslant 1\geqslant c\geqslant d,\quad a+b+c+d=4$$
那么
$$a^2+b^2+c^2+d^2+6\sqrt{abcd}\leqslant 10$$

1.223  如果 $a,b,c,d,e$ 是正实数,那么
$$\frac{a}{a+2b+2c}+\frac{b}{b+2c+2d}+\frac{c}{c+2d+2e}+\frac{d}{d+2e+2a}+\frac{e}{e+2a+2b}\geqslant 1$$

1.224  设 $a,b,c,d,e$ 是正实数,且满足 $a+b+c+d+e=5$.求证
$$1+\frac{4}{abcde}\geqslant \frac{a}{b}+\frac{b}{c}+\frac{c}{d}+\frac{d}{e}+\frac{e}{a}$$

1.225  如果 $a,b,c,d,e$ 是实数,且满足 $a+b+c+d+e=0$,那么
$$-\frac{\sqrt5-1}{4}\leqslant \frac{ab+bc+cd+de+ea}{a^2+b^2+c^2+d^2+e^2}\leqslant \frac{\sqrt5-1}{4}$$

1.226  设 $a,b,c,d,e$ 是正实数,且 $a^2+b^2+c^2+d^2+e^2=5$.求证
$$\frac{a^2}{b+c+d}+\frac{b^2}{c+d+e}+\frac{c^2}{d+e+a}+\frac{d^2}{e+a+b}+\frac{e^2}{a+b+c}\geqslant \frac{5}{3}$$

1.227  设 $a,b,c,d,e$ 是非负实数,且 $a+b+c+d+e=5$.求证
$$(a^2+b^2)(b^2+c^2)(c^2+d^2)(d^2+e^2)(e^2+a^2)\leqslant \frac{729}{2}$$

1.228  如果 $a,b,c,d,e\in[1,5]$,那么
$$\frac{a-b}{b+c}+\frac{b-c}{c+d}+\frac{c-d}{d+e}+\frac{d-e}{e+a}+\frac{e-a}{a+b}\geqslant 0$$

1.229  如果 $a,b,c,d,e,f\in[1,3]$,那么
$$\frac{a-b}{b+c}+\frac{b-c}{c+d}+\frac{c-d}{d+e}+\frac{d-e}{e+f}+\frac{e-f}{f+a}+\frac{f-a}{a+b}\geqslant 0$$

1.230  如果 $a_1,a_2,\cdots,a_n,n\geqslant 3$ 是正实数,那么

$$\sum_{i=1}^{n} \frac{a_i}{a_{i-1} + 2a_i + a_{i+1}} \leqslant \frac{n}{4}$$

其中 $a_0 = a_n$ 和 $a_{n+1} = a_1$.

**1.231** 设 $a_1, a_2, \cdots, a_n, n \geqslant 3$ 是正实数,且 $a_1 a_2 \cdots a_n = 1$. 求证

$$\frac{1}{n-2+a_1+a_2} + \frac{1}{n-2+a_2+a_3} + \cdots + \frac{1}{n-2+a_n+a_1} \leqslant 1$$

**1.232** 如果 $a_1, a_2, \cdots, a_n \geqslant 1$,那么

$$\prod \left( a_1 + \frac{1}{a_2} + n - 2 \right) \geqslant n^{n-2} (a_1 + a_2 + \cdots + a_n) \left( \frac{1}{a_1} + \frac{1}{a_2} + \cdots + \frac{1}{a_n} \right)$$

**1.233** 如果 $a_1, a_2, \cdots, a_n \geqslant 1$,那么

$$\left( a_1 + \frac{1}{a_1} \right) \left( a_2 + \frac{1}{a_2} \right) \cdots \left( a_n + \frac{1}{a_n} \right) + 2^n$$

$$\geqslant 2 \left( 1 + \frac{a_1}{a_2} \right) \left( 1 + \frac{a_2}{a_3} \right) \cdots \left( 1 + \frac{a_n}{a_1} \right)$$

**1.234** 设 $k$ 和 $n$ 是正整数,并设 $a_1, a_2, \cdots, a_n$ 也是正实数,且 $a_1 \leqslant a_2 \leqslant \cdots \leqslant a_n$,考虑不等式

$$(a_1 + a_2 + \cdots + a_n)^2 \geqslant n(a_1 a_{k+1} + a_2 a_{k+2} + \cdots + a_n a_{n+k})$$

其中 $a_{n+i} = a_i$, $i$ 为任意正整数,求证这个不等式成立:

(a) 当 $n = 2k$ 时;

(b) 当 $n = 4k$ 时.

**1.235** 如果 $a_1, a_2, \cdots, a_n$ 是实数,那么

$$a_1(a_1 + a_2) + a_2(a_2 + a_3) + \cdots + a_n(a_n + a_1) \geqslant \frac{2}{n}(a_1 + a_2 + \cdots + a_n)^2$$

**1.236** 如果 $a_1, a_2, \cdots, a_n \in [1, 2]$,那么

$$\sum_{i=1}^{n} \frac{3}{a_i + 2a_{i+1}} \geqslant \sum_{i=1}^{n} \frac{2}{a_i + a_{i+1}}$$

其中 $a_{n+1} = a_1$.

**1.237** 设 $a_1, a_2, \cdots, a_n, n \geqslant 3$ 是实数,且满足 $a_1 + a_2 + \cdots + a_n = n$.

(a) 如果 $a_1 \geqslant 1 \geqslant a_2 \geqslant \cdots \geqslant a_n$,那么

$$a_1^3 + a_2^3 + \cdots + a_n^3 + 2n \geqslant 3(a_1^2 + a_2^2 + \cdots + a_n^2)$$

(b) 如果 $a_1 \leqslant 1 \leqslant a_2 \leqslant \cdots \leqslant a_n$,那么

$$a_1^3 + a_2^3 + \cdots + a_n^3 + 2n \leqslant 3(a_1^2 + a_2^2 + \cdots + a_n^2)$$

**1.238** 设 $a_1, a_2, \cdots, a_n, n \geqslant 3$ 是非负实数,且满足 $a_1 + a_2 + \cdots + a_n = n$.

(a) 如果 $a_1 \geqslant 1 \geqslant a_2 \geqslant \cdots \geqslant a_n$,那么

$$a_1^4 + a_2^4 + \cdots + a_n^4 + 5n \geqslant 6(a_1^2 + a_2^2 + \cdots + a_n^2)$$

(b) 如果 $a_1 \leqslant 1 \leqslant a_2 \leqslant \cdots \leqslant a_n$,那么

$$a_1^4 + a_2^4 + \cdots + a_n^4 + 6n \leqslant 7(a_1^2 + a_2^2 + \cdots + a_n^2)$$

1.239　如果 $a_1,a_2,\cdots,a_n$ 是正实数,且满足

$$a_1 \geqslant 1 \geqslant a_2 \geqslant \cdots \geqslant a_n, \frac{1}{a_1} + \frac{1}{a_2} + \cdots + \frac{1}{a_n} = n$$

那么

$$a_1^2 + a_2^2 + \cdots + a_n^2 + 2n \geqslant 3(a_1 + a_2 + \cdots + a_n)$$

1.240　如果 $a_1,a_2,\cdots,a_n$ 是实数,且满足

$$a_1 \leqslant 1 \leqslant a_2 \leqslant \cdots \leqslant a_n, a_1 + a_2 + \cdots + a_n = n$$

那么：

（a）$\dfrac{a_1+1}{a_1^2+1} + \dfrac{a_2+1}{a_2^2+1} + \cdots + \dfrac{a_n+1}{a_n^2+1} \leqslant n$；

（b）$\dfrac{1}{a_1^2+3} + \dfrac{1}{a_2^2+3} + \cdots + \dfrac{1}{a_n^2+3} \leqslant \dfrac{n}{4}$.

1.241　如果 $a_1,a_2,\cdots,a_n$ 是非负实数,且满足

$$a_1 \leqslant 1 \leqslant a_2 \leqslant \cdots \leqslant a_n, \quad a_1 + a_2 + \cdots + a_n = n$$

那么

$$\frac{a_1^2-1}{(a_1+3)^2} + \frac{a_2^2-1}{(a_2+3)^2} + \cdots + \frac{a_n^2-1}{(a_n+3)^2} \geqslant 0$$

1.242　如果 $a_1,a_2,\cdots,a_n$ 是非负实数,且满足

$$a_1 \geqslant 1 \geqslant a_2 \geqslant \cdots \geqslant a_n, \quad a_1 + a_2 + \cdots + a_n = n$$

那么

$$\frac{1}{3a_1^3+4} + \frac{1}{3a_2^3+4} + \cdots + \frac{1}{3a_n^3+4} \geqslant \frac{n}{7}$$

1.243　如果 $a_1,a_2,\cdots,a_n$ 是非负实数,且满足

$$a_1 \leqslant 1 \leqslant a_2 \leqslant \cdots \leqslant a_n, \quad a_1 + a_2 + \cdots + a_n = n$$

那么

$$\sqrt{\frac{3a_1}{4-a_1}} + \sqrt{\frac{3a_2}{4-a_2}} + \cdots + \sqrt{\frac{3a_n}{4-a_n}} \leqslant n$$

1.244　如果 $a_1,a_2,\cdots,a_n$ 是非负实数,且满足

$$a_1 \leqslant 1 \leqslant a_2 \leqslant \cdots \leqslant a_n, \quad a_1^2 + a_2^2 + \cdots + a_n^2 = n$$

那么

$$\frac{1}{3-a_1} + \frac{1}{3-a_2} + \cdots + \frac{1}{3-a_n} \leqslant \frac{n}{2}$$

1.245　如果 $a_1,a_2,\cdots,a_n$ 是实数,且满足

$$a_1 \leqslant 1 \leqslant a_2 \leqslant \cdots \leqslant a_n, \quad a_1 + a_2 + \cdots + a_n = n$$

那么

$$(1+a_1^2)(1+a_2^2)\cdots(1+a_n^2) \geqslant 2^n$$

1.246　如果 $a_1,a_2,\cdots,a_n$ 是正实数,且满足

25

$$a_1 \geqslant 1 \geqslant a_2 \geqslant \cdots \geqslant a_n, \quad a_1 a_2 \cdots a_n = 1$$

那么

$$\frac{1}{a_1 + 1} + \frac{1}{a_2 + 1} + \cdots + \frac{1}{a_n + 1} \geqslant \frac{n}{2}$$

1.247 如果 $a_1, a_2, \cdots, a_n$ 是正实数,且满足

$$a_1 \geqslant 1 \geqslant a_2 \geqslant \cdots \geqslant a_n, \quad a_1 a_2 \cdots a_n = 1$$

那么

$$\frac{1}{(a_1 + 2)^2} + \frac{1}{(a_2 + 2)^2} + \cdots + \frac{1}{(a_n + 2)^2} \geqslant \frac{n}{9}$$

1.248 如果 $a_1, a_2, \cdots, a_n$ 是正实数,且满足

$$a_1 \geqslant 1 \geqslant a_2 \geqslant \cdots \geqslant a_n, \quad a_1 a_2 \cdots a_n = 1$$

那么

$$a_1^n + a_2^n + \cdots + a_n^n - n \geqslant n^2 \left( \frac{1}{a_1} + \frac{1}{a_2} + \cdots + \frac{1}{a_n} - n \right)$$

1.249 如果 $a_1, a_2, \cdots, a_n, n \geqslant 3$ 是实数,且满足

$$a_1 + a_2 + \cdots + a_n = n, \quad a_1 \geqslant a_2 \geqslant 1 \geqslant a_3 \geqslant \cdots \geqslant a_n$$

那么

$$a_1^4 + a_2^4 + \cdots + a_n^4 - n \geqslant \frac{14}{3}(a_1^2 + a_2^2 + \cdots + a_n^2 - n)$$

1.250 如果 $a_1, a_2, \cdots, a_n$ 是正实数,且满足

$$a_1 \geqslant 1 \geqslant a_2 \geqslant \cdots \geqslant a_n, \quad a_1 a_2 \cdots a_n = 1$$

求证

$$\frac{1 - a_1}{3 + a_1^2} + \frac{1 - a_2}{3 + a_2^2} + \cdots + \frac{1 - a_n}{3 + a_n^2} \geqslant 0$$

1.251 如果 $a_1, a_2, \cdots, a_n, n \geqslant 3$ 是非负实数,且满足

$$a_1 \geqslant \cdots \geqslant a_k \geqslant 1 \geqslant a_{k+1} \geqslant \cdots \geqslant a_n, 1 \leqslant k \leqslant n - 1$$

$$a_1 + a_2 + \cdots + a_n = p$$

证明:

(a) 如果 $p \geqslant k$,那么

$$a_1^2 + a_2^2 + \cdots + a_n^2 \leqslant (p - k + 1)^2 + k - 1$$

(b) 如果 $k \leqslant p \leqslant n$,那么

$$a_1^2 + a_2^2 + \cdots + a_n^2 \geqslant \frac{p^2 - 2kp + kn}{n - k}$$

(c) 如果 $p \geqslant n$,那么

$$a_1^2 + a_2^2 + \cdots + a_n^2 \geqslant \frac{p^2 - 2(n - k)p + n(n - k)}{k}$$

1.252 如果 $a_1, a_2, \cdots, a_n, n \geqslant 3$ 是非负实数,且满足

$$a_1 \geqslant \cdots \geqslant a_k \geqslant 1 \geqslant a_{k+1} \geqslant \cdots \geqslant a_n, \quad 1 \leqslant k \leqslant n-1$$

$$a_1 + a_2 + \cdots + a_n = n, \quad a_1^2 + a_2^2 + \cdots + a_n^2 = q$$

其中 $q$ 是固定的数,求证:当 $a_2 = \cdots = a_k = 1, a_{k+1} = \cdots = a_n$ 时,乘积 $r = a_1 a_2 \cdots a_n$ 最大.

1.253 如果 $a_1, a_2, \cdots, a_n$ 是非负实数,且满足

$$a_1 \leqslant 1 \leqslant a_2 \leqslant \cdots \leqslant a_n, \quad a_1 + a_2 + \cdots + a_n = n$$

那么

$$(a_1 a_2 \cdots a_n)^{\frac{2}{n}} (a_1^2 + a_2^2 + \cdots + a_n^2) \leqslant n$$

1.254 如果 $a_1, a_2, \cdots, a_n, n \geqslant 3$ 是非负实数,且满足

$$a_1 \geqslant \cdots \geqslant a_k \geqslant 1 \geqslant a_{k+1} \geqslant \cdots \geqslant a_n, \quad 1 \leqslant k \leqslant n-1$$

$$a_1 + a_2 + \cdots + a_n = p, \quad a_1^2 + a_2^2 + \cdots + a_n^2 = q$$

其中 $p$ 和 $q$ 是固定的数.

(a) 对于 $p \leqslant n$,当 $a_2 = \cdots = a_k = 1, a_{k+1} = \cdots = a_n$ 时,乘积 $r = a_1 a_2 \cdots a_n$ 最大;

(b) 对于 $p \geqslant n, q \geqslant n-1+(p-n+1)^2$,当 $a_2 = \cdots = a_k = 1, a_{k+1} = \cdots = a_n$ 时,乘积 $r = a_1 a_2 \cdots a_n$ 最大;

(c) 对于 $p \geqslant n, q < n-1+(p-n+1)^2$,当 $a_2 = \cdots = a_k, a_{k+1} = \cdots = a_n = 1$ 时,乘积 $r = a_1 a_2 \cdots a_n$ 最大;

1.255 如果 $a_1, a_2, \cdots, a_n, n \geqslant 3$ 是非负实数,且满足

$$a_1 \leqslant a_2 \leqslant 1 \leqslant a_3 \leqslant \cdots \leqslant a_n, \quad a_1 + a_2 + \cdots + a_n = n-1$$

那么

$$a_1^2 + a_2^2 + \cdots + a_n^2 + 10 a_1 a_2 \cdots a_n \leqslant n+1$$

1.256 如果 $a, b, c, d, e$ 是非负实数,且满足

$$a \leqslant b \leqslant 1 \leqslant c \leqslant d \leqslant e, \quad a+b+c+d+e = 8$$

那么

$$a^2 + b^2 + c^2 + d^2 + e^2 + 3abcde \leqslant 38$$

# 1.2 解 决 方 案

**问题 1.1** 如果 $a, b, c$ 是非负实数,且满足 $a+b+c=3$,那么

$$ab^2 + bc^2 + ca^2 \leqslant 4$$

**证明 1** 假设 $a = \max\{a, b, c\}$. 因为

$$ab^2 + bc^2 + ca^2 \leqslant ab \cdot \frac{a+b}{2} + abc + ca^2$$

$$= \frac{a(a+b)(b+2c)}{2}$$

27

于是只需证

$$a(a+b)(b+2c) \leqslant 8$$

根据 AM-GM 不等式,我们有

$$a(a+b)(b+2c) \leqslant \left[\frac{a+(a+b)+(b+2c)}{3}\right]^3$$

$$= 8\left(\frac{a+b+c}{3}\right)^3$$

$$= 8$$

等式适用于 $a=2, b=0, c=1$(或其任何循环排列).

**证明 2** 设 $(x,y,z)$ 是 $(a,b,c)$ 的一个排列,且满足

$$x \geqslant y \geqslant z$$

因为

$$xy \geqslant zx \geqslant yz$$

由排序不等式,我们有

$$ab^2 + bc^2 + ca^2 = b \cdot ab + c \cdot bc + a \cdot ca$$

$$\leqslant x \cdot xy + y \cdot zx + z \cdot yz$$

$$= y(x^2 + xz + z^2)$$

应用这个结论和 AM-GM 不等式,我们得到

$$ab^2 + bc^2 + ca^2 \leqslant y(x^2 + xz + z^2)$$

$$\leqslant y(x+z)^2$$

$$= 4y \cdot \frac{x+z}{2} \cdot \frac{x+z}{2}$$

$$\leqslant 4\left[\frac{y+\frac{x+z}{2}+\frac{x+z}{2}}{3}\right]^3$$

$$= 4\left(\frac{x+y+z}{3}\right)^3$$

$$= 4$$

**证明 3** 不失一般性,假设 $b$ 位于 $a$ 和 $c$ 之间,也就是

$$(b-a)(b-c) \leqslant 0, \quad b^2+ac \leqslant b(a+c)$$

因为

$$ab^2 + bc^2 + ca^2 = a(b^2+ac) + bc^2$$

$$\leqslant ab(a+c) + bc^2$$

$$= b(a^2+ac+c^2)$$

$$\leqslant b(a+c)^2$$

$$= b(3-b)^2$$

于是,只需证明
$$b\ (3-b)^2 \leqslant 4$$
的确
$$b\ (3-b)^2 - 4 \leqslant (b-1)^2 (b-3) = -(b-1)^2 (a+c) \leqslant 0$$

**证明4** 将原不等式写为齐次形式
$$4\ (a+b+c)^3 \geqslant 27(ab^2 + bc^2 + ca^2)$$
它等价于
$$4(a^3 + b^3 + c^3) + 12(a+b)(b+c)(c+a) \geqslant 27(ab^2 + bc^2 + ca^2)$$
$$4\sum a^3 + 12\left(\sum a^2 b + \sum ab^2 + 2abc\right) \geqslant 27\sum ab^2$$
$$4\sum a^3 + 12\sum a^2 b + 24abc \geqslant 15\sum ab^2$$
另外,明显的不等式
$$\sum a\ (2a - pb - qc)^2 \geqslant 0$$
等价于
$$4\sum a^3 + (q^2 - 4p)\sum a^2 b + 6pqabc \geqslant (4q - p^2)\sum ab^2$$
设 $p=1$ 和 $q=4$ 可得到期望不等式.此外
$$4\ (a+b+c)^3 - 27(ab^2 + bc^2 + ca^2) = \sum a\ (2a - b - 4c)^2 \geqslant 0$$

**问题 1.2** 如果 $a,b,c$ 是正实数,且满足 $a+b+c=3$,那么
$$(ab + bc + ca)(ab^2 + bc^2 + ca^2) \leqslant 9$$

**证明** 设 $(x,y,z)$ 是 $(a,b,c)$ 的一个排列,且满足 $x \geqslant y \geqslant z$,正如问题1.1 的证明2一样
$$ab^2 + bc^2 + ca^2 \leqslant y(x^2 + xz + z^2)$$
因此,只需证明
$$y(x^2 + xz + z^2)(xy + yz + zx) \leqslant 9$$
根据 AM $-$ GM 不等式,我们得到
$$4(x^2 + xz + z^2)(xy + yz + zx)$$
$$\leqslant (x^2 + xz + z^2 + xy + yz + zx)^2$$
$$= (x+z)^2 (x+y+z)^2$$
$$= 9\ (x+z)^2$$
因此,只需证明
$$y\ (x+z)^2 \leqslant 4$$
这可由 AM $-$ GM 不等式得出,如下
$$2y\ (x+z)^2 \leqslant \left[\frac{2y + (x+z) + (x+z)}{3}\right]^3 = 8$$
等式适用于 $a=b=c=1$.

**问题 1.3**　如果 $a,b,c$ 是非负实数,且满足 $a^2+b^2+c^2=3$,那么:

(a) $ab^2+bc^2+ca^2\leqslant abc+2$;

(b) $\dfrac{a}{b+2}+\dfrac{b}{c+2}+\dfrac{c}{a+2}\leqslant 1$.

(Vasile Cîrtoaje,2005)

**证明**　(a) **方法 1**　不失一般性,假设 $b$ 介于 $a$ 与 $c$ 之间,也就是

$$(b-a)(b-c)\leqslant 0,\quad b^2+ac\leqslant b(a+c)$$

因为

$$ab^2+bc^2+ca^2=a(b^2+ac)+bc^2\leqslant ab(a+c)+bc^2=b(a^2+c^2)+abc$$

于是只需证

$$b(a^2+c^2)\leqslant 2$$

我们有

$$2-b(a^2+c^2)=2-b(3-b^2)=(b-1)^2(b+2)\geqslant 0$$

等式适用于 $a=b=c=1$,也适用于 $a=0,b=1,c=\sqrt{2}$(或其任何循环排列).

**方法 2**　设 $(x,y,z)$ 是 $(a,b,c)$ 的一个排列,且 $x\geqslant y\geqslant z$,正如问题 1.1 证明 2 一样,得到

$$ab^2+bc^2+ca^2\leqslant y(x^2+xz+z^2)$$

因此,只需证

$$y(x^2+xz+z^2)\leqslant xyz+2$$

这可写为

$$y(x^2+z^2)\leqslant 2$$

的确

$$2-y(x^2+z^2)=2-y(3-y^2)=(y-1)^2(y+2)\geqslant 0$$

(b) 将原不等式改写为

$$\sum a(a+2)(c+2)\leqslant (a+2)(b+2)(c+2)$$

$$ab^2+bc^2+ca^2+2(a^2+b^2+c^2)\leqslant abc+8$$

$$ab^2+bc^2+ca^2\leqslant abc+2$$

最后的不等式恰好是 (a) 中的不等式.

**问题 1.4**　如果 $a,b,c\geqslant 1$,那么:

(a) $2(ab^2+bc^2+ca^2)+3\geqslant 3(ab+bc+ca)$;

(b) $ab^2+bc^2+ca^2+6\geqslant 3(a+b+c)$.

**证明**　(a) **方法 1**　由

$$a(b-1)^2+b(c-1)^2+c(a-1)^2\geqslant 0$$

我们得到

$$ab^2+bc^2+ca^2\geqslant 2(ab+bc+ca)-(a+b+c)$$

应用这个不等式，我们得到

$$2(ab^2 + bc^2 + ca^2) + 3 - 3(ab + bc + ca)$$

$$\geqslant 2[2(ab + bc + ca) - (a + b + c)] + 3 - 3(ab + bc + ca)$$

$$= ab + bc + ca - 2(a + b + c) + 3$$

$$= \sum (a - 1)(b - 1)$$

$$\geqslant 0$$

等式适用于 $a = b = c = 1$.

**方法 2** 从

$$\sum b(a - 1)(b - 1) \geqslant 0$$

我们得到

$$ab^2 + bc^2 + ca^2 \geqslant a^2 + b^2 + c^2 + ab + bc + ca - (a + b + c)$$

于是只需证明

$$2[a^2 + b^2 + c^2 + ab + bc + ca - (a + b + c)] + 3 \geqslant 3(ab + bc + ca)$$

这等价于

$$2(a^2 + b^2 + c^2) - 2(a + b + c) + 3 \geqslant ab + bc + ca$$

$$\sum (a - 1)^2 + (a^2 + b^2 + c^2 - ab - bc - ca) \geqslant 0$$

$$2\sum (a - 1)^2 + \sum (a - b)^2 \geqslant 0$$

（b）原不等式可由（a）中的不等式和明显成立的不等式

$$3\sum (a - 1)(b - 1) \geqslant 0$$

相加得到. 等式适用于 $a = b = c = 1$.

**问题 1.5** 如果 $a,b,c$ 是非负实数，且满足

$$a + b + c = 3, \quad a \geqslant b \geqslant c$$

那么

(a) $a^2 b + b^2 c + c^2 a \geqslant ab + bc + ca$；

(b) $8(ab^2 + bc^2 + ca^2) + 3abc \leqslant 27$；

(c) $\dfrac{18}{a^2 b + b^2 c + c^2 a} \leqslant \dfrac{1}{abc} + 5$.

**证明** （a）将原不等式写成齐次形式

$$3(a^2 b + b^2 c + c^2 a) \geqslant (a + b + c)(ab + bc + ca)$$

这等价于

$$a^2 b + b^2 c + c^2 a - 3abc \geqslant ab^2 + bc^2 + ca^2 - a^2 b - b^2 c - c^2 a$$

这是成立的，因为

$$a^2 b + b^2 c + c^2 a - 3abc \geqslant 0$$

（由 AM - GM 不等式）和

31

$$ab^2 + bc^2 + ca^2 - a^2b - b^2c - c^2a = (a-b)(b-c)(c-a) \leqslant 0$$

等式适用于 $a = b = c = 1$，也适用于 $a = 3, b = c = 0$.

（b）将原不等式写成齐次形式

$$(a+b+c)^3 \geqslant 8(ab^2 + bc^2 + ca^2) + 3abc$$

$$\sum a^3 + 3abc + 3\sum a^2b \geqslant 5\sum ab^2$$

$$\sum a^3 + 3abc - \left(\sum ab^2 + \sum a^2b\right) \geqslant 4\left(\sum ab^2 - \sum a^2b\right)$$

$$\sum a^3 + 3abc - \sum ab(a+b) \geqslant 4(a-b)(b-c)(c-a)$$

这个不等式是成立的，因为

$$(a-b)(b-c)(c-a) \leqslant 0$$

另根据三阶舒尔（Schur）不等式

$$\sum a^3 + 3abc - \sum ab(a+b) \geqslant 0$$

等式适用于 $a = b = c = 1$，也适用于 $a = b = \dfrac{3}{2}, c = 0$.

（c）因为

$$\sum ab^2 - \sum a^2b = (a-b)(b-c)(c-a) \leqslant 0$$

因此只需证齐次不等式

$$\frac{36}{\sum a^2b + \sum ab^2} \leqslant \frac{1}{abc} + 5$$

这等价于

$$\frac{36}{(a+b+c)(ab+bc+ca) - 3abc} \leqslant \frac{1}{abc} + 5$$

$$\frac{12}{ab+bc+ca - abc} \leqslant \frac{1}{abc} + 5$$

$$\frac{12}{a(b+c) + bc(1-a)} \leqslant \frac{1}{a \cdot bc} + 5$$

$$\frac{12}{a(3-a) - (a-1)bc} \leqslant \frac{1}{a \cdot bc} + 5$$

因为 $a - 1 \geqslant 0$ 和

$$4bc \leqslant (b+c)^2 = (3-a)^2$$

于是只需证明

$$\frac{48}{4a(3-a) - (a-1)(3-a)^2} \leqslant \frac{4}{a \cdot (3-a)^2} + 5$$

这等价于

$$\frac{48}{(3-a)(3+a^2)} \leqslant \frac{4}{a(3-a)^2} + 5$$

$$5a^5 - 30a^4 + 60a^3 - 38a^2 - 9a + 12 \geqslant 0$$

$$(a-1)^2 (5a^3 - 20a^2 + 15a + 12) \geqslant 0$$

我们需要证明当 $1 \leqslant a \leqslant 3$ 时,不等式

$$5a^3 - 20a^2 + 15a + 12 \geqslant 0$$

成立.

如果 $1 \leqslant a \leqslant 2$,那么

$$5a^3 - 20a^2 + 15a + 12 = 5a (a-2)^2 + (12 - 5a) > 0$$

如果 $2 \leqslant a \leqslant 3$,那么

$$5a^3 - 20a^2 + 15a + 12 = 5 (a-2)^3 + 10a^2 - 45a + 52$$

$$\geqslant 10a^2 - 45a + 52$$

$$= 10 \left(a - \frac{9}{4}\right)^2 + \frac{11}{8}$$

$$> 0$$

等式适用于 $a = b = c = 1$.

**问题 1.6** 如果 $a, b, c$ 是非负实数,且满足

$$a^2 + b^2 + c^2 = 3, \quad a \geqslant b \geqslant c$$

那么

$$ab^2 + bc^2 + ca^2 \leqslant \frac{3}{4} (ab + bc + ca + 1)$$

**证明** 记

$$p = a + b + c, \quad q = ab + bc + ca$$

从 $a^2 + b^2 + c^2 = 3$,说明

$$2q = p^2 - 3$$

此外,由熟知的不等式

$$(a + b + c)^2 \geqslant a^2 + b^2 + c^2$$

和

$$3(a^2 + b^2 + c^2) \geqslant (a + b + c)^2$$

我们得到

$$\sqrt{3} \leqslant p \leqslant 3$$

因为

$$\sum ab^2 - \sum a^2 b = (a-b)(b-c)(c-a) \leqslant 0$$

于是只需证明

$$a^2 b + b^2 c + c^2 a + ab^2 + bc^2 + ca^2 \leqslant \frac{3}{2} (ab + bc + ca + 1)$$

这等价于

33

$$pq \leqslant 3abc + \frac{3}{2}(q+1)$$

$$6abc + 3(q+1) \geqslant 2pq$$

考虑两种情形：$\sqrt{3} \leqslant p \leqslant \frac{12}{5}$ 和 $\frac{12}{5} \leqslant p \leqslant 3$.

**情形 1** $\sqrt{3} \leqslant p \leqslant \frac{12}{5}$. 因为

$$6abc + 3(q+1) - 2pq \geqslant 3 - (2p-3)q = \frac{1}{2} \left[ 6 - (2p-3)(p^2-3) \right]$$

于是只需证

$$(2p-3)(p^2-3) \leqslant 6$$

事实上，我们有

$$(2p-3)(p^2-3) \leqslant \left( \frac{24}{5} - 3 \right) \left( \frac{144}{25} - 3 \right) = \frac{621}{125} < 6$$

**情形 2** $\frac{12}{5} \leqslant p \leqslant 3$. 根据三阶舒尔不等式，我们有

$$p^3 + 9abc \geqslant 4pq$$

因此，只需证

$$2(4pq - p^3) + 9(q+1) \geqslant 6pq$$

这等价于

$$(2p+9)q - 2p^3 + 9 \geqslant 0$$
$$(2p+9)(p^2-3) - 4p^3 + 18 \geqslant 0$$
$$-2p^3 + 9p^2 - 6p - 9 \geqslant 0$$
$$(3-p)(2p^2 - 3p - 3) \geqslant 0$$

这个不等式是成立的，因为 $3 - p \geqslant 0$ 和

$$2p^2 - 3p - 3 \geqslant \frac{24}{5}p - 3p - 3 = \frac{9}{5}p - 3 \geqslant \frac{9}{5} \times \frac{12}{5} - 3 > 0$$

等式适用于 $a = b = c = 1$.

**问题 1.7** 如果 $a, b, c$ 是非负实数，且满足 $a^2 + b^2 + c^2 = 3$，那么
$$a^2 b^3 + b^2 c^3 + c^2 a^3 \leqslant 3$$

$$\text{(Vasile Cîrtoaje, 2005)}$$

**证明** 设 $(x, y, z)$ 是 $(a, b, c)$ 的一个排列，且满足
$$x \geqslant y \geqslant z$$

因为

$$x^2 y^2 \geqslant z^2 x^2 \geqslant y^2 z^2$$

所以由排列不等式得出

$$a^2 b^3 + b^2 c^3 + c^2 a^3 = b \cdot a^2 b^2 + c \cdot b^2 c^2 + a \cdot c^2 a^2$$

$$\leqslant x \cdot x^2 y^2 + y \cdot z^2 x^2 + z \cdot y^2 z^2$$

$$= y(x^3 y + z^2 x^2 + z^3 y)$$

$$\leqslant y\left(x^2 \cdot \frac{x^2 + y^2}{2} + z^2 x^2 + z^2 \cdot \frac{z^2 + y^2}{2}\right)$$

$$= \frac{y(x^2 + z^2)(x^2 + y^2 + z^2)}{2}$$

$$= \frac{3y(x^2 + z^2)}{2}$$

因此,只需证明

$$y(x^2 + z^2) \leqslant 2$$

对于 $x^2 + y^2 + z^2 = 3$,根据 AM－GM 不等式,我们得到

$$y(x^2 + z^2) = \sqrt{y^2 (3 - y^2)^2}$$

$$= \sqrt{\frac{1}{2} \cdot 2y^2 \cdot (3 - y^2) \cdot (3 - y^2)}$$

$$\leqslant \sqrt{\frac{1}{2}\left(\frac{2y^2 + 3 - y^2 + 3 - y^2}{3}\right)^3}$$

$$= 2$$

等式适用于 $a = b = c = 1$.

**问题 1.8** 如果 $a, b, c$ 是非负实数,且满足 $a + b + c = 3$,那么

$$a^4 b^2 + b^4 c^2 + c^4 a^2 + 4 \geqslant a^3 b^3 + b^3 c^3 + c^3 a^3$$

**证明** 将原不等式改写为

$$a^2 (a^2 b^2 + c^4 - ab^3 - ac^3) + 4 \geqslant b^2 c^2 (bc - b^2)$$

因为

$$2 \sum (a^2 b^2 + c^4 - ab^3 - ac^3) = \sum [a^4 + b^4 + 2a^2 b^2 - 2ab(a^2 + b^2)]$$

$$= \sum (a^2 + b^2)(a - b)^2$$

$$\geqslant 0$$

我们假设(不失一般性)

$$a^2 b^2 + c^4 - ab^3 - ac^3 \geqslant 0$$

因此,只需证明

$$4 \geqslant b^2 c^2 (bc - b^2)$$

因为

$$bc - b^2 \leqslant \frac{c^2}{4}$$

于是只需证

$$16 \geqslant b^2 c^4$$

从

$$3 = a + b + c \geqslant b + \frac{c}{2} + \frac{c}{2} \geqslant 3\sqrt[3]{b\left(\frac{c}{2}\right)^2}$$

知结论成立. 等式适用于 $a = 0, b = 1, c = 2$(或其任何循环排列).

**问题 1.9** 如果 $a, b, c$ 是非负实数,且满足 $a + b + c = 3$,那么:

(a) $ab^2 + bc^2 + ca^2 + abc \leqslant 4$;

(b) $\dfrac{a}{4-b} + \dfrac{b}{4-c} + \dfrac{c}{4-a} \leqslant 1$;

(c) $ab^3 + bc^3 + ca^3 + (ab + bc + ca)^2 \leqslant 12$;

(d) $\dfrac{ab^2}{1+a+b} + \dfrac{bc^2}{1+b+c} + \dfrac{ca^2}{1+c+a} \leqslant 1$.

**证明** (a) **方法 1** 设 $(x, y, z)$ 是 $(a, b, c)$ 的一个排列,且

$$x \geqslant y \geqslant z$$

如问题 1.1 证明 2 所示

$$ab^2 + bc^2 + ca^2 \leqslant y(x^2 + xz + z^2)$$

因此

$$ab^2 + bc^2 + ca^2 + abc \leqslant y(x^2 + xz + z^2) + xyz = y(x+z)^2$$

根据 AM $-$ GM 不等式,我们有

$$
\begin{aligned}
y(x+z)^2 &= \frac{1}{2}2y \cdot (x+z) \cdot (x+z) \\
&\leqslant \frac{1}{2}\left[\frac{2y + (x+z) + (x+z)}{3}\right]^3 \\
&= \frac{1}{2}\left(\frac{2 \times 3}{3}\right)^3 \\
&= 4
\end{aligned}
$$

等式适用于 $a = b = c = 1$,也适用于 $a = 0, b = 1, c = 2$(或其任何循环排列).

**方法 2** 不失一般性,设 $b$ 介于 $a, c$ 之间,也就是

$$(b-a)(b-c) \leqslant 0, \quad b^2 + ca \leqslant b(c+a)$$

因此

$$
\begin{aligned}
ab^2 + bc^2 + ca^2 + abc &= a(b^2 + ca) + bc^2 + abc \\
&\leqslant ab(c+a) + bc^2 + abc \\
&= b(a+c)^2 \\
&= \frac{1}{2}2b(a+c)(a+c) \\
&\leqslant \frac{1}{2}\left[\frac{2b + (a+c) + (a+c)}{3}\right]^3 \\
&= 4
\end{aligned}
$$

**方法 3** 将原不等式写成齐次式

$$4 (a+b+c)^3 \geqslant 27(ab^2 + bc^2 + ca^2 + abc)$$

不失一般性,假设 $a = \min\{a,b,c\}$,并设 $b = a+x, c = a+y, x, y \geqslant 0$,不等式重述为

$$9(x^2 - xy + y^2) a + (2x - y)^2 (x + 4y) \geqslant 0$$

这显然成立.

(b) **方法 1** 将原不等式写成齐次式

$$\sum \frac{a}{4a+b+4c} \leqslant \frac{1}{3}$$

不等式两边同乘以 $a+b+c$,变成

$$\sum \frac{a^2 + ab + ac}{4a+b+4c} \leqslant \frac{a+b+c}{3}$$

$$\sum \left( \frac{a^2 + ab + ac}{4a+b+4c} - \frac{a}{4} \right) \leqslant \frac{a+b+c}{12}$$

$$\sum \frac{9ab}{4a+b+4c} \leqslant a+b+c$$

因为

$$\frac{9}{4a+b+4c} = \frac{9}{(2a+c) + (2a+c) + (2c+b)}$$

$$\leqslant \frac{1}{2a+c} + \frac{1}{2a+c} + \frac{1}{2c+b}$$

$$= \frac{2}{2a+c} + \frac{1}{2c+b}$$

所以我们有

$$\sum \frac{9ab}{4a+b+4c} \leqslant \sum \frac{2ab}{2a+c} + \sum \frac{ab}{2c+b}$$

$$= \sum \frac{2ab}{2a+c} + \sum \frac{bc}{2a+c}$$

$$= \sum a$$

等式适用于 $a=b=c=1$,也适用于 $a=0, b=1, c=2$(或其任何循环排列).

**方法 2** 将原不等式改写为

$$\sum a(4-a)(4-c) \leqslant (4-a)(4-b)(4-c)$$

$$32 + \sum ab^2 + abc \leqslant 4 \left( \sum a^2 + 2 \sum ab \right)$$

$$32 + \sum ab^2 + abc \leqslant 4 \left( \sum a \right)^2$$

$$ab^2 + bc^2 + ca^2 + abc \leqslant 4$$

最后的不等式恰好是不等式(a).

37

(c) 应用不等式(a),我们得到

$$(a+b+c)(ab^2+bc^2+ca^2+abc) \leqslant 12$$

这等价于

$$ab^3+bc^3+ca^3+(ab+bc+ca)^2 \leqslant 12$$

(d) 设 $q=ab+bc+ca$. 因为

$$\sum ab^2(1+b+c)(1+c+a)=\sum ab^2(4+q+c+c^2)$$
$$=(4+q)\sum ab^2+(3+q)abc$$
$$\prod(1+a+b)=1+\sum(a+b)+\sum(b+c)(c+a)+\prod(a+b)$$
$$=7+3q+\sum c^2+(3q-abc)$$
$$=16+4q-abc$$

所以原不等式等价于

$$(4+q)\sum ab^2+(3+q)abc \leqslant 16+4q-abc$$
$$(4+q)\left(\sum ab^2+abc-4\right) \leqslant 0$$

根据不等式(a),期望不等式成立.

**问题 1.10**　如果 $a,b,c$ 是正实数,那么

$$\frac{1}{a(a+2b)}+\frac{1}{b(b+2c)}+\frac{1}{c(c+2a)} \geqslant \frac{3}{ab+bc+ca}$$

**证明 1**　将原不等式改写为

$$\sum \frac{a(b+c)+bc}{a(a+2b)} \geqslant 3$$
$$\sum \frac{b+c}{a+2b}+\sum \frac{bc}{a(a+2b)} \geqslant 3$$

于是只需证明

$$\sum \frac{b+c}{a+2b} \geqslant 2$$

和

$$\sum \frac{bc}{a(a+2b)} \geqslant 1$$

根据柯西(Cauchy)不等式,我们有

$$\sum \frac{b+c}{a+2b} \geqslant \frac{\left[\sum(b+c)\right]^2}{\sum(a+2b)(b+c)}$$
$$=\frac{4\left(\sum a\right)^2}{2\sum a^2+4\sum ab}$$
$$=2$$

和

$$\sum \frac{bc}{a(a+2b)} \geqslant \frac{\left(\sum bc\right)^2}{abc\sum (a+2b)}$$

$$= \frac{\left(\sum bc\right)^2}{3abc\sum a} \geqslant \frac{3abc\sum a}{3abc\sum a}$$

$$= 1$$

等式适用于 $a=b=c$.

**证明 2** 按下列方式应用柯西不等式

$$\sum \frac{1}{a(a+2b)} \geqslant \frac{\left(\sum c\right)^2}{\sum ac^2(a+2b)}$$

$$= \frac{\left(\sum a\right)^2}{\sum a^2 b^2 + 2abc\sum a}$$

于是只需证明

$$\frac{\left(\sum a\right)^2}{\sum a^2 b^2 + 2abc\sum a} \geqslant \frac{3}{\sum ab}$$

这等价于

$$\sum ab\left(\sum a^2 + 2\sum ab\right) \geqslant 3\sum a^2 b^2 + 6abc\sum a$$

$$\sum ab(a^2+b^2) \geqslant \sum a^2 b^2 + abc\sum a$$

最后一个不等式是由明显成立的如下两个不等式相加得到的

$$\sum ab(a^2+b^2) \geqslant 2\sum a^2 b^2$$

和

$$\sum a^2 b^2 \geqslant abc\sum a$$

**问题 1.11** 如果 $a,b,c$ 是正实数,且满足 $a+b+c=3$,那么

$$\frac{a}{b^2+2c} + \frac{b}{c^2+2a} + \frac{c}{a^2+2b} \geqslant 1$$

**证明** 应用柯西－施瓦兹(Cauchy-Schwarz) 不等式,我们有

$$\sum \frac{a}{b^2+2c} \geqslant \frac{\left(\sum a\right)^2}{\sum a(b^2+2c)}$$

$$= 1 + \frac{\sum a^2 - \sum ab^2}{\sum ab^2 + 2\sum ab}$$

于是只需证

$$\sum a^2 - \sum ab^2 \geqslant 0$$

将这个不等式写为齐次不等式

$$(a+b+c)(a^2+b^2+c^2) \geqslant 3(ab^2+bc^2+ca^2)$$

这个不等式等价于

$$a(a-c)^2 + b(b-a)^2 + c(c-b)^2 \geqslant 0$$

等式适用于 $a=b=c=1$.

**问题 1.12** 如果 $a,b,c$ 是正实数,且满足 $a+b+c \geqslant 3$,那么

$$\frac{a-1}{b+1} + \frac{b-1}{c+1} + \frac{c-1}{a+1} \geqslant 0$$

**证明** 将原不等式改写为

$$(a^2-1)(c+1) + (b^2-1)(a+1) + (c^2-1)(b+1) \geqslant 0$$
$$ab^2 + bc^2 + ca^2 + a^2 + b^2 + c^2 \geqslant a+b+c+3$$

从

$$a(b-1)^2 + b(c-1)^2 + c(a-1)^2 \geqslant 0$$

我们得到

$$ab^2 + bc^2 + ca^2 \geqslant 2(ab+bc+ca) - (a+b+c)$$

利用这个不等式,得到

$$ab^2 + bc^2 + ca^2 + a^2 + b^2 + c^2 - (a+b+c) - 3$$
$$\geqslant 2(ab+bc+ca) - 2(a+b+c) + a^2 + b^2 + c^2 - 3$$
$$= (a+b+c)^2 - 2(a+b+c) - 3$$
$$= (a+b+c-3)(a+b+c+1)$$
$$\geqslant 0$$

等式适用于 $a=b=c=1$.

**问题 1.13** 如果 $a,b,c$ 是正实数,且满足 $a+b+c=3$,那么

(a) $\dfrac{1}{2ab^2+1} + \dfrac{1}{2bc^2+1} + \dfrac{1}{2ca^2+1} \geqslant 1$;

(b) $\dfrac{1}{ab^2+2} + \dfrac{1}{bc^2+2} + \dfrac{1}{ca^2+2} \geqslant 1$.

**证明** 根据 AM−GM 不等式,我们有

$$1 = \left(\frac{a+b+c}{3}\right)^3 \geqslant abc$$

(a) **方法 1** 因为

$$2ab^2 + 1 \leqslant \frac{2b}{c} + 1 = \frac{2b+c}{c}$$

因此,只需证

$$\frac{c}{2b+c} + \frac{a}{2c+a} + \frac{b}{2a+b} \geqslant 1$$

40

实际上,应用柯西－施瓦兹不等式,我们得到

$$\sum \frac{c}{2b+c} \geqslant \frac{\left(\sum c\right)^2}{\sum c(2b+c)}$$

$$= \frac{(a+b+c)^2}{\sum a^2 + 2\sum ab}$$

$$= 1$$

等式适用于 $a = b = c = 1$.

**方法 2** 原不等式可写成

$$ab^2 + bc^2 + ca^2 + 1 \geqslant 4a^3b^3c^3$$

根据 AM－GM 不等式,我们有

$$ab^2 + bc^2 + ca^2 \geqslant 3abc$$

因为 $1 = \left(\dfrac{a+b+c}{3}\right)^3 \geqslant abc$,所以

$$ab^2 + bc^2 + ca^2 + 1 - 4a^3b^3c^3 \geqslant 3abc + abc - 4a^3b^3c^3$$

$$= 4abc(1+abc)(1-abc)$$

$$\geqslant 0$$

（b）原不等式可重新表述为

$$a^3b^3c^3 + abc(a^2b + b^2c + c^2a) \leqslant 4$$

应用 AM－GM 不等式得到

$$(a+b+c)^3 = \sum a^3 + 6abc + 3\sum ab^2 + 3\sum a^2b$$

$$\geqslant 3abc + 6abc + 9abc + 3\sum a^2b$$

即

$$\sum a^2b \leqslant 9 - 6abc$$

因此,只需证明

$$a^3b^3c^3 + abc(9 - 6abc) \leqslant 4$$

这等价于

$$(abc-1)^2(abc-4) \leqslant 0$$

等式适用于 $a = b = c = 1$.

**问题 1.14** 如果 $a, b, c$ 是正实数,且满足 $a+b+c=3$,那么

$$\frac{ab}{9-4bc} + \frac{bc}{9-4ca} + \frac{ca}{9-4ab} \leqslant \frac{3}{5}$$

**证明** 我们有

$$\sum \frac{ab}{9-4bc} \leqslant \sum \frac{ab}{9-(b+c)^2}$$

41

$$= \sum \frac{b}{3+b+c}$$

$$= \sum \frac{b}{a+2b+2c}$$

$$= \frac{1}{2} \sum \frac{a+2b+2c-(a+2c)}{a+2b+2c}$$

$$= \frac{1}{2} \sum \left[ 1 - \frac{a+2c}{a+2b+2c} \right]$$

$$= \frac{3}{2} - \frac{1}{2} \sum \frac{a+2c}{a+2b+2c}$$

因此,只需证

$$\sum \frac{a+2c}{a+2b+2c} \geqslant \frac{9}{5}$$

应用柯西－施瓦兹不等式,我们得到

$$\sum \frac{a+2c}{a+2b+2c} \geqslant \frac{\left[ \sum (a+2c) \right]^2}{\sum (a+2c)(a+2b+2c)}$$

$$= \frac{9}{5} \frac{(a+b+c)^2}{(a+b+c)^2}$$

$$= \frac{9}{5}$$

等式适用于 $a=b=c=1$.

**问题 1.15** 如果 $a,b,c$ 是正实数,且满足 $a+b+c=3$,那么:

(a) $\dfrac{a^2}{2a+b^2} + \dfrac{b^2}{2b+c^2} + \dfrac{c^2}{2c+a^2} \geqslant 1$;

(b) $\dfrac{a^2}{a+2b^2} + \dfrac{b^2}{b+2c^2} + \dfrac{c^2}{c+2a^2} \geqslant 1$.

**证明** (a) 根据柯西－施瓦兹不等式,我们有

$$\sum \frac{a^2}{2a+b^2} \geqslant \frac{\left( \sum a^2 \right)^2}{\sum a^2(2a+b^2)}$$

$$= \frac{\sum a^4 + 2\sum a^2 b^2}{2\sum a^3 + \sum a^2 b^2}$$

因此,只需证

$$\sum a^4 + \sum a^2 b^2 \geqslant 2 \sum a^3$$

这等价于齐次不等式

$$3\sum a^4 + 3\sum a^2 b^2 \geqslant 2\sum a \sum a^3$$

$$\sum a^4 + 3\sum a^2 b^2 - 2\sum ab(a^2+b^2) \geqslant 0$$

42

$$\sum (a-b)^4 \geqslant 0$$

等式适用于 $a=b=c=1$.

（b）根据柯西－施瓦兹不等式,我们得到

$$\sum \frac{a^2}{a+2b^2} \geqslant \frac{\left(\sum a^2\right)^2}{\sum a^2(a+2b^2)}$$

$$= \frac{\sum a^4 + 2\sum a^2 b^2}{\sum a^3 + 2\sum a^2 b^2}$$

于是只需证

$$\sum a^4 \geqslant \sum a^3$$

我们有

$$\sum a^4 - \sum a^3 = \sum(a^4-a^3-a+1) = \sum(a-1)(a^3-1) \geqslant 0$$

等式适用于 $a=b=c=1$.

**问题 1.16** 设 $a,b,c$ 是正实数,且满足 $a+b+c=3$,那么

$$\frac{1}{a+b^2+c^3} + \frac{1}{b+c^2+a^3} + \frac{1}{c+a^2+b^3} \leqslant 1$$

（Vasile Cîrtoaje,2009）

**证明**（Vo Quoc Ba Can） 根据柯西－施瓦兹不等式,我们有

$$\sum \frac{1}{a+b^2+c^3} \leqslant \sum \frac{a^3+b^2+c}{(a^2+b^2+c^2)^2}$$

$$= \frac{\sum a^3 + \sum a^2 + 3}{(a^2+b^2+c^2)^2}$$

于是只需证

$$(a^2+b^2+c^2)^2 \geqslant \sum a^3 + \sum a^2 + 3$$

这等价于

$$(a^2+b^2+c^2)^2 + \sum a^2(3-a) \geqslant 4(a^2+b^2+c^2)+3$$

记 $t=a^2+b^2+c^2$.因为

$$\sum a^2(3-a) \geqslant \frac{\left[\sum a(3-a)\right]^2}{\sum(3-a)}$$

$$= \frac{(9-t)^2}{6}$$

于是只需证

$$t^2 + \frac{(9-t)^2}{6} \geqslant 4t+3$$

43

化简得 $(t-3)^2 \geqslant 0$. 当 $a=b=c=1$ 时,等式成立.

**问题 1.17** 如果 $a,b,c$ 是正实数,那么

$$\frac{1+a^2}{1+b+c^2} + \frac{1+b^2}{1+c+a^2} + \frac{1+c^2}{1+a+b^2} \geqslant 2$$

**证明** 由于

$$1+b+c^2 \leqslant 1+\frac{1+b^2}{2}+c^2$$

我们得到

$$\frac{1+a^2}{1+b+c^2} \geqslant \frac{2(1+a^2)}{1+b^2+2(1+c^2)}$$

因此,只需证

$$\frac{x}{y+2z} + \frac{y}{z+2x} + \frac{z}{x+2y} \geqslant 1$$

其中

$$x=1+a^2, \quad y=1+b^2, \quad z=1+c^2$$

应用柯西 — 施瓦兹不等式得到

$$\sum \frac{x}{y+2z} \geqslant \frac{\left(\sum x\right)^2}{\sum x(y+2z)}$$

$$= \frac{\left(\sum x\right)^2}{3\sum xy}$$

$$\geqslant 1$$

当 $a=b=c=1$ 时,等式成立.

**问题 1.18** 如果 $a,b,c$ 是非负实数,那么

$$\frac{a}{4a+4b+c} + \frac{b}{4b+4c+a} + \frac{c}{4c+4a+b} \leqslant \frac{1}{3}$$

(Pham Kim Hung,2007)

**证明** 如果 $a,b,c$ 中有两个为零,那么不等式成立是显然的. 此外,将原不等式两边同乘以 $4(a+b+c)$,不等式变为

$$\sum \frac{4a(a+b+c)}{4a+4b+c} \leqslant \frac{4}{3}(a+b+c)$$

$$\sum \left[\frac{4a(a+b+c)}{4a+4b+c} - a\right] \leqslant \frac{1}{3}(a+b+c)$$

$$\sum \frac{ca}{4a+4b+c} \leqslant \frac{1}{9}(a+b+c)$$

因为

$$\frac{9}{4a+4b+c} = \frac{9}{(2b+c)+2(2a+b)}$$

$$\leqslant \frac{1}{2b+c}+\frac{2}{2a+b}$$

我们有

$$\sum \frac{ca}{4a+4b+c} \leqslant \frac{1}{9}\sum ca\left(\frac{1}{2b+c}+\frac{2}{2a+b}\right)$$

$$=\frac{1}{9}\left(\sum \frac{ca}{2b+c}+\sum \frac{2ab}{2b+c}\right)$$

$$=\frac{1}{9}\sum a$$

等式适用于 $a=b=c$,也适用于 $a=2b$ 和 $c=0$(或其任何循环排列).

**问题 1.19** 如果 $a,b,c$ 是正实数,那么

$$\frac{a+b}{a+7b+c}+\frac{b+c}{a+b+7c}+\frac{c+a}{7a+b+c} \geqslant \frac{2}{3}$$

(Vasile Cîrtoaje,2007)

**证明** 将原不等式写为

$$\sum \left(\frac{a+b}{a+7b+c}-\frac{1}{k}\right) \geqslant \frac{2}{3}-\frac{3}{k}, \quad k>0$$

$$\sum \frac{(k-1)a+(k-7)b-c}{a+7b+c} \geqslant \frac{2k-9}{3}$$

考虑到不等式左边所有的分数都是非负的,应用柯西－施瓦兹不等式,有如下不等式

$$\sum \frac{(k-1)a+(k-7)b-c}{a+7b+c}$$

$$\geqslant \frac{\left[(k-1)\sum a+(k-7)\sum b-\sum c\right]^2}{\sum (a+7b+c)\left[(k-1)a+(k-7)b-c\right]}$$

$$=\frac{(2k-9)^2\left(\sum a\right)^2}{(8k-51)\sum a^2+2(5k-15)\sum ab}$$

我们选择 $k=12$,得到 $8k-51=5k-15$,因此

$$(8k-51)\sum a^2+2(5k-15)\sum ab=45\left(\sum a\right)^2$$

对于这个 $k$ 值,期望不等式

$$\sum \frac{(k-1)a+(k-7)b-c}{a+7b+c} \geqslant \frac{2k-9}{3}$$

可以表述为

$$\sum \frac{11a+5b-c}{a+7b+c} \geqslant 5$$

进一步考虑两种情形.

**情形 1** $11b+5c-a \geqslant 0$.根据柯西－施瓦兹不等式,我们有

$$\sum \frac{11a+5b-c}{a+7b+c} \geqslant \frac{\left[\sum (11a+5b-c)\right]^2}{\sum (a+7b+c)(11a+5b-c)}$$

$$= \frac{225 \left(\sum a\right)^2}{45 \left(\sum a\right)^2}$$

$$= 5$$

**情形 2**  $11b+5c-a < 0$. 我们有

$$\sum \frac{a+b}{a+7b+c} > \frac{a+b}{a+7b+c}$$

$$= \frac{2}{3} + \frac{a-11b-2c}{3(a+7b+c)}$$

$$> \frac{2}{3}$$

这样,证明就完成了. 等式适用于 $a=b=c$.

**问题 1.20**　如果 $a,b,c$ 是正实数,那么

$$\frac{a+b}{a+3b+c} + \frac{b+c}{b+3c+a} + \frac{c+a}{c+3a+b} \geqslant \frac{6}{5}$$

(Vasile Cîrtoaje,2007)

**证明**　由于齐次性,我们可以假设

$$a+b+c=1$$

原不等式变成

$$\sum \frac{1-c}{1+2b} \geqslant \frac{6}{5}$$

$$5\sum (1-c)(1+2c)(1+2a) \geqslant 6(1+2a)(1+2b)(1+2c)$$

$$5\left(4+6\sum ab-4\sum a^2 b\right) \geqslant 6\left(3+4\sum ab+8abc\right)$$

$$1+3\sum ab \geqslant 10\sum a^2 b+24abc$$

$$\left(\sum a\right)^3 + 3\sum a \sum ab \geqslant 10\sum a^2 b + 24abc$$

$$\sum a^3 + 6\sum ab^2 \geqslant 4\sum a^2 b + 9abc$$

$$\left[2\sum a^3 - \sum ab(a+b)\right] + 3\left[\sum ab(a+b) - 6abc\right] + 10\left(\sum ab^2 - \sum a^2 b\right) \geqslant 0$$

$$\sum (a+b)(a-b)^2 + 3\sum c(a-b)^2 + 10\left(\sum ab^2 - \sum a^2 b\right) \geqslant 0$$

$$\sum (a+b+3c)(a-b)^2 + 10(a-b)(b-c)(c-a) > 0$$

假设

$$a = \min\{a,b,c\}$$

并作代换
$$b = a + x, \quad c = a + y, \quad x,y \geqslant 0$$
原不等式变成
$$(5a + x + 3y)x^2 + (5a + x + y)(x - y)^2 + (5a + 3x + y)y^2 - 10xy(x - y) \geqslant 0$$
显然,只需考虑 $a = 0$ 的情形,此时不等式变为
$$x^3 - 4x^2y + 6xy^2 + y^3 \geqslant 0$$
事实上,我们有
$$x^3 - 4x^2y + 6xy^2 + y^3 = x(x - 2y)^2 + 2xy^2 + y^3 \geqslant 0$$
等式适用于 $a = b = c$.

**问题 1.21**　如果 $a,b,c$ 是正实数,那么
$$\frac{2a + b}{2a + c} + \frac{2b + c}{2b + a} + \frac{2c + a}{2c + b} \geqslant 3$$

(Pham Kim Hung,2007)

**证明**　不失一般性,假设 $a = \max\{a,b,c\}$. 分两种情形讨论.

**情形 1**　$2b + 2c > a$. 将不等式写为
$$\sum \left( \frac{2a + b}{2a + c} - \frac{1}{2} \right) \geqslant \frac{3}{2}$$
$$\sum \frac{2a + 2b - c}{2a + c} \geqslant 3$$
因为 $2a + 2b - c > 0, 2b + 2c - a > 0, 2c + 2a - b > 0$,我们可以应用柯西－施瓦兹不等式得到
$$\sum \frac{2a + 2b - c}{2a + c} \geqslant \frac{\left[ \sum (2a + 2b - c) \right]^2}{\sum (2a + c)(2a + 2b - c)}$$
$$= \frac{9 \left( \sum a \right)^2}{3 \left( \sum a \right)^2}$$
$$= 3$$

**情形 2**　$a > 2b + 2c$. 因为
$$2a + c - (2b + a) = (a - 2b - 2c) + 3c > 0$$
我们有
$$\frac{2a + b}{2a + c} + \frac{2b + c}{2b + a} > \frac{2a + b}{2a + c} + \frac{2b + c}{2a + c} = 1 + \frac{3b}{2a + c} > 1$$
$$\frac{2c + a}{2c + b} > \frac{2c + 2b + 2c}{2c + b} = 2$$
这样,证明就完成了. 等式适用于 $a = b = c$.

**问题 1.22**　如果 $a,b,c$ 是正实数,那么

47

$$\frac{a(a+b)}{a+c} + \frac{b(b+c)}{b+a} + \frac{c(c+a)}{c+b} \leqslant \frac{3(a^2+b^2+c^2)}{a+b+c}$$

(Pham Huu Duc,2007)

**证明**　将原不等式写为

$$\sum \frac{a(a+b)(a+b+c)}{a+c} \leqslant 3(a^2+b^2+c^2)$$

$$\sum \frac{ab(a+b)+a(a+b)(a+c)}{a+c} \leqslant 3(a^2+b^2+c^2)$$

$$\sum \frac{ab(a+b)}{a+c} \leqslant 2(a^2+b^2+c^2) - (ab+bc+ca)$$

设 $(x,y,z)$ 是 $(a,b,c)$ 的一个排列,且 $x \geqslant y \geqslant z$. 因为

$$x+y \geqslant z+x \geqslant y+z$$

$$xy(x+y) \geqslant zx(z+x) \geqslant yz(y+z)$$

由排列不等式,我们有

$$\sum \frac{ab(a+b)}{a+c} \leqslant \frac{xy(x+y)}{y+z} + \frac{zx(z+x)}{z+x} + \frac{yz(y+z)}{x+y}$$

于是只需证

$$\frac{xy(x+y)}{y+z} + \frac{yz(y+z)}{x+y} \leqslant 2(x^2+y^2+z^2) - xy - yz - 2zx$$

这可写为

$$xy\left(\frac{x+y}{y+z}-1\right) + yz\left(\frac{y+z}{x+y}-1\right) \leqslant 2(x^2+y^2+z^2-xy-yz-zx)$$

$$\frac{xy(x-z)}{y+z} + \frac{yz(z-x)}{x+y} \leqslant \sum (x-y)^2$$

$$\frac{y(x+y+z)(z-x)^2}{(x+y)(y+z)} \leqslant \sum (x-y)^2$$

因为

$$y(x+y+z) < (x+y)(x+z)$$

所以最后一个不等式成立. 等式适用于 $a=b=c$.

**问题 1.23**　如果 $a,b,c$ 是实数,那么

$$\frac{a^2-bc}{4a^2+b^2+4c^2} + \frac{b^2-ca}{4a^2+4b^2+c^2} + \frac{c^2-ab}{a^2+4b^2+4c^2} \geqslant 0$$

(Vasile Cîrtoaje,2006)

**证明**　因为

$$\frac{4(a^2-bc)}{4a^2+b^2+4c^2} = 1 - \frac{(b+2c)^2}{4a^2+b^2+4c^2}$$

我们可以把原不等式改写成

$$\sum \frac{(b+2c)^2}{4a^2+b^2+4c^2} \leqslant 3$$

利用柯西－施瓦兹不等式可得

$$\frac{(b+2c)^2}{4a^2+b^2+4c^2}=\frac{(b+2c)^2}{2a^2+b^2+2(2c^2+a^2)}$$

$$\leqslant\frac{b^2}{2a^2+b^2}+\frac{2c^2}{2c^2+a^2}$$

因此

$$\sum\frac{(b+2c)^2}{4a^2+b^2+4c^2}$$

$$\leqslant\sum\frac{b^2}{2a^2+b^2}+\sum\frac{2c^2}{2c^2+a^2}$$

$$=\sum\frac{b^2}{2a^2+b^2}+\sum\frac{2a^2}{2a^2+b^2}$$

$$=3$$

当

$$a(2b^2+c^2)=b(2c^2+a^2)=c(2a^2+b^2)$$

时等式成立,也就是,当 $a=b=c$,或 $a=2b=4c$(或其任何循环排列)时,等式成立.

**备注** 类似地,我们可以证明下列更一般的结论.

● 设 $a,b,c$ 是实数,如果 $k>0$,那么

$$\frac{a^2-bc}{2ka^2+b^2+k^2c^2}+\frac{b^2-ca}{k^2a^2+2kb^2+c^2}+\frac{c^2-ab}{a^2+k^2b^2+2kc^2}\geqslant0$$

当 $a=b=c$,或 $a=kb=k^2c$(或其任何循环排列)时,等式成立.

**问题 1.24** 如果 $a,b,c$ 是实数,那么:

(a) $a(a+b)^3+b(b+c)^3+c(c+a)^3\geqslant0$;

(b) $a(a+b)^5+b(b+c)^5+c(c+a)^5\geqslant0$.

(Vasile Cîrtoaje,1989)

**证明** (a) 应用代换

$$b+c=2x,\quad c+a=2y,\quad a+b=2z$$

这等价于

$$a=y+z-x,\quad b=z+x-y,\quad c=x+y-z$$

原不等式依次变为

$$x^4+y^4+z^4+xy^3+yz^3+zx^3\geqslant x^3y+y^3z+z^3x$$

$$\sum(x^4-2x^3y+2xy^3-y^4)\geqslant0$$

$$\sum(x^2-xy-y^2)^2+\sum x^2y^2\geqslant0$$

最后一个不等式是明显成立的.当 $a=b=c=0$ 时,等式成立.

(b) 利用与(a)同样的代换,不等式变成

$$x^6+y^6+z^6+xy^5+yz^5+zx^5\geqslant x^5y+y^5z+z^5x$$

49

这等价于
$$\sum \left[ x^6 + y^6 - 2xy(x^4 - y^4) \right] \geqslant 0$$
$$\sum \left[ (x^2 + y^2)(x^4 - x^2 y^2 + y^4) - 2xy(x^2 + y^2)(x^2 - y^2) \right] \geqslant 0$$
$$\sum (x^2 + y^2)(x^2 - xy + y^2)^2 \geqslant 0$$

当 $a = b = c = 0$ 时等式成立.

**问题 1.25**  如果 $a, b, c$ 是实数,那么
$$3(a^4 + b^4 + c^4) + 4(a^3 b + b^3 c + c^3 a) \geqslant 0$$

(Vasile Cîrtoaje,2005)

**证明**  如果 $a, b, c$ 是负实数,那么不等式是显然成立的. 如果用 $-a, -b,$ $-c$ 代替 $a, b, c,$ 不等式保持不变. 因此,只需要考虑 $a, b, c$ 中有一个为负数的情况就可以了. 设 $c < 0,$ 我们用 $-c$ 代替 $c,$ 此时不等式为
$$3(a^4 + b^4 + c^4) + 4a^3 b \geqslant 4(b^3 c + c^3 a)$$

其中 $a, b \geqslant 0.$ 我们只需证
$$3(a^4 + b^4 + c^4 + a^3 b) \geqslant 4(b^3 c + c^3 a)$$

**情形 1**  $a \leqslant b.$ 因为 $3a^3 b \geqslant 3a^4,$ 于是只需证
$$6a^4 + 3b^4 + 3c^4 \geqslant 4(b^3 c + c^3 a)$$

应用 AM $-$ GM 不等式得到
$$3b^4 + c^4 \geqslant 4\sqrt[4]{b^{12} c^4} = 4b^3 c$$

因此
$$6a^4 + 2c^4 \geqslant 4ac^3$$

事实上,我们有
$$3a^4 + c^4 = 3a^4 + \frac{1}{3}c^4 + \frac{1}{3}c^4 + \frac{1}{3}c^4$$
$$\geqslant 4\sqrt[4]{\frac{a^4 c^{12}}{9}}$$
$$= \frac{4}{\sqrt{3}}ac^3$$
$$\geqslant 2ac^3$$

**情形 2**  $a \geqslant b.$ 因为 $3a^3 b \geqslant 3b^4,$ 于是只需证
$$3a^4 + 6b^4 + 3c^4 \geqslant 4(b^3 c + c^3 a)$$

根据 AM $-$ GM 不等式,我们得到
$$6b^4 + \frac{c^4}{8} = 2b^4 + 2b^4 + 2b^4 + \frac{c^4}{8} \geqslant 4b^3 c$$

我们仍需证

$$3a^4 + \frac{23}{8}c^4 \geqslant 4ac^3$$

我们将证明更强的不等式

$$3a^4 + \frac{5}{2}c^4 \geqslant 4ac^3$$

事实上,我们有

$$3a^4 + \frac{5}{2}c^4 = 3a^4 + \frac{5}{6}c^4 + \frac{5}{6}c^4 + \frac{5}{6}c^4$$

$$\geqslant 4\sqrt[4]{\frac{125a^4c^{12}}{72}}$$

$$\geqslant 4ac^3$$

当 $a=b=c=0$ 时,等式成立.

**问题 1.26** 如果 $a,b,c$ 是正实数,那么

$$\frac{(a-b)(2a+b)}{(a+b)^2} + \frac{(b-c)(2b+c)}{(b+c)^2} + \frac{(c-a)(2c+a)}{(c+a)^2} \geqslant 0$$

(Vasile Cîrtoaje,2006)

**证明** 因为

$$\frac{(a-b)(2a+b)}{(a+b)^2} = \frac{2a^2 - b(a+b)}{(a+b)^2} = \frac{2a^2}{(a+b)^2} - \frac{b}{a+b}$$

我们能将原不等式写为

$$2\sum \left(\frac{a}{a+b}\right)^2 - \sum \frac{b}{a+b} \geqslant 0$$

根据第 2 卷问题 1.1,我们有

$$2\sum \left(\frac{a}{a+b}\right)^2 = \sum \left(\frac{a}{a+b}\right)^2 + \sum \left(\frac{b}{b+c}\right)^2$$

$$= \sum \left[\frac{1}{\left(1+\frac{b}{a}\right)^2} + \frac{1}{\left(1+\frac{c}{b}\right)^2}\right]$$

$$\geqslant \sum \frac{1}{1+\frac{c}{a}}$$

$$= \sum \frac{a}{a+c}$$

$$= \sum \frac{b}{b+a}$$

因此

$$2\sum \left(\frac{a}{a+b}\right)^2 - \sum \frac{b}{a+b} \geqslant \sum \frac{b}{a+b} - \sum \frac{b}{a+b} = 0$$

51

等式适用于 $a=b=c$.

**问题 1.27** 如果 $a,b,c$ 是正实数,那么

$$\frac{(a-b)(2a+b)}{a^2+ab+b^2}+\frac{(b-c)(2b+c)}{b^2+bc+c^2}+\frac{(c-a)(2c+a)}{c^2+ca+a^2}\geqslant 0$$

(Vasile Cîrtoaje,2006)

**证明** 因为

$$\frac{(a-b)(2a+b)}{a^2+ab+b^2}=\frac{3a^2-(a^2+ab+b^2)}{a^2+ab+b^2}$$

$$=\frac{3a^2}{a^2+ab+b^2}-1$$

我们可将原不等式写为

$$\sum\frac{a^2}{a^2+ab+b^2}\geqslant 1$$

$$\sum\frac{1}{1+\frac{b}{a}+\left(\frac{b}{a}\right)^2}\geqslant 1$$

显然,这个不等式可立即由第 2 卷问题 1.45 得到. 等式适用于 $a=b=c$.

**问题 1.28** 如果 $a,b,c$ 是正实数,那么

$$\frac{(a-b)(3a+b)}{a^2+b^2}+\frac{(b-c)(3b+c)}{b^2+c^2}+\frac{(c-a)(3c+a)}{c^2+a^2}\geqslant 0$$

(Vasile Cîrtoaje,2006)

**证明** 因为

$$(a-b)(3a+b)=(a-b)^2+2(a^2-b^2)$$

我们可将原不等式写为

$$\sum\frac{(a-b)^2}{a^2+b^2}+2\sum\frac{a^2-b^2}{a^2+b^2}\geqslant 0$$

应用恒等式

$$\sum\frac{a^2-b^2}{a^2+b^2}+\prod\frac{a^2-b^2}{a^2+b^2}=0$$

将上述不等式变成

$$\sum\frac{(a-b)^2}{a^2+b^2}-2\prod\frac{a^2-b^2}{a^2+b^2}\geqslant 0$$

再根据 AM$-$GM 不等式,我们有

$$\sum\frac{(a-b)^2}{a^2+b^2}\geqslant 3\sqrt[3]{\prod\frac{(a-b)^2}{a^2+b^2}}$$

因此,只需证

$$3\sqrt[3]{\prod\frac{(a-b)^2}{a^2+b^2}}-2\prod\frac{a^2-b^2}{a^2+b^2}\geqslant 0$$

如果 $a,b,c$ 中有两个相等,那么这个不等式成立. 此外,这个不等式等价于

$$27 \prod (a^2 + b^2)^2 - 8 \prod (a^2 + b^2)(a^2 - b^2) \geqslant 0$$

假设 $a = \max\{a,b,c\}$,对于非平凡情况 $a > b > c$,将下列不等式相乘就能得到这个不等式

$$3(a^2 + b^2)^2 \geqslant 2(a-b)(a+b)^3$$

$$3(b^2 + c^2)^2 \geqslant 2(c-b)(c+b)^3$$

$$3(c^2 + a^2)^2 \geqslant 2(a-c)(a+c)^3$$

这些不等式是成立的,因为

$$3(a^2 + b^2)^2 - 2(a-b)(a+b)^3$$
$$= a^2(a-2b)^2 + b^2(2a^2 + 4ab + 5b^2)$$
$$> 0$$

当 $a = b = c$ 时等式成立.

**问题 1.29** 如果 $a,b,c$ 是正实数,且 $abc = 1$,那么

$$\frac{1}{1+a+b^2} + \frac{1}{1+b+c^2} + \frac{1}{1+c+a^2} \leqslant 1$$

(Vasile Cîrtoaje,2005)

**证明** 应用代换

$$a = x^3, \quad b = y^3, \quad c = z^3$$

我们只需证当 $xyz = 1$ 时,不等式

$$\frac{1}{1+x^3+y^6} + \frac{1}{1+y^3+z^6} + \frac{1}{1+z^3+x^6} \leqslant 1$$

成立即可.

根据柯西 — 施瓦兹不等式,我们有

$$\sum \frac{1}{1+x^3+y^6} \leqslant \sum \frac{z^4 + x + y^{-2}}{(x^2 + y^2 + z^2)^2}$$
$$= \frac{\sum (z^4 + x^2 yz + x^2 z^2)}{(x^2 + y^2 + z^2)^2}$$

所以这还有待证明

$$(x^2 + y^2 + z^2)^2 \geqslant \sum x^4 + xyz \sum x + \sum x^2 y^2$$

这等价于熟知的不等式

$$\sum x^2 y^2 \geqslant xyz \sum x$$

当 $a = b = c = 1$ 时等式成立.

**备注** 实际上,下面的一般结论也成立.

● 设 $a,b,c$ 是正实数,且 $abc = 1$. 如果 $k > 0$,那么

53

$$\frac{1}{1+a+b^k}+\frac{1}{1+b+c^k}+\frac{1}{1+c+a^k}\leqslant 1$$

**问题 1.30** 如果 $a,b,c$ 是正实数,且 $abc=1$,那么

$$\frac{a}{(a+1)(b+2)}+\frac{b}{(b+1)(c+2)}+\frac{c}{(c+1)(a+2)}\geqslant\frac{1}{2}$$

(Vasile Cîrtoaje,2005)

**证明** 应用代换 $a=\dfrac{x}{y},b=\dfrac{y}{z},c=\dfrac{z}{x}$,其中 $x,y,z$ 为正实数,原不等式可改写为

$$\frac{zx}{(x+y)(y+2z)}+\frac{xy}{(y+z)(z+2x)}+\frac{yz}{(z+x)(x+2y)}\geqslant\frac{1}{2}$$

根据柯西－施瓦兹不等式,我们有

$$\sum\frac{zx}{(x+y)(y+2z)}\geqslant\frac{\left(\sum zx\right)^2}{\sum zx(x+y)(y+2z)}$$

$$=\frac{1}{2}$$

当 $a=b=c=1$ 时等式成立.

**问题 1.31** 如果 $a,b,c$ 是正实数,且 $ab+bc+ca=3$,那么

$$(a+2b)(b+2c)(c+2a)\geqslant 27$$

(Michael Rozenberg,2007)

**证明** 将原不等式写为齐次形式

$$A+B\geqslant 0$$

其中

$$A=(a+2b)(b+2c)(c+2a)-3(a+b+c)(ab+bc+ca)$$
$$=(a-b)(b-c)(c-a)$$
$$B=3(ab+bc+ca)\left[a+b+c-\sqrt{3(ab+bc+ca)}\right]$$

因为

$$B=\frac{3(ab+bc+ca)\sum(b-c)^2}{2\left[a+b+c+\sqrt{3(ab+bc+ca)}\right]}$$

$$\geqslant\frac{3(ab+bc+ca)\sum(b-c)^2}{4(a+b+c)}$$

于是只需证明

$$4(a+b+c)(a-b)(b-c)(c-a)+3(ab+bc+ca)\sum(b-c)^2\geqslant 0$$

考虑 $c=\min\{a,b,c\}$,并作代换

$$a=c+x,\quad b=c+y,\quad x,y\geqslant 0$$

54

不等式变成

$$-4xy(x-y)(3c+x+y)+6(x^2-xy+y^2)\left[3c^2+2(x+y)c+xy\right]\geqslant 0$$

这等价于

$$9(x^2-xy+y^2)c^2+6Cc+D\geqslant 0$$

其中

$$C=x^3+x^2y-xy^2+y^3\geqslant y(x^2-xy+y^2)$$

$$D=xy(5x^2+y^2-3xy)\geqslant(2\sqrt{5}-3)x^2y^2$$

因为 $C\geqslant 0$ 和 $D\geqslant 0$,这个不等式明显成立. 当 $a=b=c=1$ 时等式成立.

**问题 1.32**　如果 $a,b,c$ 是正实数,且 $ab+bc+ca=3$,那么

$$\frac{a}{a+a^3+b}+\frac{b}{b+b^3+c}+\frac{c}{c+c^3+a}\leqslant 1$$

（Andrei Ciupan,2005）

**证明**　将原不等式改写为

$$\frac{1}{1+a^2+\dfrac{b}{a}}+\frac{1}{1+b^2+\dfrac{c}{b}}+\frac{1}{1+c^2+\dfrac{a}{c}}\leqslant 1$$

应用柯西－施瓦兹不等式,我们有

$$\sum\frac{1}{1+a^2+\dfrac{b}{a}}\leqslant\sum\frac{c^2+1+ab}{(a+b+c)^2}$$

$$=\frac{\sum a^2+2\sum ab}{\left(\sum a\right)^2}$$

$$=1$$

当 $a=b=c=1$ 时,等式成立.

**问题 1.33**　如果 $a,b,c$ 是正实数,且满足 $a\geqslant b\geqslant c,ab+bc+ca=3$,那么

$$\frac{1}{a+2b}+\frac{1}{b+2c}+\frac{1}{c+2a}\geqslant 1$$

**证明**　根据熟知的不等式

$$x+y+z\geqslant\sqrt{3(xy+yz+zx)}$$

其中 $x,y,z>0$,于是只需证

$$\frac{1}{(a+2b)(b+2c)}+\frac{1}{(b+2c)(c+2a)}+\frac{1}{(c+2a)(a+2b)}\geqslant\frac{1}{3}$$

这个不等式等价于

$$9(a+b+c)\geqslant(a+2b)(b+2c)(c+2a)$$

$$3(a+b+c)(ab+bc+ca)\geqslant(a+2b)(b+2c)(c+2a)$$

$$a^2b+b^2c+c^2a\geqslant ab^2+bc^2+ca^2$$

55

$$(a-b)(b-c)(c-a) \geqslant 0$$

最后一个不等式在假设 $a \geqslant b \geqslant c$ 的条件下是成立的,等式适用于 $a=b=c=1$.

**问题 1.34** 如果 $a,b,c \in [0,1]$,那么

$$\frac{a}{4b^2+5}+\frac{b}{4c^2+5}+\frac{c}{4a^2+5} \leqslant \frac{1}{3}$$

**证明** 设

$$E(a,b,c)=\frac{a}{4b^2+5}+\frac{b}{4c^2+5}+\frac{c}{4a^2+5}$$

我们有

$$\begin{aligned}
E(a,b,c)-E(1,b,c) &= \frac{a-1}{4b^2+5}+c\left(\frac{1}{4a^2+5}-\frac{1}{9}\right) \\
&= (1-a)\left[\frac{4c(1+a)}{9(4a^2+5)}-\frac{1}{4b^2+5}\right] \\
&\leqslant (1-a)\left[\frac{4(1+a)}{9(4a^2+5)}-\frac{1}{9}\right] \\
&= -\frac{(1-a)(1-2a)^2}{9(4a^2+5)} \\
&\leqslant 0
\end{aligned}$$

类似地

$$E(a,b,c)-E(a,1,c) \leqslant 0, \quad E(a,b,c)-E(a,b,1) \leqslant 0$$

因此

$$E(a,b,c) \leqslant E(1,b,c) \leqslant E(1,1,c) \leqslant E(1,1,1)=\frac{1}{3}$$

等式适用于 $a=b=c=1$,也适用于 $a=\frac{1}{2}$, $b=c=1$(或其任何循环排列).

**问题 1.35** 如果 $a,b,c \in \left[\frac{1}{3},3\right]$,那么

$$\frac{a}{a+b}+\frac{b}{b+c}+\frac{c}{c+a} \geqslant \frac{7}{5}$$

**证明** 假设 $a=\max\{a,b,c\}$,我们将证明

$$E(a,b,c) \geqslant E(a,b,\sqrt{ab}) \geqslant \frac{7}{5}$$

其中

$$E(a,b,c)=\frac{a}{a+b}+\frac{b}{b+c}+\frac{c}{c+a}$$

我们有

$$E(a,b,c)-E(a,b,\sqrt{ab})=\frac{b}{b+c}+\frac{c}{c+a}-\frac{2\sqrt{b}}{\sqrt{a}+\sqrt{b}}$$

$$= \frac{(\sqrt{a}-\sqrt{b})(\sqrt{ab}-c)^2}{(b+c)(c+a)(\sqrt{a}+\sqrt{b})}$$

$$\geqslant 0$$

设 $x=\sqrt{\dfrac{a}{b}}$，由假设条件 $a,b,c\in\left[\dfrac{1}{3},3\right]$，得 $x\in\left[\dfrac{1}{3},3\right]$，那么

$$E(a,b,\sqrt{ab})-\frac{7}{5}=\frac{a}{a+b}+\frac{2\sqrt{b}}{\sqrt{a}+\sqrt{b}}-\frac{7}{5}$$

$$=\frac{x^2}{x^2+1}+\frac{2}{x+1}-\frac{7}{5}$$

$$=\frac{3-7x+8x^2-2x^3}{5(x+1)(x^2+1)}$$

$$=\frac{(3-x)[x^2+(1-x)^2]}{5(x+1)(x^2+1)}$$

$$\geqslant 0$$

等式适用于 $a=3,b=\dfrac{1}{3},c=1$（或其任何循环排列）.

**问题 1.36**  如果 $a,b,c\in\left[\dfrac{1}{\sqrt{2}},\sqrt{2}\right]$，那么

$$\frac{3}{a+2b}+\frac{3}{b+2c}+\frac{3}{c+2a}\geqslant\frac{2}{a+b}+\frac{2}{b+c}+\frac{2}{c+a}$$

**证明**  将原不等式改写为

$$\sum\left(\frac{3}{a+2b}-\frac{2}{a+b}+\frac{1}{ka}-\frac{1}{kb}\right)\geqslant 0,\quad k>0$$

$$\sum\frac{-(a-b)[a^2-(k-3)ab+2b^2]}{kab(a+2b)(a+b)}\geqslant 0$$

选择 $k=6$，上述不等式变成

$$\sum\frac{(a-b)^2(2b-a)}{6ab(a+2b)(a+b)}\geqslant 0$$

因为

$$2b-a\geqslant\frac{2}{\sqrt{2}}-\sqrt{2}=0$$

故结论成立. 等式适用于 $a=b=c$.

**问题 1.37**  如果 $a,b,c$ 是非负实数，且无两个同时为零，那么

$$\frac{4abc}{ab^2+bc^2+ca^2+abc}+\frac{a^2+b^2+c^2}{ab+bc+ca}\geqslant 2$$

（Vo Quoc Ba Can，2009）

**证明 1**  不失一般性，假设 $b$ 介于 $a,c$ 之间，也就是

$$b^2+ca\leqslant b(c+a)$$

57

那么

$$ab^2 + bc^2 + ca^2 + abc = a(b^2 + ca) + bc^2 + abc$$
$$\leqslant ab(c + a) + bc^2 + abc$$
$$= b(a + c)^2$$

因此，只需证

$$\frac{4ac}{(a + c)^2} + \frac{a^2 + b^2 + c^2}{ab + bc + ca} \geqslant 2$$

这等价于

$$[a^2 + c^2 - b(a + c)]^2 \geqslant 0$$

等式适用于 $a = b = c$，也适用于 $a = 0, b = c$（或其任何循环排列）.

**证明 2** 设 $(x, y, z)$ 是 $(a, b, c)$ 的一个排列，且 $x \geqslant y \geqslant z$，如问题 1.1 证明 2 知

$$ab^2 + bc^2 + ca^2 \leqslant y(x^2 + xz + z^2)$$

因此

$$ab^2 + bc^2 + ca^2 + abc \leqslant y(x + z)^2$$

因此，只需证明

$$\frac{4xyz}{y(x + z)^2} + \frac{x^2 + y^2 + z^2}{xy + yz + zx} \geqslant 2$$

这等价于

$$\frac{4xyz}{y(x + z)^2} + \frac{x^2 + y^2 + z^2}{xy + yz + zx} \geqslant \frac{2(x^2 + z^2)}{(x + z)^2}$$
$$(x^2 + z^2)^2 - 2y(x + z)(x^2 + z^2) + y^2(x + z)^2 \geqslant 0$$
$$(x^2 + z^2 - xy - yz)^2 \geqslant 0$$

**问题 1.38** 如果 $a, b, c$ 是非负实数，且 $a + b + c = 3$，那么

$$\frac{1}{ab^2 + 8} + \frac{1}{bc^2 + 8} + \frac{1}{ca^2 + 8} \geqslant \frac{1}{3}$$

(Vasile Cîrtoaje, 2007)

**证明** 通过化简，将原不等式写成

$$64 \geqslant r^3 + 16A + 5rB$$
$$64 \geqslant r^3 + (16 - 5r)A + 5r(A + B)$$

其中

$$r = abc, \quad A = ab^2 + bc^2 + ca^2, \quad B = a^2b + b^2c + c^2a$$

根据 AM−GM 不等式，我们有

$$r \leqslant \left(\frac{a + b + c}{3}\right)^3 = 1$$

另外，由问题 1.9(a)，我们有

$$A \leqslant 4 - r$$

并根据舒尔不等式,我们有

$$(a + b + c)^3 + 9abc \geqslant 4(a + b + c)(ab + bc + ca)$$

这等价于

$$A + B \leqslant \frac{27 - 3r}{4}$$

因此,只需证

$$64 \geqslant r^3 + (16 - 5r)(4 - r) + \frac{5r(27 - 3r)}{4}$$

可将这个不等式写成

$$r(1 - r)(9 + 4r) \geqslant 0$$

等式适用于 $a = b = c = 1$,也适用于 $a = 0, b = 1, c = 2$(或其任何循环排列).

**问题 1.39**　如果 $a, b, c$ 是非负实数,且 $a + b + c = 3$,那么

$$\frac{ab}{bc + 3} + \frac{bc}{ca + 3} + \frac{ca}{ab + 3} \leqslant \frac{3}{4}$$

(Vasile Cîrtoaje,2008)

**证明**　应用问题 1.9(a),也就是

$$ab^2 + bc^2 + ca^2 \leqslant 4 - abc$$

我们有

$$\sum ab(ca + 3)(ab + 3) = abc \sum a^2 b + 9abc + 3 \sum a^2 b^2 + 9 \sum ab$$

$$\leqslant abc(4 - abc) + 9abc + 3 \sum a^2 b^2 + 9 \sum ab$$

$$= 13abc - a^2 b^2 c^2 + 3 \sum a^2 b^2 + 9 \sum ab$$

另外

$$(ab + 3)(bc + 3)(ca + 3) = a^2 b^2 c^2 + 9abc + 9 \sum ab + 27$$

因此,只需证

$$7a^2 b^2 c^2 + 81 \geqslant 25abc + 12 \sum a^2 b^2 + 9 \sum ab$$

这等价于

$$7r^2 + 47r \geqslant 3(q + 3)(4q - 9)$$

其中

$$q = ab + bc + ca, \quad r = abc, \quad q \leqslant 3, \quad r \leqslant 1$$

因为

$$7r^2 + 47r \geqslant 9r^2 + 45r$$

于是,只需证

$$3r^2 + 15r \geqslant (q + 3)(4q - 9)$$

对于非平凡情况

$$\frac{9}{4} < q \leqslant 3$$

我们应用四次舒尔不等式

$$r \geqslant \frac{(p^2 - q)(4q - p^2)}{6p} = \frac{(9 - p)(4q - 9)}{18}$$

其中 $p = a + b + c$. 因此,只需证

$$\frac{(9 - p)^2 (4q - 9)^2}{108} + \frac{5(9 - p)(4q - 9)}{6}$$

$$\geqslant (q + 3)(4q - 9)$$

这等价于

$$(4q - 9)(3 - q)(69q - 4q^2 - 81) \geqslant 0$$

这是成立的,因为

$$69q - 4q^2 - 81 = (3 - q)(4q - 9) + 6(8q - 9) > 0$$

等式适用于 $a = b = c = 1$, 也适用于 $a = 0, b = c = \frac{3}{2}$ (或其任何循环排列).

**问题 1.40** 如果 $a, b, c$ 是非负实数,且 $a + b + c = 3$, 那么:

(a) $\dfrac{a}{b^2 + 3} + \dfrac{b}{c^2 + 3} + \dfrac{c}{a^2 + 3} \geqslant \dfrac{3}{4}$;

(b) $\dfrac{a}{b^3 + 1} + \dfrac{b}{c^3 + 1} + \dfrac{c}{a^3 + 1} \geqslant \dfrac{3}{2}$.

(Vasile Cîrtoaje and Bin Zhao, 2005)

**证明** (a) 根据 AM $-$ GM 不等式,我们有

$$b^2 + 3 = b^2 + 1 + 1 + 1 \geqslant 4\sqrt{b}$$

因此

$$\frac{3a}{b^2 + 3} = \frac{a(b^2 + 3) - ab^2}{b^2 + 3}$$

$$= a - \frac{ab^2}{b^2 + 3}$$

$$\geqslant a - \frac{ab^2}{4\sqrt{b}}$$

$$= a - \frac{1}{4}ab\sqrt{b}$$

经过简单的计算,可知只需证明

$$\sum ab\sqrt{b} \leqslant 3$$

分别用 $\sqrt{a}, \sqrt{b}, \sqrt{c}$ 替换 $a, b, c$, 就得到了问题 1.7 中的不等式. 等式适用于 $a = b = c = 1$.

（b）根据 AM－GM 不等式

$$\frac{a}{b^3+1}=a-\frac{ab^3}{b^3+1}$$

$$\geqslant a-\frac{ab^3}{2b\sqrt{b}}$$

$$=a-\frac{1}{2}ab\sqrt{b}$$

类似地

$$\frac{b}{c^3+1}\geqslant b-\frac{1}{2}bc\sqrt{c}\,,\qquad \frac{c}{a^3+1}\geqslant c-\frac{1}{2}ca\sqrt{a}$$

因此，只需证

$$ab\sqrt{b}+bc\sqrt{c}+ca\sqrt{a}\leqslant 3$$

分别用 $\sqrt{a}$ ,$\sqrt{b}$ ,$\sqrt{c}$ 替换 $a,b,c$ ,就得到了问题1.7中的不等式. 等式适用于 $a=b=c=1$.

**猜想** 设 $a,b,c$ 是非负实数，且 $a+b+c=3$. 如果

$$0<k\leqslant 3+2\sqrt{3}$$

那么

$$\frac{a}{b^2+k}+\frac{b}{c^2+k}+\frac{c}{a^2+k}\geqslant \frac{3}{1+k}$$

当 $k=3+2\sqrt{3}$ 时，等式适用于 $a=b=c=1$ ,也适用于 $a=0,b=3-\sqrt{3}$ ,$c=\sqrt{3}$（或其任何循环排列）.

**问题 1.41** 设 $a,b,c$ 是正实数，并设

$$x=a+\frac{1}{b}-1,\quad y=b+\frac{1}{c}-1,\quad z=c+\frac{1}{a}-1$$

求证:$xy+yz+zx\geqslant 3$.

（Vasile Cîrtoaje,1991）

**证明 1** 在 $x,y,z$ 中必存在两个数或都大于或等于1,或都小于或等于1,设 $y,z$ 就是这样的数,也就是

$$(y-1)(z-1)\geqslant 0$$

因为

$$xy+yz+zx-3=(y-1)(z-1)+(x+1)(y+z)-4$$

于是只需证明

$$(x+1)(y+z)\geqslant 4$$

这个不等式是成立的,因为

$$y+z=b+\frac{1}{a}+c+\frac{1}{c}-2\geqslant b+\frac{1}{a}$$

61

我们有
$$(x+1)(y+z)-4 \geqslant \left(a+\frac{1}{b}\right)\left(b+\frac{1}{a}\right)-4 = ab+\frac{1}{ab}-2 \geqslant 0$$
等式适用于 $a=b=c=1$.

**证明 2**　不失一般性,设 $x=\max\{x,y,z\}$,那么
$$x \geqslant \frac{1}{3}(x+y+z)$$
$$= \frac{1}{3}\left[\left(a+\frac{1}{a}\right)+\left(b+\frac{1}{b}\right)+\left(c+\frac{1}{c}\right)-3\right]$$
$$\geqslant \frac{1}{3}(2+2+2-3)$$
$$=1$$

另外
$$(x+1)(y+1)(z+1) = abc+\frac{1}{abc}+a+b+c+\frac{1}{a}+\frac{1}{b}+\frac{1}{c}$$
$$\geqslant 2+a+b+c+\frac{1}{a}+\frac{1}{b}+\frac{1}{c}$$
$$\geqslant 5+x+y+z$$

因此
$$xyz+xy+yz+zx \geqslant 4$$
因为
$$y+z = \frac{1}{a}+b+\frac{(c-1)^2}{c} > 0$$
有两种可能情形: $yz \leqslant 0$ 和 $yz > 0$.

**情形 1**　$yz \leqslant 0$. 我们有 $xyz \leqslant 0$,这说明
$$xy+yz+zx \geqslant 4-xyz \geqslant 4 > 3$$

**情形 2**　$yz > 0$. 我们只需证明 $d \geqslant 1$,其中
$$d = \sqrt{\frac{xy+yz+zx}{3}}$$

根据 AM-GM 不等式,我们有 $d^3 \geqslant xyz$,因此,从 $xyz+xy+yz+zx \geqslant 4$,我们得到
$$d^3+3d^2 \geqslant 4$$
$$(d-1)(d+2)^2 \geqslant 0$$
因此 $d \geqslant 1$.

**问题 1.42**　设 $a,b,c$ 是正实数,且 $abc=1$. 求证
$$\left(a-\frac{1}{b}-\sqrt{2}\right)^2+\left(b-\frac{1}{c}-\sqrt{2}\right)^2+\left(c-\frac{1}{a}-\sqrt{2}\right)^2 \geqslant 6$$

**证明**（Nguyen Van Quy） 利用代换

$$a = \frac{y}{x}, \quad b = \frac{x}{z}, \quad z = \frac{z}{y}, \quad x,y,z > 0$$

可将原不等式变为

$$\left(\frac{y-z}{x} - \sqrt{2}\right)^2 + \left(\frac{z-x}{y} - \sqrt{2}\right)^2 + \left(\frac{x-y}{z} - \sqrt{2}\right)^2 \geqslant 6$$

$$\left(\frac{y-z}{x}\right)^2 + \left(\frac{z-x}{y}\right)^2 + \left(\frac{x-y}{z}\right)^2 - 2\sqrt{2}\left(\frac{y-z}{x} + \frac{z-x}{y} + \frac{x-y}{z}\right) \geqslant 0$$

$$\left(\frac{y-z}{x}\right)^2 + \left(\frac{z-x}{y}\right)^2 + \left(\frac{x-y}{z}\right)^2 + \frac{2\sqrt{2}(y-z)(z-x)(x-y)}{xyz} \geqslant 0$$

假设 $x = \max\{x,y,z\}$. 当 $x \geqslant z \geqslant y$ 时,不等式显然成立.进一步考虑 $x \geqslant y \geqslant z$,期望不等式写为

$$u^2 + v^2 + w^2 \geqslant 2\sqrt{2}\,uvw$$

其中

$$u = \frac{y-z}{x} \geqslant 0, \quad v = \frac{x-z}{y} \geqslant 0, \quad w = \frac{x-y}{z} \geqslant 0$$

事实上,我们有

$$uv = \left(1 - \frac{z}{y}\right)\left(1 - \frac{z}{x}\right) < 1 \times 1 = 1$$

根据 AM $-$ GM 不等式,我们得到

$$u^2 + v^2 + w^2 \geqslant 2uv + w^2 \geqslant 2u^2 v^2 + w^2 \geqslant 2\sqrt{2}\,uvw$$

证明完成.等式适用于 $a = b = c$.

**问题 1.43** 设 $a,b,c$ 是正实数,且 $abc = 1$.求证

$$\left|1 + a - \frac{1}{b}\right| + \left|1 + b - \frac{1}{c}\right| + \left|1 + c - \frac{1}{a}\right| > 2$$

**证明** 应用代换

$$a = \frac{y}{x}, \quad b = \frac{x}{z}, \quad z = \frac{z}{y}, \quad x,y,z > 0$$

原不等式可改写为

$$\left|1 + \frac{y-z}{x}\right| + \left|1 + \frac{x-y}{z}\right| + \left|1 + \frac{z-x}{y}\right| > 2$$

不失一般性,假设 $x = \max\{x,y,z\}$. 我们有

$$\left|1 + \frac{y-z}{x}\right| + \left|1 + \frac{x-y}{z}\right| + \left|1 + \frac{z-x}{y}\right| - 2$$

$$\geqslant \left|1 + \frac{y-z}{x}\right| + \left|1 + \frac{x-y}{z}\right| - 2$$

$$= \frac{x+y-z}{x} + \frac{z+x-y}{z} - 2$$

63

$$\geqslant \frac{y-z}{x} + \frac{x-y}{z}$$

$$\geqslant \frac{y-z}{x} + \frac{x-y}{x}$$

$$= \frac{x-z}{x}$$

$$\geqslant 0$$

**问题 1.44** 设 $a,b,c$ 是正实数,且无两个相等,那么

$$\left|1+\frac{a}{b-c}\right| + \left|1+\frac{b}{c-a}\right| + \left|1+\frac{c}{a-b}\right| > 2$$

(Vasile Cîrtoaje,2012)

**证明** 不失一般性,假设 $a = \max\{a,b,c\}$. 我们只需证

$$\left|1+\frac{a}{b-c}\right| + \left|1+\frac{c}{a-b}\right| > 2$$

这等价于

$$\frac{a+b-c}{|b-c|} + \frac{a-b+c}{a-b} > 2$$

当 $b > c$ 时,这个不等式是成立的,因为

$$\frac{a+b-c}{|b-c|} = \frac{a}{b-c} + 1 > 1+1 = 2$$

同样,当 $b < c$ 时,我们有

$$\frac{a+b-c}{|b-c|} + \frac{a-b+c}{a-b} = \frac{a+b-c}{c-b} + \frac{a-b+c}{a-b}$$

$$= \frac{a}{c-b} + \frac{c}{a-b}$$

$$> \frac{a}{c-b} + \frac{c-b}{a-b}$$

$$\geqslant 2\sqrt{\frac{a}{a-b}}$$

$$> 2$$

**问题 1.45** 设 $a,b,c$ 是正实数,且 $abc = 1$. 求证

$$\left(2a-\frac{1}{b}-\frac{1}{2}\right)^2 + \left(2b-\frac{1}{c}-\frac{1}{2}\right)^2 + \left(2c-\frac{1}{a}-\frac{1}{2}\right)^2 \geqslant \frac{3}{4}$$

(Vasile Cîrtoaje,2012)

**证明** 利用代换

$$x = 2b-\frac{1}{c}, \quad y = 2c-\frac{1}{a}, \quad z = 2a-\frac{1}{b}$$

可将原不等式写为

64

$$x^2 + y^2 + z^2 \geqslant x + y + z$$

从

$$x + y + z = 2\sum a - \sum \frac{1}{a}$$

和

$$xyz = 7 - 4\sum a + 2\sum \frac{1}{a}$$

说明

$$2(x + y + z) + xyz = 7$$

的确,从

$$2(|x| + |y| + |z|) + \left(\frac{|x| + |y| + |z|}{3}\right)^3$$
$$\geqslant 2(|x| + |y| + |z|) + |xyz|$$
$$\geqslant 2(x + y + z) + xyz$$
$$= 7$$

我们得到

$$|x| + |y| + |z| \geqslant 3$$

因此,我们有

$$x^2 + y^2 + z^2 \geqslant \frac{1}{3}(|x| + |y| + |z|)^2$$
$$\geqslant |x| + |y| + |z|$$
$$\geqslant x + y + z$$

等式适用于 $a = b = c = 1$.

**问题 1.46** 设

$$x = a + \frac{1}{b} - \frac{5}{4}, \quad y = b + \frac{1}{c} - \frac{5}{4}, \quad z = c + \frac{1}{a} - \frac{5}{4}$$

其中 $a \geqslant b \geqslant c > 0$. 求证: $xy + yz + zx \geqslant \frac{27}{16}$.

**证明** 原不等式可写为

$$\sum \left(ab + \frac{1}{ab}\right) + \sum \frac{b}{a} - \frac{5}{2}\sum\left(a + \frac{1}{a}\right) + 6 \geqslant 0$$

因为

$$\sum \frac{b}{a} - \sum \frac{a}{b} = \frac{(a-b)(b-c)(a-c)}{abc} \geqslant 0$$

我们有

$$2\sum \frac{b}{a} \geqslant \sum \frac{b}{a} + \sum \frac{a}{b}$$

65

$$= \left( \sum a \right) \left( \sum \frac{1}{a} \right) - 3$$

于是只需证明对称不等式

$$2 \sum \left( ab + \frac{1}{ab} \right) + \left( \sum a \right) \left( \sum \frac{1}{a} \right) - 5 \sum \left( a + \frac{1}{a} \right) + 9 \geqslant 0$$

设

$$p = a + b + c, \quad q = ab + bc + ca, \quad r = abc$$

我们只需证

$$(2q - 5p + 9) r + pq - 5q + 2p \geqslant 0$$

对于所有 $a, b, c > 0$, 固定 $p, q$, 线性函数

$$f(r) = (2q - 5p + 9) r + pq - 5q + 2p$$

当 $r$ 最小或最大时取得最小值. 因此, 根据第 1 卷问题 3.57, 只需证明对于 $a = 0, b = c$ 时 $f(r) \geqslant 0$ 即可.

当 $a = 0$ 时, 我们需要证明

$$(b + c) bc - 5bc + 2(b + c) \geqslant 0$$

事实上, 设 $x = \sqrt{bc}$, 我们有

$$(b + c) bc - 5bc + 2(b + c) \geqslant 2x^3 - 5x^2 + 4x > 0$$

当 $b = c$ 时, 因为

$$p = a + 2b, \quad q = 2ab + b^2, \quad r = ab^2$$

不等式 $f(r) \geqslant 0$ 变成

$$(4ab + 2b^2 - 5a - 10b + 9) ab^2 +$$
$$(a + 2b) (2ab + b^2) - 10ab - 5b^2 + 2a + 4b \geqslant 0$$

也就是

$$Aa^2 + 2Ba + C \geqslant 0$$

其中

$$A = b(4b^2 - 5b + 2)$$
$$B = b^4 - 5b^3 + 7b^2 - 5b + 1$$
$$C = b(2b^2 - 5b + 4)$$

设

$$x = b + \frac{1}{b}, \quad x \geqslant 2$$

不等式 $B \geqslant 0$ 等价于

$$b^2 + \frac{1}{b^2} - 5 \left( b + \frac{1}{b} \right) + 7 \geqslant 0$$
$$x^2 - 5x + 5 \geqslant 0$$
$$x \geqslant \frac{5 + \sqrt{5}}{2}$$

66

考虑两种情形.

**情形 1** $x \geqslant \dfrac{5+\sqrt{5}}{2}$. 因为 $A>0,B\geqslant 0,C>0$,我们有 $Aa^2+2Ba+C>0$.

**情形 2** $2\leqslant x<\dfrac{5+\sqrt{5}}{2}$. 因为 $A>0,B<0,C>0$ 和

$$Aa^2+2Ba+C=(Aa^2+C)+2Ba\geqslant 2a(\sqrt{AC}+B)$$

我们需要证明 $AC\geqslant B^2$,这等价于

$$8\left(b^2+\frac{1}{b^2}\right)-30\left(b+\frac{1}{b}\right)+45\geqslant\left[b^2+\frac{1}{b^2}-5\left(b+\frac{1}{b}\right)+7\right]^2$$

$$8x^2-30x+45\geqslant(x^2-5x+5)^2$$

$$(x-2)^2(x^2-6x-1)\leqslant 0$$

这个不等式对于 $x\leqslant 3+\sqrt{10}$ 是成立的,因此,对于 $x\leqslant\dfrac{(5+\sqrt{5})}{2}$ 也是成立的.

这就完成了证明. 等式适用于 $a=b=c=1$.

**问题 1.47** 设 $a,b,c$ 是正实数,并设

$$E=\left(a+\frac{1}{a}-\sqrt{3}\right)\left(b+\frac{1}{b}-\sqrt{3}\right)\left(c+\frac{1}{a}-\sqrt{3}\right)$$

$$F=\left(a+\frac{1}{b}-\sqrt{3}\right)\left(b+\frac{1}{c}-\sqrt{3}\right)\left(c+\frac{1}{a}-\sqrt{3}\right)$$

求证:$E\geqslant F$.

(Vasile Cîrtoaje,2011)

**证明** 通过化简,原不等式变为

$$\sum(a^2-bc)+\sum bc(bc-a^2)\geqslant\sqrt{3}\sum ab(b-c)$$

因为

$$\sum(a^2-bc)=\sum a^2-\sum ab\geqslant 0$$

$$\sum bc(bc-a^2)=\sum a^2b^2-abc\sum a\geqslant 0$$

再根据 $AM-GM$ 不等式,我们有

$$\sum(a^2-bc)+\sum bc(bc-a^2)\geqslant 2\sqrt{\sum(a^2-bc)\sum bc(bc-a^2)}$$

因此,只需证

$$2\sqrt{\sum(a^2-bc)\sum bc(bc-a^2)}\geqslant\sqrt{3}\sum ab(b-c)$$

两边同时除以 $abc$ 得

$$2\sqrt{\sum(a^2-bc)\sum\left(\frac{1}{a^2}-\frac{1}{bc}\right)}\geqslant\sqrt{3}\sum\left(\frac{b}{c}-1\right)$$

$$\sqrt{\left[(a+c-2b)^2+3(c-a)^2\right]\left[3\left(\frac{1}{b}-\frac{1}{c}\right)^2+\left(\frac{2}{a}-\frac{1}{b}-\frac{1}{c}\right)^2\right]}$$

$$\geqslant 2\sqrt{3}\left(\frac{a}{b}+\frac{b}{c}+\frac{c}{a}-3\right)$$

应用柯西－施瓦兹不等式,我们只需证

$$(a+c-2b)\left(\frac{1}{b}-\frac{1}{c}\right)+(c-a)\left(\frac{2}{a}-\frac{1}{b}-\frac{1}{c}\right)$$

$$\geqslant 2\left(\frac{a}{b}+\frac{b}{c}+\frac{c}{a}-3\right)$$

这是一个恒成立的不等式. 当满足以下两个方程时,等式成立

$$a^{2}+b^{2}+c^{2}-ab-bc-ca=a^{2}b^{2}+b^{2}c^{2}+c^{2}a^{2}-abc(a+b+c)$$

$$3+\frac{a}{b}+\frac{b}{c}+\frac{c}{a}=2\left(\frac{b}{a}+\frac{c}{b}+\frac{a}{c}\right)$$

**问题 1.48**　设 $a,b,c$ 是正实数,且 $\frac{a}{b}+\frac{b}{c}+\frac{c}{a}=5$,那么

$$\frac{b}{a}+\frac{c}{b}+\frac{a}{c}\geqslant\frac{17}{4}$$

(Vasile Cîrtoaje,2007)

**证明**　作代换

$$x=\frac{a}{b},\quad y=\frac{b}{c},\quad z=\frac{c}{a}$$

我们需要证明如果 $x,y,z$ 是正实数,且满足

$$xyz=1,x+y+z=5$$

那么

$$\frac{1}{x}+\frac{1}{y}+\frac{1}{z}\geqslant\frac{17}{4}$$

从 $(y+z)^{2}\geqslant 4yz$,我们得到

$$(5-x)^{2}\geqslant\frac{4}{x}$$

因此

$$(5-x)+(5-x)+\frac{x}{4}\geqslant 3\sqrt[3]{(5-x)^{2}\cdot\frac{x}{4}}\geqslant 3$$

由此得 $x\leqslant 4.$ 我们有

$$\frac{1}{x}+\frac{1}{y}+\frac{1}{z}-\frac{17}{4}=\frac{1}{x}+\frac{y+z}{yz}-\frac{17}{4}$$

$$=\frac{1}{x}+x(5-x)-\frac{17}{4}$$

$$=\frac{4-17x+20x^{2}-4x^{3}}{4x}$$

$$=\frac{(4-x)(1-2x)^{2}}{4x}$$

$$\geqslant 4$$

当 $x,y,z$ 中有一个为 $4$,其余都是 $\frac{1}{2}$ 时,等式成立,也就是

$$4a=2b=c$$

(或其任何循环排列).

**问题 1.49**　设 $a,b,c$ 是正实数,那么:

(a)$1+\frac{a}{b}+\frac{b}{c}+\frac{c}{a}\geqslant 2\sqrt{1+\frac{b}{a}+\frac{c}{b}+\frac{a}{c}}$ ;

(b)$1+2\left(\frac{a}{b}+\frac{b}{c}+\frac{c}{a}\right)\geqslant\sqrt{1+16\left(\frac{b}{a}+\frac{c}{b}+\frac{a}{c}\right)}$ ;

(c)$3+\frac{a}{b}+\frac{b}{c}+\frac{c}{a}\geqslant 2\sqrt{(a+b+c)\left(\frac{1}{a}+\frac{1}{b}+\frac{1}{c}\right)}$ .

(Vasile Cîrtoaje,2007)

**证明**　设

$$x=\frac{a}{b},\quad y=\frac{b}{c},\quad z=\frac{c}{a}$$

和

$$p=x+y+z,\quad q=xy+yz+zx$$

并根据 AM－GM 不等式,我们有

$$p\geqslant 3\sqrt[3]{xyz}=3$$

(a) 我们只需证明当 $xyz=1$ 时

$$1+x+y+z\geqslant 2\sqrt{1+xy+yz+zx}$$

这等价于

$$(1+p)^2\geqslant 4+4q$$

或

$$p+3\geqslant 2\sqrt{p+q+3}$$

**方法 1**　根据三阶舒尔不等式,我们有

$$p^3+9\geqslant 4pq$$

因此

$$(1+p)^2-4q-4\geqslant(1+p)^2-4-\left(p^2+\frac{9}{p}\right)=\frac{(p-3)(2p+3)}{p}\geqslant 0$$

等式适用于 $a=b=c$.

**方法 2**　不失一般性,设 $b$ 介于 $a,c$ 之间.根据 AM－GM 不等式,我们有

$$2\sqrt{p+q+3}=2\sqrt{(a+b+c)\left(\frac{1}{a}+\frac{1}{b}+\frac{1}{c}\right)}$$

69

$$\leqslant \frac{a+b+c}{b}+b\left(\frac{1}{a}+\frac{1}{b}+\frac{1}{c}\right)$$

因此

$$p+3-2\sqrt{p+q+3} \geqslant \frac{a}{b}+\frac{b}{c}+\frac{c}{a}+3-\frac{a+b+c}{b}-b\left(\frac{1}{a}+\frac{1}{b}+\frac{1}{c}\right)$$

$$=\frac{(a-b)(b-c)}{ab}$$

$$\geqslant 0$$

（b）我们只需证明：当 $xyz=1$ 时

$$1+2(x+y+z) \geqslant \sqrt{1+16(xy+yz+zx)}$$

这等价于

$$p^2+p \geqslant 4q$$

根据三阶舒尔不等式，我们有

$$p^3+9 \geqslant 4pq$$

因此

$$p^2+p-4q \geqslant p^2+p-\left(p^2+\frac{9}{p}\right)=\frac{(p-3)(p+3)}{9} \geqslant 0$$

等式适用于 $a=b=c$.

（c）将原不等式改写为

$$(3+x+y+z)^2 \geqslant 4(3+x+y+z+xy+yz+zx)$$

$$(x+y+z)^2+2(x+y+z) \geqslant 3+4(xy+yz+zx)$$

$$(1+x+y+z)^2 \geqslant 4(1+xy+yz+zx)$$

$$1+x+y+z \geqslant 2\sqrt{1+xy+yz+zx}$$

$$1+\frac{a}{b}+\frac{b}{c}+\frac{c}{a} \geqslant 2\sqrt{1+\frac{b}{a}+\frac{c}{b}+\frac{a}{c}}$$

因此，这个不等式等价于（a）中的不等式.

**问题 1.50**  如果 $a,b,c$ 是正实数，那么

$$\frac{a^2}{b^2}+\frac{b^2}{c^2}+\frac{c^2}{a^2}+15\left(\frac{b}{a}+\frac{c}{b}+\frac{a}{c}\right)$$

$$\geqslant 16\left(\frac{a}{b}+\frac{b}{c}+\frac{c}{a}\right)$$

**证明**  利用代换

$$x=\frac{a}{b}, \quad y=\frac{b}{c}, \quad z=\frac{c}{a}$$

我们需要证明 $xyz=1$ 时

$$x^2+y^2+z^2+15(xy+yz+zx) \geqslant 16(x+y+z)$$

这等价于

$$(x+y+z)^2-16(x+y+z)+13(xy+yz+zx)\geqslant 0$$

根据第1卷问题3.83,对于固定 $x+y+z$ 和 $xyz=1$,表达式

$$xy+yz+zx$$

当 $x,y,z$ 中有两个相等时达到最小值. 因此,由对称性,我们只需考虑 $x=y$. 我们只需证明

$$(2x+z)^2-16(2x+z)+13(x^2+2xz)\geqslant 0$$

其中 $x^2z=1$,将此不等式重写为

$$17x^6-32x^5+30x^3-16x^2+1\geqslant 0$$

或

$$(x-1)^2 g(x)\geqslant 0, \quad g(x)=17x^4+2x^3-13x^2+2x+1$$

因为

$$g(x)=(2x-1)^4+x(x^3+34x^2-37x+10)$$

因此,只需证明

$$x^3+34x^2-37x+10\geqslant 0$$

有两种情形要考虑.

**情形 1** $x\in\left(0,\frac{1}{2}\right]\cup\left[\frac{10}{17},+\infty\right)$. 我们有

$$x^3+34x^2-37x+10\geqslant 34x^2-37x+10=(2x-1)(17x-10)\geqslant 0$$

**情形 2** $x\in\left(\frac{1}{2},\frac{10}{17}\right)$. 我们有

$$2(x^3+34x^2-37x+10)>2\left(\frac{1}{2}x^2+34x^2-37x+10\right)$$

因为对于所有实数 $x,69x^2-74x+20>0$ 都成立,证明完成. 等式适用于 $a=b=c$.

**问题 1.51** 如果 $a,b,c$ 是正实数,且 $abc=1$,那么:

(a) $\dfrac{a}{b}+\dfrac{b}{c}+\dfrac{c}{a}\geqslant a+b+c$;

(b) $\dfrac{a}{b}+\dfrac{b}{c}+\dfrac{c}{a}\geqslant\dfrac{3}{2}(a+b+c-1)$;

(c) $\dfrac{a}{b}+\dfrac{b}{c}+\dfrac{c}{a}+2\geqslant\dfrac{5}{3}(a+b+c)$.

**证明** (a) 将原不等式改写为

$$\left(2\cdot\frac{a}{b}+\frac{b}{c}\right)+\left(2\cdot\frac{b}{c}+\frac{c}{a}\right)+\left(2\cdot\frac{c}{a}+\frac{a}{b}\right)\geqslant 3(a+b+c)$$

借助 AM−GM 不等式,我们有

$$\left(2\cdot\frac{a}{b}+\frac{b}{c}\right)+\left(2\cdot\frac{b}{c}+\frac{c}{a}\right)+\left(2\cdot\frac{c}{a}+\frac{a}{b}\right)$$

71

$$\geqslant 3\sqrt[3]{\frac{a^2}{bc}}+3\sqrt[3]{\frac{b^2}{ca}}+3\sqrt[3]{\frac{c^2}{ab}}$$
$$=3(a+b+c).$$

等式适用于 $a=b=c=1$.

（b）利用代换

$$a=\frac{y}{x}, \quad b=\frac{z}{y}, \quad c=\frac{x}{z}$$

其中 $x,y,z>0$，原不等式可以重述为

$$2(x^3+y^3+z^3)+3xyz\geqslant 3(x^2y+y^2z+z^2x)$$

**方法 1** 我们通过对舒尔不等式

$$x^3+y^3+z^3+3xyz\geqslant (x^2y+y^2z+z^2x)+(xy^2+yz^2+zx^2)$$

和

$$x^3+y^3+z^3+xy^2+yz^2+zx^2\geqslant 2(x^2y+y^2z+z^2x)$$

求和得到期望不等式. 最后一个不等式等价于

$$x(x-y)^2+y(y-z)^2+z(z-x)^2\geqslant 0$$

等式适用于 $a=b=c=1$.

**方法 2** 不等式两边同乘以 $x+y+z$，期望不等式变成

$$2\sum x^4-\sum x^3y-3\sum x^2y^2+2\sum xy^3\geqslant 0$$

将这个不等式改写为

$$\sum\left[(1+k)x^4-x^3y-3x^2y^2+2xy^3+(1-k)y^4\right]\geqslant 0$$

$$\sum(x-y)\left[x^3-3x^2y-y^3+k(x^3+x^2y+xy^2+y^3)\right]\geqslant 0$$

选择 $k=\frac{3}{4}$，我们得到明显成立的不等式

$$\sum(x-y)^2(7x^2+10xy+y^2)\geqslant 0$$

（c）利用代换

$$a=\frac{y}{x}, \quad b=\frac{z}{y}, \quad c=\frac{x}{z}$$

其中 $x,y,z>0$，我们只需证

$$3(x^3+y^3+z^3)+6xyz\geqslant 5(x^2y+y^2z+z^2x)$$

假设 $x=\min\{x,y,z\}$ 和代换

$$y=x+p, \quad z=x+q, \quad p,q\geqslant 0$$

上述不等式变成

$$(p^2-pq+q^2)x+3p^3+3q^3-5p^2q\geqslant 0$$

这个不等式是真的，因为根据 AM-GM 不等式，我们得到

$$6p^3+6q^3=3p^3+3p^3+6q^3\geqslant 3\sqrt[3]{54p^6q^3}=9\sqrt[3]{2}\,p^2q\geqslant 10p^2q$$

等式适用于 $a=b=c=1$.

**问题 1.52** 如果 $a,b,c$ 是正实数，且 $a^2+b^2+c^2=3$，那么：

(a) $\dfrac{a}{b}+\dfrac{b}{c}+\dfrac{c}{a} \geqslant 2+\dfrac{3}{ab+bc+ca}$；

(b) $\dfrac{a}{b}+\dfrac{b}{c}+\dfrac{c}{a} \geqslant \dfrac{9}{a+b+c}$.

**证明** (a) 根据柯西－施瓦兹不等式，我们有

$$\frac{a}{b}+\frac{b}{c}+\frac{c}{a} \geqslant \frac{(a+b+c)^2}{ab+bc+ca}=2+\frac{3}{ab+bc+ca}$$

等式适用于 $a=b=c=1$.

(b) 应用(a)中的不等式，我们只需证

$$2+\frac{3}{ab+bc+ca} \geqslant \frac{9}{a+b+c}$$

设

$$t=\frac{a+b+c}{3}, \quad t \leqslant 1$$

因为

$$2(ab+bc+ca)=(a+b+c)^2-(a^2+b^2+c^2)=9t^2-3$$

所以上述不等式变成

$$2+\frac{2}{3t^2-1} \geqslant \frac{3}{t}$$

$$(t-1)^2(2t+1) \geqslant 0$$

等式适用于 $a=b=c=1$.

**问题 1.53** 如果 $a,b,c$ 是正实数，且 $a^2+b^2+c^2=3$，那么

$$6\left(\frac{a}{b}+\frac{b}{c}+\frac{c}{a}\right)+5(ab+bc+ca) \geqslant 33$$

**证明** 将原不等式改写成齐次形式

$$\frac{a}{b}+\frac{b}{c}+\frac{c}{a}-3 \geqslant \frac{5}{2}\left(1-\frac{ab+bc+ca}{a^2+b^2+c^2}\right)$$

我们将证明更强的不等式

$$\frac{a}{b}+\frac{b}{c}+\frac{c}{a}-3 \geqslant m\left(1-\frac{ab+bc+ca}{a^2+b^2+c^2}\right)$$

其中

$$m=4\sqrt{2}-3>\frac{5}{2}$$

将这个不等式改写为

$$\left(\sum a^2\right)\left(\sum ab^2\right)+mabc\sum ab-(m+3)abc\sum a^2 \geqslant 0$$

73

$$\sum ab^4 + \sum a^3 b^2 + (m+1) abc \sum ab - (m+3) abc \sum a^2 \geqslant 0$$

$$\sum ab^4 + \sum a^3 b^2 + 2(2\sqrt{2}-1) abc \sum ab - 4\sqrt{2} abc \sum a^2 \geqslant 0$$

另外,从

$$\sum a (a-b)^2 (b-kc)^2 \geqslant 0$$

我们得到

$$\sum ab^4 + \sum a^3 b^2 + (k^2-2) \sum a^2 b^3 + k(4-k) abc \sum ab - 4kabc \sum a^2 \geqslant 0$$

选择 $k=\sqrt{2}$,我们得到期望不等式. 等式适用于 $a=b=c=1$.

**问题 1.54** 如果 $a,b,c$ 是正实数,且 $a+b+c=3$,那么:

(a)$6\left(\dfrac{a}{b}+\dfrac{b}{c}+\dfrac{c}{a}\right)+3 \geqslant 7(a^2+b^2+c^2)$;

(b)$\dfrac{a}{b}+\dfrac{b}{c}+\dfrac{c}{a} \geqslant a^2+b^2+c^2$.

**证明** (a)将原不等式写成齐次形式

$$2\left(\sum a\right)^2\left(\sum ab^2\right)+abc\left(\sum a\right)^2 \geqslant 21abc \sum a^2$$

等价于

$$\sum ab^4 + \sum a^3 b^2 + 2\sum a^2 b^3 + 4abc \sum ab - 8abc \sum a^2 \geqslant 0$$

另外,从

$$\sum a (a-b)^2 (b-kc)^2 \geqslant 0$$

我们得到

$$\sum ab^4 + \sum a^3 b^2 + (k^2-2) \sum a^2 b^3 + k(4-k) abc \sum ab - 4kabc \sum a^2 \geqslant 0$$

选择 $k=2$,我们得到期望不等式. 等式适用于 $a=b=c=1$.

(b)我们通过将(a)中不等式加入明显成立的不等式,来得到我们想要的不等式

$$a^2+b^2+c^2 \geqslant 3$$

等式适用于 $a=b=c=1$.

**问题 1.55** 如果 $a,b,c$ 是正实数,那么

$$\frac{a}{b}+\frac{b}{c}+\frac{c}{a}+2 \geqslant \frac{14(a^2+b^2+c^2)}{(a+b+c)^2}$$

(Vo Quoc Ba Can,2010)

**证明** 通过化简,将原不等式变为

$$\left(\sum \frac{a}{b}\right)\left(\sum a^2+2\sum ab\right)+4\sum ab \geqslant 12\sum a^2$$

$$\sum \frac{a^3}{b}+\sum \frac{a^2 b}{c}+2\sum \frac{ab^2}{c}+7\sum ab \geqslant 10\sum a^2$$

$$A + B \geqslant 10 \sum a^2 - 10 \sum ab$$

其中

$$A = \sum \frac{a^3}{b} + \sum \frac{a^2 b}{c} - 2 \sum \frac{ab^2}{c}, \quad B = 4 \sum \frac{ab^2}{c} - 3 \sum ab$$

因为

$$A = \sum \frac{a^3}{b} + \sum \frac{a^2 b}{c} - 2 \sum \frac{ab^2}{c}$$

$$= \sum \left( \frac{b^3}{c} + \frac{a^2 b}{c} - \frac{2ab^2}{c} \right)$$

$$= \sum \frac{b (a - b)^2}{c}$$

和

$$B = 4 \sum \frac{ab^2}{c} - 3 \sum ab$$

$$= \sum \left( \frac{4ca^2}{b} - 12ca + 9bc \right)$$

$$= \sum \frac{c (2a - 3b)^2}{b}$$

我们得到

$$A + B = \sum \left[ \frac{b (a - b)^2}{c} + \frac{c (2a - 3b)^2}{b} \right]$$

$$\geqslant 2 \sum (a - b) (2a - 3b)$$

$$= 10 \sum a^2 - 10 \sum ab$$

这样,证明就完成. 对于 $a \geqslant b \geqslant c$,当

$$b(a - b) = c(2a - 3b), \quad c(b - c) = a(2b - 3c), \quad a(c - a) = b(2c - 3a)$$

时等式成立,这等价于

$$\frac{a}{\sqrt{7} - \tan \frac{\pi}{7}} = \frac{b}{\sqrt{7} - \tan \frac{2\pi}{7}} = \frac{c}{\sqrt{7} - \tan \frac{4\pi}{7}}$$

注意由等式条件可推出

$$a^2 + b^2 + c^2 = 2ab + 2bc + 2ca$$

因此

$$\sqrt{a} = \sqrt{b} + \sqrt{c}$$

**备注** 利用问题 1.55 中的不等式,我们可以证明以下难度较弱的不等式

$$\frac{a}{b} + \frac{b}{c} + \frac{c}{a} + \frac{7(ab + bc + ca)}{a^2 + b^2 + c^2} \geqslant \frac{17}{2}$$

在相同的条件下等式成立. 我们只需证明

$$\frac{14(a^2+b^2+c^2)}{(a+b+c)^2}-2 \geqslant \frac{17}{2}-\frac{7(ab+bc+ca)}{a^2+b^2+c^2}$$

这等价于

$$(a^2+b^2+c^2-2ab-2bc-2ca)^2 \geqslant 0$$

**猜想**   如果 $a,b,c$ 是正实数,那么

$$\frac{a}{b}+\frac{b}{c}+\frac{c}{a} \geqslant \frac{19(a^2+b^2+c^2)+2(ab+bc+ca)}{a^2+b^2+c^2+6(ab+bc+ca)}$$

等式适用于 $a=b=c$,也适用于

$$\frac{a}{\sqrt{7}-\tan\frac{\pi}{7}}=\frac{b}{\sqrt{7}-\tan\frac{2\pi}{7}}=\frac{c}{\sqrt{7}-\tan\frac{4\pi}{7}}$$

(或其任何循环排列).

这个不等式比问题 1.55 中的不等式难度更强.

**问题 1.56**   设 $a,b,c$ 是正实数,且满足 $a+b+c=3$,并设

$$x=3a+\frac{1}{b}, \quad y=3b+\frac{1}{c}, \quad z=3c+\frac{1}{a}$$

求证: $xy+yz+zx \geqslant 48$.

(Vasile Cîrtoaje,2007)

**证明**   将期望不等式改写为

$$3(ab+bc+ca)+\frac{1}{abc}+\left(\frac{b}{a}+\frac{c}{b}+\frac{a}{c}\right) \geqslant 13$$

我们通过将问题 1.54(a) 中的不等式

$$6\left(\frac{a}{b}+\frac{b}{c}+\frac{c}{a}\right)+3 \geqslant 7(a^2+b^2+c^2)$$

和不等式

$$18(ab+bc+ca)+\frac{6}{abc}+7(a^2+b^2+c^2) \geqslant 81$$

相加得到这个不等式.

因为

$$a^2+b^2+c^2=9-2(ab+bc+ca)$$

最后的不等式等价于

$$2(ab+bc+ca)+\frac{3}{abc} \geqslant 9$$

由熟知的不等式

$$(ab+bc+ca)^2 \geqslant 3abc(a+b+c)=9abc$$

我们得到

$$\frac{1}{abc} \geqslant \frac{9}{(ab+bc+ca)^2}$$

因此,只需证

$$2q + \frac{27}{q^2} \geqslant 9$$

其中 $q = ab + bc + ca$. 事实上,由 AM $-$ GM 不等式,我们有

$$2q + \frac{27}{q^2} = q + q + \frac{27}{q^2} \geqslant 3\sqrt[3]{q \cdot q \cdot \frac{27}{q^2}} = 9$$

等式适用于 $a = b = c = 1$.

**问题 1.57** 如果 $a, b, c$ 是正实数,且满足 $a + b + c = 3$,那么

$$\frac{a+1}{b} + \frac{b+1}{c} + \frac{c+1}{a} \geqslant 2(a^2 + b^2 + c^2)$$

**证明** 将问题 1.54(a) 中的不等式

$$6\left(\frac{a}{b} + \frac{b}{c} + \frac{c}{a}\right) + 3 \geqslant 7(a^2 + b^2 + c^2)$$

和不等式

$$6\left(\frac{1}{a} + \frac{1}{b} + \frac{1}{c}\right) \geqslant 5(a^2 + b^2 + c^2) + 3$$

相加得到这个不等式.

将最后一个不等式写为 $F(a, b, c) \geqslant 0$,其中

$$F(a, b, c) = 6\left(\frac{1}{a} + \frac{1}{b} + \frac{1}{c}\right) - 5(a^2 + b^2 + c^2) - 3$$

假设

$$a = \max\{a, b, c\}, \quad b + c \leqslant 2$$

我们将证明

$$F(a, b, c) \geqslant F\left(a, \frac{b+c}{2}, \frac{b+c}{2}\right) \geqslant 0$$

事实上,我们有

$$F(a, b, c) - F\left(a, \frac{b+c}{2}, \frac{b+c}{2}\right)$$

$$= 6\left(\frac{b+c}{bc} - \frac{4}{b+c}\right) - 5\left[b^2 + c^2 - \frac{1}{2}(b+c)^2\right]$$

$$= (b-c)^2\left[\frac{6}{bc(b+c)} - \frac{5}{2}\right]$$

$$\geqslant (b-c)^2\left[\frac{24}{(b+c)^3} - \frac{5}{2}\right]$$

$$\geqslant 0$$

而且

$$F\left(a, \frac{b+c}{2}, \frac{b+c}{2}\right) = F\left(a, \frac{3-a}{2}, \frac{3-a}{2}\right)$$

77

$$= \frac{3(a-1)^2(12-15a+5a^2)}{2a(3-a)}$$

$$\geqslant 0$$

等式适用于 $a=b=c=1$.

**问题 1.58** 如果 $a,b,c$ 是正实数,且满足 $a+b+c=3$,那么

$$\frac{a^2}{b}+\frac{b^2}{c}+\frac{c^2}{a}+3 \geqslant 2(a^2+b^2+c^2)$$

(Pham Huu Duc,2007)

**证明 1** 假设

$$a = \max\{a,b,c\}$$

将原不等式齐次化可以写成

$$\frac{a^2}{b}+\frac{b^2}{c}+\frac{c^2}{a}+a+b+c \geqslant \frac{6(a^2+b^2+c^2)}{a+b+c}$$

$$\sum \left(\frac{b^2}{c}-2b+c\right) \geqslant 6\left(\frac{a^2+b^2+c^2}{a+b+c}-\frac{a+b+c}{3}\right)$$

$$\sum \frac{(b-c)^2}{c} \geqslant \frac{2}{a+b+c}\sum (b-c)^2$$

$$(b-c)^2 A + (c-a)^2 B + (a-b)^2 C \geqslant 0$$

其中

$$A = \frac{a+b}{c}-1 > 0, \quad B = \frac{b+c}{a}-1, \quad C = \frac{c+a}{b}-1 > 0$$

根据柯西－施瓦兹不等式,我们有

$$(b-c)^2 A + (a-b)^2 C \geqslant \frac{(a-c)^2}{\frac{1}{A}+\frac{1}{C}}$$

$$= \frac{AC}{A+C}(a-c)^2$$

因此,只需证

$$\frac{AC}{A+C}+B \geqslant 0$$

实际上,根据三阶舒尔不等式,我们得到

$$AB+BC+CA$$

$$= 3 + \frac{a^3+b^3+c^3+3abc-ab(a+b)-bc(b+c)-ca(c+a)}{abc}$$

$$\geqslant 3$$

等式适用于 $a=b=c=1$.

**证明 2**(Michael Rozenberg) 将原不等式写成齐次形式

$$\left(\sum a\right)\left(\sum ab^3\right)+abc\left(\sum a\right)^2 \geqslant 6abc\sum a^2$$

通过化简,我们得到

$$\sum (ab^4 + a^2 b^3 + 2ab^2 c^2 - 4a^3 bc) \geqslant 0$$

这等价于

$$\sum a (b^2 - 2bc + ac)^2 \geqslant 0$$

**问题 1.59**　如果 $a,b,c$ 是正实数,那么

$$\frac{a^3}{b} + \frac{b^3}{c} + \frac{c^3}{a} + 2(ab + bc + ca) \geqslant 3(a^2 + b^2 + c^2)$$

(Michael Rozenberg,2010)

**证明**　将原不等式改写为

$$\sum \left( \frac{a^3}{b} + ab - 2a^2 \right) \geqslant a^2 + b^2 + c^2 - ab - bc - ca$$

$$\frac{a (a - b)^2}{b} + \frac{b (b - c)^2}{c} + \frac{c (c - a)^2}{a} \geqslant a^2 + b^2 + c^2 - ab - bc - ca$$

假设 $a = \max\{a,b,c\}$.

**情形 1**　$a \geqslant b \geqslant c$. 根据柯西－施瓦兹不等式,我们有

$$\frac{a (a - b)^2}{b} + \frac{b (b - c)^2}{c}$$

$$\geqslant \frac{[(a - b) + (b - c)]^2}{\frac{b}{a} + \frac{c}{b}}$$

$$= \frac{ab (a - c)^2}{b^2 + ac}$$

另外

$$a^2 + b^2 + c^2 - ab - bc - ca = (a - c)^2 + (b - a)(b - c) \leqslant (a - c)^2$$

因此,只需证

$$\frac{ab (a - c)^2}{b^2 + ac} + \frac{c (c - a)^2}{a} \geqslant (a - c)^2$$

这是成立的,如果

$$\frac{ab}{b^2 + ac} + \frac{c}{a} \geqslant 1$$

这个不等式等价于

$$a^2 b + b^2 c + c^2 a - ab^2 - ca^2 \geqslant 0$$

$$bc^2 - (a - b)(b - c)(c - a) \geqslant 0$$

**情形 2**　$a \geqslant c \geqslant b$. 根据柯西－施瓦兹不等式,我们有

$$\frac{b (b - c)^2}{c} + \frac{c (c - a)^2}{a}$$

$$\geqslant \frac{[(b-c)+(c-a)]^2}{\frac{c}{b}+\frac{a}{c}}$$

$$=\frac{bc\ (a-b)^2}{c^2+ab}$$

另外

$$a^2+b^2+c^2-ab-bc-ca=(a-b)^2+(c-a)(c-b)\leqslant (a-b)^2$$

因此，只需证

$$\frac{a\ (a-b)^2}{b}+\frac{bc\ (a-b)^2}{c^2+ab}\geqslant (a-b)^2$$

这等价于

$$(a-b)^2(a^2b+b^2c+c^2a-ab^2-bc^2)\geqslant 0$$

$$(a-b)^2\big[ab(a-b)+b^2c+c^2(a-b)\big]\geqslant 0$$

等式适用于 $a=b=c$.

**问题 1.60**　如果 $a,b,c$ 是正实数，且满足 $a^4+b^4+c^4=3$，那么

(a) $\dfrac{a^2}{b}+\dfrac{b^2}{c}+\dfrac{c^2}{a}\geqslant 3$；

(b) $\dfrac{a^2}{b+c}+\dfrac{b^2}{c+a}+\dfrac{c^2}{a+b}\geqslant \dfrac{3}{2}$.

(Alexey Gladkich,2005)

**证明**　(a) 根据赫尔德（Hölder）不等式，我们有

$$\left(\sum \frac{a^2}{b}\right)\left(\sum \frac{a^2}{b}\right)\left(\sum a^2b^2\right)\geqslant \left(\sum a^2\right)^3$$

因此，只需证

$$\left(\sum a^2\right)^3\geqslant 9\sum a^2b^2$$

将其化成齐次不等式

$$\left(\sum a^2\right)^3\geqslant 3\sqrt{3}\left(\sum a^2b^2\right)\sqrt{\sum a^4}$$

应用代换

$$x=\sum a^2,\quad y=\sum a^2b^2$$

以上不等式可改写为

$$x^3\geqslant 3y\sqrt{3(x^2-2y)}$$

将两边平方后化简，这个不等式可变成

$$x^6-27x^2y^2+54y^3\geqslant 0$$

这是成立的，因为

$$x^6-27x^2y^2+54y^3=(x^2-3y)^2(x^2+6y)\geqslant 0$$

等式适用于 $a=b=c=1$.

80

(b) 应用赫尔德不等式,我们有

$$\left(\sum \frac{a^2}{b+c}\right)^2 \sum a^2 (b+c)^2 \geqslant \left(\sum a^2\right)^3$$

于是只需证

$$\left(\sum a^2\right)^3 \geqslant \frac{9}{4} \sum a^2 (b+c)^2$$

应用(a)中证明的不等式,即

$$\left(\sum a^2\right)^3 \geqslant 9 \sum a^2 b^2$$

我们还需要证明

$$\sum a^2 b^2 \geqslant \frac{1}{4} \sum a^2 (b+c)^2$$

这个不等式等价于

$$\sum a^2 (b-c)^2 \geqslant 0$$

等式适用于 $a=b=c=1$.

**问题 1.61** 如果 $a,b,c$ 是正实数,那么

$$\frac{a^2}{b} + \frac{b^2}{c} + \frac{c^2}{a} \geqslant \frac{3(a^3 + b^3 + c^3)}{a^2 + b^2 + c^2}$$

(Vo Quoc Ba Can,2010)

**证明**(Ta Minh Hoang)  假设

$$a = \max\{a,b,c\}$$

将原不等式改写为

$$\frac{a^2}{b} + \frac{b^2}{c} + \frac{c^2}{a} - a - b - c \geqslant \frac{3(a^3 + b^3 + c^3)}{a^2 + b^2 + c^2} - a - b - c$$

$$\sum \frac{(a-b)^2}{b} \geqslant \frac{1}{a^2 + b^2 + c^2} \sum (a+b)(a-b)^2$$

$$(b-c)^2 A + (c-a)^2 B + (a-b)^2 C \geqslant 0$$

其中

$$A = \frac{a^2 + b^2 - bc}{c} > 0, \quad B = \frac{b^2 + c^2 - ca}{a}, \quad C = \frac{c^2 + a^2 - ab}{b} > 0$$

考虑非平凡情况 $B < 0$,也就是

$$ac - b^2 - c^2 > 0$$

从

$$ac - b^2 - c^2 = c(a - 2b) - (b - c)^2$$

可得

$$c(a - 2b) > (b - c)^2 \geqslant 0$$

因此

81

$$a > 2b$$

根据柯西－施瓦兹不等式，我们有

$$(b-c)^2 A + (a-b)^2 C \geqslant \frac{(a-c)^2}{\frac{1}{A}+\frac{1}{C}} = \frac{AC}{A+C}(a-c)^2$$

因此，只需证明 $\frac{AC}{A+C}+B \geqslant 0$，也就是，$\frac{1}{A}+\frac{1}{B}+\frac{1}{C} \leqslant 0$，或

$$\frac{c}{a^2+b^2-bc} + \frac{b}{c^2+a^2-ab} \leqslant \frac{a}{ca-b^2-c^2}$$

**情形 1** $a \geqslant b \geqslant c$. 因为

$$\begin{aligned}
a^2+b^2-bc-(ca-b^2-c^2) &> a^2+b^2-bc-ca \\
&= a(a-c)+b(b-c) \\
&\geqslant 0
\end{aligned}$$

和

$$\begin{aligned}
c^2+a^2-ab-(ca-b^2-c^2) &> a^2+b^2-ab-ca > a^2+bc-a(b+c) \\
&= (a-b)(a-c) \\
&\geqslant 0
\end{aligned}$$

于是只需证 $b+c \leqslant a$，事实上，我们有 $a > 2b \geqslant b+c$.

**情形 2** $a \geqslant c \geqslant b$. 分别用 $c$ 和 $b$ 代替 $b$ 和 $c$，我们需要证明 $a \geqslant b \geqslant c$ 时

$$\frac{a^2}{c}+\frac{c^2}{b}+\frac{b^2}{a} \geqslant \frac{3(a^3+b^3+c^3)}{a^2+b^2+c^2}$$

根据前一种情形，我们有

$$\frac{a^2}{b}+\frac{b^2}{c}+\frac{c^2}{a} \geqslant \frac{3(a^3+b^3+c^3)}{a^2+b^2+c^2}$$

因此，只需证

$$\frac{a^2}{c}+\frac{c^2}{b}+\frac{b^2}{a} \geqslant \frac{a^2}{b}+\frac{b^2}{c}+\frac{c^2}{a}$$

这个不等式等价于

$$(a+b+c)(a-b)(b-c)(a-c) \geqslant 0$$

对于 $a \geqslant b \geqslant c$ 这个不等式显然成立.

证明完成. 等式适用于 $a=b=c=1$.

**问题 1.62** 如果 $a,b,c$ 是正实数，那么

$$\frac{a^2}{b}+\frac{b^2}{c}+\frac{c^2}{a}+a+b+c \geqslant 2\sqrt{(a^2+b^2+c^2)\left(\frac{a}{b}+\frac{b}{c}+\frac{c}{a}\right)}$$

(Pham Huu Duc,2006)

**证明** 不失一般性，设 $b$ 介于 $a,c$ 之间，也就是

$$(b-a)(b-c) \leqslant 0$$

因为

$$2\sqrt{(a^2+b^2+c^2)\left(\frac{a}{b}+\frac{b}{c}+\frac{c}{a}\right)}$$

$$=2\sqrt{\frac{a^2+b^2+c^2}{b}\left(a+\frac{b^2}{c}+\frac{bc}{a}\right)}$$

$$\leqslant\frac{a^2+b^2+c^2}{b}+a+\frac{b^2}{c}+\frac{bc}{a}$$

$$=\frac{a^2}{b}+\frac{b^2}{c}+a+b+\frac{bc}{a}+\frac{c^2}{b}$$

于是只需证

$$\frac{c^2}{a}+c\geqslant\frac{bc}{a}+\frac{c^2}{b}$$

这是成立的,因为

$$\frac{c^2}{a}+c-\left(\frac{bc}{a}+\frac{c^2}{b}\right)=\frac{c(b-a)(b-c)}{ab}\geqslant0$$

证明完成.等式适用于 $a=b=c$.

**问题 1.63**　如果 $a,b,c$ 是正实数,那么

$$\frac{a}{b}+\frac{b}{c}+\frac{c}{a}+32\left(\frac{a}{a+b}+\frac{b}{b+c}+\frac{c}{c+a}\right)\geqslant51$$

(Vasile Cîrtoaje,2009)

**证明**　把原不等式改写成

$$\frac{a}{b}+\frac{b}{c}+\frac{c}{a}+45\geqslant32\left(\frac{b}{a+b}+\frac{c}{b+c}+\frac{a}{c+a}\right)$$

利用代换

$$x=\frac{a}{b},\quad y=\frac{b}{c},\quad z=\frac{c}{a}$$

这意味着 $xyz=1$,不等式变成

$$x+y+z+45-32\left(\frac{1}{x+1}+\frac{1}{y+1}+\frac{1}{z+1}\right)\geqslant0$$

期望不等式可以由下列不等式相加得到

$$x-\frac{32}{x+1}+15\geqslant9\ln x$$

$$y-\frac{32}{y+1}+15\geqslant9\ln y$$

$$z-\frac{32}{z+1}+15\geqslant9\ln z$$

设

$$f(x)=x-\frac{32}{x+1}+15-9\ln x,\quad x>0$$

83

求导数得

$$f'(x) = 1 + \frac{32}{(x+1)^2} - \frac{9}{x}$$

$$= \frac{(x-1)(x-3)^2}{x(x+1)^2}$$

这说明 $f(x)$ 在 $(0,1)$ 上递减,在 $(1,+\infty)$ 上递增,所以 $f(x) \geqslant f(1) = 0$. 等式适用于 $a = b = c$.

**问题 1.64** 找出最大的正实数 $K$,使得对于任意正实数 $a,b,c$,下列不等式成立:

(a) $\dfrac{a}{b} + \dfrac{b}{c} + \dfrac{c}{a} - 3 \geqslant K\left(\dfrac{a}{b+c} + \dfrac{b}{c+a} + \dfrac{c}{a+b} - \dfrac{3}{2}\right)$;

(b) $\dfrac{a}{b} + \dfrac{b}{c} + \dfrac{c}{a} - 3 + K\left(\dfrac{a}{2a+b} + \dfrac{b}{2b+c} + \dfrac{c}{2c+a} - 1\right) \geqslant 0$.

(Vasile Cîrtoaje,2008)

**解** (a) 当

$$a = x^3, \quad b = x, \quad c = 1$$

时,原不等式变成

$$x^2 + x + \frac{1}{x^3} - 3 \geqslant K\left(\frac{x^3}{x+1} + \frac{x}{1+x^3} + \frac{1}{x^3+x} - \frac{3}{2}\right)$$

$$\frac{(1-K)x^3}{x+1} + \frac{x^2}{x+1} + x + \frac{1}{x^3} - 3 - K\left(\frac{x}{1+x^3} + \frac{1}{x^3+x} - \frac{3}{2}\right) \geqslant 0$$

当 $x \to +\infty$ 时,我们得到一个必要条件 $1 - K \geqslant 0$. 我们将证明对于 $K = 1$ 时,最初的不等式成立;也就是

$$\frac{a}{b} + \frac{b}{c} + \frac{c}{a} \geqslant \frac{a}{b+c} + \frac{b}{c+a} + \frac{c}{a+b} + \frac{3}{2}$$

将原不等式写为

$$\left(\frac{a}{b} - \frac{a}{b+c}\right) + \left(\frac{b}{c} - \frac{b}{c+a}\right) + \left(\frac{c}{a} - \frac{c}{a+b}\right) \geqslant \frac{3}{2}$$

$$\frac{bc}{a(a+b)} + \frac{ca}{b(b+c)} + \frac{ab}{c(c+a)} \geqslant \frac{3}{2}$$

根据柯西 — 施瓦兹不等式,我们有

$$\frac{bc}{a(a+b)} + \frac{ca}{b(b+c)} + \frac{ab}{c(c+a)}$$

$$\geqslant \frac{(ab+bc+ca)^2}{abc(a+b+b+c+c+a)}$$

$$= \frac{(ab+bc+ca)^2}{2abc(a+b+c)} \geqslant \frac{3}{2}$$

等式适用于 $a = b = c$.

（b）当 $b=1, c=a^2$ 时，原不等式变为

$$2a + \frac{1}{a^2} - 3 + K\left(\frac{2a}{2a+1} + \frac{1}{a^2+2} - 1\right) \geqslant 0$$

$$\frac{(a-1)^2(2a+1)}{a^2} - \frac{K(a-1)^2}{(2a+1)(a^2+2)} \geqslant 0$$

这个不等式对于任意正实数 $a$ 成立，当且仅当

$$\frac{2a+1}{a^2} - \frac{K}{(2a+1)(a^2+2)} \geqslant 0$$

当 $a=1$ 时，得到 $K \leqslant 27$. 我们将证明对于 $K=27$ 时最初的不等式成立.

**方法 1** 利用代换

$$x = \frac{a}{b}, \quad y = \frac{b}{c}, \quad z = \frac{c}{a}$$

由此得 $xyz = 1$，原不等式可改写为

$$x + y + z - 3 - \frac{27}{2}\left(\frac{1}{2x+1} + \frac{1}{2y+1} + \frac{1}{2z+1} - 1\right) \geqslant 0$$

我们通过对以下不等式求和，得到这个不等式

$$x - \frac{27}{2(2x+1)} + \frac{7}{2} \geqslant 4\ln x$$

$$y - \frac{27}{2(2y+1)} + \frac{7}{2} \geqslant 4\ln y$$

$$z - \frac{27}{2(2z+1)} + \frac{7}{2} \geqslant 4\ln z$$

设

$$f(x) = x - \frac{27}{2(2x+1)} + \frac{7}{2} - 4\ln x, \quad x > 0$$

求导数得

$$f'(x) = 1 + \frac{27}{(2x+1)^2} - \frac{4}{x}$$

$$= \frac{4(x-1)^3}{x(2x+1)^2}$$

这说明 $f(x)$ 在 $(0,1)$ 上递减，在 $(1,+\infty)$ 上递增，因此 $f(x) \geqslant f(1) = 0$. 等式适用于 $a=b=c$.

**方法 2** 用 $\mathrm{e}^x, \mathrm{e}^y, \mathrm{e}^z$ 分别替换 $x, y, z$，我们需要证明；在条件

$$x + y + z = 0$$

下，不等式

$$f(x) + f(y) + f(z) \geqslant 3f\left(\frac{x+y+z}{3}\right)$$

成立，其中

$$f(u) = e^u + \frac{27u}{2e^u + 1}$$

如果 $f(u)$ 在 **R** 上是凸函数,那么这个不等式恰好是琴生(Jensen)不等式. 事实上, $f$ 是凸函数,因为

$$e^{-u}f''(u) = 1 + \frac{27(1 - 2e^u)}{(2e^u + 1)^3} = \frac{4(e^u - 1)^2(2e^u + 7)}{(2e^u + 1)^3} \geqslant 0$$

**问题 1.65** 如果 $a, b, c \in \left[\frac{1}{2}, 2\right]$,那么:

(a) $8\left(\dfrac{a}{b} + \dfrac{b}{c} + \dfrac{c}{a}\right) \geqslant 5\left(\dfrac{b}{a} + \dfrac{c}{b} + \dfrac{a}{c}\right) + 9$;

(b) $20\left(\dfrac{a}{b} + \dfrac{b}{c} + \dfrac{c}{a}\right) \geqslant 17\left(\dfrac{b}{a} + \dfrac{c}{b} + \dfrac{a}{c}\right)$.

(Vasile Cîrtoaje, 2008)

**证明** 不失一般性,假设

$$a = \max\{a, b, c\}$$

设

$$t = \sqrt{\frac{a}{c}}, \quad 1 \leqslant t \leqslant 2$$

(a) 设

$$E(a, b, c) = 8\left(\frac{a}{b} + \frac{b}{c} + \frac{c}{a}\right) - 5\left(\frac{b}{a} + \frac{c}{b} + \frac{a}{c}\right) - 9$$

不失一般性,设 $a = \max\{a, b, c\}$. 我们将证明

$$E(a, b, c) \geqslant E(a, \sqrt{ac}, c) \geqslant 0$$

我们有

$$E(a, b, c) - E(a, \sqrt{ac}, c) = 8\left(\frac{a}{b} + \frac{b}{c} - 2\sqrt{\frac{a}{c}}\right) - 5\left(\frac{b}{a} + \frac{c}{b} - 2\sqrt{\frac{c}{a}}\right)$$

$$= \frac{(b - \sqrt{ac})^2(8a - 5c)}{abc}$$

$$\geqslant 0$$

而且

$$E(a, \sqrt{ac}, c) = 8\left(2\sqrt{\frac{a}{c}} + \frac{c}{a} - 3\right) - 5\left(2\sqrt{\frac{c}{a}} + \frac{a}{c} - 3\right)$$

$$= 8\left(2t + \frac{1}{t^2} - 3\right) - 5\left(\frac{2}{t} + t^2 - 3\right)$$

$$= \frac{8}{t^2}(t - 1)^2(2t + 1) - \frac{5}{t}(t - 1)^2(t + 2)$$

$$= \frac{(t - 1)^2(4 + 5t)(2 - t)}{t^2}$$

86

$$\geqslant 0$$

等式适用于 $a=b=c$,也适用于 $a=2,b=1,c=\dfrac{1}{2}$(或其任何循环排列).

(b) 设

$$E(a,b,c)=20\left(\frac{a}{b}+\frac{b}{c}+\frac{c}{a}\right)-17\left(\frac{b}{a}+\frac{c}{b}+\frac{a}{c}\right)$$

我们将证明

$$E(a,b,c)\geqslant E(a,\sqrt{ac},c)\geqslant 0$$

我们有

$$E(a,b,c)-E(a,\sqrt{ac},c)=20\left(\frac{a}{b}+\frac{b}{c}-2\sqrt{\frac{a}{c}}\right)-17\left(\frac{b}{a}+\frac{c}{b}-2\sqrt{\frac{c}{a}}\right)$$

$$=\frac{(b-\sqrt{ac})^{2}(20a-17c)}{abc}$$

$$\geqslant 0$$

而且,我们有

$$E(a,\sqrt{ac},c)=20\left(2\sqrt{\frac{a}{c}}+\frac{c}{a}\right)-17\left(2\sqrt{\frac{c}{a}}+\frac{a}{c}\right)$$

$$=20\left(2t+\frac{1}{t^{2}}\right)-17\left(\frac{2}{t}+t^{2}\right)$$

$$=\frac{20-34t+40t^{3}-17t^{4}}{t^{2}}$$

$$=\frac{(2-t)(17t^{3}-6t^{2}-12t+10)}{t^{2}}$$

我们需要证明 $17t^{3}-6t^{2}-12t+10\geqslant 0(1\leqslant t\leqslant 2)$,事实上,我们有

$$17t^{3}-6t^{2}-12t+10\geqslant 11t^{2}-12t+10>4t^{2}-12t+9=(2t-3)^{2}\geqslant 0$$

等式适用于 $a=2,b=1,c=\dfrac{1}{2}$(或其任何循环排列).

**问题 1.66** 如果 $a,b,c$ 是正实数,且 $a\leqslant b\leqslant c$,那么

$$\frac{a}{b}+\frac{b}{c}+\frac{c}{a}\geqslant\frac{2a}{b+c}+\frac{2b}{c+a}+\frac{2c}{a+b}$$

**证明 1** 因为

$$\frac{a}{b}+\frac{b}{c}+\frac{c}{a}-\left(\frac{b}{a}+\frac{c}{b}+\frac{a}{c}\right)$$

$$=\left(\frac{a}{b}-1\right)\left(\frac{b}{c}-1\right)\left(\frac{c}{a}-1\right)$$

$$\geqslant 0$$

于是只需证明

87

$$\left(\frac{a}{b}+\frac{b}{c}+\frac{c}{a}\right)+\left(\frac{b}{a}+\frac{c}{b}+\frac{a}{c}\right)$$

$$\geqslant \frac{4a}{b+c}+\frac{4b}{c+a}+\frac{4c}{a+b}$$

这个不等式等价于

$$a\left(\frac{1}{b}+\frac{1}{c}-\frac{4}{b+c}\right)+b\left(\frac{1}{c}+\frac{1}{a}-\frac{4}{c+a}\right)+c\left(\frac{1}{a}+\frac{1}{b}-\frac{4}{a+b}\right)\geqslant 0$$

$$\frac{a^2\,(b-c)^2}{b+c}+\frac{b^2\,(c-a)^2}{c+a}+\frac{c^2\,(a-b)^2}{a+b}\geqslant 0$$

等式适用于 $a=b=c$.

**证明2** 原不等式等价于

$$\frac{c(b-a)}{a(a+b)}+\frac{a(c-b)}{b(b+c)}-\frac{b(c-a)}{c(c+a)}\geqslant 0$$

考虑

$$b(c-a)=c(b-a)+a(c-b)$$

可将不等式改写为

$$\frac{c(b-a)}{a(a+b)}+\frac{a(c-b)}{b(b+c)}-\frac{c(b-a)+a(c-b)}{c(c+a)}\geqslant 0$$

$$c(b-a)\left[\frac{1}{a(a+b)}-\frac{1}{c(c+a)}\right]+a(c-b)\left[\frac{1}{b(b+c)}-\frac{1}{c(c+a)}\right]\geqslant 0$$

因为

$$\frac{1}{a(a+b)}-\frac{1}{c(c+a)}=\frac{c^2-a^2+a(c-b)}{ac(a+b)(c+a)}$$

$$\geqslant \frac{c-b}{c(a+b)(c+a)}$$

和

$$\frac{1}{b(b+c)}-\frac{1}{c(c+a)}=\frac{c^2-b^2+c(a-b)}{bc(b+c)(c+a)}$$

$$\geqslant \frac{a-b}{b(b+c)(c+a)}$$

于是只需证

$$\frac{c(b-a)(c-b)}{c(a+b)(c+a)}+\frac{a(c-b)(a-b)}{b(b+c)(c+a)}\geqslant 0$$

这个不等式成立,如果

$$\frac{1}{a+b}-\frac{a}{b(b+c)}\geqslant 0$$

事实上

$$\frac{1}{a+b}-\frac{a}{b(b+c)}\geqslant \frac{1}{a+b}-\frac{1}{b+c}$$

$$= \frac{c-a}{(a+b)(b+c)}$$

$$\geqslant 0$$

**问题 1.67** 如果 $a,b,c$ 是正实数，且满足 $abc=1$.

（a）如果 $a \leqslant b \leqslant c$，那么

$$\frac{a}{b} + \frac{b}{c} + \frac{c}{a} \geqslant a^{\frac{3}{2}} + b^{\frac{3}{2}} + c^{\frac{3}{2}}$$

（b）如果 $a \leqslant 1 \leqslant b \leqslant c$，那么

$$\frac{a}{b} + \frac{b}{c} + \frac{c}{a} \geqslant a^{\sqrt{3}} + b^{\sqrt{3}} + c^{\sqrt{3}}$$

（Vasile Cîrtoaje，2008）

**证明** （a）因为

$$\frac{a}{b} + \frac{b}{c} + \frac{c}{a} - \left(\frac{b}{a} + \frac{c}{b} + \frac{a}{c}\right)$$

$$= \left(\frac{a}{b} - 1\right)\left(\frac{b}{c} - 1\right)\left(\frac{c}{a} - 1\right)$$

$$\geqslant 0$$

于是只需证明

$$\left(\frac{a}{b} + \frac{b}{c} + \frac{c}{a}\right) + \left(\frac{b}{a} + \frac{c}{b} + \frac{a}{c}\right)$$

$$\geqslant 2(a^{\frac{3}{2}} + b^{\frac{3}{2}} + c^{\frac{3}{2}})$$

事实上，根据 AM－GM 不等式，我们有

$$\sum \frac{a}{b} + \sum \frac{b}{a} = \sum a\left(\frac{1}{b} + \frac{1}{c}\right)$$

$$\geqslant \sum \frac{2a}{\sqrt{bc}}$$

$$= 2\sum a^{\frac{3}{2}}$$

当 $a=b=c=1$ 时，等式成立.

（b）设 $k=\sqrt{3}$ 和

$$E(a,b,c) = \frac{a}{b} + \frac{b}{c} + \frac{c}{a} - a^k - b^k - c^k$$

我们将证明

$$E(a,b,c) \geqslant E(a,\sqrt{bc},\sqrt{bc}) \geqslant 0$$

也就是

$$E\left(\frac{1}{bc},b,c\right) \geqslant E\left(\frac{1}{bc},\sqrt{bc},\sqrt{bc}\right) \geqslant 0$$

作代换

$$t = \sqrt{bc}, \quad t \geqslant 1$$

将原不等式写为 $f(t) \geqslant 0$,其中

$$f(t) = \frac{1}{t^3} + 1 + t^3 - \frac{1}{t^{2k}} - 2t^k$$

我们有

$$\frac{f'(t)}{t^2} = g(t)$$

$$g(t) = -\frac{3}{t^6} + 3 + \frac{2k}{t^{2k+3}} - \frac{2k}{t^{3-k}}$$

因为

$$\frac{1}{2} t^{2k+4} g'(t) = 9t^{2k-3} - k(2k+3) + k(3-k) t^{3k}$$

$$\geqslant 9 - k(2k+3) + k(3-k)$$

$$= 9 - 3k^2$$

$$= 0$$

所以 $g(t)$ 在 $[1, +\infty)$ 上递增,所以 $g(t) \geqslant g(1) = 0$,即 $f'(t) \geqslant 0$,所以 $f(t)$ 是递增的,因此 $f(t) \geqslant f(1) = 0$.

作代换 $b = x^2, c = y^2, 1 \leqslant x \leqslant y$,不等式变成

$$E\left(\frac{1}{x^2 y^2}, x^2, y^2\right) \geqslant E\left(\frac{1}{x^2 y^2}, xy, xy\right)$$

或等价于

$$\frac{1}{x^4 y^2} + \frac{x^2}{y^2} + x^2 y^4 - \frac{1}{x^3 y^3} - 1 - x^3 y^3 \geqslant (x^k - y^k)^2$$

这可化简为

$$(y - x)\left(x^2 y^3 + \frac{1}{x^4 y^3} - \frac{x+y}{y^2}\right) \geqslant (x^k - y^k)^2$$

我们将证明

$$(y - x)\left(x^2 y^3 + \frac{1}{x^4 y^3} - \frac{x+y}{y^2}\right)$$

$$\geqslant (y - x)(y^3 - x^3)$$

$$\geqslant (x^k - y^k)^2 \qquad\qquad (*)$$

式 $(*)$ 左边的不等式是成立的,如果 $f(x, y) \geqslant 0$,其中

$$f(x, y) = x^2 y^3 + \frac{1}{x^4 y^3} - \frac{x+y}{y^2} - y^3 + x^3$$

我们将证明

$$f(x, y) \geqslant f(1, y) \geqslant 0$$

事实上,因为 $1 \leqslant x \leqslant y$,我们有

$$f(x,y)-f(1,y)=x^3-1+y^3(x^2-1)-\frac{1}{y^2}(x-1)-\frac{1}{y^3}\left(1-\frac{1}{x^4}\right)$$

$$\geqslant x^3-1+(x^2-1)-(x-1)-\left(1-\frac{1}{x^4}\right)$$

$$=(x^2-1)\left[\left(x-\frac{1}{x^2}\right)+\left(1-\frac{1}{x^4}\right)\right]$$

$$\geqslant 0$$

和

$$f(1,y)=\frac{1}{y^3}-\frac{1+y}{y^2}+1$$

$$=\frac{(1+y)(1-y)^2}{y^3}$$

$$\geqslant 0$$

为了证明式(*)的右边,我们将证明

$$(y-x)(y^3-x^3)\geqslant \frac{3}{4}(y^2-x^2)^2\geqslant (x^k-y^k)^2$$

我们有

$$4(y-x)(y^3-x^3)-3(y^2-x^2)^2=(y-x)^4\geqslant 0$$

为了完成证明,我们只需证明

$$\frac{k}{2}(y^2-x^2)\geqslant y^k-x^k,\quad k=\sqrt{3}$$

固定 $y$,设

$$g(x)=x^k-y^k+\frac{k}{2}(y^2-x^2),\quad 1\leqslant x\leqslant y$$

因为

$$g'(x)=kx(x^{k-2}-1)\leqslant 0$$

$g(x)$ 是递减函数,因此 $g(x)\geqslant g(y)=0$,这样证明就完成了.等式适用于 $a=b=c=1$.

**问题 1. 68**    如果 $k$ 和 $a,b,c$ 均是正实数,那么

$$\frac{1}{(k+1)a+b}+\frac{1}{(k+1)b+c}+\frac{1}{(k+1)c+a}$$

$$\geqslant \frac{1}{ka+b+c}+\frac{1}{a+kb+c}+\frac{1}{a+b+kc}$$

(Vasile Cîrtoaje,2011)

**证明 1**    当 $k=1$ 时,我们只需要证明

$$\frac{1}{2a+b}+\frac{1}{2b+c}+\frac{1}{2c+a}\geqslant \frac{3}{a+b+c}$$

这个不等式可由柯西－施瓦兹不等式立刻得到,即

91

$$\frac{1}{2a+b}+\frac{1}{2b+c}+\frac{1}{2c+a} \geqslant \frac{9}{(2a+b)+(2b+c)+(2c+a)}$$

$$=\frac{3}{a+b+c}$$

进一步考虑 $k>1$ 和 $0<k<1$ 两种情形.

**情形 1** $k>1$. 根据柯西－施瓦兹不等式,我们有

$$\frac{k-1}{(k+1)a+b}+\frac{1}{kc+a+b}$$

$$\geqslant \frac{\left[(k-1)+1\right]^2}{(k-1)\left[(k+1)a+b\right]+(kc+a+b)}$$

$$=\frac{k}{ka+b+c}$$

将这些类似的不等式相加就得到了想要的不等式.

**情形 2** $0<k<1$. 根据柯西－施瓦兹不等式,我们有

$$\frac{1-k}{(k+1)a+b}+\frac{k}{ka+b+c}$$

$$\geqslant \frac{\left[(1-k)+k\right]^2}{(1-k)\left[(k+1)a+b\right]+k(ka+b+c)}$$

$$=\frac{1}{kc+a+b}$$

将这些类似的不等式相加就得到了想要的不等式. 等式适用于 $a=b=c$.

**证明 2**(Vo Quoc Ba Can)　根据柯西－施瓦兹不等式,我们有

$$\frac{1}{(k+1)a+b}+\frac{k}{(k+1)b+c}+\frac{k^2}{(k+1)c+a}$$

$$\geqslant \frac{(1+k+k^2)^2}{(k+1)a+b+k(k+1)b+kc+k^2(k+1)c+k^2a}$$

$$=\frac{1+k+k^2}{kc+a+b}$$

因此,我们依次得到

$$\sum \frac{1}{(k+1)a+b}+\sum \frac{k}{(k+1)b+c}+\sum \frac{k^2}{(k+1)c+a} \geqslant \sum \frac{1+k+k^2}{kc+a+b}$$

$$(1+k+k^2)\sum \frac{1}{(k+1)a+b} \geqslant (1+k+k^2)\sum \frac{1}{kc+a+b}$$

$$\sum \frac{1}{(k+1)a+b} \geqslant \sum \frac{1}{kc+a+b}$$

**证明 3**　我们有

$$\frac{1}{(k+1)a+b}-\frac{1}{ka+b+c}=\frac{c-a}{(ka+b+c)(ka+a+b)}$$

$$\geqslant \frac{c-a}{(kc+a+b)(ka+b+c)}$$

$$= \frac{1}{k-1}\left(\frac{1}{ka+b+c} - \frac{1}{kc+a+b}\right)$$

因此

$$\sum \frac{1}{(k+1)a+b} - \sum \frac{1}{ka+b+c}$$

$$\geqslant \frac{1}{k-1}\left(\sum \frac{1}{ka+b+c} - \sum \frac{1}{kc+a+b}\right) = 0$$

**问题 1.69** 如果 $a,b,c$ 是正实数,那么:

(a) $\dfrac{a}{\sqrt{2a+b}} + \dfrac{b}{\sqrt{2b+c}} + \dfrac{c}{\sqrt{2c+a}} \leqslant \sqrt{a+b+c}$;

(b) $\dfrac{a}{\sqrt{a+2b}} + \dfrac{b}{\sqrt{b+2c}} + \dfrac{c}{\sqrt{c+2a}} \geqslant \sqrt{a+b+c}$.

**证明** (a) 根据柯西 — 施瓦兹不等式,我们得到

$$\sum \frac{a}{\sqrt{2a+b}} = \sum \left(\sqrt{a} \cdot \sqrt{\frac{a}{2a+b}}\right)$$

$$\leqslant \sqrt{\left(\sum a\right)\left(\sum \frac{a}{2a+b}\right)}$$

于是只需证

$$\sum \frac{a}{2a+b} \leqslant 1$$

这个不等式等价于

$$\sum \frac{b}{2a+b} \geqslant 1$$

应用柯西 — 施瓦兹不等式,我们得到

$$\sum \frac{b}{2a+b} \geqslant \frac{\left(\sum b\right)^2}{\sum b(2a+b)} = 1$$

等式适用于 $a=b=c$.

(b) 根据赫尔德不等式,我们有

$$\left(\sum \frac{a}{\sqrt{a+2b}}\right)^2 \geqslant \frac{\left(\sum a\right)^3}{\sum a(a+2b)} = \sum a$$

由此,我们得到了我们想要的不等式. 等式适用于 $a=b=c$.

**问题 1.70** 设 $a,b,c$ 是非负实数,且 $a+b+c=3$. 求证

$$a\sqrt{\frac{a+2b}{3}} + b\sqrt{\frac{b+2c}{3}} + c\sqrt{\frac{c+2a}{3}} \leqslant 3$$

**证明 1** 根据柯西 — 施瓦兹不等式,我们有

93

$$\sum a \sqrt{\frac{a+2b}{3}} = \sum \sqrt{a} \cdot \sqrt{\frac{a(a+2b)}{3}}$$

$$\leqslant \sqrt{\sum a \cdot \sum \frac{a(a+2b)}{3}}$$

$$= \sqrt{\frac{\left(\sum a\right)^3}{3}}$$

$$= 3$$

等式适用于 $a=b=c=1$，也适用于 $a=3,b=c=0$（或其任何循环排列）.

**证明 2**　对函数 $f(x)=\sqrt{x}$，$x \geqslant 0$ 应用琴生不等式，我们有

$$a\sqrt{a+2b}+b\sqrt{b+2c}+c\sqrt{c+2a}$$

$$\leqslant (a+b+c)\sqrt{\frac{a(a+2b)+b(b+2c)+c(c+2a)}{a+b+c}}$$

$$= (a+b+c)\sqrt{a+b+c}$$

$$= 3\sqrt{3}$$

**问题 1.71**　设 $a,b,c$ 是非负实数，且 $a+b+c=3$. 那么

$$a\sqrt{1+b^3}+b\sqrt{1+c^3}+c\sqrt{1+a^3} \leqslant 5$$

(Pham Kim Hung,2007)

**证明**　应用 AM − GM 不等式，我们得到

$$\sqrt{1+b^3} = \sqrt{(1+b)(1-b+b^2)}$$

$$\leqslant \frac{1+b+1-b+b^2}{2}$$

$$= 1+\frac{b^2}{2}$$

因此

$$\sum a\sqrt{1+b^3} \leqslant \sum a\left(1+\frac{b^2}{2}\right)$$

$$= 3 + \frac{ab^2+bc^2+ca^2}{2}$$

为了完成证明，还需证明

$$ab^2+bc^2+ca^2 \leqslant 4$$

但这恰好是问题 1.1. 等式适用于 $a=0,b=1,c=2$（或其任何循环排列）.

**问题 1.72**　如果 $a,b,c$ 是正实数，且 $abc=1$，那么：

(a) $\sqrt{\dfrac{a}{b+3}}+\sqrt{\dfrac{b}{c+3}}+\sqrt{\dfrac{c}{a+3}} \geqslant \dfrac{3}{2}$；

(b) $\sqrt[3]{\dfrac{a}{b+7}}+\sqrt[3]{\dfrac{b}{c+7}}+\sqrt[3]{\dfrac{c}{a+7}} \geqslant \dfrac{3}{2}$.

**证明** （a）设

$$a = \frac{x}{y}, \quad b = \frac{z}{x}, \quad c = \frac{y}{z}$$

原不等式可以重新表述为

$$\frac{x}{\sqrt{y(3x+z)}} + \frac{y}{\sqrt{z(3y+x)}} + \frac{z}{\sqrt{x(3z+y)}} \geqslant \frac{3}{2}$$

根据赫尔德不等式,我们有

$$\left[ \sum \frac{x}{\sqrt{y(3x+z)}} \right]^2 \sum xy(3x+z) \geqslant \left( \sum x \right)^3$$

因此,只需证

$$4\left( \sum x \right)^3 \geqslant 27(x^2 y + y^2 z + z^2 x + xyz)$$

这恰好就是问题 1.9(a) 中的不等式. 等式适用于 $a=b=c=1$.

（b）设

$$a = \frac{x^4}{y^4}, \quad b = \frac{z^4}{x^4}, \quad c = \frac{y^4}{z^4}$$

原不等式变成

$$\sum \sqrt[3]{\frac{x^8}{y^4(7x^4+z^4)}} \geqslant \frac{3}{2}$$

根据赫尔德不等式,我们有

$$\left( \sum \sqrt[3]{\frac{x^8}{y^4(7x^4+z^4)}} \right)^3 \sum (7x^4+z^4) \geqslant \left( \sum \frac{x^2}{y} \right)^4$$

因为 $\sum (7x^4+z^4) = 8 \sum x^4$,于是只需证

$$\left( \frac{x^2}{y} + \frac{y^2}{z} + \frac{z^2}{x} \right)^4 \geqslant 27(x^4+y^4+z^4)$$

这恰好就是问题 1.60(a) 中的不等式. 等式适用于 $a=b=c=1$.

**问题 1.73**　如果 $a,b,c$ 是正实数,那么

$$\left( 1 + \frac{4a}{a+b} \right)^2 + \left( 1 + \frac{4b}{b+c} \right)^2 + \left( 1 + \frac{4c}{a+c} \right)^2 \geqslant 27$$

（Vasile Cîrtoaje,2012）

**证明**　设

$$x = \frac{a-b}{a+b}, \quad y = \frac{b-c}{b+c}, \quad z = \frac{c-a}{c+a}$$

我们有

$$-1 < x, y, z < 1$$

和

$$x + y + z + xyz = 0$$

95

因为
$$\frac{2a}{a+b}=x+1, \quad \frac{2b}{b+c}=y+1, \quad \frac{2c}{c+a}=z+1$$
可将原不等式改写成
$$(2x+3)^2+(2y+3)^2+(2z+3)^2 \geqslant 27$$
$$x^2+y^2+z^2+3(x+y+z) \geqslant 0$$
$$x^2+y^2+z^2 \geqslant 3xyz$$

根据 AM $-$ GM 不等式,我们有
$$x^2+y^2+z^2 \geqslant 3\sqrt[3]{(xyz)^2}$$
因此,只需证明 $|xyz| \leqslant 1$,这是显然的. 等式适用于 $a=b=c$.

**问题 1.74** 如果 $a,b,c$ 是正实数,那么
$$\sqrt{\frac{2a}{a+b}}+\sqrt{\frac{2b}{b+c}}+\sqrt{\frac{2c}{c+a}} \leqslant 3$$

(Vasile Cîrtoaje, 1992)

**证明 1** 根据柯西 $-$ 施瓦兹不等式,我们有
$$\sum\sqrt{\frac{2a}{a+b}}=\sum\left[\sqrt{(a+c)} \cdot \sqrt{\frac{2a}{(a+b)(a+c)}}\right]$$
$$\leqslant\sqrt{\sum(a+c) \cdot \sum\frac{2a}{(a+b)(a+c)}}$$

于是只需证
$$\sum\frac{a}{(a+b)(a+c)} \leqslant \frac{9}{4(a+b+c)}$$
化简后这个不等式等价于
$$a(b-c)^2+b(c-a)^2+c(a-b)^2 \geqslant 0$$
等式适用于 $a=b=c$.

**证明 2** 根据柯西 $-$ 施瓦兹不等式,我们有
$$\sum\sqrt{\frac{2a}{a+b}}=\sum\left[\sqrt{\frac{1}{(a+b)(a+c)} \cdot 2a(a+c)}\right]$$
$$\leqslant\sqrt{\sum\frac{1}{(a+b)(a+c)} \cdot \sum 2a(a+c)}$$

于是只需证
$$\sum\frac{1}{(a+b)(a+c)} \leqslant \frac{9}{4(ab+bc+ca)}$$
这等价于
$$a(b-c)^2+b(c-a)^2+c(a-b)^2 \geqslant 0$$

**问题 1.75** 如果 $a,b,c$ 是非负实数,那么

$$\sqrt{\frac{a}{4a+5b}}+\sqrt{\frac{b}{4b+5c}}+\sqrt{\frac{c}{4c+5a}}\leqslant 1$$

（Vasile Cîrtoaje,2004）

**证明**　如果 $a,b,c$ 中有一个为零,那么原不等式是显然成立的.此外,应用代换

$$u=\frac{b}{a},\quad v=\frac{c}{b},\quad w=\frac{a}{c}$$

我们只需证明 $uvw=1$ 时

$$\frac{1}{\sqrt{4+5u}}+\frac{1}{\sqrt{4+5v}}+\frac{1}{\sqrt{4+5w}}\leqslant 1$$

应用矛盾方法,只需证明当

$$\frac{1}{\sqrt{4+5u}}+\frac{1}{\sqrt{4+5v}}+\frac{1}{\sqrt{4+5w}}>1$$

时, $uvw<1$. 设

$$x=\frac{1}{\sqrt{4+5u}},\quad y=\frac{1}{\sqrt{4+5v}},\quad z=\frac{1}{\sqrt{4+5w}}$$

其中 $x,y,z\in\left(0,\frac{1}{2}\right)$. 因为

$$u=\frac{1-4x^2}{5x^2},\quad v=\frac{1-4y^2}{5y^2},\quad w=\frac{1-4z^2}{5z^2}$$

我们只需证在 $x+y+z>1$ 时

$$(1-4x^2)(1-4y^2)(1-4z^2)<125x^2y^2z^2$$

因为

$$1-4x^2<(x+y+z)^2-4x^2=(-x+y+z)(3x+y+z)$$

于是只需证

$$\prod(3x+y+z)\prod(x-y+z)\leqslant 125x^2y^2z^2$$

根据 $AM-GM$ 不等式,我们有

$$(3x+y+z)(3y+z+x)(3z+x+y)\leqslant 125\left(\frac{x+y+z}{3}\right)^3$$

因此,只需证

$$\left(\frac{x+y+z}{3}\right)^3(-x+y+z)(x-y+z)(x+y-z)\leqslant x^2y^2z^2$$

应用代换

$$a=-x+y+z,\quad b=x-y+z,\quad c=x+y-z$$

其中 $a,b,c>0$. 这个不等式可重新表述为

$$64abc(a+b+c)^3\leqslant 27(b+c)^2(c+a)^2(a+b)^2$$

由熟知不等式

97

$$9(a+b)(b+c)(c+a) \geqslant 8(a+b+c)(ab+bc+ca)$$

知,它等价于

$$a(b-c)^2 + b(c-a)^2 + c(a-b)^2 \geqslant 0$$

由此得

$$81(a+b)^2(b+c)^2(c+a)^2 \geqslant 64(a+b+c)^2(ab+bc+ca)^2$$

因此,只需证

$$3abc(a+b+c) \leqslant (ab+bc+ca)^2$$

这也是熟知的不等式,它等价于

$$a^2(b-c)^2 + b^2(c-a)^2 + c^2(a-b)^2 \geqslant 0$$

因此,证明完成. 等式适用于 $a=b=c$.

**问题 1.76** 如果 $a,b,c$ 是正实数,那么

$$\frac{a}{\sqrt{4a^2+ab+4b^2}} + \frac{b}{\sqrt{4b^2+bc+4c^2}} + \frac{c}{\sqrt{4c^2+ca+4a^2}} \leqslant 1$$

(Bin Zhao,2006)

**证明** 根据 AM$-$GM 不等式,我们有

$$ab+4b^2 \geqslant 5\sqrt[5]{ab \cdot b^8} = 5\sqrt[5]{ab^9}$$

$$\frac{a}{\sqrt{4a^2+ab+4b^2}} \leqslant \frac{a}{\sqrt{4a^2+5\sqrt[5]{ab^9}}}$$

$$= \sqrt{\frac{a^{\frac{9}{5}}}{4a^{\frac{9}{5}}+5b^{\frac{9}{5}}}}$$

因此,只需证

$$\sqrt{\frac{a^{\frac{9}{5}}}{4a^{\frac{9}{5}}+5b^{\frac{9}{5}}}} + \sqrt{\frac{b^{\frac{9}{5}}}{4b^{\frac{9}{5}}+5c^{\frac{9}{5}}}} + \sqrt{\frac{c^{\frac{9}{5}}}{4c^{\frac{9}{5}}+5a^{\frac{9}{5}}}} \leqslant 1$$

用 $a,b,c$ 分别代替 $a^{\frac{9}{5}},b^{\frac{9}{5}},c^{\frac{9}{5}}$,我们得到了问题 1.75 中的不等式. 等式适用于 $a=b=c$.

**问题 1.77** 如果 $a,b,c$ 是正实数,那么

$$\sqrt{\frac{a}{a+b+7c}} + \sqrt{\frac{b}{b+c+7a}} + \sqrt{\frac{c}{c+a+7b}} \geqslant 1$$

(Vasile Cîrtoaje,2006)

**证明** 利用代换

$$x=\sqrt{\frac{a}{a+b+7c}}, \quad y=\sqrt{\frac{b}{b+c+7a}}, \quad z=\sqrt{\frac{c}{c+a+7b}}$$

我们有

$$\begin{cases}(x^2-1)a+x^2b+7x^2c=0\\(y^2-1)b+y^2c+7y^2a=0\\(z^2-1)c+z^2a+7z^2b=0\end{cases}$$

这说明

$$\begin{vmatrix}x^2-1&x^2&7x^2\\7y^2&y^2-1&y^2\\z^2&7z^2&z^2-1\end{vmatrix}=0$$

也就是 $F(x,y,z)=0$，其中

$$F(x,y,z)=324x^2y^2z^2+6\sum x^2y^2+\sum x^2-1$$

我们需要证明 $F(x,y,z)=0$ 时，$x+y+z\geqslant1$. 为了证明它，我们使用矛盾方法. 假设 $x+y+z<1$，并证明 $F(x,y,z)<0$. 因为 $F(x,y,z)$ 是关于每个变量的严格增函数，所以只需证明 $x+y+z=1$ 时，$F(x,y,z)\leqslant0$. 我们有

$$F(x,y,z)=324x^2y^2z^2+6\left(\sum xy\right)^2-12xyz\sum x+\left(\sum x\right)^2-2\sum xy-1$$

$$=324x^2y^2z^2+6\left(\sum xy\right)^2-12xyz-2\sum xy$$

$$=12xyz(27xyz-1)+2\left(\sum xy\right)\left(3\sum xy-1\right)$$

因为

$$27xyz\leqslant\left(\sum x\right)^3=1,\quad3\sum xy\leqslant\left(\sum x\right)^2=1$$

所以结论成立. 等式适用于 $a=b=c$.

**问题 1.78**　如果 $a,b,c$ 是非负实数，且无两个同时为 0，那么：

(a) $\sqrt{\dfrac{a}{3b+c}}+\sqrt{\dfrac{b}{3c+a}}+\sqrt{\dfrac{c}{3a+b}}\geqslant\dfrac{3}{2}$；

(b) $\sqrt{\dfrac{a}{2b+c}}+\sqrt{\dfrac{b}{2c+a}}+\sqrt{\dfrac{c}{2a+b}}\geqslant\sqrt[4]{8}$.

(Vasile Cîrtoaje and Pham Kim Hung,2006)

**证明**　考虑不等式

$$\sqrt{\frac{(k+1)a}{kb+c}}+\sqrt{\frac{(k+1)b}{kc+a}}+\sqrt{\frac{(k+1)c}{ka+b}}\geqslant A_k,\quad k>0$$

利用代换

$$x=\sqrt{\frac{(k+1)a}{kb+c}},\quad y=\sqrt{\frac{(k+1)b}{kc+a}},\quad z=\sqrt{\frac{(k+1)c}{ka+b}}$$

将恒等式

$$(kb+c)(kc+a)(ka+b)$$
$$=(k^3+1)abc+kbc(kb+c)+kca(kc+a)+kab(ka+b)$$

等号两边同时除以 $(k+1)^3abc$，得

99

$$\frac{kb+c}{(k+1)a}\cdot\frac{kc+a}{(k+1)b}\cdot\frac{ka+b}{(k+1)c}$$

$$=\frac{k^2-k+1}{(k+1)^2}+\frac{k}{(k+1)^2}\left[\frac{kb+c}{(k+1)a}+\frac{kc+a}{(k+1)b}+\frac{ka+b}{(k+1)c}\right]$$

我们得到

$$\frac{1}{x^2y^2z^2}=\frac{k^2-k+1}{(k+1)^2}+\frac{k}{(k+1)^2}\left(\frac{1}{x^2}+\frac{1}{y^2}+\frac{1}{z^2}\right)$$

这等价于 $F(x,y,z)=0$,其中

$$F(x,y,z)=k(x^2y^2+y^2z^2+z^2x^2)+(k^2-k+1)x^2y^2z^2-(k+1)^2$$

所以我们只需证明 $F(x,y,z)=0$,由此得到 $x+y+z\geqslant A_k$,为了证明它,我们使用矛盾方法. 假设 $x+y+z<A_k$ 并证明 $F(x,y,z)<0$. 因为 $F(x,y,z)$ 关于它的变量是严格递增的,于是只需证明 $x+y+z=A_k$ 时,$F(x,y,z)\leqslant 0$. 设

$$k_1=\frac{49+9\sqrt{17}}{32}\approx 2.691$$

(a) 我们将证明 $F(x,y,z)\leqslant 0$ 对于 $A_k=3$ 和 $k\in\left(0,\dfrac{1}{k_1}\right)\cup[k_1,+\infty)$,

AM−GM 不等式 $x+y+z\geqslant 3\sqrt[3]{xyz}$ 包含 $xyz\leqslant 1$. 另外,由舒尔不等式

$$(x+y+z)^3+9xyz\geqslant 4(x+y+z)(xy+yz+zx)$$

我们得到

$$4(xy+yz+zx)\leqslant 9+3xyz$$

因此

$$(xy+yz+zx)^2-9\leqslant\frac{(9+3xyz)^2}{16}-9=\frac{9}{16}(xyz-1)(xyz+7)$$

因此

$$F(x,y,z)=k[(xy+yz+zx)^2-6xyz]+(k^2-k+1)x^2y^2z^2-(k+1)^2$$

$$=k[(xy+yz+zx)^2-9]+(k^2-k+1)(x^2y^2z^2-1)-6k(xyz-1)$$

$$\leqslant\frac{9k}{16}(xyz-1)(xyz+7)+(k^2-k+1)(x^2y^2z^2-1)-6k(xyz-1)$$

$$=\frac{1}{16}(xyz-1)[(16k^2-7k+16)xyz+16k^2-49k+16]$$

$$\leqslant 0$$

因为 $xyz-1\leqslant 0$ 和 $16k^2-7k+16>0$. 于是只需证 $16k^2-49k+16\geqslant 0$. 事实上,这个不等式对于 $k\geqslant k_1$ 是成立的.

当 $a=b=c$ 时等式成立. 此外,当 $k=k_1$,或 $k=\dfrac{1}{k_1}$ 时,当 $a=0,\dfrac{b}{c}=\sqrt{k}$(或其任何循环排列)时等式成立.

(b) 我们需要证明当 $A_k=\sqrt[4]{72}$ 和 $k=2$ 时,$F(x,y,z)\leqslant 0$. 我们将证明一个

更强的不等式. 当 $1 \leqslant k \leqslant k_1$ 时,对于所有的非负实数 $x,y,z,F(x,y,z) \leqslant 0$,且 $x,y,z$ 适合

$$x+y+z=A_k=2\sqrt[4]{\frac{(k+1)^2}{k}}$$

由于

$$F(x,y,z)=k(xy+yz+zx)^2-2kA_kxyz+(k^2-k+1)x^2y^2z^2-(k+1)^2$$

于是对于固定的 $xyz$,当 $xy+yz+zx$ 最大时,$F(x,y,z)$ 最大;也就是,根据第1卷问题 3.83,只要 $x,y,z$ 中有两个相等. 由对称性,我们只需要证明对于 $y=z,F(x,y,z) \leqslant 0$. 不原等式写成齐次形式

$$k(x^2y^2+y^2z^2+z^2x^2)+(k^2-k+1)x^2y^2z^2-k\left(\frac{x+y+z}{2}\right)^4 \leqslant 0$$

$$k\left[\left(\frac{x+y+z}{2}\right)^4-x^2y^2-y^2z^2-z^2x^2\right] \geqslant (k^2-k+1)x^2y^2z^2$$

$$k\sqrt{k}\,(x+y+z)^2\left[(x+y+z)^4-16(x^2y^2+y^2z^2+z^2x^2)\right]$$

$$\geqslant 64(k^3+1)x^2y^2z^2$$

由齐次性,我们只要考虑 $y=z=0$ 和 $y=z=1$ 的情况. 在非平凡情况 $y=z=1$ 下,不等式变为

$$k\sqrt{k}\,x(x+2)^2(x^3+8x^2-8x+32) \geqslant 64(k^3+1)x^2$$

这是成立的,因为

$$297k\sqrt{k} \geqslant 64(k^3+1)$$

当 $1 \leqslant k \leqslant k_1$,和

$$x(x+2)^2(x^3+8x^2-8x+32) \geqslant 297x^2$$

注意到

$$x(x+2)^2(x^3+8x^2-8x+32)-297x^2$$
$$=x(x-1)^2(x^3+14x^2+55x+128)$$
$$\geqslant 0$$

当 $1 \leqslant k < k_1$ 时,等式适用于 $a=0,\frac{b}{c}=\sqrt{k}$(或其任何循环排列). 因此. 如果 $k=2$,那么等式适用于 $a=0,\frac{b}{c}=\sqrt{2}$(或其任何循环排列).

**备注** 上面的证明说明下列更一般的结论成立:

● 设 $a,b,c$ 是非负实数,且无两个同时为零. 如果 $k>0$,那么

$$\sqrt{\frac{a}{kb+c}}+\sqrt{\frac{b}{kc+a}}+\sqrt{\frac{c}{ka+b}} \geqslant \min\left\{\frac{3}{\sqrt{k+1}},\frac{2}{\sqrt[4]{k}}\right\}$$

当 $k=1$ 时,我们得到熟知的不等式

101

$$\sqrt{\frac{a}{b+c}} + \sqrt{\frac{b}{c+a}} + \sqrt{\frac{c}{a+b}} \geqslant 2$$

等式适用于 $a=0, b=c$(或其任何循环排列). 我们也可通过将下面的不等式相加得到这个不等式

$$\sqrt{\frac{a}{b+c}} \geqslant \frac{2a}{a+b+c}$$

$$\sqrt{\frac{b}{c+a}} \geqslant \frac{2b}{a+b+c}$$

$$\sqrt{\frac{c}{a+b}} \geqslant \frac{2c}{a+b+c}$$

**问题 1.79** 如果 $a, b, c$ 是正实数, 且满足 $ab + bc + ca = 3$, 那么:

(a) $\dfrac{1}{(a+b)(3a+b)} + \dfrac{1}{(b+c)(3b+c)} + \dfrac{1}{(c+a)(3c+a)} \geqslant \dfrac{3}{8}$;

(b) $\dfrac{1}{(2a+b)^2} + \dfrac{1}{(2b+c)^2} + \dfrac{1}{(2c+a)^2} \geqslant \dfrac{1}{3}$.

(Vasile Cîrtoaje and Pham Kim Hung, 2007)

**证明** (a) 应用柯西—施瓦兹不等式和问题 1.78(a) 中的不等式, 我们有

$$\sum \frac{1}{(b+c)(3b+c)} = \sum \frac{\dfrac{a}{3b+c}}{a(b+c)}$$

$$\geqslant \frac{\left(\sum \sqrt{\dfrac{a}{3b+c}}\right)^2}{\sum a(b+c)}$$

$$\geqslant \frac{9}{8(ab+bc+ca)}$$

$$= \frac{3}{8}$$

等式适用于 $a=b=c=1$.

(b)(Vo Quoc Ba Can) 我们考虑两种情形.

**情形 1** $4(ab+bc+ca) \geqslant a^2+b^2+c^2$. 由柯西—施瓦兹不等式, 我们有

$$\sum \frac{1}{(2a+b)^2} \geqslant \frac{\left[\sum (b+2c)\right]^2}{\sum (2a+b)^2 (b+2c)^2}$$

$$= \frac{9\left(\sum a\right)^2}{\sum (2a+b)^2 (b+2c)^2}$$

因此, 只需证

$$9p^2 q \geqslant \sum (2a+b)^2 (b+2c)^2$$

其中 $p = a + b + c, q = ab + bc + ca$. 因为

$$(2a + b)(b + 2c) = pb + q + 3ac$$

我们有

$$\sum (2a + b)^2 (b + 2c)^2$$
$$= p^2 \sum a^2 + 3q^2 + 9\sum a^2 b^2 + 2p^2 q + 18abcp + 6q^2$$
$$= p^2 (p^2 - 2q) + 9q^2 + 9(q^2 - 2abcp) + 2p^2 q + 18abcp$$
$$= p^4 + 18q^2$$

这个不等式变为

$$9p^2 q \geqslant p^4 + 18q^2$$
$$(p^2 - 3q)(6q - p^2) \geqslant 0$$

最后一个不等式是成立的，因为 $p^2 - 3q \geqslant 0$ 和

$$6q - p^2 = 4(a^2 + b^2 + c^2) - a^2 - b^2 - c^2 \geqslant 0$$

**情形 2** $4(ab + bc + ca) < a^2 + b^2 + c^2$. 假设 $a = \max\{a, b, c\}$，由于

$$a^2 - 4(b + c)a + (b + c)^2 > 6bc > 0$$

我们得到

$$a > (2 + \sqrt{3})(b + c) > 2(b + c)$$

因为

$$\frac{1}{(2a + b)^2} + \frac{1}{(2b + c)^2} + \frac{1}{(2c + a)^2}$$
$$> \frac{1}{(2b + c)^2} + \frac{1}{(2c + a)^2}$$
$$\geqslant \frac{2}{(2b + c)(2c + a)}$$

于是只需证

$$\frac{2}{(2b + c)(2c + a)} \geqslant \frac{1}{ab + bc + ca}$$

等价于明显成立的不等式

$$c(a - 2b - 2c) \geqslant 0$$

证明完成. 等式适用于 $a = b = c = 1$.

**猜想** 设 $a, b, c$ 是非负实数，且无两个同时为零. 如果 $k > 0$，那么

(a) $\dfrac{1}{(a + b)(ka + b)} + \dfrac{1}{(b + c)(kb + c)} + \dfrac{1}{(c + a)(kc + a)} \geqslant$
$\dfrac{9}{2(k + 1)(ab + bc + ca)}$;

(b) $\dfrac{1}{(ka + b)^2} + \dfrac{1}{(kb + c)^2} + \dfrac{1}{(kc + a)^2} \geqslant \dfrac{9}{(k + 1)^2 (ab + bc + ca)}$.

注意到(b) 中不等式是由(a) 中不等式应用柯西 — 施瓦兹不等式得到的

$$\sum \frac{1}{(a+b)(ka+b)} \leqslant \sum \frac{1}{(\sqrt{k}a+b)^2}$$

当 $k=1$ 时,从(a) 和(b),我们可以得到熟知的不等式

$$\frac{1}{(a+b)^2} + \frac{1}{(b+c)^2} + \frac{1}{(c+a)^2} \geqslant \frac{9}{4(ab+bc+ca)}$$

**问题 1.80**  如果 $a,b,c$ 是非负实数,那么

$$a^4 + b^4 + c^4 + 15(a^3b + b^3c + c^3a) \geqslant \frac{47}{4}(a^2b^2 + b^2c^2 + c^2a^2)$$

(Vasile Cîrtoaje,2011)

**证明**  不失一般性,设 $a = \min\{a,b,c\}$. 有两种情形: $a \leqslant b \leqslant c$ 和 $a \leqslant c \leqslant b$.

**情形 1**  $a \leqslant b \leqslant c$. 当 $a=0$ 时,不等式是成立的,因为它等价于

$$b^4 + c^4 + 15b^3c - \frac{47}{4}b^2c^2 \geqslant 0$$

$$\left(b - \frac{c}{2}\right)^2 (b^2 + 16bc + 4c^2) \geqslant 0$$

在此基础上,只需证明

$$a^4 + 15(a^3b + c^3a) \geqslant \frac{47}{4}a^2(b^2 + c^2)$$

这个不等式是成立的,如果

$$a^3b + c^3a \geqslant a^2(b^2 + c^2)$$

事实上

$$a^2b + c^3 - a(b^2 + c^2) = c^2(c-a) - ab(b-a) \geqslant c^2(b-a) - ab(b-a)$$
$$= (c^2 - ab)(b-a)$$
$$\geqslant 0$$

**情形 2**  $a \leqslant c \leqslant b$. 只需证

$$a^3b + b^3c + c^3a \geqslant a^2b^2 + b^2c^2 + c^2a^2$$

因为

$$ab^3 + bc^3 + ca^3 - (a^3b + b^3c + c^3a) = (a+b+c)(a-b)(b-c)(c-a) \leqslant 0$$

我们有

$$\sum a^3b \geqslant \frac{1}{2}\left(\sum a^3b + \sum ab^3\right)$$

$$= \frac{1}{2}\sum ab(a^2 + b^2)$$

$$\geqslant \sum a^2b^2$$

等式适用于 $a=0, 2b=c$(或其任何循环排列).

**问题 1.81** 如果 $a,b,c$ 是非负实数，且满足 $a+b+c=4$，那么
$$a^3b+b^3c+c^3a \leqslant 27$$

**证明** 假设 $a=\max\{a,b,c\}$，分两种情形讨论：$a \geqslant b \geqslant c$ 和 $a \geqslant c \geqslant b$.

**情形 1** $a \geqslant b \geqslant c$. 应用 $\mathrm{AM-GM}$ 不等式得到
$$3(a^3b+b^3c+c^3a) \leqslant 3ab(a^2+ac+c^2) \leqslant 3ab\,(a+c)^2$$
$$=a \cdot 3b \cdot (a+c) \cdot (a+c)$$
$$\leqslant \left[\frac{a+3b+(a+c)+(a+c)}{4}\right]^4$$
$$=\left(\frac{3a+3b+2c}{4}\right)^4$$
$$\leqslant \left(\frac{3a+3b+3c}{4}\right)^4$$
$$=81$$

**情形 2** $a \geqslant c \geqslant b$. 因为
$$ab^3+bc^3+ca^3-(a^3b+b^3c+c^3a)=(a+b+c)(a-b)(b-c)(c-a) \geqslant 0$$
所以
$$2\sum a^3b \leqslant \sum a^3b + \sum ab^3$$
于是只需证
$$\sum ab^3 + \sum a^3b \leqslant 54$$
事实上
$$\sum ab^3 + \sum a^3b \leqslant (a^2+b^2+c^2)(ab+bc+ca)$$
$$\leqslant \frac{1}{2} \cdot \left(\frac{a^2+b^2+c^2+2(ab+bc+ca)}{2}\right)^2$$
$$=\frac{1}{8}(a+b+c)^4$$
$$=32$$
$$<54$$

等式适用于 $a=3,b=1,c=0$（或其任何循环排列）.

**备注** 下列更强的不等式成立（Michael Rozenberg）.

● 如果 $a,b,c$ 是非负实数，且满足 $a+b+c=4$，那么
$$a^3b+b^3c+c^3a+\frac{473}{64}abc \leqslant 27$$

等式适用于 $a=b=c=\frac{4}{3}$，也适用于 $a=3,b=1,c=0$（或其任何循环排列）.

将以上不等式写成齐次形式
$$27(a+b+c)^4 \geqslant 256(a^3b+b^3c+c^3a)+473abc(a+b+c)$$

假设 $a=\min\{a,b,c\}$，应用代换

$$b=a+p, \quad c=a+q, \quad p,q \geqslant 0$$

这个不等式可以表述为

$$Aa^2 + Ba + C \geqslant 0$$

其中

$$A = 217(p^2 - pq + q^2) \geqslant 0$$

$$B = 68p^3 - 269p^2q + 499pq^2 + 68q^3 \geqslant 60p(p^2 - 5pq + 8q^2) \geqslant 0$$

$$C = (p-3q)^2(27p^2 + 14pq + 3q^2) \geqslant 0$$

**问题 1.82** 设 $a,b,c$ 是非负实数，且满足

$$a^2 + b^2 + c^2 = \frac{10}{3}(ab + bc + ca)$$

求证

$$a^4 + b^4 + c^4 \geqslant \frac{82}{27}(a^3b + b^3c + c^3a)$$

(Vasile Cîrtoaje，2011)

**证明**（Vo Quoc Ba Can） 我们发现当 $a=3,b=1,c=0$ 时等式成立. 由于

$$a^4 + b^4 + c^4 + 2(ab + bc + ca)^2 = (a^2 + b^2 + c^2)^2 + 4abc(a + b + c)$$

我们得到

$$a^4 + b^4 + c^4 \geqslant (a^2 + b^2 + c^2)^2 - 2(ab + bc + ca)^2$$

$$= \frac{82}{9}(ab + bc + ca)^2$$

于是只需证

$$3(ab + bc + ca)^2 \geqslant a^3b + b^3c + c^3a$$

此外,因为

$$ab + bc + ca = \frac{3(a^2 + b^2 + c^2) + 6(ab + bc + ca)}{16}$$

$$= 3\left(\frac{a + b + c}{4}\right)^2$$

于是只需证

$$27\left(\frac{a + b + c}{4}\right)^4 \geqslant a^3b + b^3c + c^3a$$

这就是前面问题 1.81 中的不等式. 等式适用于 $a=3b,c=0$(或其任何循环排列).

**问题 1.83** 设 $a,b,c$ 是正实数,那么

$$\frac{a^3}{2a^2 + b^2} + \frac{b^3}{2b^2 + c^2} + \frac{c^3}{2c^2 + a^2} \geqslant \frac{a + b + c}{3}$$

(Vasile Cîrtoaje，2005)

**证明**　原不等式可改写为

$$\left(\frac{a^3}{2a^2+b^2}-\frac{a}{3}\right)+\left(\frac{b^3}{2b^2+c^2}-\frac{b}{3}\right)+\left(\frac{c^3}{2c^2+a^2}-\frac{c}{3}\right)\geqslant 0$$

$$\frac{a(a^2-b^2)}{2a^2+b^2}+\frac{b(b^2-c^2)}{2b^2+c^2}+\frac{c(c^2-a^2)}{2c^2+a^2}\geqslant 0$$

考虑

$$\frac{a(a^2-b^2)}{2a^2+b^2}-\frac{b(a^2-b^2)}{2b^2+a^2}$$

$$=\frac{(a+b)(a-b)^2(a^2-ab+b^2)}{(2a^2+b^2)(2b^2+a^2)}$$

$$\geqslant 0$$

于是只需证明

$$\frac{a(a^2-b^2)}{2b^2+a^2}+\frac{b(b^2-c^2)}{2b^2+c^2}+\frac{c(c^2-a^2)}{2c^2+a^2}\geqslant 0$$

因为

$$\frac{b(a^2-b^2)}{2b^2+a^2}+\frac{b(b^2-c^2)}{2b^2+c^2}$$

$$=\frac{3b^2(a^2-c^2)}{(2b^2+a^2)(2b^2+c^2)}$$

最后一个不等式等价于

$$(c^2-a^2)(c-b)\left[a^2(3b^2+bc+c^2)+2b^2c(c-2b)\right]\geqslant 0 \qquad (*)$$

类似地,期望不等式成立,如果

$$(a^2-b^2)(a-c)\left[b^2(3c^2+ca+a^2)+2c^2a(a-2c)\right]\geqslant 0 \qquad (**)$$

不失一般性,设

$$c=\max\{a,b,c\}$$

根据式($*$),期望不等式成立,如果

$$a^2(3b^2+bc+c^2)+2b^2c(c-2b)\geqslant 0$$

我们断定这个不等式对于 $a\geqslant b$ 和 $2ac\geqslant\sqrt{3}b^2$ 是真的.

如果 $a\geqslant b$ 时,那么

$$a^2(3b^2+bc+c^2)+2b^2c(c-2b)\geqslant b^2(3b^2+bc+c^2)+2b^2c(c-2b)$$

$$=3b^2\left[b^2+c(c-b)\right]$$

$$\geqslant 0$$

同样,如果 $2ac\geqslant\sqrt{3}b^2$,那么

$$a^2(3b^2+bc+c^2)+2b^2c(c-2b)$$

$$\geqslant\frac{3b^4}{4c^2}(3b^2+bc+c^2)+2b^2c(c-2b)$$

107

$$= \frac{b^2}{4c^2}(8c^4 - 16bc^3 + 3b^2c^2 + 3b^3c + 9b^4)$$

$$= \frac{b^2}{4c^2}[2c(2c+b)(2c-3b)^2 + 9b^2(c-b)^2 + 3b^3c]$$

$$> 0$$

因此,我们只需考虑 $a < b \leqslant c$ 和 $\sqrt{3}\,b^2 > 2ac$. 根据式($**$),期望不等式是成立的,如果

$$b^2(3c^2 + ca + a^2) + 2c^2a(a - 2c) \geqslant 0$$

我们有

$$b^2(3c^2 + ca + a^2) + 2c^2a(a-2c) \geqslant \frac{4ac}{3}(3c^2 + ca + a^2) + 2c^2a(a-2c)$$

$$= \frac{2a^2c(2a + 5c)}{3}$$

$$> 0$$

这就完成了证明. 等式适用于 $a = b = c$.

**问题 1.84**  设 $a, b, c$ 是正实数,那么

$$\frac{a^4}{a^3 + b^3} + \frac{b^4}{b^3 + c^3} + \frac{c^4}{c^3 + a^3} \geqslant \frac{a + b + c}{2}$$

(Vasile Cîrtoaje,2005)

**证明**(Vo Quoc Ba Can)  将不等式两边同乘以 $a^3 + b^3 + c^3$,原不等式变为

$$\sum a^4 + \sum \frac{a^4c^3}{a^3 + b^3} \geqslant \frac{1}{2}\sum a \sum a^3$$

根据柯西 — 施瓦兹不等式,我们有

$$\sum \frac{a^4c^3}{a^3 + b^3} \geqslant \frac{\left(\sum a^2c^2\right)^2}{\sum c(a^3 + b^3)}$$

根据不等式 $\dfrac{x^2}{y} \geqslant x - \dfrac{y}{4}, x, y > 0$,我们有

$$\frac{\left(\sum a^2c^2\right)^2}{\sum c(a^3 + b^3)} \geqslant \sum a^2c^2 - \frac{1}{4}\sum a(b^3 + c^3)$$

因此,只需证

$$\sum a^4 + \sum a^2b^2 - \frac{1}{4}\sum a(b^3 + c^3) \geqslant \frac{1}{2}\sum a \sum a^3$$

这等价于

$$2\sum a^4 + 4\sum a^2b^2 \geqslant 3\sum ab(a^2 + b^2)$$

$$\sum [a^4 + b^4 + 4a^2b^2 - 3ab(a^2 + b^2)] \geqslant 0$$

$$\sum (a-b)^2 (a^2 - ab + b^2) \geqslant 0$$

这就完成了证明. 等式适用于 $a = b = c$.

**问题 1.85** 设 $a, b, c$ 是正实数, 且 $abc = 1$, 那么:

(a) $3\left(\dfrac{a^2}{b} + \dfrac{b^2}{c} + \dfrac{c^2}{a}\right) + 4\left(\dfrac{b}{a^2} + \dfrac{c}{b^2} + \dfrac{a}{c^2}\right) \geqslant 7(a^2 + b^2 + c^2)$;

(b) $8\left(\dfrac{a^3}{b} + \dfrac{b^3}{c} + \dfrac{c^3}{a}\right) + 5\left(\dfrac{b}{a^3} + \dfrac{c}{b^3} + \dfrac{a}{c^3}\right) \geqslant 13(a^3 + b^3 + c^3)$.

(Vasile Cîrtoaje, 1992)

**证明** (a) 我们应用 AM $-$ GM 不等式, 得

$$3\sum \frac{a^2}{b} + 4\sum \frac{b}{a^2}$$
$$= \sum \left(3\frac{a^2}{b} + \frac{c}{b^2} + 3\frac{a}{c^2}\right)$$
$$\geqslant 7\sum \sqrt[7]{\left(\frac{a^2}{b}\right)^3 \cdot \frac{c}{b^2} \cdot \left(\frac{a}{c^2}\right)^3}$$
$$= 7\sum \sqrt[7]{\frac{a^9}{b^5 c^5}}$$
$$= 7\sum a^2$$

等式适用于 $a = b = c = 1$.

(b) 根据 AM $-$ GM 不等式, 得

$$8\sum \frac{a^3}{b} + 5\sum \frac{b}{a^3}$$
$$= \sum \left(8\frac{a^3}{b} + \frac{c}{b^3} + 4\frac{a}{c^3}\right)$$
$$\geqslant 13\sum \sqrt[13]{\left(\frac{a^3}{b}\right)^8 \cdot \frac{c}{b^3} \cdot \left(\frac{a}{c^3}\right)^4}$$
$$= 13\sum \sqrt[13]{\frac{a^{28}}{b^{11} c^{11}}}$$
$$= 13\sum a^3$$

等式适用于 $a = b = c = 1$.

**问题 1.86** 设 $a, b, c$ 是正实数, 那么

$$\frac{ab}{b^2 + bc + c^2} + \frac{bc}{c^2 + ca + a^2} + \frac{ca}{a^2 + ab + b^2} \leqslant \frac{a^2 + b^2 + c^2}{ab + bc + ca}$$

(Tran Quoc Anh, 2007)

**证明** 将原不等式改写为

$$\sum \left(\frac{a^2}{ab + bc + ca} - \frac{ab}{b^2 + bc + c^2}\right) \geqslant 0$$

$$\sum \frac{ca\,(ca-b^2)}{b^2+bc+c^2} \geqslant 0$$

$$\sum \left[\frac{ca\,(ca-b^2)}{b^2+bc+c^2}+ca\right] \geqslant \sum ca$$

$$\sum \frac{c^2a\,(a+b+c)}{b^2+bc+c^2} \geqslant \sum ca$$

$$\sum \frac{c^2a}{b^2+bc+c^2} \geqslant \frac{ab+bc+ca}{a+b+c}$$

根据柯西－施瓦兹不等式,我们有

$$\sum \frac{ac^2}{b^2+bc+c^2} \geqslant \frac{\left(\sum ac\right)^2}{\sum a\,(b^2+bc+c^2)}$$

$$=\frac{ab+bc+ca}{a+b+c}$$

等式适用于 $a=b=c$.

    **问题 1.87**   设 $a,b,c$ 是正实数,那么

$$\frac{a-b}{b(2b+c)}+\frac{b-c}{c(2c+a)}+\frac{c-a}{a(2a+b)} \geqslant 0$$

    **证明 1**   将不等式两边同乘以 $abc$,原不等式变为

$$\sum \frac{ac\,(a-b)}{2b+c} \geqslant 0$$

$$\sum \left[\frac{ac\,(a-b)}{2b+c}+ac\right] \geqslant \sum ab$$

$$\sum \frac{ac}{2b+c} \geqslant \frac{ab+bc+ca}{a+b+c}$$

根据柯西－施瓦兹不等式,我们有

$$\sum \frac{ac}{2b+c} \geqslant \frac{\left(\sum ac\right)^2}{\sum ac\,(2b+c)}$$

$$=\frac{\left(\sum ab\right)^2}{6abc+\sum a^2b}$$

于是只需证

$$\frac{\sum ab}{6abc+\sum a^2b} \geqslant \frac{1}{\sum a}$$

这等价于

$$\sum ab^2 \geqslant 3abc$$

很明显,最后一个不等式由 AM－GM 不等式可立刻得到. 等式适用于 $a=b=c$.

**证明 2** 不失一般性，设 $a = \max\{a, b, c\}$. 分两种情形证明.

**情形 1** $a \geqslant b \geqslant c$. 设 $x = a - b, y = b - c$，将原不等式改写成

$$\frac{x}{b(2b+c)} + \frac{y}{c(2c+a)} - \frac{x+y}{a(2a+b)} \geqslant 0$$

$$x\left[\frac{1}{b(2b+c)} - \frac{1}{a(2a+b)}\right] + y\left[\frac{1}{c(2c+a)} - \frac{1}{a(2a+b)}\right] \geqslant 0$$

$$x\frac{2(a^2-b^2)+b(a-c)}{ab(2a+b)(2b+c)} + y\frac{2(a^2-c^2)+a(b-c)}{ca(2a+b)(2c+a)} \geqslant 0$$

最后一个不等式是成立的.

**情形 2** $a \geqslant c \geqslant b$. 设 $x = a - c \geqslant 0, y = c - b \geqslant 0$，我们将原不等式改写成

$$\frac{x+y}{b(2b+c)} - \frac{y}{c(2c+a)} - \frac{x}{a(2a+b)} \geqslant 0$$

$$x\left[\frac{1}{b(2b+c)} - \frac{1}{a(2a+b)}\right] + y\left[\frac{1}{b(2b+c)} - \frac{1}{c(2c+a)}\right] \geqslant 0$$

$$x\frac{2(a^2-b^2)+b(a-c)}{ab(2a+b)(2b+c)} + y\frac{2(c^2-b^2)+c(a-b)}{bc(2b+c)(2c+a)} \geqslant 0$$

最后一个不等式是成立的. 这样，证明就完成了.

**问题 1.88** 设 $a, b, c$ 是正实数，那么：

(a) $\dfrac{a^2+6bc}{ab+2bc} + \dfrac{b^2+6ca}{bc+2ca} + \dfrac{c^2+6ab}{ca+2ab} \geqslant 7$；

(b) $\dfrac{a^2+7bc}{ab+bc} + \dfrac{b^2+7ca}{bc+ca} + \dfrac{c^2+7ab}{ca+ab} \geqslant 12$.

（Vasile Cîrtoaje，2012）

**证明** （a）将原不等式写为

$$\sum ac(a^2+6bc)(b+2a)(c+2b) \geqslant 7abc(a+2c)(b+2a)(c+2b)$$

$$2\sum a^2b^4 + abc\left(72abc + 4\sum a^3 + 26\sum a^2b + 7\sum ab^2\right)$$

$$\geqslant 7abc\left(9abc + 4\sum a^2b + 2\sum ab^2\right)$$

$$2\left(\sum a^2b^4 - abc\sum a^2b\right) + abc\left(4\sum a^3 + 9abc - 7\sum ab^2\right) \geqslant 0$$

因为

$$2\left(\sum a^2b^4 - abc\sum a^2b\right) = \sum (ab^2 - bc^2)^2 \geqslant 0$$

于是只需证

$$4\sum a^3 + 9abc - 7\sum ab^2 \geqslant 0$$

假设 $a = \min\{a, b, c\}$，应用代换

$$b = a + x, \quad c = a + y, \quad x, y \geqslant 0$$

我们有

$$4\sum a^3 + 9abc - 7\sum ab^2 = 5(x^2 - xy + y^2)a + 4x^3 + 4y^3 - 7xy^2 \geqslant 0$$
因为
$$4x^3 + 4y^3 = 4x^3 + 2y^3 + 2y^3 \geqslant 3\sqrt[3]{4x^3 \cdot 2y^3 \cdot 2y^3} = 6\sqrt[3]{2}\,xy^2 \geqslant 7xy^2$$
等式适用于 $a = b = c$.

（b）将原不等式写为
$$\sum ac(a^2 + 7bc)(b+a)(c+b) \geqslant 12abc(a+c)(b+a)(c+b)$$
$$\sum a^2b^4 + abc\left(21abc + \sum a^3 + 15\sum a^2b + 8\sum ab^2\right)$$
$$\geqslant 12abc\left(2abc + \sum a^2b + \sum ab^2\right)$$
$$\left(\sum a^2b^4 - abc\sum a^2b\right) + abc\left(\sum a^3 - 3abc + 4\sum a^2b - 4\sum ab^2\right) \geqslant 0$$
因为
$$\sum a^2b^4 - abc\sum a^2b = \frac{1}{2}\sum(ab^2 - bc^2)^2 \geqslant 0$$
于是只需证
$$\sum a^3 - 3abc + 4\sum a^2b - 4\sum ab^2 \geqslant 0$$
这等价于
$$\frac{1}{2}(a+b+c)\sum(a-b)^2 - 4(a-b)(b-c)(c-a) \geqslant 0$$
假设 $a = \min\{a,b,c\}$，利用代换
$$b = a + x, \quad c = a + y, \quad x,y \geqslant 0$$
我们有
$$\frac{1}{2}(a+b+c)\sum(a-b)^2 - 4(a-b)(b-c)(c-a)$$
$$= (x^2 - xy + y^2)(3a + x + y) + 4xy(x-y)$$
$$= 3(x^2 - xy + y^2)a + x^3 + y^3 + 4xy(x-y)$$
$$= 3(x^2 - xy + y^2)a + x^3 + y(2x-y)^2$$
$$\geqslant 0$$
等式适用于 $a = b = c$.

**问题 1.89**　如果 $a,b,c$ 是正实数，那么：

（a）$\dfrac{ab}{2b+c} + \dfrac{bc}{2c+a} + \dfrac{ca}{2a+b} \leqslant \dfrac{a^2+b^2+c^2}{a+b+c}$；

（b）$\dfrac{ab}{b+c} + \dfrac{bc}{c+a} + \dfrac{ca}{a+b} \leqslant \dfrac{3(a^2+b^2+c^2)}{2(a+b+c)}$；

（c）$\dfrac{ab}{4b+5c} + \dfrac{bc}{4c+5a} + \dfrac{ca}{4a+5b} \leqslant \dfrac{a^2+b^2+c^2}{3(a+b+c)}$.

（Vasile Cîrtoaje，2012）

**证明** (a) **方法 1** 因为

$$\frac{2ab}{2b+c} = \frac{a(2b+c)-2ac}{2b+c} = a - \frac{ac}{2b+c}$$

原不等式可写为

$$\sum \frac{ac}{2b+c} + \frac{2(a^2+b^2+c^2)}{a+b+c} \geqslant a+b+c$$

根据柯西－施瓦兹不等式,我们有

$$\sum \frac{ac}{2b+c} \geqslant \frac{\left(\sum \sqrt{ac}\,\right)^2}{\sum (2b+c)}$$

$$= \frac{\left(\sqrt{ab}+\sqrt{bc}+\sqrt{ca}\,\right)^2}{3(a+b+c)}$$

因此,只需证

$$\frac{\left(\sqrt{ab}+\sqrt{bc}+\sqrt{ca}\,\right)^2 + 6(a^2+b^2+c^2)}{3(a+b+c)} \geqslant a+b+c$$

这等价于

$$3(a^2+b^2+c^2) + 2\sqrt{abc}\,(\sqrt{a}+\sqrt{b}+\sqrt{c}) \geqslant 5(ab+bc+ca)$$

应用代换

$$x=\sqrt{a}\,, \quad y=\sqrt{b}\,, \quad z=\sqrt{c}$$

以上不等式可表述为

$$3(x^4+y^4+z^4) + 2xyz(x+y+z) \geqslant 5(x^2y^2+y^2z^2+z^2x^2)$$

我们可以把四阶舒尔不等式

$$2(x^4+y^4+z^4) + 2xyz(x+y+z) \geqslant 2\sum xy(x^2+y^2)$$

和

$$x^4+y^4+z^4 + 2\sum xy(x^2+y^2) \geqslant 5\sum x^2y^2$$

相加得到期望不等式. 最后一个不等式等价于

$$\left(\sum x^4 - \sum x^2y^2\right) + 2\sum xy\,(x-y)^2 \geqslant 0$$

等式适用于 $a=b=c$.

**方法 2** 根据柯西－施瓦兹不等式,我们有

$$\frac{1}{2b+c} = \frac{1}{b+b+c}$$

$$\leqslant \frac{\dfrac{a^2}{b}+b+c}{(a+b+c)^2}$$

$$= \frac{a^2+b^2+bc}{b(a+b+c)^2}$$

$$\frac{ab}{2b+c} \leqslant \frac{a(a^2+b^2+bc)}{(a+b+c)^2}$$

$$\sum \frac{ab}{2b+c} \leqslant \frac{\sum a^3 + \sum ab^2 + 3abc}{(a+b+c)^2}$$

因为 $3abc \leqslant \sum a^2 b$(根据 AM $-$ GM 不等式),我们得到

$$\sum \frac{ab}{2b+c} \leqslant \frac{\sum a^3 + \sum ab^2 + \sum a^2 b}{(a+b+c)^2}$$

$$= \frac{a^2+b^2+c^2}{a+b+c}$$

**方法 3** 将原不等式改写为

$$\sum \frac{ab(a+b+c)}{2b+c} \leqslant a^2+b^2+c^2$$

因为

$$2ab(a+b+c) = (a^2+2ab)(2b+c) - 2ab^2 - a^2 c$$

我们可将以上不等式改写为

$$\sum \frac{2ab^2}{2b+c} + \sum \frac{a^2 c}{2b+c} + p \geqslant 2q$$

其中

$$p = a^2+b^2+c^2, \quad q = ab+bc+ca, \quad p \geqslant q$$

根据柯西 $-$ 施瓦兹不等式,我们有

$$\sum \frac{ab^2}{2b+c} \geqslant \frac{\left(\sum ab\right)^2}{\sum a(2b+c)} = \frac{q}{3}$$

和

$$\sum \frac{a^2 c}{2b+c} \geqslant \frac{\left(\sum ac\right)^2}{\sum c(2b+c)} = \frac{q^2}{p+2q}$$

因此,只需证明

$$\frac{2q}{3} + \frac{q^2}{p+2q} + p \geqslant 2q$$

这个不等式等价于

$$(p-q)(3p+5q) \geqslant 0$$

(b) 将原不等式改写为

$$\frac{3}{2}(a^2+b^2+c^2) \geqslant \sum \frac{ab(a+b+c)}{b+c}$$

因为

$$\frac{ab(a+b+c)}{b+c} = ab + \frac{a^2 b}{b+c} = ab + a^2 - \frac{a^2 c}{b+c}$$

114

所证上面的不等式可表述为

$$\frac{1}{2}\sum a^2 + \sum \frac{a^2 c}{b+c} \geqslant \sum ab$$

应用柯西－施瓦兹不等式

$$\sum \frac{a^2 c}{b+c} \geqslant \frac{\left(\sum ac\right)^2}{\sum c(b+c)} = \frac{q^2}{q+p}$$

其中

$$p = a^2 + b^2 + c^2，\quad q = ab+bc+ca，\quad p \geqslant q$$

因此，我们有

$$\sum \frac{a^2 c}{b+c} + \frac{1}{2}\sum a^2 - \sum ab$$
$$\geqslant \frac{q^2}{p+q} + \frac{p}{2} - q$$
$$= \frac{p(p-q)}{2(p+q)}$$
$$\geqslant 0$$

等式适用于 $a = b = c$.

（c）因为

$$\frac{4ab}{4b+5c} = a - \frac{5ac}{4b+5c}$$

我们可将原不等式改写为

$$5\sum \frac{ac}{4b+5c} + \frac{4(a^2+b^2+c^2)}{3(a+b+c)} \geqslant a+b+c$$

根据柯西－施瓦兹不等式，我们有

$$\sum \frac{ac}{4b+5c} \geqslant \frac{\left(\sum ac\right)^2}{\sum ac(4b+5c)}$$
$$= \frac{(ab+bc+ca)^2}{12abc + 5(a^2 b + b^2 c + c^2 a)}$$

因此，只需证

$$\frac{5(ab+bc+ca)^2}{12abc + 5(a^2 b + b^2 c + c^2 a)} + \frac{4(a^2+b^2+c^2)}{3(a+b+c)} \geqslant a+b+c$$

由齐次性，可假设 $a+b+c=3$，应用代换

$$q = ab+bc+ca，\quad q \leqslant 3$$

上面的不等式变成

$$\frac{5q^2}{7abc + 5(a^2 b + b^2 c + c^2 a + abc)} + \frac{4(9-2q)}{9} \geqslant 3$$

根据问题 1.9(a) 中的不等式，我们有

$$a^2b + b^2c + c^2a + abc \leqslant 4$$

另外,由于

$$(ab + bc + ca)^2 \geqslant 3abc(a + b + c)$$

我们得到

$$abc \leqslant \frac{q^2}{9}$$

因此,只需证

$$\frac{5q^2}{20 + \frac{7q^2}{9}} + \frac{4(9 - 2q)}{9} \geqslant 3$$

这等价于

$$(q - 3)(14q^2 - 75q + 135) \leqslant 0$$

这是成立的,因为 $q \leqslant 3$ 和

$$14q^2 - 75q + 135 > 3(4q^2 - 25q + 39) = 3(3 - q)(13 - 4q) \geqslant 0$$

等式适用于 $a = b = c$.

**问题 1.90** 如果 $a, b, c$ 是正实数,那么:

(a) $a\sqrt{b^2 + 8c^2} + b\sqrt{c^2 + 8a^2} + c\sqrt{a^2 + 8b^2} \leqslant (a + b + c)^2$;

(b) $a\sqrt{b^2 + 3c^2} + b\sqrt{c^2 + 3a^2} + c\sqrt{a^2 + 3b^2} \leqslant a^2 + b^2 + c^2 + ab + bc + ca$.

(Vo Quoc Ba Can, 2007)

**证明** (a) 根据 AM－GM 不等式,我们有

$$\sqrt{b^2 + 8c^2} = \frac{\sqrt{(b^2 + 8c^2)(b + 2c)^2}}{b + 2c}$$

$$\leqslant \frac{(b^2 + 8c^2) + (b + 2c)^2}{2(b + 2c)}$$

$$= \frac{b^2 + 2bc + 6c^2}{b + 2c}$$

$$= b + 3c - \frac{3bc}{b + 2c}$$

因此

$$a\sqrt{b^2 + 8c^2} \leqslant ab + 3ca - \frac{3abc}{b + 2c}$$

$$\sum a\sqrt{b^2 + 8c^2} \leqslant 4\sum ab - 3abc\sum \frac{1}{b + 2c}$$

因此只需证

$$\left(\sum a\right)^2 + 3abc\sum \frac{1}{b + 2c} \geqslant 4\sum ab$$

因为

$$\sum \frac{1}{b+2c} \geqslant \frac{9}{\sum (b+2c)} = \frac{9}{3\sum a}$$

于是,只需证

$$\left(\sum a\right)^3 + 9abc \geqslant 4\left(\sum a\right)\left(\sum ab\right)$$

这恰好是三阶舒尔不等式. 等式适用于 $a=b=c$.

(b) 类似地,我们有

$$\sqrt{b^2+3c^2} = \frac{\sqrt{(b^2+3c^2)(b+c)^2}}{b+c}$$

$$\leqslant \frac{(b^2+3c^2)+(b+c)^2}{2(b+c)}$$

$$= \frac{b^2+bc+2c^2}{b+c}$$

$$= b+2c - \frac{2bc}{b+c}$$

因此

$$a\sqrt{b^2+3c^2} \leqslant ab+2ac - \frac{2abc}{b+c}$$

$$\sum a\sqrt{b^2+3c^2} \leqslant 3\sum ab - 2abc\sum \frac{1}{b+c}$$

因此,只需证

$$\left(\sum a\right)^2 + 2abc\sum \frac{1}{b+c} \geqslant 4\sum ab$$

因为

$$\sum \frac{1}{b+c} \geqslant \frac{9}{\sum (b+c)} = \frac{9}{2\sum a}$$

于是只需证

$$\left(\sum a\right)^3 + 9abc \geqslant 4\left(\sum ab\right)\left(\sum a\right)$$

这恰好是三阶舒尔不等式. 等式适用于 $a=b=c$.

**问题 1.91** 如果 $a,b,c$ 是正实数,那么:

(a) $\dfrac{1}{a\sqrt{a+2b}} + \dfrac{1}{b\sqrt{b+2c}} + \dfrac{1}{c\sqrt{c+2a}} \geqslant \sqrt{\dfrac{3}{abc}}$;

(b) $\dfrac{1}{a\sqrt{a+8b}} + \dfrac{1}{b\sqrt{b+8c}} + \dfrac{1}{c\sqrt{c+8a}} \geqslant \sqrt{\dfrac{1}{abc}}$.

(Vasile Cîrtoaje, 2007)

**证明** (a) 原不等式可改写成

117

$$\sum \sqrt{\frac{bc}{3a(a+2b)}} \geqslant 1$$

用 $\frac{1}{x}, \frac{1}{y}, \frac{1}{z}$ 分别代替 $a, b, c$,该不等式可表述为

$$\sum \frac{x}{\sqrt{3z(y+2x)}} \geqslant 1$$

因为

$$\sqrt{3z(2x+y)} \leqslant \frac{3z+2x+y}{2}$$

于是只需证

$$\sum \frac{x}{2x+y+3z} \geqslant \frac{1}{2}$$

事实上,应用柯西－施瓦兹不等式可得

$$\sum \frac{x}{2x+y+3z} \geqslant \frac{\left(\sum x\right)^2}{\sum x(2x+y+3z)}$$

$$= \frac{\left(\sum x\right)^2}{2\sum x^2 + 4\sum xy}$$

$$= \frac{\left(\sum x\right)^2}{2\left(\sum x\right)^2}$$

$$= \frac{1}{2}$$

等式适用于 $a=b=c$.

（b）将原不等式改写为

$$\sum \sqrt{\frac{bc}{a(a+8b)}} \geqslant 1$$

用 $\frac{1}{x^2}, \frac{1}{y^2}, \frac{1}{z^2}$ 分别代替 $a, b, c$,该不等式可表述为

$$\sum \frac{x^2}{z\sqrt{8x^2+y^2}} \geqslant 1$$

应用柯西－施瓦兹不等式可得

$$\sum \frac{x^2}{z\sqrt{8x^2+y^2}} \geqslant \frac{\left(\sum x\right)^2}{\sum z\sqrt{8x^2+y^2}}$$

于是只需证

$$\sum z\sqrt{8x^2+y^2} \leqslant (x+y+z)^2$$

这恰好是问题 1.90(a) 中的不等式.等式适用于 $a=b=c$.

**问题 1.92**　如果 $a,b,c$ 是正实数,那么

$$\frac{a}{\sqrt{5a+4b}}+\frac{b}{\sqrt{5b+4c}}+\frac{c}{\sqrt{5c+4a}}\leqslant\sqrt{\frac{a+b+c}{3}}$$

(Vasile Cîrtoaje,2012)

**证明**　根据柯西－施瓦兹不等式,我们有

$$\left(\sum\frac{a}{\sqrt{5a+4b}}\right)^2\leqslant\left(\sum\frac{a}{4a+4b+c}\right)\left[\sum\frac{a(4a+4b+c)}{5a+4b}\right]$$

于是只需证

$$\left(\sum\frac{a}{4a+4b+c}\right)\left[\sum\frac{a(4a+4b+c)}{5a+4b}\right]\leqslant\frac{a+b+c}{3}$$

这个不等式可以看作是以下两个不等式相乘的结果

$$\sum\frac{a}{4a+4b+c}\leqslant\frac{1}{3},\quad\sum\frac{a(4a+4b+c)}{5a+4b}\leqslant\sum a$$

第一个不等式恰好是问题 1.18 中的不等式.第二个不等式等价于

$$\sum a\left(1-\frac{4a+4b+c}{5a+4b}\right)\geqslant0$$

$$\sum\frac{a(a-c)}{5a+4b}\geqslant0$$

$$\sum a(a-c)(5b+4c)(5c+4a)\geqslant0$$

$$\sum a^2b^2+4\sum ab^3\geqslant5abc\sum a$$

最后一个不等式是由著名的不等式

$$\sum a^2b^2\geqslant abc\sum a$$

和熟知的不等式

$$\sum ab^3\geqslant abc\sum a$$

相加得到的.这可由柯西－施瓦兹不等式给出证明

$$\left(\sum c\right)\left(\sum ab^3\right)\geqslant\left(\sum\sqrt{ab^3c}\right)^2=abc\left(\sum b\right)^2$$

等式适用于 $a=b=c$.

**问题 1.93**　如果 $a,b,c$ 是正实数,那么:

(a) $\dfrac{a}{\sqrt{a+b}}+\dfrac{b}{\sqrt{b+c}}+\dfrac{c}{\sqrt{c+a}}\geqslant\dfrac{\sqrt{a}+\sqrt{b}+\sqrt{c}}{\sqrt{2}}$;

(b) $\dfrac{a}{\sqrt{a+b}}+\dfrac{b}{\sqrt{b+c}}+\dfrac{c}{\sqrt{c+a}}\geqslant\sqrt[4]{\dfrac{27(ab+bc+ca)}{4}}$.

(Lev Buchovsky－1995,Pham Huu Duc－2007)

**证明**　(a)通过平方,原不等式可变成

$$\sum \frac{a^2}{a+b} + 2\sum \frac{ab}{\sqrt{(a+b)(b+c)}} \geqslant \frac{1}{2}\sum a + \sum \sqrt{ab}$$

因为序列

$$\left\{\frac{1}{\sqrt{a+b}}, \frac{1}{\sqrt{b+c}}, \frac{1}{\sqrt{c+a}}\right\}$$

$$\left\{\frac{ab}{\sqrt{a+b}}, \frac{bc}{\sqrt{b+c}}, \frac{ca}{\sqrt{c+a}}\right\}$$

都是逆序的,我们可以应用重排不等式. 例如,可以假设 $a \geqslant b \geqslant c$,我们有

$$\frac{1}{\sqrt{a+b}} \leqslant \frac{1}{\sqrt{c+a}} \leqslant \frac{1}{\sqrt{b+c}}$$

$$\frac{ab}{\sqrt{a+b}} \geqslant \frac{ca}{\sqrt{c+a}} \geqslant \frac{bc}{\sqrt{b+c}}$$

因此

$$\frac{1}{\sqrt{a+b}} \cdot \frac{ab}{\sqrt{a+b}} + \frac{1}{\sqrt{c+a}} \cdot \frac{ca}{\sqrt{c+a}} + \frac{1}{\sqrt{b+c}} \cdot \frac{bc}{\sqrt{b+c}}$$

$$\leqslant \frac{1}{\sqrt{a+b}} \cdot \frac{ca}{\sqrt{c+a}} + \frac{1}{\sqrt{c+a}} \cdot \frac{bc}{\sqrt{b+c}} + \frac{1}{\sqrt{b+c}} \cdot \frac{ab}{\sqrt{a+b}}$$

即

$$\sum \frac{ab}{a+b} \leqslant \sum \frac{ab}{\sqrt{(a+b)(b+c)}}$$

于是只需证

$$\sum \frac{a^2}{a+b} + 2\sum \frac{ab}{a+b} \geqslant \frac{1}{2}\sum a + \sum \sqrt{ab}$$

因为

$$\sum \frac{a^2}{a+b} + \sum \frac{ab}{a+b} = \sum a$$

期望不等式依次变成

$$2\sum \frac{ab}{a+b} + \sum a \geqslant 2\sum \sqrt{ab}$$

$$\sum \frac{a+b}{2} + 2\sum \frac{ab}{a+b} \geqslant 2\sum \sqrt{ab}$$

$$\sum \left(\frac{a+b}{2} - 2\sqrt{ab} + \frac{2ab}{a+b}\right) \geqslant 0$$

$$\sum \left(\sqrt{\frac{a+b}{2}} - \sqrt{\frac{2ab}{a+b}}\right)^2 \geqslant 0$$

等式适用于 $a=b=c$.

(b) 根据赫尔德不等式,我们有

$$\left(\sum \frac{a}{\sqrt{a+b}}\right)^2 \sum a(a+b) \geqslant \left(\sum a\right)^3$$

于是只需证

$$\left(\sum a\right)^3 \geqslant \frac{3}{2}\left(\sum a^2 + \sum ab\right)\sqrt{3(ab+bc+ca)}$$

这等价于

$$2p^3 + q^3 \geqslant 3p^2 q$$

其中 $p = a+b+c, q = \sqrt{3(ab+bc+ca)}$. 根据 AM$-$GM 不等式, 我们有

$$2p^3 + q^3 \geqslant 3\sqrt[3]{p^6 q^3} = 3p^2 q$$

等式适用于 $a=b=c$.

**问题 1.94** 如果 $a, b, c$ 是非负实数, 且满足 $a+b+c=3$, 那么

$$\sqrt{3a+b^2} + \sqrt{3b+c^2} + \sqrt{3c+a^2} \geqslant 6$$

**证明 1** 假设 $a = \max\{a,b,c\}$, 我们通过将下面这两个不等式相加得到期望不等式

$$\sqrt{3b+c^2} + \sqrt{3c+a^2} \geqslant \sqrt{3a+c^2} + b + c$$

$$\sqrt{3a+b^2} + \sqrt{3a+c^2} \geqslant 2a+b+c$$

通过两次平方, 第一个不等式依次变为

$$\sqrt{(3b+c^2)(3c+a^2)} \geqslant (b+c)\sqrt{3a+c^2}$$

$$[b(a+b+c)+c^2][c(a+b+c)+a^2] \geqslant (b+c)^2[a(a+b+c)+c^2]$$

$$b(a-b)(a-c)(a+b+c) \geqslant 0$$

类似地, 第二个不等式变成

$$\sqrt{(3a+b^2)(3a+c^2)} \geqslant (a+b)(a+c)$$

$$[a(a+b+c)+b^2][a(a+b+c)+c^2] \geqslant (a+b)^2(a+c)^2$$

$$a(a+b+c)(b-c)^2 \geqslant 0$$

当 $a=b=c$ 时, 以及当 $a,b,c$ 中有两个为 0 时, 原不等式变为等式.

**证明 2** 将原不等式改写为

$$\sqrt{X} + \sqrt{Y} + \sqrt{Z} \leqslant \sqrt{A} + \sqrt{B} + \sqrt{C}$$

其中

$$X=(b+c)^2, \quad Y=(c+a)^2, \quad Z=(a+b)^2$$
$$A=3a+b^2, \quad B=3b+c^2, \quad C=3c+a^2$$

根据第 2 卷问题 2.10 证明中的引理, 因为

$$A+B+C = X+Y+Z$$

我们只需证明

$$\max\{X,Y,Z\} \geqslant \max\{A,B,C\}, \quad \min\{X,Y,Z\} \leqslant \min\{A,B,C\}$$

为了证明 $\max\{X,Y,Z\} \geqslant \max\{A,B,C\}$，我们假定 $a=\min\{a,b,c\}$，当 $\max\{X,Y,Z\}=X$ 时

$$A-X=(a^2-c^2)+b(a-c)+c(a-b) \leqslant 0$$
$$B-X=b(a-c) \leqslant 0$$
$$C-X=(a^2-b^2)+c(a-b) \leqslant 0$$

结论成立. 类似地，为了证明 $\min\{X,Y,Z\} \leqslant \min\{A,B,C\}$，我们假设

$$a=\max\{a,b,c\}, \min\{X,Y,Z\}=X$$

此时

$$A-X=(a^2-c^2)+b(a-c)+c(a-b) \geqslant 0$$
$$B-X=b(a-c) \geqslant 0$$
$$C-X=(a^2-b^2)+c(a-b) \geqslant 0$$

**问题 1.95**　如果 $a,b,c$ 是非负实数，那么

$$\sqrt{a^2+b^2+2bc}+\sqrt{b^2+c^2+2ca}+\sqrt{c^2+a^2+2ab} \geqslant 2(a+b+c)$$

（Vasile Cîrtoaje, 2012）

**证明 1**（Nguyen Van Quy）　假设 $a=\max\{a,b,c\}$，将下列不等式相加即可得到期望不等式

$$\sqrt{a^2+b^2+2bc}+\sqrt{b^2+c^2+2ca} \geqslant \sqrt{a^2+b^2+2ca}+b+c$$
$$\sqrt{a^2+b^2+2ca}+\sqrt{c^2+a^2+2ab} \geqslant 2a+b+c$$

通过两次平方，第一个不等式依次变成

$$\sqrt{(a^2+b^2+2bc)(b^2+c^2+2ca)} \geqslant (b+c)\sqrt{a^2+b^2+2ca}$$
$$c(a-b)(a^2-c^2) \geqslant 0$$

类似地，第二个不等式依次变成

$$\sqrt{(a^2+b^2+2ca)(c^2+a^2+2ab)} \geqslant (a+b)(a+c)$$
$$a(b+c)(b-c)^2 \geqslant 0$$

当 $a=b=c$，或 $a,b,c$ 中有两个为零时，最初的不等式中等式成立.

**证明 2**　设 $(x,y,z)$ 是 $(ab,bc,ca)$ 的一个排列. 我们将证明

$$2(a+b+c) \leqslant \sqrt{b^2+c^2+2x}+\sqrt{c^2+a^2+2y}+\sqrt{a^2+b^2+2z}$$

由对称性，假设 $a \geqslant b \geqslant c$，应用代换

$$X=a^2+b^2+2ab, \quad Y=c^2+a^2+2ca, \quad Z=b^2+c^2+2bc$$
$$A=b^2+c^2+2x, \quad B=c^2+a^2+2y, \quad C=a^2+b^2+2z$$

我们可将不等式写为

$$\sqrt{X}+\sqrt{Y}+\sqrt{Z} \leqslant \sqrt{A}+\sqrt{B}+\sqrt{C}$$

因为 $X+Y+Z=A+B+C, X \geqslant Y \geqslant Z$ 和

$$X \geqslant \max\{A,B,C\}, \quad Z \leqslant \min\{A,B,C\}$$

根据第 2 卷问题 2.10 证明中的引理知结论成立.

**问题 1.96** 如果 $a,b,c$ 是非负实数,那么

$$\sqrt{a^2 + b^2 + 7bc} + \sqrt{b^2 + c^2 + 7ca} + \sqrt{c^2 + a^2 + 7ab} \geqslant 3\sqrt{3(ab + bc + ca)}$$

(Vasile Cîrtoaje, 2012)

**证明** 假设 $a = \max\{a,b,c\}$,可通过将下列两个不等式相加得到期望不等式

$$\sqrt{a^2 + b^2 + 7bc} + \sqrt{b^2 + c^2 + 7ca} \geqslant \sqrt{a^2 + b^2 + 7ca} + \sqrt{b^2 + c^2 + 7bc}$$

$$\sqrt{a^2 + c^2 + 7ab} + \sqrt{a^2 + b^2 + 7ac} \geqslant 3\sqrt{3(ab + bc + ca)} - \sqrt{b^2 + c^2 + 7bc}$$

通过平方,第一个不等式变成

$$(a^2 + b^2 + 7bc)(b^2 + c^2 + 7ca) \geqslant (a^2 + b^2 + 7ca)(b^2 + c^2 + 7bc)$$

$$c(a - b)(a^2 - c^2) \geqslant 0$$

同样,第二个不等式变成

$$a^2 + \sqrt{E} + 3\sqrt{3F} \geqslant 10a(b + c) + 17bc$$

其中

$$E = (a^2 + c^2 + 7ab)(a^2 + c^2 + 7ac)$$
$$= a^4 + 7(b + c)a^3 + (b^2 + c^2 + 49bc)a^2 + 7(b^3 + c^3)a + b^2c^2$$
$$F = (ab + bc + ca)(b^2 + c^2 + 7bc)$$

由齐次性,可以假设 $b + c = 1$,记 $x = bc$,我们只需证明 $f(x) \geqslant 0, 0 \leqslant x < \dfrac{1}{4}$

和 $a \geqslant \dfrac{1}{2}$,其中

$$f(x) = a^2 - 10a - 17x + \sqrt{g(x)} + 3\sqrt{3h(x)}$$

这里

$$g(x) = a^4 + 7a^3 + (1 + 47x)a^2 + 7(1 - 3x)a + x^2$$
$$= x^2 + a(47a - 21)x + a^4 + 7a^3 + a^2 + 7a$$
$$h(x) = (a + x)(1 + 5x) = 5x^2 + (5a + 1)x + a$$

我们有

$$f'(x) = -17 + \frac{g'}{2\sqrt{g}} + \frac{3\sqrt{3}h'}{2\sqrt{h}}$$

$$= -17 + \frac{2x + a(47a - 21)}{2\sqrt{g}} + \frac{3\sqrt{3}(10x + 5a + 1)}{2\sqrt{h}}$$

$$f''(x) = \frac{2g''g - (g')^2}{4g\sqrt{g}} + \frac{3\sqrt{3}[2h''h - (h')^2]}{4h\sqrt{h}}$$

$$= \frac{a(28 - 45a)(7a - 1)^2}{4g\sqrt{g}} - \frac{3\sqrt{3}(5a - 1)^2}{4h\sqrt{h}}$$

我们将证明 $g \geqslant 3h$. 因为 $0 \leqslant x < \dfrac{1}{4}, a \geqslant \dfrac{1}{2}$, 我们有

$$g - 3h = -14x^2 + (47a^2 - 36a - 3)x + a^4 + 7a^3 + a^2 + 4a$$

$$\geqslant -\dfrac{7}{8} + (47a^2 - 36a - 3)x + a^4 + 7a^3 + a^2 + 4a$$

对于非平凡情况 $47a^2 - 36a - 3 < 0$, 我们得到

$$g - 3h \geqslant -\dfrac{7}{8} + \dfrac{47a^2 - 36a - 3}{4} + a^4 + 7a^3 + a^2 + 4a$$

$$= \dfrac{(2a - 1)(4a^3 + 30a^2 + 66a + 13)}{8}$$

$$\geqslant 0$$

现在, 我们将证明 $f''(x) \leqslant 0$, 当 $a \geqslant \dfrac{28}{45}$ 时, 是显然的. 此外, 当 $\dfrac{1}{2} \leqslant a \leqslant \dfrac{28}{45}$ 时, 我们有

$$f''(x) = \dfrac{a(28 - 45a)(7a - 1)^2 - 27(5a - 1)^2}{4g\sqrt{g}} < 0$$

因为

$$a(28 - 45a)(7a - 1)^2 - 27(5a - 1)^2$$

$$< \left(28 - \dfrac{45}{2}\right)(7a - 1)^2 - 27(5a - 1)^2$$

$$< \dfrac{27}{4}(7a - 1)^2 - 27(5a - 1)^2$$

$$= \dfrac{27(1 - 3a)(17a - 3)}{4}$$

$$< 0$$

因为 $f$ 是凹函数, 于是只需证明 $f(0) \geqslant 0$ 和 $f\left(\dfrac{1}{4}\right) \geqslant 0$

因为

$$f(0) = \sqrt{a}\left(a\sqrt{a} - 10\sqrt{a} + 3\sqrt{3} + \sqrt{a^3 + 7a^2 + a + 7}\right)$$

这就说明, 对于所有 $a \geqslant \dfrac{1}{2}, f(0) \geqslant 0$, 当且仅当

$$\sqrt{a^3 + 7a^2 + a + 7} \geqslant -a\sqrt{a} + 10\sqrt{a} - 3\sqrt{3}$$

这是成立的, 如果

$$a^3 + 7a^2 + a + 7 \geqslant \left(-a\sqrt{a} + 10\sqrt{a} - 3\sqrt{3}\right)^2$$

这等价于

$$(\sqrt{3a} - 2)^2(9a + 10\sqrt{a} - 5) \geqslant 0$$

显然这个不等式对于 $a \geqslant \dfrac{1}{2}$ 成立.

因为

$$g\left(\frac{1}{4}\right)=\left(\frac{4a^2+14a+1}{4}\right)^2$$

$$h\left(\frac{1}{4}\right)=\frac{9(4a+1)}{16}$$

我们得到

$$f\left(\frac{1}{4}\right)=\frac{8a^2-26a-16+9\sqrt{3(4a+1)}}{4}$$

应用代换

$$x=\sqrt{\frac{4a+1}{3}},\quad x\geqslant 1$$

我们发现

$$f\left(\frac{1}{4}\right)=\frac{9x^4-45x^2+54x-18}{8}$$

$$=\frac{(x-1)^2(9x^2+18x-18)}{8}$$

$$\geqslant 0$$

这样,就完成了证明.等式适用于 $a=b=c$,也适用于 $3a=4b$, $c=0$(或其任何循环排列).

**问题 1.97** 如果 $a,b,c$ 是正实数,那么

$$\frac{a^2+3ab}{(b+c)^2}+\frac{b^2+3bc}{(c+a)^2}+\frac{c^2+3ca}{(a+b)^2}\geqslant 3$$

**证明** 将原不等式写为

$$\sum\frac{a(a+b)}{(b+c)^2}+2\sum\frac{ab}{(b+c)^2}\geqslant 3$$

因为序列

$$\{bc,ca,ab\}$$

和

$$\left\{\frac{1}{(b+c)^2},\frac{1}{(c+a)^2},\frac{1}{(a+b)^2}\right\}$$

是相反序列,那么由排序不等式,我们有

$$\sum\frac{bc}{(b+c)^2}\leqslant \sum\frac{ab}{(b+c)^2}$$

因此,只需证

$$\sum\frac{a(a+b)}{(b+c)^2}+\sum\frac{ab+bc}{(b+c)^2}\geqslant 3$$

这等价于

$$\sum a\left[\frac{a+b}{(b+c)^2}+\frac{b+c}{(a+b)^2}\right]\geqslant 3$$

根据 AM - GM 不等式,我们有

$$\frac{a+b}{(b+c)^2}+\frac{b+c}{(a+b)^2}\geqslant \frac{2}{\sqrt{(a+b)(b+c)}}$$

$$\geqslant \frac{4}{a+2b+c}$$

因此,只需证

$$\sum \frac{a}{a+2b+c}\geqslant \frac{3}{4}$$

此外,根据柯西 - 施瓦兹不等式,我们有

$$\sum \frac{a}{a+2b+c}\geqslant \frac{\left(\sum a\right)^2}{\sum a(a+2b+c)}$$

$$=\frac{\left(\sum a\right)^2}{\sum a^2+3\sum ab}$$

$$=\frac{\sum a^2+2\sum ab}{\sum a^2+3\sum ab}$$

$$=\frac{3}{4}+\frac{\sum a^2-\sum ab}{\sum a^2+3\sum ab}$$

$$\geqslant \frac{3}{4}$$

等式适用于 $a=b=c$.

**问题 1.98**    如果 $a,b,c$ 是正实数,那么

$$\frac{a^2b+1}{a(b+1)}+\frac{b^2c+1}{b(c+1)}+\frac{c^2a+1}{c(a+1)}\geqslant 3$$

**证明**    根据柯西 - 施瓦兹不等式,我们有

$$(a^2b+1)\left(\frac{1}{b}+1\right)\geqslant (a+1)^2$$

因此

$$\frac{a^2b+1}{a(b+1)}\geqslant \frac{b(a+1)^2}{a(b+1)^2}$$

于是只需证

$$\sum \frac{b(a+1)^2}{a(b+1)^2}\geqslant 3$$

这个不等式可由 AM－GM 不等式立刻得到

$$\sum \frac{b\,(a+1)^2}{a\,(b+1)^2} \geqslant 3\sqrt[3]{\prod \frac{b\,(a+1)^2}{a\,(b+1)^2}} = 3$$

等式适用于 $a=b=c=1$.

**问题 1.99**　如果 $a,b,c$ 是正实数，且 $a+b+c=3$，那么

$$\sqrt{a^3+3b} + \sqrt{b^3+3c} + \sqrt{c^3+3a} \geqslant 6$$

**证明**　根据柯西－施瓦兹不等式，我们有

$$(a^3+3b)\,(a+3b) \geqslant (a^2+3b)^2$$

只需证

$$\sum \frac{a^2+3b}{\sqrt{a+3b}} \geqslant 6$$

根据赫尔德不等式，我们有

$$\left(\sum \frac{a^2+3b}{\sqrt{a+3b}}\right)^2 \left[\sum (a^2+3b)(a+3b)\right] \geqslant \left[\sum (a^2+3b)\right]^3$$

$$= (9+\sum a^2)^3$$

因此，只需证

$$(9+\sum a^2)^3 \geqslant 36 \sum (a^2+3b)\,(a+3b)$$

设

$$p=a+b+c=3, \quad q=ab+bc+ca, \quad q \leqslant 3$$

我们有

$$\sum a^2 + 9 = p^2 - 2q + 9 = 2(9-q)$$

$$\sum (a^2+3b)\,(a+3b) = \sum a^3 + 3\sum a^2 b + 9\sum a^2 + 3\sum ab$$

$$= (p^3 - 3pq + 3abc) + 3\sum a^2 b + 9(p^2 - 2q) + 3q$$

$$= 108 - 24q + 3(abc + \sum a^2 b)$$

因为 $abc + \sum a^2 b \leqslant 4$(见问题 1.9(a))，我们得到

$$\sum (a^2+3b)\,(a+3b) \leqslant 24(5-q)$$

因此，只需证明

$$(9-q)^3 \geqslant 108(5-q)$$

这个不等式等价于

$$(3-q)^2(21-q) \geqslant 0$$

等式适用于 $a=b=c=1$.

**问题 1.100**　如果 $a,b,c$ 是正实数，且 $abc=1$，那么

$$\sqrt{\frac{a}{a+6b+2bc}}+\sqrt{\frac{b}{b+6c+2ca}}+\sqrt{\frac{c}{c+6a+2ab}}\geqslant 1$$

(Nguyen Van Quy and Vasile Cîrtoaje, 2013)

**证明**　根据赫尔德不等式,我们有

$$\left(\sum \sqrt{\frac{a}{a+6b+2bc}}\right)^{2}\left[\sum a(a+6b+2bc)\right]\geqslant \left(\sum a^{\frac{2}{3}}\right)^{3}$$

因此,只需证明

$$\left(\sum a^{\frac{2}{3}}\right)^{3}\geqslant \sum a^{2}+6\sum ab+6$$

这等价于

$$3\sum (ab)^{\frac{2}{3}}(a^{\frac{2}{3}}+b^{\frac{2}{3}})\geqslant 6\sum ab$$

因为

$$a^{\frac{2}{3}}+b^{\frac{2}{3}}\geqslant 2(ab)^{\frac{1}{3}}$$

期望不等式成立.等式适用于 $a=b=c=1$.

**问题 1.101**　如果 $a,b,c$ 是正实数,且 $abc=1$,那么

$$\left(a+\frac{1}{b}\right)^{2}+\left(b+\frac{1}{c}\right)^{2}+\left(c+\frac{1}{a}\right)^{2}\geqslant 6(a+b+c-1)$$

(Marius Stanean, 2014)

**证明**(Michael Rozenberg)　根据 AM－GM 不等式,我们有

$$\sum \left(a+\frac{1}{b}\right)^{2}+6=\sum (a+ac)^{2}+6$$
$$=\sum (a^{2}+a^{2}c^{2}+2a^{2}c)+6$$
$$=\sum (a^{2}+a^{2}b^{2}+2a^{2}c+2)$$
$$\geqslant \sum 6\sqrt[6]{a^{2}\cdot a^{2}b^{2}\cdot a^{2}c\cdot a^{2}c\cdot 1\cdot 1}$$
$$=6\sum a$$

等式适用于 $a=b=c=1$.

**问题 1.102**　如果 $a,b,c$ 是正实数,那么

$$\frac{a}{a+b}+\frac{b}{b+c}+\frac{c}{c+a}\geqslant \frac{a+b+c}{a+b+c-\sqrt[3]{abc}}$$

(Michael Rozenberg, 2014)

**证明**　考虑两种情形.

**情形 1**　$ab+bc+ca\geqslant \sqrt[3]{abc}(a+b+c)$.根据柯西－施瓦兹不等式,我们有

$$\sum \frac{a}{a+b}\geqslant \frac{\left(\sum a\right)^{2}}{\sum a(a+b)}$$

$$= \frac{\left(\sum a\right)^2}{\left(\sum a\right)^2 - \sum ab}$$

因此,只需证

$$\frac{\left(\sum a\right)^2}{\left(\sum a\right)^2 - \sum ab} \geqslant \frac{\sum a}{\sum a - \sqrt[3]{abc}}$$

这等价于

$$\sum ab - \sqrt[3]{abc} \sum a \geqslant 0$$

**情形 2**　$\sqrt[3]{abc}(a+b+c) \geqslant ab + bc + ca$. 根据柯西－施瓦兹不等式,我们有

$$\sum \frac{a}{a+b} \geqslant \frac{\left(\sum ac\right)^2}{\sum ac^2(a+b)}$$

$$= \frac{(ab+bc+ca)^2}{(ab+bc+ca)^2 - abc(a+b+c)}$$

于是只需证

$$\frac{(ab+bc+ca)^2}{(ab+bc+ca)^2 - abc(a+b+c)} \geqslant \frac{a+b+c}{a+b+c-\sqrt[3]{abc}}$$

这个不等式等价于

$$\left[\sqrt[3]{abc}(a+b+c)\right]^2 \geqslant (ab+bc+ca)^2$$

$$\sqrt[3]{abc}(a+b+c) \geqslant ab+bc+ca$$

证明完成. 等式适用于 $a=b=c=1$.

**问题 1.103**　如果 $a,b,c$ 是正实数,且 $a+b+c=3$,那么

$$a\sqrt{b^2+b+1} + b\sqrt{c^2+c+1} + c\sqrt{a^2+a+1} \leqslant 3\sqrt{3}$$

(Nguyen Van Quy, 2014)

**证明**　由于

$$4(b^2+b+1) = 2(b+1)^2 + 2(b^2+1) \geqslant 3(b+1)^2$$

我们得到

$$\sqrt{b^2+b+1} \geqslant \frac{\sqrt{3}}{2}(b+1)$$

因此,只需证

$$\sum a\sqrt{b^2+b+1} = \sum \frac{a(b^2+b+1)}{\sqrt{b^2+b+1}}$$

$$\leqslant \sum \frac{2a(b^2+b+1)}{\sqrt{3}(b+1)}$$

于是只需证

$$\sum \frac{a(b^2+b+1)}{b+1} \leqslant \frac{9}{2}$$

这等价于

$$\sum \frac{ab^2}{b+1} \leqslant \frac{3}{2}$$

此外,因为 $b+1 \geqslant 2\sqrt{b}$,所以只需证

$$\sum ab\sqrt{b} \leqslant 3$$

用 $a^2,b^2,c^2$ 分别代替 $a,b,c$,我们只需证明 $a^2+b^2+c^2=3$ 包含 $a^2b^3+b^2c^3+c^2a^3 \leqslant 3$,这个不等式恰好是问题 1.7 中的不等式. 等式适用于 $a=b=c=1$.

**问题 1.104** 如果 $a,b,c$ 是正实数,那么

$$\frac{1}{b(a+2b+3c)^2}+\frac{1}{c(b+2c+3a)^2}+\frac{1}{a(c+2a+3b)^2} \leqslant \frac{1}{12abc}$$

(Vo Quoc Ba Can,2012)

**证明** 假设 $a=\max\{a,b,c\}$,原不等式可重写为

$$\sum \frac{ca}{(a+2b+3c)^2} \leqslant \frac{1}{12}$$

**情形 1** $a \geqslant b \geqslant c$. 根据 AM−GM 不等式,我们有

$$(a+2b+3c)^2=[(a+2c)+(c+2b)]^2 \geqslant 4(2b+c)(2c+a)$$

于是只需证

$$\sum \frac{ca}{(2b+c)(2c+a)} \leqslant \frac{1}{3}$$

这等价于

$$3\sum ca(2a+b) \leqslant (2a+b)(2b+c)(2c+a)$$

$$ab^2+bc^2+ca^2 \leqslant a^2b+b^2c+c^2a$$

$$(a-b)(b-c)(c-a) \leqslant 0$$

显然,最后一个不等式是成立的.

**情形 2** $a \geqslant c \geqslant b$. 因为,根据 AM−GM 不等式,我们有

$$(a+2b+3c)^2 \geqslant [2\sqrt{(a+2b) \cdot 3c}]^2 \geqslant 12c(a+2b)$$

$$(b+2c+3a)^2=[(b+2a)+(a+2c)]^2 \geqslant 4(2a+b)(2c+a)$$

$$(c+2a+3b)^2=[(a+2b)+(a+b+c)]^2 \geqslant 4(a+2b)(a+b+c)$$

于是只需证

$$\frac{a}{3(a+2b)}+\frac{ab}{(2a+b)(2c+a)}+\frac{bc}{(a+2b)(a+b+c)} \leqslant \frac{1}{3}$$

这等价于

$$\frac{ab}{(2a+b)(2c+a)}+\frac{bc}{(a+2b)(a+b+c)} \leqslant \frac{2b}{3(a+2b)}$$

$$\frac{a}{(2a+b)(2c+a)} + \frac{c}{(a+2b)(a+b+c)} \leqslant \frac{2}{3(a+2b)}$$

$$\frac{a(a+2b)}{(2a+b)(2c+a)} + \frac{c}{a+b+c} \leqslant \frac{2}{3}$$

$$\frac{a(a+2b)}{2a+b} + \frac{c(2c+a)}{a+b+c} \leqslant \frac{2(2c+a)}{3}$$

$$\frac{c(2c+a)}{a+b+c} - \frac{2(2c+a)}{3} \leqslant \frac{3a^2}{2a+b} - 2a$$

$$f(c) \leqslant f(a)$$

其中

$$f(x) = \frac{x(2x+a)}{a+b+x} - \frac{2(2x+a)}{3}$$

我们有

$$f(a) - f(c) = (a-c)\left[\frac{3a^2 + 4ac + b(3a+2c)}{(a+b+c)(2a+b)} - \frac{4}{3}\right]$$

$$= \frac{(a-c)\left[a^2 - 3ab - 4b^2 + 2c(2a+b)\right]}{3(a+b+c)(2a+b)}$$

$$\geqslant 0$$

这是因为

$$a^2 - 3ab - 4b^2 + 2c(2a+b) \geqslant a^2 - 3ab - 4b^2 + 2b(2a+b)$$

$$= a^2 + ab - 2b^2$$

$$= (a-b)(a+2b)$$

$$\geqslant 0$$

等式适用于 $a=b=c$.

**问题 1.105**　设 $a,b,c$ 是正实数,且满足 $a+b+c=3$. 求证

(a) $\dfrac{a^2+9b}{b+c} + \dfrac{b^2+9c}{c+a} + \dfrac{c^2+9a}{a+b} \geqslant 15$;

(b) $\dfrac{a^2+3b}{a+b} + \dfrac{b^2+3c}{b+c} + \dfrac{c^2+3a}{c+a} \geqslant 6$.

**证明**　(a) 将原不等式改写为

$$\sum \frac{a^2 + 3b(a+b+c)}{b+c} \geqslant 5\sum a$$

$$\sum \left[\frac{a^2 + 3b(a+b+c)}{b+c} - 3b\right] \geqslant 2\sum a$$

$$\sum \left(\frac{a^2 + 3ab}{b+c} - 2a\right) \geqslant 0$$

$$\sum \frac{a(a+b-2c)}{b+c} \geqslant 0$$

131

$$\sum \frac{a(a-c)}{b+c} + \sum \frac{a(b-c)}{b+c} \geqslant 0$$

$$\sum \frac{a(a-c)}{b+c} + \sum \frac{b(c-a)}{c+a} \geqslant 0$$

$$\sum (a-c)\left(\frac{a}{b+c} - \frac{b}{c+a}\right) \geqslant 0$$

$$(a+b+c)\sum \frac{(a-b)(a-c)}{(b+c)(c+a)} \geqslant 0$$

因此,只需证明

$$\sum (a^2 - b^2)(a-c) \geqslant 0$$

这个不等式等价于显然成立的不等式

$$\sum a(a-c)^2 \geqslant 0$$

等式适用于 $a = b = c$.

(b) 将原不等式改写为

$$\sum \frac{a^2 + b(a+b+c)}{a+b} \geqslant 2\sum a$$

$$\sum \frac{a^2 + bc}{a+b} \geqslant \sum a$$

$$\sum \left(\frac{a^2+bc}{a+b} - a\right) \geqslant 0$$

$$\sum \frac{b(c-a)}{a+b} \geqslant 0$$

$$\sum \frac{bc}{a+b} \geqslant \sum \frac{ab}{a+b}$$

因为序列

$$\{ab, ca, bc\}$$

和

$$\left\{\frac{1}{a+b}, \frac{1}{c+a}, \frac{1}{b+c}\right\}$$

是反向序列,由排序不等式知结论成立. 等式适用于 $a = b = c$.

**问题 1.106** 如果 $a, b, c \in [0,1]$,那么:

(a) $\dfrac{bc}{2ab+1} + \dfrac{ca}{2bc+1} + \dfrac{ab}{2ca+1} \leqslant 1$;

(b) $\dfrac{a}{ab+1} + \dfrac{b}{bc+1} + \dfrac{c}{ca+1} \leqslant \dfrac{3}{2}$.

(Vasile Cîrtoaje, 2010)

**证明** (a) **方法 1** 只需证明

132

$$\frac{bc}{2abc+1} + \frac{ca}{2abc+1} + \frac{ab}{2abc+1} \leqslant 1$$

也就是

$$2abc+1 \geqslant ab+bc+ca$$

$$1-bc \geqslant a(b+c-2bc)$$

因为 $a \leqslant 1$ 和

$$b+c-2bc = b(1-c)+c(1-b) \geqslant 0$$

于是只需明

$$1-bc \geqslant b+c-2bc$$

这等价于

$$(1-b)(1-c) \geqslant 0$$

等式适用于 $a=b=c=1$,或 $a=0, b=c=1$(或其任何循环排列).

**方法 2**  假设 $a = \max\{a,b,c\}$. 只需证明

$$\frac{bc}{2bc+1} + \frac{ca}{2bc+1} + \frac{ab}{2bc+1} \leqslant 1$$

也就是

$$a(b+c) \leqslant 1+bc$$

我们有

$$1+bc-a(b+c) \geqslant 1+bc-b-c = (1-b)(1-c) \geqslant 0$$

(b) 我们将证明

$$E(a,b,c) \leqslant E(1,b,c) \leqslant E(1,1,c) = \frac{3}{2}$$

其中

$$E(a,b,c) = \frac{c}{ab+1} + \frac{b}{bc+1} + \frac{c}{ca+1}$$

将不等式 $E(a,b,c) \leqslant E(1,b,c)$ 写为

$$\frac{a}{ab+1} + \frac{c}{ca+1} \leqslant \frac{1}{b+1} + \frac{c}{c+1}$$

$$(1-a)\left[\frac{1}{(b+1)(ab+1)} - \frac{c^2}{(c+1)(ca+1)}\right] \geqslant 0$$

$$(1-a)\left[(c+1)(ca+1) - (b+1)(ab+1)c^2\right] \geqslant 0$$

因为 $1-a \geqslant 0$ 和 $c \leqslant 1$,于是只需证明

$$(c+1)(ca+1) - (b+1)(ab+1)c \geqslant 0$$

这是成立的,因为

$$(c+1)(ca+1) - (b+1)(ab+1)c \geqslant (c+1)(ca+1) - 2(a+1)c$$

$$= (1-c)(1-ac)$$

$$\geqslant 0$$

在类似的不等式中设 $a=1$,且
$$E(a,b,c) \leqslant E(a,1,c)$$
这说明
$$E(1,b,c) \leqslant E(1,1,c)$$
最后
$$E(1,1,c) = \frac{1}{2} + \frac{1}{c+1} + \frac{c}{c+1} = \frac{3}{2}$$
等式适用于 $a=b=1$(或其任何循环排列).

**问题 1.107** 如果 $a,b,c$ 是非负实数,那么
$$a^4 + b^4 + c^4 + 5(a^3b + b^3c + c^3a) \geqslant 6(a^2b^2 + b^2c^2 + c^2a^2)$$

**证明** 假设 $a = \min\{a,b,c\}$,应用代换
$$b = a+p, \quad c = a+q, \quad p,q \geqslant 0$$
原不等式变成
$$9Aa^2 + 3Ba + C \geqslant 0$$
其中
$$A = p^2 - pq + q^2, \quad B = 3p^3 + p^2q - 4pq^2 + 3q^3$$
$$C = p^4 + 5p^3q - 6p^2q^2 + q^4$$
因为
$$A \geqslant 0$$
$$B = 3p(p-q)^2 + q(7p^2 - 7pq + 3q^2) \geqslant 0$$
$$C = (p-q)^4 + pq(3p-2q)^2 \geqslant 0$$
不等式显然成立. 等式适用于 $a=b=c$.

**问题 1.108** 如果 $a,b,c$ 为正实数,那么
$$a^5 + b^5 + c^5 - a^4b - b^4c - c^4a \geqslant 2abc(a^2 + b^2 + c^2 - ab - bc - ca)$$
(Vasile Cîrtoaje,2006)

**证明** 因为
$$5\left(\sum a^5 - \sum a^4b\right) = \sum(4a^5 + b^5 - 5a^4b)$$
$$= \sum(a-b)^2(4a^3 + 3a^2b + 2ab^2 + b^3)$$
和
$$2\left(\sum a^2 - \sum ab\right) = \sum(a-b)^2$$
我们将原不等式写成
$$\sum(a-b)^2(4a^3 + 3a^2b + 2ab^2 + b^3) \geqslant 5abc\sum(a-b)^2$$
$$\sum(a-b)^2(4a^3 + 3a^2b + 2ab^2 + b^3 - 5abc) \geqslant 0$$
$$\sum(a-b)^2 A \geqslant 0$$

其中

$$A = 4a^3 + 3a^2 b + 2ab^2 + b^3 - 5abc$$
$$B = 4b^3 + 3b^2 c + 2bc^2 + c^3 - 5abc$$
$$C = 4c^3 + 3c^2 a + 2ca^2 + a^3 - 5abc$$

不失一般性,假设 $a = \max\{a, b, c\}$. 我们有

$$A > a(4a^2 + 3ab - 5bc) > a(4c^2 + 3b^2 - 5bc) > 0$$
$$C > a(3c^2 + 2ca + a^2 - 5bc) \geqslant a(3c^2 - 3ca + a^2) > 0$$
$$A + B > 4a^3 + 5b^3 + c^3 + 3a^2 b + 2bc^2 - 10abc$$
$$\geqslant 3\sqrt[3]{4a^3 \cdot 5b^3 \cdot c^3} + 2\sqrt{3a^2 b \cdot 2bc^2} - 10abc$$
$$= (3\sqrt[3]{20} + 2\sqrt{6} - 10)abc$$
$$> 0$$
$$B + C > a^3 + 4b^3 + 5c^3 + 3b^2 c + 2ca^2 - 10abc$$
$$\geqslant 3\sqrt[3]{a^3 \cdot 4b^3 \cdot 5c^3} + 2\sqrt{3b^2 c \cdot 2ca^2} - 10abc$$
$$= (3\sqrt[3]{20} + 2\sqrt{6} - 10)abc > 0$$

如果 $a \geqslant b \geqslant c$,那么

$$\sum A(a-b)^2 \geqslant B(b-c)^2 + C(c-a)^2 \geqslant (B+C)(b-c)^2 \geqslant 0$$

如果 $a \geqslant c \geqslant b$,那么

$$\sum A(a-b)^2 \geqslant A(a-b)^2 + B(b-c)^2 \geqslant (A+B)(b-c)^2 \geqslant 0$$

等式适用于 $a = b = c$.

**问题 1.109**　如果 $a, b, c$ 是正实数,且 $a^2 + b^2 + c^2 = 3$,那么

$$\frac{a}{1+b} + \frac{b}{1+c} + \frac{c}{1+a} \geqslant \frac{3}{2}$$

（Vasile Cîrtoaje, 2005）

**证明**　设

$$p = a + b + c, \quad q = ab + bc + ca, \quad p^2 = 3 + 2q$$

**方法 1**　根据柯西－施瓦兹不等式,我们有

$$\sum \frac{a}{1+b} \geqslant \frac{(\sum a)^2}{\sum a(1+b)}$$
$$= \frac{3 + 2q}{p + q}$$

因此,只需证

$$6 + q \geqslant 3p$$

事实上

$$2(6 + q - 3p) = 12 + (p^2 - 3) - 6p = (p-3)^2 \geqslant 0$$

135

等式适用于 $a = b = c = 1$.

**方法 2** 根据 AM $-$ GM 不等式,我们有

$$\sum \frac{a}{1+b} = \sum \frac{a(a+c)}{(1+b)(a+c)}$$

$$\geqslant \sum \frac{4a(a+c)}{(1+a+b+c)^2}$$

$$= \frac{4\left(\sum a^2 + \sum ab\right)}{(1+p)^2}$$

$$= \frac{4(3+q)}{(1+p)^2}$$

$$= \frac{12 + 2(p^2 - 3)}{(1+p)^2}$$

$$= \frac{6 + 2p^2}{(1+p)^2}$$

于是只需证

$$\frac{6 + 2p^2}{(1+p)^2} \geqslant \frac{3}{2}$$

这等价于 $(p-3)^2 \geqslant 0$.

**猜想** 如果 $a, b, c$ 是正实数,且 $a^2 + b^2 + c^2 = 3$,那么

$$\frac{a}{5+4b} + \frac{b}{5+4c} + \frac{c}{5+4a} \geqslant \frac{1}{3}$$

**问题 1.110** 如果 $a, b, c$ 是非负实数,且 $a + b + c = 3$,那么

$$a\sqrt{a+b} + b\sqrt{b+c} + c\sqrt{c+a} \geqslant 3\sqrt{2}$$

(Hong Ge Chen, 2011)

**证明 1** 记

$$q = \sqrt{\frac{ab + bc + ca}{3}}, \quad q \leqslant 1$$

通过平方,原不等式可转化为

$$\sum a^3 + \sum a^2 b + 2\sum ac\sqrt{a^2 + 3q^2} \geqslant 18$$

因为

$$2\sqrt{a^2 + 3q^2} \geqslant a + 3q$$

我们有

$$2\sum ac\sqrt{a^2 + 3q^2} \geqslant \sum ac(a + 3q) = \sum ab^2 + 9q^3$$

因此,只需证明

$$\sum a^3 + \sum ab(a+b) + 9q^3 \geqslant 18$$

这等价于

$$(a+b+c)(a^2+b^2+c^2)+9q^3 \geqslant 18$$
$$3(9-6q^2)+9q^3 \geqslant 0$$
$$1-2q^2+q^3 \geqslant 0$$
$$(1-q^2)^2+q^2(1-q) \geqslant 0$$

显然,最后一个不等式成立.等式适用于 $a=b=c=1$.

**证明 2** 应用代换

$$\sqrt{\frac{a+b}{2}}=\frac{x+y}{2}$$

$$\sqrt{\frac{b+c}{2}}=\frac{y+z}{2}$$

$$\sqrt{\frac{c+a}{2}}=\frac{z+x}{2}$$

由此得

$$x=\sqrt{\frac{a+b}{2}}+\sqrt{\frac{a+c}{2}}-\sqrt{\frac{b+c}{2}} \geqslant 0$$

$$a=\left(\frac{x+y}{2}\right)^2+\left(\frac{x+z}{2}\right)^2-\left(\frac{y+z}{2}\right)^2$$

$$=\frac{x(x+y+z)-yz}{2}$$

此外,由 $a+b+c=3$,我们得到

$$x^2+y^2+z^2+xy+yz+zx=6$$

这等价于

$$p^2-q=6$$

其中

$$p=x+y+z, \quad q=xy+yz+zx$$

由于

$$18-2p^2=3(x^2+y^2+z^2+xy+yz+zx)-2(x+y+z)^2$$
$$=x^2+y^2+z^2-xy-yz-zx$$
$$\geqslant 0$$

这说明

$$p \leqslant 3$$

期望不等式等价于

$$\sum(xp-yz)(x+y) \geqslant 12$$

$$p\sum(x^2+xy)-3xyz-\sum y^2 z \geqslant 12$$

137

$$6p + \sum yz^2 \geqslant 12 + 3xyz + \sum y^2z + \sum yz^2$$

$$6p + \sum yz^2 \geqslant 12 + pq$$

因为

$$\left(\sum y\right)\left(\sum yz^2\right) \geqslant \left(\sum yz\right)^2$$

（根据柯西－施瓦兹不等式），所以只需证明

$$6p + \frac{q^2}{p} \geqslant 12 + pq$$

事实上

$$6p + \frac{q^2}{p} - pq = \frac{p^2(6-q) + q^2}{p}$$

$$= \frac{(6+q)(6-q) + q^2}{p}$$

$$= \frac{36}{p} \geqslant 12$$

**问题 1.111**  如果 $a, b, c$ 是非负实数，且 $a+b+c=3$，那么

$$\frac{a}{2b^2+c} + \frac{b}{2c^2+a} + \frac{c}{2a^2+b} \geqslant 1$$

（Vasile Cîrtoaje and Nguyen Van Quy，2007）

**证明**  根据柯西－施瓦兹不等式，我们有

$$\sum \frac{a}{2b^2+c} \geqslant \frac{\left(\sum a\sqrt{a+c}\right)^2}{\sum a(a+c)(2b^2+c)}$$

因为 $\sum a\sqrt{a+c} \geqslant 3\sqrt{2}$（见问题 1.110），所以只需证

$$\sum a(a+c)(2b^2+c) \leqslant 18$$

这等价于

$$2\sum a^2b^2 + 6abc + \sum ac(a+c) \leqslant 18$$

$$2\sum a^2b^2 + 3abc + \sum a \sum ab \leqslant 18$$

记

$$q = ab + bc + ca$$

不等式变成

$$9abc + 18 \geqslant 2q^2 + 3q$$

当 $q < 2$ 时，这个不等式是成立的，因为 $2q^2 + 3q < 18$. 又因为 $q \leqslant p^{\frac{2}{3}} = 3$，进一步考虑 $2 \leqslant q \leqslant 3$，根据三阶舒尔不等式，我们有

$$9abc \geqslant 4pq - p^3 = 12q - 27$$

因此

$$9abc + 18 - (2q^2 + 3q) \geqslant 12q - 27 + 18 - (2q^2 + 3q)$$
$$= -2q^2 + 9q - 9$$
$$= (3 - q)(2q - 3)$$
$$\geqslant 0$$

这就完成了证明. 等式适用于 $a = b = c = 1$.

**问题 1.112** 如果 $a, b, c$ 是正实数,且 $a + b + c = ab + bc + ca$,那么

$$\frac{1}{a^2 + b + 1} + \frac{1}{b^2 + c + 1} + \frac{1}{c^2 + a + 1} \leqslant 1$$

**证明** 根据柯西 — 施瓦兹不等式,我们有

$$\frac{1}{a^2 + b + 1} \leqslant \frac{1 + b + c^2}{(a + b + c)^2}$$

因此

$$\sum \frac{1}{a^2 + b + 1} \leqslant \sum \frac{1 + b + c^2}{(a + b + c)^2}$$
$$= \frac{3 + \sum a + \sum a^2}{\left(\sum a\right)^2}$$

于是只需证

$$3 + \sum a \leqslant 2 \sum ab$$

这等价于

$$\sum a \geqslant 3$$

利用熟知的不等式

$$\left(\sum a\right)^2 \geqslant 3 \sum ab$$

可知该不等式成立. 等式适用于 $a = b = c = 1$.

**问题 1.113** 如果 $a, b, c$ 是正实数,那么

$$\frac{1}{(a + 2b + 3c)^2} + \frac{1}{(b + 2c + 3a)^2} + \frac{1}{(c + 2a + 3b)^2} \leqslant \frac{1}{4(ab + bc + ca)}$$

**证明** 根据 AM — GM 不等式,我们有

$$(a + 2b + 3c)^2 = [(a + c) + 2(b + c)]^2$$
$$= (a + c)^2 + 4(b + c)^2 + 4(a + c)(b + c)$$
$$\geqslant 3(b + c)^2 + 6(a + c)(b + c)$$
$$= 3(b + c)(2a + b + 3c)$$

因此,只需证

$$\sum \frac{1}{(b + c)(2a + b + 3c)} \leqslant \frac{3}{4(ab + bc + ca)}$$

这个不等式可依次改写为

139

$$\frac{3}{4} - \sum \frac{ab+bc+ca}{(b+c)(2a+b+3c)} \geqslant 0$$

$$\sum \left[ 1 - \frac{2(ab+bc+ca)}{(b+c)(2a+b+3c)} \right] \geqslant \frac{3}{2}$$

$$\sum \frac{(b+c)^2 + 2c^2}{(b+c)(2a+b+3c)} \geqslant \frac{3}{2}$$

$$\sum \frac{b+c}{2a+b+3c} + \sum \frac{2c^2}{(b+c)(2a+b+3c)} \geqslant \frac{3}{2}$$

应用柯西－施瓦兹不等式,我们得到

$$\sum \frac{b+c}{2a+b+3c} \geqslant \frac{\left[ \sum (b+c) \right]^2}{\sum (b+c)(2a+b+3c)} = 1$$

和

$$\sum \frac{c^2}{(b+c)(2a+b+3c)} \geqslant \frac{\left( \sum a \right)^2}{\sum (b+c)(2a+b+3c)} = \frac{1}{4}$$

由此可知结论成立. 等式适用于 $a=b=c$.

**问题 1.114**　如果 $a,b,c$ 是正实数,那么

$$\sqrt{\frac{a}{a+b+2c}} + \sqrt{\frac{b}{b+c+2a}} + \sqrt{\frac{c}{c+a+2b}} \leqslant \frac{3}{2}$$

**证明**　按如下方式应用柯西不等式

$$\left( \sum \sqrt{\frac{a}{a+b+2c}} \right)^2$$

$$\leqslant \left[ \sum (b+c+2a) \right] \left[ \sum \frac{a}{(b+c+2a)(a+b+2c)} \right]$$

$$= \frac{4\left( \sum a \right) \left[ \sum a(c+a+2b) \right]}{(b+c+2a)(c+a+2b)(a+b+2c)}$$

因此,只需证明

$$16\left( \sum a \right) \left[ \sum a(c+a+2b) \right] \leqslant 9(b+c+2a)(c+a+2b)(a+b+2c)$$

记

$$p = a+b+c, \quad q = ab+bc+ca$$

不等式变成

$$16p(p^2+q) \leqslant 9(p+a)(p+b)(p+c)$$

$$16p(p^2+q) \leqslant 9(2p^3+pq+abc)$$

$$2p^3 - 7pq + 9abc \geqslant 0$$

应用三阶舒尔不等式

$$p^3 + 9abc \geqslant 4pq$$

$$2p^3 - 7pq + 9abc = (p^3 + 9abc - 4pq) + p(p^2 - 3q) \geqslant 0$$

等式适用于 $a = b = c$.

**问题 1.115** 如果 $a,b,c$ 是正实数,那么

$$\sqrt{\frac{5a}{a+b+3c}} + \sqrt{\frac{5b}{b+c+3a}} + \sqrt{\frac{5c}{c+a+3b}} \leqslant 3$$

**证明** 利用代换

$$x = \sqrt{\frac{5a}{a+b+3c}}, \quad y = \sqrt{\frac{5b}{b+c+3a}}, \quad z = \sqrt{\frac{5c}{c+a+3b}} \leqslant 3$$

我们有

$$\begin{cases} (x^2 - 5)a + x^2 b + 3x^2 c = 0 \\ 3y^2 a + (y^2 - 5)b + y^2 c = 0 \\ z^2 a + 3z^2 b + (z^2 - 5)c = 0 \end{cases}$$

我们有

$$\begin{vmatrix} x^2 - 5 & x^2 & 3x^2 \\ 3y^2 & y^2 - 5 & y^2 \\ z^2 & 3z^2 & z^2 - 5 \end{vmatrix} = 0$$

也就是

$$F(x,y,z) = 0$$

其中

$$F(x,y,z) = 4x^2 y^2 z^2 + 2\sum x^2 y^2 + 5\sum x^2 - 25$$

我们需要证明在条件 $F(x,y,z) = 0$ 下,有 $x+y+z \leqslant 3$,其中 $x,y,z > 0$. 根据矛盾方法,假设 $x+y+z > 3$,并证明 $F(x,y,z) > 0$. 因为 $F(x,y,z)$ 关于它的每个变量都是严格递增函数,于是只需证明在条件

$$x + y + z = 3$$

下,有

$$F(x,y,z) \geqslant 0$$

记

$$q = xy + yz + zx, \quad r = xyz$$

因为

$$\sum x^2 y^2 = q^2 - 6r, \quad \sum x^2 = 9 - 2q$$

我们有

$$F(x,y,z) = 4r^2 + 2(q^2 - 6r) + 5(9 - 2q) - 25$$
$$= 2(2r^2 - 6r + q^2 - 5q + 10)$$

$$\frac{1}{2}F(x,y,z) = 2(r-1)^2 + q^2 - 5q + 8 - 2r$$

141

于是只需证

$$q^2 - 5q + 8 \geqslant 2r$$

由熟知的不等式

$$(xy + yz + zx)^2 \geqslant 3xyz(x + y + z)$$

得到 $q^2 \geqslant 9r$. 因此，只需证明

$$q^2 - 5q + 8 \geqslant \frac{2q^2}{9}$$

这等价于

$$(3 - q)(24 - 7q) \geqslant 0$$

因为

$$q \leqslant \frac{1}{3}(x + y + z)^2 = 3$$

结论成立. 当 $a = b = c$ 时，最初的不等式是一个等式.

**问题 1. 116**　如果 $a, b, c \in [0, 1]$，那么

$$ab^2 + bc^2 + ca^2 + \frac{5}{4} \geqslant a + b + c$$

(Ji Chen, 2007)

**证明**　我们作代换

$$a = 1 - x, \quad b = 1 - y, \quad x = 1 - z$$

其中 $x, y, z \in [0, 1]$. 因为

$$\begin{aligned}
\sum a(1 - b^2) &= \sum y(1 - x)(2 - y) \\
&= \sum y(2 - 2x - y + xy) \\
&= 2\sum x - \left(\sum x\right)^2 + \sum xy^2
\end{aligned}$$

原不等式能写为

$$\frac{5}{4} \geqslant 2\sum x - \left(\sum x\right)^2 + \sum xy^2$$

根据问题 1.1 中熟知的不等式，我们有

$$\sum xy^2 \leqslant \frac{4}{27}\left(\sum x\right)^3$$

因此，只需证明不等式

$$\frac{5}{4} \geqslant 2t - t^2 + \frac{4}{27}t^3$$

其中

$$t = x + y + z \leqslant 3$$

这个不等式等价于

$$(15 - 4t)(3 - 2t)^2 \geqslant 0$$

对于 $t \leqslant 3$,这是显然成立的. 证明完成. 等式适用于 $a=0,b=1,c=\dfrac{1}{2}$(或其任

何循环排列).

**问题 1.117** 如果 $a,b,c$ 是非负实数,且满足
$$a+b+c=3, \quad a \leqslant b \leqslant 1 \leqslant c$$
那么
$$a^2 b + b^2 c + c^2 a \leqslant 3$$

**证明** 因为
$$\sum ab^2 - \sum a^2 b = (a-b)(b-c)(c-a) \geqslant 0$$
于是只需证明
$$\sum a^2 b + \sum ab^2 \leqslant 6$$
也就是
$$(a+b+c)(ab+bc+ca) - 3abc \leqslant 6$$
$$ab + bc + ca - abc \leqslant 2$$
$$1 - (a+b+c) + ab + bc + ca - abc \leqslant 0$$
$$(1-a)(1-b)(1-c) \leqslant 0$$
等式适用于 $a=b=c=1$.

**问题 1.118** 如果 $a,b,c$ 是非负实数,且满足
$$a+b+c=3, \quad a \leqslant 1 \leqslant b \leqslant c$$
求证:

(a) $a^2 b + b^2 c + c^2 a \geqslant ab + bc + ca$;

(b) $a^2 b + b^2 c + c^2 a \geqslant abc + 2$;

(c) $\dfrac{1}{abc} + 2 \geqslant \dfrac{9}{a^2 b + b^2 c + c^2 a}$;

(d) $ab^2 + bc^2 + ca^2 \geqslant 3$.

**证明** (a) 我们有
$$a^2 b + b^2 c + c^2 a - ab - bc - ca$$
$$= ab(a-1) + bc(b-1) + ca(c-1)$$
$$= -ab[(a-1) + (c-1)] + bc(b-1) + ca(c-1)$$
$$= b(b-1)(c-a) + a(c-1)(c-b)$$
$$\geqslant 0$$
等式适用于 $a=b=c=1$,也适用于 $a=0,b=1,c=2$.

(b) 因为
$$a(b-a)(b-c) \leqslant 0$$
我们有

143

$$\sum a^2 b \geqslant \sum a^2 b + a(b-a)(b-c) = b^2(a+c) + ac(a+c-b)$$

因此,只需证

$$b^2(a+c) + ac(a+c-b) \geqslant abc + 2$$

这等价于

$$b^2(a+c) - 2 \geqslant ac(2b-a-c)$$
$$b^2(3-b) - 2 \geqslant ac(3b-3)$$

由于 $(b-a)(b-c) \leqslant 0$,可以推出

$$ac \leqslant b(a+c-b) = b(3-2b)$$

因此,由于 $b \geqslant 1$,我们有

$$ac(3b-3) \leqslant b(3-2b)(3b-3)$$

因此,只需证

$$b^2(3-b) - 2 \geqslant b(3-2b)(3b-3)$$

这等价于

$$(5b-2)(b-1)^2 \geqslant 0$$

等式适用于 $a=b=c=1$,也适用于 $a=0, b=1, c=2$.

(c) 根据(b)中的不等式,只需证

$$\frac{1}{abc} + 2 \geqslant \frac{9}{abc+2}$$

这等价于

$$(abc-1)^2 \geqslant 0$$

等式适用于 $a=b=c=1$.

(d) 因为

$$\sum ab^2 - \sum a^2 b = (a-b)(b-c)(c-a) \geqslant 0$$

于是只需证

$$\sum ab^2 + \sum a^2 b \geqslant 6$$

也就是

$$(a+b+c)(ab+bc+ca) - 3abc \geqslant 6$$
$$ab + bc + ca - abc \geqslant 2$$
$$1 - (a+b+c) + ab + bc + ca - abc \geqslant 0$$
$$(1-a)(1-b)(1-c) \geqslant 0$$

等式适用于 $a=b=c=1$.

**备注 1** 当

$$a+b+c=3, \quad 0 < a \leqslant 1 \leqslant b \leqslant c$$

下面的开放不等式成立

$$\frac{1}{abc}+6\geqslant\frac{21}{a^2b+b^2c+c^2a}$$

这个不等式比(c)中的不等式强.

**备注 2** 从(d)中不等式的证明知,当 $a+b+c=3$ 时,也可得以下等式

$$2(ab^2+bc^2+ca^2-3)=3(1-a)(1-b)(1-c)+(a-b)(b-c)(c-a)$$

**问题 1. 119** 如果 $a,b,c$ 是非负实数,且满足

$$a+b+c=3, \quad a\leqslant 1\leqslant b\leqslant c$$

那么:

(a) $\dfrac{5-2a}{1+b}+\dfrac{5-2b}{1+c}+\dfrac{5-2c}{1+a}\geqslant\dfrac{9}{2}$;

(b) $\dfrac{3-2b}{1+a}+\dfrac{3-2c}{1+b}+\dfrac{3-2a}{1+c}\leqslant\dfrac{3}{2}$.

(Vasile Cîrtoaje,2008)

**证明** （a）将原不等式写为

$$2\sum(5-2a)(1+c)(1+a)\geqslant 9(1+a)(1+b)(1+c)$$

$$2\left(21+7\sum ab-2\sum ab^2\right)\geqslant 9\left(4+\sum ab+abc\right)$$

$$6+5\sum ab\geqslant 9abc+4\sum ab^2$$

根据 1.9(a),我们有

$$\sum ab^2\leqslant 4-abc$$

因此,只需证

$$6+5\sum ab\geqslant 9abc+4(4-abc)$$

这等价于

$$\sum ab>2+abc$$

$$(1-a)(1-b)(1-c)\geqslant 0$$

等式适用于 $a=b=c=1$,也适用于 $a=0,b=1,c=2$.

（b）将原不等式写为

$$2\sum(3-2b)(1+b)(1+c)\leqslant 3(1+a)(1+b)(1+c)$$

$$2\left(3+5\sum ab-2\sum a^2b\right)\leqslant 3\left(4+\sum ab+abc\right)$$

$$6+3abc+4\sum a^2b\geqslant 7\sum ab$$

$$6+3abc+4\sum ab(a+b)\geqslant 7\sum ab+4\sum ab^2$$

$$6+3abc+4\left(\sum a\right)\left(\sum ab\right)-12abc\geqslant 7\sum ab+4\sum ab^2$$

$$6+5\sum ab\geqslant 9abc+4\sum ab^2$$

根据问题 1.9(a)，我们有

$$\sum ab^2 < 4 - abc$$

因此，只需证

$$6 + 5\sum ab \geqslant 9abc + 4(4 - abc)$$

这等价于

$$\sum ab \geqslant 2 + abc$$

$$(1-a)(1-b)(1-c) \geqslant 0$$

等式适用于 $a = b = c = 1$，也适用于 $a = 0, b = 1, c = 2$.

**问题 1.120**　如果 $a, b, c$ 是非负实数，且满足

$$ab + bc + ca = 3, \quad a \leqslant 1 \leqslant b \leqslant c$$

那么：

(a) $a^2 b + b^2 c + c^2 a \geqslant 3$；

(b) $ab^2 + bc^2 + ca^2 + 3(\sqrt{3} - 1)abc \geqslant 3\sqrt{3}$.

(Vasile Cîrtoaje，2008)

**证明**　(a) 因为

$$a(b-a)(b-c) \leqslant 0$$

我们有

$$\sum a^2 b \geqslant \sum a^2 b + a(b-a)(b-c)$$
$$= b^2(a+c) + ac(a+c-b)$$

因此，只需证

$$b^2(a+c) + ac(a+c-b) \geqslant 3$$

记

$$x = a + c$$

由 $ab + bc + ca = 3$，我们得到

$$ac = 3 - bx$$

和

$$x = \frac{3 - ac}{b} \leqslant \frac{3}{b} \leqslant 3$$

因此，我们只需证

$$b^2 x + (3 - bx)(x - b) \geqslant 3$$
$$2xb^2 - (x^2 + 3)b + 3x - 3 \geqslant 0$$

因为

$$2xb^2 - (x^2 + 3)b + 3x - 3$$
$$= 2(b^2 - 2b + 1)x + 2(2b-1)x - (x^2 + 3)b + 3x - 3$$

$$= 2(b-1)^2 x + (3-x)(bx-b-1)$$
$$\geqslant (3-x)(bx-b-1)$$

所以证明

$$bx - b - 1 \geqslant 0$$

就足够了. 从 $(b-a)(b-c) \leqslant 0$, 我们得到

$$bx \geqslant b^2 + ac = b^2 + 3 - bx, \quad bx \geqslant \frac{b^2+3}{2}$$

因此

$$bx - b - 1 \geqslant \frac{b^2+3}{2} - b - 1 = \frac{(b-1)^2}{2} \geqslant 0$$

证明完成了. 等式适用于 $a=b=c=1$, 也适用于 $a=0, b=1, c=3$.

(b) 因为

$$\sum ab^2 - \sum a^2 b = (a-b)(b-c)(c-a) \geqslant 0$$

证明这一点就够了

$$ab^2 + bc^2 + ca^2 + (a^2 b + b^2 c + c^2 a) + 6(\sqrt{3}-1)abc \geqslant 6\sqrt{3}$$

也就是

$$(a+b+c)(ab+bc+ca) + 3(2\sqrt{3}-3)abc \geqslant 6\sqrt{3}$$
$$a+b+c + (2\sqrt{3}-3)abc \geqslant 2\sqrt{3}$$
$$a\left[1 + (2\sqrt{3}-3)bc\right] + b + c \geqslant 2\sqrt{3}$$
$$a\left[1 + (2\sqrt{3}-3)p\right] + 2(s-\sqrt{3}) \geqslant 0$$

其中

$$s = \frac{b+c}{2}, \quad p = bc, \quad s^2 \geqslant p \geqslant 1$$

从 $ab+bc+ca=3$, 我们得到

$$a = \frac{3-p}{2s}, \quad p \leqslant 3$$

因此, 我们需要证明 $F(s,p) \geqslant 0$, 其中

$$F(s,p) = (3-p)\left[1 + (2\sqrt{3}-3)p\right] + 4s(s-\sqrt{3})$$

因为当 $s-\sqrt{3} \geqslant 0$ 时, 不等式 $F(s,p) \geqslant 0$ 是成立的, 进一步考虑

$$s \leqslant \sqrt{3}$$

我们将证明

$$F(s,p) \geqslant F(s,s^2) \geqslant 0$$

我们有

$$F(s,p) - F(s,s^2) = (2\sqrt{3}-3)(s^4 - p^2) - (6\sqrt{3}-10)(s^2-p)$$

147

$$= (s^2 - p) \left[ (2\sqrt{3} - 3)(s^2 + p) - 6\sqrt{3} + 10 \right]$$

由 $s^2 - p \geqslant 0$ 和

$$(2\sqrt{3} - 3)(s^2 + p) - 6\sqrt{3} + 10$$

$$\geqslant (2\sqrt{3} - 3)(1 + 1) - 6\sqrt{3} + 10$$

$$= 4 - 2\sqrt{3}$$

$$> 0$$

知左边不等式是成立的. 右边不等式也是成立的, 因为

$$F(s, s^2) = (3 - s^2)\left[ 1 + (2\sqrt{3} - 3)s^2 \right] + 4s(s - \sqrt{3})$$

$$= (\sqrt{3} - s)\{ (\sqrt{3} + s)[1 + (2\sqrt{3} - 3)s^2] - 4s \}$$

$$= (\sqrt{3} - s)\left[ \sqrt{3}(1 - s)^2(1 + 2s) - 3s(1 - s)^2 \right]$$

$$= (\sqrt{3} - s)(1 - s)^2\left[ \sqrt{3} + (2\sqrt{3} - 3)s \right]$$

$$\geqslant 0$$

等式适用于 $a = b = c = 1$, 也适用于 $a = 0, b = c = \sqrt{3}$.

**问题 1.121**  如果 $a, b, c$ 是非负实数, 且满足

$$a^2 + b^2 + c^2 = 3, \quad a \leqslant 1 \leqslant b \leqslant c$$

那么:

(a) $a^2 b + b^2 c + c^2 a \geqslant 2abc + 1$;

(b) $2(ab^2 + bc^2 + ca^2) \geqslant 3abc + 3$.

(Vasile Cîrtoaje, 2008)

**证明**  (a) 设

$$x = a + c, \quad x \geqslant b$$

从 $a^2 + b^2 + c^2 = 3$, 我们得到

$$ac = \frac{b^2 + x^2 - 3}{2}$$

从 $(b - a)(b - c) \leqslant 0$, 我们得到

$$bx \geqslant b^2 + ac$$

$$bx \geqslant b^2 + \frac{x^2 + b^2 - 3}{2}$$

$$(x - b)^2 \leqslant 3 - 2b^2, \quad b \leqslant \sqrt{\frac{3}{2}}$$

$$x \leqslant b + d, \quad d = \sqrt{3 - 2b^2}$$

因为

$$a(b - a)(b - c) \leqslant 0$$

我们有

$$\sum a^2 b > \sum a^2 b + a(b-a)(b-c) = b^2 x - ac(b-x)$$

因此，只需证明

$$b^2 x - ac(3b - x) \geqslant 1$$

这等价于 $f(x,b) \geqslant 0$，其中

$$f(x,b) = 2b^2 x - (x^2 + b^2 - 3)(3b - x) - 2$$
$$= x^3 - 3bx^2 + 3(b^2 - 1)x - 3b^3 + 9b - 2$$

我们将证明

$$f(x,b) \geqslant f(b+d,b) \geqslant 0$$

因为 $x \leqslant b + d$ 和

$$f(x,b) - f(b+d,b)$$
$$= (x - b - d)[x^2 + x(b+d) + (b+d)^2 - 3b(x+b+d) + 3b^2 - 3]$$
$$= (x - b - d)[x^2 - (2b - d)x - b^2 - bd]$$

我们需要证明 $g(x) \leqslant 0$，其中

$$g(x) = x^2 - (2b - d)x - b^2 - bd = (x - 2b)(x + d) + b(d - b)$$

因为 $d - b \leqslant 0$，于是需要证明 $x - 2b \leqslant 0$. 此外，我们有

$$x^2 = (a + c)^2 \leqslant 2(a^2 + c^2) = 2(3 - b^2) \leqslant 4$$

因此

$$x \leqslant 2 \leqslant 2b$$

为了证明右边不等式 $f(b+d,b) \geqslant 0$，我们有

$$f(b+d,b) = 2b^2(b+d) - 2bd(2b - d) - 2 = 2(3b - b^3 - 1 - b^2 d)$$

我们需要证明

$$3b - b^3 - 1 \geqslant b^2 \sqrt{3 - 2b^2}$$

其中

$$1 \leqslant b \leqslant \sqrt{\frac{3}{2}}$$

我们有

$$3b - b^3 - 1 \geqslant 3b - \frac{3b}{2} - 1 = \frac{3b - 2}{2} \geqslant 0$$

通过平方，不等式变成

$$(3b - b^3 - 1)^2 \geqslant b^4(3 - 2b^2)$$
$$3b^6 - 9b^4 + 2b^3 + 9b^2 - 6b + 1 \geqslant 0$$
$$(b - 1)^2(3b^4 + 6b^3 - 4b + 1) \geqslant 0$$

当 $a = b = c = 1$ 时，最初的不等式是一个等式.

(b) 记

$$p = a + b + c, \quad q = ab + bc + ca$$

149

因为

$$\sum ab^2 - \sum a^2 b = (a-b)(b-c)(c-a) \geqslant 0$$

于是只需证明

$$\sum a^2 b + \sum ab^2 \geqslant 3abc + 3$$

也就是

$$pq \geqslant 6abc + 3$$

从

$$(a-1)(b-1)(c-1) \geqslant 0$$

我们得到

$$abc \geqslant 1 - p + q$$

因此

$$
\begin{aligned}
pq - 6abc - 3 &\geqslant pq - 6(1 - p + q) - 3 \\
&= (p-6)q + 6p - 9 \\
&= \frac{(p-6)(p^2-3)}{2} + 6p - 9 \\
&= \frac{p(p-3)^2}{2} \\
&\geqslant 0
\end{aligned}
$$

等式适用于 $a = b = c = 1$.

**问题 1.122**　如果 $a,b,c$ 是非负实数,且满足

$$ab + bc + ca = 3, \quad a \leqslant b \leqslant 1 \leqslant c$$

那么

$$ab^2 + bc^2 + ca^2 + 3abc \geqslant 6$$

（Vasile Cîrtoaje，2008）

**证明**　记

$$p = a + b + c$$

因为

$$\sum ab^2 - \sum a^2 b = (a-b)(b-c)(c-a) \geqslant 0$$

于是只需证明

$$\sum ab^2 + \sum a^2 b + 6abc \geqslant 12$$

也就是

$$(a+b+c)(ab+bc+ca) + 3abc \geqslant 12$$

$$a + b + c + abc \geqslant 4$$

这等价于

$$(a-1)(b-1)(c-1) \geqslant 0$$

等式适用于 $a=b=c=1$.

**问题 1.123**    如果 $a,b,c$ 是非负实数,且满足

$$a^2+b^2+c^2=3, \quad a \leqslant b \leqslant 1 \leqslant c$$

那么

$$2(a^2b+b^2c+c^2a) \leqslant 3abc+3$$

(Vasile Cîrtoaje, 2008)

**证明**    考虑两种情形.

**情形 1**    $a+c \geqslant 2b$. 记

$$x=a+c, \quad x \geqslant 2b$$

从 $a^2+b^2+c^2=3$ 和 $(b-a)(b-c) \leqslant 0$,我们依次得到

$$ac=\frac{b^2+x^2-3}{2}$$

$$bx \geqslant b^2+ac$$

$$bx \geqslant b^2+\frac{x^2+b^2-3}{2}$$

$$(x-b)^2 \leqslant 3-2b^2$$

$$x \leqslant b+d, \quad d=\sqrt{3-2b^2}$$

因为

$$\sum ab^2 - \sum a^2b = (a-b)(b-c)(c-a) \geqslant 0$$

于是只需证明

$$\sum ab^2 + \sum a^2b \leqslant 3abc+3$$

也就是

$$\sum a \sum ab \leqslant 6abc+3$$

$$(x+b)(bx+ac) \leqslant 6abc+3$$

$$ac(x-5b)+bx(x+b)-3 \leqslant 0$$

因此,我们需要证明 $f(x,b) \leqslant 0$,其中

$$f(x,b)=(x^2+b^2-3)(x-5b)+2bx(x+b)-6$$

$$=x^3-3bx^2+3(b^2-1)x-5b^3+15b-6$$

我们将证明

$$f(x,b) \leqslant f(b+d,b) \leqslant 0$$

因为 $x \leqslant b+d$ 和

$$f(x,b)-f(b+d,b)$$

$$=(x-b-d)[x^2+x(b+d)+(b+d)^2-3b(x+b+d)+3b^2-3]$$

$$= (x - b - d)\left[x^2 - (2b - d)x - b^2 - bd\right]$$

我们需要证明 $g(x) \geqslant 0$，其中

$$g(x) = x^2 - (2b - d)x - b^2 - bd$$

因为 $x - 2b \geqslant 0, d - b \geqslant 0$，我们有

$$g(x) = (x - 2b)(x + d) + b(d - b) \geqslant 0$$

为了证明右边不等式 $f(b + d, b) \leqslant 0$，由

$$f(b + d, b) = 2bd(d - 4b) + 2b(b + d)(2b + d) - 6 = 2(6b - 2b^3 - 3 - b^2 d)$$

知，还需要证明

$$6b - 2b^3 - 3 \leqslant b^2 \sqrt{3 - 2b^2}$$

其中 $0 \leqslant b \leqslant 1$. 这个不等式对于 $b \leqslant \dfrac{1}{2}$ 是成立的，因为

$$6b - 2b^3 - 3 \leqslant 3(2b - 1) \leqslant 0$$

所以，只需要考虑 $\dfrac{1}{2} < b \leqslant 1$. 通过平方，要证的不等式变成

$$(6b - 2b^3 - 3)^2 \leqslant b^4(3 - 2b^2)$$

$$2b^6 - 9b^4 + 4b^3 + 12b^2 - 12b + 3 \leqslant 0$$

$$(b - 1)^3(2b^3 + 6b^2 + 3b - 3) \leqslant 0$$

我们仅需证明

$$2b^3 + 6b^2 + 3b - 3 \geqslant 0$$

事实上

$$2b^3 + 6b^2 + 3b - 3 > 3(2b^2 + b - 1) = 3(2b - 1)(b + 1) > 0$$

**情形 2** $a + c \leqslant 2b$. 考虑非平凡情况 $a < c$，记

$$b_1 = \frac{a + c}{2}, \quad b_2 = \sqrt{\frac{a^2 + c^2}{2}}, \quad b_1 < b_2$$

将原不等式写成齐次不等式 $E(a, b, c) \leqslant 0$，其中

$$E(a, b, c) = 2\sum a^2 b - 3abc - 3\left(\frac{a^2 + b^2 + c^2}{3}\right)^{\frac{3}{2}}$$

由 $a^2 + b^2 + c^2 = 3, b \leqslant 1$，说明 $b \leqslant b_2$. 对于固定的 $a$ 和 $c$，考虑函数

$$f(b) = E(a, b, c), \quad b \in [b_1, b_2]$$

我们将证明

$$f(b) \leqslant f(b_2) \leqslant 0$$

左边不等式是成立的，如果 $f'(b) \geqslant 0$. 因为

$$f'(b) = 2a^2 + 4bc - 3ac - 3b\left(\frac{a^2 + b^2 + c^2}{3}\right)^{\frac{1}{2}}$$

$$= 2a^2 + 4bc - 3ac - 3b$$

$$= 2a^2 - 3ac + b(4c - 3)$$

$$\geqslant 2a^2 - 3ac + \frac{(a+c)(4c-3)}{2}$$

$$\geqslant \frac{3(a^2 + c^2 - a - c)}{2}$$

于是只需证

$$a^2 + c^2 \geqslant a + c$$

由 $a^2 + b^2 + c^2 = 3, b \leqslant 1$，说明 $a^2 + c^2 \geqslant 2$. 如果 $a + c \leqslant 2$，那么

$$a^2 + b^2 \geqslant 2 \geqslant a + c$$

同样,如果 $a + c \geqslant 2$，那么

$$a^2 + b^2 \geqslant \frac{1}{2}(a+c)^2 \geqslant a + c$$

为了证明右边不等式 $f(b_2) \leqslant 0$，经观察,我们发现

$$f(b_2) = 2a^2 b_2 + (a^2 + c^2)c + 2c^2 a - 3ab_2 c - 3b_2 \frac{a^2 + c^2}{2}$$

$$= c(a+c)^2 - \frac{(3c^2 + 6ac - a^2)}{2}b_2$$

$$= c(a+c)^2 - \frac{(3c^2 + 6ac - a^2)}{2}\sqrt{\frac{a^2 + c^2}{2}}$$

因此,我们需要证明

$$c^2(c+a)^4 \leqslant \frac{(3c^2 + 6ac - a^2)^2(c^2 + a^2)}{8}$$

这等价于

$$c^6 + 4ac^5 - 9a^2 c^4 - 8a^3 c^3 + 23a^4 c^2 - 12a^5 c + a^6 \geqslant 0$$

$$(c-a)^3(c^3 + 7c^2 a + 9ca^2 - a^3) \leqslant 0$$

证明完成. 等式适用于 $a = b = c = 1$.

**问题 1.124**   如果 $a, b, c$ 是非负实数,且满足

$$a^2 + b^2 + c^2 = 3, \quad a \leqslant b \leqslant 1 \leqslant c$$

那么

$$2(a^3 b + b^3 c + c^3 a) \leqslant abc + 5$$

(Vasile Cîrtoaje, 2008)

**证明**   设

$$p = a + b + c, \quad q = ab + bc + ca$$

因为

$$\sum ab^3 - \sum a^3 b = \left(\sum a\right)(a-b)(b-c)(c-a) \geqslant 0$$

于是只需证

$$\sum a^3 b + \sum ab^3 \leqslant abc + 5$$

这等价于

$$\sum a^2 \sum ab \leqslant abc(a+b+c+1)+5$$
$$3q \leqslant abc(p+1)+5$$

从

$$(a-1)(b-1)(c-1) \geqslant 0$$

我们得到

$$abc \geqslant q-p+1$$

因此,我们只需证明

$$3q \leqslant (q-p+1)(p+1)+5$$

这等价于

$$6-p^2 \geqslant q(2-p)$$
$$12-2p^2 \geqslant (p^2-3)(2-p)$$
$$p^3-4p^2-3p+18 \geqslant 0$$
$$(p-3)^2(p+2) \geqslant 0$$

证明完成. 等式适用于 $a=b=c=1$.

**问题 1.125** 如果 $a,b,c$ 为实数,那么

$$(a^2+b^2+c^2)^2 \geqslant 3(a^3b+b^3c+c^3a)$$

(Vasile Cîrtoaje,1992)

**证明 1** 将原不等式改写为

$$E_1-2E_2 \geqslant 0$$

其中

$$E_1=a^3(a-b)+b^3(b-c)+c^3(c-a)$$
$$E_2=a^2b(a-b)+b^2c(b-c)+c^2a(c-a)$$

应用代换

$$b=a+p, \quad c=a+q, \quad p,q \geqslant 0$$

我们有

$$E_1=a^3(a-b)+b^3[(b-a)+(a-c)]+c^3(c-a)$$
$$=(a-b)^2(a^2+ab+b^2)+(a-c)(b-c)(b^2+bc+c^2)$$
$$=p^2(a^2+ab+b^2)-q(p-q)(b^2+bc+c^2)$$
$$=3(p^2-pq+q^2)a^2+3(p^3-p^2q+q^3)a+p^4-p^3q+q^4$$

和

$$E_2=a^2b(a-b)+b^2c[(b-a)+(a-c)]+c^2a(c-a)$$
$$=(a-b)b(a^2-bc)+(a-c)c(b^2-ca)$$
$$=pb(bc-a^2)+qc(ca-b^2)$$
$$=(p^2-pq+q^2)a^2+(p^3+p^2q-2pq^2+q^3)a+p^3q-p^2q^2$$

因此,不等式可写成

$$Aa^2 + Ba + C \geqslant 0$$

其中

$$A = p^2 - pq + q^2$$
$$B = p^3 - 5p^2q + 4pq^2 + q^3$$
$$C = p^4 - 3p^3q + 2p^2q^2 + q^4$$

对于非平凡情况 $A > 0$,我们只需证 $\delta \leqslant 0$,其中 $\delta = B^2 - 4AC$ 是二次函数 $Aa^2 + Ba + C$ 的判别式. 事实上,我们有

$$\delta = B^2 - 4AC$$
$$= -3(p^6 - 2p^5q - 3p^4q^2 + 6p^3q^3 + 2p^2q^4 - 4pq^5 + q^6)$$
$$= -3(p^3 - p^2q - 2pq^2 + q^3)^2$$
$$\leqslant 0$$

等式适用于 $a = b = c$,也适用于

$$\frac{a}{\sin^2 \dfrac{4\pi}{7}} = \frac{b}{\sin^2 \dfrac{2\pi}{7}} = \frac{c}{\sin^2 \dfrac{\pi}{7}}$$

(或其任何循环排列).

**证明 2** 我们记

$$x = a^2 - ab + bc$$
$$y = b^2 - bc + ca$$
$$z = c^2 - ca + ab$$

我们有

$$x^2 + y^2 + z^2 = \sum a^4 + 2\sum a^2b^2 - 2\sum a^3b$$
$$xy + yz + zx = \sum a^3b$$

由熟知的不等式

$$x^2 + y^2 + z^2 \geqslant xy + yz + zx$$

知期望不等式成立.

**证明 3** 我们记

$$x = a(a - 2b - c)$$
$$y = b(b - 2c - a)$$
$$z = c(c - 2a - b)$$

我们有

$$x^2 + y^2 + z^2 = \sum a^4 + 5\sum a^2b^2 + 4abc\sum a - 4\sum a^3b - 2\sum ab^3$$

和

$$xy + yz + zx = 3\sum a^2b^2 + 4abc\sum a - \sum a^3b - 2\sum ab^3$$

155

由熟知的不等式
$$x^2 + y^2 + z^2 \geqslant xy + yz + zx$$
可直接推出期望不等式.

**备注 1** 设
$$E = (a^2 + b^2 + c^2)^2 - 3(a^3 b + b^3 c + c^3 a)$$
使用第一种解法的符号,应用配方得
$$4A(Aa^2 + Ba + C) = (2Aa + B)^2 - \delta$$
我们能推出下列恒等式
$$4E_1 E = (A_1 - 5B_1 + 4C_1)^2 + 3(A_1 - B_1 - 2C_1 + 2D_1)^2$$
其中
$$A_1 = a^3 + b^3 + c^3, \quad B_1 = a^2 b + b^2 c + c^2 a, \quad C_1 = ab^2 + bc^2 + ca^2$$
$$D_1 = 3abc, \quad E_1 = a^2 + b^2 + c^2 - ab - bc - ca$$

**备注 2** 设
$$E = (a^2 + b^2 + c^2)^2 - 3(a^3 b + b^3 c + c^3 a)$$
由恒等式
$$x^2 + y^2 + z^2 - xy - yz - zx = \frac{1}{2} \sum (x-y)^2$$
其中 $x, y, z$ 是第二个或第三个证明中的定义,我们可以推出下列恒等式
$$2E = \sum (a^2 - b^2 - ab + 2bc - ca)^2$$
此外,下面类似的恒等式成立
$$6E = \sum (2a^2 - b^2 - c^2 - 3ab + 3bc)^2$$
$$4E = (2a^2 - b^2 - c^2 - 3ab + 3bc)^2 + 3(b^2 - c^2 - ab - bc + 2ca)^2$$

**备注 3** 问题 1.125 中的不等式称为 Vasc 不等式,以《问题解决的艺术》网站作者的用户名命名.

**问题 1.126** 如果 $a, b, c$ 为实数,那么
$$a^4 + b^4 + c^4 + ab^3 + bc^3 + ca^3 \geqslant 2(a^3 b + b^3 c + c^3 a)$$

(Vasile Cîrtoaje,1992)

**证明 1** 应用代换
$$b = a + p, \quad c = a + q, \quad p, q \geqslant 0$$
原不等式变成
$$Aa^2 + Ba + C \geqslant 0$$
其中
$$A = 3(p^2 - pq + q^2)$$
$$B = 3(p^3 - 2p^2 q + pq^2 + q^3)$$
$$C = p^4 - 2p^3 q + pq^3 + q^4$$

156

因为二次函数 $Aa^2 + Ba + C$ 的判别式非负

$$
\begin{aligned}
\delta &= B^2 - 4AC \\
&= -3(p^6 - 6p^4q^2 + 2p^3q^3 + 9p^2q^4 - 6pq^5 + q^6) \\
&= -3(p^3 - 3pq^2 + q^3)^2 \\
&\leqslant 0
\end{aligned}
$$

故结论成立. 等式适用于 $a = b = c$, 也适用于

$$
\frac{a}{\sin\frac{\pi}{9}} = \frac{b}{\sin\frac{7\pi}{9}} = \frac{c}{\sin\frac{13\pi}{9}}
$$

(或其任何循环排列).

**证明 2** 记

$$
x = a(a - b), \quad y = b(b - c), \quad z = c(c - a)
$$

我们有

$$
x^2 + y^2 + z^2 = \sum a^4 + \sum a^2 b^2 - 2\sum a^3 b
$$

和

$$
xy + yz + zx = \sum a^2 b^2 - \sum ab^3
$$

由熟知的不等式

$$
x^2 + y^2 + z^2 \geqslant xy + yz + zx
$$

知期望不等式成立.

**证明 3** 记

$$
x = a^2 + bc + ca, \quad y = b^2 + ca + ab, \quad z = c^2 + ab + bc
$$

我们有

$$
x^2 + y^2 + z^2 = \sum a^4 + 2\sum a^2 b^2 + 4abc\sum a + 2\sum ab^3
$$

和

$$
xy + yz + zx = 2\sum a^2 b^2 + 4abc\sum a + 2\sum a^3 b + \sum ab^3
$$

由熟知的不等式

$$
x^2 + y^2 + z^2 \geqslant xy + yz + zx
$$

知期望不等式成立.

**备注 1** 不等式在 $abc < 0$ 情况下更有趣. 如果 $a, b, c$ 是正实数,那么问题 1.125 中的不等式就没有那么强了,因为它可以通过将最后一个不等式与下面的不等式相加得到

$$
ab(a - b)^2 + bc(b - c)^2 + ca(c - a)^2 \geqslant 0
$$

另外,如果 $a, b, c$ 是正实数,那么不等式

$$
3(a^4 + b^4 + c^4) + 4(ab^3 + bc^3 + ca^3) \geqslant 7(a^3 b + b^3 c + c^3 a)
$$

157

是问题 1.126 中的不等式的改进. 为了证明这个不等式, 我们将它改写成

$$3\left(\sum a^4 - \sum a^3 b\right) + 4\left(\sum ab^3 - \sum a^3 b\right) \geqslant 0$$

考虑 $a = \min\{a, b, c\}$ 并应用代换

$$b = a + p, \quad c = a + q, \quad a > 0, \quad p, q \geqslant 0$$

$$\sum a^4 - \sum a^3 b = \sum a^3 (a - b)$$
$$= 3(p^2 - pq + q^2) a^2 + 3(p^3 - p^2 q + q^3) a + p^4 - p^3 q + q^4$$

和

$$\sum ab^3 - \sum a^3 b = (a + b + c)(a - b)(b - c)(c - a)$$
$$= pq(q - p)(3a + p + q)$$

期望不等式变成

$$Aa^2 + Ba + C \geqslant 0$$

其中

$$A = 9(p^2 - pq + q^2), \quad B = 3(3p^3 - 7p^2 q + 4pq^2 + 3q^3)$$
$$C = 3p^4 - 7p^3 q + 4pq^3 + 3q^4$$

对于 $a > 0$ 和 $p, q \geqslant 0$, 不等式 $Aa^2 + Ba + C \geqslant 0$ 是成立的, 因为

$$A \geqslant 0$$
$$B = p(3p - 4q)^2 + q(p - 3q)^2 + 2pq(p + q) \geqslant 0$$
$$3C = p(p + q)(3p - 5q)^2 + 5q^2\left(p - \frac{13q}{10}\right)^2 + \frac{11}{20}q^4 \geqslant 0$$

**备注 2**　设

$$E = \sum a^4 + \sum ab^3 - 2\sum a^3 b$$

使用第一种解法中的符号, 应用配方得

$$4A(Aa^2 + Ba + C) = (2Aa + B)^2 - \delta$$

我们可以推出下列恒等式

$$4E_1 E = (A_1 - 3C_1 + 2D_1)^2 + 3(A_1 - 2B_1 + C_1)^2$$

其中

$$A_1 = a^3 + b^3 + c^3, \quad B_1 = a^2 b + b^2 c + c^2 a, \quad C_1 = ab^2 + bc^2 + ca^2$$
$$D_1 = 3abc, \quad E_1 = a^2 + b^2 + c^2 - ab - bc - ca$$

**备注 3**　设

$$E = \sum a^4 + \sum ab^3 - 2\sum a^3 b$$

由恒等式

$$x^2 + y^2 + z^2 - xy - yz - zx = \frac{1}{2}\sum (x - y)^2$$

其中 $x, y, z$ 同第二或第三种解法中的一样, 可推出

$$2E = \sum (a^2 - b^2 - ab + bc)^2$$

此外,下面类似的恒等式成立

$$6E = \sum (2a^2 - b^2 - c^2 - 2ab + bc + ca)^2$$

$$4E = (2a^2 - b^2 - c^2 - 2ab + bc + ca)^2 + 3 (b^2 - c^2 - bc + ca)^2$$

**备注 4** 问题1.125 和问题1.126 中的不等式是下列一般情形的特殊情形
(Vasile Cîrtoaje, 2007).

设

$$f_4(a,b,c) = \sum a^4 + A \sum a^2 b^2 + Babc \sum a + C \sum a^3 b + D \sum ab^3$$

其中 $A,B,C,D$ 是实常数,且满足

$$1 + A + B + C + D = 0, \quad 3(1+A) \geqslant C^2 + CD + D^2$$

如果 $a,b,c$ 是实数,那么

$$f_4(a,b,c) \geqslant 0$$

注意到

$$4Sf_4(a,b,c) = [U + V + (C+D)S]^2 + 3 \left(U - V + \frac{C-D}{3}S\right)^2 +$$

$$\frac{4}{3}(3 + 3A - C^2 - CD - D^2) S^2$$

其中

$$S = \sum a^2 b^2 - \sum a^2 bc, \quad U = \sum a^3 b - \sum a^2 bc, \quad V = \sum ab^3 - \sum a^2 bc$$

而且,对于主要情形

$$3(1+A) = C^2 + CD + D^2$$

不等式 $f_4(a,b,c) \geqslant 0$ 等价于下列两个不等式

$$\sum [2a^2 - b^2 - c^2 + Cab - (C+D)bc + Dca]^2 \geqslant 0$$

$$\sum [3b^2 - 3c^2 + (C+2D)ab + (C-D)bc - (2C+D)ca]^2 \geqslant 0$$

**问题 1.127** 如果 $a,b,c$ 是正实数,那么:

(a) $\dfrac{a^2}{ab+2c^2} + \dfrac{b^2}{bc+2a^2} + \dfrac{c^2}{ca+2b^2} \geqslant 1$;

(b) $\dfrac{a^3}{a^2b+2c^3} + \dfrac{b^3}{b^2c+2a^3} + \dfrac{c^3}{c^2a+2b^3} \geqslant 1.$

**证明** (a) 根据柯西－施瓦兹不等式,我们有

$$\sum \frac{a^2}{ab+2c^2} \geqslant \frac{\left(\sum a^2\right)^2}{\sum a^2(ab+2c^2)}$$

$$= \frac{\left(\sum a^2\right)^2}{\sum a^3 b + 2\sum a^2 b^2}$$

因此,只需证明

$$\left(\sum a^2\right)^2 \geqslant 2\sum a^2b^2 + \sum a^3b$$

期望不等式可通过下列熟知的不等式

$$\frac{2}{3}\left(\sum a^2\right)^2 \geqslant 2\sum a^2b^2$$

和

$$\frac{1}{3}\left(\sum a^2\right)^2 \geqslant \sum a^3b$$

求和得到. 等式适用于 $a=b=c=1$.

(b) 根据柯西不等式,我们有

$$\sum \frac{a^3}{a^2b+2c^3} \geqslant \frac{\left(\sum a^2\right)^2}{\sum a(a^2b+2c^3)}$$

$$= \frac{\left(\sum a^2\right)^2}{\sum a^3b + 2\sum ac^3}$$

$$= \frac{\left(\sum a^2\right)^2}{3\sum a^3b}$$

因此,只需证

$$\left(\sum a^2\right)^2 \geqslant 3\sum a^3b$$

这恰好是 Vasc 不等式. 等式适用于 $a=b=c=1$.

**问题 1.128** 如果 $a,b,c$ 是正实数,且 $a+b+c=3$,那么

$$\frac{a}{ab+1} + \frac{b}{bc+1} + \frac{c}{ca+1} \geqslant \frac{3}{2}$$

**证明** 我们使用以下提示

$$\frac{a}{ab+1} = a - \frac{a^2b}{ab+1}, \quad \frac{b}{bc+1} = b - \frac{b^2c}{bc+1}, \quad \frac{c}{ca+1} = c - \frac{c^2a}{ca+1}$$

期望不等式变成

$$\frac{a^2b}{ab+1} + \frac{b^2c}{bc+1} + \frac{c^2a}{ca+1} \leqslant \frac{3}{2}$$

根据 $AM-GM$ 不等式,我们有

$$ab+1 \geqslant 2\sqrt{ab}, \quad bc+1 \geqslant 2\sqrt{bc}, \quad ca+1 \geqslant 2\sqrt{ca}$$

因此,只需证

$$\frac{a^2b}{2\sqrt{ab}} + \frac{b^2c}{2\sqrt{bc}} + \frac{c^2a}{2\sqrt{ca}} \leqslant \frac{3}{2}$$

这等价于

$$a\sqrt{ab} + b\sqrt{bc} + c\sqrt{ca} \leqslant 3$$

$$3\left(a\sqrt{ab} + b\sqrt{bc} + c\sqrt{ca}\right) \leqslant (a+b+c)^2$$

用 $a,b,c$ 分别代替 $\sqrt{a},\sqrt{b},\sqrt{c}$,我们就得到了问题 1.125 中的 Vasc 不等式. 等式适用于 $a=b=c=1$.

**问题 1.129** 如果 $a,b,c$ 是正实数,且 $a+b+c=3$,那么

$$\frac{a}{3a+b^2} + \frac{b}{3b+c^2} + \frac{c}{3c+a^2} \leqslant \frac{3}{2}$$

(Vasile Cîrtoaje, 2007)

**证明** 因为

$$\frac{a}{3a+b^2} = \frac{a + \frac{b^2}{3} - \frac{b^2}{3}}{3a+b^2} = \frac{1}{3} - \frac{-b^2}{3(3a+b^2)}$$

期望不等式可写成

$$\sum \frac{b^2}{3a+b^2} \geqslant \frac{3}{2}$$

根据柯西 — 施瓦兹不等式,我们有

$$\sum \frac{b^2}{3a+b^2} \geqslant \frac{\left(\sum b^2\right)^2}{\sum b^2(3a+b^2)}$$

$$= \frac{\left(\sum a^2\right)^2}{\sum a^4 + \left(\sum a\right)\left(\sum ab^2\right)}$$

$$= \frac{\left(\sum a^2\right)^2}{\sum a^4 + \sum a^2b^2 + abc\sum a + \sum ab^3}$$

$$\geqslant \frac{\left(\sum a^2\right)^2}{\left(\sum a^2\right)^2 + \sum ab^3}$$

因此,只需证明

$$\left(\sum a^2\right)^2 \geqslant 3\sum ab^3$$

这就是 Vasc 不等式. 等式适用于 $a=b=c=1$.

**问题 1.130** 如果 $a,b,c$ 是正实数,且 $a+b+c=3$,那么

$$\frac{a}{b^2+c} + \frac{b}{c^2+a} + \frac{c}{a^2+b} \geqslant \frac{3}{2}$$

(Pham Kim Hung, 2007)

**证明** 根据柯西 — 施瓦兹不等式,我们有

$$\sum \frac{a}{b^2+c} \geqslant \frac{\left(\sum a^{\frac{3}{2}}\right)^2}{\sum a^2(b^2+c)}$$

$$= \frac{\sum a^3 + 2\sum a^{\frac{3}{2}} b^{\frac{3}{2}}}{\sum a^2 b^2 + \sum ab^2}$$

因此,只需证

$$2\sum a^3 + 4\sum a^{\frac{3}{2}} b^{\frac{3}{2}} \geqslant 3\sum a^2 b^2 + 3\sum ab^2$$

这等价于齐次不等式

$$2\left(\sum a\right)\sum a^3 + 4\left(\sum a\right)\sum a^{\frac{3}{2}} b^{\frac{3}{2}} \geqslant 9\sum a^2 b^2 + 3\left(\sum a\right)\sum ab^2$$

为了得到一个对称不等式,我们应用 Vasc 不等式,有

$$3\left(\sum a\right)\sum ab^2 = 3\sum a^2 b^2 + 3abc\sum a + 3\sum ab^3$$

$$\leqslant 3\sum a^2 b^2 + 3abc\sum a + \left(\sum a^2\right)^2$$

$$= \sum a^4 + 5\sum a^2 b^2 + 3abc\sum a$$

因此,只需证明对称不等式

$$2\left(\sum a\right)\sum a^3 + 4\left(\sum a\right)\sum a^{\frac{3}{2}} b^{\frac{3}{2}}$$

$$\geqslant 9\sum a^2 b^2 + \sum a^4 + 5\sum a^2 b^2 + 3abc\sum a$$

这等价于

$$\sum a^4 + 2\sum ab(a^2 + b^2) + 4abc\sum \sqrt{ab} + 4A \geqslant 14\sum a^2 b^2 + 3abc\sum a$$

其中

$$A = \sum (ab)^{\frac{3}{2}}(a+b) \geqslant 2\sum a^2 b^2$$

于是只需证

$$\sum a^4 + 2\sum ab(a^2 + b^2) + 4abc\sum \sqrt{ab} \geqslant 6\sum a^2 b^2 + 3abc\sum a$$

根据四阶舒尔不等式

$$\sum a^4 \geqslant \sum ab(a^2 + b^2) - abc\sum a$$

于是只需证

$$3\sum ab(a^2 + b^2) - 6\sum a^2 b^2 \geqslant 4abc\sum a - 4abc\sum \sqrt{ab}$$

这等价于

$$3\sum ab(a^2 + b^2 - 2ab) \geqslant 2abc\sum(a + b - 2\sqrt{ab})$$

$$3\sum ab(a-b)^2 \geqslant 2abc\sum(\sqrt{a} - \sqrt{b})^2$$

$$\sum ab(\sqrt{a} - \sqrt{b})^2 \left[3(\sqrt{a} + \sqrt{b})^2 - 2c\right] \geqslant 0$$

我们将证明更强的不等式

$$\sum ab(\sqrt{a} - \sqrt{b})^2 \left[(\sqrt{a} + \sqrt{b})^2 - c\right] \geqslant 0$$

这等价于

$$\sum \left[\frac{\sqrt{a}-\sqrt{b}}{\sqrt{c}}\right]^2 (\sqrt{a}+\sqrt{b}-\sqrt{c}) \geqslant 0$$

应用代换 $x=\sqrt{a}$，$y=\sqrt{b}$，$z=\sqrt{c}$，上个不等式变成

$$\sum \left(\frac{x-y}{z}\right)^2 (x+y-z) \geqslant 0$$

不失一般性，假设 $x \geqslant y \geqslant z$. 于是只需证

$$\left(\frac{y-z}{x}\right)^2 (y+z-x) + \left(\frac{x-z}{y}\right)^2 (z+x-y) \geqslant 0$$

因为

$$\frac{x-z}{y} \geqslant \frac{y-z}{x} \geqslant 0$$

我们有

$$\left(\frac{y-z}{x}\right)^2 (y+z-x) + \left(\frac{x-z}{y}\right)^2 (z+x-y)$$

$$\geqslant \left(\frac{y-z}{x}\right)^2 \left[(y+z-x)+(z+x-y)\right]$$

$$= 2z \left(\frac{y-z}{x}\right)^2$$

$$\geqslant 0$$

等式适用于 $a=b=c=1$.

**问题 1.131**　如果 $a,b,c$ 是正实数，且 $abc=1$，那么

$$\frac{a}{b^3+2} + \frac{b}{c^3+2} + \frac{c}{a^3+2} \geqslant 1$$

**证明**　应用代换

$$a=\frac{x}{y}, \quad b=\frac{z}{x}, \quad c=\frac{y}{z}, \quad x,y,z>0$$

原不等式可转化为

$$\sum \frac{x^4}{y(2x^3+z^3)} \geqslant 1$$

根据柯西不等式，我们有

$$\sum \frac{x^4}{y(2x^3+z^3)} \geqslant \frac{\left(\sum x^2\right)^2}{\sum y(2x^3+z^3)}$$

$$= \frac{\left(\sum x^2\right)^2}{2\sum x^3 y + \sum x y^3}$$

因此，只需证明

$$\left(\sum x^2\right)^2 \geqslant 2\sum x^3 y + \sum xy^3$$

根据 Vasc 不等式,我们有

$$\left(\sum x^2\right)^2 \geqslant 3\sum x^3 y$$

和

$$\left(\sum x^2\right)^2 \geqslant 3\sum xy^3$$

因此

$$3\left(\sum x^2\right)^2 = 2\left(\sum x^2\right)^2 + \left(\sum x^2\right)^2 \geqslant 6\sum x^3 y + 3\sum xy^3$$

两边同时约掉 3,即得待证不等式. 等式适用于 $a=b=c=1$.

**问题 1.132** 设 $a,b,c$ 是正实数,且满足

$$a^m + b^m + c^m = 3$$

其中 $m > 0$. 求证

$$\frac{a^{m-1}}{b} + \frac{b^{m-1}}{c} + \frac{c^{m-1}}{a} \geqslant 3$$

**证明** 应用变换

$$x = a^{\frac{1}{k}}, \quad y = b^{\frac{1}{k}}, \quad z = c^{\frac{1}{k}}$$

其中

$$k = \frac{2}{m}, \quad k > 0$$

我们需要证明当 $x^2 + y^2 + z^2 = 3$ 时

$$\frac{x^{2-k}}{y^k} + \frac{y^{2-k}}{z^k} + \frac{z^{2-k}}{x^k} \geqslant 3$$

这等价于

$$\frac{x^2}{(xy)^k} + \frac{y^2}{(yz)^k} + \frac{z^2}{(zx)^k} \geqslant 3$$

对凸函数 $t(u) = \dfrac{1}{u^k}$ 应用琴生不等式,我们得到

$$\frac{x^2}{(xy)^k} + \frac{y^2}{(yz)^k} + \frac{z^2}{(zx)^k}$$

$$\geqslant \frac{x^2 + y^2 + z^2}{\left(\dfrac{x^2 \cdot xy + y^2 \cdot yz + z^2 \cdot zx}{x^2 + y^2 + z^2}\right)^k}$$

$$= \frac{3^{k+1}}{(x^3 y + y^3 z + z^3 x)^k}$$

因此,只需证明 $x^3 y + y^3 z + z^3 x \leqslant 3$,这恰好就是问题 1.125 中的 Vasc 不等式. 等式适用于 $a=b=c=1$.

**问题 1.133**  如果 $a,b,c$ 是正实数,那么:

(a) $\dfrac{1}{4a}+\dfrac{1}{4b}+\dfrac{1}{4c}+\dfrac{1}{a+b}+\dfrac{1}{b+c}+\dfrac{1}{c+a}\geqslant 3\left(\dfrac{1}{3a+b}+\dfrac{1}{3b+c}+\dfrac{1}{3c+a}\right)$;

(b) $\dfrac{1}{4a}+\dfrac{1}{4b}+\dfrac{1}{4c}+\dfrac{1}{a+3b}+\dfrac{1}{b+3c}+\dfrac{1}{c+3a}\geqslant 2\left(\dfrac{1}{3a+b}+\dfrac{1}{3b+c}+\dfrac{1}{3c+a}\right)$.

(Gabriel Dospinescu and Vasile Cîrtoaje, 2004)

**证明**  对于 $t\geqslant 0$,我们将证明下列更一般的不等式成立

$$\frac{t^{4a}}{4a}+\frac{t^{4b}}{4b}+\frac{t^{4c}}{4c}+\frac{t^{2a+2b}}{a+b}+\frac{t^{2b+2c}}{b+c}+\frac{t^{2c+2a}}{c+a}-3\left(\frac{t^{3a+b}}{3a+b}+\frac{t^{3b+c}}{3b+c}+\frac{t^{3c+a}}{3c+a}\right)\geqslant 0$$

$$\frac{t^{4a}}{4a}+\frac{t^{4b}}{4b}+\frac{t^{4c}}{4c}+\frac{t^{a+3b}}{a+3b}+\frac{t^{b+3c}}{b+3c}+\frac{t^{c+3a}}{c+3a}-2\left(\frac{t^{3a+b}}{3a+b}+\frac{t^{3b+c}}{3b+c}+\frac{t^{3c+a}}{3c+a}\right)\geqslant 0$$

当 $t=1$ 时,我们得到期望不等式.

(a) 用 $f(t)$ 表示前面的不等式的左边,不等式变成 $f(t)\geqslant f(0)$,这是成立的,如果对于 $t>0$,$f'(t)\geqslant 0$,我们有

$$tf'(t)=t^{4a}+t^{4b}+t^{4c}+2(t^{2a+2b}+t^{2b+2c}+t^{2c+2a})-3(t^{3a+b}+t^{3b+c}+t^{3c+a})$$

应用代换,$x=t^a,y=t^b,z=t^c$,不等式 $f'(t)\geqslant 0$ 变成

$$x^4+y^4+z^4+2(x^2y^2+y^2z^2+z^2x^2)\geqslant 3(x^3y+y^3z+z^3x)$$

这恰好是问题 1.125 中的不等式. 等式适用于 $a=b=c$.

(b) 同样,我们有

$$tf'(t)=t^{4a}+t^{4b}+t^{4c}+t^{a+3b}+t^{b+3c}+t^{c+3a}-2(t^{3a+b}+t^{3b+c}+t^{3c+a})$$

应用代换,$x=t^a,y=t^b,z=t^c$,不等式 $f'(t)\geqslant 0$ 变成

$$x^4+y^4+z^4+xy^3+yz^3+zx^3\geqslant 2(x^3y+y^3z+z^3x)$$

这恰好是问题 1.126 中的不等式. 等式适用于 $a=b=c$.

**问题 1.134**  如果 $a,b,c$ 是正实数,且满足 $a^6+b^6+c^6=3$,那么

$$\frac{a^5}{b}+\frac{b^5}{c}+\frac{c^5}{a}\geqslant 3$$

(Tran Quoc Anh, 2007)

**证明**  根据赫尔德不等式,我们有

$$\left(\sum\frac{a^5}{b}\right)^3\left(\sum a^9b^3\right)\geqslant\left(\sum a^6\right)^4=81$$

于是只需证

$$a^9b^3+b^9c^3+c^9a^3\leqslant 3$$

这个不等式等价于

$$3(a^9b^3+b^9c^3+c^9a^3)\leqslant(a^6+b^6+c^6)^2$$

这正是 Vasc 不等式(见问题 1.125). 等式适用于 $a=b=c=1$.

**问题 1.135**  如果 $a,b,c$ 是正实数,且 $a^2+b^2+c^2=3$,那么

$$\frac{a^3}{a+b^5} + \frac{b^3}{b+c^5} + \frac{c^3}{c+a^5} \geqslant \frac{3}{2}$$

（Marin Bancos，2010）

**证明**　将原不等式改写为

$$\sum\left(\frac{a^3}{a+b^5} - a^2\right) + \frac{3}{2} \geqslant 0$$

$$\sum\frac{a^2 b^5}{a+b^5} \leqslant \frac{3}{2}$$

因为

$$a + b^5 \geqslant 2b^2\sqrt{ab}$$

于是只需证

$$\sum ab^2\sqrt{ab} \leqslant 3$$

此外，因为 $2\sqrt{ab} \leqslant a+b$，于是只需证

$$\sum a^2 b^2 + \sum ab^3 \leqslant 6$$

这是成立的，因为

$$\sum a^2 b^2 \leqslant \frac{1}{3}(a^2+b^2+c^2)^2 = 3$$

另根据 Vasc 不等式

$$\sum ab^3 \leqslant \frac{1}{3}(a^2+b^2+c^2)^2 = 3$$

等式适用于 $a=b=c=1$.

**问题 1.136**　如果 $a,b,c$ 是实数，且 $a^2+b^2+c^2=3$，那么

$$a^2 b + b^2 c + c^2 a + 9 \geqslant 4(a+b+c)$$

（Vasile Cîrtoaje，2007）

**证明 1**（Nguyen Van Quy）　因为

$$2a^2 b = a^2(b^2+1) - a^2(b-1)^2$$

我们有

$$4\sum a^2 b = 2\sum a^2 b^2 + 2\sum a^2 - 2\sum a^2(b-1)^2$$

$$= \left(\sum a^2\right)^2 - \sum a^4 + 2\sum a^2 - 2\sum a^2(b-1)^2$$

$$= 15 - \sum a^4 - 2\sum a^2(b-1)^2$$

因此，我们能将期望不等式改写为

$$\left[15 - \sum a^4 - 2\sum a^2(b-1)^2\right] + 36 \geqslant 16\sum a$$

$$\sum(17 - 16a - a^4) \geqslant 2\sum c^2(a-1)^2$$

$$\sum(17 - 16a - a^4) + 10\sum(a^2-1) \geqslant 2\sum c^2(a-1)^2$$

$$\sum(7-16a+10a^2-a^4)\geqslant 2\sum c^2\ (a-1)^2$$

$$\sum(a-1)^2(7-2a-a^2)\geqslant 2\sum c^2\ (a-1)^2$$

$$\sum(a-1)^2(7-2a-a^2-2c^2)\geqslant 0$$

因为

$$7-2a-a^2-2c^2=(a-1)^2+2(3-a^2-c^2)=(a-1)^2+2b^2\geqslant 0$$

证毕.等式适用于 $a=b=c=1$.

**证明 2** 仅考虑 $a,b,c$ 为非负实数和 $a+b+c>0$ 的情形.将原不等式两边同乘以 $a+b+c$,它能改写为

$$(a+b+c)(a^2b+b^2c+c^2a)+9(a+b+c)\geqslant 4\ (a+b+c)^2$$

应用熟知不等式 $3\sum a^2b^2\geqslant\left(\sum ab\right)^2$ 和 Vasc 不等式 $\sum ab^3\leqslant\dfrac{1}{3}\left(\sum a^2\right)^2$,我们有

$$\sum a\sum a^2b=\sum a^3b+\sum a^2b^2+abc\sum a$$

$$=\left(\sum a^2\right)\left(\sum ab\right)+\sum a^2b^2-\sum ab^3$$

$$\geqslant\left(\sum a^2\right)\left(\sum ab\right)+\frac{1}{3}\left(\sum ab\right)^2-\frac{1}{3}\left(\sum a^2\right)^2$$

$$=3\sum ab+\frac{1}{3}\left(\sum ab\right)^2-3$$

因此,我们只需证

$$3\sum ab+\frac{1}{3}\left(\sum ab\right)^2-3+9\sum a\geqslant 4\left(\sum a\right)^2$$

设 $p=a+b+c$,由此得 $\sum ab=\dfrac{p^2-3}{2}$,待证不等式变成

$$\frac{3(p^2-3)}{2}+\frac{(p^2-3)^2}{12}-3+9p\geqslant 4p^2$$

$$(p-3)^2(p^2+6p-9)\geqslant 0$$

最后一个不等式是成立的,因为

$$p^2+6p-9>6p-9\geqslant 6\sqrt{a^2+b^2+c^2}-9=6\sqrt{3}-9>0$$

**问题 1. 137** 如果 $a,b,c$ 是实数,且 $a^2+b^2+c^2=3$,那么

$$a^2b+b^2c+c^2a+3\geqslant a+b+c+ab+bc+ca$$

(Vasile Cîrtoaje,2007)

**证明** 将原不等式改写为

$$\sum(1-ab)-\sum a(1-ab)\geqslant 0$$

$$\sum(a^2+b^2+c^2-3ab)-\sum a(a^2+b^2+c^2-3ab)\geqslant 0$$

167

$$3\left(\sum a^2 - \sum ab\right) - \sum a(a-b)^2 - \sum a(c^2 - ab) \geqslant 0$$

$$\frac{3}{2}\sum (a-b)^2 - \sum a(a-b)^2 \geqslant 0$$

$$\sum (a-b)^2(3-2a) \geqslant 0$$

假设

$$a = \max\{a,b,c\}$$

当 $3-2a \geqslant 0$ 时,不等式显然成立. 现在考虑 $3-2a < 0$. 因为

$$(a-b)^2 = [(a-c)+(c-b)]^2 \leqslant 2[(a-c)^2 + (c-b)^2]$$

于是只需证明

$$2[(a-c)^2 + (c-b)^2](3-2a) + (b-c)^2(3-2b) + (c-a)^2(3-2c) \geqslant 0$$

这等价于

$$(a-c)^2(9-4a-2c) + (b-c)^2(9-4a-2b) \geqslant 0$$

这个不等式是成立的,因为

$$9 > 4a+2c, \quad 9 > 4a+2b$$

例如,最后一个不等式是成立的,如果 $81 > 4(2a+b)^2$,事实上,我们有

$$\frac{81}{4} - (2a+b)^2$$

$$> 15 - (2a+b)^2$$

$$= 5(a^2+b^2+c^2) - (2a+b)^2$$

$$= (a-2b)^2 + 5c^2$$

$$\geqslant 0$$

等式适用于 $a=b=c=1$.

**备注**　问题 1.137 中的不等式比问题 1.136 中的不等式强,也就是

$$a^2 b + b^2 c + c^2 a + 9 \geqslant 4(a+b+c)$$

这种说法是正确的,如果

$$a+b+c+ab+bc+ca-3 \geqslant 4(a+b+c)-9$$

也就是

$$ab+bc+ca+6 \geqslant 3(a+b+c)$$

这等价于

$$(a+b+c-3)^2 \geqslant 0$$

**问题 1.138**　如果 $a,b,c$ 是正实数,且 $a+b+c=3$,那么

$$\frac{12}{a^2 b + b^2 c + c^2 a} \leqslant 3 + \frac{1}{abc}$$

（Vasile Cîrtoaje and ShengLi Chen，2009）

**证明**　记

$$p = a + b + c = 3, \quad q = ab + bc + ca, \quad r = abc \leqslant 1$$

将原不等式改写为

$$2(a^2 b + b^2 c + c^2 a) \geqslant \frac{24r}{3r + 1}$$

由于

$$(a - b)^2 (b - c)^2 (c - a)^2$$
$$= -27r^2 + 2(9pq - 2p^3) r + p^2 q^2 - 4q^3$$
$$= -27r^2 + 54(q - 2) r + 9q^2 - 4q^3$$

我们得到

$$(a - b)(b - c)(c - a) \leqslant \sqrt{-27r^2 + 54(q - 2) r + 9q^2 - 4q^3}$$

因此

$$2(a^2 b + b^2 c + c^2 a) = \sum ab(a + b) - (a - b)(b - c)(c - a)$$
$$= pq - 3r - (a - b)(b - c)(c - a)$$
$$\geqslant pq - 3r - \sqrt{-27r^2 + 54(q - 2) r + 9q^2 - 4q^3}$$

因此,只需证

$$pq - 3r - \sqrt{-27r^2 + 54(q - 2) r + 9q^2 - 4q^3} \geqslant \frac{24r}{3r + 1}$$

这等价于

$$3[(3r + 1) q - 3r^2 - 9r] \geqslant (3r + 1)\sqrt{-27r^2 + 54(q - 2) r + 9q^2 - 4q^3}$$

平方这个不等式前,我们需要证明 $(3r + 1) q - 3r^2 - 9r \geqslant 0$,应用熟知的不等式 $q^2 \geqslant 3pr$,我们有

$$(3r + 1) q - 3r^2 - 9r \geqslant 3(3r + 1)\sqrt{r} - 3r^2 - 9r = 3\sqrt{r} (1 - \sqrt{r})^3 \geqslant 0$$

通过平方,期望不等式变成

$$Aq^3 + C \geqslant 3Bq$$

其中

$$A = 4(3r + 1)^2$$
$$B = 72r(3r + 1)(r + 1)$$
$$C = 108r(r + 1)(3r^2 + 12r + 1)$$

因为根据 AM $-$ GM 不等式有

$$Aq^3 + C \geqslant 3\sqrt[3]{Aq^3 \left(\frac{C}{2}\right)^2} = 3q\sqrt[3]{A\left(\frac{C}{2}\right)^2}$$

于是只需证

$$AC^2 \geqslant 4B^3$$

这等价于

$$(3r^2 + 12r + 1)^2 \geqslant 32r(3r + 1)(r + 1)$$

事实上

$$(3r^2 + 12r + 1)^2 - 32r(3r+1)(r+1) = (r-1)^2 (3r-1)^2 \geqslant 0$$

等式适用于 $a = b = c = 1$,也适用于 $r = \dfrac{1}{3}$,$q = \sqrt[3]{\dfrac{C}{2A}} = 2$,也就是说 $q = \sqrt[3]{\dfrac{C}{2A}} = 2$,

即此时 $a, b, c$ 是方程

$$x^3 - 3x^2 + 2x - \frac{1}{3} = 0$$

的根,且满足 $a \leqslant b \leqslant c$ 或 $b \leqslant c \leqslant a$ 或 $c \leqslant a \leqslant b$.

**问题 1.139**    如果 $a, b, c$ 是正实数,且 $a + b + c = 3$,那么

$$\frac{24}{a^2 b + b^2 c + c^2 a} + \frac{1}{abc} \geqslant 9$$

(Vasile Cîrtoaje, 2009)

**证明**(Vo Quoc Ba Can)    记

$$p = a + b + c (p = 3)，\quad q = ab + bc + ca，\quad r = abc$$

将原不等式改写为

$$24r \geqslant (9r - 1)(a^2 b + b^2 c + c^2 a)$$

进一步考虑非平凡情况 $r \geqslant \dfrac{1}{9}$,由于

$$(a-b)^2 (b-c)^2 (c-a)^2$$
$$= -27r^2 + 2(9pq - 2p^3) r + p^2 q^2 - 4q^3$$
$$= -27r^2 + 54(q-2) r + 9q^2 - 4q^3$$

我们得到

$$-(a-b)(b-c)(c-a) \leqslant \sqrt{-27r^2 + 54(q-2) r + 9q^2 - 4q^3}$$

因此

$$2(a^2 b + b^2 c + c^2 a) = \sum ab(a+b) - (a-b)(b-c)(c-a)$$
$$= pq - 3r - (a-b)(b-c)(c-a)$$
$$\leqslant 3q - 3r + \sqrt{-27r^2 + 54(q-2) r + 9q^2 - 4q^3}$$

因此,只需证

$$48r \geqslant (9r - 1) \left[ 3q - 3r + \sqrt{-27r^2 + 54(q-2) r + 9q^2 - 4q^3} \right]$$

这是成立的,如果

$$3 \left[ 9r^2 + 15r - (9r - 1) q \right] \geqslant (9r - 1) \sqrt{-27r^2 + 54(q-2) r + 9q^2 - 4q^3}$$

平方这个不等式前,我们需要证明 $9r^2 + 15r - (9r - 1) q \geqslant 0$,由三阶舒尔不等式

$$p^3 + 9r \geqslant 4pq$$

我们得到

$$q \leqslant \frac{3(r+3)}{4}$$

$$9r^2 + 15r - (9r-1)q \geqslant 9r^2 + 15r - \frac{3(r+3)(9r-1)}{4} = \frac{9(r-1)^2}{4} \geqslant 0$$

通过平方,期望不等式变成

$$Aq^3 + C \geqslant 3Bq$$

其中

$$A = (9r-1)^2, \quad B = 18r(9r-1)(3r+1), \quad C = 27r(27r^3 + 99r^2 + r + 1)$$

应用 AM − GM 不等式

$$Aq^3 + C \geqslant 3\sqrt[3]{Aq^3 \left(\frac{C}{2}\right)^2} = 3q\sqrt[3]{A\left(\frac{C}{2}\right)^2}$$

于是只需证

$$AC^2 \geqslant 4B^3$$

这等价于

$$(27r^3 + 99r^2 + r + 1)^2 \geqslant 32r(9r-1)(3r+1)^3$$

$$729r^6 - 2\,430r^5 + 2\,943r^4 - 1\,476r^3 + 199r^2 + 34r + 1 \geqslant 0$$

$$(r-1)^2(27r^2 - 18r - 1)^2 \geqslant 0$$

等式适用于 $a=b=c=1$,也适用于 $r = \frac{3+2\sqrt{3}}{9}$,$q = 1+\sqrt{3}$,也就是,此时 $a,b$,

$c$ 是方程 $x^3 - 3x^2 + (1+\sqrt{3})x - \frac{3+2\sqrt{3}}{9} = 0$ 的根,且满足 $a \geqslant b \geqslant c$ 或 $b \geqslant$

$c \geqslant a$ 或 $c \geqslant a \geqslant b$.

**问题 1.140** 设 $a,b,c$ 是非负实数,且满足

$$2(a^2 + b^2 + c^2) = 5(ab + bc + ca)$$

求证:

(a)$8(a^4 + b^4 + c^4) \geqslant 17(a^3b + b^3c + c^3a)$;

(b)$16(a^4 + b^4 + c^4) \geqslant 34(a^3b + b^3c + c^3a) + 81abc(a+b+c)$.

(Vasile Cîrtoaje, 2007)

**证明** (a) 设

$$x = a^2 + b^2 + c^2, \quad y = ab + bc + ca, \quad 2x = 5y$$

因为 $a=2,b=1,c=0$ 时等式成立(此时 $abc=0$),所以我们将利用不等式

$$a^2b^2 + b^2c^2 + c^2a^2 \leqslant y^2$$

得到

$$a^4 + b^4 + c^4 = x^2 - 2(a^2b^2 + b^2c^2 + c^2a^2) \geqslant x^2 - 2y^2$$

因为

$$76x^2 - 68xy - 305y^2 = (2x - 5y)(38x + 61y)$$

所以
$$a^4 + b^4 + c^4 \geqslant x^2 - 2y^2 = \frac{17}{144}(2x+y)^2$$
因此,我们只需证明
$$(2x+y)^2 \geqslant 18(a^3b + b^3c + c^3a)$$
我们将证明这个不等式对于所有非负实数 $a,b,c$ 都成立. 假设 $a = \max\{a,b,c\}$. 可能有两种情形:$a \geqslant b \geqslant c$ 和 $a \geqslant c \geqslant b$.

**情形 1** $a \geqslant b \geqslant c$. 由 AM-GM 不等式给出
$$2(a^3b + b^3c + c^3a) \leqslant 2ab(a^2 + bc + c^2) \leqslant \left(\frac{2ab + a^2 + bc + c^2}{2}\right)^2$$
因此,只需证明
$$2x + y \geqslant \frac{3}{2}(2ab + a^2 + bc + c^2)$$
这等价于一个明显成立的不等式
$$(a - 2b)^2 + c(2a - b - c) \geqslant 0$$

**情形 2** $a \geqslant c \geqslant b$. 因为
$$\sum ab^3 - \sum a^3b = (a+b+c)(a-b)(b-c)(c-a) \geqslant 0$$
我们有
$$2(a^3b + b^3c + c^3a) \leqslant \sum a^3b + \sum ab^3 \leqslant xy$$
因此,只需证
$$(2x+y)^2 \geqslant 9xy$$
因为 $x \geqslant y$,我们得到
$$(2x+y)^2 - 9xy = (x-y)(4x-y) > 0$$
证明完成. 等式适用于 $a = 2b, c = 0$(或其任何循环排列).

(b) 当 $a = b = c = 0$ 时,不等式显然成立,下面讨论其他情况. 我们记
$$p = a + b + c, \quad q = ab + bc + ca, \quad r = abc$$
将原不等式改写为
$$16\sum a^4 \geqslant 17\sum ab(a^2 + b^2) + 17\left(\sum a^3b - \sum ab^3\right) + 81abc\sum a$$
由齐次性,我们可以假设 $p = 3$,意味着 $q = 2$. 因为
$$abc\sum a = 3r$$
$$\sum a^4 = \left(\sum a^2\right)^2 - 2\sum a^2b^2 = (p^2 - 2q)^2 - 2q^2 + 4pr = 17 + 12r$$
$$\sum ab(a^2 + b^2) = \left(\sum ab\right)\left(\sum a^2\right) - abc\sum a = q(p^2 - 2q) - pr = 10 - 3r$$
$$\sum a^3b - \sum ab^3 = -p(a-b)(b-c)(c-a)$$
$$\leqslant p\sqrt{(a-b)^2(b-c)^2(c-a)^2}$$

$$= p \sqrt{p^2 q^2 - 4q^3 + 2p(9q - 2p^2)r - 27r^2}$$
$$= 3 \sqrt{4 - 27r^2}$$

于是只需证

$$16(17 + 12r) \geqslant 17(10 - 3r) + 51\sqrt{4 - 27r^2} + 243r$$

这等价于

$$2 \geqslant \sqrt{4 - 27r^2}$$

等式适用于 $a = 2b, c = 0$(或其任何循环排列).

**问题 1.141**    如果 $a, b, c$ 是非负实数,且满足

$$2(a^2 + b^2 + c^2) = 5(ab + bc + ca)$$

求证:

(a)$2(a^3 b + b^3 c + c^3 a) \geqslant a^2 b^2 + b^2 c^2 + c^2 a^2 + abc(a + b + c)$;

(b)$11(a^4 + b^4 + c^4) \geqslant 17(a^3 b + b^3 c + c^3 a) + 129abc(a + b + c)$;

(c)$a^3 b + b^3 c + c^3 a \leqslant \dfrac{14 + \sqrt{102}}{8}(a^2 b^2 + b^2 c^2 + c^2 a^2)$.

**证明**    当 $a = b = c = 0$ 时,不等式是平凡的. 此外,记

$$p = a + b + c, \quad q = ab + bc + ca, \quad r = abc,$$

由齐次性,可以假设 $p = 3$,这意味着 $q = 2$. 由于

$$p\sqrt{(a - b)^2 (b - c)^2 (c - a)^2}$$
$$= p\sqrt{p^2 q^2 - 4q^3 + 2p(9q - 2p^2)r - 27r^2}$$
$$= 3\sqrt{4 - 27r^2}$$

这说明

$$-3\sqrt{4 - 27r^2} \leqslant \sum a^3 b - \sum ab^3 \leqslant 3\sqrt{4 - 27r^2}$$

此外,我们有

$$abc \sum a = 3r$$

$$\sum a^2 b^2 = q^2 - 2pr = 4 - 6r$$

$$\sum ab(a^2 + b^2) = q(p^2 - 2q) - pr = 10 - 3r$$

$$\sum a^4 = p^4 - 4p^2 q + 2q^2 + 4pr = 17 + 12r$$

(a) 原不等式可改写为

$$\sum ab(a^2 + b^2) + \sum a^3 b - \sum ab^3 \geqslant \sum a^2 b^2 + abc \sum a$$

于是只需证

$$10 - 3r - 3\sqrt{4 - 27r^2} \geqslant 4 - 6r + 3r$$

这等价于

$$2 \geqslant \sqrt{4 - 27r^2}$$

等式适用于 $a = 0, 2b = c$(或其任何循环排列).

(b) 原不等式可改写为

$$22 \sum a^4 \geqslant 17 \sum ab(a^2 + b^2) + 17 \left( \sum a^3b - \sum ab^3 \right) + 258abc \sum a$$

于是只需证

$$22(17 + 12r) \geqslant 17(10 - 3r) + 51\sqrt{4 - 27r^2} + 774r$$

当 $0 \leqslant r \leqslant \dfrac{2}{3\sqrt{3}}$ 时,该不等式可化为

$$4 - 9r \geqslant \sqrt{4 - 27r^2}$$

我们有 $4 - 9r \geqslant 4 - 2\sqrt{3} > 0$,通过平方,这个不等式变成

$$(4 - 9r)^2 \geqslant 4 - 27r^2$$

$$(3r - 1)^2 \geqslant 0$$

对于 $p = 3$,当 $q = 2, r = \dfrac{1}{3}, (a-b)(b-c)(c-a) \leqslant 0$ 时,等式成立. 一般来说,

当 $a, b, c$ 与方程的根成比例时,成立等式

$$3x^3 - 9x^2 + 6x - 1 = 0$$

并满足

$$(a-b)(b-c)(c-a) \leqslant 0$$

即

$$a \sin^2 \frac{\pi}{9} = b \sin^2 \frac{2\pi}{9} = c \sin^2 \frac{4\pi}{9}$$

时等式成立(Wolfgang Berndt).

(c) 原不等式可改写为

$$\sum ab(a^2 + b^2) + \left( \sum a^3b - \sum ab^3 \right) \leqslant k \sum a^2b^2$$

其中

$$k = \frac{14 + \sqrt{102}}{4}$$

因此,只需证

$$10 - 3r + 3\sqrt{4 - 27r^2} \leqslant k(4 - 6r)$$

其中 $r \leqslant \dfrac{2}{3\sqrt{3}}$. 将这个不等式改写为

$$3\sqrt{4 - 27r^2} \leqslant 4k - 10 - 3(2k - 1)r$$

我们有

$$4k - 10 - 3(2k - 1)r \geqslant 4k - 10 - \frac{2(2k - 1)}{\sqrt{3}}$$

174

$$=4\left(1-\frac{1}{\sqrt{3}}\right)k-10+\frac{2}{\sqrt{3}}$$
$$>0$$

通过平方,这个不等式变为

$$(r-k_1)^2\geqslant 0$$

其中

$$k_1=\frac{2}{129}\sqrt{\frac{787+72\sqrt{102}}{3}}$$

对于 $p=3$,当 $q=2,r=k_1,(a-b)(b-c)(c-a)\leqslant 0$ 时,等式成立.一般来说,当 $a,b,c$ 与方程

$$x^3-3x^2+2x-k_1=0$$

的根成比例,且满足

$$(a-b)(b-c)(c-a)\leqslant 0$$

时等式成立.

**问题 1.142** 如果 $a,b,c$ 是实数,且满足

$$a^3b+b^3c+c^3a\leqslant 0$$

那么

$$a^2+b^2+c^2\geqslant k(ab+bc+ca)$$

其中

$$k=\frac{1+\sqrt{21+8\sqrt{7}}}{2}\approx 3.746\ 8$$

(Vasile Cîrtoaje,2012)

**证明** 记

$$p=a+b+c,\quad q=ab+bc+ca,\quad r=abc$$

如果 $p=0$,那么

$$3(ab+bc+ca)\leqslant (a+b+c)^2=0$$

因此

$$a^2+b^2+c^2\geqslant 0\geqslant k(ab+bc+ca)$$

现在考虑 $p\neq 0$ 的情形.采用反证法.假设

$$a^2+b^2+c^2<k(ab+bc+ca)$$

如果有

$$a^3b+b^3c+c^3a>0$$

这样就得出矛盾.

因为用 $-a,-b,-c$ 代替 $a,b,c$,不等式保持不变,我们可以考虑 $p>0$,又由于齐次性,因而只需考虑 $p=1$.由假设 $a^2+b^2+c^2<k(ab+bc+ca)$,我们

175

得到
$$q > \frac{1}{k+2}$$

将期望不等式改写为
$$\sum ab(a^2+b^2) + \sum a^3b - \sum ab^3 > 0$$

因为
$$\sum ab(a^2+b^2) = q(p^2-2q) - pr = q - 2q^2 - r$$

$$\sum a^3b - \sum ab^3 = -p(a-b)(b-c)(c-a)$$

$$\geqslant -p\sqrt{(a-b)^2(b-c)^2(c-a)^2}$$

$$= -p\sqrt{p^2q^2 - 4q^3 + 2p(9q-2p^2)r - 27r^2}$$

$$= -\sqrt{q^2 - 4q^3 + 2(9q-2)r - 27r^2}$$

于是只需证
$$q - 2q^2 - r > \sqrt{q^2 - 4q^3 + 2(9q-2)r - 27r^2}$$

由于 $p^2 \geqslant 3q$，我们得到
$$\frac{1}{k+2} < q \leqslant \frac{1}{3}$$

又由 $q^2 \geqslant 3pr$，我们得到 $r \leqslant \dfrac{q^2}{3}$，因此

$$q - 2q^2 - r \geqslant q - 2q^2 - \frac{q^2}{3} = q\left(1 - \frac{7q}{3}\right) > 0$$

通过平方，期望不等式可表述为
$$(q - 2q^2 - r)^2 > q^2 - 4q^3 + 2(9q-2)r - 27r^2$$
$$7r^2 + (1 - 5q + q^2)r + q^4 > 0$$

这是成立的，如果判别式

$$D = (1 - 5q + q^2)^2 - 28q^4 = (1 - 5q + q^2 + 2\sqrt{7}q^2)(1 - 5q + q^2 - 2\sqrt{7}q^2)$$

是负的. 因为

$$1 - 5q + q^2 + 2\sqrt{7}q^2 = \left(1 - \frac{5}{2}q\right)^2 + \frac{8\sqrt{7}-21}{4}q^2 > 0$$

我们仅需证明 $f(q) > 0$，其中
$$f(q) = (2\sqrt{7} - 1)q^2 + 5q - 1$$

因为 $q > \dfrac{1}{k+2}$，我们有

$$f(q) > \frac{2\sqrt{7}-1}{(k+2)^2} + \frac{5}{k+2} - 1 = 0$$

对于 $p=1$，当 $(a-b)(b-c)(c-a) > 0$ 及

$$q = \frac{1}{k+2}, \quad r = -\frac{q^2}{\sqrt{7}} = -\frac{1}{\sqrt{7}\,(k+2)^2}$$

时等式成立,一般来说,当 $a,b,c$ 与方程

$$w^3 - w^2 + \frac{1}{k+2}w + \frac{1}{\sqrt{7}\,(k+2)^2} = 0$$

的根成比例,且 $(a-b)(b-c)(c-a) > 0$ 时,等式成立.

**问题 1.143** 如果 $a,b,c$ 是实数,且满足

$$a^3 b + b^3 c + c^3 a \geqslant 0$$

那么

$$a^2 + b^2 + c^2 + k(ab + bc + ca) \geqslant 0$$

其中

$$k = \frac{-1 + \sqrt{21 + 8\sqrt{7}}}{2} \approx 2.746\,8$$

（Vasile Cîrtoaje，2012）

**证明** 记

$$p = a + b + c, \quad q = ab + bc + ca, \quad r = abc$$

其中 $a,b,c$ 至少有两个同号,设 $b,c$ 是这样的数,如果 $p = 0$,那么假设 $a^3 b + b^3 c + c^3 a \geqslant 0$ 能写为

$$a^3 b + b^3 c + c^3 a = -(b+c)^3 b + b^3 c - c^3 (b+c) \geqslant 0$$

显然,这个不等式仅当 $a = b = c = 0$ 时满足,这是平凡的.进一步考虑 $p \neq 0$.采用反证法.假设

$$a^2 + b^2 + c^2 + k(ab + bc + ca) < 0$$

如果有

$$a^3 b + b^3 c + c^3 a < 0$$

这样就得出了矛盾.

因为用 $-a,-b,-c$ 代替 $a,b,c$,原不等式保持不变,我们可以考虑 $p > 0$ 的情况,又由于齐次性,因而只需考虑 $p = 1$ 的情况. 由假设 $a^2 + b^2 + c^2 + k(ab + bc + ca) < 0$,我们得到

$$q < -\frac{1}{k-2} \approx -1.339$$

将期望不等式改写为

$$\sum ab(a^2 + b^2) + \sum a^3 b - \sum ab^3 < 0$$

因为

$$\sum ab(a^2 + b^2) = q(p^2 - 2q) - pr = q - 2q^2 - r$$

$$\sum a^3 b - \sum ab^3 = -p(a-b)(b-c)(c-a)$$

$$\leqslant p\sqrt{(a-b)^2(b-c)^2(c-a)^2}$$

$$= p\sqrt{p^2q^2 - 4q^3 + 2p(9q - 2p^2)r - 27r^2}$$

$$= \sqrt{q^2 - 4q^3 + 2(9q - 2)r - 27r^2}$$

于是只需证

$$\sqrt{q^2 - 4q^3 + 2(9q - 2)r - 27r^2} < r + 2q^2 - q$$

因为 $q < -1$，我们有

$$\frac{1 - 2q}{3} > 1$$

因此

$$r^2 = a^2b^2c^2 \leqslant \left(\frac{a^2 + b^2 + c^2}{3}\right)^3$$

$$= \left(\frac{1 - 2q}{3}\right)^2$$

$$< \left(\frac{1 - 2q}{3}\right)^4$$

这意味着

$$r > -\left(\frac{1 - 2q}{3}\right)^2$$

因此

$$r + 2q^2 - q > -\left(\frac{1 - 2q}{3}\right)^2 + 2q^2 - q$$

$$= \frac{(2q - 1)(7q + 1)}{9}$$

$$> 0$$

通过平方，期望不等式可变成

$$q^2 - 4q^3 + 2(9q - 2)r - 27r^2 < (r + 2q^2 - q)^2$$

$$7r^2 + (1 - 5q + q^2)r + q^4 > 0$$

这是成立的，如果其判别式

$$D = (1 - 5q + q^2)^2 - 28q^4$$

$$= \left[1 - 5q + (1 + 2\sqrt{7})q^2\right]\left[1 - 5q + (1 - 2\sqrt{7})q^2\right]$$

是负的. 因为

$$1 - 5q + q^2 + 2\sqrt{7}q^2 = \left(1 - \frac{5}{2}q\right)^2 + \frac{8\sqrt{7} - 21}{4}q^2 > 0$$

我们仅需证明 $f(q) > 0$，其中

$$f(q) = (2\sqrt{7} - 1)q^2 + 5q - 1$$

因为

$$f'(q) = 2(2\sqrt{7} - 1)q + 5$$
$$< 2(2\sqrt{7} - 1)(-1) + 5$$
$$= 7 - 4\sqrt{7}$$
$$< 0$$

这说明 $f(q)$ 是严格递减的,因此

$$f(q) > f\left(-\frac{1}{k-2}\right) = 0$$

对于 $p = 1$,当 $(a-b)(b-c)(c-a) < 0$ 和

$$q = -\frac{1}{k-2}, \quad r = -\frac{q^2}{\sqrt{7}} = -\frac{1}{\sqrt{7}\,(k-2)^2}$$

时等式成立. 一般来说,当 $a,b,c$ 与方程

$$w^3 - w^2 - \frac{1}{k-2}w + \frac{1}{\sqrt{7}\,(k-2)^2} = 0$$

的根成比例,且 $(a-b)(b-c)(c-a) > 0$ 时,等式成立.

**问题 1.144** 如果 $a,b,c$ 是实数,且满足

$$k(a^2 + b^2 + c^2) = ab + bc + ca, \quad k \in \left(-\frac{1}{2}, 1\right)$$

那么

$$\alpha_k \leqslant \frac{a^3b + b^3c + c^3a}{(a^2 + b^2 + c^2)^2} \leqslant \beta_k$$

其中

$$27\alpha_k = 1 + 13k - 5k^2 - 2(1-k)(1+2k)\sqrt{\frac{7(1-k)}{1+2k}}$$

$$27\beta_k = 1 + 13k - 5k^2 + 2(1-k)(1+2k)\sqrt{\frac{7(1-k)}{1+2k}}$$

(Vasile Cîrtoaje, 2012)

**证明** 记

$$p = a + b + c, \quad q = ab + bc + ca, \quad r = abc$$

情况 $p = 0$ 是不可能的,因为由 $p = 0$ 和 $k(a^2 + b^2 + c^2) = ab + bc + ca$,我们得到

$$0 = (a + b + c)^2$$
$$= a^2 + b^2 + c^2 + 2(ab + bc + ca)$$
$$= (2k + 1)(a^2 + b^2 + c^2)$$

而 $k \in \left(-\frac{1}{2}, 1\right)$,即 $2k + 1 > 0$,我们得到

$$a^2 + b^2 + c^2 = 0$$

这说明 $a = b = c = 0$. 进一步考虑 $p \neq 0$. 因为用 $-a, -b, -c$ 代替 $a, b, c$,不等

式保持不变,我们可以考虑 $p > 0$,又由于齐次性,可以假设 $p=1$. 这意味着

$$q = \frac{2k}{1+2k}$$

(a) 将原不等式左边改写为

$$2\alpha_k (a^2+b^2+c^2)^2 \leqslant \sum ab(a^2+b^2) + \left(\sum a^3b - \sum ab^3\right)$$

因为

$$\sum a^2 = p^2 - 2q = 1 - 2q$$

$$\sum ab(a^2+b^2) = q(p^2-2q) - pr = q - 2q^2 - r$$

$$\sum a^3b - \sum ab^3 = -p(a-b)(b-c)(c-a)$$

$$\geqslant -p\sqrt{(a-b)^2(b-c)^2(c-a)^2}$$

$$= -p\sqrt{\frac{4(p^2-3q)^3 - (2p^3-9pq+27r)^2}{27}}$$

$$= -\sqrt{\frac{4(1-3q)^3 - (2-9q+27r)^2}{27}}$$

于是只需证

$$2\alpha_k (1-2q)^2 \leqslant q - 2q^2 - r - \sqrt{\frac{4(1-3q)^3 - (2-9q+27r)^2}{27}}$$

应用下面的引理,其中

$$\alpha = \frac{1}{\sqrt{27}}, \quad \beta = -\frac{1}{27}, \quad x = 2(1-3q)\sqrt{1-3q}, \quad y = 2-9q+27r$$

我们得到

$$\sqrt{\frac{4(1-3q)^3 - (2-9q+27r)^2}{27}} + r + \frac{2-9q}{27}$$

$$\leqslant \frac{4(1-3q)\sqrt{7(1-3q)}}{27}$$

和相等关系

$$(1-3q)\sqrt{\frac{1-3q}{7}} - 2 + 9q - 27r = 0$$

因此,只需证

$$2\alpha_k (1-2q)^2 \leqslant q - 2q^2 + \frac{2-9q}{27} - \frac{4(1-3q)\sqrt{7(1-3q)}}{27}$$

这等价于

$$27\alpha_k \leqslant 1 + 13k - 5k^2 - 2(1-k)(1+2k)\sqrt{\frac{7(1-k)}{1+2k}}$$

对于 $p=1$，当 $(a-b)(b-c)(c-a) \geqslant 0, q=\dfrac{k}{1+2k}$ 和

$$27r = (1-3q)\sqrt{\dfrac{1-3q}{27}} - 2 + 9q = \dfrac{r_1}{1+2k}$$

时等式成立，其中

$$r_1 = 5k - 2 + (1-k)\sqrt{\dfrac{1-k}{7(1+2k)}}$$

因此，当 $a,b,c$ 与方程

$$w^3 - w^2 + \dfrac{k}{1+2k}w - \dfrac{r_1}{27(1+2k)} = 0$$

的根成比例，且 $(a-b)(b-c)(c-a) \geqslant 0$ 时，等式成立.

（b）将原不等式右边改写为

$$2\beta_k (a^2 + b^2 + c^2)^2 \geqslant \sum ab(a^2 + b^2) + \left(\sum a^3 b - \sum ab^3\right)$$

因为

$$\sum a^2 = p^2 - 2q = 1 - 2q$$

$$\sum ab(a^2 + b^2) = q(p^2 - 2q) - pr = q - 2q^2 - r$$

$$\sum a^3 b - \sum ab^3 = -p(a-b)(b-c)(c-a)$$

$$\leqslant p\sqrt{(a-b)^2(b-c)^2(c-a)^2}$$

$$= p\sqrt{\dfrac{4(p^2-3q)^3 - (2p^3 - 9pq + 27r)^2}{27}}$$

$$= \sqrt{\dfrac{4(1-3q)^3 - (2-9q+27r)^2}{27}}$$

于是只需证

$$2\beta_k (1-2q)^2 \geqslant q - 2q^2 - r + \sqrt{\dfrac{4(1-3q)^3 - (2-9q+27r)^2}{27}}$$

应用下面的引理，其中

$$\alpha = \dfrac{1}{\sqrt{27}}, \quad \beta = -\dfrac{1}{27}, \quad x = 2(1-3q)\sqrt{1-3q}, \quad y = 2 - 9q + 27r$$

我们得到

$$\sqrt{\dfrac{4(1-3q)^3 - (2-9q+27r)^2}{27}} - r - \dfrac{2-9q}{27} \leqslant \dfrac{4(1-3q)\sqrt{7(1-3q)}}{27}$$

与相等关系

$$(1-3q)\sqrt{\dfrac{1-3q}{7}} - 2 + 9q - 27r = 0$$

因此，只需证

$$2\beta_k (1-2q)^2 \geqslant q - 2q^2 + \frac{2-9q}{27} + \frac{4(1-3q)\sqrt{7(1-3q)}}{27}$$

这等价于

$$27\beta_k \geqslant 1 + 13k - 5k^2 + 2(1-k)(1+2k)\sqrt{\frac{7(1-k)}{1+2k}}$$

由于这个不等式是一个恒等式,证明就完成了.

对于 $p=1$,当

$$(a-b)(b-c)(c-a) \leqslant 0, \quad q = \frac{k}{1+2k}$$

$$27r = 9q - 2 - (1-3q)\sqrt{\frac{1-3q}{27}} = \frac{r_0}{1+2k}$$

时等式成立,其中

$$r_0 = 5k - 2 - (1-k)\sqrt{\frac{1-k}{7(1+2k)}}$$

因此,当 $a,b,c$ 与方程

$$w^3 - w^2 + \frac{k}{1+2k}w - \frac{r_0}{27(1+2k)} = 0$$

的根成比例,且 $(a-b)(b-c)(c-a) \geqslant 0$ 时等式成立.

**引理**　如果 $\alpha, \beta, x, y$ 是实数,且

$$\alpha \geqslant 0, \quad x \geqslant 0, \quad x^2 \geqslant y^2$$

那么

$$\alpha \sqrt{x^2 - y^2} \leqslant x\sqrt{\alpha^2 + \beta^2} + \beta y$$

当且仅当 $\beta x + y\sqrt{\alpha^2 + \beta^2} = 0$ 时等式成立.

**证明**　因为

$$x\sqrt{\alpha^2 + \beta^2} + \beta y \geqslant |\beta| x + \beta y \geqslant |\beta||y| + \beta y \geqslant 0$$

期望不等式可改写为

$$\alpha^2 (x^2 - y^2) \leqslant (x\sqrt{\alpha^2 + \beta^2} + \beta y)^2$$

这等价于

$$(\beta x + y\sqrt{\alpha^2 + \beta^2})^2 \geqslant 0$$

**问题 1.145**　如果 $a,b,c$ 是正实数,且 $a+b+c=3$,那么

$$\frac{a^2}{4a+b^2} + \frac{b^2}{4b+c^2} + \frac{c^2}{4c+a^2} \geqslant \frac{3}{5}$$

(Michael Rozenberg, 2008)

**证明**　根据柯西-施瓦兹不等式,我们有

$$\sum \frac{a^2}{4a+b^2} \geqslant \frac{\left[\sum a(2a+c)\right]^2}{\sum (4a+b^2)(2a+c)^2}$$

$$= \frac{\left(2\sum a^2 + \sum ab\right)^2}{\sum(4a+b^2)(2a+c)^2}$$

于是只需证

$$5\left(2\sum a^2 + \sum ab\right)^2 \geqslant 3\sum(4a+b^2)(2a+c)^2$$

这等价于齐次不等式

$$5\left(2\sum a^2 + \sum ab\right)^2 \geqslant \sum[4a(a+b+c)+3b^2](4a^2+4ac+c^2)$$

$$5\left(2\sum a^2 + \sum ab\right)^2 \geqslant \sum(4a^2+3b^2+4ab+4ac)(4a^2+4ac+c^2)$$

$$2\sum a^4 + 5\sum a^2b^2 \geqslant abc\sum a + 6\sum ab^3$$

应用 Vasc 不等式

$$3\sum ab^3 \leqslant \left(\sum a^2\right)^2$$

于是只需证

$$2\sum a^4 + 5\sum a^2b^2 \geqslant abc\sum a + 2\left(\sum a^2\right)^2$$

这等价于众所周知的不等式

$$\sum a^2b^2 \geqslant abc\sum a$$

等式适用于 $a=b=c=1$.

**问题 1.146**　如果 $a,b,c$ 是正实数,那么

$$\frac{a^2+bc}{a+b} + \frac{b^2+ca}{b+c} + \frac{c^2+ab}{c+a} \leqslant \frac{(a+b+c)^3}{3(ab+bc+ca)}$$

(Michael Rozenberg, 2013)

**证明**(Manlio Marangelli)　将原不等式改写为

$$\sum\left(\frac{a^2+bc}{a+b}-a\right) \leqslant \frac{(a+b+c)^3}{3(ab+bc+ca)} - (a+b+c)$$

$$\sum\frac{b(c-a)}{a+b} \leqslant \frac{(a+b+c)^3}{3(ab+bc+ca)} - (a+b+c)$$

$$\frac{\sum b(c^2-a^2)(b+c)}{(a+b)(b+c)(c+a)} \leqslant \frac{(a+b+c)^3}{3(ab+bc+ca)} - (a+b+c)$$

$$\frac{3\sum ab^3 - 3abc\sum a}{(a+b)(b+c)(c+a)} \leqslant \frac{(a+b+c)^3}{ab+bc+ca} - 3(a+b+c)$$

应用熟知的 Vasc 不等式

$$3\sum ab^3 \leqslant \left(\sum a^2\right)^2$$

于是只需证对称不等式

$$\frac{\left(\sum a^2\right)^2 - 3abc\sum a}{(a+b)(b+c)(c+a)} \leqslant \frac{(a+b+c)^3}{ab+bc+ca} - 3(a+b+c)$$

设
$$p = a + b + c, \quad q = ab + bc + ca, \quad r = abc$$
这个不等式就可以写成
$$\frac{(p^2 - 2q)^2 - 3pr}{pq - r} \leqslant \frac{p^3}{q} - 3p$$
这等价于
$$q^2(p^2 - 4q) - (p^2 - 6q)pr \geqslant 0$$

**情形 1**  $p^2 - 6q \geqslant 0$. 因为 $3pr \leqslant q^2$, 我们有
$$q^2(p^2 - 4q) - (p^2 - 6q)pr \geqslant q^2(p^2 - 4q) - \frac{q^2(p^2 - 6q)}{3}$$
$$= \frac{2q^2(p^2 - 3q)}{3}$$
$$\geqslant 0$$

**情形 2**  $p^2 - 6q < 0$. 由四阶舒尔不等式
$$6pr \geqslant (p^2 - q)(4q - p^2)$$
我们得到
$$q^2(p^2 - 4q) - (p^2 - 6q)pr \geqslant q^2(p^2 - 4q) - \frac{(p^2 - 6q)(p^2 - q)(4q - p^2)}{6}$$
$$= \frac{(p^2 - 3q)(p^2 - 4q)^2}{6}$$
$$\geqslant 0$$

等式适用于 $a = b = c = 1$.

**问题 1.147**　如果 $a, b, c$ 是正实数, 且 $a + b + c = 3$, 那么
$$\sqrt{ab^2 + bc^2} + \sqrt{bc^2 + ca^2} + \sqrt{ca^2 + ab^2} \leqslant 3\sqrt{2}$$
（Nguyen Van Quy, 2013）

**证明**（Michael Rozenberg）　根据柯西－施瓦兹不等式, 我们有
$$\left( \sum \sqrt{ab^2 + bc^2} \right)^2 \leqslant \sum \frac{ab + c^2}{a + c} \sum b(a + c)$$
因此, 只需证
$$\sum \frac{ab + c^2}{a + c} \leqslant \frac{9}{ab + bc + ca}$$
这等价于齐次不等式
$$\sum \frac{ab + c^2}{a + c} \leqslant \frac{(a + b + c)^3}{3(ab + bc + ca)}$$
这是前面问题 1.146 中的不等式. 等式适用于 $a = b = c = 1$.

**问题 1.148**　如果 $a, b, c$ 是正实数, 且满足 $a^5 + b^5 + c^5 = 3$, 那么
$$\frac{a^2}{b} + \frac{b^2}{c} + \frac{c^2}{a} \geqslant 3$$

**证明** 我们将证明在更一般的条件 $a^m + b^m + c^m = 3\left(0 < m \leqslant \dfrac{21}{4}\right)$ 下,不等式成立.首先,将期望不等式改写为齐次形式

$$\frac{a^2}{b} + \frac{b^2}{c} + \frac{c^2}{a} \geqslant 3\left(\frac{a^m + b^m + c^m}{3}\right)^{\frac{1}{m}}$$

由幂平均不等式,我们有

$$\left(\frac{a^m + b^m + c^m}{3}\right)^{\frac{1}{m}} \leqslant \left(\frac{a^{\frac{21}{4}} + b^{\frac{21}{4}} + c^{\frac{21}{4}}}{3}\right)^{\frac{4}{21}}$$

因此,只需证

$$\frac{a^2}{b} + \frac{b^2}{c} + \frac{c^2}{a} \geqslant 3\left(\frac{a^{\frac{21}{4}} + b^{\frac{21}{4}} + c^{\frac{21}{4}}}{3}\right)^{\frac{4}{21}}$$

根据问题 1.125 中熟知的 Vasc 不等式,也就是

$$(x^2 + y^2 + z^2)^2 \geqslant 3(x^3 y + y^3 z + z^3 x), \quad x,y,z \in \mathbf{R}$$

我们有

$$\left(\frac{a^2}{b} + \frac{b^2}{c} + \frac{c^2}{a}\right)^2 \geqslant 3\left(\frac{a^3}{\sqrt{bc}} + \frac{b^3}{\sqrt{ca}} + \frac{c^3}{\sqrt{ab}}\right)$$

因此,只需证

$$\frac{a^3}{\sqrt{bc}} + \frac{b^3}{\sqrt{ca}} + \frac{c^3}{\sqrt{ab}} \geqslant 3\left(\frac{a^{\frac{21}{4}} + b^{\frac{21}{4}} + c^{\frac{21}{4}}}{3}\right)^{\frac{8}{21}}$$

令 $a = x^{\frac{2}{7}}, b = y^{\frac{2}{7}}, c = z^{\frac{2}{7}}, x,y,z > 0$,该不等式变成

$$\left(\frac{x + y + z}{3}\right)^{\frac{21}{4}} \geqslant 3(xyz)^{\frac{3}{4}}\left(\frac{x^{\frac{3}{2}} + y^{\frac{3}{2}} + z^{\frac{3}{2}}}{3}\right)^2$$

应用柯西-施瓦兹不等式,我们有

$$(x + y + z)(x^2 + y^2 + z^2) \geqslant (x^{\frac{3}{2}} + y^{\frac{3}{2}} + z^{\frac{3}{2}})^2$$

$$\left(\frac{x + y + z}{3}\right)^{\frac{21}{4}} \geqslant (xyz)^{\frac{3}{4}} \frac{(x + y + z)(x^2 + y^2 + z^2)}{9}$$

$$\left(\frac{x + y + z}{3}\right)^{\frac{17}{4}} \geqslant \frac{1}{3}(xyz)^{\frac{3}{4}}(x^2 + y^2 + z^2)$$

由不等式的齐次性,不妨设 $x + y + z = 3$,此时不等式变成

$$(xyz)^{\frac{3}{4}}(x^2 + y^2 + z^2) \leqslant 3$$

因为

$$\frac{3}{4} > \frac{1}{\sqrt{2}}$$

这个不等式来自第 2 卷问题 2.87 中的不等式

$$(xyz)^k(x^2 + y^2 + z^2) \leqslant 3, \quad k \geqslant \frac{1}{\sqrt{2}}$$

185

证明完成. 等式适用于 $a=b=c=1$.

**问题 1.149** 设 $P(a,b,c)$ 是三次循环齐次多项式, 对于所有的 $a,b,c \geqslant 0$, 不等式 $P(a,b,c) \geqslant 0$ 成立, 当且仅当同时满足下列两个不等式:

(a) $P(1,1,1) \geqslant 0$;

(b) $P(0,b,c) \geqslant 0, \forall b,c \geqslant 0$.

(Pham Kim Hung, 2007)

**证明** 条件 (a) 和条件 (b) 显然是必要的. 因此, 我们将进一步证明这些条件也足以使 $P(a,b,c) \geqslant 0$. 多项式 $P(a,b,c)$ 有一般形式

$$P(a,b,c) = A(a^3 + b^3 + c^3) + B(a^2b + b^2c + c^2a) +$$
$$C(ab^2 + bc^2 + ca^2) + 3Dabc$$

因为

$$P(1,1,1) = 3(A+B+C+D), \quad P(0,1,1) = 2A+B+C, \quad P(0,0,1) = A$$

由条件 (a) 和 (b) 有

$$A+B+C+D \geqslant 0, \quad 2A+B+C \geqslant 0, \quad A \geqslant 0$$

假设 $a = \min\{a,b,c\}$, 记

$$b = a+p, \quad c = a+q, \quad p,q \geqslant 0$$

对于固定的 $p,q$, 定义函数

$$f(a) = P(a,a+p,a+q), \quad a \geqslant 0$$

$$f'(a) = 3A(a^2+b^2+c^2) + (B+C)(a+b+c)^2 + 3D(ab+bc+ca)$$
$$= (3A+B+C)(a^2+b^2+c^2) + (2B+2C+3D)(ab+bc+ca)$$
$$= (3A+B+C)\left(\sum a^2 - \sum ab\right) + 3(A+B+C+D)\sum ab$$

因为 $f'(a) \geqslant 0$, 所以 $f(a)$ 递增, 因此 $f(a) \geqslant f(0)$, 等价于

$$P(a,b,c) \geqslant P(0,p,q) = P(0,b,c)$$

根据条件 (b), 我们有 $P(0,b,c) \geqslant 0$, 因此 $P(a,b,c) \geqslant 0$.

**备注 1** 由问题 1.149 的证明, 知下面的表述成立:

● 设 $P(a,b,c)$ 是齐三次循环多项式, 则不等式

$$P(a,b,c) \geqslant 0$$

对于所有满足 $a \leqslant b \leqslant c$ 的实数 $a,b,c$ 成立的充要条件是对所有满足 $0 \leqslant b \leqslant c$ 的实数 $b,c$, 不等式 $P(1,1,1) \geqslant 0$ 和 $P(0,b,c) \geqslant 0$ 成立.

**备注 2** 由问题 1.149, 使用变换

$$a = y+z, \quad b = z+x, \quad c = x+y, \quad x,y,z \geqslant 0$$

我们得到如下陈述:

● 设 $P(a,b,c)$ 是齐三次循环多项式, 其中 $a,b,c$ 是一个三角形的三边长, 那么不等式

$$P(a,b,c) \geqslant 0$$

成立的充要条件是对于所有 $b,c \geqslant 0$ 的实数 $b,c$,不等式 $P(1,1,1) \geqslant 0$ 和 $P(b+c,b,c) \geqslant 0$ 成立.

**问题 1.150** 如果 $a,b,c$ 是非负实数,且满足 $a+b+c=3$,那么
$$8(a^2b+b^2c+c^2a)+9 \geqslant 11(ab+bc+ca)$$

**证明** 将不等式写成齐次形式 $P(a,b,c) \geqslant 0$,其中
$$P(a,b,c)=24(a^2b+b^2c+c^2a)+(a+b+c)^3-11(a+b+c)(ab+bc+ca)$$
根据问题 1.149,只需证 $P(1,1,1) \geqslant 0$ 和 $P(0,b,c) \geqslant 0$,其中 $b,c \geqslant 0$,我们有
$$P(1,1,1)=0$$
$$\begin{aligned}P(0,b,c)&=24b^2c+(b+c)^3-11bc(b+c)\\&=b^3+16b^2c-8bc^2+c^3\\&\geqslant 16b^2c-8bc^2+c^3\\&=c(4b-c)^2\\&\geqslant 0\end{aligned}$$
等式适用于 $a=b=c=1$.

**问题 1.151** 如果 $a,b,c$ 是非负实数,且满足 $a+b+c=6$,那么
$$a^3+b^3+c^3+8(a^2b+b^2c+c^2a) \geqslant 166$$
(Vasile Cîrtoaje,2010)

**证明** 将原不等式写成齐次形式 $P(a,b,c) \geqslant 0$,其中
$$P(a,b,c)=a^3+b^3+c^3+8(a^2b+b^2c+c^2a)-166\left(\frac{a+b+c}{6}\right)^3$$
根据问题 1.149,只需证明 $P(1,1,1) \geqslant 0$ 和 $P(0,b,c) \geqslant 0$,其中 $b,c \geqslant 0$. 我们有
$$P(1,1,1)=27-\frac{83}{4}=\frac{25}{4}>0$$
$$\begin{aligned}P(0,b,c)&=b^3+c^3+8b^2c-\frac{83}{108}(b+c)^3\\&=\frac{1}{108}(25b^3+615b^2c-249bc^2+25c^3)\\&=\frac{1}{108}(2b-c)^2(b+25c)\\&\geqslant 0\end{aligned}$$
等式适用于 $a=0,b=1,c=5$(或其任何循环排列).

**问题 1.152** 如果 $a,b,c$ 是非负实数,那么
$$a^3+b^3+c^3-3abc \geqslant \sqrt{9+6\sqrt{3}}\,(a-b)(b-c)(c-a)$$

**证明 1** 将原不等式改写为 $P(a,b,c) \geqslant 0$.根据问题 1.149,只需证明对于所有的 $b,c \geqslant 0$ 有 $P(1,1,1) \geqslant 0$ 和 $P(0,b,c) \geqslant 0$.我们有
$$P(1,1,1)=0,\quad P(0,b,c)=b^3+c^3+\sqrt{9+6\sqrt{3}}\,bc(b-c)$$

不等式 $P(0,b,c) \geqslant 0$ 是成立的,如果

$$(b^3+c^3)^2 \geqslant (9+6\sqrt{3}) b^2 c^2 (b-c)^2$$

这等价于

$$(b+c)^2 (b^2-bc+c^2)^2 \geqslant (9+6\sqrt{3}) b^2 c^2 (b-c)^2$$

对于非平凡情况 $bc \neq 0$,记 $x = \dfrac{b}{c} + \dfrac{c}{b} - 1$,我们将上一不等式写为

$$(x+3) x^2 \geqslant (9+6\sqrt{3}) (x-1)$$
$$(x-\sqrt{3})^2 (x+3+2\sqrt{3}) \geqslant 0$$

等式适用于 $a=b=c$,也适用于 $a=0$,$\dfrac{b}{c} + \dfrac{c}{b} = 1+\sqrt{3}$,$b<c$(或其任何循环排列).

**证明 2** 假设 $a=\min\{a,b,c\}$,因为 $a \leqslant c \leqslant b$ 时,不等式显然成立. 进一步考虑 $a \leqslant b \leqslant c$,将原不等式改写为

$$(a+b+c) \left[ (a-b)^2 + (b-c)^2 + (c-a)^2 \right]$$
$$\geqslant 2\sqrt{9+6\sqrt{3}} (a-b)(b-c)(c-a)$$

应用代换 $b=a+p$,$c=a+q$,$q \geqslant p \geqslant 0$,上一不等式变成

$$(3a+p+q)(p^2-pq+q^2) \geqslant \sqrt{9+6\sqrt{3}} pq(q-p)$$

因为 $p^2-pq+q^2 \geqslant 0$,于是只需考虑 $a=0$ 的情况(如证明 1).

**问题 1.153** 如果 $a,b,c$ 是非负实数,且无两个同时为零,那么

$$\frac{a}{b+c} + \frac{b}{c+a} + \frac{c}{a+b} + 7 \geqslant \frac{17}{3}\left( \frac{a}{a+b} + \frac{b}{b+c} + \frac{c}{c+a} \right)$$

(Vasile Cîrtoaje,2007)

**证明** 将原不等式改写为 $P(a,b,c) \geqslant 0$,其中

$$P(a,b,c) = \sum (3a-17b)(a+b)(a+c) + 21(a+b)(b+c)(c+a)$$
$$= 3(a^3+b^3+c^3) - 10(a^2 b + b^2 c + c^2 a) + 7(ab^2 + bc^2 + ca^2)$$

根据问题 1.149,于是只需证 $P(1,1,1) \geqslant 0$ 和 $P(0,b,c) \geqslant 0$,其中 $b,c \geqslant 0$. 我们有 $P(1,1,1)=0$ 和

$$P(0,b,c) = 3(b^3+c^3) - 10b^2 c + 7bc^2$$

考虑非平凡情况 $b,c>0$. 设 $c=1$,我们需要证明 $f(b) \geqslant 0$,其中

$$f(b) = 3b^3 - 10b^2 + 7b + 3$$

**情形 1** $b \geqslant 3$. 我们有

$$f(b) > 3b^3 - 10b^2 + 7b = (b-1)(3b-7) > 0$$

**情形 2** $2 \leqslant b \leqslant 3$. 我们有

$$f(b) \geqslant 3b^3 - 10b^2 + 8b = b(b-2)(3b-4) \geqslant 0$$

**情形 3** $0 < b \leqslant 2$. 我们有

$$f(b) \geqslant 3b^3 - 10b^2 + 7b + 1.5b = b(3b^2 - 10b + 8.5) > 3b\left(b - \frac{5}{3}\right)^2 \geqslant 0$$

等式适用于 $a = b = c$.

**问题 1.154** 设 $a, b, c$ 是非负实数,且无两个同时为零,如果 $0 \leqslant k \leqslant 5$,那么

$$\frac{ka + b}{a + c} + \frac{kb + c}{b + a} + \frac{kc + a}{c + b} \geqslant \frac{3}{2}(k + 1)$$

(Vasile Cîrtoaje,2007)

**证明 1** 将原不等式改写为

$$\frac{b}{a + c} + \frac{c}{b + a} + \frac{a}{c + b} - \frac{3}{2} + k\left(\frac{a}{a + c} + \frac{b}{b + a} + \frac{c}{c + b} - \frac{3}{2}\right) \geqslant 0$$

因为

$$\frac{b}{a + c} + \frac{c}{b + a} + \frac{a}{c + b} - \frac{3}{2} \geqslant 0$$

原不等式左边是关于 $k$ 的线性函数,因此只需考虑 $k = 5$ 的情况. 此时不等式变成

$$\sum (5a + b)(b + a)(c + b) \geqslant 9(a + b)(b + c)(c + a)$$

$$2\sum ab^2 + \sum a^3 \geqslant 3\sum a^2 b$$

$$2\sum ab^2 + \frac{4}{3}\sum a^3 - \frac{1}{3}\sum b^3 \geqslant 3\sum a^2 b$$

$$\sum (6ab^2 + 4a^3 - b^3 - 9a^2 b) \geqslant 0$$

$$(a - b)^2(4a - b) + (b - c)^2(4b - c) + (c - a)^2(4c - a) \geqslant 0$$

假设 $a = \min\{a, b, c\}$,并应用代换

$$b = a + p, \quad c = a + q, \quad p, q \geqslant 0$$

期望不等式变成

$$p^2(3a - p) + (p - q)^2(3a + 4p - q) + q^2(3a + 4q) \geqslant 0$$

$$2Aa + B \geqslant 0$$

其中

$$A = p^2 - pq + q^2, \quad B = p^3 - 3p^2 q + 2pq^2 + q^3$$

因为 $A \geqslant 0$,我们只需证明 $B \geqslant 0$. 对于 $q = 0$,我们有 $B = p^3 \geqslant 0$,而当 $q > 0$ 时,不等式 $B \geqslant 0$ 等价于

$$1 \geqslant x(x - 1)(2 - x)$$

其中 $x = \frac{p}{q} \geqslant 0$. 对于非平凡情况 $x \in [1, 2]$,这个不等式可由下面两个明显的不等式

$$1 \geqslant x - 1$$

和
$$1 \geqslant x(2-x)$$
相乘得到,证明完成.等式适用于 $a=b=c$.

**证明 2**　我们将原不等式写成 $P(a,b,c) \geqslant 0$,其中 $P(a,b,c)$ 是循环齐三次多项式.根据问题 1.149,我们只需要证明当 $a=b=c$ 时原不等式成立,即对于 $a=0$ 也成立.如果 $a=0$,那么原不等式变成

$$x+k+\frac{1}{x}+\frac{k}{1+x} \geqslant \frac{3}{2}(1+k)$$

$$2(x-1)^2+x \geqslant \frac{kx(x-1)}{x+1}$$

其中

$$x=\frac{b}{c} \geqslant 0$$

对于 $0 < x \leqslant 1$,我们有

$$2(x-1)^2+x > 0 \geqslant \frac{kx(x-1)}{x+1}$$

对于 $1 \leqslant x \leqslant 5$,只需要考虑 $k=5$ 的情况,此时期望不等式等价于

$$2(x-1)^2+x \geqslant \frac{5x(x-1)}{x+1}$$

$$x^3-3x^2+2x+1 \geqslant 0$$

$$x(x-2)^2+(x-1)^2 \geqslant 0$$

**备注**　如证明 2,我们可以证明问题 1.154 中的不等式对于

$$0 \leqslant k \leqslant k_0, \quad k_0=\sqrt{13+16\sqrt{2}} \approx 5.969$$

成立.对于 $a=0$ 和 $k=k_0$,期望不等式变成

$$2(x-1)^2+x \geqslant \frac{kx(x-1)}{x+1}, \quad x=\frac{b}{c} > 0$$

$$2x^3-(k_0+1)x^2+(k_0-1)x+2 \geqslant 0$$

$$(x-x_0)^2\left(x+\frac{1}{x_0^2}\right) \geqslant 0$$

其中

$$x_0=\frac{1+\sqrt{2}+\sqrt{2\sqrt{2}-1}}{2} \approx 1.883$$

如果 $k=k_0$,那么当 $a=b=c$ 时等式成立,当 $a=0$,$\frac{b}{c}+\frac{c}{b}=1+\sqrt{2}$(或其任何循环排列时)等式也成立.

**备注**　对于 $k=2$,我们得到问题 1.21 中的不等式.

**问题 1.155**　设 $a,b,c$ 是非负实数,求证:

（a）如果 $k \leqslant 1 - \dfrac{2}{5\sqrt{5}}$，那么

$$\frac{ka+b}{2a+b+c}+\frac{kb+c}{a+2b+c}+\frac{kc+a}{a+b+2c}\geqslant\frac{3}{4}(k+1)$$

（b）如果 $k \geqslant 1 + \dfrac{2}{5\sqrt{5}}$，那么

$$\frac{ka+b}{2a+b+c}+\frac{kb+c}{a+2b+c}+\frac{kc+a}{a+b+2c}\leqslant\frac{3}{4}(k+1)$$

（Vasile Cîrtoaje，2007）

**证明** （a）将原不等式改写成 $P(a,b,c)\geqslant 0$，其中 $P(a,b,c)$ 是循环齐三次多项式.根据问题 1.149，我们只需要证明这个不等式在 $a=b=c$ 时成立，及 $a=0$ 时也成立.如果 $a=0$，那么原不等式变成

$$\frac{x}{x+1}+\frac{kx+1}{2x+1}+\frac{k}{x+2}\geqslant\frac{3}{4}(k+1)$$

$$(x+2)(2x^2-x+1)\geqslant k(x+1)(2x^2-x+2)$$

其中

$$x=\frac{b}{c}\geqslant 0$$

我们需考虑 $k=1-\dfrac{2}{5\sqrt{5}}$，此时不等式变为

$$(x-x_0)^2\left(x+\frac{2}{5\sqrt{5}\,x_0^2}\right)\geqslant 0$$

其中

$$x_0=\frac{3-\sqrt{5}}{2}$$

等式适用于 $a=b=c$.如果 $k=1-\dfrac{2}{5\sqrt{5}}$，那么等式也适用于 $a=0,\dfrac{b}{c}+\dfrac{c}{b}=3$（或其任何循环排列）.

（b）根据问题 1.149，我们只需要证明原不等式在 $a=b=c$ 时成立，及 $a=0$ 时也成立.如果 $a=0$，那么原不等式变成

$$\frac{x}{x+1}+\frac{kx+1}{2x+1}+\frac{k}{x+2}\leqslant\frac{3}{4}(k+1)$$

$$(x+2)(2x^2-x+1)\leqslant k(x+1)(2x^2-x+2)$$

其中

$$x=\frac{b}{c}\geqslant 0$$

我们需考虑 $k=1+\dfrac{2}{5\sqrt{5}}$，此时期望不等式变为

191

$$(x-x_1)^2\left(x+\frac{2}{5\sqrt{5}\,x_1^2}\right)\geqslant 0$$

其中

$$x_1=\frac{3+\sqrt{5}}{2}$$

等式适用于 $a=b=c$. 如果 $k=1+\dfrac{2}{5\sqrt{5}}$,那么等式也适用于 $a=0,\dfrac{b}{c}+\dfrac{c}{b}=3$（或其任何循环排列）.

**问题 1.156** 设 $a,b,c$ 是非负实数,且无两个同时为零,如果 $k\leqslant\dfrac{23}{8}$,那么

$$\frac{ka+b}{2a+c}+\frac{kb+c}{2b+a}+\frac{kc+a}{2c+b}\geqslant k+1$$

(Vasile Cîrtoaje,2007)

**证明** 我们将原不等式改写成 $P(a,b,c)\geqslant 0$,其中 $P(a,b,c)$ 是循环齐三次多项式. 根据问题 1.149,我们只需要证明不等式在 $a=b=c$ 时成立,及 $a=0$ 时也成立. 如果 $a=0$,那么期望不等式变成

$$x+\frac{k}{2}+\frac{1}{2x}+\frac{k}{2+x}\geqslant k+1$$

$$2x^2-2x+1\geqslant\frac{kx^2}{x+2}$$

其中

$$x=\frac{b}{c}\geqslant 0$$

因此,我们只需考虑 $k=\dfrac{23}{8}$ 的情况,此时这个不等式变成

$$8(2x^2-2x+1)\geqslant\frac{23x^2}{x+2}$$

$$16x^3-7x^2-24x+16\geqslant 0$$

$$16x\,(x-1)^2+(5x-4)^2\geqslant 0$$

等式适用于 $a=b=c$.

**问题 1.157** 如果 $a,b,c$ 是正实数,且满足 $a\leqslant b\leqslant c$,那么

$$\frac{a}{b}+\frac{b}{c}+\frac{c}{a}+3\geqslant 2\left(\frac{a+b}{b+c}+\frac{b+c}{c+a}+\frac{c+a}{a+b}\right)$$

**证明** 将原不等式依次改写为

$$\sum\left(\frac{a}{b}-1\right)\geqslant 2\sum\left(\frac{b+c}{c+a}-1\right)$$

$$\sum(a-b)\left(\frac{1}{b}+\frac{2}{c+a}\right)\geqslant 0$$

$$(a-b)\left(\frac{1}{b}+\frac{2}{c+a}\right)+(b-c)\left(\frac{1}{c}+\frac{2}{a+b}\right)+$$

$$[(c-b)+(b-a)]\left(\frac{1}{a}+\frac{2}{b+c}\right)\geqslant 0$$

$$(b-a)\left(\frac{1}{a}+\frac{2}{b+c}-\frac{1}{b}-\frac{2}{c+a}\right)+$$

$$(c-b)\left(\frac{1}{a}+\frac{2}{b+c}-\frac{1}{c}-\frac{2}{a+b}\right)\geqslant 0$$

$$(b-a)^2\left[\frac{1}{ab}-\frac{2}{(b+c)(c+a)}\right]+$$

$$(c-b)(c-a)\left[\frac{1}{ac}-\frac{2}{(b+c)(a+b)}\right]\geqslant 0$$

这个不等式是成立的,因为

$$\frac{1}{ab}-\frac{2}{(b+c)(c+a)}=\frac{c(a+b+c)-ab}{(b+c)(c+a)}$$

$$>\frac{a(c-b)}{(b+c)(c+a)}$$

$$\geqslant 0$$

$$\frac{1}{ac}-\frac{2}{(b+c)(a+b)}=\frac{b(a+b+c)-ac}{(b+c)(a+b)}$$

$$>\frac{c(b-a)}{(b+c)(a+b)}$$

$$\geqslant 0$$

等式适用于 $a=b=c$.

**问题 1.158** 如果 $a\geqslant b\geqslant c\geqslant 0$,那么

$$\frac{3a+b}{2a+c}+\frac{3b+c}{2b+a}+\frac{3c+a}{2c+b}\geqslant 4$$

(Vasile Cîrtoaje, 2007)

**证明 1** 将原不等式改写为

$$\sum(3a+b)(2b+a)(2c+b)\geqslant 4(2a+c)(2b+a)(2c+b)$$

$$2\sum a^3+13\sum ab^2+7\sum a^2b+42abc\geqslant 4\left(4\sum ab^2+2\sum a^2b+9abc\right)$$

$$2\sum a^3+6abc\geqslant 3\sum ab^2+\sum a^2b$$

$$2E(a,b,c)\geqslant F(a,b,c)$$

其中

$$E(a,b,c)=\sum a^3+3abc-\sum ab^2-\sum a^2b$$

$$F(a,b,c)=\sum ab^2-\sum a^2b$$

193

这个不等式是成立的,因为 $E(a,b,c) \geqslant 0$(由三阶舒尔不等式可知) 和
$$F(a,b,c) = (a-b)(b-c)(c-a) \leqslant 0$$
等式适用于 $a=b=c$,也适用于 $a=b, c=0$.

**证明 2** 记
$$x = a - b \geqslant 0, \quad y = b - c \geqslant 0$$
将原不等式改写为
$$\sum \left( \frac{3a+b}{2a+c} - \frac{4}{3} \right) \geqslant 0$$
$$\sum \frac{a+3b-4c}{2a+c} \geqslant 0$$
$$\frac{a+3b-4c}{2a+c} + \frac{b+3c-4a}{2b+a} + \frac{c+3a-4b}{2c+b} \geqslant 0$$
$$\frac{x+4y}{2a+c} - \frac{4x+3y}{2b+a} + \frac{3x-y}{2c+b} \geqslant 0$$
$$xA + yB \geqslant 0$$

其中
$$A = \frac{1}{2a+c} - \frac{4}{2b+a} + \frac{3}{2c+b}$$
$$= \left( \frac{1}{2a+c} - \frac{1}{2b+a} \right) + 3\left( \frac{1}{2c+b} - \frac{1}{2b+a} \right)$$
$$= \frac{y-x}{(2a+c)(2b+a)} + \frac{3(x+2y)}{(2b+a)(2c+b)}$$
$$B = \frac{4}{2a+c} - \frac{3}{2b+a} - \frac{1}{2c+b}$$
$$= 3\left( \frac{1}{2a+c} - \frac{1}{2b+a} \right) + \left( \frac{1}{2a+c} - \frac{1}{2c+b} \right)$$
$$= \frac{3(y-x)}{(2a+c)(2b+a)} - \frac{2x+y}{(2a+c)(2c+b)}$$

因此,原不等式等价于
$$x[(-x+y)(2c+b) + 3(x+2y)(2a+c)] +$$
$$y[3(-x+y)(2c+b) - (2x+y)(2b+a)] \geqslant 0$$
$$x^2(6a-b+c) + xy(10a-6b+2c) - y^2(a-b-6c) \geqslant 0$$
因此,只需证
$$xy(10a-6b+2c) - y^2(a-b-6c) \geqslant 0$$
这是成立的,如果
$$x(10a-6b+2c) - y(a-b-6c) \geqslant 0$$
我们有
$$x(10a-6b+2c) - y(a-b-6c) = x(10x+4y+6c) - y(x-6c)$$

$$= 10x^2 + 3xy + 6c(x+y)$$
$$\geqslant 0$$

**证明3** 根据问题1.149的备注1,我们只需证明不等式对于$c=0,a\geqslant b$成立即可,也就是证明

$$\frac{3}{2} + \frac{1}{2x} + \frac{3}{2+x} + x \geqslant 4$$

其中

$$x = \frac{a}{b} \geqslant 1$$

这个不等式等价于

$$2x^3 - x^2 - 3x + 2 \geqslant 0$$
$$(x-1)(2x^2 + x - 2) \geqslant 0$$

**问题1.159** 设$a,b,c$是非负实数,且满足

$$a \geqslant b \geqslant 1 \geqslant c, \quad a+b+c=3$$

求证

$$\frac{1}{a^2+3} + \frac{1}{b^2+3} + \frac{1}{c^2+3} \leqslant \frac{3}{4}$$

(Vasile Cîrtoaje,2005)

**证明1** 设

$$r = abc, \quad q = ab+bc+ca$$

从

$$(a-1)(b-1)(c-1) \leqslant 0$$

我们得到

$$r \leqslant q-2$$

期望不等式等价于

$$3a^2b^2c^2 + 5(a^2b^2 + b^2c^2 + c^2a^2) + 3(a^2+b^2+c^2) - 27 \geqslant 0$$
$$3r^2 - 30r + 5q^2 - 6q \geqslant 0$$
$$3(5-r)^2 + 5q^2 - 6q - 75 \geqslant 0$$

因为

$$3q \leqslant (a+b+c)^2 = 9$$
$$5-r \geqslant 5-(q-2) = 7-q > 0$$

于是只需证

$$3(7-q)^2 + 5q^2 - 6q - 75 \geqslant 0$$

这等价于

$$(q-3)^2 \geqslant 0$$

证毕.等式适用于$a=b=c=1$.

195

**证明 2**(Nguyen Van Quy)  将原不等式改写为

$$\left(\frac{1}{a^2+3}-\frac{3-a}{8}\right)+\left(\frac{1}{b^2+3}-\frac{3-b}{8}\right)+\left(\frac{1}{c^2+3}-\frac{3-c}{8}\right)\leqslant 0$$

$$\frac{(a-1)^3}{a^2+3}+\frac{(b-1)^3}{b^2+3}\leqslant\frac{(1-c)^3}{c^2+3}$$

事实上,我们有

$$\frac{(1-c)^3}{c^2+3}=\frac{(a-1+b-1)^3}{c^2+3}$$

$$\geqslant\frac{(a-1)^3+(b-1)^3}{c^2+3}$$

$$\geqslant\frac{(a-1)^3}{a^2+3}+\frac{(b-1)^3}{b^2+3}$$

**证明 3**  记

$$d=2-c$$

我们有

$$a+b=1+d,\quad d\geqslant a\geqslant b\geqslant 1$$

我们说

$$\frac{1}{c^2+3}+\frac{1}{d^2+3}\leqslant\frac{1}{2}$$

事实上

$$\frac{1}{2}-\frac{1}{c^2+3}-\frac{1}{d^2+3}=\frac{(cd-1)^2}{2(c^2+3)(d^2+3)}\geqslant 0$$

因此,只需证

$$\frac{1}{a^2+3}+\frac{1}{b^2+3}\leqslant\frac{1}{d^2+3}+\frac{1}{4}$$

因为

$$\frac{1}{a^2+3}-\frac{1}{d^2+3}=\frac{(d-a)(d+a)}{(a^2+3)(d^2+3)}$$

$$=\frac{(b-1)(d+a)}{(a^2+3)(d^2+3)}$$

$$\frac{1}{4}-\frac{1}{b^2+3}=\frac{(b-1)(b+1)}{4(b^2+3)}$$

我们只需证明

$$\frac{d+a}{(a^2+3)(d^2+3)}\leqslant\frac{b+1}{4(b^2+3)}$$

我们通过将下面两个不等式相加得到这个不等式

$$\frac{d+a}{d^2+3}\leqslant\frac{a+1}{4}$$

$$\frac{a+1}{a^2+3} \leqslant \frac{b+1}{b^2+3}$$

我们有

$$\frac{a+1}{4} - \frac{d+a}{d^2+3} = \frac{(d-1)(ad+a+d-3)}{4(d^2+3)} \geqslant 0$$

$$\frac{b+1}{b^2+3} - \frac{a+1}{a^2+3} = \frac{(a-b)(ab+a+b-3)}{(a^2+3)(b^2+3)} \geqslant 0$$

**问题 1.160** 设 $a,b,c$ 是非负实数,且满足

$$a \geqslant 1 \geqslant b \geqslant c, \quad a+b+c=3$$

求证

$$\frac{1}{a^2+2} + \frac{1}{b^2+2} + \frac{1}{c^2+2} \geqslant 1$$

（Vasile Cîrtoaje，2005）

**证明 1** 设

$$r=abc, \quad q=ab+bc+ca$$

从

$$(a-1)(b-1)(c-1) \geqslant 0$$

我们得到

$$r \geqslant q-2$$

同样,我们有

$$r \leqslant \frac{(a+b+c)^3}{27} = 1$$

$$q \leqslant \frac{1}{3}(a+b+c)^2 = 3$$

期望不等式等价于

$$3 \geqslant a^2 b^2 c^2 + a^2 b^2 + b^2 c^2 + c^2 a^2$$

$$4 \geqslant r^2 - 6r + q^2$$

$$(3-r)^2 + q^2 \leqslant 13$$

进一步考虑两种情形: $q \leqslant 2$ 和 $2 \leqslant q \leqslant 3$.

**情形 1** $q \leqslant 2$. 我们有

$$(3-r)^2 + q^2 \leqslant 3^2 + 2^2 = 13$$

**情形 2** $2 \leqslant q \leqslant 3$. 从 $r \leqslant q-2$,我们得到

$$(3-r)^2 + q^2 \leqslant (5-q)^2 + q^2 = 2(q-3)(q-2) \leqslant 0$$

证毕. 等式适用于 $a=b=c=1$,也适用于 $a=2,b=1,c=0$.

**证明 2** 首先,我们检验不等式当 $a=b=c=1$ 时成立,当 $a=2,b=1,c=0$ 时也成立.那么我们考虑 $f(x) \geqslant 0$,其中

$$f(x) = \frac{1}{x^2 + 2} - A - Bx$$

其导数为

$$f'(x) = -\frac{2x}{(x^2 + 2)^2} - B$$

由条件 $f(1) = 0$ 和 $f'(1) = 0$,我们得到 $A = \frac{5}{9}$ 和 $B = -\frac{2}{9}$.同样,由 $f(2) = 0$

和 $f'(2) = 0$,我们得到 $A = \frac{7}{18}$ 和 $B = -\frac{1}{9}$,应用 $A,B$ 的这些值,我们推出关系

$$\frac{1}{x^2 + 2} - \frac{5 - 2x}{9} = \frac{(x-1)^2(2x-1)}{9(x^2 + 2)}$$

$$\frac{1}{x^2 + 2} - \frac{7 - 2x}{18} = \frac{(x-2)^2(2x+1)}{18(x^2 + 2)}$$

我们得到

$$\frac{1}{x^2 + 2} \geqslant \frac{5 - 2x}{9}, \quad x \geqslant \frac{1}{2}$$

$$\frac{1}{x^2 + 2} \geqslant \frac{7 - 2x}{18}, \quad x \geqslant 0$$

进一步考虑 $c \geqslant \frac{1}{2}$ 和 $c \leqslant \frac{1}{2}$ 两种情形.

**情形 1** $c \geqslant \frac{1}{2}$.通过不等式求和

$$\frac{1}{a^2 + 2} \geqslant \frac{5 - 2a}{9}, \quad \frac{1}{b^2 + 2} \geqslant \frac{5 - 2b}{9}, \quad \frac{1}{c^2 + 2} \geqslant \frac{5 - 2c}{9}$$

我们得到

$$\frac{1}{a^2 + 2} + \frac{1}{b^2 + 2} + \frac{1}{c^2 + 2} \geqslant \frac{15 - 2(a + b + c)}{9} = 1$$

**情形 2** $c \leqslant \frac{1}{2}$.我们有

$$\frac{1}{a^2 + 2} \geqslant \frac{7 - 2a}{18}$$

并考虑类似的不等式

$$\frac{1}{b^2 + 2} \geqslant \frac{B - 2b}{18}$$

$$\frac{1}{c^2 + 2} \geqslant \frac{C - 2c}{18}$$

当 $B = 8, C = 9$ 满足 $b = 1, c = 0$ 的不等式

$$\frac{1}{b^2 + 2} \geqslant \frac{8 - 2b}{18}$$

$$\frac{1}{c^2+2} \geqslant \frac{9-2c}{18}$$

因为

$$\frac{1}{b^2+2} - \frac{8-2b}{18} = \frac{(1-b)(1+3b-b^2)}{9(b^2+2)}$$

$$\frac{1}{c^2+2} - \frac{9-2c}{18} = \frac{c(1-2c)(4-c)}{18(c^2+2)}$$

这些不等式对 $0 \leqslant b \leqslant 1$ 和 $0 \leqslant c \leqslant \frac{1}{2}$ 成立. 因此,我们有

$$\frac{1}{a^2+2} + \frac{1}{b^2+2} + \frac{1}{c^2+2}$$

$$\geqslant \frac{7-2a}{18} + \frac{8-2b}{18} + \frac{9-2c}{18}$$

$$= 1$$

**问题 1.161** 设 $a,b,c$ 是实数,且满足

$$a \geqslant b \geqslant 1 \geqslant c \geqslant -5, \quad a+b+c=3$$

求证

$$\frac{6}{a^3+b^3+c^3} + 1 \geqslant \frac{8}{a^2+b^2+c^2}$$

(Vasile Cîrtoaje，2015)

**证明** 首先,我们将证明

$$a^3+b^3+c^3 > 0$$

事实上,对于平凡情况 $-5 \leqslant c \leqslant -2$,我们有

$$4(a^3+b^3+c^3) \geqslant (a+b)^3 + 4c^3$$
$$= (3-c)^3 + 4c^3$$
$$= 3c^3 + 9c^2 - 27c + 27$$
$$\geqslant -15c^2 + 9c^2 - 27c + 27$$
$$= 3(-2c^2 - 9c + 9)$$
$$> 3(-2c^2 - 9c + 5)$$
$$= 3(c+5)(1-2c)$$
$$> 0$$

从

$$(a-1)(b-1)(c-1) \leqslant 0$$

我们得到

$$r \leqslant q-2$$

其中 $q=ab+bc+ca$ 和 $r=abc$,将期望不等式写成

$$\frac{2}{r+9-3q} + 1 > \frac{8}{9-2q}$$

199

因为
$$r + 9 - 3q \leqslant (q - 2) + 9 - 3q = 7 - 2q$$
于是只需证
$$\frac{2}{7 - 2q} + 1 \geqslant \frac{8}{9 - 2q}$$
这个不等式等价于一个明显成立的不等式
$$(2q - 5)^2 \geqslant 0$$
等式适用于 $a = 1 + \frac{1}{\sqrt{2}}, b = 1, c = 1 - \frac{1}{\sqrt{2}}$.

**问题 1.162** 如果 $a \geqslant 1 \geqslant b \geqslant c > -3$,且满足 $ab + bc + ca = 3$,那么
$$\frac{1}{a^2 + ab + b^2} + \frac{1}{b^2 + bc + c^2} + \frac{1}{c^2 + ca + a^2} \geqslant 1$$

(Vasile Cîrtoaje, 2015)

**证明** 我们将先证明 $c > -1, p > 0$,其中 $p = a + b + c$ 的情形. 我们有
$$p \geqslant 1 + c + c = 1 + 2c$$
因此
$$p - c > c + 1$$
另外,从
$$(a - 1)(b - 1) \leqslant 0$$
我们发现
$$ab - (a + b) + 1 \leqslant 0$$
$$3 - c(a + b) - (a + b) + 1 \leqslant 0$$
$$4 \leqslant (c + 1)(a + b)$$
$$4 \leqslant (c + 1)(p - c)$$
我们有
$$p(c + 1) \geqslant c^2 + c + 4 > 0$$
从 $p(c + 1) > 0$,说明 $c > -1$ 时,$p > 0$. 为了证明 $c > -1$,我们采用反证法. 当 $c = -1$ 时,这与 $4 \leqslant (c + 1)(p - c)$ 矛盾. 当 $c < -1$ 时,我们有
$$p - c \leqslant \frac{4}{c + 1}$$
$$c + 1 \leqslant a + b \leqslant \frac{4}{c + 1}$$
$$(c + 1)^2 \geqslant 4$$
因此 $c \leqslant -3$,这是不可能的. 因此,我们有 $c < -1$ 和 $p > 0$. 根据下面的引理,我们可将不等式写成
$$p^3 abc - 27 + (p^2 - 9)^2 \geqslant 0$$

从 $(a-1)(b-1)(c-1) \geqslant 0$,我们得到

$$abc > 4 - p$$

因此

$$
\begin{aligned}
p^3 abc - 27 + (p^2 - 9)^2 &\geqslant p^3(4 - p) - 27 + (p^2 - 9)^2 \\
&= 2(2p + 3)(p - 3)^2 \\
&\geqslant 0
\end{aligned}
$$

等式适用于 $a = b = c = 1$.

**引理**　设 $a, b, c$ 是实数,$p = a + b + c$,$q = ab + bc + ca$. 如果 $q > 0$,那么不等式

$$\frac{1}{a^2 + ab + b^2} + \frac{1}{b^2 + bc + c^2} + \frac{1}{c^2 + ca + a^2} \geqslant \frac{3}{ab + bc + ca}$$

等价于

$$3(p^3 abc - q^3) + q(p^2 - 3q)^2 \geqslant 0$$

**证明**:将原不等式改写为

$$q \sum (x + ab - c^2)(x + ac - b^2) \geqslant 3 \prod (x + bc - a^2)$$

其中

$$x = a^2 + b^2 + c^2 = p^2 - 2q$$

从

$$\sum (ab - c^2)(ac - b^2) = q^2 - xq$$

$$\sum (x + ab - c^2)(x + ac - b^2) = x^2 + xq + q^2$$

$$\prod (bc - a^2) = q^3 - p^3 abc$$

$$\prod (x + bc - a^2) = xq^2 + q^3 - p^3 abc$$

结论成立.

**问题 1.163**　如果 $a \geqslant b \geqslant 1 \geqslant c \geqslant 0$,且满足 $a + b + c = 3$,那么

$$\frac{1}{a^2 + ab + b^2} + \frac{1}{b^2 + bc + c^2} + \frac{1}{c^2 + ca + a^2} \leqslant \frac{3}{ab + bc + ca}$$

（Vasile Cîrtoaje, 2015）

**证明**　根据问题 1.162 中的引理,我们只需证明

$$3(p^3 abc - q^3) + q(p^2 - 3q)^2 \leqslant 0$$

其中 $p = 3$,$q = ab + bc + ca$;也就是

$$27 abc - q^3 + 3q(3 - q)^2 \leqslant 0$$

从 $p^2 \geqslant 3q$,我们得到 $q \leqslant 3$,从 $(a-1)(b-1)(c-1) \leqslant 0$,我们得到

$$abc \leqslant q - 2, \quad q \geqslant 2$$

因此

201

$$27abc - q^3 + 3q (3-q)^2 \leqslant 27(q-2) - q^3 + 3q (3-q)^2 = 2 (q-3)^3 \leqslant 0$$

因此,证明完成. 等式适用于 $a=b=c=1$.

**备注** 事实上, 原不等式当

$$a \geqslant b \geqslant 1 \geqslant c \geqslant 1-\sqrt{3}$$

时也成立. 为了证明它成立, 我们只需要证明 $ab+bc+ca \geqslant 0$. 事实上, 我们有

$$ab + bc + ca = (a-1)(b-1) - 1 + a + b + c(a+b)$$
$$\geqslant -1 + (1+c)(a+b)$$
$$= -1 + (1+c)(3-c)$$
$$\geqslant 0$$

**问题 1.164** 如果 $a,b,c$ 是正实数, 且满足

$$a \geqslant 1 \geqslant b \geqslant c, \quad abc = 1$$

那么

$$\frac{1-a}{3+a^2} + \frac{1-b}{3+b^2} + \frac{1-c}{3+c^2} \geqslant 0$$

(Vasile Cîrtoaje, 2009)

**证明 1** 记原不等式的左边为 $E(a,b,c)$, 我们将证明

$$E(a,b,c) \geqslant E(ab,1,c) \geqslant 0$$

设

$$a+b=s, \quad ab=p$$

我们有

$$p \geqslant abc = 1, \quad s \geqslant 2\sqrt{p} \geqslant 2$$

因此

$$E(a,b,c) - E(ab,1,c)$$
$$= \frac{1-a}{3+a^2} + \frac{1-b}{3+b^2} + \frac{ab-1}{3+a^2b^2}$$
$$= \frac{s^2 - (3+p)s + 2(3-p)}{3s^2 + (p-3)^2} + \frac{p-1}{3+p^2}$$
$$= \frac{(3+p)(s-p-1)(ps+p-3)}{(3+p^2)[3s^2 + (p-3)^2]}$$

因为

$$s - p - 1 = (a-1)(1-b) \geqslant 0, \quad ps + p - 3 \geqslant 2p + p - 3 \geqslant 0$$

这说明

$$E(a,b,c) - E(ab,1,c) \geqslant 0$$

同样, 我们有

$$E(ab,1,c) = E\left(\frac{1}{c}, 1, c\right)$$

$$= \frac{(1-c)^4}{(3c^2+1)(3+c^2)}$$
$$\geqslant 0$$

等式适用于 $a=b=c=1$.

**证明 2** 设 $p=a+b+c, q=ab+bc+ca$. 从

$$(a-1)(b-1)(c-1) \geqslant 0$$

我们得到

$$p \geqslant q$$

期望不等式是成立的,因为它等价于

$$\sum (1-a)(9+3b^2+3c^2+b^2c^2) \geqslant 0$$
$$27+6\sum a^2 + \sum b^2c^2 - 9p - 3pq + 9 - q \geqslant 0$$
$$27+6(p^2-2q)+(q^2-2p)-9p-3pq+9-q \geqslant 0$$
$$6p^2+q^2-3pq-11p-13q+36 \geqslant 0$$
$$(p+q-6)^2+5p^2-5pq+p-q \geqslant 0$$
$$(p+q-6)^2+(5p+1)(p-q) \geqslant 0$$

**问题 1.165** 如果 $a,b,c$ 是正实数,且满足

$$a \geqslant 1 \geqslant b \geqslant c, \quad abc=1$$

那么

$$\frac{1}{\sqrt{3a+1}} + \frac{1}{\sqrt{3b+1}} + \frac{1}{\sqrt{3c+1}} \geqslant \frac{3}{2}$$

（Vasile Cîrtoaje, 2007）

**证明** 设

$$b_1 = \frac{1}{b}, \quad b_1 \geqslant 1$$

我们断言

$$\frac{1}{\sqrt{3b+1}} + \frac{1}{\sqrt{3b_1+1}} \geqslant \frac{1}{2}$$

这个不等式等价于

$$\frac{1}{\sqrt{3b+1}} + \sqrt{\frac{b}{b+3}} \geqslant \frac{1}{2}$$

利用代换

$$\frac{1}{\sqrt{3b+1}} = t, \quad \frac{1}{2} \leqslant t < 1$$

将要证不等式变成

$$\sqrt{\frac{1-t^2}{1+8t^2}} \geqslant 1-t$$

通过平方,我们得到
$$t(1-t)(1-2t)^2 \geqslant 0$$
这是显然成立的.类似地,我们有
$$\frac{1}{\sqrt{3c+1}} + \frac{1}{\sqrt{3c_1+1}} \geqslant \frac{1}{2}$$
其中
$$c_1 = \frac{1}{c}, \quad c_1 \geqslant 1$$
利用这些不等式,于是只需证
$$\frac{1}{\sqrt{3a+1}} + \frac{1}{2} \geqslant \frac{1}{\sqrt{3b_1+1}} + \frac{1}{\sqrt{3c_1+1}}$$
这等价于
$$\frac{1}{\sqrt{3b_1c_1+1}} + \frac{1}{2} \geqslant \frac{1}{\sqrt{3b_1+1}} + \frac{1}{\sqrt{3c_1+1}}$$
根据第 2 卷问题 2.86 知结论成立.等式适用于 $a=b=c=1$.

**问题 1.166** 如果 $a,b,c$ 是正实数,且满足
$$a \geqslant 1 \geqslant b \geqslant c, \quad abc = 1$$
那么
$$\frac{1}{a^2+4ab+b^2} + \frac{1}{b^2+4bc+c^2} + \frac{1}{c^2+4ca+a^2} \geqslant \frac{1}{2}$$

(Vasile Cîrtoaje,2015)

**证明** 将原不等式改写为
$$2E \geqslant F$$
其中
$$E = \sum (a^2+4ab+b^2)(a^2+4ac+c^2)$$
$$F = \prod (b^2+4bc+c^2)$$
对于 $k=4$ 和 $r=1$ 应用下面的引理,我们得到
$$E = 18pr + p^4 - 3q^2 = 18p + p^4 - 3q^2$$
$$F = 27r^2 + 2p^3r + p^2q^2 + 2q^3 = 27 + 2p^3 + p^2q^2 + 2q^3$$
因此
$$2E - F = 2p^4 - 2p^3 + 36p - 27 - (p^2+6)q^2 - 2q^3$$
从 $(a-1)(b-1)(c-1) \geqslant 0$,我们得到
$$p \geqslant q$$
因此
$$2E - F = 2p^4 - 2p^3 + 36p - 27 - (p^2+6)q^2 - 2q^3$$

$$\geqslant 2p^4 - 2p^3 + 36p - 27 - (p^2 + 6)p^2 - 2p^3$$
$$= p^4 - 4p^3 - 6p^2 + 36p - 27$$
$$= (p-1)(p-3)^2(p+3)$$
$$\geqslant 0$$

证明完成. 当 $a = b = c = 1$ 时,等式成立.

**引理** 如果 $a,b,c$ 是实数,且

$$p = a + b + c, \quad q = ab + bc + ca, \quad r = abc$$

$$E = \sum (a^2 + kab + b^2)(a^2 + kac + c^2)$$

$$F = \prod (b^2 + kbc + c^2)$$

那么

$$E = (k-1)(k+2)pr + p^4 + (k-4)p^2q + (5-2k)q^2$$
$$F = (k-1)^3 r^2 + [(k-2)p^2 + (k-1)(k-4)q]pr + p^2q^2 + (k-2)q^3$$

证明:设

$$x = a^2 + b^2 + c^2 = p^2 - 2q$$

因为

$$E = \sum (a^2 + kab + b^2)(a^2 + kac + c^2) = x^2 + kxq + (k-1)(k+2)pr + q^2$$

$$F = \prod (b^2 + kbc + c^2)$$

$$= x[(k-1)(k+2)pr + q^2] + (k-1)^3 r^2 - k[kp^2 - 3(k-1)q]pr + kq^3$$

结论成立.

**问题 1.167** 如果 $a,b,c$ 是正实数,设 $a \geqslant 1 \geqslant b \geqslant c \geqslant 0$,且满足

$$a + b + c = 3, \quad ab + bc + ca = q$$

其中 $q \in [0,3]$ 是一固定的数,求证乘积 $r = abc$ 当 $b = c$ 时最大,当 $b = 1$ 或 $c = 0$ 时最小.

(Vasile Cîrtoaje, 2015)

**证明** 对于 $q = 3$,有 $(a + b + c)^2 = 3(ab + bc + ca)$,这等价于

$$(a-b)^2 + (b-c)^2 + (c-a)^2 = 0$$

我们得到 $a = b = c = 1$.进一步考虑 $q \in [0,3)$,此时 $a > 1 \geqslant b \geqslant c \geqslant 0$.我们将证明 $c \in [c_1, c_2]$,其中

$$c_1 = \begin{cases} 1 - \sqrt{3-q}, & 2 \leqslant q < 3 \\ 0, & 0 \leqslant q \leqslant 2 \end{cases}$$

和

$$c_2 = 1 - \sqrt{1 - \frac{q}{3}}$$

从

$$(a-1)(b-1) \leqslant 0$$

这等价于

$$ab - (a+b) + 1 \leqslant 0$$
$$q - (a+b)(c+1) + 1 \leqslant 0$$
$$q - (3-c)(c+1) + 1 \leqslant 0$$

我们得到

$$c^2 - 2c + q - 2 \leqslant 0$$

因此 $c \geqslant 1 - \sqrt{3-q}$. 当 $2 \leqslant q < 3$ 时，$1 - \sqrt{3-q} \geqslant 0$，等式是可能成立的，因为它意味着

$$b = 1, \quad a = 1 + \sqrt{3-q} \geqslant 1$$

当 $0 \leqslant q \leqslant 2$ 时，等式 $c = 0$ 是可能成立的，因为它意味着 $a+b=3$ 和 $ab=q$，因此

$$a = \frac{3 + \sqrt{9-4q}}{2} \geqslant 1, \quad b = \frac{3 - \sqrt{9-4q}}{2} \in [0,1]$$

总之，在所有的情况下，我们有 $c \geqslant c_1$，当 $b=1$ 或 $c=0$ 时等式成立. 同样，从

$$(b-c)(a-c) = c^2 - 2c(a+b) + q$$
$$= c^2 - 2c(3-c) + q = 3c^2 - 6c + q$$
$$\geqslant 0$$

我们得到 $c \leqslant c_2$，等式当 $b=c$ 时成立. 另外，从

$$abc = c[q - (a+b)c] = c[q - (3-c)c]$$

我们得到

$$r(c) = c^3 - 3c^2 + qc$$

因为

$$r'(c) = 3c^2 - 6c + q = 3c^2 - 2(a+b+c)c + q = (a-c)(b-c) \geqslant 0$$

说明 $r(c)$ 在 $[c_1, c_2]$ 上是严格递增的，因此当 $c = c_1$ 时 $r(c)$ 取得最小值，此时 $b=1$ 或 $c=0$. 当 $c = c_2$ 时，$r(c)$ 取得最大值，此时 $b=c$.

**问题 1.168** 设 $p, q$ 是固定的实数，且存在三个实数 $a, b, c$ 满足

$$a \geqslant 1 \geqslant b \geqslant c \geqslant 0, \quad a+b+c = p, \quad ab+bc+ca = q$$

求证：

(a) 当 $b=c$ 时，乘积 $r = abc$ 最大；

(b) 当 $a=1$，或 $b=1$，或 $c=0$ 时，乘积 $r = abc$ 最小.

(Vasile Cîrtoaje, 2015)

**证明** (a) 根据第 1 卷问题 3.57，在较弱条件 $a \geqslant b \geqslant c \geqslant 0$ 下，而不是 $a \geqslant 1 \geqslant b \geqslant c \geqslant 0$，当 $b=c$ 时，乘积 $r = abc$ 取得最大值，此时

$$a = \frac{p + 2\sqrt{p^2 - 3q}}{3}, \quad b = c = \frac{p - 2\sqrt{p^2 - 3q}}{3}$$

因此,只需证明

$$\frac{p+2\sqrt{p^2-3q}}{3} \geqslant 1 \geqslant \frac{p-2\sqrt{p^2-3q}}{3}$$

左边不等式是成立的,如果

$$4(p^2-3q) \geqslant (3-p)^2$$

这等价于

$$(p+1)^2 \geqslant 4(q+1)$$

事实上

$$(p+1)^2-4(q+1)=(b-c)^2+(a-1)(a+3-2b-2c) \geqslant 0$$

右边不等式等价于

$$\sqrt{p^2-3q} \geqslant p-3$$

这是成立的,如果对于 $p \geqslant 3$,$p^2-3q \geqslant (p-3)^2$;事实上

$$\frac{p^2-3q-(p-3)^2}{3}$$

$$=2p-q-3$$

$$=(a-1)(1-b)+(1-c)(a+b-2)$$

$$=(a-1)(1-b)+(1-c)[(1-c)+(p-3)]$$

$$\geqslant 0$$

(b) 我们将证明:如果 $p \leqslant q+1$,当 $a=1$ 或 $b=1$ 时,乘积 $r=abc$ 取得最小值;如果 $p \geqslant q+1$,当 $c=0$ 时,乘积 $r=abc$ 也取得最小值.

**情形 1** $p \leqslant q+1$. 从

$$(a-1)(b-1)(c-1) \geqslant 0$$

我们得到

$$abc \geqslant ab+bc+ca-a-b-c+1=q-p+1 \geqslant 0$$

当 $a=1$ 或 $b=1$ 时等式成立.如果 $a,b$ 中有一个为1,那么 $a,b,c$ 中的另两个是

$$x=\frac{p-1+\sqrt{D}}{2}, \quad c=\frac{p-1-\sqrt{D}}{2}$$

其中

$$D=(p+1)^2-4(q+1)=(b-c)^2+(a-1)(a+3-2b-2c) \geqslant 0$$

我们只需要证明 $c \geqslant 0$,这等价于

$$p-1 \geqslant \sqrt{D}$$

$$p \leqslant q+1$$

**情形 2** $p \geqslant q+1$. 我们将证明当 $c=0$ 时,乘积 $r=abc$ 取得最小值,为此,我们只需证明存在两个实数 $a$ 和 $b$ 满足

$$a \geqslant 1 \geqslant b \geqslant 0, \quad a+b=p, \quad ab=q$$

因为
$$a = \frac{p + \sqrt{p^2 - 4q}}{2}, \quad b = \frac{p - \sqrt{p^2 - 4q}}{2}$$

其中
$$p^2 - 4q \geqslant (q+1)^2 - 4q = (q-1)^2 \geqslant 0$$

不等式 $a \geqslant 1$ 等价于
$$\sqrt{p^2 - 4q} \geqslant 2 - p$$

而不等式 $b \leqslant 1$ 等价于
$$\sqrt{p^2 - 4q} \geqslant p - 2$$

这些不等式都是成立的,如果
$$p^2 - 4q \geqslant (p-2)^2$$

化简得 $p \geqslant q + 1$.

**问题 1.169** 设 $p, q$ 是固定的实数,且存在三个实数 $a, b, c$ 满足
$$a \geqslant b \geqslant c \geqslant 1, \quad a + b + c = p, \quad ab + bc + ca = q$$

求证:

(a) 当 $b = c$ 时,乘积 $r = abc$ 最大;

(b) 当 $a = b$ 或 $c = 1$ 时,乘积 $r = abc$ 最小.

(Vasile Cîrtoaje, 2015)

**证明** 从 $a \geqslant b > c \geqslant 1$,可推出
$$p = a + b + c \geqslant 3$$

(a) 根据第 1 卷的问题 3.57,在较弱的条件 $a \geqslant b \geqslant c \geqslant 0$ 下,而不是 $a \geqslant b \geqslant c \geqslant 1$,乘积 $r = abc$ 当 $b = c$ 时取得最大值,此时
$$a = \frac{p + 2\sqrt{p^2 - 3q}}{3}, \quad b = c = \frac{p - \sqrt{p^2 - 3q}}{3}$$

因此,只需证明
$$\frac{p - \sqrt{p^2 - 3q}}{3} \geqslant 1$$

这等价于
$$p - 3 \geqslant \sqrt{p^2 - 3q}$$
$$(p-3)^2 \geqslant p^2 - 3q$$
$$q + 3 \geqslant 2p$$

我们有
$$q + 3 - 2p = (a-1)(b-1) + (b-1)(c-1) + (c-1)(a-1)$$
$$\geqslant 1$$

(b) 我们将证明如果 $p + 1 \leqslant 2\sqrt{q+1}$,那么当 $a = b$ 时,乘积 $r = abc$ 取得

最小值,如果 $p+1 \geqslant 2\sqrt{q+1}$,那么当 $c=1$ 时,乘积 $r=abc$ 也取得最小值.

**情形 1** $p+1 \leqslant 2\sqrt{q+1}$. 根据第 1 卷的问题 2.53,在较弱的条件 $a \geqslant b \geqslant c$ 下,而不是 $a \geqslant b \geqslant c \geqslant 1$,当 $a=b$ 时,乘积 $r=abc$ 取得最小值,此时

$$a=b=\frac{p+\sqrt{p^2-3q}}{3}, \quad c=\frac{p-2\sqrt{p^2-3q}}{3}$$

因此,只需证

$$\frac{p-2\sqrt{p^2-3q}}{3} \geqslant 1$$

这等价于

$$p-3 \geqslant 2\sqrt{p^2-3q}$$
$$(p-3)^2 \geqslant 4(p^2-3q)$$
$$(p+1)^2 \leqslant 4(q+1)$$
$$p+1 \leqslant 2\sqrt{q+1}$$

**情形 2** $p+1 \geqslant 2\sqrt{q+1}$. 从

$$(a-1)(b-1)(c-1) \geqslant 0$$

我们得到

$$abc \geqslant ab+bc+ca-a-b-c+1 = q-p+1 \geqslant 0$$

当 $c=1$ 时等式成立. 此外,由 $c=1$ 得到

$$a=\frac{p-1+\sqrt{D}}{2}, \quad b=\frac{p-1-\sqrt{D}}{2}$$

其中

$$D=(p+1)^2-4(q+1) \geqslant 0$$

为了结束证明,只需证

$$p-3 \geqslant \sqrt{D}$$
$$(p-3)^2 \geqslant (p+1)^2-4(q+1)$$
$$q+3 \geqslant 2p$$
$$(a-1)(b-1)+(b-1)(c-1)+(c-1)(a-1) \geqslant 0$$

**问题 1.170** 设 $a \geqslant b \geqslant 1 \geqslant c \geqslant 0$,且满足

$$a+b+c=3, \quad ab+bc+ca=q$$

其中 $q \in [0,3]$ 是一固定的数. 求证:乘积 $r=abc$ 当 $b=1$ 时最大,当 $a=b$ 或 $c=0$ 时最小.

(Vasile Cîrtoaje, 2015)

**证明** 由于

$$ab+bc+ca \leqslant \frac{1}{3}(a+b+c)^2 = 3$$

$$q - 3 = ab + (a + b)c - a - b - c$$
$$= (a - 1)(b - 1) + (a + b - 1)c - 1$$
$$\geqslant -1$$

这说明 $2 \leqslant q \leqslant 3$. 因为 $q = 2$ 时, $b = 1, c = 0$, 和 $q = 3$ 时, $a = b = c = 1$. 我们进一步考虑 $q \in (2, 3)$, 此时 $a \geqslant b \geqslant 1 > c \geqslant 0$, 我们将先证明 $c \in [c_1, c_2]$, 其中

$$c_1 = \begin{cases} 1 - 2\sqrt{1 - \dfrac{q}{3}}, & \dfrac{9}{4} \leqslant q < 3 \\ 0, & 2 < q \leqslant \dfrac{9}{4} \end{cases}$$

$$c_2 = 1 - \sqrt{3 - q}$$

由于

$$(a - b)^2 = (a + b)^2 - 4ab$$
$$= (a + b)^2 + 4c(a + b) - 4q$$
$$= (3 - c)^2 + 4c(3 - c) - 4q$$
$$= -3c^2 + 6c + 9 - 4q$$

这说明

$$3c^2 - 6c + 4q - 9 \leqslant 0$$

因此 $c \geqslant 1 - 2\sqrt{1 - \dfrac{q}{3}}$. 在 $\dfrac{9}{4} \leqslant q < 3$ 的情形下, 此时 $1 - 2\sqrt{1 - \dfrac{q}{3}} \geqslant 0$, 等式

$c = 1 - 2\sqrt{1 - \dfrac{q}{3}}$ 是可能成立的, 因为这意味着

$$a = b = 1 + \sqrt{1 - \dfrac{q}{3}} \geqslant 1$$

在 $2 < q \leqslant \dfrac{9}{4}$ 的情况下, 等式 $c = 0$ 是可能成立的, 因为这意味着 $a + b = 3$ 和 $ab = q$, 因此

$$a = \dfrac{3 + \sqrt{9 - 4q}}{2}, \quad b = \dfrac{3 - \sqrt{9 - 4q}}{2} > 1$$

总之, 在这些情况下, 我们有 $c \geqslant c_1$, 当 $a = b$ 或 $c = 0$ 时等式成立. 同样, 从

$$(a - 1)(b - 1) \geqslant 0$$

这等价于

$$ab - (a + b) + 1 \geqslant 0$$
$$q - (a + b)(c + 1) + 1 \geqslant 0$$
$$q - (3 - c)(c + 1) + 1 \geqslant 0$$

我们得到

$$c^2 - 2c + q - 2 \geqslant 0$$

因此 $c \leqslant c_2$，当 $b=1$ 时，等式成立.另外，从

$$abc = c[q-(a+b)c] = c[q-(3-c)c]$$

我们得到

$$r(c) = c^3 - 3c^2 + qc$$

因为

$$r'(c) = 3c^2 - 6c + q = 3c^2 - 2(a+b+c)c + q = (c-a)(c-b) \geqslant 0$$

$r(c)$ 在 $[c_1,c_2]$ 上是严格递增的，因此当 $c=c_1$，即 $a=b$ 或 $c=0$ 时取得最小值，当 $c=c_2$，即 $b=1$ 时取得最大值.

**问题 1.171** 设 $p,q$ 是固定的实数，且存在三个实数 $a,b,c$ 满足

$$a \geqslant b \geqslant 1 \geqslant c \geqslant 0, \quad a+b+c=p, \quad ab+bc+ca=q$$

求证：

(a) 当 $b=1$ 或 $c=1$ 时，乘积 $r=abc$ 最大；

(b) 当 $a=b$ 或 $c=0$ 时，乘积 $r=abc$ 最小.

（Vasile Cîrtoaje，2015）

**证明** （a）从

$$(a-1)(b-1)(c-1) \leqslant 0$$

我们得到

$$abc \leqslant q-p+1$$

当 $b=1$ 或 $c=1$ 时，等式成立.如果 $b,c$ 中有一个为 1，那么 $a,b,c$ 中的其余两个是

$$a = x = \frac{p-1+\sqrt{D}}{2}, \quad y = \frac{p-1-\sqrt{D}}{2}$$

其中

$$D = (p+1)^2 - 4(q+1)$$

注意到

$$D = (a-b)^2 + (1-c)(2a+2b-c-3) \geqslant 0$$

$$x \geqslant 1$$

$$xy = q-p+1 = (a-1)(b-1) + c(a+b-1) \geqslant 0, \quad y \geqslant 0$$

不等式 $x \geqslant 1$ 等价于 $\sqrt{D} \geqslant 3-p$，这是成立的，如果 $p \leqslant 3$，可得

$$D \geqslant (3-p)^2$$

事实上

$$\frac{D-(3-p)^2}{4}$$

$$= 2p-q-3$$

$$= (b-1)(1-c) + (a-1)(2-b-c)$$

$$= (b-1)(1-c) + (a-1)[(a-1)+(3-p)]$$

211

$$\geqslant 0$$

同样,对于 $p \leqslant 3$ 或 $p \geqslant \dfrac{(q+3)}{2}$,我们有 $y \leqslant 1$,对于 $3 \leqslant p \leqslant \dfrac{(q+3)}{2}$,我们有 $y \geqslant 1$,因此对于 $p \leqslant 3$ 或 $p \geqslant \dfrac{(q+3)}{2}$,存在唯一的点 $(a,b,c)$ 使得乘积 $r = abc$ 最大

$$(a,b,c) = \left( \frac{p-1+\sqrt{D}}{2}, 1, \frac{p-1-\sqrt{D}}{2} \right)$$

对于

$$3 \leqslant p \leqslant \frac{(q+3)}{2}$$

$$(a,b,c) = \left( \frac{p-1+\sqrt{D}}{2}, \frac{p-1-\sqrt{D}}{2}, 1 \right)$$

(b) 根据第 1 卷的问题 3.57,在较弱的情况 $a \geqslant b \geqslant c \geqslant 0$ 下,而不是 $a \geqslant b \geqslant 1 \geqslant c \geqslant 0$,对于 $a = b$(如果 $p^2 \leqslant 4q$) 或 $c = 0$(如果 $p^2 \geqslant 4q$) 时,乘积 $r = abc$ 取得最小值.

对于 $a = b$,我们有

$$a = b = \frac{p + \sqrt{p^2 - 3q}}{3}, \quad c = \frac{p - 2\sqrt{p^2 - 3q}}{3}$$

因此,只需证

$$\frac{p + \sqrt{p^2 - 3q}}{3} \geqslant 1$$

$$\frac{p - 2\sqrt{p^2 - 3q}}{3} \leqslant 1$$

如果 $p \leqslant 3$,那么第一个不等式成立,即

$$p^2 - 3q \geqslant (3-p)^2$$

也就是

$$2p - q - 3 \geqslant 0$$

$$2p - q - 3 = 2(a+b) - ab - 3 - (a+b-2)c$$

$$\geqslant 2(a+b) - \frac{1}{4}(a+b)^2 - 3 - (a+b-2)c$$

$$= \frac{1}{4}\left[(a+b-2)(6-a-b) - 4(a+b-2)c\right]$$

$$= \frac{1}{4}(a+b-2)(6-a-b-4c)$$

$$= \frac{(a+b-2)\left[(3-p)+3(1-c)\right]}{4}$$

$$\geqslant 0$$

如果 $p \geqslant 3$,那么第二个不等式成立,这意味着

$$4(p^2 - 3q) \geqslant (p-3)^2$$

这等价于一个明显成立的不等式

$$(a-b)^2 + (1-c)(2a+2b-c-3) \geqslant 0$$

当 $c = 0$ 时,我们有

$$a = \frac{p + \sqrt{p^2 - 4q}}{2}, \quad b = \frac{p - \sqrt{p^2 - 4q}}{2}, \quad c = 0$$

因此,我们只需证

$$\frac{p - \sqrt{p^2 - 4q}}{2} \geqslant 1$$

也就是

$$p - 2 \geqslant \sqrt{p^2 - 4q}$$

因为 $p - 2 = (a-1) + (b-1) + c \geqslant 0$,我们仅需证明

$$(p-2)^2 \geqslant p^2 - 4q$$

这等价于

$$q + 1 - p \geqslant 0$$
$$(a-1)(b-1) + (a+b-1)c \geqslant 0$$

**问题 1.172** 设 $p, q$ 是固定的实数,且存在三个实数 $a, b, c$ 满足

$$1 \geqslant a \geqslant b \geqslant c \geqslant 0, \quad a+b+c = p, \quad ab+bc+ca = q$$

求证:

(a) 当 $b = c$ 或 $a = 1$ 时,乘积 $r = abc$ 最大;

(b) 当 $a = b$ 或 $c = 0$ 时,乘积 $r = abc$ 最小.

(Vasile Cîrtoaje, 2015)

**证明** 我们有 $p \leqslant 3$,因为

$$p - 3 = (a-1) + (b-1) + (c-1) \leqslant 0$$

(a) 我们将证明:如果 $p+1 \leqslant 2\sqrt{q+1}$,当 $b = c$ 时,乘积 $r = abc$ 取得最大值,如果 $p+1 \geqslant 2\sqrt{q+1}$,当 $a = 1$ 时,乘积 $r = abc$ 也取得最大值.

**情形 1** $p+1 \leqslant 2\sqrt{q+1}$. 根据第 1 卷的问题 3.57,在较弱的条件 $a \geqslant b \geqslant c \geqslant 0$ 下,而不是 $1 \geqslant a \geqslant b \geqslant c \geqslant 0$,当 $b = c$ 时,乘积 $r = abc$ 取得最大值,此时

$$a = \frac{p + 2\sqrt{p^2 - 3q}}{3}, \quad b = c = \frac{p - \sqrt{p^2 - 3q}}{3}$$

因此,我们只需证明

$$\frac{p - \sqrt{p^2 - 3q}}{3} \geqslant 0$$

$$\frac{p + 2\sqrt{p^2 - 3q}}{3} \leqslant 1$$

第一个不等式是显然的. 第二个不等式等价于

$$3 - p \geqslant 2\sqrt{p^2 - 3q}$$
$$(3 - p)^2 \geqslant 4(p^2 - 3q)$$
$$(p + 1)^2 \leqslant 4(q + 1)$$
$$p + 1 \leqslant 2\sqrt{q + 1}$$

**情形 2** $p + 1 \geqslant 2\sqrt{q + 1}$. 从

$$(a - 1)(b - 1)(c - 1) \geqslant 0$$

我们得到

$$abc \geqslant ab + bc + ca - a - b - c + 1 = q - p + 1 \geqslant 0$$

当 $a = 1$ 时, 等式成立. 此外, $a = 1$ 意味着

$$b = \frac{p - 1 + \sqrt{D}}{2}, \quad c = \frac{p - 1 - \sqrt{D}}{2}$$

其中

$$D = (p + 1)^2 - 4(q + 1) \geqslant 0$$

为了结束证明, 我们只需要证明

$$\frac{p - 1 - \sqrt{D}}{2} \geqslant 0$$

$$\frac{p - 1 + \sqrt{D}}{2} \leqslant 1$$

第一个不等式可改写为

$$p - 1 \geqslant \sqrt{D}$$

因为

$$p \geqslant -1 + 2\sqrt{q + 1} \geqslant -1 + 2 = 1$$

这个不等式等价于

$$(p - 1)^2 \geqslant D$$
$$1 - p + q \geqslant 0$$
$$(1 - a)(1 - b)(1 - c) + abc \geqslant 0$$

第二个不等式可改写为

$$3 - p \geqslant \sqrt{D}$$
$$(3 - p)^2 \geqslant D$$
$$q + 3 \geqslant 2p$$
$$\sum (1 - a)(1 - b) \geqslant 0$$

(b) 我们将证明:如果 $p^2 \leqslant 4q$,当 $a=b$ 时,乘积 $r=abc$ 取得最小值,如果 $p^2 \geqslant 4q$,当 $c=0$ 时,乘积 $r=abc$ 也取得最小值.

**情形 1**　$p^2 \leqslant 4q$. 根据第 1 卷的问题 2.53,在较弱的条件 $a \geqslant b \geqslant c$ 下,而不是 $1 \geqslant a \geqslant b \geqslant c \geqslant 0$,当 $a=b$ 时,乘积 $r=abc$ 取得最小值,此时

$$a=b=\frac{p+\sqrt{p^2-3q}}{3}, \quad c=\frac{p-2\sqrt{p^2-3q}}{3}$$

因此,我们只需证明

$$\frac{p-2\sqrt{p^2-3q}}{3} \geqslant 0$$

$$\frac{p+\sqrt{p^2-3q}}{3} \leqslant 1$$

第一个不等式可改写为

$$p \geqslant 2\sqrt{p^2-3q}$$
$$p^2 \geqslant 4(p^2-3q)$$
$$p^2 \leqslant 4q$$

第二个不等式可改写为

$$3-p \geqslant \sqrt{p^2-3q}$$
$$(3-p)^2 \geqslant p^2-3q$$
$$q+3 \geqslant 2p$$
$$\sum (1-a)(1-b) \geqslant 0$$

**情形 2**　$p^2 \geqslant 4q$. 从

$$0 \leqslant p^2-4q$$
$$= (a-b)^2-c(a+b-c)$$
$$\leqslant (a-b)^2-c^2$$
$$= (a-b+c)(a-b-c)$$

我们得到 $a \geqslant b+c$,因此

$$p=a+b+c \leqslant 2a \leqslant 2$$

对于 $c=0$,我们有

$$a=\frac{p+\sqrt{p^2-4q}}{2}, \quad b=\frac{p-\sqrt{p^2-4q}}{2}, \quad c=0$$

因为 $p-\sqrt{p^2-4q} \geqslant 0$,我们仅需证明

$$\frac{p+\sqrt{p^2-4q}}{2} \leqslant 1$$

这等价于

$$2-p \geqslant \sqrt{p^2-4q}$$

$$(2-p)^2 \geqslant p^2 - 4q$$

$$1 - p + q \geqslant 0$$

$$(1-a)(1-b)(1-c) + abc \geqslant 0$$

**问题 1.173**　设 $a \geqslant 1 \geqslant b \geqslant c \geqslant 0$，且满足 $a+b+c=3$，那么

$$abc + \frac{9}{ab+bc+ca} \geqslant 4$$

（Vasile Cîrtoaje, 2015）

**证明**　设

$$q = ab + bc + ca$$

**方法 1**　根据问题 1.167，对于固定的 $q$，当 $b=1$ 或 $c=0$，乘积 $r=abc$ 取得最小值．因此，只需考虑这些情况．如果 $b=1$，那么 $a+c=2$，原不等式变成

$$ac + \frac{9}{2+ac} \geqslant 4$$

$$(ac-1)^2 \geqslant 0$$

当 $c=0$ 时，我们需要证明在条件 $a+b=3$ 下，有 $4ab \leqslant 9$．事实上

$$4ab < (a+b)^2 = 9$$

等式适用于 $a=b=c=1$．

**方法 2**　从 $(a-1)(b-1)(c-1) \geqslant 0$，我们得到

$$abc \geqslant q - 2$$

因此

$$abc + \frac{9}{ab+bc+ca} - 4 \geqslant q - 2 + \frac{9}{q} - 4 = \frac{(q-3)^2}{q} \geqslant 0$$

**问题 1.174**　设 $a \geqslant 1 \geqslant b \geqslant c \geqslant 0$，且满足 $a+b+c=3$，那么

$$abc + \frac{2}{ab+bc+ca} \geqslant \frac{5}{a^2+b^2+c^2}$$

（Vasile Cîrtoaje, 2015）

**证明**　设

$$q = ab + bc + ca, \quad q \leqslant 3$$

**方法 1**　根据问题 1.167，对于固定的 $q$，当 $b=1$ 或 $c=0$ 时，乘积 $r=abc$ 取得最小值．因此，只需考虑这些情况．如果 $b=1$，那么 $a+c=2$，原不等式变成

$$ac + \frac{2}{2+ac} \geqslant \frac{5}{5-2ac}$$

$$ac(1-ac)(1+2ac) \geqslant 0$$

最后一个不等式是正确的，因为

$$4 = (a+c)^2 \geqslant 4ac$$

对于 $c=0$，我们需要证明在 $a+b=3$ 时，有

$$\frac{2}{ab} \geqslant \frac{5}{9-2ab}$$

也就是 $ab \leqslant 2$,事实上

$$ab - 2 = ab - a - b + 1 = (a-1)(b-1) \leqslant 0$$

等式适用于 $a = b = c = 1$,也适用于 $a = 2, b = 1$ 和 $c = 0$.

**方法 2**　将原不等式改写成

$$abc + \frac{2}{q} \geqslant \frac{5}{9-2q}$$

**情形 1**　$q \leqslant 2$. 我们有

$$abc + \frac{2}{q} - \frac{5}{9-2q} \geqslant \frac{2}{q} - \frac{5}{9-2q}$$

$$= \frac{9(q-2)}{q(9-2q)}$$

$$\geqslant 0$$

**情形 2**　$2 \leqslant q \leqslant 3$. 从 $(a-1)(b-1)(c-1) \geqslant 0$,我们得到

$$abc \geqslant q - 2$$

因此

$$abc + \frac{2}{q} - \frac{5}{9-2q} \geqslant q - 2 + \frac{2}{q} - \frac{5}{9-2q}$$

$$= \frac{(3-q)(q-2)(2q-3)}{q(9-2q)}$$

$$\geqslant 0$$

**问题 1.175**　设 $a \geqslant b \geqslant 1 \geqslant c > 0$,且满足 $a+b+c=3$,那么

$$\frac{1}{abc} + 2 \geqslant \frac{9}{ab+bc+ca}$$

(Vasile Cîrtoaje, 2015)

**证明**　设

$$q = ab + bc + ca$$

**方法 1**　根据问题 1.170,对于固定的 $q$,当 $b=1$ 时,乘积 $r=abc$ 取得最大值. 因此,只需考虑 $b=1$ 时的情形. 此时 $a+c=2$,原不等式变成

$$\frac{1}{ac} + 2 \geqslant \frac{9}{2+ac}$$

$$(ac-1)^2 \geqslant 0$$

等式适用于 $a = b = c = 1$.

**方法 2**　由 $(a-1)(b-1)(c-1) \leqslant 0$,我们得到

$$abc < q - 2, \quad q > 2$$

因此,只需证明

$$\frac{1}{q-2} + 2 \geqslant \frac{9}{q}$$

这等价于

$$(q-3)^2 \geqslant 0$$

**问题 1.176** 设 $a \geqslant b \geqslant 1 \geqslant c > 0$,且满足 $a+b+c=3$,那么

$$\frac{1}{a} + \frac{1}{b} + \frac{1}{c} + 11 \geqslant 4(a^2+b^2+c^2)$$

(Vasile Cîrtoaje, 2015)

**证明** 设

$$q = ab + bc + ca$$

**方法 1** 将原不等式改写成

$$\frac{q}{abc} + 8q \geqslant 25$$

根据问题 1.170,对于固定的 $q$,当 $b=1$ 时,乘积 $r=abc$ 取得最大值. 因此,只需考虑 $b=1$ 时的情形. 此时 $a+c=2$,前一不等式变成

$$\frac{1}{ac} + 4ac \geqslant 4$$

$$(2ac - 1)^2 \geqslant 0$$

等式适用于 $a = 1 + \frac{1}{\sqrt{2}}, b=1, c=1-\frac{1}{\sqrt{2}}$.

**方法 2** 从 $(a-1)(b-1)(c-1) \leqslant 0$,我们得到

$$abc < q - 2, \quad q > 2$$

因此,只需证明

$$\frac{q}{q-2} + 11 \geqslant 4(9-2q)$$

这等价于

$$(2q-5)^2 \geqslant 0$$

**问题 1.177** 设 $a \geqslant b \geqslant 1 \geqslant c > 0$,且满足 $a+b+c=3$,那么

$$\frac{1}{abc} + \frac{2}{a^2+b^2+c^2} \geqslant \frac{5}{ab+bc+ca}$$

(Vasile Cîrtoaje, 2015)

**证明** 设

$$q = ab + bc + ca$$

**方法 1** 将原不等式改写成

$$\frac{9}{abc} + 8q \geqslant 25$$

根据问题 1.170,对于固定的 $q$,当 $b=1$ 时,乘积 $r=abc$ 取得最大值. 因此,只需

考虑 $b=1$ 时的情形. 此时 $a+c=2$, 上一不等式变成

$$\frac{1}{ac}+\frac{2}{5-2ac} \geqslant \frac{5}{2+ac}$$

$$(ac-1)^2 \geqslant 0$$

等式适用于 $a=b=c=1$.

**方法 2** 从 $(a-1)(b-1)(c-1) \leqslant 0$, 我们得到

$$abc \leqslant q-2, \quad q>2$$

因此,只需证明

$$\frac{1}{q-2}+\frac{2}{9-2q} \geqslant \frac{5}{q}$$

这等价于

$$(q-3)^2 \geqslant 0$$

**问题 1.178** 设 $a \geqslant b \geqslant 1 \geqslant c \geqslant 0$, 且满足 $a+b+c=3$, 那么

$$\frac{9}{a^3+b^3+c^3}+2 \leqslant \frac{15}{a^2+b^2+c^2}$$

（Vasile Cîrtoaje, 2015）

**证明** 将原不等式改写成

$$\frac{3}{abc+9-3q}+2 \leqslant \frac{15}{9-2q}$$

其中

$$q=ab+bc+ca$$

从

$$3q \leqslant (a+b+c)^2=9$$

$$q=(1-a)(1-b)(1-c)+abc-1+a+b+c$$

$$\geqslant -1+a+b+c$$

$$=2$$

这说明

$$2 \leqslant q \leqslant 3$$

**方法 1** 考虑下列两种情形.

**情形 1** $2 \leqslant q \leqslant \dfrac{9}{4}$. 因为 $abc \geqslant 0$, 于是只需证

$$\frac{1}{3-q}+2 \leqslant \frac{15}{9-2q}$$

这等价于下面这个明显成立的不等式

$$(4q-9)(q-2) \leqslant 0$$

**情形 2** $\dfrac{9}{4} \leqslant q \leqslant 3$. 根据三阶舒尔不等式

$$(a+b+c)^3 + 9abc \geqslant 4(a+b+c)(ab+bc+ca)$$

我们得到

$$3abc \geqslant 4q - 9$$

因此,只需证

$$\frac{9}{4q-9+3(9-3q)} + 2 \leqslant \frac{15}{9-2q}$$

这等价于

$$\frac{9}{18-5q} + 2 \leqslant \frac{15}{9-2q}$$

$$4q^2 - 21q + 27 \leqslant 0$$

$$(q-3)(4q-9) \leqslant 0$$

等式适用于 $a=b=c=1$,也适用于 $a=b=\dfrac{3}{2}, c=0$(或其任何循环排列).

**方法 2**　根据问题 1.170,对于固定的 $q$,当 $a=b$ 或 $c=0$ 时,乘积 $r=abc$ 取得最小值.因此,只需考虑这些情形.

**情形 1**　$a=b \in \left[1, \dfrac{3}{2}\right]$,期望不等式变成

$$\frac{9}{2a^3+(3-2a)^3} + 2 \leqslant \frac{15}{2a^2+3(3-2a)^2}$$

$$(a-1)^2(3-2a)(9a-2a^2-3) \geqslant 0$$

这是成立的,因为

$$9a - 2a^2 - 3 > 3(3a - a^2 - 2) = 3(a-1)(2-a) \geqslant 0$$

**情形 2**　$c=0$.我们有 $2 \leqslant q \leqslant \dfrac{9}{4}$,因为

$$q = ab \leqslant \frac{1}{4}(a+b)^2 = \frac{9}{4}$$

期望不等式等价于

$$\frac{1}{3-q} + 2 \leqslant \frac{15}{9-2q}$$

$$(4q-9)(q-2) \leqslant 0$$

显然,最后一个不等式是成立的.

**问题 1.179**　设 $a \geqslant b \geqslant 1 \geqslant c \geqslant 0$,且满足 $a+b+c=3$,那么

$$\frac{36}{a^3+b^3+c^3} + 9 \leqslant \frac{65}{a^2+b^2+c^2}$$

(Vasile Cîrtoaje, 2015)

**证明**　将期望不等式改写为

$$\frac{12}{abc+9-3q} + 9 \leqslant \frac{65}{9-2q}$$

其中

$$q = ab + bc + ca$$

从

$$3q \leqslant (a+b+c)^2 = 9$$

和

$$q = (1-a)(1-b)(1-c) + abc - 1 + a + b + c \geqslant -1 + a + b + c = 2$$

得

$$2 \leqslant q \leqslant 3$$

**方法 1** 考虑下面两种情形.

**情形 1** $2 \leqslant q \leqslant \dfrac{7}{3}$. 因为 $abc \geqslant 0$, 于是只需证明

$$\frac{4}{3-q} + 9 \leqslant \frac{65}{9-2q}$$

这个不等式等价于一个明显成立的不等式

$$(3q-7)(q-2) \leqslant 0$$

**情形 2** $\dfrac{7}{3} \leqslant q \leqslant 3$. 根据三阶舒尔不等式

$$(a+b+c)^3 + 9abc \geqslant 4(a+b+c)(ab+bc+ca)$$

我们得到

$$3abc \geqslant 4q - 9$$

因此, 我们只需证

$$\frac{36}{4q-9+3(9-3q)} + 9 \leqslant \frac{65}{9-2q}$$

这等价于

$$\frac{198-45q}{18-5q} \leqslant \frac{65}{9-2q}$$

我们将证明更强的不等式

$$\frac{200-45q}{18-5q} \leqslant \frac{65}{9-2q}$$

这等价于

$$\frac{40-9q}{18-5q} \leqslant \frac{13}{9-2q}$$

$$(q-3)(3q-7) \leqslant 0$$

最后一个不等式显然成立. 等式适用于 $a=2, b=1, c=0$.

**方法 2** 根据问题 1.178, 只需要证明

$$4\left(\frac{15}{a^2+b^2+c^2} - 2\right) + 9 \leqslant \frac{65}{a^2+b^2+c^2}$$

这等价于

$$a^2 + b^2 + c^2 \geqslant 5$$
$$ab + bc + ca \geqslant 2$$

**问题 1.180**  如果 $a, b, c$ 是一个三角形的三边长,那么

$$10\left(\frac{a}{b} + \frac{b}{c} + \frac{c}{a}\right) > 9\left(\frac{b}{a} + \frac{c}{b} + \frac{a}{c}\right)$$

**证明**  根据问题 1.149 证明中的备注 2 知,只需证明 $P(1,1,1) \geqslant 0$ 和对于所有的 $b, c \geqslant 0$, $P(b+c, b, c) \geqslant 0$. 其中

$$P(a, b, c) = 10\sum ab^2 - 9\sum a^2 b$$

我们有 $P(1,1,1) = 3 > 0$ 和

$$P(b+c, b, c) = b^3 - 7b^2 c + 12bc^2 + c^3$$

我们需要证明

$$x^3 - 7x^2 + 12x + 1 > 0$$

其中 $x = \frac{b}{c}, x > 0$. 对于 $x \in (0, 3] \bigcup [4, +\infty)$,我们有

$$x^3 - 7x^2 + 12x + 1 > x^3 - 7x^2 + 12x = x(3-x)(4-x) \geqslant 0$$

对于 $x \in (3, 4)$,我们有

$$x^3 - 7x^2 + 12x + 1 > x^3 - 7x^2 + 12x + \frac{x}{4} = \frac{x(2x-7)^2}{4} \geqslant 0$$

**问题 1.181**  如果 $a, b, c$ 是一个三角形的三边长,那么

$$\frac{a}{3a+b-c} + \frac{b}{3b+c-a} + \frac{c}{3c+a-b} \geqslant 1$$

**证明**  这个不等式可改写为

$$\sum \left(\frac{a}{3a+b-c} - \frac{1}{4}\right) \geqslant \frac{1}{4}$$

$$\sum \frac{a-b+c}{3a+b-c} \geqslant 1$$

应用柯西 — 施瓦兹不等式,我们得到

$$\sum \frac{a-b+c}{3a+b-c} \geqslant \frac{\left[\sum(a-b+c)\right]^2}{\sum(a-b+c)(3a+b-c)}$$

$$= \frac{\left(\sum a\right)^2}{\sum a^2 + 2\sum ab}$$

$$= 1$$

等式适用于 $a = b = c$.

**问题 1.182**  如果 $a, b, c$ 是一个三角形的三边长,那么

$$\frac{a^2-b^2}{a^2+bc}+\frac{b^2-c^2}{b^2+ca}+\frac{c^2-a^2}{c^2+ab}\leqslant 0$$

(Vasile Cîrtoaje，2007)

**证明 1** 假设 $a=\max\{a,b,c\}$．因为

$$c^2-a^2=c^2-b^2+b^2-a^2$$

原不等式可改写成

$$(a^2-b^2)\left(\frac{1}{a^2+bc}-\frac{1}{c^2+ab}\right)+(b^2-c^2)\left(\frac{1}{b^2+ca}-\frac{1}{c^2+ab}\right)\leqslant 0$$

$$-\frac{(a^2-b^2)(a-c)(a-b+c)}{(a^2+bc)(c^2+ab)}-\frac{(b^2-c^2)(b-c)(b+c-a)}{(b^2+ca)(c^2+ab)}\leqslant 0$$

这个等式适用于等边三角形,也适用于边长为 0 的退化三角形．

**证明 2** 序列

$$\{a^2,b^2,c^2\}$$

$$\left\{\frac{1}{a^2+bc},\frac{1}{b^2+ca},\frac{1}{c^2+ab}\right\}$$

是反向的.事实上,如果 $a\geqslant b\geqslant c$,那么

$$\frac{1}{a^2+bc}\leqslant\frac{1}{b^2+ca}\leqslant\frac{1}{c^2+ab}$$

因为

$$\frac{1}{b^2+ca}-\frac{1}{a^2+bc}=\frac{(a-b)(a+b-c)}{(b^2+ca)(a^2+bc)}\geqslant 0$$

$$\frac{1}{c^2+ab}-\frac{1}{b^2+ca}=\frac{(b-c)(b+c-a)}{(c^2+ab)(b^2+ca)}\geqslant 0$$

因此,根据排序不等式,我们有

$$\sum\frac{a^2}{a^2+bc}\leqslant\sum\frac{b^2}{a^2+bc}$$

这就是期望不等式.

**问题 1.183** 如果 $a,b,c$ 是一个三角形的三边长,那么

$$a^2(a+b)(b-c)+b^2(b+c)(c-a)+c^2(c+a)(a-b)\geqslant 0$$

(Vasile Cîrtoaje，2006)

**证明 1** 假设

$$a=\max\{a,b,c\}$$

应用代换

$$a=x+p+q,\quad b=x+p,\quad c=x+q,\quad x,p,q\geqslant 0$$

将原不等式改写为

$$a^2b^2+b^2c^2+c^2a^2-abc(a+b+c)\geqslant ab^3+bc^3+ca^3-a^3b-b^3c-c^3a$$

$$a^2(b-c)^2+b^2(c-a)^2+c^2(a-b)^2$$

223

$$\geqslant 2(a+b+c)(a-b)(b-c)(c-a)$$
$$(x+p+q)^2(p-q)^2+(x+p)^2p^2+(x+q)^2q^2$$
$$\geqslant 2(3x+2p+2q)pq(q-p)$$

这等价于
$$Ax^2+2Bx+C\geqslant 0$$

其中
$$A=p^2-pq+q^2\geqslant 0$$
$$B=p^3+q(p-q)^2\geqslant 0$$
$$C=(p^2+pq-q^2)^2\geqslant 0$$

等式适用于等边三角形,也适用于边长满足 $\dfrac{a}{2}=\dfrac{b}{1+\sqrt{5}}=\dfrac{c}{3+\sqrt{5}}$(或其任何循环排列)的退化三角形.

**证明 2** 利用代换
$$x=\sqrt{\frac{ca}{b}},y=\sqrt{\frac{ab}{c}},z=\sqrt{\frac{bc}{a}}$$

我们将原不等式改写为
$$b^2c^2+c^2a^2+a^2b^2\geqslant ab(b^2+c^2-a^2)+bc(c^2+a^2-b^2)+ca(a^2+b^2-c^2)$$
$$\frac{bc}{a}+\frac{ca}{b}+\frac{ab}{c}\geqslant 2b\cos A+2c\cos B+2a\cos C$$
$$x^2+y^2+z^2\geqslant 2yz\cos A+2zx\cos B+2xy\cos C$$
$$(x-y\cos C-z\cos B)^2+(y\sin C-z\sin B)^2\geqslant 0$$

**问题 1.184** 如果 $a,b,c$ 是一个三角形的三边长,那么
$$a^2b+b^2c+c^2a\geqslant\sqrt{abc(a+b+c)(a^2+b^2+c^2)}$$
(Vasile Cîrtoaje and Vo Quoc Ba Can,2006)

**证明** 不失一般性,假设 $b$ 介于 $a$ 和 $c$ 之间,也就是
$$(b-a)(b-c)\leqslant 0$$

**方法 1** 根据 AM$-$GM 不等式,我们有
$$4abc(a+b+c)(a^2+b^2+c^2)\leqslant[ac(a+b+c)+b(a^2+b^2+c^2)]^2$$
因此,我们只需证
$$2(a^2b+b^2c+c^2a)\geqslant ac(a+b+c)+b(a^2+b^2+c^2)$$

这等价于
$$b[a^2-(b-c)^2]-ac(a+b-c)\geqslant 0$$
$$(a+b-c)(a-b)(b-c)\geqslant 0$$

等式适用于等边三角形,也适用于边长满足
$$c=a+b,\quad b^3=a^2(a+b)$$

的退化三角形(或其任何循环排列).

**方法 2** 期望不等式等价于 $D \geqslant 0$,其中 $D$ 是二次函数的判别式

$$f(x) = (a^2 + b^2 + c^2) x^2 - 2(a^2 b + b^2 c + c^2 a) x + abc(a + b + c)$$

为了矛盾,假设对于某些 $a,b,c$,$D < 0$,那么对于所有的实数 $x$,$f(x) > 0$,这是不正确的,因为

$$f(b) = b(b - a)(b - c)(a + b - c) \leqslant 0$$

**问题 1.185** 如果 $a,b,c$ 是一个三角形的三边长,那么

$$a^2 \left( \frac{b}{c} - 1 \right) + b^2 \left( \frac{c}{a} - 1 \right) + c^2 \left( \frac{a}{b} - 1 \right) \geqslant 0$$

(Vasile Cîrtoaje,Moldova TST, 2006)

**证明 1** 应用代换 $a = \frac{1}{x}, b = \frac{1}{y}, c = \frac{1}{z}$,将原不等式变成 $E(x,y,z) \geqslant 0$,其中

$$E(x,y,z) = yz^2(z - y) + zx^2(x - z) + xy^2(y - x)$$

不失一般性,假设

$$x = \max\{x,y,z\}, \quad a = \min\{a,b,c\}$$

我们将证明

$$E(x,y,z) \geqslant E(y,y,z) \geqslant 0$$

我们有

$$E(x,y,z) - E(y,y,z)$$
$$= z(x^3 - y^3) - z^2(x^2 - y^2) + y^3(x - y) - y^2(x^2 - y^2)$$
$$= (x - y)(x - z)(xz + yz - y^2)$$
$$\geqslant 0$$

因为

$$xz + yz - y^2 \geqslant 2yz - y^2 = \frac{2b - c}{b^2 c} = \frac{(b - a) + (a + b - c)}{b^2 c} > 0$$

同样

$$E(y,y,z) = yz(y - z)^2 \geqslant 0$$

等式适用于 $a = b = c$.

**证明 2** 将原不等式改写为 $F(a,b,c) \geqslant 0$,其中

$$F(a,b,c) = a^3 b^2 + b^3 c^2 + c^3 a^2 - abc(a^2 + b^2 + c^2)$$

因为

$$2F(a,b,c) = \left( \sum a^3 b^2 + \sum a^3 c^2 - 2abc \sum a^2 \right) - \left( \sum a^2 b^3 - \sum a^3 b^2 \right)$$
$$= \left( \sum a^3 b^2 + \sum a^3 c^2 - 2abc \sum a^2 \right) - \left( \sum a^2 b^3 - \sum a^2 c^3 \right)$$
$$= \sum a^3 (b - c)^2 - \sum a^2 (b^3 - c^3)$$

$$\sum a^2(b^3 - c^3) = \sum a^2(b-c)^3$$

我们得到

$$F(a,b,c) = \sum a^3(b-c)^2 - \sum a^2(b-c)^3$$
$$= \sum a^2(b-c)^2(a-b+c)$$
$$\geqslant 0$$

**证明 3**  根据柯西 － 施瓦兹不等式,我们有

$$\sum \frac{a^2 b}{c} \geqslant \frac{\left(\sum a^2 b\right)^2}{\sum a^2 bc}$$

因此,只需证

$$\left(\sum a^2 b\right)^2 \geqslant abc(a+b+c)(a^2+b^2+c^2)$$

这就是前面问题 1.184 中的不等式.

**问题 1.186**  如果 $a,b,c$ 是一个三角形的三边长,那么:

(a) $a^3 b + b^3 c + c^3 a \geqslant a^2 b^2 + b^2 c^2 + c^2 a^2$;

(b) $3(a^3 b + b^3 c + c^3 a) \geqslant (ab + bc + ca)(a^2 + b^2 + c^2)$;

(c) $\dfrac{a^3 b + b^3 c + c^3 a}{3} \geqslant \left(\dfrac{a+b+c}{3}\right)^4$.

**证明**  (a) **方法 1**  将原不等式改写为

$$a^2 b(a-b) + b^2 c(b-c) + c^2 a(c-a) \geqslant 0$$

应用经典代换 $a = y+z, b = z+x, c = x+y (x,y,z \geqslant 0)$,将这个不等式变成

$$xy^3 + yz^3 + zx^3 \geqslant xyz(x+y+z)$$

由柯西 － 施瓦兹不等式,我们有

$$(xy^3 + yz^3 + zx^3)(z+x+y) \geqslant xyz(x+y+z)^2$$

等式适用于等边三角形,也适用于边长为 $a = 0, b = c$(或其任何循环排列)的退化三角形.

**方法 2**  两边同乘以 $a+b+c$,原不等式可变成

$$\sum a^4 b + abc \sum a^2 \geqslant \sum a^2 b^3 + abc \sum ab$$

$$\sum b^4 c + abc \sum a^2 \geqslant \sum b^2 c^3 + abc \sum ab$$

$$\sum \frac{b^3}{a} + \sum a^2 \geqslant \sum \frac{bc^2}{a} + \sum ab$$

$$\sum a^2 \geqslant \sum \frac{b}{a}(c^2 + a^2 - b^2)$$

$$a^2 + b^2 + c^2 \geqslant 2bc\cos B + 2ac\cos C + 2ab\cos A$$

$$(a - b\cos A - c\cos C)^2 + (b\sin A - c\sin C)^2 \geqslant 0$$

（b）将原不等式改写为

$$\sum a^2 b(a-b) + \sum b^2 (a-b)(a-c) \geqslant 0$$

因为 $\sum a^2 b(a-b) \geqslant 0$（根据问题（a）中的不等式），所以只需证

$$\sum b^2 (a-b)(a-c) \geqslant 0$$

这是下述不等式的特殊情形（$x=c, y=a, z=b$）

$$(x-y)(x-z)a^2 + (y-z)(y-x)b^2 + (z-x)(z-y)c^2 \geqslant 0$$

其中 $x, y, z$ 是实数. 如果 $x, y, z$ 中有两个相等, 那么这个不等式是显然的. 此外, 假设 $x > y > z$, 并将这个不等式改写成

$$\frac{a^2}{y-z} + \frac{c^2}{x-y} \geqslant \frac{b^2}{x-z}$$

根据柯西－施瓦兹不等式, 我们得到

$$\frac{a^2}{y-z} + \frac{c^2}{x-y} \geqslant \frac{(a+c)^2}{y-z+x-y}$$

$$= \frac{(a+c)^2}{x-z}$$

$$\geqslant \frac{b^2}{x-z}$$

等式适用于 $a=b=c$.

（c）根据不等式（b）, 只需证明

$$9(ab+bc+ca)(a^2+b^2+c^2) \geqslant (a+b+c)^4$$

这等价于

$$(A-B)(4B-A) \geqslant 0$$

其中

$$A = a^2+b^2+c^2, \quad B = ab+bc+ca$$

因为 $A \geqslant B$ 和

$$4B-A > 2(ab+bc+ca) - a^2 - b^2 - c^2$$

$$= a(2b+2c-a) - (b-c)^2$$

$$\geqslant a^2 - (b-c)^2$$

$$= (a-b+c)(a+b-c)$$

$$\geqslant 0$$

等式适用于 $a=b=c$.

**问题 1.187** 如果 $a, b, c$ 是一个三角形的三边长, 那么

$$2\left(\frac{a^2}{b^2} + \frac{b^2}{c^2} + \frac{c^2}{a^2}\right) \geqslant \frac{b^2}{a^2} + \frac{c^2}{b^2} + \frac{a^2}{c^2} + 3$$

**证明** 将原不等式改写为

$$\sum \frac{a^2}{b^2} \geqslant \sum \frac{b^2}{a^2} - \sum \frac{a^2}{b^2} + 3$$

$$\sum \frac{b^2}{c^2} \geqslant \sum \frac{c^2}{b^2} - \sum \frac{a^2}{b^2} + 3$$

$$\sum \frac{b^2}{c^2} \geqslant \sum \left(1 + \frac{c^2}{b^2} - \frac{a^2}{b^2}\right)$$

$$\sum \frac{b^2}{c^2} \geqslant 2 \sum \frac{c}{b} \cos A$$

设

$$x = \frac{b}{c}, \quad y = \frac{c}{a}, \quad z = \frac{a}{b}$$

我们有 $xyz = 1$ 和

$$\frac{c}{b} = \frac{1}{x} = yz, \quad \frac{a}{c} = \frac{1}{y} = zx, \quad \frac{b}{a} = \frac{1}{z} = xy$$

因此,我们可将期望不等式写成

$$x^2 + y^2 + z^2 \geqslant 2yz \cos A + 2zx \cos B + 2xy \cos C$$

这等价于明显的不等式

$$(x - y\cos C - z\cos B)^2 + (y\sin C - z\sin B)^2 \geqslant 0$$

等式适用于 $a = b = c$.

**问题 1.188**　如果 $a, b, c$ 是一个三角形的三边长,且满足 $a < b < c$,那么

$$\frac{a^2}{a^2 - b^2} + \frac{b^2}{b^2 - c^2} + \frac{c^2}{c^2 - a^2} \leqslant 0$$

(Vasile Cîrtoaje, 2003)

**证明**　原不等式可写为

$$\frac{a^2}{b^2 - a^2} + \frac{b^2}{c^2 - b^2} \geqslant \frac{c^2}{c^2 - a^2}$$

因为 $c \leqslant a + b$,所以只需证

$$\frac{a^2}{b^2 - a^2} + \frac{b^2}{c^2 - b^2} \geqslant \frac{(a + b)^2}{c^2 - a^2}$$

这等价于

$$a^2 \left(\frac{1}{b^2 - a^2} - \frac{1}{c^2 - a^2}\right) + b^2 \left(\frac{1}{c^2 - b^2} - \frac{1}{c^2 - a^2}\right) \geqslant \frac{2ab}{c^2 - a^2}$$

$$\frac{a^2(c^2 - b^2)}{b^2 - a^2} + \frac{b^2(b^2 - a^2)}{c^2 - b^2} \geqslant 2ab$$

$$\left(a\sqrt{\frac{c^2 - b^2}{b^2 - a^2}} - b\sqrt{\frac{b^2 - a^2}{c^2 - b^2}}\right)^2 \geqslant 0$$

等式适用于 $c = a + b$ 和 $a = xb$ 的退化三角形,其中 $x \approx 0.532\,09$ 是方程 $x^3 + 3x^2 - 1 = 0$ 的正根.

**问题 1.189** 如果 $a,b,c$ 是一个三角形的三边长,那么

$$\frac{a}{b}+\frac{b}{c}+\frac{c}{a}+3 \geqslant 2\left(\frac{a+b}{b+c}+\frac{b+c}{c+a}+\frac{c+a}{a+b}\right)$$

(Manlio Marangelli,2008)

**证明 1** 假设 $c=\max\{a,b,c\}$. 如果 $a \leqslant b \leqslant c$,那么该不等式源自问题 1.157.进一步考虑

$$b \leqslant a \leqslant c$$

将原不等式写成

$$\sum\left(\frac{a}{b}-1\right) \geqslant 2\sum\left(\frac{b+c}{c+a}-1\right)$$

$$\sum(a-b)\left(\frac{1}{b}+\frac{2}{c+a}\right) \geqslant 0$$

$$(a-b)\left(\frac{1}{b}+\frac{2}{c+a}\right)+\left[(b-a)+(a-c)\right]\left(\frac{1}{c}+\frac{2}{a+b}\right)+$$

$$(c-a)\left(\frac{1}{a}+\frac{2}{b+c}\right) \geqslant 0$$

$$(a-b)\left(\frac{1}{b}+\frac{2}{c+a}-\frac{1}{c}-\frac{2}{a+b}\right)+(c-a)\left(\frac{1}{a}+\frac{2}{b+c}-\frac{1}{c}-\frac{2}{a+b}\right) \geqslant 0$$

$$(a-b)(c-b)\left[\frac{1}{bc}-\frac{2}{(a+b)(a+c)}\right]+(c-a)^2\left[\frac{1}{ac}-\frac{2}{(a+b)(b+c)}\right] \geqslant 0$$

因为

$$\frac{1}{bc}-\frac{2}{(a+b)(a+c)}$$

$$=\frac{c(a-b)+a(a+b)}{bc(a+b)(a+c)}$$

$$\geqslant \frac{a(a+b)}{bc(a+b)(a+c)}$$

$$=\frac{a}{bc(a+c)}$$

$$\frac{1}{ac}-\frac{2}{(a+b)(b+c)}$$

$$=\frac{-c(a-b)+b(a+b)}{ac(a+b)(b+c)}$$

$$>\frac{-c(a-b)}{ac(a+b)(b+c)}$$

$$=\frac{-(a-b)}{a(a+b)(b+c)}$$

于是只需证

$$\frac{(a-b)(c-b)a}{bc(a+c)}-\frac{(c-a)^2(a-b)}{a(a+b)(b+c)} \geqslant 0$$

这是成立的,如果

$$\frac{(c-b)a}{bc(a+c)} \geqslant \frac{(c-a)^2}{a(a+b)(b+c)}$$

这个不等式可通过将下面的这些不等式相乘得到

$$c - b \geqslant c - a$$

$$\frac{1}{b} \geqslant \frac{1}{a}$$

$$\frac{1}{c} \geqslant \frac{1}{a+b}$$

$$\frac{a}{a+c} \geqslant \frac{c-a}{b+c}$$

最后一个不等式成立,因为

$$\frac{a}{a+c} - \frac{c-a}{b+c} \geqslant \frac{a}{a+c} - \frac{b}{b+c}$$

$$= \frac{c(a-b)}{(a+c)(b+c)}$$

$$\geqslant 0$$

等式适用于 $a = b = c$.

**证明 2**(Vo Quoc Ba Can)    因为

$$\sum \frac{a+b}{b+c} = \sum \left(1 + \frac{a-c}{b+c}\right) = 3 + \sum \frac{a-c}{b+c}$$

我们能将原不等式写为

$$\sum \frac{a}{b} - 3 \geqslant 2 \sum \frac{a-c}{b+c}$$

因为

$$(ab+bc+ca)\left(\sum \frac{a}{b} - 3\right) = \sum a^2 - 2\sum ab + \sum \frac{a^2 c}{b}$$

$$(ab+bc+ca) \sum \frac{a-c}{b+c} = \sum a^2 - \sum ab + \sum \frac{bc(a-c)}{b+c}$$

所以期望不等式等价于

$$\sum \frac{a^2 c}{b} + 2 \sum \frac{bc(c-a)}{b+c} \geqslant \sum a^2$$

因为

$$\sum \frac{a^2 c}{b} \geqslant \sum a^2$$

(见问题 1.185),我们仅需证

$$\sum \frac{bc(c-a)}{b+c} \geqslant 0$$

可将这个不等式写为

$$\sum bc(c^2-a^2)(a+b)\geqslant 0$$

$$\sum (c^2-a^2)\left(1+\frac{b}{a}\right)\geqslant 0$$

$$\sum (c^2-a^2)\frac{b}{a}\geqslant 0$$

$$\sum \frac{bc^2}{a}\geqslant \sum ab$$

根据问题 1.185,我们有

$$\sum \frac{bc^2}{a}\geqslant \sum a^2\geqslant \sum ab$$

**问题 1.190**　设 $a,b,c$ 是一个三角形的三边长.如果 $k\geqslant 2$,那么

$$a^k b(a-b)+b^k c(b-c)+c^k a(c-a)\geqslant 0$$

(Vasile Cîrtoaje, 1986)

**证明**(Darij Grinberg)　对 $k=2$,我们得到熟知的问题 1.186 中的不等式

$$a^2 b(a-b)+b^2 c(b-c)+c^2 a(c-a)\geqslant 0$$

我们将证明下面更一般的表述:如果 $f$ 是一个定义在 $[0,+\infty)$ 上的非负递增函数,那么

$$E(a,b,c)\geqslant 0$$

其中

$$E(a,b,c)=a^2 bf(a)(a-b)+b^2 cf(b)(b-c)+c^2 af(c)(c-a)$$

对于 $f(x)=x^{k-2},k\geqslant 2$.当 $k=2$ 时,我们得到原始不等式.为了证明上面的一般情形,假设 $a=\max\{a,b,c\}$,分两种情形讨论.

**情形 1**　$a\geqslant b\geqslant c$.因为 $f(a)\geqslant f(b)\geqslant f(c)\geqslant 0$,我们有

$$E(a,b,c)\geqslant a^2 bf(c)(a-b)+b^2 cf(c)(b-c)+c^2 af(c)(c-a)$$
$$=f(c)[a^2 b(a-b)+b^2 c(b-c)+c^2 a(c-a)]$$
$$\geqslant 0$$

**情形 2**　$a\geqslant c\geqslant b$.因为 $f(a)\geqslant f(c)\geqslant f(b)\geqslant 0$,我们有

$$E(a,b,c)\geqslant a^2 bf(a)(a-b)+b^2 cf(a)(b-c)+c^2 af(a)(c-a)$$
$$=f(a)[a^2 b(a-b)+b^2 c(b-c)+c^2 a(c-a)]$$
$$\geqslant 0$$

等式适用于 $a=b=c$,也适用于 $a=0,b=c$(或其任何循环排列)的退化三角形.

**问题 1.191**　设 $a,b,c$ 是一个三角形的三边长.如果 $k\geqslant 1$,那么

$$3(a^{k+1}b+b^{k+1}c+c^{k+1}a)\geqslant (a+b+c)(a^k b+b^k c+c^k a)$$

**证明**　当 $k=1$ 时,不等式为

$$2(a^2 b+b^2 c+c^2 a)\geqslant ab^2+bc^2+ca^2+3abc$$

231

$$(2c-a)b^2 + (2a^2 - 3ac - c^2)b - ac(a-2c) \geqslant 0$$

假设 $a = \min\{a,b,c\}$，并做代换 $b = x + \dfrac{a+c}{2}$，这个不等式变成

$$(2c-a)x^2 + \left(x + \frac{3a}{4}\right)(a-c)^2 \geqslant 0$$

这是成立的，因为

$$4x + 3a = a + 4b - 2c = 2(a+b-c) + (2b-a) > 0$$

当 $k > 1$ 时，为了证明期望不等式，可将它改写成

$$a^k b(2a-b-c) + b^k c(2b-c-a) + c^k a(2c-a-b) \geqslant 0$$

我们将证明：如果 $f(x)$ 在 $[0, +\infty)$ 上是非负递增函数，那么 $E(a,b,c) \geqslant 0$，其中

$$E(a,b,c) = ab(2a-b-c)f(a) + bc(2b-c-a)f(b) + ca(2c-a-b)f(c)$$

选取 $f(x) = x^{k-1}$，$k \geqslant 1$，我们得到原始不等式. 为了证明更一般的结论，假设 $a = \max\{a,b,c\}$，分两种情形讨论.

**情形 1**　$a \geqslant b \geqslant c$. 因为 $f(a) \geqslant f(b) \geqslant f(c) \geqslant 0$，我们有

$$
\begin{aligned}
E(a,b,c) &\geqslant ab f(b)(2a-b-c) + bc f(b)(2b-c-a) + ca f(c)(2c-a-b) \\
&= b f(b)\left[2(a-b)(a-c) + ab - c^2\right] + ca f(c)(2c-a-b) \\
&\geqslant b f(c)\left[2(a-b)(a-c) + ab - c^2\right] + ca f(c)(2c-a-b) \\
&= f(c)(2a^2 b + 2b^2 c + 2c^2 a - ab^2 - bc^2 - a^2 c - 3abc)
\end{aligned}
$$

**情形 2**　$a \geqslant c \geqslant b$. 因为 $f(a) \geqslant f(c) \geqslant f(b) \geqslant 0$，我们有

$$
\begin{aligned}
E(a,b,c) &\geqslant ab f(c)(2a-b-c) + bc f(b)(2b-c-a) + ca f(c)(2c-a-b) \\
&= a\left[(c-b)(2c-a) + b(a-b)\right]f(c) + bc f(b)(2b-c-a)
\end{aligned}
$$

因为

$$(c-b)(2c-a) + b(a-b) \geqslant (c-b)(b+c-a) + b(a-b) \geqslant 0$$

我们得到

$$
\begin{aligned}
E(a,b,c) &\geqslant a\left[(c-b)(2c-a) + b(a-b)\right]f(b) + bc f(b)(2b-c-a) \\
&= (2a^2 b + 2b^2 c + 2c^2 a - ab^2 - bc^2 - ca^2 - 3abc)f(b) \\
&\geqslant 0
\end{aligned}
$$

等式适用于 $a = b = c$.

**备注**　对于 $k = 1$，原不等式有下面形式

$$2\left(\frac{a}{c} + \frac{b}{a} + \frac{c}{b}\right) \geqslant \left(\frac{b}{c} + \frac{c}{a} + \frac{a}{b}\right) + 3$$

更强的不等式如下

$$3\left(\frac{a}{c} + \frac{b}{a} + \frac{c}{b}\right) \geqslant 2\left(\frac{b}{c} + \frac{c}{a} + \frac{a}{b}\right) + 3$$

应用代换 $b = x + \dfrac{a+c}{2}$，这个不等式变成

$$(3c - 2a) x^2 + \left(x + a - \frac{c}{4}\right)(a - c)^2 \geqslant 0$$

这是成立的,因为,在假设 $a = \min\{a, b, c\}$ 的条件下,我们有 $3c - 2a > 0$ 和

$$4x + 4a - c = 2a + 4b - 3c = 3(a + b - c) + (b - a) > 0$$

**问题 1.192** 设 $a, b, c, d$ 是正实数,且满足 $a + b + c + d = 4$,求证

$$\frac{a}{3 + b} + \frac{b}{3 + c} + \frac{c}{3 + d} + \frac{d}{3 + a} \geqslant 1$$

**证明** 根据柯西 — 施瓦兹不等式,我们有

$$\sum \frac{a}{3 + b} \geqslant \frac{\left(\sum a\right)^2}{\sum a(3 + b)} = \frac{16}{12 + \sum ab}$$

因此,只需证

$$ab + bc + cd + da \leqslant 4$$

事实上

$$ab + bc + cd + da = (a + c)(b + d) \leqslant \left[\frac{(a + c) + (b + d)}{2}\right]^2 = 4$$

等式适用于 $a = b = c = d = 1$.

**问题 1.193** 设 $a, b, c, d$ 是正实数,且满足 $a + b + c + d = 4$. 求证

$$\frac{a}{1 + b^2} + \frac{b}{1 + c^2} + \frac{c}{1 + d^2} + \frac{d}{1 + a^2} \geqslant 2$$

**证明** 因为

$$\frac{a}{1 + b^2} = \frac{a(1 + b^2) - ab^2}{1 + b^2} = a - \frac{ab^2}{1 + b^2}$$

原不等式等价于

$$\frac{ab^2}{1 + b^2} + \frac{bc^2}{1 + c^2} + \frac{cd^2}{1 + d^2} + \frac{da^2}{1 + a^2} \leqslant 2$$

因为

$$\frac{ab^2}{1 + b^2} \leqslant \frac{ab^2}{2b} = \frac{ab}{2}$$

于是只需证

$$ab + bc + cd + da \leqslant 4$$

事实上,我们有

$$ab + bc + cd + da = (a + c)(b + d) \leqslant \left[\frac{(a + c) + (b + d)}{2}\right]^2 = 4$$

等式适用于 $a = b = c = d = 1$.

**问题 1.194** 如果 $a, b, c, d$ 是非负实数,且满足 $a + b + c + d = 4$,那么

$$a^2 bc + b^2 cd + c^2 da + d^2 ab \leqslant 4$$

(Song Yoon Kim, 2006)

233

**证明**  设 $(x,y,z,t)$ 是 $(a,b,c,d)$ 的一个排列,且

$$x \geqslant y \geqslant z \geqslant t$$

因此

$$xyz \geqslant xyt \geqslant xzt \geqslant yzt$$

根据排序不等式,我们有

$$a^2bc + b^2cd + c^2da + d^2ab = a \cdot abc + b \cdot bcd + c \cdot cda + d \cdot dab$$
$$\leqslant x \cdot xyz + y \cdot xyt + z \cdot xzt + t \cdot yzt$$
$$= (xz + yt)(xy + zt)$$

因此,只需证

$$(xz + yt)(xy + zt) \leqslant 4$$

事实上,根据 AM $-$ GM 不等式,我们有

$$(xz + yt)(xy + zt) \leqslant \frac{1}{4}(xy + zt + xz + yt)^2$$
$$= \frac{1}{4}[(x + t)(y + z)]^2$$
$$\leqslant \frac{1}{4}\left[\left(\frac{x + t + y + z}{2}\right)^2\right]^2$$
$$= 4$$

等式适用于 $a = b = c = d = 1$,也适用于 $a = 2, b = c = 1, d = 0$(或其任何循环排列).

**问题 1.195**  如果 $a,b,c,d$ 是非负实数,且满足 $a + b + c + d = 4$,那么

$$a(b+c)^2 + b(c+d)^2 + c(d+a)^2 + d(a+b)^2 \leqslant 16$$

**证明**(Vo Quoc Ba Can)  将原不等式改写为

$$(a+b+c+d)^3 \geqslant 4[a(b+c)^2 + b(c+d)^2 + c(d+a)^2 + d(a+b)^2]$$

因为

$$(a+b+c+d)^2 \geqslant 4(a+b)(c+d)$$

我们有

$$(a+b+c+d)^3 \geqslant 4(a+b)(c+d)(a+b+c+d)$$
$$= 4(a+b)^2(c+d) + 4(a+b)(c+d)^2$$

于是只需证

$$(a+b)^2(c+d) + (a+b)(c+d)^2$$
$$\geqslant a(b+c)^2 + b(c+d)^2 + c(d+a)^2 + d(a+b)^2$$

这等价于

$$c(a+b)^2 + a(c+d)^2 \geqslant a(b+c)^2 + c(d+a)^2$$
$$a[(c+d)^2 - (b+c)^2] + c[(a+b)^2 - (d+a)^2] \geqslant 0$$
$$(b+d)(b-d)(c-a) \geqslant 0$$

类似地,由循环性知,期望不等式是成立的,如果

$$(c+a)(c-a)(d-b) \geqslant 0$$

因为 $(b-d)(c-a) \geqslant 0$ 和 $(c-a)(d-b) \geqslant 0$ 中有一个成立,所以期望不等式成立.等式适用于 $a=c$ 和 $b=d$.

**问题 1.196** 如果 $a,b,c,d$ 是正实数,那么

$$\frac{a-b}{b+c} + \frac{b-c}{c+d} + \frac{c-d}{d+a} + \frac{d-a}{a+b} \geqslant 0$$

**证明** 我们有

$$\frac{a-b}{b+c} + \frac{c-d}{d+a} + 2 \geqslant \frac{a+c}{b+c} + \frac{a+c}{d+a}$$

$$= (a+c)\left(\frac{1}{b+c} + \frac{1}{d+a}\right)$$

$$\geqslant \frac{4(a+c)}{a+b+c+d}$$

同理

$$\frac{b-c}{c+d} + \frac{d-a}{a+b} + 2 \geqslant \frac{4(b+d)}{a+b+c+d}$$

将这两个不等式相加即得期望不等式.等式适用于 $a=c$ 和 $b=d$.

**猜想** 如果 $a,b,c,d,e$ 是正实数,那么

$$\frac{a-b}{b+c} + \frac{b-c}{c+d} + \frac{c-d}{d+e} + \frac{d-e}{e+a} + \frac{e-a}{a+b} \geqslant 0$$

**问题 1.197** 如果 $a,b,c,d$ 是正实数,那么:

(a) $\dfrac{a-b}{a+2b+c} + \dfrac{b-c}{b+2c+d} + \dfrac{c-d}{c+2d+a} + \dfrac{d-a}{d+2a+b} \geqslant 0$;

(b) $\dfrac{a}{2a+b+c} + \dfrac{b}{2b+c+d} + \dfrac{c}{2c+d+a} + \dfrac{d}{2d+a+b} \leqslant 1$.

**证明** (a) 将原不等式改写为

$$\sum \left(\frac{a-b}{a+2b+c} + \frac{1}{2}\right) \geqslant 2$$

$$\sum \frac{3a+c}{a+2b+c} \geqslant 4$$

根据柯西 – 施瓦兹不等式,我们有

$$\sum \frac{3a+c}{a+2b+c} \geqslant \frac{\left[\sum (3a+c)\right]^2}{\sum (3a+c)(a+2b+c)}$$

$$= \frac{16\left(\sum a\right)^2}{4\left(\sum a\right)^2}$$

$$= 4$$

等式适用于 $a=b=c=d$.

（b）将原不等式改写为

$$\sum\left(\frac{1}{2}-\frac{a}{2a+b+c}\right)\geqslant 1$$

$$\sum\frac{b+c}{2a+b+c}\geqslant 2$$

根据柯西－施瓦兹不等式，我们得到

$$\sum\frac{b+c}{2a+b+c}\geqslant\frac{\left[\sum(b+c)\right]^2}{\sum(b+c)(2a+b+c)}$$

$$=\frac{4\left(\sum a\right)^2}{2\sum a(b+c)+\sum(b+c)^2}$$

$$=\frac{4\left(\sum a\right)^2}{2\sum a(b+c)+\sum(b+c)^2}$$

$$=\frac{4\left(\sum a\right)^2}{2\left(\sum a\right)^2}$$

$$=2$$

等式适用于 $a=b=c=d$.

**猜想 1**　如果 $a,b,c,d,e$ 是正实数，那么

$$\frac{a-b}{a+2b+c}+\frac{b-c}{b+2c+d}+\frac{c-d}{c+2d+e}+\frac{d-e}{d+2e+a}+\frac{e-a}{e+2a+b}\geqslant 0$$

**猜想 2**（Ando）　如果 $a_1,a_2,\cdots,a_n(n\geqslant 4)$ 是正实数，那么

$$\frac{a_1}{(n-2)a_1+a_2+\cdots+a_n}+\frac{a_2}{a_1+(n-2)a_2+\cdots+a_n}+\cdots+$$

$$\frac{a_n}{a_1+a_2+\cdots+(n-2)a_n}\leqslant 1$$

**问题 1.198**　如果 $a,b,c,d$ 是正实数，且满足 $abcd=1$，那么

$$\frac{1}{a(a+b)}+\frac{1}{b(b+c)}+\frac{1}{c(c+d)}+\frac{1}{d(a+d)}\geqslant 2$$

$$（\text{Vasile Cîrtoaje, 2007}）$$

**证明**　应用代换

$$a=\sqrt{\frac{y}{x}},\quad b=\sqrt{\frac{z}{y}},\quad c=\sqrt{\frac{t}{z}},\quad d=\sqrt{\frac{x}{t}}$$

其中 $x,y,z,t$ 为正实数，将原不等式变成

$$\frac{x}{y+\sqrt{xz}}+\frac{y}{z+\sqrt{yt}}+\frac{z}{t+\sqrt{zx}}+\frac{t}{x+\sqrt{ty}}\geqslant 2$$

因为
$$2\sqrt{xz} \leqslant x+z, \quad 2\sqrt{yt} \leqslant y+t$$
于是只需证

$$\frac{x}{x+2y+z} + \frac{y}{y+2z+t} + \frac{z}{z+2t+x} + \frac{t}{t+2x+y} \geqslant 1$$

根据柯西－施瓦兹不等式,我们有

$$\sum \frac{x}{x+2y+z} \geqslant \frac{\left(\sum x\right)^2}{\sum x(x+2y+z)}$$

$$= \frac{\left(\sum x\right)^2}{\sum x^2 + 2\sum xy + \sum xz}$$

$$= 1$$

等式适用于 $a=c=\dfrac{1}{b}=\dfrac{1}{d}$.

**猜想 1**　如果 $a_1, a_2, \cdots, a_n$ 是正实数,且满足 $a_1 a_2 \cdots a_n = 1$,那么

$$\frac{1}{a_1^2 + a_1 a_2} + \frac{1}{a_2^2 + a_2 a_3} + \cdots + \frac{1}{a_n^2 + a_n a_1} \geqslant \frac{n}{2}$$

**猜想 2**　如果 $a_1, a_2, \cdots, a_n$ 是正实数,那么

$$\frac{1}{a_1^2 + a_1 a_2} + \frac{1}{a_2^2 + a_2 a_3} + \cdots + \frac{1}{a_n^2 + a_n a_1}$$

$$\geqslant \frac{n^2}{2(a_1 a_2 + a_2 a_3 + \cdots + a_n a_1)}$$

**备注 1**　应用代换

$$a_1 = \frac{x_2}{x_1}, a_2 = \frac{x_3}{x_2}, \cdots, a_n = \frac{x_1}{x_n}$$

猜想 1 中的不等式变为

$$\frac{x_1^2}{x_2^2 + x_1 x_3} + \frac{x_2^2}{x_3^2 + x_2 x_4} + \cdots + \frac{x_n^2}{x_1^2 + x_n x_2} \geqslant \frac{n}{2}$$

其中 $x_1, x_2, \cdots, x_n > 0$,这个循环不等式类似于 Shapiro 不等式

$$\frac{x_1}{x_2 + x_3} + \frac{x_2}{x_3 + x_4} + \cdots + \frac{x_n}{x_1 + x_2} \geqslant \frac{n}{2}$$

对于偶数 $n \leqslant 12$ 和奇数 $n \leqslant 23$ 是成立的.

**备注 2**　根据 AM－GM 不等式,我们有

$$a_1 a_2 + a_2 a_3 + \cdots + a_n a_1 \geqslant n\sqrt[n]{(a_1 a_2 \cdots a_n)^2}$$

因此,猜想 2 中的不等式比猜想 1 中的不等式弱.因此,如果猜想 1 是成立的,那么猜想 2 也是成立的.

**问题 1.199**　如果 $a, b, c, d$,是正实数,那么

$$\frac{1}{a(1+b)}+\frac{1}{b(1+c)}+\frac{1}{c(1+d)}+\frac{1}{d(1+a)}\geqslant\frac{16}{1+8\sqrt{abcd}}$$

(Pham Kim Hung, 2007)

**证明**  应用代换,设 $p=\sqrt[4]{abcd}$,指定

$$a=p\frac{x_2}{x_1},\quad b=p\frac{x_3}{x_2},\quad c=p\frac{x_4}{x_3},\quad d=p\frac{x_1}{x_4}$$

其中 $x_1,x_2,x_3,x_4$ 是正实数,原不等式可转化为

$$\sum\frac{x_1}{x_2+px_3}\geqslant\frac{16p}{1+8p^2}$$

根据柯西－施瓦兹不等式,我们有

$$\sum\frac{x_1}{x_2+px_3}\geqslant\frac{\left(\sum x_1\right)^2}{\sum x_1(x_2+px_3)}$$

$$=\frac{\left(\sum x_1\right)^2}{(x_1+x_3)(x_2+x_4)+2p(x_1x_3+x_2x_4)}$$

因为

$$x_1x_3+x_2x_4\leqslant\left(\frac{x_1+x_3}{2}\right)^2+\left(\frac{x_2+x_4}{2}\right)^2$$

于是只需证

$$\frac{(A+B)^2}{2AB+p(A^2+B^2)}\geqslant\frac{8p}{1+8p^2}$$

其中

$$A=x_1+x_3,\quad B=x_2+x_4$$

这个不等式等价于

$$A^2+B^2+2(8p^2-8p+1)AB\geqslant0$$

这是成立的,因为

$$A^2+B^2+2(8p^2-8p+1)AB\geqslant2AB+2(8p^2-8p+1)AB$$
$$=4(2p-1)^2AB$$
$$\geqslant0$$

等式适用于 $a=b=c=d=\frac{1}{2}$.

**问题 1.200**  如果 $a,b,c,d$ 是非负实数,且满足 $a^2+b^2+c^2+d^2=4$,那么:

(a) $3(a+b+c+d)\geqslant2(ab+bc+cd+da)+4$;

(b) $a+b+c+d-4\geqslant(2-\sqrt{2})(ab+bc+cd+da-4)$.

(Vasile Cîrtoaje, 2006)

**证明**  设 $p=a+b+c+d$. 由柯西－施瓦兹不等式,我们有

$$4(a^2+b^2+c^2+d^2)\geqslant(a+b+c+d)^2$$

我们得到 $p \leqslant 4$.根据不等式

$$(a+b+c+d)^2 \geqslant a^2+b^2+c^2+d^2$$

我们得到 $p \geqslant 2$.此外,我们有

$$ab+bc+cd+da = (a+c)(b+d)$$
$$\leqslant \left[\frac{(a+c)+(b+d)}{2}\right]^2$$
$$=\frac{p^2}{4}$$

(a) 只需证

$$3p \geqslant \frac{p^2}{2}+4$$

事实上

$$3p-\frac{p^2}{2}-4 = \frac{(4-p)(p-2)}{2} \geqslant 0$$

等式适用于 $a=b=c=d=1$.

(b) 只需证

$$p-4 \geqslant (2-\sqrt{2})\left(\frac{p^2}{4}-4\right)$$

这等价于

$$(4-p)(p-2\sqrt{2}) \geqslant 0$$

当 $p \geqslant 2\sqrt{2}$ 时它是成立的.于是,只需考虑 $2 \leqslant p < 2\sqrt{2}$ 的情况.因为

$$2(ab+bc+cd+da) \leqslant (a+b+c+d)^2 - (a^2+b^2+c^2+d^2) = p^2-4$$

因此,只需证

$$p-4 \geqslant (2-\sqrt{2})\left(\frac{p^2-4}{2}-4\right)$$

这等价于

$$(2+\sqrt{2})(p-4) \geqslant p^2-12$$
$$(2\sqrt{2}-p)(p-2+\sqrt{2}) \geqslant 0$$

等式适用于 $a=b=c=d=1$,也适用于 $a=b=0,c=d=\sqrt{2}$(或其任何循环排列).

**问题 1.201** 设 $a,b,c,d$ 是正实数.

(a) 如果 $a,b,c,d \geqslant 1$,那么

$$\left(a+\frac{1}{b}\right)\left(b+\frac{1}{c}\right)\left(c+\frac{1}{d}\right)\left(d+\frac{1}{a}\right)$$
$$\geqslant (a+b+c+d)\left(\frac{1}{a}+\frac{1}{b}+\frac{1}{c}+\frac{1}{d}\right)$$

(b) 如果 $abcd=1$,那么

239

$$\left(a+\frac{1}{b}\right)\left(b+\frac{1}{c}\right)\left(c+\frac{1}{d}\right)\left(d+\frac{1}{a}\right)$$

$$\leqslant (a+b+c+d)\left(\frac{1}{a}+\frac{1}{b}+\frac{1}{c}+\frac{1}{d}\right)$$

（Vasile Cîrtoaje and Ji Chen，2011）

**证明**  设

$$A=(1+ab)(1+bc)(1+cd)(1+da)$$

$$=1+\sum ab+\sum a^2bd+2abcd+abcd\sum ab+a^2b^2c^2d^2$$

$$=(1-abcd)^2+4abcd+(1+abcd)\sum ab+\sum a^2bd$$

$$=(1-abcd)^2+4abcd+(1+abcd)(a+c)(b+d)+\sum a^2bd$$

$$B=(a+b+c+d)(abc+bcd+cda+dab)$$

$$=4abcd+\sum a^2(bc+cd+db)$$

$$=4abcd+\sum a^2c(b+d)+\sum a^2bd$$

$$=4abcd+(ac+bd)(a+c)(b+d)+\sum a^2bd$$

因此

$$A-B=(1-abcd)^2+(1+abcd)(a+c)(b+d)-(ac+bd)(a+c)(b+d)$$

$$=(1-abcd)^2+(1-ac)(1-bd)(a+c)(b+d)$$

（a）对于 $a,b,c,d\geqslant 1$，不等式 $A\geqslant B$ 是显然成立的. 等式适用于 $a=b=c=d=1$.

（b）当 $abcd=1$ 时，我们有

$$B-A=\frac{1}{ac}(1-ac)^2(a+c)(b+d)\geqslant 0$$

等式适用于 $ac=bd=1$.

**问题 1.202**  如果 $a,b,c,d$ 是正实数，那么

$$\left(1+\frac{a}{a+b}\right)^2+\left(1+\frac{b}{b+c}\right)^2+\left(1+\frac{c}{c+d}\right)^2+\left(1+\frac{d}{d+a}\right)^2>7$$

（Vasile Cîrtoaje，2012）

**证明 1**  假设 $d=\max\{a,b,c,d\}$，通过将下列不等式相加可得到期望不等式

$$\left(1+\frac{a}{a+b}\right)^2+\left(1+\frac{b}{b+c}\right)^2+\left(1+\frac{c}{c+a}\right)^2>6$$

$$\left(1+\frac{c}{c+d}\right)^2+\left(1+\frac{d}{d+a}\right)^2>\left(1+\frac{c}{c+a}\right)^2+1$$

设

$$x = \frac{a-b}{a+b}, \quad y = \frac{b-c}{b+c}, \quad z = \frac{c-a}{c+a}$$

我们有 $-1 < x, y, z < 1$ 和

$$x + y + z + xyz = 0$$

因为

$$\frac{a}{a+b} = \frac{x+1}{2}, \quad \frac{b}{b+c} = \frac{y+1}{2}, \quad \frac{c}{c+a} = \frac{z+1}{2}$$

第一个不等式可写成

$$(x+3)^2 + (y+3)^2 + (z+3)^2 > 24$$
$$x^2 + y^2 + z^2 + 6(x+y+z) + 3 > 0$$
$$x^2 + y^2 + z^2 + 3 > 6xyz$$

根据 AM−GM 不等式,我们有

$$x^2 + y^2 + z^2 + 3 \geqslant 6\sqrt[6]{(xyz)^2} > 6xyz$$

现在,将第二个不等式写为

$$\left(1 + \frac{c}{c+d}\right)^2 - 1 > \left(\frac{c}{c+a} - \frac{d}{d+a}\right)\left(2 + \frac{c}{c+a} + \frac{d}{d+a}\right)^2$$

因为

$$\frac{c}{c+a} - \frac{d}{d+a} = \frac{a(c-d)}{(c+a)(d+a)} \leqslant 0$$

我们有

$$\left(1 + \frac{c}{c+d}\right)^2 - 1 > 0 \geqslant \left(\frac{c}{c+a} - \frac{d}{d+a}\right)\left(2 + \frac{c}{c+a} + \frac{d}{d+a}\right)$$

**证明 2**　应用不等式

$$(1+x)^2 > 1 + 3x^2, \quad 0 < x < 1$$

我们有

$$\left(1 + \frac{a}{a+b}\right)^2 + \left(1 + \frac{b}{b+c}\right)^2 + \left(1 + \frac{c}{c+d}\right)^2 + \left(1 + \frac{d}{d+a}\right)^2$$
$$> 4 + 3\left[\left(\frac{a}{a+b}\right)^2 + \left(\frac{b}{b+c}\right)^2 + \left(\frac{c}{c+d}\right)^2 + \left(\frac{d}{d+a}\right)^2\right]$$

因此,只需证

$$\left(\frac{a}{a+b}\right)^2 + \left(\frac{b}{b+c}\right)^2 + \left(\frac{c}{c+d}\right)^2 + \left(\frac{d}{d+a}\right)^2 \geqslant 1$$

这个不等式等价于第 2 卷问题 1.186 中的不等式

$$\frac{1}{(1+x)^2} + \frac{1}{(1+y)^2} + \frac{1}{(1+z)^2} + \frac{1}{(1+t)^2} \geqslant 1$$

其中

$$x = \frac{a}{b}, \quad y = \frac{b}{c}, \quad z = \frac{c}{d}, \quad t = \frac{d}{a}, \quad xyzt = 1$$

**问题 1.203** 如果 $a,b,c,d$ 是正实数,那么

$$\frac{a^2-bd}{b+2c+d}+\frac{b^2-ca}{c+2d+a}+\frac{c^2-db}{d+2a+b}+\frac{d^2-ac}{a+2b+c}\geqslant 0$$

(Vo Quoc Ba Can,2009)

**证明** 将原不等式改写为

$$\sum\left(\frac{a^2-bd}{b+2c+d}+b+d-2a\right)\geqslant 0$$

$$\sum\frac{(b-d)^2+2(a-c)(2a-b-d)}{b+2c+d}\geqslant 0$$

因此,只需证

$$\sum\frac{(a-c)(2a-b-d)}{b+2c+d}\geqslant 0$$

这个不等式等价于

$$\frac{(a-c)(2a-b-d)}{b+2c+d}+\frac{(b-d)(2b-c-a)}{c+2d+a}+$$

$$\frac{(c-a)(2c-d-b)}{d+2a+b}+\frac{(d-b)(2d-a-c)}{a+2b+c}\geqslant 0$$

$$(a-c)\left(\frac{2a-b-d}{b+2c+d}-\frac{2c-d-b}{d+2a+b}\right)+(b-d)\left(\frac{2b-c-a}{c+2d+a}-\frac{2d-a-c}{a+2b+c}\right)\geqslant 0$$

这可以写成明显的形式

$$\frac{(a-c)(a^2-c^2)}{(b+2c+d)(d+2a+b)}+\frac{(b-d)(b^2-d^2)}{(c+2d+a)(a+2b+c)}\geqslant 0$$

等式适用于 $a=c$ 和 $b=d$.

**问题 1.204** 如果 $a,b,c,d$ 是正实数,且满足 $a\leqslant b\leqslant c\leqslant d$,那么

$$\sqrt{\frac{2a}{a+b}}+\sqrt{\frac{2b}{b+c}}+\sqrt{\frac{2c}{c+d}}+\sqrt{\frac{2d}{d+a}}\leqslant 4$$

(Vasile Cîrtoaje,2009)

**证明** 根据问题 1.74 中的不等式,我们有

$$\sqrt{\frac{2a}{a+b}}+\sqrt{\frac{2b}{b+c}}+\sqrt{\frac{2c}{c+a}}\leqslant 3$$

因此,只需证

$$\sqrt{\frac{2c}{c+d}}+\sqrt{\frac{2d}{d+a}}\leqslant 1+\sqrt{\frac{2c}{c+a}}$$

两边平方,不等式变成

$$\frac{2c}{c+d}+\frac{2d}{d+a}+2\sqrt{\frac{4cd}{(c+d)(d+a)}}$$

$$\leqslant 1+\frac{2c}{c+a}+2\sqrt{\frac{2c}{c+a}}$$

将下列两个不等式相加,即得此不等式

$$\frac{2c}{c+d}+\frac{2d}{d+a}\leqslant 1+\frac{2c}{c+a}$$

$$2\sqrt{\frac{4cd}{(c+d)(d+a)}}\leqslant 2\sqrt{\frac{2c}{c+a}}$$

前一个不等式是成立的,因为

$$\frac{2c}{c+d}+\frac{2d}{d+a}-1-\frac{2c}{c+a}$$

$$=\frac{(a-d)(d-c)(c-a)}{(c+d)(d+a)(c+a)}$$

$$\leqslant 0$$

将第二个不等式化简可以得到

$$c(a-d)(d-c)\leqslant 0$$

等式适用于 $a=b=c=d$.

**问题 1.205**   如果 $a,b,c,d$ 是非负实数,并设

$$x=\frac{a}{b+c},\quad y=\frac{b}{c+d},\quad z=\frac{c}{d+a},\quad t=\frac{d}{a+b}$$

求证:

(a) $\sqrt{xz}+\sqrt{yt}\leqslant 1$;

(b) $x+y+z+t+4(xz+yt)\geqslant 4$.

(Vasile Cîrtoaje,2004)

**证明**   (a) 应用柯西 — 施瓦兹不等式,我们有

$$\sqrt{xz}+\sqrt{yt}=\frac{\sqrt{ac}}{\sqrt{(b+c)(d+a)}}+\frac{\sqrt{bd}}{\sqrt{(c+d)(a+b)}}$$

$$\leqslant\frac{\sqrt{ac}}{\sqrt{ac}+\sqrt{bd}}+\frac{\sqrt{bd}}{\sqrt{ac}+\sqrt{bd}}$$

$$=1$$

等式适用于 $a=b=c=d$,或 $a=c=0,b=d=0$.

(b) 将期望不等式写成

$$A+B\geqslant 6$$

其中

$$A=x+z+4xz+1$$

$$=\frac{(a+b)(c+d)+(a+c)^2+ab+2ac+cd}{(b+c)(d+a)}$$

$$=\frac{(a+b)(c+d)}{(b+c)(d+a)}+\frac{(a+c)^2}{(b+c)(d+a)}+\frac{a}{d+a}+\frac{c}{b+c}$$

$$B = y + t + 4yt + 1$$
$$= \frac{(b+c)(d+a)}{(c+d)(a+b)} + \frac{(b+d)^2}{(c+d)(a+b)} + \frac{b}{a+b} + \frac{d}{c+d}$$

因为

$$\frac{(a+b)(c+d)}{(b+c)(d+a)} + \frac{(b+c)(d+a)}{(c+d)(a+b)} \geqslant 2$$

因此,只需证

$$\frac{(a+c)^2}{(b+c)(d+a)} + \frac{(b+d)^2}{(c+d)(a+b)} + \sum \frac{a}{a+d} \geqslant 4$$

根据柯西－施瓦兹不等式,我们有

$$\frac{(a+c)^2}{(b+c)(d+a)} + \frac{(b+d)^2}{(c+d)(a+b)} \geqslant \frac{(a+b+c+d)^2}{C}$$

$$\sum \frac{a}{a+d} \geqslant \frac{(a+b+c+d)^2}{D}$$

其中

$$C = (b+c)(d+a) + (c+d)(a+b)$$
$$D = \sum a(d+a) = a^2 + b^2 + c^2 + d^2 + ab + bc + cd + da$$

因为

$$C + D = (a+b+c+d)^2$$

于是只需证

$$\left( \frac{1}{C} + \frac{1}{D} \right)(C+D) \geqslant 4$$

这是显然成立的. 等式适用于 $a = b = c = d$.

**问题 1.206** 如果 $a,b,c,d$ 是非负实数,那么

$$\left(1 + \frac{2a}{b+c}\right)\left(1 + \frac{2b}{c+d}\right)\left(1 + \frac{2c}{d+a}\right)\left(1 + \frac{2d}{a+b}\right) \geqslant 9$$

（Vasile Cîrtoaje, 2004）

**证明** 原不等式可改写为

$$\left(1 + \frac{a+c}{a+b}\right)\left(1 + \frac{a+c}{c+d}\right)\left(1 + \frac{b+d}{b+c}\right)\left(1 + \frac{b+d}{d+a}\right) \geqslant 9$$

应用柯西－施瓦兹不等式和 AM－GM 不等式有

$$\left(1 + \frac{a+c}{a+b}\right)\left(1 + \frac{a+c}{c+d}\right) \geqslant \left[1 + \frac{a+c}{\sqrt{(a+b)(c+d)}}\right]^2 \geqslant \left(1 + \frac{2a+2c}{a+b+c+d}\right)^2$$

$$\left(1 + \frac{b+d}{b+c}\right)\left(1 + \frac{b+d}{d+a}\right) \geqslant \left[1 + \frac{b+d}{\sqrt{(b+c)(d+a)}}\right]^2 \geqslant \left(1 + \frac{2b+2d}{a+b+c+d}\right)^2$$

因此,只需要证

$$\left(1+\frac{2a+2c}{a+b+c+d}\right)\left(1+\frac{2b+2d}{a+b+c+d}\right)\geqslant 3$$

这等价于显然成立的不等式

$$\frac{4(a+c)(b+d)}{(a+b+c+d)^2}\geqslant 0$$

等式适用于 $a=c=0,b=d$,也适用于 $b=d=0,a=c$.

**问题 1. 207** 设 $a,b,c,d$ 是非负实数. 如果 $k>0$,那么

$$\left(1+\frac{ka}{b+c}\right)\left(1+\frac{kb}{c+d}\right)\left(1+\frac{kc}{d+a}\right)\left(1+\frac{kd}{a+b}\right)\geqslant(1+k)^2$$

（Vasile Cîrtoaje，2004）

**证明** 记

$$x=\frac{a}{b+c},\quad y=\frac{b}{c+d},\quad z=\frac{c}{d+a},\quad t=\frac{d}{a+b}$$

因为

$$\prod(1+kx)\geqslant 1+k(x+y+z+t)+k^2(xy+yz+zt+tx+xz+yt)$$

于是只需证

$$x+y+z+t\geqslant 2$$

和

$$xy+yz+zt+tx+xz+yt\geqslant 1$$

不等式 $x+y+z+t\geqslant 2$ 是著名的关于四个正实数的 Shapiro 不等式,这可由柯西－施瓦兹不等式来证明

$$\frac{a}{b+c}+\frac{b}{c+d}+\frac{c}{d+a}+\frac{d}{a+b}$$

$$\geqslant\frac{(a+b+c+d)^2}{a(b+c)+b(c+d)+c(d+a)+d(a+b)}$$

$$\geqslant 2$$

右边不等式可化简成一个明显成立的不等式

$$(a-c)^2+(b-d)^2\geqslant 0$$

为了证明不等式 $xy+yz+zt+tx+xz+yt\geqslant 1$,我们将应用不等式

$$\frac{x+z}{2}\geqslant xz$$

$$\frac{y+t}{2}\geqslant yt$$

和恒等式

$$xz(1+y+t)+yt(1+x+z)=1$$

如果这些都是成立的,那么

$$xy+yz+zt+tx+xz+yt=\frac{x+z}{2}(y+t)+\frac{y+t}{2}(x+z)+xz+yt$$

$$\geqslant xz(y+t)+yt(x+z)+xz+yt$$
$$=xz(1+y+t)+yt(1+x+z)$$
$$=1$$

我们有

$$\frac{x+z}{2}-xz=\frac{bc+da+(a-c)^2}{2(b+c)(d+a)}\geqslant 0$$

$$\frac{y+t}{2}-yt=\frac{ab+cd+(b-d)^2}{2(a+b)(c+d)}\geqslant 0$$

为了证明上面的恒等式,我们将其改写为

$$\sum xyz+xz+yt=1$$

我们发现

$$\sum xyz=\frac{\sum abc(a+b)}{A}=\frac{\sum a^2bc+\sum ab^2c}{A}$$

$$xz+yt=\frac{ac(a+b)(c+d)+bd(b+c)(d+a)}{A}$$

$$=\frac{\sum a^2cd+(ac+bd)^2}{A}$$

其中

$$A=\prod(a+b)=\sum a^2bc+\sum a^2bd+\sum a^2cd+(ac+bd)^2$$

证明完成. 等式适用于 $a=c=0, b=d$,也适用于 $b=d=0, a=c$.

**备注**　当 $k=2$ 时,我们得到问题 1.206,当 $k=1$ 时,我们得到下列熟知的不等式

$$(a+b+c)(b+c+d)(c+d+a)(d+a+b)$$
$$\geqslant 4(a+b)(b+c)(c+d)(d+a)$$

这个不等式有一个简单的证明. 因为

$$(a+b+c)^2\geqslant(2a+b)(2c+b)$$
$$(2a+b)(2b+a)\geqslant 2(a+b)^2$$

我们有

$$\prod(a+b+c)^2\geqslant\prod(2a+b)\cdot\prod(2c+b)$$
$$=\prod(2a+b)\cdot\prod(2b+a)$$
$$=\prod(2a+b)(2b+a)$$
$$\geqslant 2^4\prod(a+b)^2$$

因此

$$\prod(a+b+c)\geqslant 4\prod(a+b)$$

246

**问题 1.208** 如果 $a,b,c,d$ 是正实数,且满足 $a+b+c+d=4$,那么

$$\frac{1}{ab}+\frac{1}{bc}+\frac{1}{cd}+\frac{1}{da} \geqslant a^2+b^2+c^2+d^2$$

(Vasile Cîrtoaje,2007)

**证明** 将原不等式改写为

$$(a+c)(b+d) \geqslant abcd(a^2+b^2+c^2+d^2)$$

从 $(a-c)^4 \geqslant 0$ 和 $(b-d)^4 \geqslant 0$,我们得到

$$(a+c)^4 \geqslant 8ac(a^2+c^2), \quad (b+d)^4 \geqslant 8bd(b^2+d^2)$$

因此

$$bd(a+c)^4+ac(b+d)^4 \geqslant 8abcd(a^2+b^2+c^2+d^2)$$

因此,只需证

$$8(a+c)(b+d) \geqslant bd(a+c)^4+ac(b+d)^4$$

因为 $4bd \leqslant (b+d)^2$ 和 $4ac \leqslant (a+c)^2$,因此,只需证

$$32(a+c)(b+d) \geqslant (b+d)^2(a+c)^2[(a+c)^2+(b+d)^2]$$

$$32 \geqslant (b+d)(a+c)[(a+c)^2+(b+d)^2]$$

这个不等式是成立的,如果

$$32 \geqslant xy(x^2+y^2)$$

对所有正数 $x,y$ 满足 $x+y=4$.事实上

$$8[32-xy(x^2+y^2)]=(x+y)^4-8xy(x^2+y^2)=(x-y)^4 \geqslant 0$$

等式适用于 $a=b=c=d=1$.

**问题 1.209** 如果 $a,b,c,d$ 是正实数,那么

$$\frac{a^2}{(a+b+c)^2}+\frac{b^2}{(b+c+d)^2}+\frac{c^2}{(c+d+a)^2}+\frac{d^2}{(d+a+b)^2} \geqslant \frac{4}{9}$$

(Pham Kim Hung,2006)

**证明 1** 根据赫尔德不等式,我们有

$$\sum \frac{a^2}{(a+b+c)^2}\left[\sum a(a+b+c)\right]^2 \geqslant \left(\sum a^{\frac{4}{3}}\right)^3$$

因为

$$\sum a(a+b+c)=(a+c)^2+(b+d)^2+(a+c)(b+d)$$

$$\sum a^{\frac{4}{3}}=(a^{\frac{4}{3}}+c^{\frac{4}{3}})+(b^{\frac{4}{3}}+d^{\frac{4}{3}})$$

$$\geqslant 2\left(\frac{a+c}{2}\right)^{\frac{4}{3}}+2\left(\frac{b+d}{2}\right)^{\frac{4}{3}}$$

于是只需证

$$9\left[(a+c)^{\frac{4}{3}}+(b+d)^{\frac{4}{3}}\right]^3$$

$$\geqslant 8\left[(a+c)^2+(b+d)^2+(a+c)(b+d)\right]^2$$

由齐次性,可以假设 $b+d=1$,指定 $a+c=t^3,t>0$,要证的不等式变成

$$9\ (t^4+1)^3\geqslant 8\ (t^6+t^3+1)^2$$

$$9\left(t^2+\frac{1}{t^2}\right)^3\geqslant 8\left(t^3+\frac{1}{t^3}+1\right)^2$$

设

$$x=t+\frac{1}{t},\quad x\geqslant 2$$

不等式变成

$$9\ (x^2-2)^3\geqslant 8\ (x^3-3x+1)^2$$

这等价于

$$(x-2)^2(x^4+4x^3+6x^2-8x-20)\geqslant 0$$

这是成立的,因为

$$x^4+4x^3+6x^2-8x-20=x^4+4x^2\ (x-2)+4x\ (x-2)+10(x^2-2)>0$$

证明完成. 等式适用于 $a=b=c=d$.

**证明 2**　由齐次性,可以假设

$$a+b+c+d=1$$

在这种情况下,将原不等式改写为

$$\left(\frac{a}{1-d}\right)^2+\left(\frac{b}{1-a}\right)^2+\left(\frac{c}{1-b}\right)^2+\left(\frac{d}{1-c}\right)^2\geqslant\frac{4}{9}$$

设 $(x,y,z,t)$ 是 $(a,b,c,d)$ 的一个排列,且满足

$$x\geqslant y\geqslant z\geqslant t$$

因为

$$\frac{1}{(1-t)^2}\leqslant\frac{1}{(1-z)^2}$$
$$\leqslant\frac{1}{(1-y)^2}$$
$$\leqslant\frac{1}{(1-x)^2}$$

由排序不等式,我们有

$$\frac{x^2}{(1-t)^2}+\frac{y^2}{(1-z)^2}+\frac{z^2}{(1-y)^2}+\frac{t^2}{(1-x)^2}$$

$$\leqslant\left(\frac{a}{1-d}\right)^2+\left(\frac{b}{1-a}\right)^2+\left(\frac{c}{1-b}\right)^2+\left(\frac{d}{1-c}\right)^2$$

因此,只需证在条件 $x+y+z+t=1$ 下

$$U+V\geqslant\frac{4}{9}$$

其中

$$U = \frac{x^2}{(1-t)^2} + \frac{t^2}{(1-x)^2}$$

$$V = \frac{y^2}{(1-z)^2} + \frac{z^2}{(1-y)^2}$$

并设

$$s = x + t, \quad p = xt, \quad s \in (0,1)$$

因为

$$x^2 + t^2 = s^2 - 2p, \quad x^3 + t^3 = s^3 - 3ps, \quad x^4 + t^4 = s^4 - 4ps^2 + 2p^2$$

我们得到

$$U = \frac{x^2 + t^2 - 2(x^3 + t^3) + x^4 + t^4}{(1-s+p)^2}$$

$$= \frac{2p^2 - 2(1-s)(1-2s)p + s^2(1-s)^2}{p^2 + 2(1-s)p + (1-s)^2}$$

$$(2-U)p^2 - 2(1-s)(1-2s+U)p + (1-s)^2(s^2 - U) = 0$$

关于 $p$ 的二次多项式的判别式

$$D = 4(1-s)^2 \left[ (1-2s+U)^2 - (2-U)(s^2 - U) \right]$$

从必要条件 $D \geqslant 0$ 出发，我们得到

$$U \geqslant \frac{4s - 1 - 2s^2}{(2-s)^2}$$

类似地

$$V \geqslant \frac{4r - 1 - 2r^2}{(2-r)^2}$$

其中 $r = y + z$，考虑

$$s + r = 1$$

我们得到

$$U + V \geqslant \frac{4s - 1 - 2s^2}{(2-s)^2} + \frac{4r - 1 - 2r^2}{(2-r)^2}$$

$$= \frac{5(s^2 + r^2) - 2(s^4 + r^4)}{(2 + sr)^2}$$

因此

$$U + V - \frac{4}{9} \geqslant \frac{45(s^2 + r^2) - 18(s^2 + r^2)^2 - 18 + 2(1 - 4sr)^2}{9(2 + sr)^2}$$

$$\geqslant \frac{5(s^2 + r^2) - 2(s^2 + r^2)^2 - 2}{9(2 + sr)^2}$$

$$= \frac{(2 - s^2 - r^2)(2s^2 + 2r^2 - 1)}{9(2 + sr)^2}$$

$$\geqslant 0$$

因此，我们只需证明 $(2 - s^2 - r^2)(2s^2 + 2r^2 - 1) \geqslant 0$，这是成立的，因为

$$2 - s^2 - r^2 > 2 - (s+r)^2 = 1$$
$$2s^2 + 2r^2 - 1 \geqslant (s+r)^2 - 1 = 0$$

**问题 1.210** 如果 $a,b,c,d$ 是正实数,且满足 $a+b+c+d=3$,那么
$$ab(b+c) + bc(c+d) + cd(d+a) + da(a+b) \leqslant 4$$
(Pham Kim Hung, 2007)

**证明** 将原不等式改写为
$$\sum ab^2 + \sum abc \leqslant 4$$
$$(ab^2 + cd^2 + bcd + dab) + (bc^2 + da^2 + abc + cda) \leqslant 4$$
$$(b+d)(ab+cd) + (a+c)(bc+da) \leqslant 4$$

不失一般性,设 $a+c \leqslant b+d$. 因为
$$(ab+cd) + (bc+ad) = (a+c)(b+d)$$

可以将要证的不等式改写为
$$(b+d)[(a+c)(b+d) - (bc+ad)] + (a+c)(bc+da) \leqslant 4$$
$$(a+c)(b+d)^2 + (a+c-b-d)(bc+ad) \leqslant 4$$

因为 $a+c-b-d \leqslant 0$,因此,只需证
$$(a+c)(b+d)^2 \leqslant 4$$

事实上,根据 AM $-$ GM 不等式,我们有
$$(a+c)\left(\frac{b+d}{2}\right)\left(\frac{b+d}{2}\right)$$
$$\leqslant \frac{1}{27}\left(a+c+\frac{b+d}{2}+\frac{b+d}{2}\right)^3$$
$$= 1$$

等式适用于 $a=b=0, c=1, d=2$(或其任何循环排列).

**问题 1.211** 如果 $a \geqslant b \geqslant c \geqslant d \geqslant 0$,且 $a+b+c+d=2$,那么
$$ab(b+c) + bc(c+d) + cd(d+a) + da(a+b) \leqslant 4$$
(Vasile Cîrtoaje, 2007)

**证明** 将原不等式改写为
$$\sum ab^2 + \sum abc \leqslant 1$$

因为
$$\sum ab^2 - \sum a^2 b = (ab^2 + bc^2 + ca^2 - a^2b - b^2c - c^2a) +$$
$$(cd^2 + da^2 + ac^2 - c^2d - d^2a - a^2c)$$
$$= (a-b)(b-c)(c-a) + (c-d)(d-a)(a-c)$$
$$\leqslant 0$$

因此,只需证

$$\sum a^2 b + \sum ab^2 + 2 \sum abc \leqslant 2$$

事实上

$$\sum a^2 b + \sum ab^2 + 2 \sum abc = \sum (ab^2 + a^2 b + abc + abd)$$

$$= (a+b+c+d) \sum ab$$

$$= 2(a+c)(b+d)$$

$$\leqslant 2 \left( \frac{a+c+b+d}{2} \right)^2$$

$$= 2$$

等式适用于 $a = b = t$ 和 $c = d = 1 - t$, 其中 $t \in \left[ \frac{1}{2}, 1 \right]$.

**问题 1.212** 如果 $a, b, c, d$ 是非负实数, 且 $a+b+c+d=4$. 如果 $k \geqslant \frac{37}{27}$, 那么

$$ab(b+kc) + bc(c+kd) + cd(d+ka) + da(a+kb) \leqslant 4(1+k)$$

(Vasile Cîrtoaje, 2007)

**证明** 将原不等式写成齐次形式

$$ab(b+kc) + bc(c+kd) + cd(d+ka) + da(a+kb)$$

$$\leqslant \frac{(1+k)(a+b+c+d)^3}{16}$$

不失一般性, 假设 $d = \min\{a, b, c, d\}$, 并应用代换

$$a = d + x, \quad b = d + y, \quad c = d + z, \quad x, y, z \geqslant 0$$

期望不等式可表述为

$$4Ad + B \geqslant 0$$

其中

$$A = (3k-1)(x^2+y^2+z^2) - 2(k+1)y(x+z) + (6-2k)xz$$

$$B = (1+k)(x+y+z)^3 - 16(xy^2 + yz^2 + kxyz)$$

只需证明 $A \geqslant 0, B \geqslant 0$, 我们有

$$A = (3k-1)y^2 + (3k-1)(x+z)^2 - 2(k+1)y(x+z) - 8(k-1)xz$$

$$\geqslant (3k-1)y^2 + (3k-1)(x+z)^2 - 2(k+1)y(x+z) - 2(k-1)(x+z)^2$$

$$= (3k-1)y^2 + (k+1)(x+z)^2 - 2(k+1)y(x+z)$$

$$\geqslant 2\sqrt{(3k-1)(k+1)}\, y(x+z) - 2(k+1)y(x+z)$$

$$= 2\sqrt{k+1}\left(\sqrt{3k-1} - \sqrt{k+1}\right)y(x+z)$$

$$\geqslant 0$$

因为

$$(x+y+z)^3 - 16xyz \geqslant 0$$

251

如果 $k=\dfrac{37}{27}$ 时，$B\geqslant 0$，那么对于所有的 $k\geqslant\dfrac{37}{27}$，不等式 $B\geqslant 0$ 成立，此时要证的不等式可写为

$$4\left(\frac{x+y+z}{3}\right)^{3}\geqslant xy^{2}+yz^{2}+\frac{37}{27}xyz$$

实际上，下面更强的不等式成立（见问题 2.31）

$$4\left(\frac{x+y+z}{3}\right)^{3}\geqslant xy^{2}+yz^{2}+\frac{3}{2}xyz$$

证明完成. 等式适用于 $a=b=c=d=1$. 如果 $k=\dfrac{37}{27}$，那么等式也适用于 $a=\dfrac{4}{3}$，$b=\dfrac{8}{3}$，$c=d=0$（或其任何循环排列）.

**问题 1.213** 设 $a,b,c,d$ 是正实数，且 $a\leqslant b\leqslant c\leqslant d$. 求证

$$2\left(\frac{a}{b}+\frac{b}{c}+\frac{c}{d}+\frac{d}{a}\right)\geqslant 4+\frac{a}{c}+\frac{c}{a}+\frac{b}{d}+\frac{d}{b}$$

（Vasile Cîrtoaje，2012）

**证明 1** 设

$$E(a,b,c,d)=2\left(\frac{a}{b}+\frac{b}{c}+\frac{c}{d}+\frac{d}{a}\right)-4-\frac{a}{c}-\frac{c}{a}-\frac{b}{d}-\frac{d}{b}$$

我们将证明

$$E(a,b,c,d)\geqslant E(b,b,c,d)\geqslant E(b,b,c,c)$$

我们有

$$E(a,b,c,d)-E(b,b,c,d)=(b-a)\left(\frac{1}{c}+\frac{2d}{ab}-\frac{2}{b}-\frac{c}{ab}\right)\geqslant 0$$

因为

$$\frac{1}{c}+\frac{2d}{ab}-\frac{2}{b}-\frac{c}{ab}$$

$$\geqslant\frac{1}{c}+\frac{2c}{ab}-\frac{2}{b}-\frac{c}{ab}$$

$$=\frac{1}{c}+\frac{c}{ab}-\frac{2}{b}$$

$$\geqslant\frac{1}{c}+\frac{c}{b^{2}}-\frac{2}{b}$$

$$=\frac{(b-c)^{2}}{b^{2}c}$$

$$\geqslant 0$$

同样

$$E(b,b,c,d)-E(b,b,c,c)=(d-c)\left(\frac{1}{b}-\frac{2c-b}{cd}\right)\geqslant 0$$

因为

$$\frac{1}{b} - \frac{2c-b}{cd} \geqslant \frac{1}{b} - \frac{2c-b}{c^2}$$

$$= \frac{(b-c)^2}{bc^2}$$

$$\geqslant 0$$

又 $E(b,b,c,c)=0$,证明就完成了. 等式适用于 $a=b,c=d$.

**证明 2**　应用代换

$$x = \frac{a}{b}, \quad y = \frac{b}{c}, \quad z = \frac{c}{d}, \quad 0 < x,y,z \leqslant 1$$

原不等式变成如下形式

$$2\left(x+y+z+\frac{1}{xyz}\right) \geqslant 4 + xy + \frac{1}{xy} + yz + \frac{1}{yz}$$

$$y(2-x-z) + \frac{1}{y}\left(\frac{2}{xz} - \frac{1}{x} - \frac{1}{z}\right) - 2(2-x-z) \geqslant 0$$

$$(2-x-z)\left(y+\frac{1}{xyz}-2\right) \geqslant 0$$

最后一个不等式是成立的,因为 $2-x-y \geqslant 0$ 和

$$y + \frac{1}{xyz} - 2 \geqslant y + \frac{1}{y} - 2 \geqslant 0$$

**问题 1.214**　设 $a,b,c,d$ 是正实数,且

$$a \leqslant b \leqslant c \leqslant d, \quad abcd = 1$$

求证

$$\frac{a}{b} + \frac{b}{c} + \frac{c}{d} + \frac{d}{a} \geqslant ab + bc + cd + da$$

(Vasile Cîrtoaje, 2012)

**证明**　将原不等式改写成

$$a^2cd + b^2da + c^2ab + d^2bc \geqslant ab + bc + cd + da$$

$$ac(ad+bc) + bd(ab+cd) \geqslant (ad+bc) + (ab+cd)$$

$$(ac-1)(ad+bc) + (bd-1)(ab+cd) \geqslant 0$$

因为

$$bd = \sqrt{b^2d^2} \geqslant \sqrt{abcd} = 1$$

$$ac - 1 = \frac{1}{bd} - 1 = \frac{1-bd}{bd} \geqslant 1 - bd$$

我们有

$$(ac-1)(ad+bc) + (bd-1)(ab+cd)$$

$$\geqslant (1-bd)(ad+bc) + (bd-1)(ab+cd)$$

$$= (bd - 1)(a - c)(b - d)$$
$$\geqslant 0$$

等式适用于 $a = b = \dfrac{1}{c} = \dfrac{1}{d} \geqslant 1$.

**问题 1.215** 设 $a, b, c, d$ 是正实数,且 $a \leqslant b \leqslant c \leqslant d$,$abcd = 1$. 求证

$$4 + \frac{a}{b} + \frac{b}{c} + \frac{c}{d} + \frac{d}{a} \geqslant 2(a + b + c + d)$$

(Vasile Cîrtoaje,2012)

**证明** 应用代换

$$x = \sqrt[4]{\frac{a}{b}}, \quad y = \sqrt{\frac{b}{c}}, \quad z = \sqrt[4]{\frac{c}{d}}, \quad 0 < x, y, z \leqslant 1$$

我们只需证明 $E(x, y, z) \geqslant 0$,其中

$$E(x, y, z) = x^4 + y^2 + z^4 + \frac{1}{x^4 y^2 z^4} + 4 - 2\left( x^3 yz + \frac{yz}{x} + \frac{z}{xy} + \frac{1}{xyz^3} \right)$$

我们将证明

$$E(x, y, z) \geqslant E(x, 1, z) \geqslant E(x, 1, 1) \geqslant 0 \qquad (*)$$

左边不等式等价于

$$(1 - y) E_1(x, y, z) \geqslant 0$$

其中

$$E_1(x, y, z) = -1 - y + \frac{1 + y}{x^4 y^2 z^4} + 2\left( x^3 z + \frac{z}{x} \right) - \frac{2}{y}\left( \frac{z}{x} + \frac{1}{xz^3} \right)$$

为了证明它,我们将证明

$$E_1(x, y, z) \geqslant E_1(x, 1, z) \geqslant 0$$

我们有

$$E_1(x, 1, z) = 2(1 - x^3 z)\left( \frac{1}{x^4 z^4} - 1 \right) \geqslant 0$$

因为

$$E_1(x, y, z) - E_1(x, 1, z) = (1 - y) E_2(x, y, z)$$

其中

$$E_2(x, y, z) = 1 + \frac{1 + 2y}{x^4 y^2 z^4} - \frac{2}{y}\left( \frac{z}{x} + \frac{1}{xz^3} \right)$$

我们将证明 $E_2(x, y, z) \geqslant 0$,事实上

$$\begin{aligned}
E_2(x, y, z) &= 1 + \frac{1}{x^4 y^2 z^4} - \frac{2}{y}\left( \frac{z}{x} + \frac{1}{xz^3} - \frac{1}{x^4 z^4} \right) \\
&\geqslant \frac{2}{x^2 yz^2} - \frac{2}{y}\left( \frac{z}{x} + \frac{1}{xz^3} - \frac{1}{x^4 z^4} \right) \\
&= \frac{2}{xyz}\left( \frac{1}{xz} - z^2 - \frac{1}{z^2} + \frac{1}{x^3 z^3} \right)
\end{aligned}$$

$$\geqslant \frac{2}{xyz}\left(\frac{1}{z}-z^2-\frac{1}{z^2}+\frac{1}{z^3}\right)$$

$$=\frac{2}{xyz}\left(\frac{1-z^3}{z}+\frac{1-z}{z^3}\right)$$

$$\geqslant 0$$

式(∗)中间的不等式等价于

$$(1-z)F(x,z)\geqslant 0$$

其中

$$F(x,z)=(1+z+z^2+z^3)\left(\frac{1}{x^4z^4}-1\right)+2\left(x^3+\frac{2}{x}\right)-\frac{1+z+z^2}{xz}$$

它是成立的,因为

$$F(x,z)>\frac{1}{x^4z^4}-1+\frac{3}{x}-\frac{1+z+z^2}{xz}$$

$$\geqslant \frac{1}{xz}-1+\frac{3}{x}-\frac{1+z+z^2}{xz}$$

$$=\frac{2-x-z}{x}$$

$$\geqslant 0$$

式(∗)右边的不等式也是成立的,因为

$$x^4E(x,1,1)=x^8-2x^7+6x^4-6x^3+1$$

$$=(x-1)^2(x^6-x^4-2x^3+3x^2+2x+1)$$

$$\geqslant (x-1)^2(x^6-x^4-2x^3+2x^2)$$

$$=x^2(x-1)^4(x^2+2x+2)$$

$$\geqslant 0$$

证明完成了.等式适用于 $a=b=c=d=1$.

**问题 1.216** 设 $A=\{a_1,a_2,a_3,a_4\}$ 是一个实数集合,且满足 $a_1+a_2+a_3+a_4=0$. 求证:存在 $A$ 的一个排列 $B=\{a,b,c,d\}$ 满足

$$a^2+b^2+c^2+d^2+3(ab+bc+cd+da)\geqslant 0$$

**证明** 期望不等式可以写成

$$a^2+b^2+c^2+d^2+3(ab+bc+cd+da)\geqslant (a+b+c+d)^2$$

$$ab+bc+cd+da\geqslant 2(ac+bd)$$

$$(ab+cd-ac-bd)+(bc+da-ac-bd)\geqslant 0$$

$$(a-d)(b-c)+(a-b)(d-c)\geqslant 0$$

显然,当 $a\leqslant b\leqslant d\leqslant c$ 时,这个不等式成立.当 $a,b,c,d$ 中有三个相等时,等式成立.

**问题 1.217** 如果 $a,b,c,d$ 是非负实数,且满足

$$a\geqslant b\geqslant 1\geqslant c\geqslant d,\quad a+b+c+d=3$$

那么
$$a^2 + b^2 + c^2 + d^2 + 10abcd \leqslant 5$$

（Vasile Cîrtoaje，2015）

**证明 1**  设
$$E(a,b,c,d) = a^2 + b^2 + c^2 + d^2 + 10abcd$$
我们将证明
$$E(a,b,c,d) \leqslant E(a,b,x,x) \leqslant 5$$
其中
$$x = \frac{c+d}{2}, \quad a + b + 2x = 3$$
左边不等式是成立的,因为
$$E(a,b,c,d) - E(a,b,x,x) = \frac{1}{2}(c-d)^2(1-5ab) \leqslant 0$$
右边不等式可写成下面的形式
$$a^2 + b^2 + 2x^2 + 10abx^2 \leqslant 5$$
$$(a+b)^2 + 2x^2 + 2ab(5x^2 - 1) \leqslant 5$$
$$2s^2 + (3-s)^2 + ab[5(3-s)^2 - 4] \leqslant 10$$
其中
$$s = a + b, \quad s \in [2,3]$$

**情形 1**  $5(3-s)^2 - 4 \geqslant 0$. 因为 $ab \leqslant \frac{s^2}{4}$,于是只需证
$$2s^2 + (3-s)^2 + \frac{1}{4}s^2[5(s-3)^2 - 4] \leqslant 10$$
这等价于一个明显成立的不等式
$$(s-1)(s-2)[5s(s-3) - 2] \leqslant 0$$

**情形 2**  $5(3-s)^2 - 4 \leqslant 0$. 从 $(a-1)(b-1) \geqslant 0$,我们得到 $ab \geqslant s - 1$.
因此,只需证明
$$2s^2 + (3-s)^2 + (s-1)[5(3-s)^2 - 4] \leqslant 10$$
这等价于一个明显成立的不等式
$$(s-2)(s-3)(5s-7) \leqslant 0$$
等式适用于 $a = b = 1, c = d = \frac{1}{2}$,或 $a = 2, b = 1, c = d = 0$.

**证明 2**  从
$$(a-1)(b-1)(c-1)(d-1) \geqslant 0$$
我们有
$$-2 + \sum_{sym} ab - \sum abc + abcd \geqslant 0$$

因为

$$2\sum_{sym}ab = 9 - a^2 - b^2 - c^2 - d^2$$

我们得到

$$-2 + \frac{9 - a^2 - b^2 - c^2 - d^2}{2} - \sum abc + abcd \geqslant 0$$

$$a^2 + b^2 + c^2 + d^2 \leqslant 5 - 2\sum abc + 2abcd$$

因此，只需证明

$$\left(5 - 2\sum abc + 2abcd\right) + 10abcd \leqslant 5$$

这等价于

$$\sum abc \geqslant 6abcd$$

对于非平凡情况 $d \neq 0$，这个不等式等价于

$$\frac{1}{a} + \frac{1}{b} + \frac{1}{c} + \frac{1}{d} \geqslant 6$$

因为

$$\frac{1}{a} + \frac{1}{b} \geqslant \frac{4}{a+b}$$

$$\frac{1}{c} + \frac{1}{d} \geqslant \frac{4}{c+d}$$

于是只需证明

$$\frac{2}{a+b} + \frac{2}{c+d} \geqslant 3$$

这等价于

$$(a + b - 1)(a + b - 2) \geqslant 0$$

**问题 1.218**　如果 $a,b,c,d$ 是非负实数，且满足

$$a \geqslant b \geqslant 1 \geqslant c \geqslant d, \quad a + b + c + d = 6$$

那么

$$a^2 + b^2 + c^2 + d^2 + 4abcd \leqslant 26$$

（Vasile Cîrtoaje，2015）

**证明 1**　设

$$E(a,b,c,d) = a^2 + b^2 + c^2 + d^2 + 4abcd$$

我们将证明

$$E(a,b,c,d) \leqslant E(a,b,x,x) \leqslant 26$$

其中

$$x = \frac{c+d}{2}, \quad a + b + 2x = 3$$

左边不等式是成立的,因为

$$E(a,b,c,d) - E(a,b,x,x) = \frac{1}{2}(c-d)^2(1-2ab) \leqslant 0$$

右边不等式可写成下面的形式

$$a^2 + b^2 + 2x^2 + 4abx^2 \leqslant 26$$
$$(a+b)^2 + 2x^2 + 2ab(2x^2-1) \leqslant 26$$
$$2s^2 + (6-s)^2 + 2ab[(6-s)^2-2] \leqslant 52$$

其中

$$s = a+b, \quad s \in [4,6]$$

**情形 1**  $(6-s)^2 - 2 \geqslant 0$. 因为 $ab \leqslant \dfrac{s^2}{4}$, 于是只需证

$$2s^2 + (6-s)^2 + \frac{1}{2}s^2[(6-s)^2-2] \leqslant 52$$

这等价于一个明显成立的不等式

$$(s-2)(s-4)[s(s-6)-4] \leqslant 0$$

**情形 2**  $(6-s)^2 - 2 \leqslant 0$. 从 $(a-1)(b-1) \geqslant 0$, 我们得到 $ab \geqslant s-1$. 因此, 只需证明

$$2s^2 + (6-s)^2 + 2(s-1)[(6-s)^2-2] \leqslant 52$$

这等价于一个明显成立的不等式

$$(s-2)(s-6)(2s-7) \leqslant 0$$

等式适用于 $a=b=2, c=d=1$, 或 $a=5, b=1, c=d=0$.

**证明 2**  从

$$(a-1)(b-1)(c-1)(d-1) \geqslant 0$$

我们有

$$-5 + \sum_{sym} ab - \sum abc + abcd \geqslant 0$$

因为

$$2\sum_{sym} ab = 36 - a^2 - b^2 - c^2 - d^2$$

我们得到

$$-5 + \frac{36 - a^2 - b^2 - c^2 - d^2}{2} - \sum abc + abcd \geqslant 0$$

$$a^2 + b^2 + c^2 + d^2 \leqslant 26 - 2\sum abc + 2abcd$$

因此, 只需证明

$$\left(26 - 2\sum abc + 2abcd\right) + 4abcd \leqslant 26$$

这等价于

$$\sum abc \geqslant 3abcd$$

对于非平凡情况 $d \neq 0$,这个不等式等价于

$$\frac{1}{a} + \frac{1}{b} + \frac{1}{c} + \frac{1}{d} \geqslant 3$$

因为

$$\frac{1}{a} + \frac{1}{b} \geqslant \frac{4}{a+b}$$

$$\frac{1}{c} + \frac{1}{d} \geqslant \frac{4}{c+d}$$

于是只需证明

$$\frac{4}{a+b} + \frac{4}{c+d} \geqslant 3$$

这等价于

$$(a+b-2)(a+b-4) \geqslant 0$$

$$(a+b-2)(2-c-d) \geqslant 0$$

**问题 1.219**　如果 $a,b,c,d$ 是非负实数,且满足

$$a \geqslant b \geqslant 1 \geqslant c \geqslant d, \quad a+b+c+d=p, \quad p \geqslant 2$$

那么

$$\frac{p^2 - 4p + 8}{2} \leqslant a^2 + b^2 + c^2 + d^2 \leqslant p^2 - 2p + 2$$

**证明**　将右边不等式改写为

$$(p-1)^2 - a^2 + (1-b^2) - c^2 - d^2 \geqslant 0$$

$$(p-1-a)(p-1+a) + (1-b)(1+b) - c^2 - d^2 \geqslant 0$$

因为 $(p-1+a) - (1+b) = 2(a-1) + c + d \geqslant 0$ 和

$$p - 1 - a = (b-1) + c + d \geqslant 0$$

因此,只需证明

$$(p-1-a)(1+b) + (1-b)(1+b) - c^2 - d^2 \geqslant 0$$

这等价于

$$(c+d)(1+b) - c^2 - d^2 \geqslant 0$$

事实上

$$(c+d)(1+b) \geqslant c + d \geqslant c^2 + d^2$$

右边不等式对于

$$(a,b,c,d) = (p-1,1,0,0)$$

是一个等式.

因为 $(a+b)^2 \leqslant 2(a^2+b^2)$,$(c+d)^2 \leqslant 2(c^2+d^2)$,左边不等式是成立的,如果

$$p^2 - 4p + 8 \leqslant (a+b)^2 + (c+d)^2$$

这等价于

$$[(a+b) + (c+d)]^2 - 4[(a+b) + (c+d)] + 8 \leqslant (a+b)^2 + (c+d)^2$$
$$(a+b)(c+d) - 2(a+b) - 2(c+d) + 4 \leqslant 0$$
$$(a+b-2)(c+d-2) \leqslant 0$$

左边不等式对于

$$(a,b,c,d) = \left(1,1,\frac{p-2}{2},\frac{p-2}{2}\right), \quad 2 \leqslant p \leqslant 4$$

$$(a,b,c,d) = \left(\frac{p-2}{2},\frac{p-2}{2},1,1\right), \quad p \geqslant 4$$

是一个等式.

**问题 1.220** 设 $a \geqslant b \geqslant 1 \geqslant c \geqslant d \geqslant 0$ 满足

$$a+b+c+d = 4, \quad a^2 + b^2 + c^2 + d^2 = q$$

其中 $q \in [4,10]$ 是固定的实数,求证:当 $b=1,c=d$ 时,乘积 $r = abcd$ 最大.

**证明** 条件 $q \geqslant 4$ 源自柯西 - 施瓦兹不等式

$$4(a^2 + b^2 + c^2 + d^2) \geqslant (a+b+c+d)^2$$

条件 $q \leqslant 10$ 源自不等式 $(a-1)(b-1) \geqslant 0$,这等价于

$$ab \geqslant s - 1$$

其中

$$s = a + b, \quad s \in [2,4]$$

事实上

$$q \leqslant (a+b)^2 - 2ab + (c+d)^2$$
$$\leqslant s^2 - 2(s-1) + (4-s)^2$$
$$= 2(s-1)(s-4) + 10$$
$$\leqslant 10$$

注意到当 $a = b = c = d = 1$ 时,$q = 4$;$a = 3, b = 1, c = d = 0$ 时,$q = 10$.

我们将证明对于任意固定的 $q \in [4,10]$,有

$$abcd \leqslant f(d) \leqslant f(d_1)$$

其中

$$f(d) = d\left(d^2 - 3d + 5 - \frac{q}{2}\right)$$

$$d_1 = 1 - \sqrt{\frac{q-4}{6}}, \quad d_1 \in [0,1]$$

左边不等式 $abcd \leqslant f(d)$ 是下面这个不等式的结果

$$(a-1)(b-1)(c-1) \leqslant 0$$

于是,有

$$abc \leqslant 1 - (a+b+c) + (ab+bc+ca)$$
$$= 1 - (4-d) + \frac{1}{2} \left[ (a+b+c)^2 - (a^2+b^2+c^2) \right]$$
$$= -3 + d + \frac{1}{2} \left[ (4-d)^2 - (q-d^2) \right]$$
$$= d^2 - 3d + 5 - \frac{q}{2}$$

因此
$$abcd \leqslant f(d)$$

当 $b=1$ 时, 等式成立.

右边不等式 $f(d) \leqslant f(d_1)$ 可由下面的不等式立刻得到
$$f(d) - f(d_1) = (d-d_1)^2 (d+2d_1-3) \leqslant 0$$

当 $d=d_1$ 时, 这个不等式取等号. 综上所述, 对于任意固定的 $q \in [4,10]$, 我们有
$$abcd \leqslant f(d_1)$$

等式适用于 $b=1$ 和 $d=d_1$. 这些相等的条件等价于 $b=1$ 和 $c=d$. 事实上, 由 $b=1, d=d_1, a+b+c+d=3$ 和 $a^2+b^2+c^2+d^2=q$, 我们得到
$$a = 1 + \sqrt{\frac{2(q-4)}{3}}, b=1, c=d=1-\sqrt{\frac{q-4}{6}}$$

**问题 1.221** 如果 $a,b,c,d$ 是非负实数, 且满足
$$a \geqslant b \geqslant 1 \geqslant c \geqslant d, \quad a+b+c+d=4$$

那么
$$a^2+b^2+c^2+d^2+6abcd \leqslant 10$$

(Vasile Cîrtoaje, 2015)

**证明 1** 根据问题 1.220, 对于固定的 $q=a^2+b^2+c^2+d^2$, 当 $b=1, c=d$ 时, 乘积 $r=abcd$ 取得最大值. 于是, 只需要证明当 $b=1, c=d$ 时, 原始不等式成立即可. 此时原不等式变为
$$a^2 + 2c^2 + 6ac^2 \leqslant 9, \quad a+2c=3$$

也就是
$$c(1-c)^2 \geqslant 0$$

等式适用于 $a=b=c=d=1$, 也适用于 $a=3, b=1, c=d=0$.

**证明 2** 设
$$E(a,b,c,d) = a^2+b^2+c^2+d^2+6abcd$$

我们将证明
$$E(a,b,c,d) \leqslant E(a,b,x,x) \leqslant 10$$

其中
$$x = \frac{c+d}{2}$$

左边不等式是成立的,因为

$$E(a,b,c,d) - E(a,b,x,x) = \frac{1}{2}(c-d)^2(1-3ab) \leqslant 0$$

右边不等式能写成如下形式

$$a^2 + b^2 + 2x^2 + 6abx^2 \leqslant 10, \quad a + b + 2x = 4$$
$$(a+b)^2 + 2x^2 + 2ab(3x^2 - 1) \leqslant 10$$
$$2s^2 + (4-s)^2 + ab[3(4-s)^2 - 4] \leqslant 20$$

其中

$$s = a + b, \quad s \in [2,4]$$

**情形 1** $3(4-s)^2 - 4 \geqslant 0$. 因为 $ab \leqslant \dfrac{s^2}{4}$,于是只需证

$$2s^2 + (4-s)^2 + \frac{1}{4}s^2[3(4-s)^2 - 4] \leqslant 20$$

这等价于

$$(s-2)^2[3s(s-4) - 4] \leqslant 0$$

**情形 2** $3(4-s)^2 - 4 \leqslant 0$. 从 $(a-1)(b-1) \geqslant 0$,我们得到 $ab \geqslant s - 1$. 因此,只需证

$$2s^2 + (4-s)^2 + (s-1)[3(4-s)^2 - 4] \leqslant 20$$

这等价于一个明显成立的不等式

$$(s-2)^2(s-4) \leqslant 0$$

**证明 3**(Linqaszayi) 从

$$(a-1)(b-1)(c-1)(d-1) \geqslant 0$$

我们有

$$-3 + \sum_{sym} ab - \sum abc + abcd \geqslant 0$$

因为

$$2\sum_{sym} ab = 16 - a^2 - b^2 - c^2 - d^2$$

我们得到

$$10 - a^2 - b^2 - c^2 - d^2 \geqslant 2\sum abc - 2abcd$$

因此,只需要证明

$$2\sum abc - 2abcd \geqslant 6abcd$$

这等价于

$$\sum abc \geqslant 4abcd$$

对于非平凡情况 $d > 0$,这个不等式等价于柯西—施瓦兹不等式

$$(a+b+c+d)\left(\frac{1}{a} + \frac{1}{b} + \frac{1}{c} + \frac{1}{d}\right) \geqslant 16$$

**证明 4**(Nguyen Van Quy)　将原不等式改写为
$$a^2 + (b+c+d)^2 + 6abcd - 2(bc + cd + db) \leqslant 10$$
$$3abcd - (bc + cd + db) \leqslant (a-1)(3-a)$$
根据 AM−GM 不等式或柯西−施瓦兹不等式,我们有
$$bc + cd + db \geqslant \frac{9bcd}{b+c+d}$$
因此
$$3abcd - (bc + cd + db) \leqslant 3abcd - \frac{9bcd}{b+c+d}$$
$$= \frac{3bcd(a-1)(3-a)}{b+c+d}$$
因为
$$3 - a \geqslant 4 - a - b = c + d \geqslant 0$$
只需证
$$\frac{3bcd}{b+c+d} \leqslant 1$$
事实上,利用 AM−GM 不等式和 $b+c+d = 4-a \leqslant 3$,我们得到
$$\frac{3bcd}{b+c+d} \leqslant \frac{(b+c+d)^2}{9} \leqslant 1$$

**问题 1.222**　如果 $a,b,c,d$ 是非负实数,且满足
$$a \geqslant b \geqslant 1 \geqslant c \geqslant d, \quad a+b+c+d = 4$$
那么
$$a^2 + b^2 + c^2 + d^2 + 6\sqrt{abcd} \leqslant 10$$
(Vasile Cîrtoaje,2015)

**证明 1**　根据问题 1.220,我们只需要对 $b=1, c=d$ 时证明不等式.因此证明 $a+2c=3$ 时意味着 $a^2 + 2c^2 + 6c\sqrt{a} \leqslant 9$,也就是
$$a^2 + 2c^2 + 6c\sqrt{a} \leqslant (a+2c)^2$$
$$c(c + 2a - 3\sqrt{a}) \geqslant 0$$
$$\frac{3c(\sqrt{a}-1)^2}{c + 2a + 3\sqrt{a}} \geqslant 0$$
等式适用于 $a=b=c=d=1$,也适用于 $a=3, b=1, c=d=0$.

**证明 2**　设
$$E(a,b,c,d) = a^2 + b^2 + c^2 + d^2 + 6\sqrt{abcd}$$
我们将证明
$$E(a,b,c,d) \leqslant E(a,b,x,x) \leqslant 10$$
其中

$$x = \frac{c+d}{2} = \frac{4-a-b}{2}$$

左边不等式可以化简成一个显然成立的不等式

$$(\sqrt{c} - \sqrt{d})^2 \left[6\sqrt{ab} - (\sqrt{c} + \sqrt{d})^2\right] \geqslant 0$$

而右边不等式等价于

$$a^2 + b^2 + 2x^2 + 6x\sqrt{ab} \leqslant 10$$

因为 $2\sqrt{ab} \leqslant a+b$，于是只需证

$$a^2 + b^2 + 2x^2 + 3x(a+b) \leqslant 10$$

这可写为

$$2(a^2 + b^2) + (4-a-b)^2 + 3(4-a-b)(a+b) \leqslant 20$$

$$2(a+b)^2 - 4ab + 16 - 8(a+b) + (a+b)^2 + 12(a+b) - 3(a+b)^2 \leqslant 20$$

$$4(a-1)(b-1) \geqslant 0$$

**问题 1.223** 如果 $a,b,c,d,e$ 是正实数，那么

$$\frac{a}{a+2b+2c} + \frac{b}{b+2c+2d} + \frac{c}{c+2d+2e} + \frac{d}{d+2e+2a} + \frac{e}{e+2a+2b} \geqslant 1$$

**证明** 下面应用柯西-施瓦兹不等式得到这个不等式

$$\sum \frac{a}{a+2b+2c} \geqslant \frac{\left(\sum a\right)^2}{\sum a(a+2b+2c)}$$

$$= \frac{\left(\sum a\right)^2}{\sum a^2 + 2\sum ab + 2\sum ac}$$

$$= 1$$

等式适用于 $a=b=c=d=e$.

**问题 1.224** 设 $a,b,c,d,e$ 是正实数，且满足 $a+b+c+d+e=5$. 求证

$$1 + \frac{4}{abcde} \geqslant \frac{a}{b} + \frac{b}{c} + \frac{c}{d} + \frac{d}{e} + \frac{e}{a}$$

**证明** 设 $(x,y,z,t,u)$ 是 $(a,b,c,d,e)$ 的一个排列，且满足 $x \geqslant y \geqslant z \geqslant t \geqslant u$，由排序不等式，我们有

$$\frac{a}{b} + \frac{b}{c} + \frac{c}{d} + \frac{d}{e} + \frac{e}{a}$$

$$\leqslant \frac{x}{u} + \frac{y}{t} + \frac{z}{z} + \frac{t}{y} + \frac{u}{x}$$

$$= \left(\frac{x}{u} + \frac{u}{x} + 2\right) + \left(\frac{y}{t} + \frac{t}{y} + 2\right) - 3$$

$$= 4(p+q) - 3$$

其中

$$p = \frac{1}{4}\left(\frac{x}{u} + \frac{u}{x} + 2\right) \geqslant 1$$

$$q = \frac{1}{4}\left(\frac{y}{t} + \frac{t}{y} + 2\right) \geqslant 1$$

因为 $(p-1)(q-1) \geqslant 0$,我们得到

$$p + q \leqslant 1 + pq$$

$$4(p+q) - 3 \leqslant 1 + pq$$

因此

$$\frac{a}{b} + \frac{b}{c} + \frac{c}{d} + \frac{d}{e} + \frac{e}{a} \leqslant 1 + 4pq$$

因此,只需要证明

$$pq \leqslant \frac{1}{xyztu}$$

这个不等式等价于

$$z\left(\frac{x+u}{2}\right)^2 \left(\frac{y+t}{2}\right)^2 \leqslant 1$$

事实上,根据 AM−GM 不等式,我们得到

$$z\left(\frac{x+u}{2}\right)^2 \left(\frac{y+t}{2}\right)^2$$

$$\leqslant \left[\frac{1}{5}\left(z + \frac{x+u}{2} + \frac{x+u}{2} + \frac{y+t}{2} + \frac{y+t}{2}\right)\right]^5$$

$$= 1$$

等式适用于 $a = b = c = d = e = 1$.

**备注** 类似地,我们能证明下列推广.

● 如果 $a_1, a_2, \cdots, a_n$ 是正实数,且 $a_1 + a_2 + \cdots + a_n = n$,那么

$$n - 4 + \frac{4}{a_1 a_2 \cdots a_n} \geqslant \frac{a_1}{a_2} + \frac{a_2}{a_3} + \cdots + \frac{a_n}{a_1}$$

**问题 1.225** 如果 $a, b, c, d, e$ 是实数,且满足 $a + b + c + d + e = 0$,那么

$$-\frac{\sqrt{5}-1}{4} \leqslant \frac{ab + bc + cd + de + ea}{a^2 + b^2 + c^2 + d^2 + e^2} \leqslant \frac{\sqrt{5}-1}{4}$$

**证明** 由于

$$(a + b + c + d + e)^2 = 0$$

我们得到

$$\sum a^2 + 2\sum ab + 2\sum ac = 0$$

因此,对于任意实数 $k$,我们有

$$\sum a^2 + (2k+2)\sum ab = \sum 2a(kb - c)$$

根据 AM−GM 不等式,我们得到

$$2a(kb-c) \leqslant a^2 + (kb-c)^2$$

因此

$$\sum a^2 + (2k+2) \sum ab \leqslant \sum [a^2 + (kb-c)^2]$$
$$= (k^2+2) \sum a^2 - 2k \sum ab$$

这等价于

$$\sum a^2 \geqslant \frac{2(2k+1)}{k^2+1} \sum ab$$

选择 $k = \dfrac{-1-\sqrt{5}}{4}$ 和 $k = \dfrac{-1+\sqrt{5}}{4}$，我们得到期望不等式. 不等式两边等号成立的条件为

$$a = kb - c, \quad b = kc - d, \quad c = kd - e, \quad d = ke - a, \quad e = ka - b$$

也就是

$$a = x, \quad b = y, \quad c = -x + ky, \quad d = -k(x+y), \quad e = kx - y$$

其中 $x, y$ 是实数.

**问题 1.226** 设 $a, b, c, d, e$ 是正实数，且 $a^2 + b^2 + c^2 + d^2 + e^2 = 5$. 求证

$$\frac{a^2}{b+c+d} + \frac{b^2}{c+d+e} + \frac{c^2}{d+e+a} + \frac{d^2}{e+a+b} + \frac{e^2}{a+b+c} \geqslant \frac{5}{3}$$

(Pham Van Thuan, 2005)

**证明** 根据 AM $-$ GM 不等式，我们得到

$$2b + 2c + 2d \leqslant (b^2+1) + (c^2+1) + (d^2+1) = 8 - a^2 - e^2$$

因此，只需证

$$\sum \frac{a^2}{8 - a^2 - e^2} \geqslant \frac{5}{6}$$

根据柯西 $-$ 施瓦兹不等式，我们有

$$\sum \frac{a^2}{8-a^2-e^2} \geqslant \frac{\left(\sum a^2\right)^2}{\sum a^2(8-a^2-e^2)}$$
$$= \frac{25}{40 - \sum a^4 - \sum a^2 e^2}$$
$$= \frac{50}{80 - \sum (a^2+e^2)^2}$$
$$\geqslant \frac{50}{80 - \frac{1}{5}\left[\sum (a^2+e^2)\right]^2}$$
$$= \frac{5}{6}$$

证明完成了. 等式适用于 $a = b = c = d = e = 1$.

**问题 1.227**  设 $a,b,c,d,e$ 是非负实数，且 $a+b+c+d+e=5$. 求证

$$(a^2+b^2)(b^2+c^2)(c^2+d^2)(d^2+e^2)(e^2+a^2)\leqslant\frac{729}{2}$$

（Vasile Cîrtoaje，2007）

**证明**  将原不等式改写为

$$E(a,b,c,d,e)\leqslant 0$$

不失一般性，设

$$e=\min\{a,b,c,d,e\}$$

我们断言，我们只需要证明期望不等式 $e=0$ 的情况即可. 为了证明它，只需要
证明

$$E(a,b,c,d,e)\leqslant E\Big(a+\frac{e}{2},b,c,d+\frac{e}{2},0\Big)\qquad(*)$$

这等价于

$$(a^2+b^2)(c^2+d^2)(d^2+e^2)(e^2+a^2)$$

$$\leqslant\Big[\Big(a+\frac{e}{2}\Big)^2+b^2\Big]\Big[c^2+\Big(d+\frac{e}{2}\Big)^2\Big]\Big(d+\frac{e}{2}\Big)^2\Big(a+\frac{e}{2}\Big)^2$$

这是成立的，因为

$$a^2+b^2\leqslant\Big(a+\frac{e}{2}\Big)^2+b^2$$

$$c^2+d^2\leqslant c^2+\Big(d+\frac{e}{2}\Big)^2$$

$$d^2+e^2\leqslant d^2+de\leqslant\Big(d+\frac{e}{2}\Big)^2$$

$$e^2+a^2\leqslant ae+a^2\leqslant\Big(a+\frac{e}{2}\Big)^2$$

结论成立. 因此只需要证明当

$$a+b+c+d=5$$

时，不等式

$$E(a,b,c,d,0)\leqslant 0$$

成立，其中

$$E(a,b,c,d,0)=a^2d^2(a^2+b^2)(b^2+c^2)(c^2+d^2)-\frac{729}{2}$$

不失一般性，假设

$$c=\min\{b,c\}$$

我们断言，只需要证明 $E(a,b,c,d,0)\leqslant 0$ 在 $c=0$ 时成立即可，为了证明它，只
需要证明

$$E(a,b,c,d,0)\leqslant E\Big(a,b+\frac{c}{2},0,d+\frac{c}{2},0\Big)\qquad(**)$$

267

这等价于

$$d^2 (a^2 + b^2) (b^2 + c^2) (c^2 + d^2)$$

$$\leqslant \left(d + \frac{c}{2}\right)^2 \left[a^2 + \left(b + \frac{c}{2}\right)^2\right] \left(b + \frac{c}{2}\right)^2 \left(d + \frac{c}{2}\right)^2$$

这是成立的,因为

$$d^2 (c^2 + d^2) \leqslant \left(d + \frac{c}{2}\right)^4$$

$$a^2 + b^2 \leqslant a^2 + \left(b + \frac{c}{2}\right)^2$$

$$b^2 + c^2 \leqslant b^2 + bc \leqslant \left(b + \frac{c}{2}\right)^2$$

因此,我们只需要证明当 $a + b + d = 5$ 时

$$E(a,b,0,d,0) \leqslant 0$$

$$E(a,b,0,d,0) = a^2 b^2 d^4 (a^2 + b^2) - \frac{729}{2}$$

我们将证明

$$E(a,b,0,d,0) \leqslant E\left(\frac{a+b}{2}, \frac{a+b}{2}, 0, d, 0\right) \leqslant 0 \qquad (\ast\ast\ast)$$

左边不等式是成立的,如果

$$32 a^2 b^2 (a^2 + b^2) \leqslant (a+b)^6$$

事实上,我们有

$$(a+b)^6 - 32 a^2 b^2 (a^2 + b^2) \geqslant 4ab (a+b)^4 - 32 a^2 b^2 (a^2 + b^2)$$

$$= 4ab (a-b)^4$$

$$\geqslant 0$$

为了证明右边不等式,记

$$u = \frac{a+b}{2}$$

我们只需证明:当 $2u + d = 5$ 时

$$E(u,u,0,d,0) \leqslant 0$$

也就是

$$u^6 d^4 \leqslant \frac{729}{4}$$

$$u^3 d^2 \leqslant \frac{27}{2}$$

根据 AM $-$ GM 不等式,我们有

$$5 = \frac{2u}{3} + \frac{2u}{3} + \frac{2u}{3} + \frac{d}{2} + \frac{d}{2}$$

$$\geqslant 5\sqrt[5]{\left(\frac{2u}{3}\right)^3 \left(\frac{d}{2}\right)^2}$$

由此可知结论成立. 等式适用于 $a=b=\dfrac{3}{2}, c=0, d=2, e=0$(或其任何循环排列).

**问题 1. 228**   如果 $a,b,c,d,e \in [1,5]$,那么

$$\frac{a-b}{b+c}+\frac{b-c}{c+d}+\frac{c-d}{d+e}+\frac{d-e}{e+a}+\frac{e-a}{a+b}\geqslant 0$$

(Vasile Cîrtoaje,2002)

**证明**   将原不等式改写为

$$\sum \left(\frac{a-b}{b+c}+\frac{2}{3}\right)\geqslant \frac{10}{3}$$

$$\sum \frac{3a-b+2c}{b+c}\geqslant 10$$

因为

$$3a-b+2c\geqslant 3-5+2\geqslant 0$$

我们可以应用柯西 — 施瓦兹不等式,得到

$$\sum \frac{3a-b+2c}{b+c}\geqslant \frac{\left[\sum(3a-b+2c)\right]^2}{\sum(b+c)(3a-b+2c)}$$

$$=\frac{16\left(\sum a\right)^2}{\sum a^2+4\sum ab+3\sum ac}$$

因此,只需证

$$8\sum a^2 \geqslant 5\sum a^2+20\sum ab+15\sum ac$$

因为

$$\left(\sum a\right)^2=\sum a^2+2\sum ab+2\sum ac$$

所以这个不等式等价于

$$3\sum a^2+\sum ac\geqslant 4\sum ab$$

事实上

$$3\sum a^2+\sum ac-4\sum ab=\frac{1}{2}\sum(a-2b+c)^2\geqslant 0$$

等式适用于 $a=b=c=d=e$.

**问题 1. 229**   如果 $a,b,c,d,e,f \in [1,3]$,那么

$$\frac{a-b}{b+c}+\frac{b-c}{c+d}+\frac{c-d}{d+e}+\frac{d-e}{e+f}+\frac{e-f}{f+a}+\frac{f-a}{a+b}\geqslant 0$$

(Vasile Cîrtoaje,2002)

证明 将原不等式改写为

$$\sum \left( \frac{a-b}{b+c} + \frac{1}{2} \right) \geqslant 3$$

$$\sum \frac{2a-b+c}{b+c} \geqslant 6$$

因为

$$2a-b+c \geqslant 2-3+1=0$$

我们可以应用柯西－施瓦兹不等式得到

$$\sum \frac{2a-b+c}{b+c} \geqslant \frac{\left[ \sum (2a-b+c) \right]^2}{\sum (b+c)(2a-b+c)}$$

$$= \frac{2 \left( \sum a \right)^2}{\sum ab + \sum ac}$$

于是只需证

$$\left( \sum a \right)^2 \geqslant 3 \sum ab + 3 \sum ac$$

设

$$x=a+d, \quad y=b+e, \quad z=c+f$$

因为

$$\sum ab + \sum ac = xy + yz + zx$$

我们有

$$\left( \sum a \right)^2 - 3 \left( \sum ab + \sum ac \right) = (x+y+z)^2 - 3(xy+yz+zx) \geqslant 0$$

等式适用于 $a=c=e, b=d=f$.

**问题 1.230** 如果 $a_1, a_2, \cdots, a_n, n \geqslant 3$ 是正实数，那么

$$\sum_{i=1}^{n} \frac{a_i}{a_{i-1} + 2a_i + a_{i+1}} \leqslant \frac{n}{4}$$

其中 $a_0 = a_n$ 和 $a_{n+1} = a_1$.

(Vasile Cîrtoaje, 2008)

证明 应用柯西－施瓦兹不等式，我们有

$$\sum_{i=1}^{n} \frac{a_i}{a_{i-1} + 2a_i + a_{i+1}} = \sum_{i=1}^{n} \frac{a_i}{(a_{i-1}+a_i) + (a_i+a_{i+1})}$$

$$\leqslant \frac{1}{4} \sum_{i=1}^{n} \left( \frac{a_i}{a_{i-1}+a_i} + \frac{a_i}{a_i+a_{i+1}} \right)$$

$$= \frac{1}{4} \left( \sum_{i=1}^{n} \frac{a_i}{a_{i-1}+a_i} + \sum_{i=1}^{n} \frac{a_i}{a_i+a_{i+1}} \right)$$

$$= \frac{1}{4} \left( \sum_{i=1}^{n} \frac{a_{i+1}}{a_i+a_{i+1}} + \sum_{i=1}^{n} \frac{a_i}{a_i+a_{i+1}} \right)$$

$$= \frac{n}{4}$$

等式适用于 $a_1 = a_2 = \cdots = a_n$.

**问题 1.231** 设 $a_1, a_2, \cdots, a_n, n \geqslant 3$ 是正实数，且 $a_1 a_2 \cdots a_n = 1$. 求证

$$\frac{1}{n-2+a_1+a_2} + \frac{1}{n-2+a_2+a_3} + \cdots + \frac{1}{n-2+a_n+a_1} \leqslant 1$$

（Vasile Cîrtoaje，2008）

**证明 1** 设 $r = \dfrac{n-2}{n}$. 通过对下列不等式求和可得到期望不等式

$$\frac{n-2}{n-2+a_1+a_2} \leqslant \frac{a_3^r + a_4^r + \cdots + a_n^r}{a_1^r + a_2^r + \cdots + a_n^r}$$

$$\frac{n-2}{n-2+a_2+a_3} \leqslant \frac{a_1^r + a_4^r + \cdots + a_n^r}{a_1^r + a_2^r + \cdots + a_n^r}$$

$$\vdots$$

$$\frac{n-2}{n-2+a_n+a_1} \leqslant \frac{a_2^r + a_3^r + \cdots + a_{n-1}^r}{a_1^r + a_2^r + \cdots + a_n^r}$$

第一个不等式等价于

$$(a_1 + a_2)(a_3^r + a_4^r + \cdots + a_n^r) \geqslant (n-2)(a_1^r + a_2^r)$$

根据 AM − GM 不等式，我们有

$$a_3^r + a_4^r + \cdots + a_n^r \geqslant (n-2)(a_3 a_4 \cdots a_n)^{\frac{r}{n-2}}$$

$$= \frac{n-2}{(a_1 a_2)^{\frac{r}{n-2}}}$$

因此，只需证

$$a_1 + a_2 \geqslant (a_1 a_2)^{\frac{r}{n-2}}(a_1^r + a_2^r)$$

或者，同样

$$a_1 + a_2 \geqslant (a_1 a_2)^{\frac{1}{n}}(a_1^{\frac{n-2}{n}} + a_2^{\frac{n-2}{n}})$$

这等价于一个明显成立的不等式

$$(a_1^{\frac{n-1}{n}} - a_2^{\frac{n-1}{n}})(a_1^{\frac{1}{n}} - a_2^{\frac{1}{n}}) \geqslant 0$$

等式适用于 $a_1 = a_2 = \cdots = a_n$.

**证明 2** 因为

$$\frac{n-2}{n-2+a_1+a_2} = 1 - \frac{a_1 + a_2}{n-2+a_1+a_2}$$

可将原不等式改写成

$$\sum_{i=1}^{n} \frac{a_i + a_{i+1}}{n-2+a_i+a_{i+1}} \geqslant 2$$

其中 $a_{n+1} = a_1$. 应用柯西 − 施瓦兹不等式，我们得到

$$\sum_{i=1}^{n} \frac{a_i + a_{i+1}}{n-2+a_i+a_{i+1}} \geqslant \frac{\left(\sum_{i=1}^{n} \sqrt{a_i + a_{i+1}}\right)^2}{\sum_{i=1}^{n} (n-2+a_i+a_{i+1})}$$

$$= \frac{2\sum_{i=1}^{n} a_i + 2\sum_{1 \leqslant i < j \leqslant n} \sqrt{(a_i + a_{i+1})(a_j + a_{j+1})}}{2\sum_{i=1}^{n} a_i + n(n-2)}$$

因此,只需证

$$\sum_{1 \leqslant i < j \leqslant n} \sqrt{(a_i + a_{i+1})(a_j + a_{j+1})} \geqslant \sum_{i=1}^{n} a_i + n(n-2)$$

设 $a_{n+2} = a_2$,由柯西－施瓦兹不等式和 AM－GM 不等式,我们有

$$\sum_{1 \leqslant i < j \leqslant n} \sqrt{(a_i + a_{i+1})(a_j + a_{j+1})}$$

$$= \sum_{i=1}^{n} \sqrt{(a_i + a_{i+1})(a_{i+1} + a_{i+2})} + \sum_{\substack{1 \leqslant i < j \leqslant n \\ j \neq i+1}} \sqrt{(a_i + a_{i+1})(a_j + a_{j+1})}$$

$$\geqslant \sum_{i=1}^{n} (a_{i+1} + \sqrt{a_i a_{i+2}}) + n(n-3)\sqrt[n]{a_1 a_2 \cdots a_n}$$

$$= \sum_{i=1}^{n} a_i + n(n-3) + \sum_{i=1}^{n} \sqrt{a_i a_{i+2}}$$

$$\geqslant \sum_{i=1}^{n} a_i + n(n-3) + n\sqrt[n]{a_1 a_2 \cdots a_n}$$

$$= \sum_{i=1}^{n} a_i + n(n-2)$$

**问题 1.232**　如果 $a_1, a_2, \cdots, a_n \geqslant 1$,那么

$$\prod \left(a_1 + \frac{1}{a_2} + n - 2\right) \geqslant n^{n-2}(a_1 + a_2 + \cdots + a_n)\left(\frac{1}{a_1} + \frac{1}{a_2} + \cdots + \frac{1}{a_n}\right)$$

$$(\text{Vasile Cîrtoaje, 2011})$$

**证明**　将不等式写成 $E(a_1, a_2, \cdots, a_n) \geqslant 0$,并记

$$A = \left(a_2 + \frac{1}{a_3} + n - 2\right)\left(a_3 + \frac{1}{a_4} + n - 2\right) \cdots \left(a_{n-1} + \frac{1}{a_n} + n - 2\right)$$

我们将证明

$$E(a_1, a_2, \cdots, a_n) \geqslant E(1, a_2, \cdots, a_n)$$

如果这是成立的,那么

$$E(a_1, a_2, \cdots, a_n) \geqslant E(1, a_2, \cdots, a_n) \geqslant \cdots \geqslant E(1, 1, \cdots, 1, a_n) = 0$$

我们有

$$E(a_1, a_2, \cdots, a_n) - E(1, a_2, \cdots, a_n)$$

$$= A\left[\left(a_1 + \frac{1}{a_2} + n - 2\right)\left(a_n + \frac{1}{a_1} + n - 2\right) - \left(1 + \frac{1}{a_2} + n - 2\right)(a_n + n - 1)\right] -$$

$$n^{n-2}\left[(a_1 - 1)\left(\frac{1}{a_2} + \cdots + \frac{1}{a_n}\right) + \left(\frac{1}{a_1} - 1\right)(a_2 + \cdots + a_n)\right]$$

$$= (a_1 - 1)\left(B - \frac{C}{a_1}\right)$$

其中

$$B = A(a_n + n - 2) - n^{n-2}\left(\frac{1}{a_2} + \cdots + \frac{1}{a_n}\right)$$

$$C = A\left(\frac{1}{a_2} + n - 2\right) - n^{n-2}(a_2 + \cdots + a_n)$$

因为 $a_1 - 1 \geqslant 0$,我们只需证

$$B - \frac{C}{a_1} \geqslant 0$$

根据 AM $-$ GM 不等式,我们有

$$A \geqslant \left(n\sqrt[n]{\frac{a_2}{a_3}}\right)\left(n\sqrt[n]{\frac{a_3}{a_4}}\right)\cdots\left(n\sqrt[n]{\frac{a_{n-1}}{a_n}}\right) = n^{n-2}\sqrt[n]{\frac{a_2}{a_n}}$$

$$a_n + n - 2 \geqslant (n - 1)\sqrt[n-1]{a_n}$$

$$A(a_n + n - 2) \geqslant (n - 1)n^{n-2}\sqrt[n]{a_2 a_n^{\frac{1}{n-1}}}$$

$$\geqslant (n - 1)n^{n-2}$$

因此

$$B \geqslant (n^{n-2})\left(n - 1 - \frac{1}{a_2} - \cdots - \frac{1}{a_n}\right) \geqslant 0$$

和

$$a_1 B - C \geqslant B - C = A\left(a_n - \frac{1}{a_2}\right) + n^{n-2}\left(a_2 - \frac{1}{a_2}\right) + \cdots + n^{n-2}\left(a_n - \frac{1}{a_n}\right) \geqslant 0$$

当 $a_1, a_2, \cdots, a_n$ 中有 $n - 1$ 个数是 1 时等式成立.

**问题 1.233**   如果 $a_1, a_2, \cdots, a_n \geqslant 1$,那么

$$\left(a_1 + \frac{1}{a_1}\right)\left(a_2 + \frac{1}{a_2}\right)\cdots\left(a_n + \frac{1}{a_n}\right) + 2^n$$

$$\geqslant 2\left(1 + \frac{a_1}{a_2}\right)\left(1 + \frac{a_2}{a_3}\right)\cdots\left(1 + \frac{a_n}{a_1}\right)$$

（Vasile Cîrtoaje，2011）

**证明**   将原不等式写成 $E(a_1, a_2, \cdots, a_n) \geqslant 0$,并记

$$A = \left(a_2 + \frac{1}{a_2}\right)\cdots\left(a_n + \frac{1}{a_n}\right)$$

$$B = \left(1 + \frac{a_2}{a_3}\right)\cdots\left(1 + \frac{a_{n-1}}{a_n}\right)$$

273

我们将证明 $E(a_1,a_2,\cdots,a_n) \geqslant E(1,a_2,\cdots,a_n)$，如果这是成立的，那么

$$E(a_1,a_2,\cdots,a_n) \geqslant E(1,a_2,\cdots,a_n) \geqslant \cdots \geqslant E(1,1,\cdots,1,a_n) = 0$$

我们有

$$E(a_1,a_2,\cdots,a_n) - E(1,a_2,\cdots,a_n) = (a_1-1)\left(C-\frac{D}{a_1}\right)$$

其中

$$C = A - \frac{2B}{a_2}$$

$$D = A - 2Ba_n$$

因为 $a_1 - 1 \geqslant 0$，我们只需证明

$$a_1 C - D \geqslant 0$$

我们先来证明 $C \geqslant 0$，也就是

$$a_2\left(a_2+\frac{1}{a_2}\right)\left(a_3+\frac{1}{a_3}\right)\cdots\left(a_n+\frac{1}{a_n}\right)$$

$$\geqslant 2\left(1+\frac{a_2}{a_3}\right)\left(1+\frac{a_3}{a_4}\right)\cdots\left(1+\frac{a_{n-1}}{a_n}\right)$$

$$(a_2^2+1)(a_3^2+1)\cdots(a_n^2+1) \geqslant 2(a_2+a_3)\cdots(a_{n-1}+a_n)$$

将不等式两边平方得

$$(a_2^2+1)\left[(a_2^2+1)(a_3^2+1)\right]\cdots\left[(a_{n-1}^2+1)(a_n^2+1)\right](a_n^2+1)$$

$$\geqslant 4(a_2+a_3)^2\cdots(a_{n-1}+a_n)^2$$

根据柯西－施瓦兹不等式，我们有

$$(a_2^2+1)(a_3^2+1) \geqslant (a_2+a_3)^2, \cdots, (a_{n-1}^2+1)(a_n^2+1) \geqslant (a_{n-1}+a_n)^2$$

因此，我们还需证明

$$(a_2^2+1)(a_n^2+1) \geqslant 4$$

对于 $a_2 \geqslant 1, a_n \geqslant 1$，这是显然成立的. 最后，我们有

$$a_1 C - D \geqslant C - D = 2B\left(a_n-\frac{1}{a_2}\right) \geqslant 0$$

当 $a_1, a_2, \cdots, a_n$ 中有 $n-1$ 个数是 1 时等式成立.

**问题 1.234** 设 $k$ 和 $n$ 是正整数，并设 $a_1, a_2, \cdots, a_n$ 也是正实数，且 $a_1 \leqslant a_2 \leqslant \cdots \leqslant a_n$，考虑不等式

$$(a_1+a_2+\cdots+a_n)^2 \geqslant n(a_1 a_{k+1} + a_2 a_{k+2} + \cdots + a_n a_{n+k})$$

其中 $a_{n+i} = a_i$，$i$ 为任意正整数，证明这个不等式成立：

(a) 当 $n = 2k$ 时；

(b) 当 $n = 4k$ 时.

(Vasile Cîrtoaje, 2004)

**证明** (a) 我们需要证明

$$(a_1 + a_2 + \cdots + a_{2k})^2$$
$$\geqslant 2k(a_1 a_{k+1} + a_2 a_{k+2} + \cdots + a_{2k} a_{2k+k})$$
$$= 2k(a_1 a_{k+1} + a_2 a_{k+2} + \cdots + a_k a_{2k} + a_{k+1} a_1 + a_{k+2} a_2 + \cdots + a_{2k} a_k)$$
$$= 4k(a_1 a_{k+1} + a_2 a_{k+2} + \cdots + a_k a_{2k})$$

如果 $x$ 是实数,且满足

$$a_k \leqslant x \leqslant a_{k+1}$$

那么

$$(x - a_1)(a_{k+1} - x) + (x - a_2)(a_{k+2} - x) + \cdots + (x - a_k)(a_{2k} - x) \geqslant 0$$

展开,并乘以 $4k$,我们得到

$$4kx(a_1 + a_2 + \cdots + a_{2k}) \geqslant 4k^2 x^2 + 4k(a_1 a_{k+1} + a_2 a_{k+2} + \cdots a_k a_{2k})$$

另外,根据 AM $-$ GM 不等式,我们有

$$(a_1 + a_2 + \cdots + a_{2k})^2 + 4k^2 x^2 \geqslant 4kx(a_1 + a_2 + \cdots + a_{2k})$$

把上述两个不等式相加,即得到期望不等式. 等式成立的条件是

$$a_{j+1} = a_{j+2} = \cdots = a_{j+k} = \frac{a_1 + a_2 + \cdots + a_{2k}}{2k}$$

其中 $j \in \{1, 2, \cdots, k-1\}$.

(b) 我们需要证明

$$(a_1 + a_2 + \cdots + a_{4k})^2 \geqslant 4k(a_1 a_{k+1} + a_2 a_{k+2} + \cdots + a_{4k} a_k)$$

使用代换

$$b_i = a_i + a_{2k+i}, \quad i = 1, 2, \cdots, 2k$$

待证不等式变成

$$(b_1 + b_2 + \cdots + b_{2k})^2 \geqslant 4k(b_1 b_{k+1} + b_2 b_{k+2} + \cdots + b_k b_{2k})$$

这恰好是不等式(a). 等式适用于

$$\begin{cases} a_{j+1} = a_{j+2} = \cdots = a_{j+k} = a \\ a_{j+2k+1} = a_{j+2k+2} = \cdots = a_{j+3k} = b \\ a_1 + a_2 + \cdots + a_{4k} = 2k(a+b) \end{cases}$$

其中 $a \leqslant b$ 是实数,$j \in \{1, 2, \cdots, k-1\}$.

**备注** 实际上,这个不等式对于任何满足 $\frac{n}{4} \leqslant k \leqslant \frac{n}{2}$ 的整数 $k$ 都成立.

**问题 1.235** 如果 $a_1, a_2, \cdots, a_n$ 是实数,那么

$$a_1(a_1 + a_2) + a_2(a_2 + a_3) + \cdots + a_n(a_n + a_1) \geqslant \frac{2}{n}(a_1 + a_2 + \cdots + a_n)^2$$

**证明** 应用代换

$$a = \frac{1}{n}(a_1 + a_2 + \cdots + a_n)$$

$$x_i = a_i - a, \quad i = 1, 2, \cdots, n$$

275

我们有

$$x_1 + x_2 + \cdots + x_n = 0$$

$$\sum a_1(a_1 + a_2) - \frac{2}{n}(a_1 + a_2 + \cdots + a_n)^2$$

$$= \sum (x_1 + a)(x_1 + x_2 + 2a) - 2na^2$$

$$= \sum x_1(x_1 + x_2)$$

$$= \frac{1}{2} \sum (x_1 - x_2)^2$$

$$\geqslant 0$$

等式适用于 $a_1 = a_2 = \cdots = a_n$(如果 $n$ 为奇数);$a_1 = a_3 = \cdots = a_{n-1}$,$a_2 = a_4 = \cdots = a_n$(如果 $n$ 为偶数).

**问题 1.236** 如果 $a_1, a_2, \cdots, a_n \in [1,2]$,那么

$$\sum_{i=1}^n \frac{3}{a_i + 2a_{i+1}} \geqslant \sum_{i=1}^n \frac{2}{a_i + a_{i+1}}$$

其中 $a_{n+1} = a_1$.

(Vasile Cîrtoaje,2005)

**证明** 重写原不等式如下

$$\sum_{i=1}^n \frac{a_i - a_{i+1}}{(a_i + a_{i+1})(a_i + 2a_{i+1})} \geqslant 0$$

$$\sum_{i=1}^n \left[ \frac{k(a_i - a_{i+1})}{(a_i + a_{i+1})(a_i + 2a_{i+1})} + \frac{1}{a_i} - \frac{1}{a_{i+1}} \right] \geqslant 0, \quad k > 0$$

$$\sum_{i=1}^n \frac{(a_i - a_{i+1})\left[(k-3)a_i a_{i+1} - a_i^2 - 2a_{i+1}^2\right]}{a_i a_{i+1}(a_i + a_{i+1})(a_i + 2a_{i+1})} \geqslant 0$$

设 $k = 6$,以上不等式变成

$$\sum_{i=1}^n \frac{(a_i - a_{i+1})^2(2a_{i+1} - a_i)}{a_i a_{i+1}(a_i + a_{i+1})(a_i + 2a_{i+1})} \geqslant 0$$

因为 $1 \leqslant a_i \leqslant 2$,我们有 $2a_{i+1} - a_i \geqslant 0 (i = 1, 2, \cdots, n)$,证明完成. 等式适用于 $a_1 = a_2 = \cdots = a_n$.

**问题 1.237** 设 $a_1, a_2, \cdots, a_n, n \geqslant 3$ 是实数,且满足 $a_1 + a_2 + \cdots + a_n = n$.

(a) 如果 $a_1 \geqslant 1 \geqslant a_2 \geqslant \cdots \geqslant a_n$,那么

$$a_1^3 + a_2^3 + \cdots + a_n^3 + 2n \geqslant 3(a_1^2 + a_2^2 + \cdots + a_n^2)$$

(b) 如果 $a_1 \leqslant 1 \leqslant a_2 \leqslant \cdots \leqslant a_n$,那么

$$a_1^3 + a_2^3 + \cdots + a_n^3 + 2n \leqslant 3(a_1^2 + a_2^2 + \cdots + a_n^2)$$

(Vasile Cîrtoaje,2007)

**证明** (a) 将原不等式改写为

$$\sum (a_1^3 - 3a_1^2 + 3a_1 - 1) \geqslant 0$$

$$\sum (a_1 - 1)^3 \geqslant 0$$

$$(a_1 - 1)^3 \geqslant (1 - a_2)^3 + \cdots + (1 - a_n)^3$$

$$[(1 - a_2) + \cdots + (1 - a_n)]^3 \geqslant (1 - a_2)^3 + \cdots + (1 - a_n)^3$$

显然,最后一个不等式是成立的.等式适用于 $a_1 = a_2 = \cdots = a_n = 1$,也适用于 $a_1 = 2, a_2 = \cdots = a_{n-1} = 1, a_n = 0$.

(b) 类似地,将原不等式改写为

$$\sum (a_1^3 - 3a_1^2 + 3a_1 - 1) \leqslant 0$$

$$\sum (1 - a_1)^3 \geqslant 0$$

$$(1 - a_1)^3 \geqslant (a_2 - 1)^3 + \cdots + (a_n - 1)^3$$

$$[(a_2 - 1) + \cdots + (a_n - 1)]^3 \geqslant (a_2 - 1)^3 + \cdots + (a_n - 1)^3$$

显然,最后一个不等式是成立的.等式适用于 $a_1 = a_2 = \cdots = a_n = 1$,也适用于 $a_1 = 0, a_2 = \cdots = a_{n-1} = 1, a_n = 2$.

**问题 1.238** 设 $a_1, a_2, \cdots, a_n, n \geqslant 3$ 是非负实数,且满足 $a_1 + a_2 + \cdots + a_n = n$.

(a) 如果 $a_1 \geqslant 1 \geqslant a_2 \geqslant \cdots \geqslant a_n$,那么

$$a_1^4 + a_2^4 + \cdots + a_n^4 + 5n \geqslant 6(a_1^2 + a_2^2 + \cdots + a_n^2)$$

(b) 如果 $a_1 \leqslant 1 \leqslant a_2 \leqslant \cdots \leqslant a_n$,那么

$$a_1^4 + a_2^4 + \cdots + a_n^4 + 6n \leqslant 7(a_1^2 + a_2^2 + \cdots + a_n^2)$$

(Vasile Cîrtoaje,2007)

**证明** (a) 将原不等式改写为

$$\sum (a_1^4 - 6a_1^2 + 8a_1 - 3) \geqslant 0$$

$$\sum (a_1 - 1)^3 (a_1 + 3) \geqslant 0$$

$$(a_1 - 1)^3 (a_1 + 3) \geqslant (1 - a_2)^3 (a_2 + 3) + \cdots + (1 - a_n)^3 (a_n + 3)$$

因为

$$(a_1 - 1)^3 = [(1 - a_2) + \cdots + (1 - a_n)]^3$$
$$\geqslant (1 - a_2)^3 + \cdots + (1 - a_n)^3$$

于是只需证

$$[(1 - a_2)^3 + \cdots + (1 - a_n)^3](a_1 + 3)$$
$$\geqslant (1 - a_2)^3 (a_2 + 3) + \cdots + (1 - a_n)^3 (a_n + 3)$$

这等价于

$$(1 - a_2)^3 (a_1 - a_2) + \cdots + (1 - a_n)^3 (a_1 - a_n) \geqslant 0$$

等式适用于 $a_1 = a_2 = \cdots = a_n = 1$.

(b) 将原不等式改写为

$$\sum (a_1^4 - 7a_1^2 + 10a_1 - 4) \leqslant 0$$

$$\sum (a_1 - 1)^2 (a_1^2 + 2a_1 - 4) \leqslant 0$$

$$(a_2 - 1)^2 (a_2^2 + 2a_2 - 4) + \cdots + (a_n - 1)^2 (a_n^2 + 2a_n - 4)$$

$$\leqslant (1 - a_1)^2 (4 - 2a_1 - a_1^2)$$

因为

$$(1 - a_1)^2 = [(a_2 - 1) + \cdots + (a_n - 1)]^2$$

$$\geqslant (a_2 - 1)^2 + \cdots + (a_n - 1)^2$$

于是只需证

$$(a_2 - 1)^2 (a_2^2 + 2a_2 - 4) + \cdots + (a_n - 1)^2 (a_n^2 + 2a_n - 4)$$

$$\leqslant [(a_2 - 1)^2 + \cdots + (a_n - 1)^2](4 - 2a_1 - a_1^2)$$

这等价于

$$(a_2 - 1)^2 (a_1^2 + a_2^2 + 2a_1 + 2a_2 - 8) + \cdots +$$

$$(a_n - 1)^2 (a_1^2 + a_n^2 + 2a_1 + 2a_n - 8) \leqslant 0$$

这个不等式是成立的,如果

$$a_1^2 + a_n^2 + 2a_1 + 2a_n - 8 \leqslant 0$$

因为

$$a_1 + a_n = n - (a_2 + \cdots + a_{n-1}) = 2 + (1 - a_2) + \cdots + (1 - a_{n-2}) \leqslant 2$$

我们有

$$a_1^2 + a_n^2 + 2a_1 + 2a_n - 8 = (a_1 + a_n + 1)^2 - 9 - 2a_1 a_n$$

$$\leqslant (a_1 + a_n + 1)^2 - 9$$

$$\leqslant 0$$

等式适用于 $a_1 = a_2 = \cdots = a_n = 1$,也适用于 $a_1 = 0, a_2 = \cdots = a_{n-1} = 1, a_n = 2$.

**备注** (a) 中的不等式对所有满足如下条件的实数仍然有效

$$a_1 + a_2 + \cdots + a_n = n, \qquad a_1 \geqslant 1 \geqslant a_2 \geqslant \cdots \geqslant a_n$$

**问题 1.239** 如果 $a_1, a_2, \cdots, a_n$ 是正实数,且满足

$$a_1 \geqslant 1 \geqslant a_2 \geqslant \cdots \geqslant a_n, \qquad \frac{1}{a_1} + \frac{1}{a_2} + \cdots + \frac{1}{a_n} = n$$

那么

$$a_1^2 + a_2^2 + \cdots + a_n^2 + 2n \geqslant 3(a_1 + a_2 + \cdots + a_n)$$

(Vasile Cîrtoaje, 2008)

**证明** 将待证不等式改写为

$$(a_1 - 1)(a_1 - 2) + (a_2 - 1)(a_2 - 2) + \cdots + (a_n - 1)(a_n - 2) \geqslant 0$$

$$(a_1 - 1)(a_1 - 2) \geqslant (1 - a_2)(a_2 - 2) + \cdots + (1 - a_n)(a_n - 2)$$

$$\left(1 - \frac{1}{a_1}\right)(a_1^2 - 2a_1) \geqslant \left(\frac{1}{a_2} - 1\right)(a_2^2 - 2a_2) + \cdots + \left(\frac{1}{a_n} - 1\right)(a_n^2 - 2a_n)$$

$$\left[\left(\frac{1}{a_2}-1\right)+\cdots+\left(\frac{1}{a_n}-1\right)\right](a_1^2-2a_1)$$

$$\geqslant\left(\frac{1}{a_2}-1\right)(a_2^2-2a_2)+\cdots+\left(\frac{1}{a_n}-1\right)(a_n^2-2a_n)$$

$$\left(\frac{1}{a_2}-1\right)(a_1^2-2a_1-a_2^2+2a_2)+\cdots+\left(\frac{1}{a_n}-1\right)(a_1^2-2a_1-a_n^2+2a_n)\geqslant 0$$

$$\left(\frac{1}{a_2}-1\right)(a_1-a_2)(a_1+a_2-2)+\cdots+\left(\frac{1}{a_n}-1\right)(a_1-a_n)(a_1+a_n-2)\geqslant 0$$

显然，只需证明 $a_1+a_n-2\geqslant 0$.的确

$$a_1+a_n-2=(n-2)-(a_2+\cdots+a_{n-1})=(1-a_2)+\cdots+(1-a_{n-1})\geqslant 0$$

等式适用于 $a_1=a_2=\cdots=a_n=1$.

**问题 1.240** 如果 $a_1,a_2,\cdots,a_n$ 是实数，且满足

$$a_1\leqslant 1\leqslant a_2\leqslant\cdots\leqslant a_n,\quad a_1+a_2+\cdots+a_n=n$$

那么：

(a) $\dfrac{a_1+1}{a_1^2+1}+\dfrac{a_2+1}{a_2^2+1}+\cdots+\dfrac{a_n+1}{a_n^2+1}\leqslant n$；

(b) $\dfrac{1}{a_1^2+3}+\dfrac{1}{a_2^2+3}+\cdots+\dfrac{1}{a_n^2+3}\leqslant\dfrac{n}{4}$.

（Vasile Cîrtoaje，2009）

**证明** （a）将待证不等式写为

$$\left(1-\frac{a_1+1}{a_1^2+1}\right)+\left(1-\frac{a_2+1}{a_2^2+1}\right)+\cdots+\left(1-\frac{a_n+1}{a_n^2+1}\right)\geqslant 0$$

$$\frac{a_1(a_1-1)}{a_1^2+1}+\frac{a_2(a_2-1)}{a_2^2+1}+\cdots+\frac{a_n(a_n-1)}{a_n^2+1}\geqslant 0$$

$$\frac{a_2(a_2-1)}{a_2^2+1}+\cdots+\frac{a_n(a_n-1)}{a_n^2+1}\geqslant\frac{a_1(1-a_1)}{a_1^2+1}$$

$$\frac{a_2(a_2-1)}{a_2^2+1}+\cdots+\frac{a_n(a_n-1)}{a_n^2+1}\geqslant\frac{a_1[(a_2-1)+\cdots+(a_n-1)]}{a_1^2+1}$$

$$(a_2-1)\left(\frac{a_2}{a_2^2+1}-\frac{a_1}{a_1^2+1}\right)+\cdots+(a_n-1)\left(\frac{a_n}{a_n^2+1}-\frac{a_1}{a_1^2+1}\right)\geqslant 0$$

$$\frac{(a_2-1)(a_2-a_1)(1-a_1a_2)}{a_2^2+1}+\cdots+\frac{(a_n-1)(a_n-a_1)(1-a_1a_n)}{a_n^2+1}\geqslant 0$$

对于 $a_1\geqslant 0$，我们只需证明 $1-a_1a_n\geqslant 0$，事实上

$$2\sqrt{a_1a_n}\leqslant a_1+a_n=2+(1-a_2)+\cdots+(1-a_{n-1})\leqslant 2$$

对于 $a_1\leqslant 0$，不等式也是成立的，因为

$$1-a_1a_2>0,\cdots,1-a_1a_n>0$$

等式适用于 $a_1=a_2=\cdots=a_n=1$.

（b）像情况（a）一样，将待证不等式写成

$$\frac{(a_2-1)(a_2-a_1)(3-a_1a_2-a_1-a_2)}{a_2^2+3}+\cdots+$$

$$\frac{(a_n-1)(a_n-a_1)(3-a_1a_n-a_1-a_n)}{a_n^2+3}\geqslant 0$$

对于 $a_1\geqslant 0$, 我们只需证明 $3-a_1a_n-a_1-a_n\geqslant 0$. 从 $(1-a_1)(a_n-1)\geqslant 0$, 我们得到, $3-a_1a_n\geqslant 4-a_1-a_n$, 因此

$$\frac{1}{2}(3-a_1a_n-a_1-a_n)\geqslant 2-a_1-a_2=(a_2-1)+\cdots+(a_{n-1}-1)\geqslant 0$$

对于 $a_1\leqslant 0$, 这个不等式也是成立的. 因为

$$3-a_1a_2-a_1-a_2>2-a_1-a_2=(a_3-1)+\cdots+(a_n-1)\geqslant 0$$

$$\vdots$$

$$3-a_1a_n-a_1-a_n>2-a_1-a_n=(a_2-1)+\cdots+(a_{n-1}-1)\geqslant 0$$

等式适用于 $a_1=a_2=\cdots=a_n=1$.

**问题 1.241** 如果 $a_1,a_2,\cdots,a_n$ 是非负实数, 且满足

$$a_1\leqslant 1\leqslant a_2\leqslant\cdots\leqslant a_n,\quad a_1+a_2+\cdots+a_n=n$$

那么

$$\frac{a_1^2-1}{(a_1+3)^2}+\frac{a_2^2-1}{(a_2+3)^2}+\cdots+\frac{a_n^2-1}{(a_n+3)^2}\geqslant 0$$

(Vasile Cîrtoaje, 2009)

**证明** 将原不等式改写为

$$\frac{a_2^2-1}{(a_2+3)^2}+\cdots+\frac{a_n^2-1}{(a_n+3)^2}\geqslant\frac{1-a_1^2}{(a_1+3)^2}$$

$$\frac{a_2^2-1}{(a_2+3)^2}+\cdots+\frac{a_n^2-1}{(a_n+3)^2}\geqslant\frac{[(a_2-1)+\cdots+(a_n-1)](1+a_1)}{(a_1+3)^2}$$

$$(a_2-1)\left[\frac{a_2+1}{(a_2+3)^2}-\frac{a_1+1}{(a_1+3)^2}\right]+\cdots+$$

$$(a_n-1)\left[\frac{a_n+1}{(a_n+3)^2}-\frac{a_1+1}{(a_1+3)^2}\right]\geqslant 0$$

$$\frac{(a_2-1)(a_2-a_1)(3-a_1-a_2-a_1a_2)}{(a_2+3)^2(a_1+3)^2}+\cdots+$$

$$\frac{(a_n-1)(a_n-a_1)(3-a_1-a_n-a_1a_n)}{(a_n+3)^2(a_1+3)^2}\geqslant 0$$

于是只需证 $3-a_1-a_n-a_1a_n\geqslant 0$. 因为

$$3-a_1-a_n-a_1a_n\geqslant 3-a_1-a_n-\frac{1}{4}(a_1+a_n)^2$$

$$=\frac{1}{4}(2-a_1-a_n)(6+a_1+a_n)$$

$$\geqslant 0$$

我们只需要证明 $2-a_1-a_n \geqslant 0$,事实上

$$2-a_1-a_n=(a_2-1)+\cdots+(a_{n-1}-1) \geqslant 0$$

等式适用于 $a_1=a_2=\cdots=a_n=1$.

**问题 1.242** 如果 $a_1,a_2,\cdots,a_n$ 是非负实数,且满足

$$a_1 \geqslant 1 \geqslant a_2 \geqslant \cdots \geqslant a_n, \quad a_1+a_2+\cdots+a_n=n$$

那么

$$\frac{1}{3a_1^3+4}+\frac{1}{3a_2^3+4}+\cdots+\frac{1}{3a_n^3+4} \geqslant \frac{n}{7}$$

（Vasile Cîrtoaje, 2009）

**证明** 将原不等式改写为

$$\left(\frac{1}{3a_1^3+4}-\frac{1}{7}\right)+\left(\frac{1}{3a_2^3+4}-\frac{1}{7}\right)+\cdots+\left(\frac{1}{3a_n^3+4}-\frac{1}{7}\right) \geqslant 0$$

$$\frac{1-a_2^3}{3a_2^3+4}+\cdots+\frac{1-a_n^3}{3a_n^3+4} \geqslant \frac{a_1^3-1}{3a_1^3+4}$$

$$\frac{1-a_2^3}{3a_2^3+4}+\cdots+\frac{1-a_n^3}{3a_n^3+4} \geqslant \frac{[(1-a_2)+\cdots+(1-a_n)](1+a_1+a_1^2)}{3a_1^3+4}$$

$$(1-a_2)\left(\frac{1+a_2+a_2^2}{3a_2^3+4}-\frac{1+a_1+a_1^2}{3a_1^3+4}\right)+\cdots+$$

$$(1-a_n)\left(\frac{1+a_n+a_n^2}{3a_n^3+4}-\frac{1+a_1+a_1^2}{3a_1^3+4}\right) \geqslant 0$$

于是只需证

$$\frac{1+a_i+a_i^2}{3a_i^3+4} \geqslant \frac{1+a_1+a_1^2}{3a_1^3+4}, \quad i=2,\cdots,n$$

将这些不等式写为

$$(a_1-a_i)E_i \geqslant 0$$

其中

$$E_i=3a_1^2a_i^2+3a_1a_i(a_1+a_i)+3(a_1^2+a_1a_i+a_i^2)-4(a_1+a_i)-4$$
$$=(a_1+a_i)(3a_1+3a_i-4+3a_1a_i)+3a_1^2a_i^2-3a_1a_i-4$$

因为

$$a_1+a_i \geqslant a_1+a_n=2+(1-a_2)+\cdots+(1-a_{n-1}) \geqslant 2$$

我们有

$$E_i \geqslant 2(6-4+3a_1a_i)+3a_1^2a_i^2-3a_1a_i-4=3a_1^2a_i^2+3a_1a_i \geqslant 0$$

等式适用于 $a_1=a_2=\cdots=a_n=1$,也适用于 $a_1=2,a_2=\cdots=a_{n-1}=1,a_n=0$.

**问题 1.243** 如果 $a_1,a_2,\cdots,a_n$ 是非负实数,且满足

$$a_1 \leqslant 1 \leqslant a_2 \leqslant \cdots \leqslant a_n, \quad a_1+a_2+\cdots+a_n=n$$

那么

$$\sqrt{\frac{3a_1}{4-a_1}} + \sqrt{\frac{3a_2}{4-a_2}} + \cdots + \sqrt{\frac{3a_n}{4-a_n}} \leqslant n$$

(Vasile Cîrtoaje, 2009)

**证明** 将原不等式改写为

$$\left(\sqrt{\frac{3a_1}{4-a_1}} - 1\right) + \left(\sqrt{\frac{3a_2}{4-a_2}} - 1\right) + \cdots + \left(\sqrt{\frac{3a_n}{4-a_n}} - 1\right) \leqslant 0$$

$$\frac{a_1-1}{4-a_1+\sqrt{3a_1(4-a_1)}} + \frac{a_2-1}{4-a_2+\sqrt{3a_2(4-a_2)}} + \cdots +$$

$$\frac{a_n-1}{4-a_n+\sqrt{3a_n(4-a_n)}} \leqslant 0$$

$$\frac{a_2-1}{4-a_2+\sqrt{3a_2(4-a_2)}} + \cdots + \frac{a_n-1}{4-a_n+\sqrt{3a_n(4-a_n)}}$$

$$\leqslant \frac{(a_2-1)+\cdots+(a_n-1)}{4-a_1+\sqrt{3a_1(4-a_1)}}$$

$$(a_2-1)E_2 + \cdots + (a_n-1)E_n \geqslant 0$$

其中

$$E_j = \frac{1}{4-a_1+\sqrt{3a_1(4-a_1)}} - \frac{1}{4-a_j+\sqrt{3a_j(4-a_j)}}, \quad j=2,\cdots,n$$

我们将证明所有的 $E_j \geqslant 0$,不等式 $E_j \geqslant 0$ 等价于

$$\sqrt{3a_j(4-a_j)} - \sqrt{3a_1(4-a_1)} \geqslant a_j - a_1$$

$$\frac{3(a_j-a_1)(4-a_1-a_j)}{\sqrt{3a_j(4-a_j)} + \sqrt{3a_1(4-a_1)}} \geqslant a_j - a_1$$

这是成立的,如果

$$\sqrt{3a_j(4-a_j)} + \sqrt{3a_1(4-a_1)} \leqslant 3(4-a_1-a_j)$$

我们有

$$a_1 + a_j - 2 \leqslant a_1 + a_n - 2 = (1-a_2) + \cdots + (1-a_{n-1}) \leqslant 0$$

记

$$x = a_1 + a_j, \quad x \leqslant 2$$

因为

$$\sqrt{3a_j(4-a_j)} + \sqrt{3a_1(4-a_1)} \leqslant \sqrt{2[3a_1(4-a_1)+3a_j(4-a_j)]}$$

$$\leqslant \sqrt{24x-3x^2}$$

于是只需证

$$\sqrt{24x-3x^2} \leqslant 3(4-x)$$

这等价于一个显然成立的不等式

$$(2-x)(6-x) \geqslant 0$$

282

等式适用于 $a_1 = a_2 = \cdots = a_n = 1$.

**问题 1.244** 如果 $a_1, a_2, \cdots, a_n$ 是非负实数,且满足

$$a_1 \leqslant 1 \leqslant a_2 \leqslant \cdots \leqslant a_n, \quad a_1^2 + a_2^2 + \cdots + a_n^2 = n$$

那么

$$\frac{1}{3-a_1} + \frac{1}{3-a_2} + \cdots + \frac{1}{3-a_n} \leqslant \frac{n}{2}$$

(Vasile Cîrtoaje, 2009)

**证明** 将原不等式改写为

$$\left(\frac{2}{3-a_1} - 1\right) + \left(\frac{2}{3-a_2} - 1\right) + \cdots + \left(\frac{2}{3-a_n} - 1\right) \leqslant 0$$

$$\frac{a_1-1}{3-a_1} + \frac{a_2-1}{3-a_2} + \cdots + \frac{a_n-1}{3-a_n} \leqslant 0$$

$$\frac{a_2-1}{3-a_2} + \cdots + \frac{a_n-1}{3-a_n} \leqslant \frac{1-a_1}{3-a_1}$$

$$\frac{a_2^2-1}{(1+a_2)(3-a_2)} + \cdots + \frac{a_n^2-1}{(1+a_n)(3-a_n)}$$
$$\leqslant \frac{1-a_1^2}{(1+a_1)(3-a_1)}$$

$$\frac{a_2^2-1}{(1+a_2)(3-a_2)} + \cdots + \frac{a_n^2-1}{(1+a_n)(3-a_n)}$$
$$\leqslant \frac{(a_2^2-1) + \cdots + (a_n^2-1)}{(1+a_1)(3-a_1)}$$
$$(a_2^2-1)E_2 + \cdots + (a_n^2-1)E_n \leqslant 0$$

其中

$$E_j = \frac{1}{(1+a_j)(3-a_j)} - \frac{1}{(1+a_1)(3-a_1)}, \quad j = 2, \cdots, n$$

于是只需证 $E_j \leqslant 0$,这等价于

$$(a_j - a_1)(a_1 + a_j - 2) \leqslant 0$$

这是成立的,因为

$$a_1 + a_i - 2 \leqslant a_1 + a_n - 2 = (1-a_2) + \cdots + (1-a_{n-1}) \leqslant 0$$

等式适用于 $a_1 = a_2 = \cdots = a_n = 1$.

**问题 1.245** 如果 $a_1, a_2, \cdots, a_n$ 是实数,且满足

$$a_1 \leqslant 1 \leqslant a_2 \leqslant \cdots \leqslant a_n, \quad a_1 + a_2 + \cdots + a_n = n$$

那么

$$(1+a_1^2)(1+a_2^2)\cdots(1+a_n^2) \geqslant 2^n$$

(Vasile Cîrtoaje, 2009)

**证明** 使用代换 $a_1 = 1 - S$ 和

$$a_2 = b_2 + 1, \cdots, a_n = b_n + 1$$

其中 $S$ 和 $b_2, \cdots, b_n$ 为非负实数,且满足

$$S = b_2 + \cdots + b_n$$

我们有

$$\frac{1}{2}(1 + a_1^2) = 1 - S + \frac{1}{2}S^2$$

$$\frac{1}{2}(1 + a_i^2) = 1 + b_i + \frac{1}{2}b_i^2, \quad i = 1, 2, \cdots, n$$

根据如下引理,我们有

$$\frac{1}{2^{n-1}}(1 + a_2^2) \cdots (1 + a_n^2)$$

$$= \left(1 + b_2 + \frac{1}{2}b_2^2\right) \cdots \left(1 + b_n + \frac{1}{2}b_n^2\right)$$

$$\geqslant 1 + S + \frac{1}{2}S^2$$

因此,只需证明

$$\left(1 - S + \frac{1}{2}S^2\right)\left(1 + S + \frac{1}{2}S^2\right) \geqslant 1$$

这等价于 $S^4 \geqslant 0$. 等式适用于 $a_1 = a_2 = \cdots = a_n = 1$.

**引理** 如果 $c_1, c_2, \cdots, c_k$ 是非负实数,且满足 $c_1 + c_2 + \cdots + c_k = S$,那么

$$\left(1 + c_1 + \frac{1}{2}c_1^2\right)\left(1 + c_2 + \frac{1}{2}c_2^2\right) \cdots \left(1 + c_k + \frac{1}{2}c_k^2\right)$$

$$\geqslant 1 + S + \frac{1}{2}S^2$$

**证明** 我们有

$$\prod_{1 \leqslant i \leqslant k}\left(1 + c_i + \frac{1}{2}c_i^2\right)$$

$$\geqslant 1 + \sum_{1 \leqslant i \leqslant k}\left(c_i + \frac{1}{2}c_i^2\right) + \sum_{1 \leqslant i < j \leqslant k}\left(c_i + \frac{1}{2}c_i^2\right)\left(c_j + \frac{1}{2}c_j^2\right)$$

$$\geqslant 1 + \sum_{1 \leqslant i \leqslant k}\left(c_i + \frac{1}{2}c_i^2\right) + \sum_{1 \leqslant i < j \leqslant k}c_i c_j$$

$$= 1 + S + \frac{1}{2}S^2$$

**问题 1.246** 如果 $a_1, a_2, \cdots, a_n$ 是正实数,且满足

$$a_1 \geqslant 1 \geqslant a_2 \geqslant \cdots \geqslant a_n, \quad a_1 a_2 \cdots a_n = 1$$

那么

$$\frac{1}{a_1 + 1} + \frac{1}{a_2 + 1} + \cdots + \frac{1}{a_n + 1} \geqslant \frac{n}{2}$$

(Vasile Cîrtoaje,2009)

**证明**　我们采用归纳法.当 $n=2$ 时,期望不等式是一个恒等式.让我们记

$$E_n(a_1,a_2,\cdots,a_n)=\frac{1}{a_1+1}+\frac{1}{a_2+1}+\cdots+\frac{1}{a_n+1}-\frac{n}{2}$$

我们将证明

$$E_n(a_1,a_2,\cdots,a_n)\geqslant E_n(a_1a_2,1,a_3,\cdots,a_{n-1},a_n)\geqslant 0,\quad n\geqslant 3$$

右边不等式能够写成

$$E_{n-1}(a_1a_2,a_3,\cdots,a_{n-1},a_n)\geqslant 0$$

因为

$$a_1a_2=\frac{1}{a_3\cdots a_{n-1}a_n}\geqslant 1$$

$$(a_1a_2)a_3\cdots a_{n-1}a_n=1$$

利用归纳假设,右边不等式成立.

左边不等式等价于

$$\frac{1}{a_1+1}+\frac{1}{a_2+1}\geqslant\frac{1}{a_1a_2+1}+\frac{1}{2}$$

$$\frac{1-a_2}{2(a_2+1)}\geqslant\frac{a_1(1-a_2)}{(a_1+1)(a_1a_2+1)}$$

这是成立的,如果

$$(a_1+1)(a_1a_2+1)\geqslant 2a_1(a_2+1)$$

这个不等式能写成

$$(a_1-1)(a_1a_2-1)\geqslant 0$$

等式适用于 $a_1\geqslant 1=a_2=\cdots=a_{n-1}\geqslant a_n$.

**问题 1.247**　如果 $a_1,a_2,\cdots,a_n$ 是正实数,且满足

$$a_1\geqslant 1\geqslant a_2\geqslant\cdots\geqslant a_n,\quad a_1a_2\cdots a_n=1$$

那么

$$\frac{1}{(a_1+2)^2}+\frac{1}{(a_2+2)^2}+\cdots+\frac{1}{(a_n+2)^2}\geqslant\frac{n}{9}$$

(Vasile Cîrtoaje,2009)

**证明**　采用归纳法.当 $n=2$ 时,原不等式变成

$$(a_1-1)^4\geqslant 0$$

让我们记

$$E_n(a_1,a_2,\cdots,a_n)=\frac{1}{(a_1+2)^2}+\frac{1}{(a_2+2)^2}+\cdots+\frac{1}{(a_n+2)^2}-\frac{n}{9}$$

为了完成证明,我们只需证

$$E_n(a_1,a_2,\cdots,a_n)\geqslant E_n(a_1,1,a_3,\cdots,a_{n-1},a_n)\geqslant 0,\quad n\geqslant 3$$

右边不等式能够写成

$$E_{n-1}(a_1,a_3,\cdots,a_{n-1},a_2a_n)\geqslant 0$$

因为
$$a_2 a_n \leqslant a_n \leqslant a_{n-1}$$
$$a_1 a_3 \cdots a_{n-1} (a_2 a_n) = 1$$

由归纳假设知,右边不等式成立.

左边不等式等价于
$$\frac{1}{(a_2+2)^2} + \frac{1}{(a_n+2)^2} \geqslant \frac{1}{9} + \frac{1}{(a_2 a_n+2)^2}$$

记
$$s = a_2 + a_n, \quad p = a_2 a_n, \quad s \leqslant 2, \quad p \leqslant 1$$

这个不等式变成
$$\frac{s^2 + 4s + 8 - 2p}{(2s+4+p)^2} \geqslant \frac{p^2 + 4p + 13}{9(p+2)^2}$$

按 $s$ 的降幂整理得
$$(1 + p - s)(As + B) \geqslant 0$$

其中
$$A = 16 - 20p - 5p^2, \quad B = 80 - 32p - 29p^2 - p^3 > 0$$

因为
$$1 + p - s = (1 - a_2)(1 - a_n) \geqslant 0$$

我们只需证明 $As + B \geqslant 0$. 对于非平凡情况 $A < 0$,我们得到
$$As + B \geqslant 2A + B = 112 - 72p - 39p^2 - p^3 = (1-p)(112 + 40p + p^2) \geqslant 0$$
至此证明完成. 等式适用于 $a_1 = a_2 = \cdots = a_n = 1$.

**备注** 类似地,我们可以证明下列推广.

● 设 $a_1, a_2, \cdots, a_n$ 是正实数,且满足
$$a_1 \geqslant 1 \geqslant a_2 \geqslant \cdots \geqslant a_n, \quad a_1 a_2 \cdots a_n = 1$$

如果 $k \geqslant 1$,那么
$$\frac{1}{(a_1+k)^k} + \frac{1}{(a_2+k)^k} + \cdots + \frac{1}{(a_n+k)^k} \geqslant \frac{n}{(1+k)^k}$$

当 $n = 2$ 时,期望不等式是正确的,如果对 $x \geqslant 1$,有 $g(x) \geqslant 0$,其中
$$g(x) = \frac{1}{(x+k)^k} + \frac{x^k}{(kx+1)^k} - \frac{2}{(1+k)^k}$$

$$\frac{g'(x)}{k} = \frac{x^{k-1}(x+k)^{k+1} - (kx+1)^{k+1}}{(x+k)^{k+1}(kx+1)^{k+1}}$$

于是只需证明 $h(x) \geqslant 0$ $(x \geqslant 1)$,其中
$$h(x) = (k-1)\ln x + (k+1)\ln(x+k) - (k+1)\ln(kx+1)$$

$$h'(x) = \frac{k-1}{x} + \frac{k+1}{x+k} - \frac{k(k+1)}{kx+1}$$

$$= \frac{k(k-1)(x-1)^2}{(x+k)(kx+1)}$$

因为 $h'(x) \geqslant 0, h(x)$ 在 $[1, +\infty)$ 上单调递增,因此

$$h(x) \geqslant h(1) = 0$$

设

$$E_n(a_1, a_2, \cdots, a_n) = \frac{1}{(a_1+k)^k} + \frac{1}{(a_2+k)^k} + \cdots + \frac{1}{(a_n+k)^k} - \frac{n}{(1+k)^k}$$

只要证明这一点就够了

$$E_n(a_1, a_2, \cdots, a_n) \geqslant E_n(a_1, 1, a_3, \cdots, a_{n-1}, a_n) \geqslant 0$$

右边不等式可由归纳假设得到,而左边不等式等价于

$$f_1(a_2) + f_1(a_n) \geqslant f_1(1) + f_1(a_2 a_n)$$

其中

$$f_1(x) = \frac{1}{(x+k)^k}$$

利用代换

$$a_2 = e^a, \quad a_n = e^b$$

不等式变成

$$f(a) + f(b) \geqslant f(0) + f(a+b)$$

其中

$$f(x) = \frac{1}{(e^x+k)^k}$$

求二阶导数得

$$f''(x) = \frac{k^2 e^x (e^x-1)}{(e^x+k)^{k+2}}$$

这说明 $f(x)$ 在 $(-\infty, 0]$ 上是凹函数. 因为

$$0 \geqslant a \geqslant b \geqslant a+b$$

由卡拉玛特(Karamata)不等式得 $f(a) + f(b) \geqslant f(0) + f(a+b)$.

**问题 1.248** 如果 $a_1, a_2, \cdots, a_n$ 是正实数,且满足

$$a_1 \geqslant 1 \geqslant a_2 \geqslant \cdots \geqslant a_n, \quad a_1 a_2 \cdots a_n = 1$$

那么

$$a_1^n + a_2^n + \cdots + a_n^n - n \geqslant n^2 \left( \frac{1}{a_1} + \frac{1}{a_2} + \cdots + \frac{1}{a_n} - n \right)$$

**证明** 我们采用归纳法. 当 $n=2$ 时,期望不等式等价于

$$(a_1-1)^4 \geqslant 0$$

记

$$E_n(a_1, a_2, \cdots, a_n) = a_1^n + a_2^n + \cdots + a_n^n - n - n^2 \left( \frac{1}{a_1} + \frac{1}{a_2} + \cdots + \frac{1}{a_n} - n \right)$$

287

我们将证明
$$E_n(a_1,a_2,\cdots,a_n) \geqslant E_n(a_1,1,a_3,\cdots,a_{n-1},a_2a_n) \geqslant 0$$

右边不等式能够写成
$$E_{n-1}(a_1,a_3,\cdots,a_{n-1},a_2a_n) \geqslant 0$$

因为
$$a_2a_n \leqslant a_n \leqslant a_{n-1}$$
$$a_1a_3\cdots a_{n-1}(a_2a_n) = 1$$

由归纳假设知不等式成立.

左边不等式等价于
$$a_2^n + a_n^n - 1 - a_2^n a_n^n \geqslant n^2\left(\frac{1}{a_2}+\frac{1}{a_n}-1-\frac{1}{a_2a_n}\right)$$

$$n^2\left(\frac{1}{a_2}-1\right)\left(\frac{1}{a_n}-1\right) \geqslant (1-a_2^n)(1-a_n^n)$$

这是成立的,如果
$$\frac{n^2}{a_2a_n} \geqslant (1+a_2+\cdots+a_2^{n-1})(1+a_n+\cdots+a_n^{n-1})$$

因为 $a_2 \leqslant 1$ 和 $a_n \leqslant 1$,这个不等式显然成立. 等式适用于 $a_1=a_2=\cdots=a_n=1$.

**问题 1.249**　如果 $a_1,a_2,\cdots,a_n,n \geqslant 3$ 是正实数,且满足
$$a_1+a_2+\cdots+a_n=n, \quad a_1 \geqslant a_2 \geqslant 1 \geqslant a_3 \geqslant \cdots \geqslant a_n$$

那么
$$a_1^4+a_2^4+\cdots+a_n^4-n \leqslant \frac{14}{3}(a_1^2+a_2^2+\cdots+a_n^2-n)$$

(Vasile Cîrtoaje, 2009)

**证明**(Linqaszayi)　利用代换
$$a_i = 1+x_i, \quad i=1,2,\cdots,n$$

这意味着
$$x_1 \geqslant x_2 \geqslant 0 \geqslant x_3 \geqslant \cdots \geqslant x_n, \quad x_1+x_2+\cdots+x_n=0$$

我们需要证明
$$E(x_1,x_2,\cdots,x_n) \geqslant 0$$

其中
$$E(x_1,x_2,\cdots,x_n) = 3\sum_{i=1}^{n}x_i^4 + 12\sum_{i=1}^{n}x_i^3 + 4\sum_{i=1}^{n}x_i^2$$

我们将证明
$$E(x_1,x_2,\cdots,x_n) \geqslant E\left(\frac{x_1+x_2}{2},\frac{x_1+x_2}{2},x_3,\cdots,x_n\right) \geqslant 0$$

左边不等式成立,因为

$$x_1^4 + x_2^4 \geqslant 2 \left( \frac{x_1 + x_2}{2} \right)^4$$

$$x_1^3 + x_2^3 \geqslant 2 \left( \frac{x_1 + x_2}{2} \right)^3$$

$$x_1^2 + x_2^2 \geqslant 2 \left( \frac{x_1 + x_2}{2} \right)^2$$

为了证明右边不等式,用 $-x_3, \cdots, -x_n$ 代替 $x_3, \cdots, x_n$,所以,我们需要证明在条件

$$x_1 + x_2 = x_3 + \cdots + x_n, \quad x_1, x_2, \cdots, x_n \geqslant 0$$

下,不等式

$$E + 3(x_3^4 + \cdots + x_n^4) - 12(x_3^3 + \cdots + x_n^3) + 4(x_3^2 + \cdots + x_n^2) \geqslant 0$$

其中

$$E = 6 \left( \frac{x_1 + x_2}{2} \right)^4 + 24 \left( \frac{x_1 + x_2}{2} \right)^3 + 8 \left( \frac{x_1 + x_2}{2} \right)^2 = 6A^4 + 24A^3 + 8A^2$$

$$A = \frac{x_3 + \cdots + x_n}{2}$$

因为

$$A^4 \geqslant \frac{x_3^4 + \cdots + x_n^4}{16}, \quad A^3 \geqslant \frac{x_3^3 + \cdots + x_n^3}{8}, \quad A^2 \geqslant \frac{x_3^2 + \cdots + x_n^2}{4}$$

我们有

$$E \geqslant \frac{3}{8}(x_3^4 + \cdots + x_n^4) + 3(x_3^3 + \cdots + x_n^3) + 2(x_3^2 + \cdots + x_n^2)$$

因此,只需证明

$$\left( \frac{3}{8} + 3 \right)(x_3^4 + \cdots + x_n^4) + (3 - 12)(x_3^3 + \cdots + x_n^3) + (2 + 4)(x_3^2 + \cdots + x_n^2) \geqslant 0$$

这等价于一个显然成立的不等式

$$x_3^2 (3x_3 - 4)^2 + \cdots + x_n^2 (3x_n - 4)^2 \geqslant 0$$

证明完成. 等式适用于 $a_1 = a_2 = \cdots = a_n = 1$,也适用于

$$a_1 = a_2 = \frac{5}{3}, \quad a_3 = \cdots = a_{n-1} = 1, \quad a_n = -\frac{1}{3}$$

**问题 1.250** 如果 $a_1, a_2, \cdots, a_n$ 是正实数,且满足

$$a_1 \geqslant 1 \geqslant a_2 \geqslant \cdots \geqslant a_n, \quad a_1 a_2 \cdots a_n = 1$$

求证

$$\frac{1 - a_1}{3 + a_1^2} + \frac{1 - a_2}{3 + a_2^2} + \cdots + \frac{1 - a_n}{3 + a_n^2} \geqslant 0$$

(Vasile Cîrtoaje, 2013)

**证明** 我们采用归纳法. 当 $n = 2$ 时,期望不等式等价于

289

$$(a_1 - 1)^4 \geqslant 0$$

记

$$E_n(a_1, a_2, \cdots, a_n) = \frac{1-a_1}{3+a_1^2} + \frac{1-a_2}{3+a_2^2} + \cdots + \frac{1-a_n}{3+a_n^2}$$

我们将证明

$$E(a_1, a_2, \cdots, a_n) \geqslant E(a_1, \cdots, a_{n-2}, 1, a_{n-1}a_n) \geqslant 0$$

右边不等式能写成

$$E_{n-1}(a_1, \cdots, a_{n-2}, a_{n-1}a_n) \geqslant 0$$

因为

$$a_1 \geqslant 1 \geqslant a_2 \geqslant \cdots \geqslant a_{n-2} \geqslant a_{n-1}a_n$$

和

$$a_1 a_2 \cdots a_{n-2}(a_{n-1}a_n) = 1$$

由归纳假设知不等式成立.

左边不等式经化简得

$$\frac{1-a_{n-1}}{3+a_{n-1}^2} + \frac{1-a_n}{3+a_n^2} \geqslant \frac{1-a_{n-1}a_n}{3+a_{n-1}^2 a_n^2}$$

等价于一个显然的不等式

$$(1-a_{n-1})(1-a_n)(3+a_{n-1}a_n)(3-a_{n-1}a_n-a_{n-1}^2 a_n - a_{n-1}a_n^2) \geqslant 0$$

证毕. 等式适用于 $a_1 = a_2 = \cdots = a_n = 1$.

**问题 1.251** 如果 $a_1, a_2, \cdots, a_n, n \geqslant 3$ 是非负实数,且满足

$$a_1 \geqslant \cdots \geqslant a_k \geqslant 1 \geqslant a_{k+1} \geqslant \cdots \geqslant a_n, \quad 1 \leqslant k \leqslant n-1$$
$$a_1 + a_2 + \cdots + a_n = p$$

证明:

(a) 如果 $p \geqslant k$,那么

$$a_1^2 + a_2^2 + \cdots + a_n^2 \leqslant (p-k+1)^2 + k - 1$$

(b) 如果 $k \leqslant p \leqslant n$,那么

$$a_1^2 + a_2^2 + \cdots + a_n^2 \geqslant \frac{p^2 - 2kp + kn}{n-k}$$

(c) 如果 $p \geqslant n$,那么

$$a_1^2 + a_2^2 + \cdots + a_n^2 \geqslant \frac{p^2 - 2(n-k)p + n(n-k)}{k}$$

(Vasile Cîrtoaje, 2015)

**证明 1** (a) 当 $k=1$ 时,待证不等式等价于 $a_1^2 + a_2^2 + \cdots + a_n^2 \leqslant p^2$,这是显然成立的. 当 $k \geqslant 2$ 时,将待证不等式写为

$$[(p-k+1)^2 - a_1^2] + (1-a_2^2) + \cdots + (1-a_k^2) - a_{k+1}^2 - \cdots - a_n^2 \geqslant 0$$
$$(p-k+1-a_1)(p-k+1+a_1)$$

$$\geqslant (a_2-1)(a_2+1)+\cdots+(a_k-1)(a_k+1)+a_{k+1}^2+\cdots+a_n^2$$

因为
$$p-k+1-a_1=(a_2-1)+\cdots+(a_k-1)+a_{k+1}+\cdots+a_n \geqslant 0$$
$$p-k+1+a_1-(a_2+1)=(p-k+1-a_1)+(a_1-a_2)+(a_1-1)\geqslant 0$$
我们有
$$(p-k+1-a_1)(p-k+1+a_1)\geqslant (p-k+1-a_1)(a_2+1)$$
此外,我们有
$$(a_2-1)(a_2+1)+\cdots+(a_k-1)(a_k+1)$$
$$\leqslant (a_2-1)(a_2+1)+\cdots+(a_k-1)(a_2+1)$$
$$=(a_2+\cdots+a_k-k+1)(a_2+1)$$
因此,只需证明
$$(p-k+1-a_1)(a_2+1)\geqslant (a_2+\cdots+a_k-k+1)(a_2+1)+a_{k+1}^2+\cdots+a_n^2$$
这等价于
$$(a_{k+1}+\cdots+a_n)(a_2+1)\geqslant a_{k+1}^2+\cdots+a_n^2$$
事实上,我们有
$$(a_{k+1}+\cdots+a_n)(a_2+1)\geqslant a_{k+1}+\cdots+a_n \geqslant a_{k+1}^2+\cdots+a_n^2$$
等式适用于
$$a_1=p-k+1,\quad a_2=\cdots=a_k=1,\quad a_{k+1}=\cdots=a_n=0$$

(b) 设
$$A=a_1+\cdots+a_k,\quad B=a_{k+1}+\cdots+a_n,\quad A\geqslant k,\quad A+B=p\leqslant n$$
我们有
$$A^2\leqslant k(a_1^2+\cdots+a_k^2),\quad B^2\leqslant (n-k)(a_{k+1}^2+\cdots+a_n^2)$$
因此
$$\frac{A^2}{k}+\frac{B^2}{n-k}\leqslant a_1^2+a_2^2+\cdots+a_n^2$$
因此,只需证
$$\frac{n-k}{k}A^2+B^2\geqslant p^2-2kp+kn$$
这等价于
$$\frac{n-k}{k}A^2+B^2\geqslant (A+B)^2-2k(A+B)+kn$$
$$\frac{n-2k}{k}A^2+2kA-kn\geqslant 2kB(A-k)$$
$$(A-k)\left(\frac{n-2k}{k}A+n\right)\geqslant 2kB(A-k)$$
$$(A-k)\left(\frac{n-2k}{k}A+n-2kB\right)\geqslant 0$$

$$(A-k)\left[\frac{n}{k}(A-k)+2(n-A-B)\right]\geqslant 0$$

等式适用于

$$a_1=\cdots=a_k=1,\quad a_{k+1}=\cdots=a_n=\frac{p-k}{n-k}$$

（c）设

$$A=a_1+\cdots+a_k,\quad B=a_{k+1}+\cdots+a_n,\quad B\leqslant n-k,\quad A+B=p\geqslant n$$

我们有

$$A^2\leqslant k(a_1^2+\cdots+a_k^2),\quad B^2\leqslant(n-k)(a_{k+1}^2+\cdots+a_n^2)$$

因此

$$\frac{A^2}{k}+\frac{B^2}{n-k}\leqslant a_1^2+a_2^2+\cdots+a_n^2$$

因此，只需证

$$A^2+\frac{k}{n-k}B^2\geqslant p^2-2(n-k)p+(n-k)n$$

这等价于

$$A^2+\frac{k}{n-k}B^2\geqslant(A+B)^2-2(n-k)(A+B)+(n-k)n$$

$$2A(n-k-B)+\frac{2k-n}{n-k}B^2+2(n-k)B-(n-k)n\geqslant 0$$

$$2A(n-k-B)-(n-k-B)\left(n+\frac{2k-n}{n-k}B\right)\geqslant 0$$

$$(n-k-B)\left(2A-n-\frac{2k-n}{n-k}B\right)\geqslant 0$$

$$(n-k-B)\left[2(A+B-n)+\frac{n(n-k-B)}{n-k}\right]\geqslant 0$$

等式适用于

$$a_1=\cdots=a_k=\frac{p-n+k}{k},\quad a_{k+1}=\cdots=a_n=1$$

**证明 2**　将卡拉玛特不等式应用到凸函数 $f(u)=u^2$ 上，可以证明期望不等式．在（a）的情况下，有递减序列

$$(p-k+1,1,\cdots,1,0,\cdots,0)\succ(a_1,a_2,\cdots,a_k,a_{k+1},\cdots,a_n)$$

同样，在（b）和（c）中，我们分别有

$$(a_1,a_2,\cdots,a_k,a_{k+1},\cdots,a_n)\succ\left(1,1,\cdots,1,\frac{p-k}{n-k},\cdots,\frac{p-k}{n-k}\right)$$

$$(a_1,a_2,\cdots,a_k,a_{k+1},\cdots,a_n)\succ\left(\frac{p-n+k}{k},\frac{p-n+k}{k},\cdots,\frac{p-n+k}{k},1,\cdots,1\right)$$

**问题 1.252**　如果 $a_1,a_2,\cdots,a_n,n\geqslant 3$ 是非负实数，且满足

$$a_1 \geqslant \cdots \geqslant a_k \geqslant 1 \geqslant a_{k+1} \geqslant \cdots \geqslant a_n, \quad 1 \leqslant k \leqslant n-1$$

$$a_1 + a_2 + \cdots + a_n = n, \quad a_1^2 + a_2^2 + \cdots + a_n^2 = q$$

其中 $q$ 是固定的数,求证:当 $a_2 = \cdots = a_k = 1, a_{k+1} = \cdots = a_n$ 时,乘积 $r = a_1 a_2 \cdots a_n$ 最大.

(Vasile Cîrtoaje,2015)

**证明**　我们先来证明存在唯一的 $n$ 元数组 $(a_1, a_2, \cdots, a_n)$ 满足

$$a_1 \geqslant a_2 = \cdots = a_k = 1 \geqslant a_{k+1} = \cdots = a_n$$

根据柯西－施瓦兹不等式

$$n(a_1^2 + a_2^2 + \cdots + a_n^2) \geqslant (a_1 + a_2 + \cdots + a_n)^2$$

我们得到 $q \geqslant n$. 因为 $q = n$ 时, $a_1 = a_2 = \cdots = a_n = 1$,进一步考虑 $q > n$. 对于

$$a_1 := x, \quad a_2 = \cdots = a_k = 1, \quad a_{k+1} = \cdots = a_n := y$$

我们得到

$$x = 1 + \sqrt{\frac{(n-k)(q-n)}{n-k+1}}, \quad y = 1 - \sqrt{\frac{q-n}{(n-k)(n-k+1)}}$$

因为 $x \geqslant 1$ 和 $y \leqslant 1$,我们只需证明 $y \geqslant 0$. 这等价于

$$q \leqslant (n-k+1)^2 + k - 1$$

这就是问题 1.251(a) 中的不等式.

考虑 $r$ 在 $(b_1, b_2, \cdots, b_n)$ 中取得最大值的情形,其中

$$b_1 \geqslant \cdots \geqslant b_k \geqslant 1 \geqslant b_{k+1} \geqslant \cdots \geqslant b_n$$

我们现在用矛盾法来证明

$$b_2 = \cdots = b_k = 1, \quad b_{k+1} = \cdots = b_n$$

为了证明 $b_{k+1} = \cdots = b_n, 1 \leqslant k \leqslant n-2$,假设

$$b_{k+1} \neq b_n$$

当

$$a_2 = b_2, \cdots, a_k = b_k, a_{k+2} = b_{k+2}, \cdots, a_{n-1} = b_{n-1}$$

我们有 $a_1 + a_{k+1} + a_n = $ 常数和 $a_1^2 + a_{k+1}^2 + a_n^2 = $ 常数,其中

$$a_1 \geqslant 1 \geqslant a_{k+1} \geqslant a_n$$

根据问题 1.168,当 $a_{k+1} = a_n$ 时,乘积 $a_1 a_{k+1} a_n$ 取得最大值,这与假设 $b_{k+1} \neq b_n$ 矛盾.产生矛盾说明 $b_{k+1} = \cdots = b_n$.

为了证明 $b_2 = \cdots = b_k = 1, 2 \leqslant k \leqslant n-1$,假设

$$b_2 \neq 1$$

当

$$a_3 = b_3, \cdots, a_{n-1} = b_{n-1}$$

我们有 $a_1 + a_2 + a_n = $ 常数, $a_1^2 + a_2^2 + a_n^2 = $ 常数,我们有

$$a_1 \geqslant a_2 \geqslant 1 \geqslant a_n$$

293

根据问题 1.171,当 $a_2 = 1$ 或 $a_n = 1$ 时,乘积 $a_1 a_2 a_n$ 是最大的. 第一种情况与 $b_2 \neq 1$ 的假设相矛盾, 而第二种情况涉及 $b_n = 1$, 因此 $b_2 = \cdots = b_n = 1$ (因为 $b_1 \geqslant b_2 \geqslant \cdots \geqslant b_n$ 和 $b_1 + b_2 + \cdots + b_n = n$, 这也与 $b_2 \neq 1$ 的假设矛盾); 因此, 我们得到 $b_2 = 1$, 从而得到 $b_2 = \cdots = b_k = 1$.

**问题 1.253** 如果 $a_1, a_2, \cdots, a_n$ 是非负实数, 且满足

$$a_1 \leqslant 1 \leqslant a_2 \leqslant \cdots \leqslant a_n, \quad a_1 + a_2 + \cdots + a_n = n$$

那么

$$(a_1 a_2 \cdots a_n)^{\frac{2}{n}} (a_1^2 + a_2^2 + \cdots + a_n^2) \leqslant n$$

$$\text{(Vasile Cîrtoaje, 2015)}$$

**证明** 当 $n = 2$ 时, 我们需要证明 $a_1 + a_2 = 2$ 意味着

$$a_1 a_2 (a_1^2 + a_2^2) \leqslant 2$$

事实上, 我们有

$$16 - 8a_1 a_2 (a_1^2 + a_2^2) = (a_1 + a_2)^4 - 8a_1 a_2 (a_1^2 + a_2^2)$$
$$= (a_1 - a_2)^4$$
$$\geqslant 0$$

当 $n = 3$ 时, 根据问题 1.252, 只需要考虑情况 $a_2 = \cdots = a_{n-1} = 1$. 因此, 我们只需要证明在条件 $a_1 + a_n = 2$ 下, 不等式

$$(a_1 a_n)^{\frac{2}{n}} (a_1^2 + a_n^2 + n - 2) \leqslant n$$

成立. 这是成立的, 如果 $f(x) \leqslant \ln n$, 这里 $x \in (0, 2)$, 其中

$$f(x) = \frac{2}{n} [\ln x + \ln(2 - x)] + \ln(2x^2 - 4x + n - 2)$$

由于其导数

$$f'(x) = \frac{2}{n} \left( \frac{1}{x} - \frac{1}{2-x} \right) + \frac{4(x-1)}{2x^2 - 4x + n + 2}$$
$$= \frac{4(n+2)(1-x)^3}{nx(2-x)(2x^2 - 4x + n + 2)}$$

这说明 $f(x)$ 在 $(0,1]$ 上递增, 在 $[1,2)$ 上递减, 因此

$$f(x) \leqslant f(1) = \ln n$$

等式适用于 $a_1 = a_2 = \cdots = a_n = 1$.

**问题 1.254** 如果 $a_1, a_2, \cdots, a_n, n \geqslant 3$ 是非负实数, 且满足

$$a_1 \geqslant \cdots \geqslant a_k \geqslant 1 \geqslant a_{k+1} \geqslant \cdots \geqslant a_n, \quad 1 \leqslant k \leqslant n-1$$
$$a_1 + a_2 + \cdots + a_n = p, \quad a_1^2 + a_2^2 + \cdots + a_n^2 = q$$

其中 $p$ 和 $q$ 是固定的数.

(a) 对于 $p \leqslant n$, 当 $a_2 = \cdots = a_k = 1, a_{k+1} = \cdots = a_n$ 时, 乘积 $r = a_1 a_2 \cdots a_n$ 最大;

(b) 对于 $p \geqslant n, q \geqslant n-1+(p-n+1)^2$，当 $a_2=\cdots=a_k=1, a_{k+1}=\cdots=a_n$ 时，乘积 $r=a_1 a_2 \cdots a_n$ 最大；

(c) 对于 $p \geqslant n, q < n-1+(p-n+1)^2$，当 $a_2=\cdots=a_k, a_{k+1}=\cdots=a_n=1$ 时，乘积 $r=a_1 a_2 \cdots a_n$ 最大.

（Vasile Cîrtoaje，2015）

**证明** （a）当 $p=k$ 时，我们有
$$a_1=\cdots=a_k=1, \quad a_{k+1}=\cdots=a_n=0$$
进一步考虑 $p > k$. 我们先证明存在唯一 $n$ 元数组 $(a_1, a_2, \cdots, a_n)$ 满足
$$a_1 \geqslant a_2=\cdots=a_k=1 \geqslant a_{k+1}=\cdots=a_n$$
根据问题 1.251，我们有
$$\frac{p^2-2pk+kn}{n-k} \leqslant q \leqslant (p-k+1)^2+k-1$$
当 $a_1:=x, a_2=\cdots=a_k=1, a_{k+1}=\cdots=a_n:=y$ 时，从
$$a_1+a_2+\cdots+a_n=p, \quad a_1^2+a_2^2+\cdots+a_n^2=q$$
我们得到
$$x+(n-k)y=p-k+1, \quad x^2+(n-k)y^2=q-k+1$$
我们需要证明这个方程组有一个唯一解 $(x, y)$，使得 $x \geqslant 1 \geqslant y \geqslant 0$，由方程组，我们得到 $f(x)=0$，其中
$$f(x)=(n-k+1)x^2-2(p-k+1)x+(p-k+1)^2-(n-k)(q-k+1)$$
我们有
$$f(1)=(n-k)\left(\frac{p^2-2pk+kn}{n-k}-q\right) \leqslant 0$$
$$f(p-k+1)=(n-k)[(p-k+1)^2+k-1-q] \geqslant 0$$
因此，方程 $f(x)=0$ 在 $[1, p-k+1]$ 上有一单根. 从 $1 \leqslant x \leqslant p-k+1$，我们得到
$$1 \leqslant p-k+1-(n-k)y \leqslant p-k+1$$
因此
$$1 \geqslant \frac{p-k}{n-k} \geqslant y \geqslant 0$$
现在考虑 $r$ 在 $(b_1, b_2, \cdots, b_n)$ 处是最大的，其中
$$b_1 \geqslant \cdots \geqslant b_k \geqslant 1 \geqslant b_{k+1} \geqslant \cdots \geqslant b_n$$
正如问题 1.252 一样，应用矛盾法，我们得到
$$b_2=\cdots=b_k=1, \quad b_{k+1}=\cdots=b_n$$

（b）我们将先证明存在唯一的 $n$ 元数组 $(a_1, a_2, \cdots, a_n)$ 使得
$$a_1 \geqslant a_2=\cdots=a_k=1 \geqslant a_{k+1}=\cdots=a_n$$
根据假设和问题 1.251(a)，我们有
$$n-1+(p-n+1)^2 \leqslant q < (p-k+1)^2+k-1$$

在(a) 中,我们需要证明方程组
$$x + (n-k)y = p - k + 1, \quad x^2 + (n-k)y^2 = q - k + 1$$
有唯一解 $(x, y)$,使得 $x \geqslant 1 \geqslant y \geqslant 0$。由方程组,我们得到 $g(y) = 0$,其中
$$g(y) = (n-k)(n-k+1)y^2 - 2(n-k)(p-k+1)y +$$
$$(p-k+1)^2 + k - 1 - q$$
我们有
$$g(0) = (p-k+1)^2 + k - 1 - q \geqslant 0$$
$$g(1) = (p-n+1)^2 + n - 1 - q \leqslant 0$$
因此方程 $f(y) = 0$ 在 $[0,1]$ 上有单根。从 $y \leqslant 1$,我们得到
$$y = \frac{p-k+1-x}{n-k} \leqslant 1$$
因此
$$x \geqslant p - n + 1 \geqslant 1$$

现在考虑 $r$ 在 $(b_1, b_2, \cdots, b_n)$ 处取得最大值,其中
$$b_1 \geqslant \cdots \geqslant b_k \geqslant 1 \geqslant b_{k+1} \geqslant \cdots \geqslant b_n$$
像问题 1.252 一样,应用矛盾法,我们得到
$$b_{k+1} = \cdots = b_n$$
我们还需证明
$$b_2 = \cdots = b_k = 1$$
当 $k \geqslant 2$ 时,为了避免矛盾,假设
$$b_2 \neq 1$$
当
$$a_3 = b_3, \cdots, a_{n-1} = b_{n-1}$$
时,我们有 $a_1 + a_2 + a_n = $ 常数,$a_1^2 + a_2^2 + a_n^2 = $ 常数,其中 $a_1 \geqslant a_2 \geqslant 1 \geqslant a_n$。根据问题 1.171,当 $a_2 = 1$ 或 $a_n = 1$ 时,乘积 $a_1 a_2 a_{k+1}$ 是最大的。第一种情况与 $b_2 \neq 1$ 的假设相矛盾,而第二种情况得到 $b_n = 1$,因此 $b_{k+1} = \cdots = b_n = 1$。从假设 $q \geqslant n - 1 + (p-n+1)^2$ 和
$$q = b_1^2 + \cdots + b_k^2 + n - k, \quad p = b_1 + b_2 + \cdots + b_k + n - k$$
我们得到
$$b_1^2 + \cdots + b_k^2 - k + 1 \geqslant (b_1 + b_2 + \cdots + b_k - k + 1)^2$$
这等价于
$$(b_1 - 1)^2 + \cdots + (b_k - 1)^2 \geqslant [(b_1 - 1) + \cdots + (b_k - 1)]^2$$
这是成立的,仅当
$$b_2 - 1 = \cdots = b_k - 1 = 0$$
也就是

$$b_2 = \cdots = b_k$$

这个结果也与 $b_2 \neq 1$ 的假设相矛盾,所以我们有 $b_2 = 1$,这意味着 $b_2 = \cdots = b_k = 1$.

(c) 根据假设和问题 $1.251(\mathrm{c})$,我们有

$$\frac{p^2 - 2(n-k)p + n(n-k)}{k} \leqslant q \leqslant n-1 + (p-n+1)^2$$

当 $k = 1$ 时,这个不等式变成

$$n - 1 = (p-n+1)^2 \leqslant q < n-1 + (p-n+1)^2$$

这是不可能的. 进一步考虑

$$k \geqslant 2$$

我们将先证明存在唯一的 $n$ 元数组 $(a_1, a_2, \cdots, a_n)$ 使得

$$a_1 \geqslant a_2 = \cdots = a_k \geqslant a_{k+1} = \cdots = a_n = 1$$

当 $a_1 := x, a_2 = \cdots = a_k = y, a_{k+1} = \cdots = a_n = 1$ 时,从

$$a_1 + a_2 + \cdots + a_n = p, \quad a_1^2 + a_2^2 + \cdots + a_n^2 = q$$

我们得到

$$x + (k-1)y = p - n + k, \quad x^2 + (k-1)y^2 = q - n + k$$

我们需要证明这个方程组有一个唯一解 $(x, y)$,使得 $x \geqslant y \geqslant 1$,由方程组,我们得到 $h(y) = 0$,其中

$$h(y) = (k-1)ky^2 - 2(k-1)(p-n+k)y + (p-n+k)^2 + n - k - q$$

我们有

$$h(1) = (p-n+1)^2 + n - 1 - q > 0$$

$$h\left(\frac{p-n+k}{k}\right) = \frac{p^2 - 2(n-k)p + n(n-k)}{k} - q \leqslant 0$$

因此,方程 $h(y) = 0$ 有一单根

$$y \in \left(1, \frac{p-n+k}{k}\right]$$

从

$$y = \frac{p-n+k-x}{k-1} \leqslant \frac{p-n+k}{k}$$

我们得到

$$x \geqslant \frac{p-n+k}{k} \geqslant y$$

现在考虑 $r$ 在 $(b_1, b_2, \cdots, b_n)$ 处是最大的情形,其中

$$b_1 \geqslant \cdots \geqslant b_k \geqslant 1 \geqslant b_{k+1} \geqslant \cdots \geqslant b_n$$

我们需要证明

$$b_2 = \cdots = b_k, \quad b_{k+1} = \cdots = b_n = 1$$

为了证明 $b_2 = \cdots = b_k, k \geqslant 3$，为了避免矛盾，假设

$$b_2 \neq b_k$$

当

$$a_3 = b_3, \cdots, a_{n-1} = b_{n-1}, a_{k+1} = b_{k+1}, \cdots, a_n = b_n$$

我们有 $a_1 + a_2 + a_k = $ 常数，$a_1^2 + a_2^2 + a_k^2 = $ 常数，其中

$$a_1 \geqslant a_2 \geqslant a_k \geqslant 1$$

根据问题 1.169，当 $a_2 = a_k$ 时，乘积 $a_1 a_2 a_k$ 最大，这与假设 $b_2 \neq b_k$ 矛盾.

为了证明 $b_{k+1} = \cdots = b_n, k \leqslant n-2$，为了避免矛盾，假设

$$b_{k+1} \neq b_n$$

当

$$a_2 = b_2, \cdots, a_k = b_k, a_{k+2} = b_{k+2}, \cdots, a_{n-1} = b_{n-1}$$

我们有 $a_1 + a_{k+1} + a_n = $ 常数，$a_1^2 + a_{k+1}^2 + a_n^2 = $ 常数，其中

$$a_1 \geqslant 1 \geqslant a_{k+1} \geqslant a_n$$

根据问题 1.168，当 $a_{k+1} = a_n$ 时，乘积 $a_1 a_{k+1} a_n$ 最大，这与假设 $b_{k+1} \neq b_k$ 相矛盾. 因此，我们有

$$b_2 = \cdots = b_k : = x, \quad b_{k+1} = \cdots = b_n : = y$$

为了完成证明，我们还需证明 $y = 1$. 为了避免矛盾，假设

$$y \neq 1$$

当

$$a_3 = b_3, \cdots, a_{n-1} = b_{n-1}$$

时，我们有 $a_1 + a_2 + a_n = $ 常数，$a_1^2 + a_2^2 + a_n^2 = $ 常数，其中

$$a_1 \geqslant a_2 \geqslant 1 \geqslant a_n$$

根据问题 1.171，那么当 $a_n = 1$ 或 $a_2 = 1$ 时，乘积 $a_1 a_2 a_n$ 最大，因此，当 $y = 1$ 或 $x = 1$ 时，第一种情况与假设 $y \neq 1$ 矛盾. 第二种情况导致

$$b_2 = \cdots = b_k = 1, \quad b_{k+1} = \cdots = b_n : = y < 1$$

从假设 $q \leqslant n - 1 + (p - n + 1)^2$ 和

$$q = b_1^2 + k - 1 + (n-k) y^2, \quad p = b_1 + k - 1 + (n-k) y$$

我们得到

$$b_1^2 + (n-k)(y^2 - 1) \leqslant [b_1 + (n-k)(y-1)]^2$$

这等价于

$$(1-y) [(n-k-1)(1-y) - 2(b_1 - 1)] \geqslant 0$$

在假设 $y < 1$ 的条件下，这个不等式意味着

$$(n-k-1)(1-y) \geqslant 2(b_1 - 1)$$

另外，条件 $p \geqslant n$ 等价于

$$b_1 - 1 \geqslant (n-k)(1-y)$$

因此,我们有
$$(n-k-1)(1-y) \geqslant 2(b_1-1) \geqslant 2(n-k)(1-y)$$
这意味着
$$-(n-k+1)(1-y) \geqslant 0$$
这个结论也与条件 $y \neq 1$ 相矛盾.

**备注 1** 对于 $p=n$,从问题 1.254,我们得到问题 1.252.

**备注 2** 从问题 1.254,我们得到以下简化的表述.

● 设 $a_1,a_2,\cdots,a_n,n \geqslant 3$ 是非负实数,且满足
$$a_1 \geqslant \cdots \geqslant a_k \geqslant 1 \geqslant a_{k+1} \geqslant \cdots \geqslant a_n, \quad 1 \leqslant k \leqslant n-1$$
$$a_1+a_2+\cdots+a_n=p, \quad a_1^2+a_2^2+\cdots+a_n^2=q$$
其中 $p,q$ 是固定的数,那么当
$$a_2=\cdots=a_k=1, \quad a_{k+1}=\cdots=a_n$$
或
$$a_2=\cdots=a_k, \quad a_{k+1}=\cdots=a_n=1$$
时,乘积 $r=a_1 a_2 \cdots a_n$ 最大.

**问题 1.255** 如果 $a_1,a_2,\cdots,a_n,n \geqslant 3$ 是非负实数,且满足
$$a_1 \leqslant a_2 \leqslant 1 \leqslant a_3 \leqslant \cdots \leqslant a_n, \quad a_1+a_2+\cdots+a_n=n-1$$
那么
$$a_1^2+a_2^2+\cdots+a_n^2+10a_1 a_2 \cdots a_n \leqslant n+1$$
$$\text{(Vasile Cîrtoaje,2015)}$$

**证明** 根据问题 1.254(a),只需要证明原不等式当
$$a_1=a_2, \quad a_3=\cdots=a_{n-1}=1$$
时成立即可. 因此,我们需要证明
$$2a+b=2, \quad 0 \leqslant a \leqslant \frac{1}{2}, \quad b \geqslant 1$$
这意味着
$$2a^2+(n-3)+b^2+10a^2 b < n+1$$
这等价于
$$2a^2+b^2+10a^2 b \leqslant 4$$
$$2a^2+(2-2a)^2+10a^2(2-2a) \leqslant 4$$
$$2a(1-2a)(4-5a) \geqslant 0$$
等式适用于
$$a_1=a_2=0, \quad a_3=\cdots=a_{n-1}=1, \quad a_n=2$$
也适用于
$$a_1=a_2=\frac{1}{2}, \quad a_3=\cdots=a_n=1$$

**问题 1.256**　如果 $a,b,c,d,e$ 是非负实数,且满足

$$a \leqslant b \leqslant 1 \leqslant c \leqslant d \leqslant e, \quad a+b+c+d+e=8$$

那么

$$a^2 + b^2 + c^2 + d^2 + e^2 + 3abcde \leqslant 38$$

(Vasile Cîrtoaje, 2015)

**证明**　根据问题 1.254 的备注 2,只需要证明当

$$a=b, \quad c=d=1$$

或

$$a=b=1, \quad c=d$$

时,不等式成立即可.

**情形 1**　$a=b,c=d=1$. 我们需要证明

$$2a+e=6, \quad 0 \leqslant a \leqslant 1, \quad e \geqslant 4$$

这意味着

$$2a^2 + 2 + e^2 + 3a^2 e \leqslant 38$$

这等价于

$$2a^2 + e^2 + 3a^2 e \leqslant 36$$
$$a^2 + 2(3-a)^2 + 3a^2(3-a) \leqslant 18$$
$$3a(a-2)^2 \geqslant 0$$

等式适用于

$$a=b=0, \quad c=d=1, \quad e=6$$

**情形 2**　$a=b=1,c=d$. 我们需要证明

$$2c+e=6, \quad 1 \leqslant c \leqslant 2 \leqslant e \leqslant 4$$

这意味着

$$2 + 2c^2 + e^2 + 3c^2 e \leqslant 38$$

这等价于

$$2c^2 + e^2 + 3c^2 e \leqslant 36$$
$$c^2 + 2(3-c)^2 + 3c^2(3-c) \leqslant 18$$
$$3c(c-2)^2 \geqslant 0$$

等式适用于

$$a=b=1, \quad c=d=e=2$$

# 非循环不等式

## 2.1 应 用

**2.1** 如果 $a,b$ 是正实数,那么
$$\frac{1}{4a^2+b^2}+\frac{3}{b^2+4ab}\geqslant\frac{16}{5(a+b)^2}$$

**2.2** 如果 $a,b$ 是正实数,那么
$$3a\sqrt{3a}+3b\sqrt{6a+3b}\geqslant5(a+b)\sqrt{a+b}$$

**2.3** 如果 $a,b,c$ 是非负实数,且满足 $a+b+c=3$,那么
$$(ab+c)(ac+b)\leqslant4$$

**2.4** 如果 $a,b,c$ 是非负实数,那么
$$a^3+b^3+c^3-3abc\geqslant\frac{1}{4}(b+c-2a)^3$$

**2.5** 设 $a,b,c$ 是非负实数,且 $a\geqslant b\geqslant c$.求证:

(a) $a^3+b^3+c^3-3abc\geqslant2(2b-a-c)^3$;

(b) $a^3+b^3+c^3-3abc\geqslant(a-2b+c)^3$.

**2.6** 设 $a,b,c$ 是非负实数,且 $a\geqslant b\geqslant c$.求证:

(a) $a^3+b^3+c^3-3abc\geqslant3(a^2-b^2)(b-c)$;

(b) $a^3+b^3+c^3-3abc\geqslant\frac{9}{2}(a-b)(b^2-c^2)$.

**2.7** 如果 $a,b,c$ 是非负实数,且满足
$$c=\min\{a,b,c\},\quad a^2+b^2+c^2=3$$

那么：

(a)$5b+2c \leqslant 9$；

(b)$5(b+c) \leqslant 9+3a$.

2.8　设 $a,b,c$ 是非负实数，且 $a=\max\{a,b,c\}$. 求证
$$a^6+b^6+c^6-3a^2b^2c^2 \geqslant 2(b^4+c^4+4b^2c^2)(b-c)^2$$

2.9　设 $a,b,c$ 是非负实数，且 $a=\max\{a,b,c\}$. 求证
$$a^2+b^2+c^2 \geqslant \frac{9abc}{a+b+c}+\frac{5}{3}(b-c)^2$$

2.10　如果 $a,b,c$ 是非负实数，且无两个同时为零，那么
$$\frac{1}{(a+b)^2}+\frac{1}{(a+c)^2}+\frac{16}{(b+c)^2} \geqslant \frac{6}{ab+bc+ca}$$

2.11　如果 $a,b,c$ 是非负实数，且无两个同时为零，那么
$$\frac{1}{(a+b)^2}+\frac{1}{(a+c)^2}+\frac{2}{(b+c)^2} \geqslant \frac{5}{2(ab+bc+ca)}$$

2.12　如果 $a,b,c$ 是非负实数，且无两个同时为零，那么
$$\frac{1}{(a+b)^2}+\frac{1}{(a+c)^2}+\frac{25}{(b+c)^2} \geqslant \frac{8}{ab+bc+ca}$$

2.13　如果 $a,b,c$ 是正实数，那么
$$(a+b)^3(a+c)^3 \geqslant 4a^2bc(2a+b+c)^2$$

2.14　如果 $a,b,c$ 是正实数，且 $abc=1$，那么：

(a) $\dfrac{a}{b}+\dfrac{b}{c}+\dfrac{1}{a} \geqslant a+b+1$；

(b) $\dfrac{a}{b}+\dfrac{b}{c}+\dfrac{1}{a} \geqslant \sqrt{3(a^2+b^2+1)}$.

2.15　如果 $a,b,c$ 是正实数，且 $abc \geqslant 1$，那么
$$a^{\frac{a}{b}}b^{\frac{b}{c}}c^c \geqslant 1$$

2.16　设 $a,b,c$ 是正实数，且 $ab+bc+ca=3$，求证
$$ab^2c^3 < 4$$

2.17　设 $a,b,c$ 是正实数，且 $ab+bc+ca=\dfrac{5}{3}$，求证
$$ab^2c^2 \leqslant \frac{1}{3}$$

2.18　设 $a,b,c$ 是正实数，且 $a \leqslant b \leqslant c, ab+bc+ca=3$，求证：

(a)$ab^2c \leqslant \dfrac{9}{8}$；

(b)$ab^4c \leqslant 2$；

(c)$a^2b^3c \leqslant 2$.

2.19 设 $a,b,c$ 是正实数,且满足

$$a \leqslant b \leqslant c, \quad a+b+c = \frac{1}{a} + \frac{1}{b} + \frac{1}{c}$$

那么

$$b \geqslant \frac{1}{a+c-1}$$

2.20 设 $a,b,c$ 是正实数,且满足

$$a \leqslant b \leqslant c, \quad a+b+c = \frac{1}{a} + \frac{1}{b} + \frac{1}{c}$$

求证

$$ab^2c^3 \geqslant 1$$

2.21 设 $a,b,c$ 是正实数,且满足

$$a \leqslant b \leqslant c, \quad a+b+c = abc+2$$

求证

$$(1-b)(1-ab^3c) \geqslant 0$$

2.22 设 $a,b,c$ 是实数,且无两个同时为零.求证:

(a) $\dfrac{(a-b)^2}{a^2+b^2} + \dfrac{(a-c)^2}{a^2+c^2} \geqslant \dfrac{(b-c)^2}{2(b^2+c^2)}$;

(b) $\dfrac{(a+b)^2}{a^2+b^2} + \dfrac{(a+c)^2}{a^2+c^2} \geqslant \dfrac{(b-c)^2}{2(b^2+c^2)}$.

2.23 设 $a,b,c$ 是实数,且无两个同时为零.如果 $bc \geqslant 0$,那么:

(a) $\dfrac{(a-b)^2}{a^2+b^2} + \dfrac{(a-c)^2}{a^2+c^2} \geqslant \dfrac{(b-c)^2}{(b+c)^2}$;

(b) $\dfrac{(a+b)^2}{a^2+b^2} + \dfrac{(a+c)^2}{a^2+c^2} \geqslant \dfrac{(b-c)^2}{(b+c)^2}$.

2.24 设 $a,b,c$ 是非负实数,且无两个同时为零.求证

$$\frac{|a-b|^3}{a^3+b^3} + \frac{|a-c|^3}{a^3+c^3} \geqslant \frac{|b-c|^3}{(b+c)^3}$$

2.25 设 $a,b,c$ 是正实数,且 $b \neq c$.求证

$$\frac{ab}{(a+b)^2} + \frac{ac}{(a+c)^2} \leqslant \frac{(b+c)^2}{4(b-c)^2}$$

2.26 设 $a,b,c$ 是非负实数,且无两个同时为零.求证

$$\frac{3bc+a^2}{b^2+c^2} \geqslant \frac{3ab-c^2}{a^2+b^2} + \frac{3ac-b^2}{a^2+c^2}$$

2.27 设 $a,b,c$ 是非负实数,且 $a+b>0$.求证

$$abc \geqslant (b+c-a)(c+a-b)(a+b-c) + \frac{ab(a-b)^2}{a+b}$$

2.28 设 $a,b,c$ 是非负实数,且 $a \geqslant b \geqslant c$.求证:

303

(a) $abc \geqslant (b+c-a)(c+a-b)(a+b-c) + \dfrac{2ab\,(a-b)^2}{a+b}$;

(b) $abc \geqslant (b+c-a)(c+a-b)(a+b-c) + \dfrac{27b\,(a-b)^4}{4a^2}$.

2.29　设 $a,b,c$ 是非负实数，且满足 $a+b>0$. 求证

$$\sum a^2(a-b)(a-c) \geqslant a^2b^2\left(\dfrac{a-b}{a+b}\right)^2$$

2.30　设 $a,b,c$ 是非负实数，且 $a+b+c=3$. 求证

$$ab^2 + bc^2 + 2ca^2 \leqslant 8$$

2.31　设 $a,b,c$ 是非负实数，且 $a+b+c=3$. 求证

$$ab^2 + bc^2 + \dfrac{3}{2}abc \leqslant 4$$

2.32　设 $a,b,c$ 是非负实数，且 $a+b+c=5$. 求证

$$ab^2 + bc^2 + 2abc \leqslant 20$$

2.33　如果 $a,b,c$ 是非负实数，那么

$$a^3 + b^3 + c^3 - a^2b - b^2c - c^2a \geqslant \dfrac{8}{9}(a-b)(b-c)^2$$

2.34　如果 $a,b,c$ 是非负实数，且 $a \geqslant b \geqslant c$. 求证：

(a) $\sum a^2(a-b)(a-c) \geqslant 4a^2b^2\left(\dfrac{a-b}{a+b}\right)^2$；、

(b) $\sum a^2(a-b)(a-c) \geqslant \dfrac{27b\,(a-b)^4}{4a}$.

2.35　如果 $a,b,c$ 是正实数，那么

$$\dfrac{a}{b} + \dfrac{b}{c} + \dfrac{c}{a} \geqslant 3 + \dfrac{(a-c)^2}{ab + bc + ca}$$

2.36　如果 $a,b,c$ 是正实数，那么：

(a) $\dfrac{a}{b} + \dfrac{b}{c} + \dfrac{c}{a} \geqslant 3 + \dfrac{4\,(a-c)^2}{(a+b+c)^2}$；

(b) $\dfrac{a}{b} + \dfrac{b}{c} + \dfrac{c}{a} \geqslant 3 + \dfrac{5\,(a-c)^2}{(a+b+c)^2}$.

2.37　如果 $a \geqslant b \geqslant c > 0$，那么

$$\dfrac{a}{b} + \dfrac{b}{c} + \dfrac{c}{a} \geqslant 3 + \dfrac{3\,(b-c)^2}{ab + bc + ca}$$

2.38　设 $a,b,c$ 是正实数，且满足 $abc=1$. 求证：

(a) 如果 $a \geqslant b \geqslant 1 \geqslant c$，那么

$$\dfrac{a}{b} + \dfrac{b}{c} + \dfrac{c}{a} \geqslant 3 + \dfrac{2\,(a-b)^2}{ab}$$；

(b) 如果 $a \geqslant 1 \geqslant b \geqslant c$，那么

$$\frac{a}{b}+\frac{b}{c}+\frac{c}{a}\geq 3+\frac{2\,(b-c)^{2}}{bc}$$

2.39　如果 $a,b,c$ 是正实数，且满足

$$a\geq 1\geq b\geq c,\ abc=1$$

求证

$$\frac{a}{b}+\frac{b}{c}+\frac{c}{a}\geq 3+\frac{9\,(b-c)^{2}}{ab+bc+ca}$$

2.40　如果 $a,b,c$ 是正实数，且满足

$$a\geq 1\geq b\geq c,\quad a+b+c=3$$

求证

$$\frac{a}{b}+\frac{b}{c}+\frac{c}{a}\geq 3+\frac{4\,(b-c)^{2}}{b^{2}+c^{2}}$$

2.41　如果 $a,b,c$ 是正实数，且满足

$$a\geq b\geq 1\geq c,\quad a+b+c=3$$

求证

$$\frac{a}{b}+\frac{b}{c}+\frac{c}{a}\geq 3+\frac{3\,(a-b)^{2}}{ab}$$

2.42　如果 $a,b,c$ 是正实数，那么

$$\frac{a}{b}+\frac{b}{c}+\frac{c}{a}\geq 3+\frac{2\,(a-c)^{2}}{(a+c)^{2}}$$

2.43　如果 $a,b,c$ 是正实数，那么

$$\frac{a^{2}}{b}+\frac{b^{2}}{c}+\frac{c^{2}}{a}\geq a+b+c+\frac{4\,(a-c)^{2}}{a+b+c}$$

2.44　如果 $a\geq b\geq c>0$，那么

$$\frac{a^{2}}{b}+\frac{b^{2}}{c}+\frac{c^{2}}{a}\geq a+b+c+\frac{6\,(b-c)^{2}}{a+b+c}$$

2.45　如果 $a\geq b\geq c>0$，那么

$$\frac{a^{2}}{b}+\frac{b^{2}}{c}+\frac{c^{2}}{a}>5(a-b)$$

2.46　设 $a,b,c$ 是正实数，且满足

$$a\geq b\geq 1\geq c,\quad a+b+c=3$$

求证

$$\frac{a^{2}}{b}+\frac{b^{2}}{c}+\frac{c^{2}}{a}\geq 3+\frac{11\,(a-c)^{2}}{4(a+c)}$$

2.47　如果 $a,b,c$ 是正实数，那么

$$\frac{a}{b+c}+\frac{b}{c+a}+\frac{c}{a+b}\geq \frac{3}{2}+\frac{27\,(b-c)^{2}}{16\,(a+b+c)^{2}}$$

2.48　设 $a,b,c$ 是正实数，且 $a=\min\{a,b,c\}$．求证

$$\frac{a}{b+c}+\frac{b}{c+a}+\frac{c}{a+b}\geqslant \frac{3}{2}+\frac{9\,(b-c)^2}{4\,(a+b+c)^2}$$

2.49　设 $a,b,c$ 是正实数,且无两个同时为 0.求证

$$\frac{a}{b+c}+\frac{b}{c+a}+\frac{c}{a+b}\geqslant \frac{3}{2}+\frac{(b-c)^2}{2\,(b+c)^2}$$

2.50　设 $a,b,c$ 是正实数,且 $a=\min\{a,b,c\}$.求证

$$\frac{a}{b+c}+\frac{b}{c+a}+\frac{c}{a+b}\geqslant \frac{3}{2}+\frac{(b-c)^2}{4bc}$$

2.51　设 $a,b,c$ 是正实数,且满足

$$a\leqslant 1\leqslant b\leqslant c,\quad a+b+c=3$$

那么

$$\frac{a}{b+c}+\frac{b}{c+a}+\frac{c}{a+b}\geqslant \frac{3}{2}+\frac{3\,(b-c)^2}{4bc}$$

2.52　设 $a,b,c$ 是非负实数,且满足

$$a\geqslant 1\geqslant b\geqslant c,\quad a+b+c=3$$

那么

$$\frac{a}{b+c}+\frac{b}{c+a}+\frac{c}{a+b}\geqslant \frac{3}{2}+\frac{(b-c)^2}{(b+c)^2}$$

2.53　设 $a,b,c$ 是正实数,且 $a=\min\{a,b,c\}$.求证:

(a) $\dfrac{ab+bc+ca}{a^2+b^2+c^2}+\dfrac{2\,(b-c)^2}{3\,(b^2+c^2)}\leqslant 1$;

(b) $\dfrac{ab+bc+ca}{a^2+b^2+c^2}+\dfrac{(b-c)^2}{b^2+bc+c^2}\leqslant 1$;

(c) $\dfrac{ab+bc+ca}{a^2+b^2+c^2}+\dfrac{(a-b)^2}{2\,(a^2+b^2)}\leqslant 1$.

2.54　设 $a,b,c$ 是正实数,且满足

$$a\leqslant 1\leqslant b\leqslant c,\quad a+b+c=3$$

那么

$$\frac{ab+bc+ca}{a^2+b^2+c^2}+\frac{(b-c)^2}{bc}\leqslant 1$$

2.55　设 $a,b,c$ 是正实数,且 $a=\max\{a,b,c\}$,$b+c>0$.求证:

(a) $\dfrac{ab+bc+ca}{a^2+b^2+c^2}+\dfrac{(b-c)^2}{2\,(ab+bc+ca)}\leqslant 1$;

(b) $\dfrac{ab+bc+ca}{a^2+b^2+c^2}+\dfrac{2\,(b-c)^2}{(a+b+c)^2}\leqslant 1$.

2.56　设 $a,b,c$ 是正实数.求证:

(a) 如果 $a\geqslant b\geqslant c$,那么

$$\frac{ab+bc+ca}{a^2+b^2+c^2}+\frac{(a-c)^2}{a^2-ac+c^2}\geqslant 1;$$

(b) 如果 $a\geqslant 1\geqslant b\geqslant c$ 和 $abc=1$,那么

$$\frac{ab+bc+ca}{a^2+b^2+c^2}+\frac{(b-c)^2}{b^2-bc+c^2}\leqslant 1$$

2.57  设 $a,b,c$ 是正实数,且 $a=\min\{a,b,c\}$.求证:

(a) $\dfrac{a^2+b^2+c^2}{ab+bc+ca}\geqslant 1+\dfrac{4}{3}\dfrac{(b-c)^2}{(b+c)^2}$;

(b) $\dfrac{a^2+b^2+c^2}{ab+bc+ca}\geqslant 1+\dfrac{(a-b)^2}{(a+b)^2}$.

2.58  如果 $a,b,c$ 是正实数,那么

$$\frac{a^2+b^2+c^2}{ab+bc+ca}\geqslant 1+\frac{9}{4}\frac{(a-c)^2}{(a+b+c)^2}$$

2.59  设 $a,b,c$ 是非负实数,且无两个同时为零. 如果 $a=\min\{a,b,c\}$,那么

$$\frac{1}{\sqrt{a^2-ab+b^2}}+\frac{1}{\sqrt{b^2-bc+c^2}}+\frac{1}{\sqrt{c^2-ca+a^2}}\geqslant\frac{6}{b+c}$$

2.60  如果 $a\geqslant 1\geqslant b\geqslant c\geqslant 0$,且满足

$$ab+bc+ca=abc+2$$

那么

$$ac\leqslant 4-2\sqrt{2}$$

2.61  如果 $a,b,c$ 是非负实数,且满足

$$ab+bc+ca=3,\quad a\leqslant 1\leqslant b\leqslant c$$

那么:

(a)$a+b+c\leqslant 4$;

(b)$2a+b+c\leqslant 4$.

2.62  如果 $0<a\leqslant b\leqslant c$,那么:

(a) 如果 $a+b+c=3$,那么

$$a^4(b^4+c^4)\leqslant 2$$

(b) 如果 $a+b+c=2$,那么

$$c^4(a^4+b^4)\leqslant 1$$

2.63  如果 $a,b,c$ 是非负实数,且 $ab+bc+ca=3$,那么:

(a)$a^2+b^2+c^2-a-b-c\geqslant\dfrac{5}{8}(a-c)^2$;

(b)$a^2+b^2+c^2-a-b-c\geqslant\dfrac{5}{2}\min\{(a-b)^2,(b-c)^2,(c-a)^2\}$.

2.64  如果 $a,b,c$ 是非负实数,且 $ab+bc+ca=3$,那么

$$\frac{a^3 + b^3 + c^3}{a + b + c} \geqslant 1 + \frac{5}{9}(a-c)^2$$

2.65  如果 $a,b,c$ 是非负实数,且满足

$$a \geqslant b \geqslant c, \quad ab + bc + ca = 3$$

那么：

(a) $\dfrac{a^3 + b^3 + c^3}{a + b + c} \geqslant 1 + \dfrac{7}{9}(a-b)^2$；

(b) $\dfrac{a^3 + b^3 + c^3}{a + b + c} \geqslant 1 + \dfrac{2}{3}(b-c)^2$；

(c) $\dfrac{a^3 + b^3 + c^3}{a + b + c} \geqslant 1 + \dfrac{7}{3}\min\{(a-b)^2, (b-c)^2\}$.

2.66  如果 $a,b,c$ 是非负实数,且满足 $ab + bc + ca = 3$,那么

$$a^4 + b^4 + c^4 - a^2 - b^2 - c^2 \geqslant \frac{11}{4}(a-c)^2$$

2.67  如果 $a,b,c$ 是非负实数,且满足

$$a \geqslant b \geqslant c, \quad ab + bc + ca = 3$$

那么：

(a)  $a^4 + b^4 + c^4 - a^2 - b^2 - c^2 \geqslant \dfrac{11}{3}(a-b)^2$；

(b)  $a^4 + b^4 + c^4 - a^2 - b^2 - c^2 \geqslant \dfrac{10}{3}(b-c)^2$.

2.68 设 $a,b,c$ 是非负实数,且满足

$$a \leqslant b \leqslant c, \quad a + b + c = 3$$

寻找最大的实数 $k$ 满足

$$\sqrt{(56b^2 + 25)(56c^2 + 25)} + k(b-c)^2 \leqslant 14(b+c)^2 + 25$$

2.69  如果 $a \geqslant b \geqslant c > 0$,且 $abc = 1$,那么

$$3(a + b + c) \leqslant 8 + \frac{a}{c}$$

2.70  如果 $a \geqslant b \geqslant c > 0$,那么

$$(a + b - c)(a^2b - b^2c + c^2a) \geqslant (ab - bc + ca)^2$$

2.71  如果 $a \geqslant b \geqslant c \geqslant 0$,那么

$$\frac{(a-c)^2}{2(a+c)} \leqslant a + b + c - 3\sqrt[3]{abc} \leqslant \frac{2(a-c)^2}{a + 5c}$$

2.72  如果 $a \geqslant b \geqslant c \geqslant d \geqslant 0$,那么

$$\frac{(a-d)^2}{a + 3d} \leqslant a + b + c + d - 4\sqrt[4]{abcd} \leqslant \frac{3(a-d)^2}{a + 5d}$$

2.73  如果 $a \geqslant b \geqslant c > 0$,那么：

$$(a) a + b + c - 3\sqrt[3]{abc} \geqslant \frac{3 (a - b)^2}{5a + 4b};$$

$$(b) a + b + c - 3\sqrt[3]{abc} \geqslant \frac{64 (a - b)^2}{7(11a + 24b)}.$$

2.74 如果 $a \geqslant b \geqslant c > 0$,那么:

$$(a) a + b + c - 3\sqrt[3]{abc} \geqslant \frac{3 (b - c)^2}{4b + 5c};$$

$$(b) a + b + c - 3\sqrt[3]{abc} \geqslant \frac{25 (b - c)^2}{7(3b + 11c)}.$$

2.75 如果 $a \geqslant b \geqslant c > 0$,那么

$$a + b + c - 3\sqrt[3]{abc} \geqslant \frac{3 (a - c)^2}{4(a + b + c)}$$

2.76 如果 $a \geqslant b \geqslant c > 0$,那么:

$$(a) a^6 + b^6 + c^6 - 3a^2 b^2 c^2 \geqslant 12a^2 c^2 (b - c)^2;$$

$$(b) a^6 + b^6 + c^6 - 3a^2 b^2 c^2 \geqslant 10a^3 c (b - c)^2.$$

2.77 如果 $a \geqslant b \geqslant c > 0$,那么

$$\frac{ab + bc}{a^2 + b^2 + c^2} \leqslant \frac{1 + \sqrt{3}}{4}$$

2.78 如果 $a \geqslant b \geqslant c \geqslant d > 0$,那么

$$\frac{ab + bc + cd}{a^2 + b^2 + c^2 + d^2} \leqslant \frac{2 + \sqrt{7}}{6}$$

2.79 如果

$$a \geqslant 1 \geqslant b \geqslant c \geqslant d \geqslant 0, \quad a + b + c + d = 4$$

那么

$$ab + bc + cd \leqslant 3$$

2.80 设 $a, b, c, k$ 是正实数,并设

$$E = (ka + b + c)\left(\frac{k}{a} + \frac{1}{b} + \frac{1}{c}\right)$$

$$F = (ka^2 + b^2 + c^2)\left(\frac{k}{a^2} + \frac{1}{b^2} + \frac{1}{c^2}\right)$$

(a) 如果 $k \geqslant 1$,那么

$$\sqrt{\frac{F - (k - 2)^2}{2k}} + 2 \geqslant \frac{E - (k - 2)^2}{2k}$$

(b) 如果 $0 < k \leqslant 1$,那么

$$\sqrt{\frac{F - k^2}{k + 1}} + 2 \geqslant \frac{E - k^2}{k + 1}$$

2.81 如果 $a, b, c$ 是正实数,那么

309

$$\frac{a}{2b+6c}+\frac{b}{7c+a}+\frac{25c}{9a+8b}>1$$

2.82　如果 $a,b,c$ 是正实数,且满足

$$\frac{1}{a} \geqslant \frac{1}{b}+\frac{1}{c}$$

那么

$$\frac{1}{a+b}+\frac{1}{b+c}+\frac{1}{c+a} \geqslant \frac{55}{12(a+b+c)}$$

2.83　如果 $a,b,c$ 是正实数,且满足

$$\frac{1}{a} \geqslant \frac{1}{b}+\frac{1}{c}$$

那么

$$\frac{1}{a^2+b^2}+\frac{1}{b^2+c^2}+\frac{1}{c^2+a^2} \geqslant \frac{189}{40(a^2+b^2+c^2)}$$

2.84　寻找最佳实数 $k,m,n$,使之对于所有 $a \geqslant b \geqslant c \geqslant 0$ 满足

$$(\sqrt{a}+\sqrt{b}+\sqrt{c})\sqrt{a+b+c} \geqslant ka+mb+nc$$

2.85　设 $a,b \in (0,1]$, $a \leqslant b$.

(a) 如果 $a \leqslant \frac{1}{e}$,那么

$$2a^a \geqslant a^b+b^a$$

(b) 如果 $b \geqslant \frac{1}{e}$,那么

$$2b^b \geqslant a^b+b^a$$

2.86　如果 $0 \leqslant a \leqslant b, b \geqslant \frac{1}{2}$,那么

$$2b^{2b} \geqslant a^{2b}+b^{2a}$$

2.87　如果 $a \geqslant b \geqslant 0$,那么:

(a) $a^{b-a} \leqslant 1+\frac{a-b}{\sqrt{a}}$;

(b) $a^{a-b} \geqslant 1-\frac{3(a-b)}{4\sqrt{a}}$.

2.88　如果 $a,b,c$ 为一个三角形的三边长,那么

$$a^3(b+c)+bc(b^2+c^2) \geqslant a(b^3+c^3)$$

2.89　如果 $a,b,c$ 为一个三角形的三边长,那么

$$\frac{(a+b)^2}{2ab+c^2}+\frac{(a+c)^2}{2ac+b^2} \geqslant \frac{(b+c)^2}{2bc+a^2}$$

2.90　如果 $a,b,c$ 为一个三角形的三边长,那么

$$\frac{a+b}{ab+c^2}+\frac{a+c}{ac+b^2}\geqslant\frac{b+c}{bc+a^2}$$

2.91 如果 $a,b,c$ 为一个三角形的三边长,那么

$$\frac{b(a+c)}{ac+b^2}+\frac{c(a+b)}{ab+c^2}\geqslant\frac{a(b+c)}{bc+a^2}$$

2.92 设 $a,b,c,d$ 是非负实数,且满足

$$a^2-ab+b^2=c^2-cd+d^2$$

求证

$$(a+b)(c+d)\geqslant2(ab+cd)$$

2.93 如果 $a,b,c,d$ 是实数,那么

$$6(a^2+b^2+c^2+d^2)+(a+b+c+d)^2\geqslant12(ab+bc+cd)$$

2.94 如果 $a,b,c,d$ 是正实数,那么

$$\frac{1}{a^2+ab}+\frac{1}{b^2+bc}+\frac{1}{c^2+cd}+\frac{1}{d^2+da}\geqslant\frac{4}{ac+bd}$$

2.95 如果 $a,b,c,d$ 是正实数,那么

$$\frac{1}{a(1+b)}+\frac{1}{b(1+a)}+\frac{1}{c(1+d)}+\frac{1}{d(1+c)}\geqslant\frac{16}{1+8\sqrt{abcd}}$$

2.96 如果 $a,b,c,d$ 是正实数,且满足 $a\geqslant b\geqslant c\geqslant d$ 和

$$a+b+c+d=4$$

那么

$$ac+bd\leqslant2$$

2.97 设 $a,b,c,d$ 是正实数,且满足 $a\geqslant b\geqslant c\geqslant d$ 和

$$ab+bc+cd+da=3$$

求证

$$a^3bcd<4$$

2.98 设 $a,b,c,d$ 是正实数,且满足 $a\geqslant b\geqslant c\geqslant d$ 和

$$ab+bc+cd+da=6$$

求证

$$acd\leqslant2$$

2.99 设 $a,b,c,d$ 是正实数,且满足 $a\geqslant b\geqslant c\geqslant d$ 和

$$ab+bc+cd+da=9$$

求证

$$abd\leqslant4$$

2.100 设 $a,b,c,d$ 是正实数,且满足 $a\geqslant b\geqslant c\geqslant d$ 和

$$a^2+b^2+c^2+d^2=10$$

求证

$$2b + 4d \leqslant 3c + 5$$

**2.101** 设 $a,b,c,d$ 是正实数,且满足 $a \leqslant b \leqslant c \leqslant d$ 和 $abcd = 1$. 求证

$$4 + \frac{a}{b} + \frac{b}{c} + \frac{c}{d} + \frac{d}{a} \geqslant 2(ac + cb + bd + da)$$

**2.102** 设 $a,b,c,d$ 是正实数,且满足 $a \geqslant b \geqslant c \geqslant d$ 和

$$3(a^2 + b^2 + c^2 + d^2) = (a + b + c + d)^2$$

求证:

(a) $\dfrac{a+d}{b+c} \leqslant 2$;

(b) $\dfrac{a+c}{b+d} \leqslant \dfrac{7 + 2\sqrt{6}}{5}$;

(c) $\dfrac{a+c}{c+d} \leqslant \dfrac{3 + \sqrt{5}}{2}$.

**2.103** 设 $a,b,c,d$ 是正实数,且满足 $a \geqslant b \geqslant c \geqslant d$ 和

$$2(a^2 + b^2 + c^2 + d^2) = (a + b + c + d)^2$$

求证

$$a \geqslant b + 3c + (2\sqrt{3} - 1)d$$

**2.104** 如果 $a \geqslant b \geqslant c \geqslant d \geqslant 0$,那么:

(a) $a + b + c + d - 4\sqrt[4]{abcd} \geqslant \dfrac{3}{2}(\sqrt{b} - 2\sqrt{c} + \sqrt{d})^2$;

(b) $a + b + c + d - 4\sqrt[4]{abcd} \geqslant \dfrac{2}{9}(3\sqrt{b} - 2\sqrt{c} - \sqrt{d})^2$;

(c) $a + b + c + d - 4\sqrt[4]{abcd} \geqslant \dfrac{4}{19}(3\sqrt{b} - \sqrt{c} - 2\sqrt{d})^2$;

(d) $a + b + c + d - 4\sqrt[4]{abcd} \geqslant \dfrac{3}{8}(\sqrt{b} - 3\sqrt{c} + 2\sqrt{d})^2$;

(e) $a + b + c + d - 4\sqrt[4]{abcd} \geqslant \dfrac{1}{2}(2\sqrt{b} - 3\sqrt{c} + \sqrt{d})^2$;

(f) $a + b + c + d - 4\sqrt[4]{abcd} \geqslant \dfrac{1}{6}(2\sqrt{b} + \sqrt{c} - 3\sqrt{d})^2$

**2.105** 如果 $a \geqslant b \geqslant c \geqslant d \geqslant 0$,那么:

(a) $a + b + c + d - 4\sqrt[4]{abcd} \geqslant (\sqrt{a} - \sqrt{d})^2$

(b) $a + b + c + d - 4\sqrt[4]{abcd} \geqslant 2(\sqrt{b} - \sqrt{c})^2$;

(c) $a + b + c + d - 4\sqrt[4]{abcd} \geqslant \dfrac{4}{3}(\sqrt{b} - \sqrt{d})^2$;

(d) $a + b + c + d - 4\sqrt[4]{abcd} \geqslant \dfrac{3}{2}(\sqrt{c} - \sqrt{d})^2$.

2.106 如果 $a \geqslant b \geqslant c \geqslant d \geqslant e \geqslant 0$,那么

$$a+b+c+d+e-5\sqrt[5]{abcde} \geqslant 2\left(\sqrt{b}-\sqrt{d}\right)^2$$

2.107 如果 $a,b,c,d,e$ 是实数,那么

$$\frac{ab+bc+cd+de}{a^2+b^2+c^2+d^2+e^2} \leqslant \frac{\sqrt{3}}{2}$$

2.108 如果 $a,b,c,d,e$ 是实数,那么

$$\frac{a^2b^2}{bd+ce}+\frac{b^2c^2}{cd+ae}+\frac{c^2a^2}{ad+be} \geqslant \frac{3abc}{d+e}$$

2.109 如果 $a,b,c,d,e,f$ 是非负实数,且

$$a \geqslant b \geqslant c \geqslant d \geqslant e \geqslant f$$

那么

$$(a+b+c+d+e+f)^2 \geqslant 8(ac+bd+ce+df)$$

2.110 如果 $a \geqslant b \geqslant c \geqslant d \geqslant e \geqslant f \geqslant 0$,那么

$$a+b+c+d+e+f-6\sqrt[6]{abcdef} \geqslant 2\left(\sqrt{b}-\sqrt{e}\right)^2$$

2.111 设 $a,b,c$ 和 $x,y,z$ 都是正实数,且满足

$$x+y+z=a+b+c$$

求证

$$ax^2+by^2+cz^2+xyz \geqslant 4abc$$

2.112 设 $a,b,c$ 和 $x,y,z$ 都是正实数,且满足

$$x+y+z=a+b+c$$

求证

$$\frac{x(3x+a)}{bc}+\frac{y(3y+b)}{ca}+\frac{z(3z+c)}{ab} \geqslant 12$$

2.113 设 $a,b,c$ 是给定的正实数,寻找 $E(x,y,z)$ 的最小值 $F(a,b,c)$

$$E(x,y,z)=\frac{ax}{y+z}+\frac{by}{z+x}+\frac{cz}{x+y}$$

其中 $x,y,z$ 是非负实数,且 $x,y,z$ 无两个同时为零.

2.114 设 $a,b,c$ 和 $x,y,z$ 都是实数.

(a) 如果 $ab+bc+ca>0$,那么

$$[(b+c)x+(c+a)y+(a+b)z]^2 \geqslant 4(ab+bc+ca)(xy+yz+zx)$$

(b) 如果 $a,b,c \geqslant 0$,那么

$$[(b+c)x+(c+a)y+(a+b)z]^2 \geqslant 4(a+b+c)(ayz+bzx+cxy)$$

2.115 设 $a,b,c$ 和 $x,y,z$ 都是正实数,且满足

$$\frac{a}{yz}+\frac{b}{zx}+\frac{c}{xy}=1$$

求证

$$(a) x + y + z \geqslant \sqrt{4(a+b+c+\sqrt{ab}+\sqrt{bc}+\sqrt{ca})} + 3\sqrt[3]{bc} ;$$

$$(b) x + y + z \geqslant \sqrt{a+b} + \sqrt{b+c} + \sqrt{c+a} .$$

**2.116** 如果 $a,b,c$ 和 $x,y,z$ 都是非负实数,那么

$$\frac{2}{(b+c)(y+z)} + \frac{2}{(c+a)(z+x)} + \frac{2}{(a+b)(x+y)}$$

$$\geqslant \frac{9}{(b+c)x + (c+a)y + (a+b)z}$$

**2.117** 设 $a,b,c$ 是一个三角形的三边长,如果 $x,y,z$ 是实数,那么

$$(ya^2 + zb^2 + xc^2)(za^2 + xb^2 + yc^2) \geqslant (xy + yz + zx)(a^2b^2 + b^2c^2 + c^2a^2)$$

**2.118** 如果 $a_1 \geqslant a_2 \geqslant \cdots \geqslant a_8 \geqslant 0$,那么

$$a_1 + a_2 + \cdots + a_8 - 8\sqrt[8]{a_1 a_2 \cdots a_8} \geqslant 3\left(\sqrt{a_6} - \sqrt{a_7}\right)^2$$

**2.119** 设 $a_1, a_2, \cdots, a_n$ 和 $b_1, b_2, \cdots, b_n$ 都是实数. 求证

$$\sum_{i=1}^{n} a_i b_i + \sqrt{\left(\sum_{i=1}^{n} a_i^2\right)\left(\sum_{i=1}^{n} b_i^2\right)} \geqslant \frac{2}{n}\left(\sum_{i=1}^{n} a_i\right)\left(\sum_{i=1}^{n} b_i\right)$$

**2.120** 设 $a_1, a_2, \cdots, a_n$ 是正实数,且 $a_1 \geqslant 2a_2$,求证

$$(5n - 1)(a_1^2 + a_2^2 + \cdots + a_n^2) \geqslant 5(a_1 + a_2 + \cdots + a_n)^2$$

**2.121** 设 $a_1, a_2, \cdots, a_n$ 是正实数,且 $a_1 \geqslant 4a_2$,那么

$$(a_1 + a_2 + \cdots + a_n)\left(\frac{1}{a_1} + \frac{1}{a_2} + \cdots + \frac{1}{a_n}\right) \geqslant \left(n + \frac{1}{2}\right)^2$$

**2.122** 如果 $a_1 \geqslant a_2 \geqslant \cdots \geqslant a_n > 0$,且 $a_1 + a_2 + \cdots + a_n = n$,那么

$$\frac{1}{a_1} + \frac{1}{a_2} + \cdots + \frac{1}{a_n} - n \geqslant \frac{4(n-1)^2}{n^3}(a_1 - a_2)^2$$

**2.123** 如果 $a_1, a_2, \cdots, a_n, n \geqslant 3$ 是实数,且满足

$$a_1 \leqslant a_2 \leqslant \cdots \leqslant a_n, \quad a_1 + a_2 + \cdots + a_n = 0$$

那么

$$a_1^2 + a_2^2 + \cdots + a_n^2 + n a_1 a_n \leqslant 0$$

**2.124** 如果 $a_1, a_2, \cdots, a_n, n \geqslant 4$ 是非负实数,且满足

$$a_1 \geqslant a_2 \geqslant \cdots \geqslant a_n$$

$$(a_1 + a_2 + \cdots + a_n)^2 = 4(a_1^2 + a_2^2 + \cdots + a_n^2)$$

求证

$$1 \leqslant \frac{a_1 + a_2}{a_3 + a_4 + \cdots + a_n} \leqslant 1 + \sqrt{\frac{2n-8}{n-2}}$$

**2.125** 如果 $a_1 \geqslant a_2 \geqslant \cdots \geqslant a_n \geqslant 0$,那么:

$$(a) a_1 + a_2 + \cdots + a_n - n\sqrt[n]{a_1 a_2 \cdots a_n} \geqslant \frac{1}{3}\left(\sqrt{a_1} + \sqrt{a_2} - 2\sqrt{a_n}\right)^2 ;$$

(b)$a_1 + a_2 + \cdots + a_n - n\sqrt[n]{a_1 a_2 \cdots a_n} \geqslant \dfrac{1}{4} \left(2\sqrt{a_1} + \sqrt{a_{n-1}} - \sqrt{a_n}\right)^2$.

**2.126** 如果 $a_1 \geqslant a_2 \geqslant \cdots \geqslant a_n \geqslant 0, n \geqslant 3$，那么

$$a_1 + a_2 + \cdots + a_n - n\sqrt[n]{a_1 a_2 \cdots a_n} \geqslant \frac{n-1}{2n} \left(\sqrt{a_{n-2}} + \sqrt{a_{n-1}} - 2\sqrt{a_n}\right)^2$$

**2.127** 设 $a_1 \geqslant a_2 \geqslant \cdots \geqslant a_n \geqslant 0$. 如果 $\dfrac{n}{2} \leqslant k \leqslant n-1$，那么

$$a_1 + a_2 + \cdots + a_n - n\sqrt[n]{a_1 a_2 \cdots a_n} \geqslant \frac{2k(n-k)}{n} \left(\sqrt{a_k} - \sqrt{a_{k+1}}\right)^2$$

**2.128** 设 $a_1 \geqslant a_2 \geqslant \cdots \geqslant a_n \geqslant 0, n \geqslant 4$. 如果

$$1 \leqslant k < j \leqslant n, \quad k+j \geqslant n+1$$

那么

$$a_1 + a_2 + \cdots + a_n - n\sqrt[n]{a_1 a_2 \cdots a_n} \geqslant \frac{2k(n-j+1)}{n+k-j+1} \left(\sqrt{a_k} - \sqrt{a_j}\right)^2$$

**2.129** 如果 $a_1 \geqslant a_2 \geqslant \cdots \geqslant a_n \geqslant 0, n \geqslant 4$. 那么：

(a) $\qquad a_1 + a_2 + \cdots + a_n - n\sqrt[n]{a_1 a_2 \cdots a_n}$

$$\geqslant \frac{1}{2}\left(1 - \frac{1}{n}\right)\left(\sqrt{a_{n-2}} - 3\sqrt{a_{n-1}} + 2\sqrt{a_n}\right)^2$$

(b) $\qquad a_1 + a_2 + \cdots + a_n - n\sqrt[n]{a_1 a_2 \cdots a_n}$

$$\geqslant \left(1 - \frac{2}{n}\right)\left(2\sqrt{a_{n-2}} - 3\sqrt{a_{n-1}} + \sqrt{a_n}\right)^2$$

# 2.2 解决方案

**问题 2.1** 如果 $a, b$ 是正实数，那么

$$\frac{1}{4a^2 + b^2} + \frac{3}{b^2 + 4ab} \geqslant \frac{16}{5(a+b)^2}$$

**证明** 应用柯西－施瓦兹不等式得到

$$\frac{1}{4a^2 + b^2} + \frac{3}{b^2 + 4ab} \geqslant \frac{(1+3)^2}{4a^2 + b^2 + 3(b^2 + 4ab)}$$

$$= \frac{4}{a^2 + b^2 + 3ab}$$

因此，只需证明

$$\frac{4}{a^2 + b^2 + 3ab} \geqslant \frac{16}{5(a+b)^2}$$

化简得 $(a-b)^2 \geqslant 0$. 等式适用于 $a = b$.

**问题 2.2** 如果 $a, b$ 是正实数，那么

$$3a\sqrt{3a} + 3b\sqrt{6a+3b} \geqslant 5(a+b)\sqrt{a+b}$$

**证明**　由齐次性,我们可以假设 $a+b=3$.因此,我们只需要证明

$$a\sqrt{a} + (3-a)\sqrt{3+a} \geqslant 5$$

当 $0 < a < 3$ 时,应用代换

$$\sqrt{a} = x, \quad 0 < x < \sqrt{3}$$

不等式变成

$$(3-x^2)\sqrt{3+x^2} \geqslant 5 - x^3$$

当 $\sqrt[3]{5} \leqslant x < \sqrt{3}$ 时,不等式显然成立.当 $0 < x < \sqrt[3]{5}$ 时,将不等式两边平方得到

$$(3-x^2)(9-x^4) \geqslant (5-x^3)^2$$
$$3x^4 - 10x^3 + 9x^2 - 2 \leqslant 0$$
$$(x-1)^2(3x^2-4x-2) \leqslant 0$$

因为当 $\dfrac{2-\sqrt{10}}{3} \leqslant x \leqslant \dfrac{2+\sqrt{10}}{3}$ 时,$3x^2-4x-2 \leqslant 0$.我们只需证明

$$\sqrt[3]{5} \leqslant \dfrac{2+\sqrt{10}}{3}$$

事实上,我们有

$$\left(\dfrac{2+\sqrt{10}}{3}\right)^3 - 5 = \dfrac{22\sqrt{10}-67}{27} > 0$$

等式适用于 $a = \dfrac{b}{2}$.

**问题 2.3**　如果 $a,b,c$ 是非负实数,且满足 $a+b+c=3$,那么

$$(ab+c)(ac+b) \leqslant 4$$

**证明**　根据 AM$-$GM 不等式,我们有

$$(ab+c)(ac+b) \leqslant \left[\dfrac{(ab+c)+(ac+b)}{2}\right]^2$$
$$= \dfrac{(a+1)^2(b+c)^2}{4}$$

因此,只需证

$$(a+1)(b+c) \leqslant 4$$

事实上

$$(a+1)(b+c) \leqslant \left[\dfrac{(a+1)+(b+c)}{2}\right]^2 = 4$$

等式适用于 $a=b=c=1$,也适用于 $a=1,b=0,c=2$,或 $a=1,b=2,c=0$.

**问题 2.4**　如果 $a,b,c$ 是非负实数,那么

$$a^3 + b^3 + c^3 - 3abc \geqslant \dfrac{1}{4}(b+c-2a)^3$$

**证明** 将原不等式改写成
$$2(a+b+c)\left[(a-b)^2+(b-c)^2+(c-a)^2\right] \geqslant (b+c-2a)^3$$
考虑非平凡情况 $b+c-2a \geqslant 0$. 因为 $(b-c)^2 \geqslant 0$ 和
$$a+b+c \geqslant b+c-a$$
于是只需证
$$2(a-b)^2+2(c-a)^2 \geqslant (b+c-2a)^2$$
事实上，我们有
$$2(a-b)^2+2(c-a)^2-(b+c-2a)^2=(b-c)^2 \geqslant 0$$
等式适用于 $a=b=c$，也适用于 $a=0,b=c$.

**问题 2.5** 设 $a,b,c$ 是非负实数，且 $a \geqslant b \geqslant c$. 求证：

(a)$a^3+b^3+c^3-3abc \geqslant 2(2b-a-c)^3$;

(b)$a^3+b^3+c^3-3abc \geqslant (a-2b+c)^3$.

**证明** (a) 原不等式可改写为
$$(a+b+c)(a^2+b^2+c^2-ab-bc-ca) \geqslant 2(2b-a-c)^3$$
对于非平凡情况 $2b-a-c \geqslant 0$，因为
$$a+b+c \geqslant 2(2b-a-c)$$
于是只需证
$$a^2+b^2+c^2-ab-bc-ca \geqslant (2b-a-c)^2$$
这个不等式等价于显然成立的不等式
$$3(a-b)(b-c) \geqslant 0$$
等式适用于 $a=b=c$，也适用于 $a=b,c=0$.

(b) 原不等式可改写为
$$(a+b+c)(a^2+b^2+c^2-ab-bc-ca) \geqslant (a-2b+c)^3$$
对于非平凡情况 $a-2b+c \geqslant 0$，因为
$$a+b+c \geqslant a-2b+c$$
于是只需证
$$a^2+b^2+c^2-ab-bc-ca \geqslant (a-2b+c)^2$$
这等价于
$$3(a-b)(b-c) \geqslant 0$$
等式适用于 $a=b=c$，也适用于 $b=c=0$.

**问题 2.6** 设 $a,b,c$ 是非负实数，且 $a \geqslant b \geqslant c$. 求证：

(a)$a^3+b^3+c^3-3abc \geqslant 3(a^2-b^2)(b-c)$;

(b)$a^3+b^3+c^3-3abc \geqslant \dfrac{9}{2}(a-b)(b^2-c^2)$.

**证明** (a) 原不等式可改写为

$$(a+b+c)(a^2+b^2+c^2-ab-bc-ca) \geqslant 3(a+b)(a-b)(b-c)$$

因为

$$a+b+c \geqslant a+b$$

于是只需证

$$a^2+b^2+c^2-ab-bc-ca \geqslant 3(a-b)(b-c)$$

事实上

$$a^2+b^2+c^2-ab-bc-ca-3(a-b)(b-c)=(a-2b+c)^2 \geqslant 0$$

等式适用于 $a=b=c$,也适用于 $a=2b,c=0$.

(b) 原不等式可改写为

$$(a+b+c)(a^2+b^2+c^2-ab-bc-ca) \geqslant \frac{9}{2}(a-b)(b-c)(b+c)$$

因为

$$a+b+c \geqslant \frac{3}{2}(b+c)$$

于是只需证

$$a^2+b^2+c^2-ab-bc-ca \geqslant 3(a-b)(b-c)$$

这等价于显然成立的不等式

$$(a-2b+c)^2 \geqslant 0$$

等式适用于 $a=b=c$.

**问题 2.7** 如果 $a,b,c$ 是非负实数,且满足

$$c=\min\{a,b,c\}, \quad a^2+b^2+c^2=3$$

那么:

(a) $5b+2c \leqslant 9$;

(b) $5(b+c) \leqslant 9+3a$.

**证明** (a) 证明这一点就够了

$$5b+2c+(a-c) \leqslant 9$$

也就是

$$9 \geqslant a+5b+c$$

这源自柯西-施瓦兹不等式

$$(1+25+1)(a^2+b^2+c^2) \geqslant (a+5b+c)^2$$

等式适用于 $a=c=\dfrac{1}{3}, b=\dfrac{5}{3}$.

(b) 只需证明

$$5(b+c)+4(a-c) \leqslant 9+3a$$

也就是

$$9 \geqslant a+5b+c$$

正如(a)一样,源自柯西－施瓦兹不等式

$$(1+25+1)(a^2+b^2+c^2)\geqslant(a+5b+c)^2$$

等式适用于 $a=c=\dfrac{1}{3},b=\dfrac{5}{3}$.

**问题 2.8** 设 $a,b,c$ 是非负实数,且 $a=\max\{a,b,c\}$. 求证

$$a^6+b^6+c^6-3a^2b^2c^2\geqslant2(b^4+c^4+4b^2c^2)(b-c)^2$$

**证明** 因为不等式关于 $b,c$ 是对称的,我们可以假设 $b\geqslant c$,也说是说 $a\geqslant b\geqslant c$. 我们将证明

$$a^6+b^6+c^6-3a^2b^2c^2\geqslant2b^6+c^6-3b^4c^2$$
$$\geqslant2(b^4+c^4+4b^2c^2)(b-c)^2$$

左边不等式等价于显然成立的不等式

$$(a^2-b^2)(a^4+a^2b^2+b^4-3b^2c^2)\geqslant0$$

右边不等式等价于

$$(b^2-c^2)^2(2b^2+c^2)\geqslant2(b^4+c^4+4b^2c^2)(b-c)^2$$
$$(b-c)^2[(b+c)^2(2b^2+c^2)-2(b^4+c^4+4b^2c^2)]\geqslant0$$
$$c(b-c)^3(4b^2-bc+c^2)\geqslant0$$

显然最后一个不等式是成立的. 等式适用于 $a=b=c$,或 $a=b,c=0$,或 $a=c$, $b=0$.

**问题 2.9** 设 $a,b,c$ 是非负实数,且 $a=\max\{a,b,c\}$. 求证

$$a^2+b^2+c^2\geqslant\frac{9abc}{a+b+c}+\frac{5}{3}(b-c)^2$$

**证明** 因为不等式关于 $b,c$ 是对称的,我们可以设 $b\geqslant c$,因此

$$a\geqslant b\geqslant c$$

将原不等式改写为

$$(a+b+c)(a^2+b^2+c^2)-9abc\geqslant\frac{5}{3}(a+b+c)(b-c)^2$$

$$\sum a^3-3abc+\sum a(b-c)^2\geqslant\frac{5}{3}(a+b+c)(b-c)^2$$

$$(a+b+c)\sum(b-c)^2+2\sum a(b-c)^2\geqslant\frac{10}{3}(a+b+c)(b-c)^2$$

于是只需证

$$(a+b+c)[(a-c)^2+(b-c)^2]+2a(b-c)^2+2b(a-c)^2$$
$$\geqslant\frac{10}{3}(a+b+c)(b-c)^2$$

这个不等式是成立的,如果

$$(a+b+c)[(b-c)^2+(b-c)^2]+2a(b-c)^2+2b(b-c)^2$$

$$\geqslant \frac{10}{3}(a+b+c)(b-c)^2$$

因此,我们仅需证明

$$2(a+b+c)+2a+2b \geqslant \frac{10}{3}(a+b+c)$$

化简得 $a+b-2c \geqslant 0$. 等式适用于 $a=b=c$.

**问题 2.10** 如果 $a,b,c$ 是非负实数,且无两个同时为零,那么

$$\frac{1}{(a+b)^2}+\frac{1}{(a+c)^2}+\frac{16}{(b+c)^2} \geqslant \frac{6}{ab+bc+ca}$$

$$(\text{Vasile Cîrtoaje, 2014})$$

**证明**(Nguyen Van Quy) 因为当 $a=0,b=c$ 时等式成立,我们将期望不等式改写成

$$\frac{16}{(b+c)^2}+\left(\frac{1}{a+b}+\frac{1}{c+a}\right)^2$$
$$\geqslant \frac{6}{ab+bc+ca}+\frac{2}{(a+b)(c+a)}$$

根据 AM $-$ GM 不等式,我们有

$$\frac{16}{(b+c)^2}+\left(\frac{1}{a+b}+\frac{1}{c+a}\right)^2$$
$$\geqslant \frac{8}{b+c}\left(\frac{1}{a+b}+\frac{1}{c+a}\right)$$

因此,只需证

$$\frac{8}{b+c}\left(\frac{1}{a+b}+\frac{1}{c+a}\right)$$
$$\geqslant \frac{6}{ab+bc+ca}+\frac{2}{(a+b)(c+a)}$$

因为 $(a+b)(a+c) \geqslant ab+bc+ca$,于是,只需证

$$\frac{8}{b+c}\left(\frac{1}{a+b}+\frac{1}{c+a}\right) \geqslant \frac{8}{ab+bc+ca}$$

这等价于

$$(2a+b+c)(ab+bc+ca) \geqslant (a+b)(b+c)(c+a)$$

我们有

$$(2a+b+c)(ab+bc+ca) \geqslant (a+b+c)(ab+bc+ca)$$
$$\geqslant (a+b)(b+c)(c+a)$$

证明完成. 等式适用于 $a=0,b=c$.

**问题 2.11** 如果 $a,b,c$ 是非负实数,且无两个同时为零,那么

$$\frac{1}{(a+b)^2}+\frac{1}{(a+c)^2}+\frac{2}{(b+c)^2} \geqslant \frac{5}{2(ab+bc+ca)}$$

**证明**　这个不等式源自伊朗 1996 不等式(见第 2 卷问题 1.72,$k=2$ 的情形),也就是

$$\frac{1}{(a+b)^2}+\frac{1}{(a+c)^2}+\frac{1}{(b+c)^2}\geqslant\frac{9}{4(ab+bc+ca)}$$

和问题 2.10,即

$$\frac{1}{(a+b)^2}+\frac{1}{(a+c)^2}+\frac{16}{(b+c)^2}\geqslant\frac{6}{ab+bc+ca}$$

事实上,第一个不等式两边同乘以 14 再与第二个不等式相加即得期望不等式. 等式适用于 $a=0,b=c$.

**问题 2.12**　如果 $a,b,c$ 是非负实数,且无两个同时为零,那么

$$\frac{1}{(a+b)^2}+\frac{1}{(a+c)^2}+\frac{25}{(b+c)^2}\geqslant\frac{8}{ab+bc+ca}$$

(Vasile Cîrtoaje,2014)

**证明**　将原不等式改写成

$$\left(\frac{1}{a+b}+\frac{1}{a+c}\right)^2+\frac{25}{(b+c)^2}$$

$$\geqslant\frac{8}{ab+bc+ca}+\frac{2}{(a+b)(a+c)}$$

根据 AM-GM 不等式,我们有

$$\left(\frac{1}{a+b}+\frac{1}{a+c}\right)^2+\frac{25}{(b+c)^2}\geqslant\frac{10}{b+c}\left(\frac{1}{a+b}+\frac{1}{a+c}\right)$$

因此,只需证明

$$\frac{10}{b+c}\left(\frac{1}{a+b}+\frac{1}{a+c}\right)\geqslant\frac{8}{ab+bc+ca}+\frac{2}{(a+b)(a+c)}$$

因为 $(a+b)(a+c)\geqslant ab+bc+ca$,证明这一点就够了

$$\frac{10}{b+c}\left(\frac{1}{a+b}+\frac{1}{a+c}\right)\geqslant\frac{10}{ab+bc+ca}$$

这等价于

$$(2a+b+c)(ab+bc+ca)\geqslant(a+b)(b+c)(c+a)$$

事实上

$$(2a+b+c)(ab+bc+ca)\geqslant(a+b+c)(ab+bc+ca)$$

$$\geqslant(a+b)(b+c)(c+a)$$

这就完成了证明.等式适用于 $a=0,\dfrac{b}{c}+\dfrac{c}{b}=3$.

**问题 2.13**　如果 $a,b,c$ 是正实数,那么

$$(a+b)^3(a+c)^3\geqslant4a^2bc(2a+b+c)^2$$

(XZLBQ,2014)

321

**证明**(Nguyen Van Quy)  将原不等式改写成

$$\frac{(a+b)^2(a+c)^2}{4a^2bc} \geqslant \frac{(2a+b+c)^2}{(a+b)(a+c)}$$

因为

$$(a+b)^2(a+c)^2 = [(a-b)^2+4ab][(a-c)^2+4ac]$$
$$\geqslant 4ac(a-b)^2+4ab(a-c)^2+16a^2bc$$

于是只需证

$$\frac{(a-b)^2}{ab} + \frac{(a-c)^2}{ac} + 4 \geqslant \frac{(2a+b+c)^2}{(a+b)(a+c)}$$

这等价于

$$\frac{(a-b)^2}{ab} + \frac{(a-c)^2}{ac} \geqslant \frac{(b-c)^2}{(a+b)(a+c)}$$

事实上,由柯西－施瓦兹不等式,我们有

$$\frac{(a-b)^2}{ab} + \frac{(a-c)^2}{ac} \geqslant \frac{(a-b-a+c)^2}{ab+ac}$$
$$\geqslant \frac{(b-c)^2}{(a+b)(a+c)}$$

等式适用于 $a=b=c$.

**问题 2.14**  如果 $a,b,c$ 是正实数,且 $abc=1$,那么:

(a) $\dfrac{a}{b} + \dfrac{b}{c} + \dfrac{1}{a} \geqslant a+b+1$;

(b) $\dfrac{a}{b} + \dfrac{b}{c} + \dfrac{1}{a} \geqslant \sqrt{3(a^2+b^2+1)}$.

(Vasile Cîrtoaje,2007)

**证明**  (a)**方法 1**  将原不等式改写成

$$\left(2\,\frac{a}{b} + \frac{b}{c}\right) + \left(\frac{b}{c} + \frac{1}{a}\right) + \left(\frac{1}{a} + a\right) \geqslant 3a+2b+2$$

根据 AM－GM 不等式,我们有

$$\left(2\,\frac{a}{b} + \frac{b}{c}\right) + \left(\frac{b}{c} + \frac{1}{a}\right) + \left(\frac{1}{a} + a\right)$$
$$\geqslant 3\sqrt[3]{\frac{a^2}{bc}} + 2\sqrt{\frac{b}{ac}} + 2$$
$$= 3a+2b+2$$

等式适用于 $a=b=c=1$.

**方法 2**  因为 $c=\dfrac{1}{ab}$,原不等式可变成

$$\frac{a}{b} + ab^2 + \frac{1}{a} \geqslant a+b+1$$

$$\frac{1}{b} + b^2 + \frac{1}{a^2} \geqslant 1 + \frac{b}{a} + \frac{1}{a}$$

$$\frac{1}{a^2} - (b+1)\frac{1}{a} + b^2 + \frac{1}{b} - 1 \geqslant 0$$

$$\left(\frac{1}{a} - \frac{b+1}{2}\right)^2 + \frac{(b-1)^2(3b+4)}{4b} \geqslant 0$$

（b）将原不等式改写成

$$a\left(\frac{1}{b} + b^2\right) + \frac{1}{a} \geqslant \sqrt{3(a^2 + b^2 + 1)}$$

通过平方,这个不等式变成

$$a^2\left(b^4 + 2b - 3 + \frac{1}{b^2}\right) + \frac{1}{a^2} \geqslant b^2 + 3 - \frac{2}{b}$$

因为

$$b^4 + 2b - 3 + \frac{1}{b^2} > 2b - 3 + \frac{1}{b^2}$$

$$= \frac{(b-1)^2(2b+1)}{b^2}$$

$$\geqslant 0$$

根据 AM－GM 不等式,我们有

$$a^2\left(b^4 + 2b - 3 + \frac{1}{b^2}\right) + \frac{1}{a^2} \geqslant 2\sqrt{b^4 + 2b - 3 + \frac{1}{b^2}}$$

因此,只需证

$$2\sqrt{b^4 + 2b - 3 + \frac{1}{b^2}} \geqslant b^2 + 3 - \frac{2}{b}$$

再次平方,我们得到

$$b^5 - 2b^3 + 4b^2 - 7b + 4 \geqslant 0$$

这等价于一个显然成立的不等式

$$b(b^2 - 1)^2 + 4(b-1)^2 \geqslant 0$$

等式适用于 $a = b = c = 1$.

**问题 2.15** 如果 $a,b,c$ 是正实数,且 $abc \geqslant 1$,那么

$$a^{\frac{a}{b}}b^{\frac{b}{c}}c^c \geqslant 1$$

(Vasile Cîrtoaje,2011)

**证明** 将原不等式改写为

$$\frac{a}{b}\ln a + \frac{b}{c}\ln b + c\ln c \geqslant 0$$

因为 $f(x) = x\ln x$ 在 $(0, +\infty)$ 上是凸函数,根据琴生不等式,我们有

$$pa\ln a + qb\ln b + rc\ln c$$

$$\geqslant (p+q+r)\left(\frac{pa+qb+rc}{p+q+r}\right)\ln\left(\frac{pa+qb+rc}{p+q+r}\right)$$

$$= (pa+qb+rc)\ln\left(\frac{pa+qb+rc}{p+q+r}\right)$$

其中 $p,q,r>0$. 选择

$$p=\frac{1}{b}, \quad q=\frac{1}{c}, \quad r=1$$

我们得到

$$\frac{a}{b}\ln a+\frac{b}{c}\ln b+c\ln c$$

$$\geqslant \left(\frac{a}{b}+\frac{b}{c}+c\right)\ln\left(\frac{\frac{a}{b}+\frac{b}{c}+c}{\frac{1}{b}+\frac{1}{c}+1}\right)$$

因此,只需证

$$\frac{a}{b}+\frac{b}{c}+c\geqslant \frac{1}{b}+\frac{1}{c}+1$$

因为 $a\geqslant\frac{1}{bc}$,我们只需证明

$$\frac{1}{b^2 c}+\frac{b}{c}+c\geqslant \frac{1}{b}+\frac{1}{c}+1$$

这等价于

$$\frac{1}{b^2}+b+c^2\geqslant \frac{c}{b}+1+c$$

$$c^2-\left(1+\frac{1}{b}\right)c+b-1+\frac{1}{b^2}\geqslant 0$$

$$\left(c-\frac{b+1}{2b}\right)^2+\frac{(b-1)^2(4b+3)}{4b^2}\geqslant 0$$

等式适用于 $a=b=c=1$.

**问题 2.16**　设 $a,b,c$ 是正实数,且 $ab+bc+ca=3$,求证

$$ab^2c^3<4$$

(Vasile Cîrtoaje,2012)

**证明**　从 $ab+bc+ca=3$,我们得到

$$c=\frac{3-ab}{a+b}<\frac{3}{a+b}$$

因此

$$(4-ab^2c^3)(a+b)^3=4(a+b)^3-ab^2c^3(a+b)^3$$

$$>4(a+b)^3-27ab^2$$

$$=4a^3+12a^2b-15ab^2+4b^3$$

$$= (a + 4b)(2a - b)^2$$
$$\geqslant 0$$

**问题 2.17** 设 $a,b,c$ 是正实数，且 $ab + bc + ca = \dfrac{5}{3}$，求证

$$ab^2c^2 \leqslant \frac{1}{3}$$

（Vasile Cîrtoaje，2012）

**证明** 根据 AM − GM 不等式，我们有

$$ab + ca \geqslant 2a\sqrt{bc}$$

因此，由 $ab + bc + ca = \dfrac{5}{3}$，我们得到

$$2a\sqrt{bc} + bc \leqslant \frac{5}{3}$$

因此，只需证

$$\frac{(5 - 3bc)b^2c^2}{6\sqrt{bc}} \leqslant \frac{1}{3}$$

设 $\sqrt{bc} = t$，这个不等式变为

$$3t^5 - 5t^3 + 2 \geqslant 0$$

事实上，根据 AM − GM 不等式，我们有

$$3t^5 + 2 = t^5 + t^5 + t^5 + 1 + 1 \geqslant 5\sqrt[5]{t^{15}} = 5t^3$$

等式适用于 $a = \dfrac{1}{3}, b = c = 1$.

**问题 2.18** 设 $a,b,c$ 是正实数，且 $a \leqslant b \leqslant c, ab + bc + ca = 3$，求证：

(a) $ab^2c \leqslant \dfrac{9}{8}$；

(b) $ab^4c \leqslant 2$；

(c) $ab^3c^2 \leqslant 2$.

（Vasile Cîrtoaje，2012）

**证明** 由 $(b - a)(b - c) \leqslant 0$，我们得到

$$b^2 + ac \leqslant b(a + c)$$
$$b^2 + ac \leqslant 3 - ac$$
$$b^2 + 2ac \leqslant 3$$

(a) 我们有

$$9 - 8ab^2c \geqslant 9 - 4b^2(3 - b^2) = (2b^2 - 3)^2 \geqslant 0$$

等式适用于 $a = \dfrac{1}{2}\sqrt{\dfrac{3}{2}}, b = c = \sqrt{\dfrac{3}{2}}$.

（b）我们有

$$4 - 2ab^4c \geqslant 4 - b^4(3 - b^2) = (b^2 - 2)^2(b^2 + 1) \geqslant 0$$

等式适用于 $a = \dfrac{\sqrt{2}}{4}, b = c = \sqrt{2}$.

（c）期望不等式可以写成

$$2(ab + bc + ca)^3 \geqslant 27ab^3c^2$$

$$2\left(a + c + \frac{ca}{b}\right)^3 \geqslant 27ac^2$$

因为 $\dfrac{ca}{b} \geqslant a$，于是只需证

$$2(2a + c)^3 \geqslant 27ac^2$$

这个不等式等价于显然成立的不等式

$$(a + 2c)(4a - c)^2 \geqslant 0$$

等式适用于 $a = \dfrac{\sqrt{2}}{4}, b = c = \sqrt{2}$.

**问题 2.19** 设 $a, b, c$ 是正实数，且满足

$$a \leqslant b \leqslant c, \quad a + b + c = \frac{1}{a} + \frac{1}{b} + \frac{1}{c}$$

求证

$$b \geqslant \frac{1}{a + c - 1}$$

（Vasile Cîrtoaje, 2007）

**证明** 我们来证明

$$a \leqslant 1, \quad c \geqslant 1$$

由

$$a + b + c = \frac{1}{a} + \frac{1}{b} + \frac{1}{c}$$

$$a + b + c + \frac{1}{a} + \frac{1}{b} + \frac{1}{c} - 6$$

$$= \frac{(a - 1)^2}{a} + \frac{(b - 1)^2}{b} + \frac{(c - 1)^2}{c}$$

$$\geqslant 0$$

我们得到

$$a + b + c = \frac{1}{a} + \frac{1}{b} + \frac{1}{c} \geqslant 3$$

那么

$$\frac{1}{a} \geqslant \frac{1}{3}\left(\frac{1}{a} + \frac{1}{b} + \frac{1}{c}\right) \geqslant 1, \quad c \geqslant \frac{a + b + c}{3} \geqslant 1$$

进一步考虑下列两种情形.

**情形 1** $abc \geqslant 1$. 将期望不等式写成

$$a + c - 1 - \frac{1}{b} \geqslant 0$$

我们有

$$a + c - 1 - \frac{1}{b} = (1-a)(c-1) + \frac{abc-1}{b} \geqslant 0$$

**情形 2** $abc \leqslant 1$. 因为

$$a + c - 1 - \frac{1}{b} = \frac{1}{a} + \frac{1}{c} - b - 1$$

期望不等式等价于

$$\frac{1}{a} + \frac{1}{c} - b - 1 \geqslant 0$$

我们有

$$\frac{1}{a} + \frac{1}{c} - b - 1 = \left(\frac{1}{a} - 1\right)\left(1 - \frac{1}{c}\right) + \frac{1-abc}{ac} \geqslant 0$$

这就完成了证明. 等式适用于 $a=b=c=1$.

**问题 2.20** 设 $a,b,c$ 是正实数, 且满足

$$a \leqslant b \leqslant c, \quad a+b+c = \frac{1}{a} + \frac{1}{b} + \frac{1}{c}$$

求证

$$ab^2 c^3 \geqslant 1$$

(Vasile Cîrtoaje, 1998)

**证明 1** 将期望不等式写成

$$ab^2 c^3 \geqslant \left[\frac{abc(a+b+c)}{ab+bc+ca}\right]^3$$

这等价于

$$(ab+bc+ca)^3 \geqslant a^2 b(a+b+c)^3$$

因为

$$(ab+bc+ca)^2 \geqslant 3abc(a+b+c)$$

于是只需证

$$3c(ab+bc+ca) \geqslant a(a+b+c)^2$$

事实上

$$3c(ab+bc+ca) - a(a+b+c)^2$$
$$\geqslant (a+b+c)(ab+bc+ca) - a(a+b+c)^2$$
$$= (a+b+c)(bc-a^2)$$
$$\geqslant 0$$

327

等式适用于 $a=b=c=1$.

**证明 2** 我们来证明

$$a \leqslant 1, \quad bc \geqslant 1$$

事实上,如果 $a>1$,那么 $1<a\leqslant b\leqslant c$ 和

$$a+b+c-\frac{1}{a}-\frac{1}{b}-\frac{1}{c}=\frac{1-a^2}{a}+\frac{1-b^2}{b}+\frac{1-c^2}{c}<0$$

这是矛盾的.另外,由于 $a\leqslant 1$ 和

$$a-\frac{1}{a}=(b+c)\left(\frac{1}{bc}-1\right)$$

我们得到 $bc\geqslant 1$.类似地,我们可以证明

$$c\geqslant 1, \quad ab\leqslant 1$$

因为 $bc\geqslant 1$,于是只需证明

$$abc^2\geqslant 1$$

考虑到 $ab\leqslant 1$,我们有

$$c-\frac{1}{c}=(a+b)\left(\frac{1}{ab}-1\right)$$

$$\geqslant 2\sqrt{ab}\left(\frac{1}{ab}-1\right)$$

$$=2\left(\frac{1}{\sqrt{ab}}-\sqrt{ab}\right)$$

$$\geqslant \frac{1}{\sqrt{ab}}-\sqrt{ab}$$

因此

$$\left(c-\frac{1}{\sqrt{ab}}\right)\left(1+\frac{\sqrt{ab}}{c}\right)\geqslant 0$$

由最后一个不等式可得到

$$abc^2\geqslant 1$$

**问题 2.21** 设 $a,b,c$ 是正实数,且满足

$$a\leqslant b\leqslant c, \quad a+b+c=abc+2$$

求证

$$(1-b)(1-ab^3c)\geqslant 0$$

(Vasile Cîrtoaje,1999)

**证明** 我们来证明

$$a\leqslant 1, \quad c\geqslant 1$$

为了证明这个,我们将假设条件写为

$$(1-a)(1-c)+(1-b)(1-ac)=0 \qquad\qquad (*)$$

如果 $a>1$,那么 $1<a\leqslant b\leqslant c$,这与式($*$)矛盾.类似地,如果 $c<1$,那么 $a\leqslant b\leqslant c<1$,这也与式($*$)矛盾.因此,$a\leqslant 1,c\geqslant 1$.

根据式($*$),我们得到

$$(1-b)(1-ac)=(1-a)(c-1)\geqslant 0 \qquad (**)$$

分两种情形讨论.

**情形 1** $b\geqslant 1$.根据式($**$),我们有 $ac\geqslant 1$.因此

$$ab^3c=ac\cdot b^3\geqslant 1$$

因此,$(1-b)(1-ab^3c)\geqslant 0$.

**情形 2** $b\leqslant 1$.根据式($**$),我们有 $ac\leqslant 1$.因此

$$ab^3c=ac\cdot b^3\leqslant 1$$

因此

$$(1-b)(1-ab^3c)\geqslant 0$$

这就完成了证明.等式适用于 $a=b=1\leqslant c$ 或 $a\leqslant b=c=1$.

**问题 2.22** 设 $a,b,c$ 是实数,且无两个同时为零.求证:

(a) $\dfrac{(a-b)^2}{a^2+b^2}+\dfrac{(a-c)^2}{a^2+c^2}\geqslant\dfrac{(b-c)^2}{2(b^2+c^2)}$;

(b) $\dfrac{(a+b)^2}{a^2+b^2}+\dfrac{(a+c)^2}{a^2+c^2}\geqslant\dfrac{(b-c)^2}{2(b^2+c^2)}$.

**证明** (a) 考虑两种情形.

**情形 1** $2a^2\leqslant b^2+c^2$.根据柯西－施瓦兹不等式,我们有

$$\frac{(a-b)^2}{a^2+b^2}+\frac{(a-c)^2}{a^2+c^2}\geqslant\frac{[(b-a)+(a-c)]^2}{a^2+b^2+a^2+c^2}$$

$$\geqslant\frac{(b-c)^2}{2a^2+b^2+c^2}$$

因此,只需证明

$$\frac{1}{2a^2+b^2+c^2}\geqslant\frac{1}{2(b^2+c^2)}$$

化简得 $2a^2\leqslant b^2+c^2$.

**情形 2** $2a^2\geqslant b^2+c^2$.根据柯西－施瓦兹不等式,我们有

$$\frac{(a-b)^2}{a^2+b^2}+\frac{(a-c)^2}{a^2+c^2}\geqslant\frac{[c(b-a)+b(a-c)]^2}{c^2(a^2+b^2)+b^2(a^2+c^2)}$$

$$=\frac{a^2(b-c)^2}{a^2(b^2+c^2)+2b^2c^2}$$

因此,只需证

$$\frac{a^2}{a^2(b^2+c^2)+2b^2c^2}\geqslant\frac{1}{2(b^2+c^2)}$$

化简得 $a^2b^2+a^2c^2 \geqslant 2b^2c^2$,这是成立的,因为

$$2(a^2b^2+a^2c^2)-4b^2c^2$$
$$\geqslant (b^2+c^2)^2-4b^2c^2$$
$$=(b^2-c^2)^2$$
$$\geqslant 0$$

等式适用于 $a=b=c$.

(b) 在(a)的不等式中,用 $-a$ 代替 $a$,我们就得到了期望不等式.等式适用于 $-a=b=c$.

**问题 2.23** 设 $a,b,c$ 是实数,且无两个同时为零.如果 $bc \geqslant 0$,那么:

(a) $\dfrac{(a-b)^2}{a^2+b^2}+\dfrac{(a-c)^2}{a^2+c^2} \geqslant \dfrac{(b-c)^2}{(b+c)^2}$;

(b) $\dfrac{(a+b)^2}{a^2+b^2}+\dfrac{(a+c)^2}{a^2+c^2} \geqslant \dfrac{(b-c)^2}{(b+c)^2}$.

(Vasile Cîrtoaje,2011)

**证明** (a) 考虑两种情形.

**情形 1** $a^2 \leqslant bc$. 根据柯西 — 施瓦兹不等式,我们有

$$\frac{(a-b)^2}{a^2+b^2}+\frac{(a-c)^2}{a^2+c^2} \geqslant \frac{[(b-a)+(a-c)]^2}{a^2+b^2+a^2+c^2}$$
$$\geqslant \frac{(b-c)^2}{2a^2+b^2+c^2}$$

于是只需证明

$$\frac{1}{2a^2+b^2+c^2} \geqslant \frac{1}{(b+c)^2}$$

化简得 $a^2 \leqslant bc$.

**情形 2** $a^2 \geqslant bc$. 根据柯西 — 施瓦兹不等式,我们有

$$\frac{(a-b)^2}{a^2+b^2}+\frac{(a-c)^2}{a^2+c^2} \geqslant \frac{[c(b-a)+b(a-c)]^2}{c^2(a^2+b^2)+b^2(a^2+c^2)}$$
$$=\frac{a^2(b-c)^2}{a^2(b^2+c^2)+2b^2c^2}$$

因此,只需证

$$\frac{a^2}{a^2(b^2+c^2)+2b^2c^2} \geqslant \frac{1}{(b+c)^2}$$

化简得 $bc(a^2-bc) \geqslant 0$.等式适用于 $a=b=c$,或 $b=0,a=c$,或 $c=0,a=b$.

(b) 在(a)的不等式中,用 $-a$ 代替 $a$,我们就得到了期望不等式.等式适用于 $-a=b=c$,或 $b=0,a+c=0$,或 $c=0,a+b=0$.

**问题 2.24** 设 $a,b,c$ 是非负实数,且无两个同时为零.求证

330

$$\frac{|a-b|^3}{a^3+b^3}+\frac{|a-c|^3}{a^3+c^3}\geqslant\frac{|b-c|^3}{(b+c)^3}$$

(Vasile Cîrtoaje,2013)

**证明**　不失一般性,设 $b\geqslant c$. 因此有三种情形.

**情形 1**　$a\geqslant b\geqslant c$. 我们只需证

$$\frac{|a-c|^3}{(a+c)^3}\geqslant\frac{|b-c|^3}{(b+c)^3}$$

这等价于

$$\frac{a-c}{a+c}\geqslant\frac{b-c}{b+c}$$

事实上

$$\frac{a-c}{a+c}-\frac{b-c}{b+c}=\frac{2c(a-b)}{(a+c)(b+c)}\geqslant0$$

**情形 2**　$b\geqslant c\geqslant a$. 我们只需证

$$\frac{(b-a)^3}{a^3+b^3}\geqslant\frac{(b-c)^3}{(b+c)^3}$$

事实上

$$\frac{(b-a)^3}{a^3+b^3}\geqslant\frac{(b-c)^3}{a^3+b^3}$$

$$\geqslant\frac{(b-c)^3}{b^3+c^3}$$

$$\geqslant\frac{(b-c)^3}{(b+c)^3}$$

**情形 3**　$b\geqslant a\geqslant c$. 我们只需证

$$\frac{(b-a)^3}{a^3+b^3}+\frac{(a-c)^3}{a^3+c^3}\geqslant\frac{(b-c)^3}{(b+c)^3}$$

利用代换

$$x=\frac{b-a}{b+a},\quad y=\frac{a-c}{a+c},\quad 0\leqslant x<1,\quad 0\leqslant y\leqslant1$$

我们有

$$b=\frac{1+x}{1-x}a,\quad c=\frac{1-y}{1+y}a$$

$$(b-a)^3=\frac{8x^3}{(1-x)^3}a^3,\quad (a-c)^3=\frac{8y^3}{(1+y)^3}a^3$$

$$a^3+b^3=\frac{2(1+3x^3)}{(1-x)^3},\quad a^3+c^3=\frac{2(1+3y^2)}{(1+y)^3}$$

$$\frac{b-c}{b+c}=\frac{x+y}{1+xy}$$

因此,期望不等式变成

$$\frac{4x^3}{1+3x^2}+\frac{4y^3}{1+3y^2}\geqslant\frac{(x+y)^3}{(1+xy)^3}$$

$$\frac{x^2+y^2-xy+3x^2y^2}{(1+3x^2)(1+3y^2)}\geqslant\frac{(x+y)^2}{4(1+xy)^3}$$

$$\frac{s-p+3p^2}{1+3s+9p^2}\geqslant\frac{s+2p}{4(1+p)^3}$$

其中

$$s=x^2+y^2,\quad p=xy,\quad 0\leqslant p<1,\quad 2p\leqslant s\leqslant1+p^2$$

因此,只需证明 $f(s)\geqslant0$,其中

$$f(s)=4(1+p)^3(s-p+3p^2)-(s+2p)(3s+1+9p^2)$$

因为 $f(s)$ 是凹函数,于是只需证明 $f(2p)\geqslant0$ 和 $f(1+p^2)\geqslant0$,事实上,我们有

$$f(2p)=4p^3(3p+1)(p+3)\geqslant0$$

$$f(1+p^2)=16p^3(p+1)^2\geqslant0$$

证明完成. 等式适用于 $a=b=c$,或 $b=0,a=c$,或 $c=0,a=b$.

**问题 2.25**　设 $a,b,c$ 是正实数,且 $b\neq c$. 求证

$$\frac{ab}{(a+b)^2}+\frac{ac}{(a+c)^2}\leqslant\frac{(b+c)^2}{4(b-c)^2}$$

（Vasile Cîrtoaje,2010）

**证明**　将原不等式改写为

$$\frac{(a-b)^2}{(a+b)^2}+\frac{(a-c)^2}{(a+c)^2}+\frac{(b+c)^2}{(b-c)^2}\geqslant2$$

把 $a$ 替换成 $-a$,这个不等式变成

$$\frac{(a+b)^2}{(a-b)^2}+\frac{(a+c)^2}{(a-c)^2}+\frac{(b+c)^2}{(b-c)^2}\geqslant2 \qquad(*)$$

应用代换

$$x=\frac{a+b}{a-b},\quad y=\frac{b+c}{b-c},\quad z=\frac{c+a}{c-a}$$

不等式（*）可写为

$$x^2+y^2+z^2\geqslant2$$

从

$$1+x=\frac{2a}{a-b},\quad 1+y=\frac{2b}{b-c},\quad 1+z=\frac{2c}{c-a}$$

$$x-1=\frac{2b}{a+b},\quad y-1=\frac{2c}{b-c},\quad z-1=\frac{2a}{c-a}$$

我们得到

$$(x+1)(y+1)(z+1)=(x-1)(y-1)(z-1)$$

$$xy+yz+zx+1=0$$

332

因此，我们有

$$x^2 + y^2 + z^2 - 2 = x^2 + y^2 + z^2 + 2(xy + yz + zx)$$
$$= (x + y + z)^2$$
$$\geqslant 0$$

当 $x + y + z = 0$ 时，不等式（ * ）是一个等式；也就是

$$(a + b + c)(ab + bc + ca) - 9abc = 0$$

因此，原不等式取等号的条件是

$$(b + c - a)(bc - ab - ca) + 9abc = 0$$

**问题 2.26** 设 $a,b,c$ 是非负实数，且无两个同时为零. 求证

$$\frac{3bc + a^2}{b^2 + c^2} \geqslant \frac{3ab - c^2}{a^2 + b^2} + \frac{3ac - b^2}{a^2 + c^2}$$

（Vasile Cîrtoaje，2014）

**证明**（Nguyen Van Quy） 将原不等式改写为

$$\frac{a^2}{b^2 + c^2} + \frac{b^2}{a^2 + c^2} + \frac{c^2}{a^2 + b^2} + \frac{3bc}{b^2 + c^2} \geqslant \frac{3ab}{a^2 + b^2} + \frac{3ac}{a^2 + c^2}$$

根据柯西 — 施瓦兹不等式，我们有

$$\frac{b^2}{a^2 + c^2} + \frac{c^2}{a^2 + b^2} \geqslant \frac{(b^2 + c^2)^2}{b^2(a^2 + c^2) + c^2(a^2 + b^2)}$$
$$= \frac{(b^2 + c^2)^2}{a^2(b^2 + c^2) + 2b^2c^2}$$
$$\geqslant 2 - \frac{a^2(b^2 + c^2) + 2b^2c^2}{(b^2 + c^2)^2}$$
$$= 2 - \frac{a^2}{b^2 + c^2} - \frac{2b^2c^2}{(b^2 + c^2)^2}$$

因此，我们有

$$\frac{a^2}{b^2 + c^2} + \frac{b^2}{a^2 + c^2} + \frac{c^2}{a^2 + b^2} \geqslant 2 - \frac{2b^2c^2}{(b^2 + c^2)^2}$$

因此，只需证

$$2 - \frac{2b^2c^2}{(b^2 + c^2)^2} + \frac{3bc}{b^2 + c^2} \geqslant \frac{3ab}{a^2 + b^2} + \frac{3ac}{a^2 + c^2}$$

这个不等式等价于

$$\left[\frac{1}{2} - \frac{2b^2c^2}{(b^2 + c^2)^2}\right] + \left(\frac{3}{2} - \frac{3ab}{a^2 + b^2}\right) + \left(\frac{3}{2} - \frac{3ac}{a^2 + c^2}\right)$$
$$\geqslant \left(\frac{3}{2} - \frac{3bc}{b^2 + c^2}\right)$$
$$\frac{(b^2 - c^2)^2}{3(b^2 + c^2)^2} + \frac{(a - b)^2}{a^2 + b^2} + \frac{(a - c)^2}{a^2 + c^2}$$

333

$$\geqslant \frac{(b-c)^2}{b^2+c^2}$$

利用问题 2.23(a) 的不等式,即

$$\frac{(a-b)^2}{a^2+b^2}+\frac{(a-c)^2}{a^2+c^2}\geqslant \frac{(b-c)^2}{(b+c)^2}$$

于是只需证

$$\frac{(b+c)^2}{3(b^2+c^2)^2}+\frac{1}{(b+c)^2}\geqslant \frac{1}{b^2+c^2}$$

这等价于

$$\frac{1}{(b+c)^2}\geqslant \frac{2(b^2-bc+c^2)}{3(b^2+c^2)^2}$$

我们有

$$3(b^2+c^2)^2-2(b+c)^2(b^2-bc+c^2)$$
$$=3(b^2+c^2)^2-2(b+c)(b^3+c^3)$$
$$=b^4+c^4+6b^2c^2-2bc(b^2+c^2)$$
$$\geqslant (b^2+c^2)^2-2bc(b^2+c^2)$$
$$=(b^2+c^2)(b-c)^2$$
$$\geqslant 0$$

等式适用于 $a=b=c$.

**问题 2.27** 设 $a,b,c$ 是非负实数,且 $a+b>0$. 求证

$$abc\geqslant (b+c-a)(c+a-b)(a+b-c)+\frac{ab(a-b)^2}{a+b}$$

$$(\text{Vasile Cîrtoaje},2011)$$

**证明** 因为

$$(b+c-a)(c+a-b)(a+b-c)=\frac{2(a^2b^2+b^2c^2+c^2a^2)-a^4-b^4-c^4}{a+b+c}$$

我们可将原不等式改写为

$$a^4+b^4+c^4+abc(a+b+c)\geqslant 2(a^2b^2+b^2c^2+c^2a^2)+\frac{ab(a-b)^2(a+b+c)}{a+b}$$

根据四阶舒尔不等式,我们有

$$a^4+b^4+c^4+abc(a+b+c)\geqslant \sum ab(a^2+b^2)$$

因此,只需证明

$$\sum ab(a^2+b^2)\geqslant 2(a^2b^2+b^2c^2+c^2a^2)+\frac{ab(a-b)^2(a+b+c)}{a+b}$$

这等价于

$$\sum ab(a-b)^2\geqslant \frac{ab(a-b)^2(a+b+c)}{a+b}$$

或

$$bc\ (b-c)^2 + ca\ (c-a)^2 \geqslant \frac{abc\ (a-b)^2}{a+b}$$

这个不等式可由柯西 — 施瓦兹不等式立刻得到

$$(a+b)\ \big[bc\ (b-c)^2 + ca\ (c-a)^2\big]$$
$$\geqslant \big[\sqrt{abc}\ (b-c) + \sqrt{abc}\ (c-a)\big]^2$$

等式适用于 $a=b=c$,也适用于 $a=0,b=c$(或其任何循环排列).

**问题 2.28** 设 $a,b,c$ 是非负实数,且 $a \geqslant b \geqslant c$.求证:

(a)$abc \geqslant (b+c-a)\ (c+a-b)\ (a+b-c) + \dfrac{2ab\ (a-b)^2}{a+b}$;

(b)$abc \geqslant (b+c-a)\ (c+a-b)\ (a+b-c) + \dfrac{27b\ (a-b)^4}{4a^2}$.

(Vasile Cîrtoaje,2011)

**证明** (a) 原不等式可改写为

$$\sum a(a-b)\ (a-c) \geqslant \frac{2ab\ (a-b)^2}{a+b}$$

因为

$$c(c-a)\ (c-b) \geqslant 0$$

因此,只需证

$$a(a-b)\ (a-c) + b(b-c)\ (b-a) \geqslant \frac{2ab\ (a-b)^2}{a+b}$$

因为

$$\begin{aligned}
a(a-b)\ (a-c) &= a(a-b)\ \big[(a-b) + (b-c)\big] \\
&= a\ (a-b)^2 + a(a-b)\ (b-c) \\
&\geqslant \frac{2ab\ (a-b)^2}{a+b} + a(a-b)\ (b-c)
\end{aligned}$$

于是只需证

$$a(a-b)\ (b-c) + b(b-c)\ (b-a) \geqslant 0$$

这个不等式等价于

$$(a-b)^2\ (b-c) \geqslant 0$$

等式适用于 $a=b=c$,或 $a=b,c=0$.

(b) 原不等式可改写为

$$\sum a(a-b)\ (a-c) \geqslant \frac{27b\ (a-b)^4}{4a^2}$$

因为

$$c(c-a)\ (c-b) \geqslant 0$$

因此,只需证

335

$$a(a-b)(a-c)+b(b-c)(b-a) \geqslant \frac{27b(a-b)^4}{4a^2}$$

这等价于

$$a(a-b)^2+a(a-b)(b-c)+b(b-c)(c-a)$$
$$\geqslant \frac{27b(a-b)^4}{4a^2}$$

因为

$$a(a-b)^2-\frac{27b(a-b)^4}{4a^2}=\frac{(a-b)^2(a-3b)^2}{4a^2}$$

于是只需证

$$a(a-b)(b-c)+b(b-c)(b-a) \geqslant 0$$

这个不等式等价于

$$(a-b)^2(b-c) \geqslant 0$$

等式适用于 $a=b=c$，或 $\frac{a}{3}=b=c$.

**问题 2.29** 设 $a,b,c$ 是非负实数，且满足 $a+b>0$. 求证

$$\sum a^2(a-b)(a-c) \geqslant a^2b^2\left(\frac{a-b}{a+b}\right)^2$$

（Vasile Cîrtoaje,2011）

**证明** 不失一般性，假设 $a \geqslant b$，分三种情形讨论.

**情形 1** $c \geqslant a \geqslant b$. 因为

$$a^2(a-b)(a-c)+c^2(c-a)(c-b)$$
$$\geqslant a^2(a-b)(a-c)+c^2(c-a)(a-b)$$
$$=(a-b)(c-a)^2(c+a)$$
$$\geqslant 0$$

于是只需证

$$b^2(b-a)(b-c) \geqslant a^2b^2\left(\frac{a-b}{a+b}\right)^2$$

因为 $c-b \geqslant a-b$，于是只需证

$$1 \geqslant \left(\frac{a}{a+b}\right)^2$$

这是成立的.

**情形 2** $a \geqslant b \geqslant c$. 因为

$$c^2(c-a)(c-b) \geqslant 0$$
$$a^2(a-b)(a-c)+b^2(b-a)(b-c)$$
$$=(a-b)[a^2(a-c)-b^2(b-c)]$$
$$=(a-b)^2[a^2+ab+b^2-c(a+b)]$$

$$\geqslant (a-b)^2 \left[ a^2 + ab + b^2 - b(a+b) \right]$$
$$= a^2 (a-b)^2$$

于是只需证

$$1 \geqslant \left( \frac{b}{a+b} \right)^2$$

这是成立的

**情形 3** $a \geqslant c \geqslant b$. 因为

$$b^2 (b-a)(b-c) = b^2 (a-b)(c-b) \geqslant b^2 (c-b)^2$$
$$a^2 (a-b)(a-c) + c^2 (c-a)(c-b)$$
$$= (a-c)^2 \left[ a^2 + ac + c^2 - b(a+c) \right]$$
$$\geqslant (a-c)^2 \left[ a^2 + ac + c^2 - c(a+c) \right]$$
$$= a^2 (a-c)^2$$

于是只需证

$$b^2 (c-b)^2 + a^2 (a-c)^2 \geqslant a^2 b^2 \left( \frac{a-b}{a+b} \right)^2$$

根据柯西－施瓦兹不等式，我们有

$$\left( \frac{1}{b^2} + \frac{1}{a^2} \right) \left[ b^2 (c-b)^2 + a^2 (a-c)^2 \right]$$
$$\geqslant \left[ (c-b) + (a-c) \right]^2$$
$$= (a-b)^2$$

因此，只需证

$$\frac{a^2 b^2 (a-b)^2}{a^2 + b^2} \geqslant a^2 b^2 \left( \frac{a-b}{a+b} \right)^2$$

这是显然成立的.

这就完成了证明. 等式适用于 $a=b=c$，也适用于 $a=0, b=c$（或其任何循环排列）.

**备注** 类似地，我们可以证明下列更一般的结论.

● 设 $a, b, c$ 是非负实数，且 $a+b > 0$. 如果 $k$ 是正实数，那么

$$\sum a^k (a-b)(a-c) \geqslant \left( \frac{ab}{a+b} \right)^k (a-b)^2$$

**问题 2.30** 设 $a, b, c$ 是非负实数，且 $a+b+c=3$. 求证

$$ab^2 + bc^2 + 2ca^2 \leqslant 8$$

**证明** 因为当 $a=2, b=0, c=1$ 时等式成立，我们应用 AM－GM 不等式，得到

$$ca^2 = 4c \cdot \frac{a}{2} \cdot \frac{a}{2}$$

337

$$\leqslant \frac{4}{27}\left(c+\frac{a}{2}+\frac{a}{2}\right)^3$$

$$=\frac{4}{27}(c+a)^3$$

$$\leqslant \frac{4}{27}(a+b+c)^3$$

$$=4$$

因此,我们只需证明

$$ab^2+bc^2+ca^2 \leqslant 4$$

这就是问题 1.1 中的不等式.

**问题 2.31**　设 $a,b,c$ 是非负实数,且 $a+b+c=3$. 求证

$$ab^2+bc^2+\frac{3}{2}abc \leqslant 4$$

(Vasile Cîrtoaje and Vo Quoc Ba Can,2007)

**证明**　考虑两种情形.

**情形 1**　$c \geqslant 2b$. 我们有

$$ab^2+bc^2+\frac{3}{2}abc=b(a+c)^2-ab\left(a-b+\frac{c}{2}\right)$$

$$\leqslant b(a+c)^2$$

$$=4b\left(\frac{a+c}{2}\right)\left(\frac{a+c}{2}\right)$$

$$\leqslant \frac{4}{27}\left[b+\left(\frac{a+c}{2}\right)+\left(\frac{a+c}{2}\right)\right]^3$$

$$=4$$

**情形 2**　$2b > c$. 将待证不等式写成 $f(a) \geqslant 0$,其中

$$f(a)=4\left(\frac{a+b+c}{3}\right)^3-ab^2-bc^2-\frac{3}{2}abc$$

$$f'(a)=4\left(\frac{a+b+c}{3}\right)^2-b^2-\frac{3}{2}bc$$

不等式 $f'(a)=0$ 有正根

$$a_1=\frac{3}{2}\sqrt{\frac{b(2b+3c)}{2}}-b-c$$

$$=\frac{(2b-c)(5b+8c)}{6\sqrt{2b(2b+c)}+8(b+c)}$$

因为当 $0 \leqslant a < a_1$ 时,$f'(a) < 0$,当 $a > a_1$ 时,$f'(a) > 0$,所以 $f(a)$ 在 $[0,a_1]$ 上递减,在 $(a_1,+\infty)$ 上递增,因此 $f(a) \geqslant f(a_1)$. 为了完成证明,我们只需证明 $f(a_1) \geqslant 0$.事实上,因为

$$4\left(\frac{a_1+b+c}{3}\right)^2 = b^2+\frac{3}{2}bc$$

我们有

$$f(a_1) = 4\left(\frac{a_1+b+c}{3}\right)^3 - a_1 b^2 - bc^2 - \frac{3}{2}a_1 bc$$

$$= \frac{a_1+b+c}{3}\left(b^2+\frac{3}{2}bc\right) - a_1\left(b^2+\frac{3}{2}bc\right) - bc^2$$

$$= \left(b+c-\sqrt{\frac{2b^2+3bc}{2}}\right)\left(b^2+\frac{3}{2}bc\right) - bc^2$$

$$= \frac{b}{4}\left[4b^2+10bc+2c^2 - (2b+3c)\sqrt{2b(2b+3c)}\right]$$

$$= \frac{bc\,(2b-c)^2(b+2c)}{2\left[4b^2+10bc+2c^2 + (2b+3c)\sqrt{2b(2b+3c)}\right]}$$

$$\geqslant 0$$

证明完成．等式适用于 $a=0,b=1,c=2$，也适用于 $a=1,b=2,c=0$．

**问题 2.32** 设 $a,b,c$ 是非负实数，且 $a+b+c=5$．求证

$$ab^2+bc^2+2abc \leqslant 20$$

(Vo Quoc Ba Can,2011)

**证明** 由于原不等式关于 $b,c$ 是对称的，不妨设 $b\leqslant c$．将原不等式写为

$$b(ab+c^2+2ac) \leqslant 20$$

我们发现，当 $a=1,b=c=2$ 时，等式成立．由于 $\left(a-\frac{b}{2}\right)^2 \geqslant 0$，也就是说

$$ab \leqslant a^2+\frac{b^2}{4}$$

因此，当 $b\leqslant 4$ 时，我们有

$$b(ab+c^2+2ac)-20 \leqslant b\left(a^2+\frac{b^2}{4}+c^2+2ac\right)-20$$

$$= b\left[(a+c)^2+\frac{b^2}{4}\right]-20$$

$$= b\left[(5-b)^2+\frac{b^2}{4}\right]-20$$

$$= \frac{5}{4}(b-4)(b-2)^2$$

$$\leqslant 0$$

现在考虑 $b>4$，我们有

$$ab^2+bc^2+2abc-20 = ab^2+b(5-a-b)^2+2ab(5-a-b)-20$$

$$= b^3+ab^2-10b^2-a^2b+25b-20$$

$$\leqslant b^3+(5-b)b^2-10b^2+25b-20$$

$$=-5(b-4)(b-1)$$
$$<0$$

**问题 2.33** 如果 $a,b,c$ 是非负实数,那么

$$a^3+b^3+c^3-a^2b-b^2c-c^2a \geqslant \frac{8}{9}(a-b)(b-c)^2$$

**证明** 因为

$$3(a^3+b^3+c^3-a^2b-b^2c-c^2a)=\sum(2a^3-3a^2b+b^3)$$
$$=\sum(2a+b)(a-b)^2$$

原不等式可改写为

$$(2a+b)(a-b)^2+(2b+c)(b-c)^2+(2c+a)(c-a)^2$$
$$\geqslant \frac{8}{3}(a-b)(b-c)^2$$

如果 $a \leqslant b$,那么

$$(2a+b)(a-b)^2+(2b+c)(b-c)^2+(2c+a)(c-a)^2$$
$$\geqslant 0 \geqslant \frac{8}{3}(a-b)(b-c)^2.$$

如果 $a \geqslant b$,有两种情形要考虑: $b \geqslant c$ 和 $b \leqslant c$.

**情形 1** $a \geqslant b \geqslant c$. 我们只需证明

$$(2c+a)(a-c)^2 \geqslant \frac{8}{3}(a-b)(b-c)^2$$

根据 AM$-$GM 不等式,我们有

$$(a-b)(b-c)^2=4(a-b)\left(\frac{b-c}{2}\right)\left(\frac{b-c}{2}\right)$$
$$\leqslant 4\left[\frac{a-b+\frac{(b-c)}{2}+\frac{(b-c)}{2}}{3}\right]^3$$
$$=\frac{4}{27}(a-c)^3$$

因此,只需证

$$(2c+a)(a-c)^2 \geqslant \frac{32}{81}(a-c)^3 \Leftrightarrow 2c+a \geqslant \frac{32}{81}(a-c)$$

这是显然成立的.

**情形 2** $a \geqslant b, c \geqslant b$. 应用代换

$$a=b+p, \quad c=b+q, \quad p,q \geqslant 0$$

原不等式变成

$$(3b+2p)p^2+(3b+q)q^2+(3b+p+2q)(p-q)^2 \geqslant \frac{8}{3}pq^2$$

$$3\left[p^2+q^2+(p-q)^2\right]b+2p^3+q^3+(p+2q)(p-q)^2\geqslant\frac{8}{3}pq^2$$

因此,只需证

$$2p^3+q^3+(p+2q)(p-q)^2\geqslant\frac{8}{3}pq^2$$

这等价于

$$2p^3+2q^3\geqslant\frac{34}{9}pq^2$$

根据 $AM-GM$ 不等式,我们有

$$2p^3+2q^3=2p^3+q^3+q^3\geqslant3\sqrt[3]{2p^3q^6}=3\sqrt[3]{2}\,pq^2>\frac{34}{9}pq^2$$

因为

$$3\sqrt[3]{2}>\frac{34}{9}$$

等式适用于 $a=b=c$.

**问题 2.34**　如果 $a,b,c$ 是非负实数,且 $a\geqslant b\geqslant c$. 求证:

(a) $\sum a^2(a-b)(a-c)\geqslant 4a^2b^2\left(\dfrac{a-b}{a+b}\right)^2$;

(b) $\sum a^2(a-b)(a-c)\geqslant\dfrac{27b(a-b)^4}{4a}$.

(Vasile Cîrtoaje,2011)

**证明**　(a) 因为 $c^2(c-a)(c-b)\geqslant0$,所以只需证

$$a^2(a-b)(a-c)+b^2(b-a)(b-c)\geqslant 4a^2b^2\left(\frac{a-b}{a+b}\right)^2$$

因为

$$\begin{aligned}
a^2(a-b)(a-c)&=a^2(a-b)\left[(a-b)+(b-c)\right]\\
&=a^2(a-b)^2+a^2(a-b)(b-c)\\
&\geqslant\frac{4a^2b^2}{(a+b)^2}(a-b)^2+a^2(a-b)(b-c)
\end{aligned}$$

于是只需证

$$b^2(a-b)(b-c)+a^2(a-b)(b-c)\geqslant0$$

这个不等式等价于

$$(a-b)^2(a+b)(b-c)\geqslant0$$

等式适用于 $a=b=c$,或 $a=b,c=0$.

(b) 因为 $c^2(c-a)(c-b)\geqslant0$,所以只需证

$$a^2(a-b)(a-c)+b^2(c-a)(b-c)\geqslant\frac{27b(a-b)^4}{4a}$$

或者

$$a^2 (a-b)^2 + a(a-b)(b-c) + b^2(c-a)(b-c) \geqslant \frac{27b(a-b)^4}{4a}$$

因为

$$a^2(a-b)^2 - \frac{27b(a-b)^4}{4a}$$

$$= \frac{(a-b)^2(a-3b)^2(4a-3b)}{4a}$$

$$\geqslant 0$$

于是只需证

$$a^2(a-b)(b-c) + b^2(b-a)(b-c) \geqslant 0$$

这个不等式等价于

$$(a-b)^2(a+b)(b-c) \geqslant 0$$

等式适用于 $a=b=c$, 或 $\frac{a}{3}=b=c$.

**问题 2.35** 如果 $a,b,c$ 是正实数,那么

$$\frac{a}{b} + \frac{b}{c} + \frac{c}{a} \geqslant 3 + \frac{(a-c)^2}{ab+bc+ca}$$

(Vasile Cîrtoaje and Vo Quoc Ba Can, 2008)

**证明 1** 展开后,原不等式能写成

$$b^2 + \frac{bc^2}{a} + \frac{ca^2}{b} + \frac{ab^2}{c} \geqslant 2ab + 2bc$$

将如下 AM $-$ GM 不等式相加,就可以得到这个不等式

$$ab + \frac{bc^2}{a} \geqslant 2bc$$

$$b^2 + \frac{ca^2}{b} + \frac{ab^2}{c} \geqslant 3ab$$

等式适用于 $a=b=c$.

**证明 2** 从

$$(a+b+c)\left(\frac{a}{b} + \frac{b}{c} + \frac{c}{a} - 3\right)$$

$$= \sum \frac{a^2}{b} + \sum \frac{bc}{a} - 2\sum a$$

$$= \sum \left(\frac{a^2}{b} - 2a + b\right) + \sum \left(\frac{bc}{a} - b\right)$$

$$= \sum \left(\frac{a^2}{b} - 2a + b\right) + \frac{1}{2}\sum \left(\frac{ab}{c} + \frac{ac}{b} - 2a\right)$$

$$= \sum \frac{(a-b)^2}{b} + \frac{1}{2}\sum \frac{a(b-c)^2}{bc}$$

我们得到

$$(a+b+c)\left(\frac{a}{b}+\frac{b}{c}+\frac{c}{a}-3\right)$$

$$\geqslant \frac{(a-b)^2}{b}+\frac{(b-c)^2}{c}+\frac{(c-a)^2}{a}$$

根据柯西－施瓦兹不等式,我们有

$$\frac{(a-b)^2}{b}+\frac{(b-c)^2}{c}\geqslant \frac{(a-c)^2}{b+c}$$

因此

$$(a+b+c)\left(\frac{a}{b}+\frac{b}{c}+\frac{c}{a}-3\right)\geqslant \frac{(a-c)^2}{b+c}+\frac{(c-a)^2}{a}$$

这等价于

$$\frac{a}{b}+\frac{b}{c}+\frac{c}{a}-3\geqslant \frac{(a-c)^2}{a(b+c)}$$

由此结论立刻得到期望不等式.

**问题 2.36** 如果 $a,b,c$ 是正实数,那么:

(a) $\dfrac{a}{b}+\dfrac{b}{c}+\dfrac{c}{a}\geqslant 3+\dfrac{4\ (a-c)^2}{(a+b+c)^2}$;

(b) $\dfrac{a}{b}+\dfrac{b}{c}+\dfrac{c}{a}\geqslant 3+\dfrac{5\ (a-c)^2}{(a+b+c)^2}$.

(Vo Quoc Ba Can and Vasile Cîrtoaje,2009)

**证明** 如问题 2.35 的证明 2 所示,我们有

$$(a+b+c)\left(\frac{a}{b}+\frac{b}{c}+\frac{c}{a}-3\right)=\sum \frac{(a-b)^2}{b}+\frac{1}{2}\sum \frac{a\ (b-c)^2}{bc}$$

$$\frac{a}{b}+\frac{b}{c}+\frac{c}{a}-3\geqslant \frac{(a-c)^{\cdot 2}}{a(b+c)}$$

(a) 根据以上的不等式,只需证

$$\frac{(a-c)^2}{a(b+c)}\geqslant \frac{4\ (a-c)^2}{(a+b+c)^2}$$

$$\frac{1}{a(b+c)}\geqslant \frac{4}{(a+b+c)^2}$$

事实上

$$\frac{1}{a(b+c)}-\frac{4}{(a+b+c)^2}=\frac{(a-b-c)^2}{a(b+c)\ (a+b+c)^2}\geqslant 0$$

等式适用于 $a=b=c$.

(b) 根据上面的恒等式,将待证不等式写为

$$(a+b+c)\left(\frac{a}{b}+\frac{b}{c}+\frac{c}{a}-3\right)\geqslant \frac{5\ (a-c)^2}{a+b+c}$$

$$\sum \frac{(a-b)^2}{b} + \frac{1}{2}\sum \frac{a(b-c)^2}{bc} \geqslant \frac{5(a-c)^2}{a+b+c}$$

$$\frac{(a-b)^2}{b} + \frac{(b-c)^2}{c} + \frac{c(a-b)^2}{2ab} + \frac{a(b-c)^2}{2bc}$$

$$\geqslant \left(\frac{5}{a+b+c} - \frac{1}{a} - \frac{b}{2ac}\right)(a-c)^2$$

根据柯西－施瓦兹不等式,我们有

$$\frac{(a-b)^2}{b} + \frac{(b-c)^2}{c} \geqslant \frac{(a-c)^2}{b+c}$$

$$\frac{c(a-b)^2}{2ab} + \frac{a(b-c)^2}{2bc} \geqslant \frac{(a-c)^2}{\frac{2ab}{c} + \frac{2bc}{a}}$$

$$= \frac{ac(a-c)^2}{2b(a^2+c^2)}$$

因此,我们只需要证明

$$\frac{1}{b+c} + \frac{ac}{2b(a^2+c^2)} \geqslant \frac{5}{a+b+c} - \frac{1}{a} - \frac{b}{2ac}$$

这等价于

$$\frac{1}{a} + \frac{1}{b+c} + \frac{ac}{2b(a^2+c^2)} + \frac{b}{2ac} \geqslant \frac{5}{a+b+c}$$

这个不等式是成立的,因为,根据柯西－施瓦兹不等式和 AM－GM 不等式,我们有

$$\frac{1}{a} + \frac{1}{b+c} \geqslant \frac{4}{a+b+c}$$

$$\frac{ac}{2b(a^2+c^2)} + \frac{b}{2ac} \geqslant \frac{1}{\sqrt{a^2+c^2}} > \frac{1}{a+c} > \frac{1}{a+b+c}$$

等式适用于 $a=b=c$.

**问题 2.37** 如果 $a \geqslant b \geqslant c > 0$,那么

$$\frac{a}{b} + \frac{b}{c} + \frac{c}{a} \geqslant 3 + \frac{3(b-c)^2}{ab+bc+ca}$$

**证明 1** 因为

$$\frac{a}{b} + \frac{c}{a} - 1 - \frac{c}{b} = \frac{(a-b)(a-c)}{ab} \geqslant 0$$

于是只需证

$$\frac{b}{c} + \frac{c}{b} - 2 \geqslant \frac{3(b-c)^2}{ab+bc+ca}$$

此外,我们有

$$\frac{b}{c} + \frac{c}{b} - 2 - \frac{3(b-c)^2}{ab+bc+ca}$$

$$= \frac{(b-c)^2(ab+ac-2bc)}{bc(ab+bc+ca)}$$

等式适用于 $a=b=c$.

**证明 2** 因为

$$ab + bc + ca \geqslant 3bc$$

于是只需证

$$\frac{a}{b} + \frac{b}{c} + \frac{c}{a} \geqslant 3 + \frac{(b-c)^2}{bc}$$

这等价于

$$\frac{a}{b} + \frac{c}{a} \geqslant 1 + \frac{c}{b}$$

$$\frac{(a-b)(a-c)}{ab} \geqslant 0$$

**问题 2.38** 设 $a,b,c$ 是正实数,且满足 $abc=1$. 求证:

(a) 如果 $a \geqslant b \geqslant 1 \geqslant c$,那么

$$\frac{a}{b} + \frac{b}{c} + \frac{c}{a} \geqslant 3 + \frac{2(a-b)^2}{ab}$$

(b) 如果 $a \geqslant 1 \geqslant b \geqslant c$,那么

$$\frac{a}{b} + \frac{b}{c} + \frac{c}{a} \geqslant 3 + \frac{2(b-c)^2}{bc}$$

(Vasile Cîrtoaje,2010)

**证明** 将原不等式改写为

$$f(c) \geqslant \frac{a}{b} + 2\frac{b}{a} - 1$$

其中

$$f(c) = \frac{b}{c} + \frac{c}{a}$$

从 $b^3 \geqslant 1 = abc$,我们发现

$$b^2 \geqslant ac$$

我们将证明

$$f(c) \geqslant f\left(\frac{b^2}{a}\right) \geqslant \frac{a}{b} + \frac{2b}{a} - 1$$

左边不等式等价于

$$\frac{b}{c} + \frac{c}{a} \geqslant \frac{a}{b} + \frac{b^2}{a^2}$$

$$\frac{b^2 - ac}{bc} \geqslant \frac{b^2 - ac}{a^2} \geqslant 0$$

$$(a^2 - bc)(b^2 - ac) \geqslant 0$$

345

右边不等式化简后得

$$\left(\frac{b}{a}-1\right)^2 \geqslant 0$$

等式适用于 $a=b=c=1$.

(b) 将原不等式改写为

$$f(a) \geqslant \frac{b}{c} + 2\,\frac{c}{b} - 1$$

其中

$$f(a) = \frac{a}{b} + \frac{c}{a}$$

从 $b^3 \leqslant 1 = abc$,我们发现

$$b^2 \leqslant ac$$

我们将证明

$$f(a) \geqslant f\left(\frac{b^2}{c}\right) \geqslant \frac{b}{c} + 2\,\frac{c}{b} - 1$$

左边不等式等价于

$$\frac{a}{b} + \frac{c}{a} \geqslant \frac{b}{c} + \frac{c^2}{b^2}$$

$$\frac{ac-b^2}{bc} \geqslant \frac{c\,(ac-b^2)}{ab^2} \geqslant 0$$

$$(ab-c^2)\,(ac-b^2) \geqslant 0$$

右边不等式化简后得

$$\left(\frac{c}{b}-1\right)^2 \geqslant 0$$

等式适用于 $a=b=c=1$.

**问题 2.39** 如果 $a,b,c$ 是正实数,且满足

$$a \geqslant 1 \geqslant b \geqslant c, \ abc = 1$$

求证

$$\frac{a}{b} + \frac{b}{c} + \frac{c}{a} \geqslant 3 + \frac{9\,(b-c)^2}{ab+bc+ca}$$

(Vasile Cîrtoaje,2010)

**证明** 从 $b^3 \leqslant 1 = abc$,我们发现 $b^2 \leqslant ac$. 我们将证明

$$\frac{a}{b} + \frac{b}{c} + \frac{c}{a} \geqslant \frac{2b}{c} + \frac{c^2}{b^2} \geqslant 3 + \frac{9\,(b-c)^2}{ab+bc+ca}$$

左边不等式等价于

$$\frac{a}{b} + \frac{c}{a} \geqslant \frac{b}{c} + \frac{c^2}{b^2}$$

$$\frac{a}{b} - \frac{b}{c} + \left(\frac{c}{a} - \frac{c^2}{b^2}\right) \geqslant 0$$

$$\frac{ac - b^2}{bc} + \frac{c(b^2 - ac)}{ab^2} \geqslant 0$$

$$\frac{(ac - b^2)(ab - c^2)}{ab^2 c} \geqslant 0$$

右边不等式等价于

$$\frac{2b}{c} + \frac{c^2}{b^2} \geqslant 3 + \frac{9(b-c)^2}{ab + bc + ca}$$

$$\frac{(b-c)^2(2b+c)}{b^2 c} \geqslant \frac{9(b-c)^2}{ab + bc + ca}$$

我们需要证明

$$\frac{2b+c}{b^2 c} \geqslant \frac{9}{ab + bc + ca}$$

这是成立的，如果

$$\frac{2(b-c)^2}{b^2 c(b+2c)} \geqslant 0$$

等式适用于 $a = b = c = 1$。

**问题 2.40** 如果 $a, b, c$ 是正实数，且满足

$$a \geqslant 1 \geqslant b \geqslant c, \quad a + b + c = 3$$

求证

$$\frac{a}{b} + \frac{b}{c} + \frac{c}{a} \geqslant 3 + \frac{4(b-c)^2}{b^2 + c^2}$$

（Vasile Cîrtoaje，2010）

**证明** 从 $3b \leqslant 3 = a + b + c$，我们发现

$$2b \leqslant a + c, \quad a \geqslant 2b - c$$

我们将证明

$$\frac{a}{b} + \frac{b}{c} + \frac{c}{a} \geqslant \frac{2b-c}{b} + \frac{b}{c} + \frac{c}{2b-c} \geqslant 3 + \frac{4(b-c)^2}{b^2 + c^2}$$

左边不等式等价于

$$\frac{a}{b} + \frac{c}{a} \geqslant \frac{2b-c}{b} + \frac{c}{2b-c}$$

$$\frac{a + c - 2b}{b} - \frac{c(a + c - 2b)}{a(2b-c)} \geqslant 0$$

$$\frac{(a + c - 2b)[a(b-c) + b(a-c)]}{ab(2b-c)} \geqslant 0$$

右边不等式等价于

$$\frac{(b-c)^2(2b+c)}{bc(2b-c)} \geqslant \frac{4(b-c)^2}{b^2 + c^2}$$

我们只需证

$$\frac{2b+c}{bc\,(2b-c)} \geqslant \frac{4}{b^2+c^2}$$

这等价于

$$2b^3 - 7b^2c + 6bc^2 + c^3 \geqslant 0$$
$$2b\,(b-2c)^2 + (b-c)^2 c \geqslant 0$$

等式适用于 $a=b=c=1$.

**问题 2.41** 如果 $a,b,c$ 是正实数,且满足

$$a \geqslant b \geqslant 1 \geqslant c, \quad a+b+c=3$$

求证

$$\frac{a}{b} + \frac{b}{c} + \frac{c}{a} \geqslant 3 + \frac{3\,(a-b)^2}{ab}$$

(Vasile Cîrtoaje,2008)

**证明** 从 $3b \geqslant 3 = a+b+c$,我们得到

$$2b \geqslant a+c, \quad c \leqslant 2b-a$$

我们将证明

$$\frac{a}{b} + \frac{b}{c} + \frac{c}{a} \geqslant \frac{a}{b} + \frac{b}{2b-a} + \frac{2b-a}{a} \geqslant 3 + \frac{3\,(a-b)^2}{ab}$$

左边不等式等价于

$$\frac{b}{c} + \frac{c}{a} \geqslant \frac{b}{2b-a} + \frac{2b-a}{a}$$

$$(2b-a-c)\,[b(a-c) + c(a-b)] \geqslant 0$$

右边不等式等价于

$$\frac{a}{b} + \frac{b}{2b-a} + \frac{2b-a}{a} - 3 \geqslant \frac{3\,(a-b)^2}{ab}$$

$$\frac{(a-b)^2\,(4b-a)}{ab\,(2b-a)} \geqslant \frac{3\,(a-b)^2}{ab}$$

$$\frac{2\,(a-b)^2}{ab\,(2b-a)} \geqslant 0$$

等式适用于 $a=b=c=1$.

**问题 2.42** 如果 $a,b,c$ 是正实数,那么

$$\frac{a}{b} + \frac{b}{c} + \frac{c}{a} \geqslant 3 + \frac{2\,(a-c)^2}{(a+c)^2}$$

**证明** 因为

$$\frac{a}{b} + \frac{b}{c} \geqslant 2\sqrt{\frac{a}{c}}$$

于是只需证

$$2\sqrt{\frac{a}{c}}+\frac{c}{a}\geqslant 3+\frac{2(a-c)^2}{(a+c)^2}$$

利用代换 $x=\sqrt{\frac{a}{c}}$，这个不等式就变成

$$\frac{1}{x^2}+2x\geqslant 3+\frac{2(1-x^2)^2}{(1+x^2)^2}$$

$$\frac{(1-x)^2(1+2x)}{x^2}\geqslant\frac{2(1-x^2)^2}{(1+x^2)^2}$$

我们只需证

$$\frac{1+2x}{x^2}\geqslant\frac{2(1+x)^2}{(1+x^2)^2}$$

这等价于

$$2x^5-3x^4+2x+1\geqslant 0$$

当 $0<x\leqslant 1$ 时，我们有

$$2x^5-3x^4+2x+1>-3x^4+2x+1\geqslant -3x+2x+1\geqslant 0$$

当 $x\geqslant 1$ 时，我们有

$$2x^5-3x^4+2x+1>2x^5-3x^4+2x-1=(x-1)^2(2x^3+x^2-1)\geqslant 0$$

等式适用于 $a=b=c$.

**问题 2.43** 如果 $a,b,c$ 是正实数，那么

$$\frac{a^2}{b}+\frac{b^2}{c}+\frac{c^2}{a}\geqslant a+b+c+\frac{4(a-c)^2}{a+b+c}$$

(Balkan MO,2005,2008)

**证明** 将原不等式改写为

$$\left(\frac{a^2}{b}+b-2a\right)+\left(\frac{b^2}{c}+c-2b\right)+\left(\frac{c^2}{a}+a-2c\right)\geqslant\frac{4(a-c)^2}{a+b+c}$$

$$\frac{(a-b)^2}{b}+\frac{(b-c)^2}{c}+\frac{(a-c)^2}{a}\geqslant\frac{4(a-c)^2}{a+b+c}$$

根据柯西－施瓦兹不等式，我们有

$$\frac{(a-b)^2}{b}+\frac{(b-c)^2}{c}+\frac{(a-c)^2}{a}$$
$$\geqslant\frac{[(a-b)+(b-c)+(a-c)]^2}{a+b+c}$$
$$=\frac{4(a-c)^2}{a+b+c}$$

等式适用于 $a=b=c$，也适用于 $a=b+c,\frac{b}{c}=\frac{1+\sqrt{5}}{2}$.

**问题 2.44** 如果 $a \geqslant b \geqslant c > 0$,那么

$$\frac{a^2}{b} + \frac{b^2}{c} + \frac{c^2}{a} \geqslant a + b + c + \frac{6(b-c)^2}{a+b+c}$$

(Vasile Cîrtoaje,2014)

**证明** 将原不等式改写为

$$\left(\frac{a^2}{b} + b - 2a\right) + \left(\frac{b^2}{c} + c - 2b\right) + \left(\frac{c^2}{a} + a - 2c\right) \geqslant \frac{6(b-c)^2}{a+b+c}$$

$$\frac{(a-b)^2}{b} + \frac{(b-c)^2}{c} + \frac{(a-c)^2}{a} \geqslant \frac{6(b-c)^2}{a+b+c}$$

$$\frac{(a-b)^2}{b} + \frac{(a-c)^2}{a} + \frac{(a+b-5c)(b-c)^2}{c(a+b+c)} \geqslant 0$$

因为

$$(a-c)^2 = (a-b)^2 + 2(a-b)(b-c) + (b-c)^2$$

我们有

$$\frac{(a-b)^2}{b} + \frac{(a-c)^2}{a} \geqslant \frac{(a-c)^2}{a}$$

$$\geqslant \frac{2(a-b)(b-c) + (b-c)^2}{a}$$

因此,只需证

$$\frac{2(a-b)(b-c) + (b-c)^2}{a} + \frac{(a+b-5c)(b-c)^2}{c(a+b+c)} \geqslant 0$$

这等价于

$$\frac{2(a-b)(b-c)}{a} + \frac{(a-c)^2 + ab + bc - 2ca}{ac(a+b+c)}(b-c)^2 \geqslant 0$$

因为

$$(a-c)^2 + ab + bc - 2ca = (a-c)^2 + a(b-c) + c(b-a)$$

$$\geqslant c(b-a)$$

于是只需证

$$\left[\frac{2(a-b)(b-c)}{a} - \frac{a-b}{a(a+b+c)}\right](b-c)^2 \geqslant 0$$

事实上

$$\frac{2(a-b)(b-c)}{a} - \frac{a-b}{a(a+b+c)}(b-c)^2$$

$$= \frac{(a-b)(b-c)}{a}\left(2 - \frac{b-c}{a+b+c}\right)$$

$$\geqslant 0$$

等式适用于 $a = b = c$.

**问题 2.45** 如果 $a \geqslant b \geqslant c > 0$,那么

$$\frac{a^2}{b} + \frac{b^2}{c} + \frac{c^2}{a} > 5(a-b)$$

（Vasile Cîrtoaje, 2014）

**证明** 分两种情形讨论：$a \leqslant 2b$ 和 $a \geqslant 2b$.

**情形 1** $a \leqslant 2b$. 只需证明

$$\frac{a^2}{b} + \frac{b^2}{b} \geqslant 5(a-b)$$

这等价于

$$(2b-a)(3b-a) \geqslant 0$$

**情形 2** $a \geqslant 2b$. 因为

$$\frac{b^2}{c} + \frac{c^2}{a} - b - \frac{b^2}{a}$$

$$= (b-c)\left(\frac{b}{c} - \frac{b+c}{a}\right)$$

$$\geqslant (b-c)\left(\frac{b}{c} - \frac{b+c}{2b}\right)$$

$$= \frac{(b-c)^2(2b+c)}{2bc}$$

$$\geqslant 0$$

于是只需证

$$\frac{a^2}{b} + b + \frac{b^2}{a} \geqslant 5(a-b)$$

这等价于

$$x^3 - 5x^2 + 6x + 1 > 0$$
$$x(x-2)(3-x) < 1$$

其中 $x = \frac{a}{b} \geqslant 2$，对于非平凡情况 $2 \leqslant x \leqslant 3$，我们有

$$x(x-2)(3-x) \leqslant x\left(\frac{x-2+3-x}{2}\right)^2 = \frac{x}{4} < 1$$

**问题 2.46** 设 $a,b,c$ 是正实数，且满足

$$a \geqslant b \geqslant 1 \geqslant c, \quad a+b+c = 3$$

求证

$$\frac{a^2}{b} + \frac{b^2}{c} + \frac{c^2}{a} \geqslant 3 + \frac{11(a-c)^2}{4(a+c)}$$

（Vasile Cîrtoaje, 2010）

**证明** 我们有

$$a+b+c = 3 \leqslant 3b, \quad 2b \geqslant a+c$$

我们需要证明齐次不等式

351

$$\frac{a^2}{b} + \frac{b^2}{c} + \frac{c^2}{a} \geqslant a + b + c + \frac{11(a-c)^2}{4(a+c)}$$

其中

$$a \geqslant b \geqslant \frac{a+c}{2}$$

记

$$f(a,b,c) = \frac{a^2}{b} + \frac{b^2}{c} + \frac{c^2}{a} - a - b - c$$

我们将证明

$$f(a,b,c) \geqslant f\left(a, \frac{a+c}{2}, c\right) \geqslant \frac{11(a-c)^2}{4(a+c)}$$

左边不等式可写为

$$\left(\frac{a^2}{b} - \frac{2a^2}{a+c}\right) + \left[\frac{b^2}{c} - \frac{(a+c)^2}{4c}\right] - \left(b - \frac{a+c}{2}\right) \geqslant 0$$

$$(2b - a - c)\left[-\frac{a^2}{b(a+c)} + \frac{2b+a+c}{4c} - \frac{1}{2}\right] \geqslant 0$$

因为 $2b - a - c \geqslant 0$,我们只需证明

$$\frac{2b+a+c}{4c} \geqslant \frac{a^2}{b(a+c)} + \frac{1}{2}$$

我们只需证明当 $b = \frac{a+c}{2}$ 时,这个不等式成立即可. 由此,不等式变成

$$\frac{a(a-c)^2}{2c(a+c)^2} \geqslant 0$$

为了证明右边不等式,我们发现

$$f\left(a, \frac{a+c}{2}, c\right) = \frac{(a-c)^2(a^2 + 7ac + 4c^2)}{4ac(a+c)}$$

因此

$$f\left(a, \frac{a+c}{2}, c\right) - \frac{11(a-c)^2}{4(a+c)}$$

$$= \frac{(a-c)^2(a-2c)^2}{4ac(a+c)}$$

$$\geqslant 0$$

等式适用于 $a = b = c = 1$,也适用于 $\frac{a}{4} = \frac{b}{3} = \frac{c}{2}$(也就是 $a = \frac{4}{3}, b = 1, c = \frac{2}{3}$).

**问题 2.47**　如果 $a,b,c$ 是正实数,那么

$$\frac{a}{b+c} + \frac{b}{c+a} + \frac{c}{a+b} \geqslant \frac{3}{2} + \frac{27(b-c)^2}{16(a+b+c)^2}$$

(Vasile Cîrtoaje, 2014)

**证明**　将原不等式改写为

$$\sum \left( \frac{a}{b+c} + 1 \right) \geqslant \frac{9}{2} + \frac{27 (b-c)^2}{16 (a+b+c)^2}$$

$$\sum (b+c) \sum \frac{1}{b+c} \geqslant 9 + \frac{27 (b-c)^2}{2 \left[ \sum (b+c) \right]^2}$$

应用 $(a,b,c) \rightarrow (b+c,c+a,a+b)$,我们只需证

$$(a+b+c) \left( \frac{1}{a} + \frac{1}{b} + \frac{1}{c} \right) \geqslant 9 + \frac{27 (b-c)^2}{2 (a+b+c)^2}$$

其中 $a,b,c$ 是一个非退化三角形的三边长.把这个不等式写成这种形式

$$\frac{a+b+c}{a} + (a+b+c) \left( \frac{1}{b} + \frac{1}{c} \right) + \frac{54bc}{(a+b+c)^2}$$

$$\geqslant 9 + \frac{27 (b+c)^2}{2 (a+b+c)^2}$$

根据 $AM-GM$ 不等式,我们有

$$(a+b+c) \left( \frac{1}{b} + \frac{1}{c} \right) + \frac{54bc}{(a+b+c)^2} \geqslant 6 \sqrt{\frac{6(b+c)}{a+b+c}}$$

因此,只需证

$$\frac{a+b+c}{a} + 6 \sqrt{\frac{6(b+c)}{a+b+c}} \geqslant 9 + \frac{27 (b+c)^2}{2 (a+b+c)^2}$$

$$\frac{1}{1 - \frac{b+c}{a+b+c}} + 6 \sqrt{\frac{6(b+c)}{a+b+c}} \geqslant 9 + \frac{27 (b+c)^2}{2 (a+b+c)^2}$$

应用代换

$$\frac{b+c}{a+b+c} = \frac{2}{3} t^2, \quad t^2 > \frac{3}{4}$$

这个不等式可变成

$$\frac{1}{3 - 2t^2} + 4t \geqslant 3 + 2t^4$$

$$2t^6 - 3t^4 - 4t^3 + 3t^2 + 6t - 4 \geqslant 0$$

$$(t-1)^2 (2t^4 + 4t^3 + 3t^2 + 2t - 4) \geqslant 0$$

$$(t-1)^2 \left[ (4t^2 - 3) (t^2 + 2t + 2) + t^2 + 2t - 2 \right] \geqslant 0$$

显然,当 $t^2 > \frac{3}{4}$ 时,最后一个不等式是成立的.等式适用于 $a=b=c$.

**问题 2.48** 设 $a,b,c$ 是正实数,且 $a = \min\{a,b,c\}$.求证

$$\frac{a}{b+c} + \frac{b}{c+a} + \frac{c}{a+b} \geqslant \frac{3}{2} + \frac{9 (b-c)^2}{4 (a+b+c)^2}$$

(Vasile Cîrtoaje, 2014)

**证明** 将原不等式改写为

353

$$\sum \left(\frac{a}{b+c}+1\right) \geqslant \frac{9}{2}+\frac{9\,(b-c)^2}{4\,(a+b+c)^2}$$

$$\sum (b+c) \sum \frac{1}{b+c} \geqslant 9+\frac{18\,(b-c)^2}{[(a+b)+(b+c)+(c+a)]^2}$$

应用 $(a,b,c) \rightarrow (b+c,c+a,a+b)$,我们只需证

$$(a+b+c)\left(\frac{1}{a}+\frac{1}{b}+\frac{1}{c}\right) \geqslant 9+\frac{18\,(b-c)^2}{(a+b+c)^2}$$

其中 $a,b,c$ 是一个非退化三角形的三边长,$a=\max\{a,b,c\}$. 因为

$$(a+b+c)^2 \geqslant \frac{9}{4}\,(b+c)^2 \geqslant 9bc$$

因此,只需证

$$(a+b+c)\left(\frac{1}{a}+\frac{1}{b}+\frac{1}{c}\right) \geqslant 9+\frac{2\,(b-c)^2}{bc}$$

把这个不等式写成这种形式

$$\frac{(a-b)^2}{ab}+\frac{(b-c)^2}{bc}+\frac{(c-a)^2}{ca} \geqslant \frac{2\,(b-c)^2}{bc}$$

$$c\,(a-b)^2+b\,(c-a)^2 \geqslant a\,(b-c)^2$$

$$(b+c)a^2-(b+c)^2a+bc\,(b+c) \geqslant 0$$

$$(b+c)\,(a-b)\,(a-c) \geqslant 0$$

显然,最后一个不等式是成立的. 原不等式当 $a=b=c$ 时是一个等式.

**问题 2.49** 设 $a,b,c$ 是正实数,且无两个同时为 0. 求证

$$\frac{a}{b+c}+\frac{b}{c+a}+\frac{c}{a+b} \geqslant \frac{3}{2}+\frac{(b-c)^2}{2\,(b+c)^2}$$

(Vasile Cîrtoaje,2014)

**证明 1** 原不等式可改写为

$$\frac{2bc}{(b+c)^2}+\frac{a}{b+c}+\frac{b}{c+a}+\frac{c}{a+b} \geqslant 2$$

$$\frac{2bc+a(b+c)}{(b+c)^2}+\frac{b}{c+a}+\frac{c}{a+b} \geqslant 2$$

根据柯西 — 施瓦兹不等式,我们有

$$\frac{b}{c+a}+\frac{c}{a+b} \geqslant \frac{(b+c)^2}{b(c+a)+c(a+b)}$$

$$=\frac{(b+c)^2}{a(b+c)+2bc}$$

于是只需证

$$\frac{(b+c)^2}{a(b+c)+2bc}+\frac{2bc+a(b+c)}{(b+c)^2} \geqslant 2$$

这是很明显的. 当 $a=b=c$,或 $a=b,c=0$,或 $a=c,b=0$ 时最初的不等式是一

个等式.

**证明 2**  将原不等式改写为

$$\sum\left(\frac{a}{b+c}+1\right)\geqslant\frac{9}{2}+\frac{(b-c)^2}{2\,(b+c)^2}$$

$$\sum(b+c)\sum\frac{1}{b+c}\geqslant 9+\frac{(b-c)^2}{(b+c)^2}$$

应用 $(a,b,c)\to(b+c,c+a,a+b)$，我们只需证

$$(a+b+c)\left(\frac{1}{a}+\frac{1}{b}+\frac{1}{c}\right)\geqslant 9+\frac{(b-c)^2}{a^2}$$

其中 $a,b,c$ 是同一三角形的三边长.把这个不等式写成这种形式

$$\frac{(a-b)^2}{ab}+\frac{(b-c)^2}{bc}+\frac{(c-a)^2}{ca}\geqslant\frac{(b-c)^2}{a^2}$$

$$a\left[c\,(a-b)^2+b\,(c-a)^2\right]\geqslant(bc-a^2)\,(b-c)^2$$

不失一般性，假设 $b\geqslant c$.因为 $a\geqslant b-c$，于是只需证

$$c\,(a-b)^2+b\,(c-a)^2\geqslant(bc-a^2)\,(b-c)$$

事实上，我们有

$$c\,(a-b)^2+b\,(c-a)^2-(bc-a^2)\,(b-c)=2b\,(a-c)^2\geqslant 0$$

**问题 2.50**  设 $a,b,c$ 是正实数，且 $a=\min\{a,b,c\}$.求证

$$\frac{a}{b+c}+\frac{b}{c+a}+\frac{c}{a+b}\geqslant\frac{3}{2}+\frac{(b-c)^2}{4bc}$$

（Vasile Cîrtoaje，2014）

**证明 1**（Nguyen Van Quy）  注意到 $a=\min\{a,b,c\}$，我们有

$$4bc=(2b)\,(2c)\geqslant(a+b)\,(a+c)\geqslant 2a(b+c)$$

因此

$$\frac{a}{b+c}=\frac{2a^2}{2a(b+c)}\geqslant\frac{2a^2}{(a+b)\,(a+c)}$$

$$\frac{(b-c)^2}{4bc}\leqslant\frac{(b-c)^2}{(a+b)\,(a+c)}$$

因此，只需证

$$\frac{2a^2}{(a+b)\,(a+c)}+\frac{b}{c+a}+\frac{c}{a+b}\geqslant\frac{3}{2}+\frac{(b-c)^2}{(a+b)\,(a+c)}$$

这等价于

$$(a-b)\,(a-c)\geqslant 0$$

这就完成了证明.当 $a=b=c$ 时最初的不等式是一个等式.

**证明 2**  记

$$E(a,b,c)=\frac{a}{b+c}+\frac{b}{c+a}+\frac{c}{a+b}$$

由于原不等式关于 $b,c$ 是对称的,可设 $b\leqslant c$,因此 $a\leqslant b\leqslant c$,我们将证明

$$E(a,b,c)\geqslant E(b,b,c)\geqslant \frac{3}{2}+\frac{(b-c)^2}{4bc}$$

我们有

$$E(a,b,c)-E(b,b,c)=\frac{a-b}{b+c}+\frac{b(b-a)}{(a+c)(b+c)}+\frac{c(b-a)}{2b(a+b)}$$

$$=(b-a)\left[\frac{(b-a)-c}{(a+c)(b+c)}+\frac{c}{2b(a+b)}\right]$$

$$=\frac{(b-a)\left[2b(b^2-a^2)+c(c-b)(a+2b+c)\right]}{2b(a+b)(b+c)(c+a)}$$

$$\geqslant 0$$

$$E(b,b,c)-\frac{3}{2}-\frac{(b-c)^2}{4bc}=\left(\frac{2b}{b+c}+\frac{c}{2b}-\frac{3}{2}\right)-\frac{(b-c)^2}{4bc}$$

$$=\frac{(b-c)^2}{2b(b+c)}-\frac{(b-c)^2}{4bc}$$

$$=\frac{(c-b)^3}{4bc(b+c)}$$

$$\geqslant 0$$

**问题 2.51** 设 $a,b,c$ 是正实数,且满足

$$a\leqslant 1\leqslant b\leqslant c,\quad a+b+c=3$$

那么

$$\frac{a}{b+c}+\frac{b}{c+a}+\frac{c}{a+b}\geqslant \frac{3}{2}+\frac{3(b-c)^2}{4bc}$$

(Vasile Cîrtoaje,2014)

**证明** 从 $3b\geqslant 3=a+b+c$,我们得到

$$a\leqslant 2b-c,\quad 2b>c$$

设

$$E(a,b,c)=\frac{a}{b+c}+\frac{b}{c+a}+\frac{c}{a+b}$$

我们将证明

$$E(a,b,c)\geqslant E(2b-c,b,c)\geqslant \frac{3}{2}+\frac{3(b-c)^2}{4bc}$$

我们有

$$E(a,b,c)-E(2b-c,b,c)=(2b-a-c)F$$

其中

$$F=-\frac{1}{b+c}+\frac{1}{2(c+a)}+\frac{c}{(a+b)(3b-c)}$$

$$=-\frac{(b-c)^3(3b+c)}{4bc(b+c)(3b-c)}$$

$$\geqslant 0$$

因为 $2b - a - c \geqslant 0$,我们只需要证明 $F \geqslant 0$,这是成立的,因为

$$F = \frac{1}{2}\left(-\frac{1}{b+c} + \frac{1}{c+a}\right) - \frac{1}{2(b+c)} + \frac{c}{(a+b)(3b-c)}$$

$$\geqslant -\frac{1}{2(b+c)} + \frac{c}{(a+b)(3b-c)}$$

$$\geqslant -\frac{1}{2(a+b)} + \frac{c}{(a+b)(3b-c)}$$

$$= \frac{3(c-b)}{2(a+b)(3b-c)}$$

$$\geqslant 0$$

由右边不等式,我们有

$$E(2b-c,b,c) - \frac{3}{2} + \frac{3(b-c)^2}{4bc}$$

$$= 3(b-c)^2\left[\frac{1}{(b+c)(3b-c)} - \frac{1}{4bc}\right]$$

$$= -\frac{3(b-c)^3(3b+c)}{4bc(b+c)(3b-c)}$$

$$\geqslant 0$$

证明完成. 当 $a = b = c = 1$ 时,最初的不等式为一个等式.

**问题 2.52**　设 $a,b,c$ 是非负实数,且满足

$$a \geqslant 1 \geqslant b \geqslant c, \quad a+b+c = 3$$

那么

$$\frac{a}{b+c} + \frac{b}{c+a} + \frac{c}{a+b} \geqslant \frac{3}{2} + \frac{(b-c)^2}{(b+c)^2}$$

$$(\text{Vasile Cîrtoaje}, 2014)$$

**证明**　从 $3b \leqslant 3 = a+b+c$,我们得到

$$a \geqslant 2b - c$$

设

$$E(a,b,c) = \frac{a}{b+c} + \frac{b}{c+a} + \frac{c}{a+b}$$

我们将证明

$$E(a,b,c) \geqslant E(2b-c,b,c) \geqslant \frac{3}{2} + \frac{(b-c)^2}{(b+c)^2}$$

我们有

$$E(a,b,c) - E(2b-c,b,c) = (a-2b+c)F$$

其中

$$F = \frac{1}{b+c} - \frac{1}{2(c+a)} - \frac{c}{(a+b)(3b-c)}$$

因为 $a - 2b + c \geqslant 0$，我们只需要证明 $F \geqslant 0$，这是成立的，因为

$$F = \frac{1}{2}\left(\frac{1}{b+c} - \frac{1}{c+a}\right) + \frac{1}{2(b+c)} - \frac{c}{(a+b)(3b-c)}$$

$$\geqslant \frac{1}{2(b+c)} - \frac{c}{(a+b)(3b-c)}$$

$$\geqslant \frac{1}{2(a+b)} - \frac{c}{(a+b)(3b-c)}$$

$$= \frac{3(b-c)}{2(a+b)(3b-c)}$$

$$\geqslant 0$$

右边不等式也是成立的，因为

$$E(2b-c,b,c) - \frac{3}{2} - \frac{(b-c)^2}{(b+c)^2}$$

$$= \frac{(b-c)^2}{b+c}\left[\frac{3}{3b-c} - \frac{1}{b+c}\right]$$

$$= \frac{4c(b-c)^2}{(b+c)^2(3b-c)}$$

$$\geqslant 0$$

证明完成. 当 $a = b = c = 1$，或 $a = 2, b = 1, c = 0$ 时，最初的不等式为一个等式.

**问题 2.53** 设 $a, b, c$ 是正实数，且 $a = \min\{a, b, c\}$. 求证：

(a) $\dfrac{ab+bc+ca}{a^2+b^2+c^2} + \dfrac{2(b-c)^2}{3(b^2+c^2)} \leqslant 1$；

(b) $\dfrac{ab+bc+ca}{a^2+b^2+c^2} + \dfrac{(b-c)^2}{b^2+bc+c^2} \leqslant 1$；

(c) $\dfrac{ab+bc+ca}{a^2+b^2+c^2} + \dfrac{(a-b)^2}{2(a^2+b^2)} \leqslant 1$.

(Vasile Cîrtoaje，2014)

**证明** (a) **方法 1** 因为

$$3(b^2+c^2) \geqslant 2(a^2+b^2+c^2)$$

因此，只需证

$$\frac{ab+bc+ca}{a^2+b^2+c^2} + \frac{(b-c)^2}{a^2+b^2+c^2} \leqslant 1$$

这等价于

$$(a-b)(a-c) \geqslant 0$$

这是真的. 等式适用于 $a = b = c$.

**方法 2** 将原不等式改写为

$$\frac{4(b-c)^2}{3(b^2+c^2)} \leqslant \frac{(b-c)^2+(a-b)^2+(a-c)^2}{a^2+b^2+c^2}$$

$$3(b^2+c^2)\left[(a-b)^2+(a-c)^2\right] \geqslant (b-c)^2(4a^2+b^2+c^2)$$

$$3(b^2+c^2)\left[(b-c)^2+2(a-b)(a-c)\right] \geqslant (b-c)^2(4a^2+b^2+c^2)$$

$$6(b^2+c^2)(a-b)(a-c)+2(b-c)^2(b^2+c^2-2a^2) \geqslant 0$$

最后一个不等式是真的,因为 $(a-b)(a-c) \geqslant 0$ 和 $b^2+c^2-2a^2 \geqslant 0$.

(b) 不失一般性,假设 $a \leqslant b \leqslant c$. 将原不等式改写为

$$\frac{ab+bc+ca}{a^2+b^2+c^2} \leqslant \frac{3bc}{b^2+bc+c^2}$$

也就是

$$E(a,b,c) \geqslant 0$$

其中

$$E(a,b,c)=3bca^2-(b+c)(b^2+bc+c^2)a+bc(2b^2+2c^2-bc)$$

我们将证明

$$E(a,b,c) \geqslant E(b,b,c) \geqslant 0$$

我们有

$$E(a,b,c)-E(b,b,c)=3bc(a^2-b^2)-(b+c)(b^2+c^2+bc)(a-b)$$
$$=(b-a)\left[(b+c)(b^2+c^2+bc)-3bc(a+b)\right]$$
$$\geqslant (b-a)\left[(b+c)(b^2+c^2+bc)-3bc(b+c)\right]$$
$$=(b-a)(b+c)(b-c)^2$$
$$\geqslant 0$$

同样,$E(b,b,c)=b(c-b)^3 \geqslant 0$. 等式适用于 $a=b=c$,也适用于 $a=b=0$,或 $a=c=0$.

(c) 将原不等式改写为

$$\frac{ab+(a+b)c}{a^2+b^2+c^2} \leqslant \frac{(a+b)^2}{2(a^2+b^2)}$$

$$(a+b)^2c^2-2(a+b)(a^2+b^2)c+(a^2+b^2)^2 \geqslant 0$$

$$\left[(a+b)c-(a^2+b^2)\right]^2 \geqslant 0$$

等式适用于 $c=\dfrac{a^2+b^2}{a+b}$.

**问题 2.54** 设 $a,b,c$ 是正实数,且满足

$$a \leqslant 1 \leqslant b \leqslant c, \quad a+b+c=3$$

那么

$$\frac{ab+bc+ca}{a^2+b^2+c^2}+\frac{(b-c)^2}{bc} \leqslant 1$$

(Vasile Cîrtoaje,2014)

**证明** 从 $3b \geqslant 3 = a+b+c$,我们得到

$$a \leqslant 2b-c$$

将原不等式改写为

$$\frac{(b-c)^2}{bc} \leqslant \frac{(b-c)^2+(a-b)^2+(a-c)^2}{a^2+b^2+c^2}$$

$$(b-a)^2+(c-a)^2 \geqslant \left(\frac{2a^2+2b^2+2c^2}{bc}-1\right)(c-b)^2$$

$$(c-b)^2+2(b-a)(c-a) \geqslant \left(\frac{2a^2+2b^2+2c^2}{bc}-1\right)(c-b)^2$$

$$(b-a)(c-a) \geqslant \left(\frac{a^2+b^2+c^2}{bc}-1\right)(c-b)^2$$

因为

$$b-a \geqslant b-(2b-c) = c-b \geqslant 0, \quad c-a \geqslant c-(2b-c) = 2(c-b) \geqslant 0$$

于是只需证

$$2 \geqslant \frac{a^2+b^2+c^2}{bc}-1$$

这等价于

$$3bc \geqslant a^2+b^2+c^2$$

这是成立的,如果

$$3bc \geqslant (2b-c)^2+b^2+c^2$$

化简得

$$7bc \geqslant 5b^2+2c^2$$

$$(c-b)(5b-2c) \geqslant 0$$

因此,我们只需证明 $5b-2c \geqslant 0$,事实上,我们有

$$5b-2c > 2(2b-c) \geqslant 2a > 0$$

等式适用于 $a=b=c=1$.

**问题 2.55** 设 $a,b,c$ 是正实数,且 $a = \max\{a,b,c\}$,$b+c > 0$.求证:

(a) $\dfrac{ab+bc+ca}{a^2+b^2+c^2} + \dfrac{(b-c)^2}{2(ab+bc+ca)} \leqslant 1$;

(b) $\dfrac{ab+bc+ca}{a^2+b^2+c^2} + \dfrac{2(b-c)^2}{(a+b+c)^2} \leqslant 1$.

(Vasile Cîrtoaje, 2014)

**证明** 因待证不等式关于 $b,c$ 都是对称的,可设 $b \geqslant c$,因此 $a \geqslant b \geqslant c$.

(a) 原不等式可写为

$$\frac{(b-c)^2}{ab+bc+ca} \leqslant \frac{(a-b)^2+(b-c)^2+(a-c)^2}{a^2+b^2+c^2}$$

$$(ab+bc+ca)[(a-b)^2+(a-c)^2]$$

$$\geqslant (b-c)^2(a^2+b^2+c^2-ab-bc-ca)$$

因为

$$ab+bc+ca\geqslant ab\geqslant b^2\geqslant (b-c)^2$$

于是只需证

$$(a-b)^2+(a-c)^2\geqslant a^2+b^2+c^2-ab-bc-ca$$

事实上

$$(a-b)^2+(a-c)^2-(a^2+b^2+c^2-ab-bc-ca)=(a-b)(a-c)\geqslant 0$$

等式适用于 $a=b=c$,或 $a=b,c=0$,或 $a=c,b=0$.

(b) 原不等式可写为

$$\frac{4(b-c)^2}{(a+b+c)^2}\leqslant \frac{(a-b)^2+(b-c)^2+(a-c)^2}{a^2+b^2+c^2}$$

$$(a+b+c)^2\big[(a-b)^2+(a-c)^2\big]$$
$$\geqslant (b-c)^2\big[3(a^2+b^2+c^2)-2(ab+bc+ca)\big]$$
$$(a+b+c)^2\big[(b-c)^2+2(a-b)(a-c)\big]$$
$$\geqslant (b-c)^2\big[3(a^2+b^2+c^2)-2(ab+bc+ca)\big]$$
$$(a+b+c)^2(a-b)(a-c)$$
$$\geqslant (b-c)^2\big[a^2+b^2+c^2-2(ab+bc+ca)\big]$$

因为

$$a^2+b^2+c^2-2(ab+bc+ca)=(a-b)^2-c(2a+2b-c)\leqslant (a-b)^2$$

于是只需证

$$(a+b+c)^2(a-c)\geqslant (b-c)^2(a-b)$$

这个不等式是成立的,因为

$$(a+b+c)^2\geqslant (b-c)^2$$
$$a-c\geqslant a-b$$

等式适用于 $a=b=c$,或 $a=b,c=0$,或 $a=c,b=0$.

**问题 2.56**  设 $a,b,c$ 是正实数.求证:

(a) 如果 $a\geqslant b\geqslant c$,那么

$$\frac{ab+bc+ca}{a^2+b^2+c^2}+\frac{(a-c)^2}{a^2-ac+c^2}\geqslant 1$$

(b) 如果 $a\geqslant 1\geqslant b\geqslant c,abc=1$,那么

$$\frac{ab+bc+ca}{a^2+b^2+c^2}+\frac{(b-c)^2}{b^2-bc+c^2}\leqslant 1$$

**证明**  (a) 将原不等式改写为

$$\frac{ab+bc+ca}{a^2+b^2+c^2}\geqslant \frac{ac}{a^2-ac+c^2}$$
$$acb^2-(a+c)(a^2-ac+c^2)b+a^2c^2\leqslant 0$$

361

$$acb^2 - (a^3 + c^3)b + a^2c^2 \leqslant 0$$
$$(ab - c^2)(bc - a^2) \leqslant 0$$

因为 $ab - c^2 \geqslant 0$ 和 $bc - a^2 \leqslant 0$,所以结论成立.等式适用于 $a = b = c$.

(b) 从 $b^3 \leqslant 1 = abc$,我们发现

$$b^2 \leqslant ac$$

将原不等式改写为

$$\frac{ab + bc + ca}{a^2 + b^2 + c^2} \leqslant \frac{bc}{b^2 - bc + c^2}$$
$$bca^2 - (b + c)(b^2 - bc + c^2)a + b^2c^2 \geqslant 0$$
$$bca^2 - (b^3 + c^3)a + b^2c^2 \geqslant 0$$
$$(ab - c^2)(ac - b^2) \geqslant 0$$

因为 $ab - c^2 \geqslant 0$ 和 $ac - b^2 \geqslant 0$,所以结论成立.等式适用于 $a = b = c = 1$.

**问题 2.57** 设 $a, b, c$ 是正实数,且 $a = \min\{a, b, c\}$.求证:

(a) $\dfrac{a^2 + b^2 + c^2}{ab + bc + ca} \geqslant 1 + \dfrac{4}{3}\dfrac{(b - c)^2}{(b + c)^2}$;

(b) $\dfrac{a^2 + b^2 + c^2}{ab + bc + ca} \geqslant 1 + \dfrac{(a - b)^2}{(a + b)^2}$.

(Vasile Cîrtoaje, 2014)

**证明** (a) **方法 1** 因为

$$3(b + c)^2 \geqslant 12bc \geqslant 4(ab + bc + ca)$$

于是只需证

$$\frac{a^2 + b^2 + c^2}{ab + bc + ca} \geqslant 1 + \frac{(b - c)^2}{ab + bc + ca}$$

这等价于显然成立的不等式

$$(a - b)(a - c) \geqslant 0$$

等式适用于 $a = b = c$.

**方法 2** 因为 $(b + c)^2 \geqslant 4bc$,于是只需证

$$\frac{a^2 + b^2 + c^2}{ab + bc + ca} \geqslant 1 + \frac{(b - c)^2}{3bc}$$

这个不等式可写为

$$\frac{(a - b)^2 + (b - c)^2 + (c - a)^2}{ab + bc + ca} \geqslant \frac{2(b - c)^2}{3bc}$$
$$3bc[(a - b)^2 + (c - a)^2] \geqslant (b - c)^2(2ab + 2ac - bc)$$
$$3bc[(b - c)^2 + 2(a - b)(a - c)] \geqslant (b - c)^2(2ab + 2ac - bc)$$
$$6bc(a - b)(a - c) + 2(b - c)^2(2bc - ab - ac) \geqslant 0$$

最后一个不等式是成立的,因为 $(a - b)(a - c) \geqslant 0$ 和

$$2bc - ab - ac = (a - b)(a - c) + (bc - a^2) \geqslant 0$$

（b）将这个不等式写为

$$\frac{a^2+b^2+c^2}{ab+(a+b)c} \geqslant \frac{2(a^2+b^2)}{(a+b)^2}$$

$$(a+b)^2c^2-2(a+b)(a^2+b^2)c+(a^2+b^2)^2 \geqslant 0$$

$$[(a+b)c-(a^2+b^2)]^2 \geqslant 0$$

等式适用于 $c=\dfrac{a^2+b^2}{a+b}$.

**问题 2.58** 如果 $a,b,c$ 是正实数，那么

$$\frac{a^2+b^2+c^2}{ab+bc+ca} \geqslant 1+\frac{9(a-c)^2}{4(a+b+c)^2}$$

（Vasile Cîrtoaje，2014）

**证明** 将原不等式改写为

$$\frac{(a-b)^2+(b-c)^2+(a-c)^2}{ab+bc+ca} \geqslant \frac{9(a-c)^2}{2(a+b+c)^2}$$

$$2(a+b+c)^2[(a-b)^2+(b-c)^2]$$
$$\geqslant (a-c)^2[5(ab+bc+ca)-2(a^2+b^2+c^2)]$$

$$2(a+b+c)^2[(a-c)^2-2(a-b)(b-c)]$$
$$\geqslant (a-c)^2[5(ab+bc+ca)-2(a^2+b^2+c^2)]$$

$$(a-c)^2[4(a^2+b^2+c^2)-(ab+bc+ca)]$$
$$\geqslant 4(a+b+c)^2(a-b)(b-c)$$

进一步考虑非平凡情况 $(a-b)(a-c) \geqslant 0$. 因为

$$(a-c)^2=[(a-b)+(b-c)]^2 \geqslant 4(a-b)(b-c)$$

于是只需证

$$4(a^2+b^2+c^2)-(ab+bc+ca) \geqslant (a+b+c)^2$$

事实上

$$4(a^2+b^2+c^2)-(ab+bc+ca)-(a+b+c)^2$$
$$=3(a^2+b^2+c^2-ab-bc-ca)$$
$$\geqslant 0$$

等式适用于 $a=b=c$.

**问题 2.59** 设 $a,b,c$ 是非负实数，且无两个同时为零. 如果 $a=\min\{a,b,c\}$，那么

$$\frac{1}{\sqrt{a^2-ab+b^2}}+\frac{1}{\sqrt{b^2-bc+c^2}}+\frac{1}{\sqrt{c^2-ca+a^2}} \geqslant \frac{6}{b+c}$$

**证明** 因为

$$\sum \frac{1}{\sqrt{a^2-ab+b^2}} \geqslant \frac{1}{b}+\frac{1}{\sqrt{b^2-bc+c^2}}+\frac{1}{c}$$

于是只需证

$$\frac{1}{b} + \frac{1}{\sqrt{b^2 - bc + c^2}} + \frac{1}{c} \geqslant \frac{6}{b+c}$$

重写为

$$\frac{b}{c} + \frac{c}{b} + \sqrt{\frac{b^2 + c^2 + 2bc}{b^2 - bc + c^2}} \geqslant 4$$

这等价于

$$\sqrt{\frac{x+2}{x-1}} \geqslant 4 - x$$

其中 $x = \frac{b}{c} + \frac{c}{b}, x \geqslant 2$. 考虑非平凡情况 $2 \leqslant x \leqslant 4$. 这个不等式是成立的,如果

$$\frac{x+2}{x-1} \geqslant (4-x)^2$$

这等价于

$$(x-2)(x^2 - 7x + 9) \leqslant 0$$

这个不等式成立,因为

$$x^2 - 7x + 9 < x^2 - 7x + 10 = (x-2)(x-5) \leqslant 0$$

等式适用于 $a = b = c$,也适用于 $a = 0, b = c$(或其任何循环排列).

**问题 2.60**　如果 $a \geqslant 1 \geqslant b \geqslant c \geqslant 0$,且满足

$$ab + bc + ca = abc + 2$$

那么

$$ac \leqslant 4 - 2\sqrt{2}$$

(Vasile Cîrtoaje, 2012)

**证明**　根据假设,我们有

$$a = \frac{2 - bc}{b + c - bc}$$

因为

$$ac \leqslant \frac{1}{2} a(b+c)$$

$$= \frac{(2 - bc)(b+c)}{2(b + c - bc)}$$

$$= \frac{2 - bc}{2 - \dfrac{2bc}{b+c}}$$

$$\leqslant \frac{2 - bc}{2 - \sqrt{bc}}$$

因此,只需证

$$\frac{2-bc}{2-\sqrt{bc}} \leqslant 4-2\sqrt{2}$$

这是成立的,这个不等式等价于一个明显成立的不等式

$$(\sqrt{bc}-2+\sqrt{2})^2 \geqslant 0$$

等式适用于 $a=2,b=c=2-\sqrt{2}$.

**问题 2.61** 如果 $a,b,c$ 是非负实数,且满足

$$ab+bc+ca=3, \quad a \leqslant 1 \leqslant b \leqslant c$$

那么:

(a)$a+b+c \leqslant 4$;

(b)$2a+b+c \leqslant 4$.

**证明** 从 $(1-b)(1-c) \geqslant 0$,我们得到

$$bc \geqslant b+c-1$$

因此,我们有

$$3=a(b+c)+bc \geqslant a(b+c)+b+c-1=(a+1)(b+c)-1$$

$$b+c \leqslant \frac{4}{a+1}$$

因此

$$a+b+c-4 \leqslant a+\frac{4}{a+1}-4=\frac{a(a-3)}{a+1} \leqslant 0$$

$$2a+b+c-4 \leqslant 2a+\frac{4}{a+1}-4=\frac{2a(a-1)}{a+1} \leqslant 0$$

等式适用于 $a=0,b=1,c=3$.此外当 $a=b=c=1$ 时(b)中的不等式是一个等式.

**问题 2.62** 如果 $0 < a \leqslant b \leqslant c$,那么:

(a) 如果 $a+b+c=3$,那么

$$a^4(b^4+c^4) \leqslant 2$$

(b) 如果 $a+b+c=2$,那么

$$c^4(a^4+b^4) \leqslant 1$$

(Vasile Cîrtoaje,2012)

**证明** (a) 设 $x,y$ 是非负实数,我们说

$$x^4-y^4 \geqslant 4y^3(x-y)$$

事实上,这个不等式源自

$$x^4-y^4-4y^3(x-y)$$
$$=(x-y)(x^3+x^2y+xy^2-3y^3)$$
$$=(x-y)[(x^3-y^3)+y(x^2-y^2)+y^2(x-y)]$$
$$\geqslant 0$$

应用这个不等式,我们能证明

$$b^4 + c^4 \leqslant a^4 + (b+c-a)^4$$

事实上,我们有
$$a^4 + (b+c-a)^4 - b^4 - c^4 = (a^4 - b^4) + (b+c-a)^4 - c^4$$
$$\geqslant 4b^3(a-b) + 4c^3(b-a)$$
$$= 4(a-b)(b^3 - c^3)$$
$$\geqslant 0$$

因此,只需证明
$$a^4 [a^4 + (b+c-a)^4] \leqslant 2$$

这等价于 $f(a) \leqslant 2$,其中
$$f(a) = a^4 [a^4 + (b+c-a)^4] = a^8 + a^4(3-2a)^4, \quad 0 \leqslant a \leqslant 1$$

如果对于 $0 \leqslant a \leqslant 1, f'(a) \geqslant 0$,那么 $f(a)$ 是递增的,因此 $f(a) \leqslant f(1) = 2$. 从导数
$$f'(a) = 4a^3 [2a^4 - (4a-3)(3-2a)^3]$$

我们需要证明
$$2a^4 \geqslant (4a-3)(3-2a)^3$$

这个不等式对于平凡情况 $0 \leqslant a \leqslant \dfrac{3}{4}$ 是成立的,进一步考虑 $\dfrac{3}{4} < a \leqslant 1$,我们需要证明 $h(a) \geqslant 0$,其中
$$h(a) = \ln 2 + 4\ln a - \ln(4a-3) + 3\ln(3-2a)$$

从
$$h'(a) = \frac{6(7a-6)}{a(4a-3)(3-2a)}$$

所以 $h(a)$ 在 $\left(\dfrac{3}{4}, \dfrac{6}{7}\right]$ 上递减,在 $\left[\dfrac{6}{7}, 1\right]$ 上递增,因此
$$h(a) \geqslant h\left(\frac{6}{7}\right)$$
$$= \ln 2 + 4\ln \frac{6}{7} - \ln \frac{3}{7} - 3\ln \frac{9}{7}$$
$$= \ln \frac{32}{27}$$
$$> 0$$

这就完成了证明. 等式适用于 $a = b = c = 1$.

(b) 因为 $a^4 + b^4 \leqslant (a+b)^4$,于是只需证
$$c^4(a+b)^4 \leqslant 1$$

这是成立的,如果
$$c(a+b) \leqslant 1$$

事实上,我们有

$$1-c(a+b)=1-c(2-c)=(c-1)^2 \geqslant 0$$

等式适用于 $a=0,b=c=1$.

**问题 2.63**　如果 $a,b,c$ 是非负实数,且 $ab+bc+ca=3$,那么:

(a)$a^2+b^2+c^2-a-b-c \geqslant \dfrac{5}{8}(a-c)^2$;

(b)$a^2+b^2+c^2-a-b-c \geqslant \dfrac{5}{2}\min\{(a-b)^2,(b-c)^2,(c-a)^2\}$.

(Vasile Cîrtoaje, 2014)

**证明**　记

$$E=a^2+b^2+c^2-a-b-c, \quad S=a^2+b^2+c^2-ab-bc-ca$$

从

$$(a+b+c)^2 \geqslant 3(ab+bc+ca)$$

得到

$$a+b+c \geqslant 3$$

我们有

$$a+b+c-\sqrt{3(ab+bc+ca)}=\frac{S}{a+b+c+\sqrt{3(ab+bc+ca)}}$$

$$a+b+c-3=\frac{S}{a+b+c+3}$$

$$(a+b+c)^2-3(a+b+c)=\frac{(a+b+c)S}{a+b+c+3}$$

$$-3(a+b+c)=-(a+b+c)^2+\frac{S}{1+\dfrac{3}{a+b+c}}$$

$$-3(a+b+c) \geqslant -(a+b+c)^2+\frac{S}{2}$$

因此

$$E \geqslant a^2+b^2+c^2-\frac{1}{3}(a+b+c)^2+\frac{S}{6}$$

这等价于

$$E \geqslant \frac{5S}{6}$$

(a) 只需证

$$\frac{5S}{6} \geqslant \frac{5}{8}(a-c)^2$$

这等价于

$$\frac{S}{3} \geqslant \frac{(a-c)^2}{4}$$

$$\frac{(a-b)^2+(b-c)^2+(c-a)^2}{3} \geqslant \frac{(a-c)^2}{2}$$

$$2(a-b)^2+2(b-c)^2 \geqslant (a-c)^2$$

$$2(a-b)^2+2(b-c)^2 \geqslant [(a-b)+(b-c)]^2$$

$$(a-b)^2+(b-c)^2 \geqslant 2(a-b)(b-c)$$

$$(a-2b+c)^2 \geqslant 0$$

等式适用于 $a=b=c=1$.

(b) 由于对称性,不失一般性,假设 $a \geqslant b \geqslant c$. 于是只需证

$$\frac{5S}{6} \geqslant \frac{5}{2} \min\{(a-b)^2,(b-c)^2\}$$

这等价于

$$S \geqslant 3\min\{(a-b)^2,(b-c)^2\}$$

$$(a-b)^2+(b-c)^2+(a-c)^2 \geqslant 6\min\{(a-b)^2,(b-c)^2\}$$

$$(a-b)^2+(b-c)^2+[(a-b)+(b-c)]^2 \geqslant 6\min\{(a-b)^2,(b-c)^2\}$$

$$(a-b)^2+(b-c)^2+(a-b)(b-c) \geqslant 3\min\{(a-b)^2,(b-c)^2\}$$

最后一个不等式明显成立. 等式适用于 $a=b=c=1$.

**问题 2.64** 如果 $a,b,c$ 是非负实数,且 $ab+bc+ca=3$,那么

$$\frac{a^3+b^3+c^3}{a+b+c} \geqslant 1+\frac{5}{9}(a-c)^2$$

(Vasile Cîrtoaje, 2014)

**证明** 我们只需考虑

$$a \geqslant b \geqslant c$$

将原不等式改写为

$$E \geqslant \frac{5}{9}(a-c)^2$$

其中

$$E=\frac{a^3+b^3+c^3}{a+b+c}-1$$

我们有

$$E=\frac{a^3+b^3+c^3}{a+b+c}-1$$

$$=\frac{a^3+b^3+c^3}{a+b+c}-\frac{ab+bc+ca}{3}$$

$$=\frac{3(a^3+b^3+c^3)-(a+b+c)(ab+bc+ca)}{3(a+b+c)}$$

$$=\frac{A+B}{3(a+b+c)}$$

其中

$$A = \sum [a^3 + b^3 - ab(a+b)], \quad B = \sum a^3 - 3abc$$

因为

$$A = \sum (a+b)(a-b)^2$$

$$B = \frac{1}{2}(a+b+c) \sum (a-b)^2$$

我们得到

$$E = \frac{\sum (3a+3b+c)(a-b)^2}{6(a+b+c)}$$

因此,我们只需证明

$$\sum (3a+3b+c)(a-b)^2 \geqslant \frac{10}{3}(a+b+c)(a-c)^2$$

这等价于

$$3(3a+3b+c)(a-b)^2 + 3(a+3b+3c)(b-c)^2$$
$$\geqslant (a+7b+c)(a-c)^2$$

利用代换

$$a = c+x, \quad b = c+y, \quad x \geqslant y \geqslant 0$$

这个不等式变为

$$3(7c+3x+3y)(x-y)^2 + 3(7c+x+3y)y^2 \geqslant (9c+x+7y)x^2$$

这等价于

$$6c(2x^2 - 7xy + 7y^2) + 2(x+y)(2x-3y)^2 \geqslant 0$$

这是成立的,因为

$$2x^2 - 7xy + 7y^2 = (2x^2 + 7y^2) - 7xy \geqslant (2\sqrt{14} - 7)xy \geqslant 0$$

等式适用于 $a=b=c=1$,也适用于 $a=\frac{3}{\sqrt{2}}, b=\sqrt{2}, c=0$.

**问题 2.65**    如果 $a,b,c$ 是非负实数,且满足

$$a \geqslant b \geqslant c, \quad ab+bc+ca = 3$$

那么:

(a) $\dfrac{a^3+b^3+c^3}{a+b+c} \geqslant 1 + \dfrac{7}{9}(a-b)^2$;

(b) $\dfrac{a^3+b^3+c^3}{a+b+c} \geqslant 1 + \dfrac{2}{3}(b-c)^2$;

(c) $\dfrac{a^3+b^3+c^3}{a+b+c} \geqslant 1 + \dfrac{7}{3}\min\{(a-b)^2, (b-c)^2\}$.

(Vasile Cîrtoaje, 2014)

**证明**    正如在前面问题 2.64 的证明中所展示的,我们有

$$\frac{a^3+b^3+c^3}{a+b+c}-1=\frac{\sum (3a+3b+c)(a-b)^2}{6(a+b+c)}$$

（a）将原不等式改写为

$$\sum (3a+3b+c)(a-b)^2 \geqslant \frac{14}{3}(a+b+c)(a-b)^2$$

$$3(a+3b+3c)(b-c)^2+3(3a+b+3c)(a-c)^2$$

$$\geqslant (5a+5b+11c)(a-b)^2$$

于是只需证明

$$3(3a+b+3c)(a-c)^2 \geqslant (5a+5b+11c)(a-b)^2$$

这是成立的,因为

$$(a-c)^2 \geqslant (a-b)^2$$

$$3(3a+b+3c)-(5a+5b+11c)=2(2a-b-c)\geqslant 0$$

等式适用于 $a=b=c=1$.

（b）将期望不等式写成

$$\sum (3a+3b+c)(a-b)^2 \geqslant 4(a+b+c)(b-c)^2$$

$$(3a+3b+c)(a-b)^2+(3a+b+3c)(a-c)^2 \geqslant (3a+b+c)(b-c)^2$$

于是只需证明

$$(3a+b+3c)(a-c)^2 \geqslant (3a+b+c)(b-c)^2$$

这是成立的,因为

$$(a-c)^2 \geqslant (a-b)^2$$

$$(3a+b+3c)-(3a+b+c)=2c\geqslant 0$$

等式适用于 $a=b=c=1$,也适用于 $a=b=\sqrt{3}$, $c=0$.

（c）记

$$m=\min\{(a-b)^2,(b-c)^2\}$$

将期望不等式写为

$$\frac{\sum (3a+3b+c)(a-b)^2}{6(a+b+c)} \geqslant \frac{7}{3}m$$

$$\sum (3a+2b+c)(a-b)^2 \geqslant 14m(a+b+c)$$

$$(3a+3b+c)(a-b)^2+(a+3b+3c)(b-c)^2+$$

$$(3a+b+3c)[(a-b)+(b-c)]^2$$

$$\geqslant 14(a+b+c)m$$

$$(3a+2b+2c)(a-b)^2+(2a+2b+3c)(b-c)^2+$$

$$(3a+b+3c)(a-b)(b-c)$$

$$\geqslant 7(a+b+c)m$$

**情形 1** $a-2b+c \geqslant 0$.这个不等式是成立的,如果

$$(3a+2b+2c)+(2a+2b+3c)+(3a+b+3c) \geqslant 7(a+b+c)$$

这等价于 $a-2b+c \geqslant 0$.

**情形 2** $a-2b+c \leqslant 0$.因为 $a-b \leqslant b-c$,我们需要证明

$$(3a+2b+2c)(a-b)^2+(2a+2b+3c)(b-c)^2+$$
$$(3a+b+3c)(a-b)(b-c)$$
$$\geqslant 7(a+b+c)(a-b)^2$$

这等价于

$$(2a+2b+2c)(b-c)^2+(3a+b+3c)(a-b)(b-c)$$
$$\geqslant (4a+5b+5c)(a-b)^2$$

因为 $b-c \geqslant a-b \geqslant 0$,于是只需证明

$$(2a+2b+3c)(b-c)(a-b)+(3a+b+3c)(a-b)(b-c)$$
$$\geqslant (4a+5b+5c)(a-b)^2$$

这是成立的,因为

$$(2a+2b+3c)(b-c)+(3a+b+3c)(b-c) \geqslant (4a+5b+5c)(a-b)$$

这等价于

$$(5a+3b+6c)(b-c) \geqslant (4a+5b+5c)(a-b)$$
$$2(2b-a-c)(2b+2a+3c) \geqslant 0$$

等式适用于 $2b=a+c$ 和 $a^2+4ac+c^2=6$.

**问题 2.66** 如果 $a,b,c$ 是非负实数,且满足 $ab+bc+ca=3$,那么

$$a^4+b^4+c^4-a^2-b^2-c^2 \geqslant \frac{11}{4}(a-c)^2$$

(Vasile Cîrtoaje，2014)

**证明** 我们只需考虑 $a \geqslant b \geqslant c$ 的情况.记

$$S=a^2+b^2+c^2, \quad q=ab+bc+ca$$

将以下恒等式相加

$$a^4+b^4+c^4-\frac{1}{3}S^2=\frac{(a^2-b^2)^2+(b^2-c^2)^2+(c^2-a^2)^2}{3}$$

$$\frac{1}{3}S^2-\frac{1}{3}Sq=S \cdot \frac{(a-b)^2+(b-c)^2+(c-a)^2}{6}$$

我们得到

$$a^4+b^4+c^4-a^2-b^2-c^2=\frac{(a^2-b^2)^2+(b^2-c^2)^2+(c^2-a^2)^2}{3}+$$

$$S \cdot \frac{(a-b)^2+(b-c)^2+(c-a)^2}{6}$$

因此,我们只需证明齐次不等式

$$\frac{(a^2-b^2)^2+(b^2-c^2)^2+(c^2-a^2)^2}{3}+S\cdot\frac{(a-b)^2+(b-c)^2+(c-a)^2}{6}$$

$$\geqslant\frac{11}{12}q\,(a-c)^2$$

因为

$$(a-b)^2+(b-c)^2\geqslant\frac{1}{2}\left[(a-b)+(b-c)\right]^2$$

$$=\frac{1}{2}\,(a-c)^2$$

于是只需证

$$\frac{(a^2-b^2)^2+(b^2-c^2)^2+(c^2-a^2)^2}{3}+\frac{S\,(a-c)^2}{4}\geqslant\frac{11}{12}q\,(a-c)^2$$

这等价于

$$4\left[(a^2-b^2)^2+(b^2-c^2)^2+(c^2-a^2)^2\right]+3S\,(a-c)^2\geqslant11q\,(a-c)^2$$

$$4\,(a+b)^2\,(a-b)^2+4\,(b+c)^2\,(b-c)^2+\left[4\,(a+c)^2+3S-11q\right](a-c)^2\geqslant0$$

$$4\,(a+b)^2\,(a-b)^2+4\,(b+c)^2\,(b-c)^2+E\,(a-c)^2\geqslant0$$

其中

$$E=4\,(a+c)^2+3S-11q$$

应用代换

$$b=c+x,\quad a=c+x+y,\quad x,y\geqslant0$$

待证不等式变成

$$4\,(2c+2x+y)^2y^2+4(2c+x)^2x^2+E\,(x+y)^2\geqslant0$$

其中

$$E=-8c^2-16xc-x^2+7y^2+3xy$$

可将这个不等式写成

$$Ac^2+D\geqslant2Bc$$

$$A=8\,(x-y)^2$$

$$B=8y(x-y)(2x+y)$$

$$D=3x^4+11y^4+28x^2y^2+33xy^3+x^3y$$

因为 $Ac^2+D\geqslant2c\sqrt{AD}$，于是只需证 $AD\geqslant B^2$. 事实上

$$AD-B^2$$

$$=8\,(x-y)^2(3x^4+11y^4+28x^2y^2+33xy^3+x^3y)-64y^2\,(x-y)^2\,(2x+y)^2$$

$$=8\,(x-y)^2\left[x^4+y^4+2\,(x^2-y^2)^2+xy(x^2+y^2)\right]$$

$$\geqslant0$$

这就完成了证明. 等式适用于 $a=b=c=1$.

**问题 2.67** 如果 $a,b,c$ 是非负实数, 且满足

$$a \geqslant b \geqslant c, \quad ab + bc + ca = 3$$

那么：

(a)$a^4 + b^4 + c^4 - a^2 - b^2 - c^2 \geqslant \dfrac{11}{3}(a-b)^2$；

(b)$a^4 + b^4 + c^4 - a^2 - b^2 - c^2 \geqslant \dfrac{10}{3}(b-c)^2$.

（Vasile Cîrtoaje，2014）

**证明** 记

$$S = a^2 + b^2 + c^2, \quad q = ab + bc + ca$$

正如我们在前面问题的证明中所展示的,我们有

$$a^4 + b^4 + c^4 - a^2 - b^2 - c^2$$
$$= \frac{(a^2-b^2)^2 + (b^2-c^2)^2 + (c^2-a^2)^2}{3} + S \cdot \frac{(a-b)^2 + (b-c)^2 + (c-a)^2}{6}$$

（a）将期望不等式写成齐次形式

$$(a^2-b^2)^2 + (b^2-c^2)^2 + (c^2-a^2)^2 + S \cdot \frac{(a-b)^2 + (b-c)^2 + (c-a)^2}{2}$$

$$\geqslant \frac{11}{3}q(a-b)^2$$

因为

$$(a^2-b^2)^2 + (b^2-c^2)^2 + (c^2-a^2)^2 \geqslant (a^2-b^2)^2 + (c^2-a^2)^2$$
$$\geqslant 2(a^2-b^2)^2$$
$$(a-b)^2 + (b-c)^2 + (c-a)^2 \geqslant (a-b)^2 + (c-a)^2$$
$$\geqslant 2(a-b)^2$$

因此,只需证

$$2(a+b)^2 + a^2 + b^2 + c^2 \geqslant \frac{11}{3}(ab+bc+ca)$$

也就是

$$9(a^2+b^2) + ab + 3c^2 \geqslant 11c(a+b)$$

因为

$$9(a^2+b^2) + ab - \frac{19}{4}(a+b)^2 = \frac{17}{4}(a-b)^2$$
$$\geqslant 0$$

我们有

$$9(a^2+b^2) + ab + 3c^2 - 11c(a+b)$$
$$\geqslant \frac{17}{4}(a+b)^2 + 3c^2 - 11c(a+b)$$
$$= \frac{(a+b-2c)(19a+19b-6c)}{4}$$

$$\geqslant 0$$

这就完成了证明.等式适用于 $a=b=c=1$.

（b）将期望不等式写成齐次形式

$$(a^2-b^2)^2+(b^2-c^2)^2+(c^2-a^2)^2+S \cdot \frac{(a-b)^2+(b-c)^2+(c-a)^2}{2}$$

$$\geqslant \frac{10}{3}q (b-c)^2$$

因为

$$(a^2-b^2)^2+(b^2-c^2)^2+(c^2-a^2)^2$$
$$\geqslant (b^2-c^2)^2+(c^2-a^2)^2$$
$$\geqslant (b+c)^2 (b-c)^2+(a+c)^2 (b-c)^2$$
$$(a-b)^2+(b-c)^2+(c-a)^2 \geqslant (b-c)^2+(c-a)^2$$
$$\geqslant 2 (b-c)^2$$

因此,只需证

$$(b+c)^2+(a+c)^2+a^2+b^2+c^2 \geqslant \frac{10}{3}(ab+bc+ca)$$

也就是

$$6(a^2+b^2)-10ab+9c^2 \geqslant 4c(a+b)$$

因为

$$6(a^2+b^2)-10ab-\frac{1}{2}(a+b)^2 \geqslant \frac{11}{2}(a-b)^2 \geqslant 0$$

我们有

$$6(a^2+b^2)-10ab+9c^2-4c(a+b) \geqslant \frac{1}{2}(a+b)^2+9c^2-4c(a+b)$$

$$\geqslant 2\sqrt{\frac{9}{2}}c(a+b)-4c(a+b)$$

$$=(3\sqrt{2}-4)c(a+b)$$

$$\geqslant 0$$

等式适用于 $a=b=c=1$.

**备注** 同样,我们可以证明(b)中改进的不等式

$$a^4+b^4+c^4-a^2-b^2-c^2 \geqslant \frac{1+\sqrt{33}}{2}(b-c)^2$$

等式适用于 $a=b=c=1$,或 $a=b=\dfrac{3+\sqrt{33}}{2}c$

**问题 2.68** 设 $a,b,c$ 是非负实数,且满足

$$a \leqslant b \leqslant c, \quad a+b+c=3$$

寻找最大的实数 $k$ 满足

$$\sqrt{(56b^2+25)(56c^2+25)}+k(b-c)^2 \leqslant 14(b+c)^2+25$$

(Vasile Cîrtoaje, 2014)

**解**　当 $a=b=0,c=3$ 时,期望不等式变成

$$115+9k \leqslant 126+25, \quad k \leqslant 4$$

为了证明 $4$ 是 $k$ 可取的最大正实数,我们需要证明不等式

$$\sqrt{(56b^2+25)(56c^2+25)}+4(b-c)^2 \leqslant 14(b+c)^2+25$$

这等价于

$$\sqrt{(56b^2+25)(56c^2+25)} \leqslant 10(b^2+c^2)+36bc+25$$

两边平方,这个不等式变成

$$(10b^2+10c^2+36bc)^2-56^2b^2c^2 \geqslant 50[28(b^2+c^2)-10(b^2+c^2)-36bc]$$

$$20(b-c)^2(5b^2+5c^2+46bc) \geqslant 900(b-c)^2$$

$$20(b-c)^2(5b^2+5c^2+46bc-45) \geqslant 0$$

因此,只需证

$$5b^2+5c^2+46bc-45 \geqslant 0$$

因为 $(a-b)(a-c) \geqslant 0$,我们得到

$$bc \geqslant a(b+c)-a^2=3a-2a^2$$

因此

$$5b^2+5c^2+46bc-45=5(b+c)^2+36bc-45$$
$$\geqslant 5(3-a)^2+36(3a-2a^2)-45$$
$$=a(78-67a)$$
$$\geqslant 0$$

证明完成. 如果 $k=4$,那么等式适用于 $a=b=c=1$,也适用于 $a=b=0,c=3$.

**问题 2.69**　如果 $a \geqslant b \geqslant c>0$,且 $abc=1$,那么

$$3(a+b+c) \leqslant 8+\frac{a}{c}$$

(Vasile Cîrtoaje, 2009)

**证明**　将原不等式写成齐次形式

$$\frac{3(a+b+c)}{\sqrt[3]{abc}} \leqslant 8+\frac{a}{c}$$

这等价于

$$\frac{3(x^3+y^3+z^3)}{xyz} \leqslant 8+\frac{x^3}{z^3}, \quad x \geqslant y \geqslant z>0$$

我们将证明

$$\frac{x^3+y^3+z^3}{xyz} \leqslant \frac{x^3+2z^3}{xz^2} \leqslant \frac{1}{3}\left(8+\frac{x^3}{z^3}\right)$$

375

左边不等式等价于
$$(y-z)\left[x^3+z^3-yz(y+z)\right]\geqslant 0$$
这是成立的,因为
$$x^3+z^3-yz(y+z)\geqslant y^3+z^3-yz(y+z)$$
$$=(y+z)(y-z)^2$$
$$\geqslant 0$$
右边不等式可写为
$$(x-z)(x^3-2x^2z-2xz^2+6z^3)\geqslant 0$$
这也是成立的,因为
$$x^3-2x^2z-2xz^2+6z^3=(x-z)^3+z(x^2-5xz+7z^2)\geqslant 0$$
等式适用于 $a=b=c=1$.

**问题 2.70**　如果 $a\geqslant b\geqslant c>0$,那么
$$(a+b-c)(a^2b-b^2c+c^2a)\geqslant(ab-bc+ca)^2$$

**证明**　应用代换
$$a=(p+1)c,\quad b=(q+1)c,\quad p\geqslant q\geqslant 0$$
我们得到
$$a+b-c=(p+q+1)c$$
$$a^2b-b^2c+c^2a=(p^2q+p^2+2pq-q^2+3p-q+1)c^3$$
$$ab-bc+ca=(pq+2p+1)c^2$$
因此,原不等式变成
$$(p+q+1)(p^2q+p^2+2pq-q^2+3p-q+1)\geqslant(pq+2p+1)^2$$
这等价于一个显然成立的不等式
$$p^3(q+1)+q^2(p-q)+2q(p-q)\geqslant 0$$
等式适用于 $a=b=c$.

**问题 2.71**　如果 $a\geqslant b\geqslant c\geqslant 0$,那么
$$\frac{(a-c)^2}{2(a+c)}\leqslant a+b+c-3\sqrt[3]{abc}\leqslant\frac{2(a-c)^2}{a+5c}$$

（Vasile Cîrtoaje,2007）

**证明**　(a) 为了证明不等式
$$a+b+c-3\sqrt[3]{abc}\geqslant\frac{(a-c)^2}{2(a+c)}$$
我们将证明
$$a+b+c-3\sqrt[3]{abc}\geqslant a+c-2\sqrt{ac}\geqslant\frac{(a-c)^2}{2(a+c)}\qquad(*)$$
左边不等式等价于
$$b+2\sqrt{ac}\geqslant 3\sqrt[3]{abc}$$

这是 AM $-$ GM 不等式的结果. 式($*$)右边的不等式能写成

$$a^2 + c^2 + 6ac \geqslant 4(a+c)\sqrt{ac}$$

$$(\sqrt{a} - \sqrt{b})^4 \geqslant 0$$

等式适用于 $a = b = c$.

（b）为了证明不等式

$$a + b + c - 3\sqrt[3]{abc} \leqslant \frac{2(a-c)^2}{a+5c}$$

我们将证明

$$a + b + c - 3\sqrt[3]{abc} \leqslant 2a + c - 3\sqrt[3]{a^2 c} \leqslant \frac{2(a-c)^2}{a+5c} \qquad (**)$$

左边不等式可写成

$$a - b - 3\sqrt[3]{ac}(\sqrt[3]{a} - \sqrt[3]{b}) \geqslant 0$$

$$(\sqrt[3]{a} - \sqrt[3]{b})(\sqrt[3]{a^2} + \sqrt[3]{ab} + \sqrt[3]{b^2} - 3\sqrt[3]{ac}) \geqslant 0$$

这是成立的,因为

$$\sqrt[3]{a^2} + \sqrt[3]{ab} + \sqrt[3]{b^2} \geqslant 3\sqrt[3]{ab} \geqslant 3\sqrt[3]{ac}$$

式($**$)右边的不等式对于 $c = 0$ 来说是一个等式. 当 $c > 0$ 时,由齐次性,我们可以假设 $c = 1$. 此外,应用代换 $a = x^3$ , $x \geqslant 1$ ,不等式依次变成

$$(x^3 + 5)(2x^3 - 3x^2 + 1) \leqslant 2(x^3 - 1)^2$$

$$(x-1)^2(x^3 + 2x^2 - 2x - 1) \geqslant 0$$

$$(x-1)^3(x^2 + 3x + 1) \geqslant 0$$

等式适用于 $a = b = c$ ,也适用于 $a = b, c = 0$.

**问题 2.72**　如果 $a \geqslant b \geqslant c \geqslant d \geqslant 0$ ,那么

$$\frac{(a-d)^2}{a+3d} \leqslant a + b + c + d - 4\sqrt[4]{abcd} \leqslant \frac{3(a-d)^2}{a+5d}$$

（Vasile Cîrtoaje,2009）

**证明**　（a）为了证明不等式

$$a + b + c + d - 4\sqrt[4]{abcd} \geqslant \frac{(a-d)^2}{a+3d}$$

我们将证明

$$a + b + c + d - 4\sqrt[4]{abcd} \geqslant a + d - 2\sqrt{ad} \geqslant \frac{(a-d)^2}{a+3d} \qquad (*)$$

左边不等式等价于

$$b + c + 2\sqrt{ad} \geqslant 4\sqrt[4]{abcd}$$

这是 AM $-$ GM 不等式的结果. 式($*$)右边的不等式能写成

$$(a-d)^2 \geqslant (a+3d)(\sqrt{a} - \sqrt{d})^2$$

$$2\sqrt{d}\left(\sqrt{a}-\sqrt{d}\right)^3 \geqslant 0$$

等式适用于 $a=b=c=d$，也适用于 $b=c=d=0$.

（b）为了证明不等式

$$a+b+c+d-4\sqrt[4]{abcd} \leqslant \frac{3(a-d)^2}{a+5d}$$

我们将证明

$$a+b+c+d-4\sqrt[4]{abcd} \leqslant 2a+c+d-4\sqrt[4]{a^2cd} \leqslant \frac{3(a-d)^2}{a+5d}$$

$$(* *)$$

左边不等式可写成

$$a-b-4\sqrt[4]{acd}\left(\sqrt[4]{a}-\sqrt[4]{b}\right) \geqslant 0$$

$$\left(\sqrt[4]{a}-\sqrt[4]{b}\right)\left(\sqrt[4]{a^3}+\sqrt[4]{a^2b}+\sqrt[4]{ab^2}+\sqrt[4]{b^3}-4\sqrt[4]{acd}\right) \geqslant 0$$

最后一个不等式可由 AM−GM 不等式得到

$$\sqrt[4]{a^3}+\sqrt[4]{a^2b}+\sqrt[4]{ab^2}+\sqrt[4]{b^3}-4\sqrt[4]{acd}$$

$$\geqslant \sqrt[4]{a^3}+\sqrt[4]{a^2b}+\sqrt[4]{b^3}-3\sqrt[4]{ab^2}$$

$$\geqslant \sqrt[4]{a^3}+2\sqrt[4]{b^3}-3\sqrt[4]{ab^2}$$

$$\geqslant 0$$

式 $(* *)$ 右边不等式可以写成 $f(c) \geqslant 0$，其中

$$f(c) = 3(a-d)^2 - (a+5d)\left(2a+c+d-4\sqrt[4]{a^2cd}\right)$$

因为 $f(c)$ 是凹函数，且 $d \leqslant c \leqslant a$，于是只需证 $f(d) \geqslant 0$ 和 $f(a) \geqslant 0$，我们有

$$f(d) = 3(a-d)^2 - 2(a+5d)\left(\sqrt{a}-\sqrt{d}\right)^2$$

$$= \left(\sqrt{a}-\sqrt{d}\right)^3\left(\sqrt{a}+7\sqrt{d}\right)$$

$$\geqslant 0$$

$$f(a) = 3(a-d)^2 - (a+5d)\left(3a+d-4\sqrt[4]{a^3d}\right)$$

设 $a=1$（由齐次性），并应用代换 $d=x^4, 0 \leqslant x \leqslant 1$，不等式 $f(a) \geqslant 0$ 变成

$$3(1-x^4)^2 - (1+5x^4)(3+x^4-4x) \geqslant 0$$

因为 $3+x^4-4x=(1-x)^2(3+2x+x^2)$，我们只需证

$$3(1+x+x^2+x^3)^2 - (1+5x^4)(3+2x+x^2) \geqslant 0$$

这等价于

$$x(2+4x+6x^2-3x^3-2x^4-x^5) \geqslant 0$$

这个不等式是成立的，因为

$$2+4x+6x^2-3x^3-2x^4-x^5 > 6x^2-3x^3-2x^4-x^5 \geqslant 0$$

等式适用于 $a=b=c=d$，也适用于 $a=b=c, d=0$.

    **备注**   下列更一般的结论成立.

● 如果 $a_1 \geqslant a_2 \geqslant \cdots \geqslant a_n \geqslant 0$,那么

$$a_1 + a_2 + \cdots + a_n - n\sqrt[n]{a_1 a_2 \cdots a_n} \leqslant \frac{(n-1)(a_1 - a_n)^2}{a_1 + k_n a_n}$$

其中

$$k_n = \begin{cases} 7 - \dfrac{8}{n+1}, & n \text{ 为奇数} \\[2mm] 7 - \dfrac{8}{n}, & n \text{ 为偶数} \end{cases}$$

**问题 2.73**  如果 $a \geqslant b \geqslant c > 0$,那么:

(a)$a + b + c - 3\sqrt[3]{abc} \geqslant \dfrac{3(a-b)^2}{5a+4b}$;

(b)$a + b + c - 3\sqrt[3]{abc} \geqslant \dfrac{64(a-b)^2}{7(11a+24b)}$.

(Vasile Cîrtoaje,2009)

**证明**  我们应用不等式

$$a + b + c - 3\sqrt[3]{abc} \geqslant a + 2b - 3\sqrt[3]{ab^2}$$

这等价于

$$3\sqrt[3]{ab}(\sqrt[3]{b} - \sqrt[3]{c}) \geqslant b - c$$

$$(\sqrt[3]{b} - \sqrt[3]{c})(3\sqrt[3]{ab} - \sqrt[3]{b^2} - \sqrt[3]{bc} - \sqrt[3]{c^2}) \geqslant 0$$

因为 $a \geqslant b \geqslant c$,所以最后一个不等式显然成立.

（a）只需证

$$a + 2b - 3\sqrt[3]{ab^2} \geqslant \frac{3(a-b)^2}{5a+4b}$$

设 $b=1$(由齐次性),$a = x^3$,$x \geqslant 1$,这个不等式变成

$$(5x^3 + 4)(x^3 - 3x + 2) \geqslant 3(x^3 - 1)^2$$

$$(x-1)^2(2x^4 + 4x^3 - 9x^2 - 2x + 5) \geqslant 0$$

$$(x-1)^4(2x^2 + 8x + 5) \geqslant 0$$

等式适用于 $a = b = c$.

（b）只需证

$$a + 2b - 3\sqrt[3]{ab^2} \geqslant \frac{64(a-b)^2}{7(11a+24b)}$$

设 $b=1$,$a = x^3$,$x \geqslant 1$,这个不等式变成

$$7(11x^3 + 24)(x^3 - 3x + 2) \geqslant 64(x^3 - 1)^2$$

$$(x-1)^2(13x^4 + 26x^3 - 192x^2 + 40x + 272) \geqslant 0$$

$$(x-1)^2(x-2)^2(13x^3 + 78x + 68) \geqslant 0$$

等式适用于 $a = b = c$,也适用于 $\dfrac{a}{8} = b = c$.

**问题 2.74** 如果 $a \geqslant b \geqslant c > 0$,那么:

(a) $a + b + c - 3\sqrt[3]{abc} \geqslant \dfrac{3(b-c)^2}{4b+5c}$;

(b) $a + b + c - 3\sqrt[3]{abc} \geqslant \dfrac{25(b-c)^2}{7(3b+11c)}$.

(Vasile Cîrtoaje,2009)

**证明** 我们应用不等式

$$a + b + c - 3\sqrt[3]{abc} \geqslant 2b + c - 3\sqrt[3]{b^2 c}$$

这等价于

$$a - b \geqslant 3\sqrt[3]{bc}\left(\sqrt[3]{a} - \sqrt[3]{b}\right)$$

$$\left(\sqrt[3]{a} - \sqrt[3]{b}\right)\left(\sqrt[3]{a^2} + \sqrt[3]{ab} + \sqrt[3]{b^2} - 3\sqrt[3]{bc}\right) \geqslant 0$$

因为 $a \geqslant b \geqslant c$,不等式明显成立.

(a) 只需证

$$2b + c - 3\sqrt[3]{b^2 c} \geqslant \frac{3(b-c)^2}{4b+5c}$$

设 $c=1, b=x^3, x \geqslant 1$,这个不等式变成

$$(4x^3 + 5)(2x^3 - 3x^2 + 1) \geqslant 3(x^3 - 1)^2$$

$$(x-1)^2(5x^4 - 2x^3 - 9x^2 + 4x + 2) \geqslant 0$$

$$(x-1)^4(5x^2 + 8x + 2) \geqslant 0$$

等式适用于 $a = b = c$.

(b) 只需证

$$2b + c - 3\sqrt[3]{b^2 c} \geqslant \frac{25(b-c)^2}{7(3b+11c)}$$

设 $c=1, b=x^3, x \geqslant 1$,这个不等式变成

$$7(3x^3 + 11)(2x^3 - 3x^2 + 1) \geqslant 25(x^3 - 1)^2$$

$$(x-1)^2(17x^4 - 29x^3 - 75x^2 + 104x + 52) \geqslant 0$$

$$(x-1)^2(x-2)^2(17x^3 + 39x + 13) \geqslant 0$$

等式适用于 $a = b = c$,也适用于 $a = b = 8c$.

**备注** 下列一般结论成立.

● 如果 $a_1 \geqslant a_2 \geqslant \cdots \geqslant a_n \geqslant 0$,那么

$$a_1 + a_2 + \cdots + a_n - n\sqrt[n]{a_1 a_2 \cdots a_n}$$

$$\geqslant \frac{3i(n-j+1)(a_i - a_j)^2}{2(2n+i-2j+2)a_i + 2(n+2i-j+1)a_j}$$

对于所有的 $i < j$ 成立.

**问题 2.75** 如果 $a \geqslant b \geqslant c > 0$,那么

380

$$a+b+c-3\sqrt[3]{abc} \geqslant \frac{3(a-c)^2}{4(a+b+c)}$$

（Vasile Cîrtoaje,2009）

**证明**  由齐次性,可设 $a+b+c=3$,并设

$$x=\left(\frac{a+c}{2}\right)^2, \quad y=ac, \quad x \geqslant y$$

我们有

$$x=\left(\frac{3-b}{2}\right)^2, \quad x-y=\left(\frac{a-c}{2}\right)^2$$

期望不等式等价于

$$3-3\sqrt[3]{by} \geqslant x-y$$

分两种情形讨论.

**情形 1**  $b \leqslant 1$.根据 AM−GM 不等式,我们有

$$y+2\sqrt{b} \geqslant 3\sqrt[3]{by}$$

于是只需证 $3-2\sqrt{b} \geqslant x$,事实上

$$3-2\sqrt{b}-x=3-2\sqrt{b}-\left(\frac{3-b}{2}\right)^2$$

$$=\frac{1}{4}(1-\sqrt{b})^3(3+\sqrt{b})$$

$$\geqslant 0$$

**情形 2**  $b \geqslant 1$.从

$$a+b+c=b+\frac{a+c}{2}+\frac{a+c}{2} \geqslant 3\sqrt[3]{b\left(\frac{a+c}{2}\right)^2}$$

我们得到

$$3 \geqslant 3\sqrt[3]{bx}$$

因此,只需证

$$3\sqrt[3]{bx}-3\sqrt[3]{by} \geqslant x-y$$

这等价于

$$(\sqrt[3]{x}-\sqrt[3]{y})(3\sqrt[3]{b}-\sqrt[3]{x^2}-\sqrt[3]{xy}-\sqrt[3]{y^2}) \geqslant 0$$

因为

$$y \leqslant x=\left(\frac{3-b}{2}\right)^2 \leqslant 1 \leqslant b$$

不等式显然成立.等式适用于 $a=b=c$.

**问题 2.76**  如果 $a \geqslant b \geqslant c>0$,那么:

(a) $a^6+b^6+c^6-3a^2b^2c^2 \geqslant 12a^2c^2(b-c)^2$;

(b)$a^6 + b^6 + c^6 - 3a^2b^2c^2 \geqslant 10a^3c\ (b-c)^2$.

(Vasile Cîrtoaje，2014)

**证明** （a）我们记
$$E(a,b,c) = a^6 + b^6 + c^6 - 3a^2b^2c^2 - 12a^2c^2\ (b-c)^2$$
我们将证明
$$E(a,b,c) \geqslant E(b,b,c) \geqslant 0$$
我们有
$$E(a,b,c) - E(b,b,c)$$
$$= (a^2-b^2)\ [a^4 + a^2b^2 + b^4 - 3b^2c^2 - 12c^2\ (b-c)^2]$$
$$\geqslant (a^2-b^2)\ [3b^2\ (b^2-c^2) - 12c^2\ (b-c)^2]$$
$$= 3(a^2-b^2)\ (b-c)\ [b^3 + c\ (b-2c)^2]$$
$$\geqslant 0$$
同样有
$$E(b,b,c) = 2b^6 + c^6 - 3b^4c^2 - 12b^2c^2\ (b-c)^2$$
$$= (b^2-c^2)^2(2b^2+c^2) - 12b^2c^2\ (b-c)^2$$
$$= (b-c)^2\ (2b^4 + 4b^3c - 9b^2c^2 + 2bc^3 + c^4)$$
$$= (b-c)^3\ (2b^3 + 6b^2c^2 - 3bc^2 - c^3)$$
$$\geqslant 0$$
等式适用于 $a=b=c$.

（b）设
$$E(a,b,c) = a^6 + b^6 + c^6 - 3a^2b^2c^2 - 12a^2c^2\ (b-c)^2$$
我们将证明
$$E(a,b,c) \geqslant E(b,b,c) \geqslant 0$$
为了证明左边不等式，我们只需证明对于固定的 $b$ 和 $c$，函数
$$f(a) = E(a,b,c)$$
在 $[b,+\infty)$ 上是增函数，也就是说 $f'(a) \geqslant 0$，事实上，我们有
$$f'(a) = 6a\ [a^4 - b^2c^2 - 5ac\ (b-c)^2]$$
$$\geqslant 6a\ [a^4 - a^2c^2 - 5ac\ (a-c)^2]$$
$$= 6a^2\ (a-c)\ [a(a+c) - 5c(a-c)]$$
$$= 6a^2\ (a-c)\ [(a-2c)^2 + c^2]$$
$$\geqslant 0$$
关于右边的不等式，我们有
$$E(b,b,c) = 2b^6 + c^6 - 3b^4c^2 - 10b^3c\ (b-c)^2$$
$$= (b^2-c^2)^2\ (2b^2+c^2) - 10b^3c\ (b-c)^2$$
$$= (b-c)^2g(b,c)$$

其中

$$g(b,c)=2b^4-6b^3c+3b^2c^2+2bc^3+c^4$$

因为

$$g(b,c)=2b(b-c)(b-2c)^2+c \cdot h(b,c)$$
$$h(b,c)=4b^3-13b^2c+10bc^2+c^3$$

于是只需证 $h(b,c)\geqslant 0$. 当 $b\geqslant 2c$ 时,我们有

$$h(b,c)=b(b-2c)(4b-5c)+c^3>0$$

同样,当 $c\leqslant b\leqslant 2c$ 时,我们有

$$2h(b,c)=(2c-b)(b-c)^2+b(3b-5c)^2\geqslant 0$$

因此,证明完成了. 等式适用于 $a=b=c$.

**问题 2.77**    如果 $a\geqslant b\geqslant c>0$,那么

$$\frac{ab+bc}{a^2+b^2+c^2}\leqslant \frac{1+\sqrt{3}}{4}$$

**证明**    记

$$k=\frac{1+\sqrt{3}}{4}\approx 0.683$$

将原不等式改写为 $E(a,b,c)\geqslant 0$,其中

$$E(a,b,c)=k(a^2+b^2+c^2)-ab-bc$$

我们将证明

$$E(a,b,c)\geqslant E(b,b,c)\geqslant 0$$

我们有

$$E(a,b,c)-E(b,b,c)=(a-b)[ka-(1-k)b]$$
$$\geqslant (2k-1)(a-b)b$$
$$\geqslant 0$$

$$E(b,b,c)=(2k-1)b^2+kc^2-bc\geqslant 2\sqrt{k(2k-1)}\,bc-bc=0$$

等式适用于 $a=b=\dfrac{1+\sqrt{3}}{2}c$.

**问题 2.78**    如果 $a\geqslant b\geqslant c\geqslant d>0$,那么

$$\frac{ab+bc+cd}{a^2+b^2+c^2+d^2}\leqslant \frac{2+\sqrt{7}}{6}$$

**证明**    将原不等式改写为 $E(a,b,c)\geqslant 0$,其中

$$E(a,b,c,d)=k(a^2+b^2+c^2+d^2)-ab-bc-cd$$

$$k=\frac{2+\sqrt{7}}{6}\approx 0.774$$

我们将证明

$$E(a,b,c,d) \geqslant E(b,b,c,d) \geqslant E(c,c,c,d) \geqslant 0$$

我们有

$$E(a,b,c,d) - E(b,b,c,d) = (a-b) \left[ ka - (1-k)b \right]$$
$$\geqslant (2k-1)(a-b)b \geqslant 0$$
$$E(b,b,c,d) - E(c,c,c,d) = (b-c) \left[ (2k-1)b - (2-2k)c \right]$$
$$\geqslant (4k-3)(b-c)c$$
$$\geqslant 0$$
$$E(c,c,c,d) = (3k-2)c^2 + kd^2 - cd$$
$$\geqslant \left[ 2\sqrt{k(3k-2)} - 1 \right] cd$$
$$= 0$$

等式适用于 $a = b = c = \dfrac{2+\sqrt{7}}{3}d$.

**问题 2.79**  如果

$$a \geqslant 1 \geqslant b \geqslant c \geqslant d \geqslant 0, \quad a+b+c+d = 4$$

那么

$$ab + bc + cd \leqslant 3$$

**证明**  将原不等式改写为齐次式 $E(a,b,c,d) \geqslant 0$,其中

$$E(a,b,c,d) = 3(a+b+c+d)^2 - 16(ab+bc+cd)$$

从

$$a+b+c+d = 4 \geqslant 4b$$

我们得到

$$a \geqslant 3b - c - d$$

我们将证明

$$E(a,b,c,d) \geqslant E(3b-c-d,b,c,d) \geqslant 0$$

我们有

$$E(a,b,c,d) - E(3b-c-d,b,c,d)$$
$$= 3 \left[ (a+b+c+d)^2 - (4b)^2 \right] - 16b(a-3b+c+d)$$
$$= (a-3b+c+d)(3a-b+3c+3d)$$
$$\geqslant 0$$

同样

$$E(3b-c-d,b,c,d) = 48b^2 - 16(3b^2 - bd + cd) = 16d(b-c) \geqslant 0$$

等式适用于 $a \in [2,3], b=1, c=3-a, d=0$.

**问题 2.80**  设 $a,b,c,k$ 是正实数,并设

$$E = (ka+b+c) \left( \dfrac{k}{a} + \dfrac{1}{b} + \dfrac{1}{c} \right)$$

$$F = (ka^2 + b^2 + c^2)\left(\frac{k}{a^2} + \frac{1}{b^2} + \frac{1}{c^2}\right)$$

（a）如果 $k \geqslant 1$，那么

$$\sqrt{\frac{F - (k-2)^2}{2k}} + 2 \geqslant \frac{E - (k-2)^2}{2k}$$

（b）如果 $0 < k \leqslant 1$，那么

$$\sqrt{\frac{F - k^2}{k+1}} + 2 \geqslant \frac{E - k^2}{k+1}$$

（Vasile Cîrtoaje，2007）

**证明**　由齐次性，我们可以设 $bc = 1$，在这个假设下，如果我们记

$$x = a + \frac{1}{a}, \quad y = b + \frac{1}{b} = c + \frac{1}{c}, x \geqslant 2, y \geqslant 2$$

那么

$$E = (ka + b + c)\left(\frac{k}{a} + \frac{1}{b} + \frac{1}{c}\right)$$

$$= (ka + y)\left(\frac{k}{a} + y\right)$$

$$= k^2 + kxy + y^2$$

$$F = (ka^2 + b^2 + c^2)\left(\frac{k}{a^2} + \frac{1}{b^2} + \frac{1}{c^2}\right)$$

$$= (ka^2 + y^2 - 2)\left(\frac{k}{a^2} + y^2 - 2\right)$$

$$= k^2 + k(x^2 - 2)(y^2 - 2) + (y^2 - 2)^2$$

（a）将原不等式改写为

$$2kF - 2k(k-2)^2 \geqslant (E - k^2 - 4)^2$$

我们有

$$E - k^2 - 4 = kxy + y^2 - 4 > 0$$

$$(E - k^2 - 4)^2 = k^2 x^2 y^2 + 2kxy(y^2 - 4) + (y^2 - 4)^2$$

$$F - (k-2)^2 = 4k + k(x^2 - 2)(y^2 - 2) + y^2(y^2 - 4)$$

$$2kF - 2k(k-2)^2 = 8k^2 + 2k^2(x^2 - 2)(y^2 - 2) + 2ky^2(y^2 - 4)$$

因此

$$2kF - 2k(k-2)^2 - (E - k^2 - 4)^2$$

$$= (y^2 - 4)\left[k^2(x^2 - 4) - 2ky(x - y) - (y^2 - 4)\right]$$

因为 $y^2 - 4 \geqslant 0$，我们还需要证明

$$k^2(x^2 - 4) - 2ky(x - y) \geqslant y^2 - 4$$

我们将证明

$$k^2(x^2 - 4) - 2ky(x - y) \geqslant (x^2 - 4) - 2y(x - y) \geqslant y^2 - 4$$

385

右边不等式等价于$(x-y)^2\geqslant 0$,而左边不等式等价于
$$(k-1)\left[(k+1)(x^2-4)-2y(x-y)\right]\geqslant 0$$
这是成立的,因为
$$(k+1)(x^2-4)-2y(x-y)\geqslant 2(x^2-4)-2y(x-y)$$
$$=2(x-y)^2+2(xy-4)$$
$$\geqslant 0$$

等式适用于$b=c$. 如果$k=1$,那么等式也适用于$a=b$,或$b=c$,或$c=a$.

（b）将原不等式改写为
$$(k+1)(F-k^2)\geqslant (E-k^2-2k-2)^2$$
我们有
$$E-k^2-2k-2=k(xy-2)+y^2-2>0$$
$$(E-k^2-2k-2)^2=k^2(xy-2)^2+2k(xy-2)(y^2-2)+(y^2-2)^2>0$$
$$(k+1)(F-k^2)=k^2(x^2-2)(y^2-2)+k(y^2-2)(x^2+y^2-4)+(y^2-2)^2$$
因此
$$(k+1)(F-k^2)-(E-k^2-2k-2)^2$$
$$=k(x-y)^2(y^2-2k-2)$$
$$\geqslant k(x-y)^2(y^2-4)$$
$$\geqslant 0$$

如果$0<k<1$,那么等式适用于$a=b$或$a=c$.

**问题 2.81** 如果$a,b,c$是正实数,那么
$$\frac{a}{2b+6c}+\frac{b}{7c+a}+\frac{25c}{9a+8b}>1$$

**证明** 根据柯西－施瓦兹不等式,我们有
$$\frac{a}{2b+6c}+\frac{b}{7c+a}+\frac{25c}{9a+8b}\geqslant \frac{(a+b+5c)^2}{a(2b+6c)+b(7c+a)+c(9a+8b)}$$
于是只需证
$$(a+b+5c)^2\geqslant 3ab+15bc+15ca$$
这等价于
$$a^2+b^2+25c^2-ab-5bc-5ca\geqslant 0$$
事实上,我们有
$$2(a^2+b^2+25c^2-ab-5bc-5ca)$$
$$=(a-b)^2+a^2+b^2+50c^2-10bc-10ca$$
$$=(a-b)^2+(a-5c)^2+(b-5c)^2$$
$$\geqslant 0$$

**问题 2.82** 如果 $a,b,c$ 是正实数,且满足

$$\frac{1}{a} \geq \frac{1}{b} + \frac{1}{c}$$

那么

$$\frac{1}{a+b} + \frac{1}{b+c} + \frac{1}{c+a} \geq \frac{55}{12(a+b+c)}$$

（Vasile Cîrtoaje，2014）

**证明** 记

$$x = \frac{bc}{b+c}, \quad a \leqslant x$$

并将原不等式改写为

$$\sum \frac{a+b+c}{b+c} \geqslant \frac{55}{12}$$

$$\frac{a}{b+c} + \frac{b}{c+a} + \frac{c}{a+b} \geqslant \frac{19}{12}$$

应用柯西 — 施瓦兹不等式,我们有

$$\frac{b}{c+a} + \frac{c}{a+b} \geqslant \frac{(b+c)^2}{b(c+a)+c(a+b)}$$

于是只需证

$$F(a,b,c) \geqslant \frac{19}{12}$$

其中

$$F(a,b,c) = \frac{a}{b+c} + \frac{(b+c)^2}{a(b+c)+2bc}$$

我们将证明

$$F(a,b,c) \geqslant F(x,b,c) \geqslant \frac{19}{12}$$

因为

$$F(a,b,c) - F(b,b,c)$$
$$= (x-a)\left[ -\frac{1}{b+c} + \frac{(b+c)^3}{[a(b+c)+2bc][x(b+c)+2bc]} \right]$$

我们只需证

$$(b+c)^4 \geqslant [a(b+c)+2bc][x(b+c)+2bc]$$

因为

$$a(b+c)+2bc \leqslant x(b+c)+2bc$$

于是只需证

$$(b+c)^2 \geqslant x(b+c)+2bc$$

这等价于显然成立的不等式

387

$$(b+c)^2 \geqslant 3bc$$

而且,我们有

$$F(x,b,c) - \frac{9}{12} = \frac{bc}{(b+c)^2} + \frac{(b+c)^2}{3bc} - \frac{19}{12}$$

$$= \frac{(b-c)^2(4b^2+5bc+4c^2)}{12bc(b+c)^2}$$

$$\geqslant 0$$

等式适用于 $2a = b = c$.

**问题 2.83** 如果 $a,b,c$ 是正实数,且满足

$$\frac{1}{a} \geqslant \frac{1}{b} + \frac{1}{c}$$

那么

$$\frac{1}{a^2+b^2} + \frac{1}{b^2+c^2} + \frac{1}{c^2+a^2} \geqslant \frac{189}{40(a^2+b^2+c^2)}$$

(Vasile Cîrtoaje, 2014)

**证明** 记

$$x = \frac{bc}{b+c}, \quad a \leqslant x$$

期望不等式可写为

$$\sum \frac{a^2+b^2+c^2}{a^2+b^2} \geqslant \frac{189}{40}$$

$$\frac{a^2}{b^2+c^2} + \frac{b^2}{c^2+a^2} + \frac{c^2}{a^2+b^2} \geqslant \frac{69}{40}$$

应用柯西－施瓦兹不等式,我们有

$$\frac{c^2}{a^2+b^2} + \frac{b^2}{c^2+a^2} \geqslant \frac{(b^2+c^2)^2}{c^2(a^2+b^2)+b^2(c^2+a^2)}$$

我们只需证

$$F(a,b,c) \geqslant \frac{69}{40}$$

其中

$$F(a,b,c) = \frac{a^2}{b^2+c^2} + \frac{(b^2+c^2)^2}{c^2(a^2+b^2)+b^2(c^2+a^2)}$$

我们将证明

$$F(a,b,c) \geqslant F(x,b,c) \geqslant \frac{69}{40}$$

因为

$$F(a,b,c) - F(x,b,c)$$

$$= (x^2 - a^2) \left[ \frac{(b^2 + c^2)^3}{[a^2(b^2 + c^2) + 2b^2c^2][x^2(b^2 + c^2) + 2b^2c^2]} - \frac{1}{b^2 + c^2} \right]$$

我们需要证明

$$(b^2 + c^2)^4 \geqslant [a^2(b^2 + c^2) + 2b^2c^2][x^2(b^2 + c^2) + 2b^2c^2]$$

因为

$$a^2(b^2 + c^2) + 2b^2c^2 \leqslant x^2(b^2 + c^2) + 2b^2c^2$$

于是只需证

$$(b^2 + c^2)^2 \geqslant x^2(b^2 + c^2) + 2b^2c^2$$

这等价于

$$(b^4 + c^4)(b + c)^2 \geqslant b^2c^2(b^2 + c^2)$$

这个不等式可由 $b^4 + c^4 > b^2c^2$ 和 $(b+c)^2 > b^2 + c^2$ 得到. 同样也有

$$F(x, b, c) = \frac{x^2}{b^2 + c^2} + \frac{(b^2 + c^2)^2}{x^2(b^2 + c^2) + 2b^2c^2}$$

因为

$$2b^2c^2 \leqslant 4x^2(b^2 + c^2)$$

所以

$$F(x, b, c) \geqslant \frac{x^2}{b^2 + c^2} + \frac{(b^2 + c^2)^2}{5x^2(b^2 + c^2)} = \frac{1}{t} + \frac{t}{5}$$

其中

$$t = \frac{b^2 + c^2}{x^2} \geqslant 8$$

因此

$$F(x, b, c) - \frac{69}{40} \geqslant \frac{1}{t} + \frac{t}{5} - \frac{69}{40}$$

$$= \frac{(t - 8)(8t - 5)}{40t}$$

$$\geqslant 0$$

等式适用于 $2a = b = c$.

**问题 2.84**　寻找最佳实数 $k, m, n$, 使之对于所有 $a \geqslant b \geqslant c \geqslant 0$ 满足

$$(\sqrt{a} + \sqrt{b} + \sqrt{c})\sqrt{a + b + c} \geqslant ka + mb + nc$$

**解**　当 $a = 1, b = c = 0$, 或 $a = b = 1, c = 0$, 或 $a = b = c = 1$ 时, 我们依次得到

$$k \leqslant 1, \quad k + m \leqslant 2\sqrt{2}, \quad k + m + n \leqslant 3\sqrt{3}$$

这意味着

$$ka + mb + nc = k(a - b) + (m + k)(b - c) + (k + m + n)c$$

$$\leqslant a - b + 2\sqrt{2}(b - c) + 3\sqrt{3}c$$

$$= a + (2\sqrt{2} - 1)b + (3\sqrt{3} - 2\sqrt{2})c$$

因此,下列不等式成立

$$(\sqrt{a} + \sqrt{b} + \sqrt{c})\sqrt{a+b+c} \geqslant a + (2\sqrt{2} - 1)b + (3\sqrt{3} - 2\sqrt{2})c$$

那么

$$k = 1, \quad m = 2\sqrt{2} - 1, \quad n = 3\sqrt{3} - 2\sqrt{2}$$

是最佳的 $k, m, n$ 的值. 因为

$$(\sqrt{a} + \sqrt{b} + \sqrt{c})^2 = a + (2\sqrt{ab} + b) + (2\sqrt{ac} + 2\sqrt{bc} + c)$$
$$\geqslant a + 3b + 5c$$

因此,只需证明

$$(a + 3b + 5c)(a + b + c) \geqslant \left[ a + (2\sqrt{2} - 1)b + (3\sqrt{3} - 2\sqrt{2})c \right]^2$$

这个不等式等价于显然成立的不等式

$$(3 - 2\sqrt{2})b(a - b) + (3 + 2\sqrt{2} - 3\sqrt{3})c(a - b) + 3(5 - 2\sqrt{6})c(b - c) \geqslant 0$$

如果 $k = 1, m = 2\sqrt{2} - 1, n = 3\sqrt{3} - 2\sqrt{2}$,此时等式适用于 $a = b = c$,或 $a = b, c = 0$,或 $b = c = 0$.

**问题 2.85** 设 $a, b \in (0, 1], a \leqslant b$.

(a) 如果 $a \leqslant \dfrac{1}{e}$,那么

$$2a^a \geqslant a^b + b^a$$

(b) 如果 $b \geqslant \dfrac{1}{e}$,那么

$$2b^b \geqslant a^b + b^a$$

(Vasile Cîrtoaje, 2012)

**证明** (a) 我们需要证明 $f(a) \geqslant f(b)$,其中

$$f(x) = a^x + x^a, \quad x \in [a, b]$$

这是成立的,如果 $f(x)$ 是减函数,也就是说,当 $x \in [a, b]$ 时,$f'(x) \leqslant 0$. 因为它的导数为

$$f'(x) = a(x^{a-1} + a^{x-1} \ln a) \leqslant a(x^{a-1} - a^{x-1})$$

于是只需证

$$x^{a-1} \leqslant a^{x-1}$$

其中 $0 < a \leqslant x \leqslant 1$. 考虑非平凡情况 $0 < a \leqslant x < 1$,并将这个不等式写成 $g(x) \geqslant g(a)$,我们有

$$g(x) = \frac{\ln x}{1 - x}$$

于是只需证 $g'(x) \geqslant 0$,其中 $0 < x < 1$,我们有

$$g'(x) = \frac{h(x)}{(1-x)^2}, \quad h(x) = \frac{1}{x} - 1 + \ln x$$

因为

$$h'(x) = \frac{x-1}{x^2} < 0$$

所以 $h(x)$ 是严格递减函数,$h(x) > h(1) = 0$,$g'(x) > 0$,这就完成了证明. 等式适用于 $a = b$.

(b) 我们需要证明 $f(b) \geqslant f(a)$,其中

$$f(x) = x^b + b^x, \quad x \in [a,b]$$

这是成立的,如果 $f(x)$ 是递增函数;也就是,当 $x \in [a,b]$ 时,$f'(x) \geqslant 0$. 因为其导数为

$$f'(x) = b(x^{b-1} + b^{x-1}\ln b) \geqslant b(x^{b-1} - b^{x-1})$$

于是只需证

$$x^{b-1} \geqslant b^{x-1}$$

其中 $0 < x \leqslant b \leqslant 1$,如(a) 所示,这个不等式是成立的. 等式适用于 $a = b$.

**问题 2.86** 如果 $0 \leqslant a \leqslant b, b \geqslant \frac{1}{2}$,那么

$$2b^{2b} \geqslant a^{2b} + b^{2a}$$

(Vasile Cîrtoaje,2012)

**证明** 我们需要证明 $f(a) \leqslant f(b)$,其中

$$f(x) = x^{2b} + b^{2x}, \quad x \in [0,b]$$

因为其导数

$$f''(x) = 2b[2b^{2x-1}\ln^2 b + (2b-1)x^{2b-2}] > 0, \quad x \in (0,b]$$

这说明 $f(x)$ 在 $[0,b]$ 上是凸函数,因此,我们有

$$f(a) \leqslant \max\{f(0), f(b)\}$$

由此,要证明 $f(a) \leqslant f(b)$,只需证明 $f(b) \geqslant f(0)$,应用伯努利(Bernoulli) 不等式,我们得到

$$
\begin{aligned}
f(b) - f(0) &= 2b^{2b} - 1 \\
&= 2[1 + (b-1)]^{2b} - 1 \\
&\geqslant 2[1 + 2b(b-1)] - 1 \\
&= (2b-1)^2 \\
&\geqslant 0
\end{aligned}
$$

等式适用于 $a = b \geqslant \frac{1}{2}$,也适用于 $a = 0, b = \frac{1}{2}$.

**问题 2.87** 如果 $a \geqslant b \geqslant 0$,那么:

(a)$a^{b-a} \leqslant 1 + \dfrac{a-b}{\sqrt{a}}$;

391

$(b) a^{a-b} \geqslant 1 - \dfrac{3(a-b)}{4\sqrt{a}}.$

（Vasile Cîrtoaje,2010）

**证明** （a）将原不等式改写为

$$(a-b)\ln a + \ln\left(1 + \frac{a-b}{\sqrt{a}}\right) \geqslant 0$$

通过将如下两个不等式相加,可证明这个不等式

$$\ln\left(1 + \frac{a-b}{\sqrt{a}}\right) + \frac{a-b}{\sqrt{a}} - \frac{(a-b)^2}{2a} \geqslant 0$$

$$(a-b)\ln a - \frac{a-b}{\sqrt{a}} + \frac{(a-b)^2}{2a} \geqslant 0$$

记

$$x = \frac{a-b}{\sqrt{2}}, \quad x \geqslant 0$$

将第一个不等式写为 $f(x) \geqslant 0$,其中

$$f(x) = \ln(1+x) - x + \frac{x^2}{2}$$

其导数

$$f'(x) = \frac{x^2}{1+x} \geqslant 0$$

说明 $f(x)$ 是递增的,因此 $f(x) \geqslant f(0) = 0$.

第二个不等式是成立的,如果

$$\ln a + \frac{1}{\sqrt{a}} - \frac{a-b}{2a} \geqslant 0$$

于是只需证 $g(a) \geqslant 0$,其中

$$g(a) = \ln a + \frac{1}{\sqrt{a}} - \frac{a-b}{2a}$$

其导数

$$g'(a) = \frac{2\sqrt{a}-1}{2a\sqrt{a}}$$

说明 $g(a)$ 在 $\left(0, \dfrac{1}{4}\right]$ 上是递减的,在 $\left[\dfrac{1}{4}, +\infty\right)$ 上是递增的,因此

$$g(a) \geqslant g\left(\frac{1}{4}\right) = \frac{3}{2} - \ln 4 > 0$$

等式适用于 $a = b$.

（b）考虑非平凡情况 $1 - \dfrac{3(a-b)}{4\sqrt{a}} > 0$,将这个不等式改写为

$$(a-b)\ln a \geqslant \ln\Big(1 - \frac{3(a-b)}{4\sqrt{a}}\Big)$$

通过将如下两个不等式相加,可证明这个不等式

$$0 \geqslant \ln\Big(1 - \frac{3a-3b}{4\sqrt{a}}\Big) + \frac{3a-3b}{4\sqrt{a}}$$

$$(a-b)\ln a + \frac{3a-3b}{4\sqrt{a}} \geqslant 0$$

记

$$x = \frac{3(a-b)}{4\sqrt{a}}, \quad 0 \leqslant x < 1$$

我们能将第一个不等式改写为 $f(x) \leqslant 0$,其中

$$f(x) = \ln(1-x) + x$$

其导数

$$f'(x) = -\frac{x}{1-x} \leqslant 0$$

说明 $f(x)$ 是递减的,所以 $f(x) \leqslant f(0) = 0$.

第二个不等式是成立的,如果 $g(a) \geqslant 0$,其中

$$g(a) = \ln a + \frac{3}{4\sqrt{a}}$$

其导数

$$g'(a) = \frac{8\sqrt{a} - 3}{8a\sqrt{a}}$$

说明

$$g(a) \geqslant g\Big(\frac{9}{64}\Big) = 2\ln\frac{3\mathrm{e}}{8} > 0$$

等式适用于 $a = b$.

**问题 2.88** 如果 $a,b,c$ 为一个三角形的三边长,那么

$$a^3(b+c) + bc(b^2 + c^2) \geqslant a(b^3 + c^3)$$

$$\text{(Vasile Cîrtoaje, 2010)}$$

**证明 1** 因为原不等式关于 $b,c$ 是对称的,我们可以假设 $b \geqslant c$,考虑下列两种情形.

**情形 1** $a \geqslant b$. 只需证

$$a^3(b+c) \geqslant a(b^3 + c^3)$$

我们有

$$a^3(b+c) - a(b^3 + c^3) \geqslant ab^2(b+c) - a(b^3 + c^3) = ac(b^2 - c^2) \geqslant 0$$

**情形 2** $a \leqslant b$. 将原不等式改写为

393

$$c(a^3 + b^3) - c^3(a - b) + ab(a^2 - b^2) \geqslant 0$$

只需证

$$c(a^3 + b^3) + ab(a^2 - b^2) \geqslant 0$$

我们有

$$c(a^3 + b^3) + ab(a^2 - b^2) \geqslant c(a^3 + b^3) - abc(a + b)$$
$$= c(a + b)(a - b)^2$$
$$\geqslant 0$$

等式适用于 $a = b, c = 0$, 或 $a = c, b = 0$ 的退化三角形.

**证明 2** 考虑两种情形.

**情形 1** $b^2 + c^2 \geqslant a(b + c)$. 将原不等式改写为

$$bc(b^2 + c^2) \geqslant a(b + c)(b^2 + c^2 - bc - a^2)$$

于是只需证

$$bc \geqslant b^2 + c^2 - bc - a^2$$

这个不等式等价于一个显然成立的不等式

$$a^2 \geqslant (b - c)^2$$

**情形 2** $a(b + c) \geqslant b^2 + c^2$. 将原不等式改写为

$$a^3(b + c) - a(b^3 + c^3) \geqslant -bc(b^2 + c^2)$$
$$a^3(b + c) + abc(b + c) \geqslant a(b + c)(b^2 + c^2) - bc(b^2 + c^2)$$
$$a(b + c)(a^2 + bc) \geqslant (b^2 + c^2)(ab + ca - bc)$$

于是只需证明

$$a^2 + bc \geqslant ab + ca - bc$$

这等价于显然成立的不等式

$$bc \geqslant (a - c)(b - a)$$

**问题 2.89** 如果 $a, b, c$ 为一个三角形的三边长, 那么

$$\frac{(a + b)^2}{2ab + c^2} + \frac{(a + c)^2}{2ac + b^2} \geqslant \frac{(b + c)^2}{2bc + a^2}$$

(Vasile Cîrtoaje, 2010)

**证明** 根据柯西-施瓦兹不等式, 我们有

$$\frac{(a + b)^2}{2ab + c^2} + \frac{(a + c)^2}{2ac + b^2} \geqslant \frac{(2a + b + c)^2}{b^2 + c^2 + 2a(b + c)}$$

因此, 只需证

$$\frac{(2a + b + c)^2}{b^2 + c^2 + 2a(b + c)} \geqslant \frac{(b + c)^2}{2bc + a^2}$$

我们将证明

$$\frac{(2a + b + c)^2}{b^2 + c^2 + 2a(b + c)} \geqslant 2 \geqslant \frac{(b + c)^2}{2bc + a^2}$$

左边不等式化简得 $4a^2 \geqslant (b-c)^2$. 右边不等式化简得 $2a^2 \geqslant (b-c)^2$, 这些不等式都是成立的, 因为 $a^2 \geqslant (b-c)^2$. 等式适用于 $a=0, b=c$ 的退化三角形式.

**问题 2.90** 如果 $a, b, c$ 为一个三角形的三边长, 那么

$$\frac{a+b}{ab+c^2} + \frac{a+c}{ac+b^2} \geqslant \frac{b+c}{bc+a^2}$$

(Vasile Cîrtoaje, 2010)

**证明** 原不等式关于 $b, c$ 对称, 不妨设 $b \geqslant c$. 因为 $a+b \geqslant a+c$ 和

$$ab+c^2 - (ac+b^2) = (b-c)(a-b-c) \leqslant 0$$

根据切比雪夫(Chebyshev)不等式, 我们有

$$\frac{a+b}{ab+c^2} + \frac{a+c}{ac+b^2} \geqslant \frac{1}{2}(a+b+a+c)\left(\frac{1}{ab+c^2} + \frac{1}{ac+b^2}\right)$$
$$\geqslant \frac{2(2a+b+c)}{a(b+c)+b^2+c^2}$$

另外

$$\frac{b+c}{bc+a^2} \leqslant \frac{b+c}{\frac{1}{2}(b-c)^2 + bc} = \frac{2(b+c)}{b^2+c^2}$$

因此, 只需证

$$\frac{2(2a+b+c)}{a(b+c)+b^2+c^2} \geqslant \frac{2(b+c)}{b^2+c^2}$$

这等价于 $a(b-c)^2 \geqslant 0$. 等式适用于 $a=0, b=c$ 的退化三角形.

**问题 2.91** 如果 $a, b, c$ 为一个三角形的三边长, 那么

$$\frac{b(a+c)}{ac+b^2} + \frac{c(a+b)}{ab+c^2} \geqslant \frac{a(b+c)}{bc+a^2}$$

(Vo Quoc Ba Can, 2010)

**证明** 原不等式关于 $b, c$ 对称, 不妨设 $b \geqslant c$. 因为

$$ab+c^2 - (ac+b^2) = (b-c)(a-b-c) \leqslant 0$$

因此, 只需证

$$\frac{b(a+c)}{ac+b^2} + \frac{c(a+b)}{ac+b^2} \geqslant \frac{a(b+c)}{bc+a^2}$$

这等价于

$$\frac{2bc+a(b+c)}{ac+b^2} \geqslant \frac{a(b+c)}{bc+a^2}$$

$$\frac{2bc}{ac+b^2} \geqslant a(b+c)\left(\frac{1}{bc+a^2} - \frac{1}{ac+b^2}\right)$$

$$2bc(bc+a^2) \geqslant a(b+c)(b-a)(a+b-c)$$

考虑非平凡情况 $b \geqslant a$. 因为 $c \geqslant b-a$, 于是只需证

$$2b(bc+a^2) \geqslant a(b+c)(a+b-c)$$

395

我们有

$$2b(bc + a^2) - a(b + c)(a + b - c)$$

$$= ab(a - b) + c(2b^2 - a^2 + ac)$$

$$\geqslant - abc + c(2b^2 - a^2 + ac)$$

$$= ac(b + c - a) + 2bc(b - a)$$

$$\geqslant 0$$

等式适用于 $a = b, c = 0$，也适用于 $a = c, b = 0$ 的退化三角形.

**问题 2.92**　设 $a, b, c, d$ 是非负实数，且满足

$$a^2 - ab + b^2 = c^2 - cd + d^2$$

求证

$$(a + b)(c + d) \geqslant 2(ab + cd)$$

（Vasile Cîrtoaje, 2000）

**证明**　设

$$x = a^2 - ab + b^2 = c^2 - cd + d^2$$

不失一般性，假设 $ab \geqslant cd$，那么

$$x \geqslant ab \geqslant cd, \quad (a + b)^2 = x + 3ab, \quad (c + d)^2 = x + 3cd$$

通过平方，期望不等式可以表述为

$$(x + 3ab)(x + 3cd) \geqslant 4(ab + cd)^2$$

这是成立的，因为

$$(x + 3ab)(x + 3cd) - 4(ab + cd)^2$$

$$\geqslant (ab + 3ab)(ab + 3cd) - 4(ab + cd)^2$$

$$= 4cd(ab - cd)^2$$

$$\geqslant 0$$

等式适用于 $a = b = c = d$，也适用于 $a = b = c, d = 0$（或其任何循环排列）.

**问题 2.93**　如果 $a, b, c, d$ 是实数，那么

$$6(a^2 + b^2 + c^2 + d^2) + (a + b + c + d)^2 \geqslant 12(ab + bc + cd)$$

（Vasile Cîrtoaje, 2005）

**证明**　设

$$E(a, b, c, d) = 6(a^2 + b^2 + c^2 + d^2) + (a + b + c + d)^2 - 12(ab + bc + cd)$$

**方法 1**　我们有

$$E(x + a, x + b, x + c, x + d)$$

$$= 4x^2 + 4(2a - b - c + 2d)x + 7(a^2 + b^2 + c^2 + d^2) +$$

$$2(ac + ad + bd) - 10(ab + bc + cd)$$

$$= (2x + 2a - b - c + 2d)^2 +$$

$$3(a^2 + 2b^2 + 2c^2 + d^2 - 2ab + 2ac - 2ad - 4bc + 2bd - 2cd)$$

$$= (2x + 2a - b - c + 2d)^2 + 3(b - c)^2 + 3(a - b + c - d)^2$$

当 $x = 0$ 时,我们得到

$$E(a,b,c,d) = (2a - b - c + 2d)^2 + 3(b - c)^2 + 3(a - b + c - d)^2 \geqslant 0$$

等式适用于 $2a = b = c = 2d$.

**方法 2** 设

$$x = a - b, \quad y = c - d$$

我们有

$$E = 6[(a - b)^2 + (c - d)^2] + (a + b + c + d)^2 - 12bc$$

$$= 6(x^2 + y^2) + [x + y + 2(b + c)^2] - 12bc$$

$$= 3(x - y)^2 + 3(x + y)^2 + [x + y + 2(b + c)]^2 - 12bc$$

$$= 3(x - y)^2 + 4(x + y)^2 + 4(x + y)(b + c) + (b + c)^2 + 3(b - c)^2$$

$$= 3(x - y)^2 + (2x + 2y + b + c)^2 + 3(b - c)^2 \geqslant 0$$

**问题 2.94** 如果 $a,b,c,d$ 是正实数,那么

$$\frac{1}{a^2 + ab} + \frac{1}{b^2 + bc} + \frac{1}{c^2 + cd} + \frac{1}{d^2 + da} \geqslant \frac{4}{ac + bd}$$

**证明** 将原不等式改写为

$$\sum \left( \frac{ac + bd}{a^2 + ab} + 1 \right) \geqslant 8$$

$$\sum \frac{a(c + a) + b(d + a)}{a(a + b)} \geqslant 8$$

$$\sum \frac{c + a}{a + b} + \sum \frac{b(d + a)}{a(a + b)} \geqslant 8$$

根据 $AM - GM$ 不等式,我们有

$$\sum \frac{b(d + a)}{a(a + b)} \geqslant 4\sqrt[4]{\prod \frac{b(d + a)}{a(a + b)}} = 4$$

因此,只需要证明不等式

$$\sum \frac{c + a}{a + b} \geqslant 4$$

这等价于

$$(a + c)\left( \frac{1}{a + b} + \frac{1}{c + d} \right) + (b + d)\left( \frac{1}{b + c} + \frac{1}{d + a} \right) \geqslant 4$$

这个不等式可由下列两个不等式立刻得到

$$\frac{1}{a + b} + \frac{1}{c + d} \geqslant \frac{4}{a + b + c + d}$$

$$\frac{1}{b + c} + \frac{1}{d + a} \geqslant \frac{4}{b + c + d + a}$$

等式适用于 $a = b = c = d$.

397

**问题 2.95** 如果 $a,b,c,d$ 是正实数,那么

$$\frac{1}{a(1+b)} + \frac{1}{b(1+a)} + \frac{1}{c(1+d)} + \frac{1}{d(1+c)} \geqslant \frac{16}{1+8\sqrt{abcd}}$$

(Vasile Cîrtoaje,2007)

**证明** 设

$$x = \sqrt{ab}, \quad y = \sqrt{cd}$$

将原不等式改写为

$$\frac{a+b+2ab}{ab(1+a)(1+b)} + \frac{c+d+2cd}{cd(1+c)(1+d)} \geqslant \frac{16}{1+8\sqrt{abcd}}$$

我们注意到

$$x \geqslant 1 \Rightarrow \frac{a+b+2ab}{ab(1+a)(1+b)} \geqslant \frac{1}{ab}$$

$$x \leqslant 1 \Rightarrow \frac{a+b+2ab}{ab(1+a)(1+b)} \geqslant \frac{2}{\sqrt{ab}+ab}$$

第一个不等式等价于 $ab \geqslant 1$,而第二个不等式等价于

$$(1-\sqrt{ab})(\sqrt{a}-\sqrt{b})^2 \geqslant 0$$

类似地,我们有

$$y \geqslant 1 \Rightarrow \frac{c+d+2cd}{cd(1+c)(1+d)} \geqslant \frac{1}{cd}$$

$$y \leqslant 1 \Rightarrow \frac{c+d+2cd}{cd(1+c)(1+d)} \geqslant \frac{2}{cd+\sqrt{cd}}$$

以下分四种情形讨论.

**情形 1** $x \geqslant 1, y \geqslant 1$. 只需证

$$\frac{1}{x^2} + \frac{1}{y^2} \geqslant \frac{16}{1+8xy}$$

事实上,我们有

$$\frac{1}{x^2} + \frac{1}{y^2} \geqslant \frac{2}{xy} > \frac{16}{1+8xy}$$

**情形 2** $x \leqslant 1, y \leqslant 1$. 只需证

$$\frac{2}{x+x^2} + \frac{2}{y+y^2} \geqslant \frac{16}{1+8xy}$$

设 $s=x+y, p=\sqrt{xy}$,这个不等式变成

$$\frac{s^2+s-2p^2}{p^2(s+p^2+1)} \geqslant \frac{8}{1+8p^2}$$

$$(1+8p^2)s^2 + s - 24p^4 - 10p^2 \geqslant 0$$

因为 $s \geqslant 2p$,我们得到

$$(1+8p^2)s^2+s-24p^4-10p^2 \geqslant 4(1+8p^2)p^2+2p-24p^4-10p^2$$
$$=2p(p+1)(2p-1)^2$$
$$\geqslant 0$$

**情形 3** $x \geqslant 1, y \leqslant 1$. 只需证

$$\frac{1}{x^2}+\frac{2}{y+y^2} \geqslant \frac{16}{1+8xy}$$

这个不等式依次等价于

$$(1+8xy)(2x^2+y^2+y) \geqslant 16x^2y(1+y)$$
$$(1+8xy)(x-y)^2+8x^3y+8xy^2-16x^2y+2xy+x^2+y \geqslant 0$$
$$(1+8xy)(x-y)^2+8xy(x-1)^2+8xy^2+x^2+y \geqslant 6xy$$

最后一个不等式是成立的,因为

$$8xy^2+x^2+y \geqslant 3\sqrt[3]{8xy^2 \cdot x^2 \cdot y}=6xy$$

**情形 4** $x \leqslant 1, y \geqslant 1$. 需要证明

$$\frac{1}{y^2}+\frac{2}{x+x^2} \geqslant \frac{16}{1+8xy}$$

这等价于

$$(1+8xy)(x-y)^2+8xy(y-1)^2+8x^2y+y^2+x \geqslant 6xy$$

如情形 3 所示,我们有

$$8yx^2+y^2+x \geqslant 3\sqrt[3]{8yx^2 \cdot y^2 \cdot x}=6xy$$

证明完成了. 等式适用于 $a=b=c=d=\frac{1}{2}$.

**问题 2.96** 如果 $a,b,c,d$ 是正实数,且满足 $a \geqslant b \geqslant c \geqslant d$ 和
$$a+b+c+d=4$$
那么
$$ac+bd \leqslant 2$$

(Vasile Cîrtoaje,2005)

**证明** 将原不等式写成齐次形式
$$(a+b+c+d)^2 \geqslant 8(ac+bd)$$
我们有

$$(a+b+c+d)^2-8(ac+bd)$$
$$=a^2+2(b+d-3c)a+(b+c+d)^2-8bd$$
$$=(a+b+d-3c)^2-(b+d-3c)^2+(b+d+c)^2-8bd$$
$$=(a+b+d-3c)^2+8(b-c)(c-d)$$
$$\geqslant 0$$

等式适用于 $b=c=1, a+d=2$.

**问题 2.97** 设 $a,b,c,d$ 是正实数,且满足 $a \geqslant b \geqslant c \geqslant d$ 和

$$ab + bc + cd + da = 3$$

求证

$$a^3 bcd < 4$$

(Vasile Cîrtoaje,2012)

**证明**  将期望不等式写为

$$4(ab + bc + cd + da)^3 > 27a^3 bcd$$

$$4\left(b + d + \frac{bc + cd}{a}\right)^3 > 27bcd$$

只要证明这一点就够了

$$4(b + d)^3 \geqslant 27bcd$$

事实上,由 AM - GM 不等式,我们有

$$(b + d)^3 = \left(\frac{b}{2} + \frac{b}{2} + d\right)^3$$

$$\geqslant 27\left(\frac{b}{2}\right)^2 d = \frac{27b^2 d}{4}$$

$$\geqslant \frac{27bcd}{4}$$

**问题 2.98**  设 $a,b,c,d$ 是正实数,且满足 $a \geqslant b \geqslant c \geqslant d$ 和

$$ab + bc + cd + da = 6$$

求证

$$acd \leqslant 2$$

(Vasile Cîrtoaje,2012)

**证明**  将原不等式写成齐次形式

$$(a + c)^3 (b + d)^3 \geqslant 54a^2 c^2 d^2$$

因为 $b \geqslant c$,我们只需要证明

$$(a + c)^3 (c + d)^3 \geqslant 54a^2 c^2 d^2$$

根据 AM - GM 不等式,我们有

$$(a + c)^3 = \left(\frac{a}{2} + \frac{a}{2} + c\right)^3 \geqslant 27\left(\frac{a}{2}\right)^2 c = \frac{27a^2 c}{4}$$

因此,只需证

$$(c + d)^3 \geqslant 8cd^2$$

事实上

$$(c + d)^3 - 8cd^2 = (c - d)(c^2 + 4cd - d^2) \geqslant 0$$

等式适用于 $a = 2, b = c = d = 1$.

**问题 2.99**  设 $a,b,c,d$ 是正实数,且满足 $a \geqslant b \geqslant c \geqslant d$ 和

$$ab + bc + cd + da = 9$$

400

求证

$$abd \leqslant 4$$

(Vasile Cîrtoaje,2012)

**证明** 将期望不等式写成齐次形式

$$(a+c)^3(b+d)^3 \geqslant \frac{729}{16}a^2b^2d^2$$

因为 $c \geqslant d$,因此只需证明

$$(a+d)^3(b+d)^3 \geqslant \frac{729}{16}a^2b^2d^2$$

根据 AM$-$GM 不等式,我们有

$$(a+d)^3 = \left(\frac{a}{2}+\frac{a}{2}+d\right)^3 \geqslant 27\left(\frac{a}{2}\right)\left(\frac{a}{2}\right)d = \frac{27}{4}a^2d$$

类似地

$$(b+d)^3 \geqslant \frac{27}{4}b^2d$$

将这些不等式相乘,即得期望不等式. 等式适用于 $a=b=2,c=d=1$.

**问题 2.100** 设 $a,b,c,d$ 是正实数,且满足 $a \geqslant b \geqslant c \geqslant d$ 和

$$a^2+b^2+c^2+d^2=10$$

求证

$$2b+4d \leqslant 3c+5$$

(Vasile Cîrtoaje,2012)

**证明** 将期望不等式写成齐次形式

$$2b-3c+4d \leqslant \sqrt{\frac{5}{2}(a^2+b^2+c^2+d^2)}$$

这是成立的,如果

$$5(a^2+b^2+c^2+d^2) \geqslant 2(2b-3c+4d)^2$$

因为 $a \geqslant b$,它仍然需要证明

$$5(2b^2+c^2+d^2) \geqslant 2(2b-3c+4d)^2$$

这等价于

$$2b^2+24bc+48cd \geqslant 13c^2+27d^2+32bd$$

因为 $d^2 \leqslant cd$,只需要证明这一点就够了

$$2b^2+24bc+48cd \geqslant 13c^2+27cd+32bd$$

这等价于

$$2b^2+24bc \geqslant 13c^2+(32b-21c)d$$

因为 $32b-21c > 0$ 和 $c \geqslant d$,因此,证明这一点就足够了

$$2b^2+24bc \geqslant 13c^2+(32b-11c)c$$

401

化简成显然成立的不等式

$$2 (b-2c)^2 \geqslant 0$$

等式适用于 $a=b=2, c=d=1$.

**问题 2.101** 设 $a,b,c,d$ 是正实数,且满足 $a \leqslant b \leqslant c \leqslant d$ 和 $abcd=1$. 求证

$$4 + \frac{a}{b} + \frac{b}{c} + \frac{c}{d} + \frac{d}{a} \geqslant 2(ac+cb+bd+da)$$

(Vasile Cîrtoaje, 2012)

**证明** 因为

$$\frac{b}{c} + \frac{d}{a} - \frac{b}{a} - \frac{d}{c} = \frac{(d-b)(c-a)}{ac} \geqslant 0$$

于是只需证

$$4 + \frac{b}{a} + \frac{a}{b} + \frac{c}{d} + \frac{d}{c} \geqslant 2(ac+cb+bd+da)$$

这等价于

$$\frac{(a+b)^2}{ab} + \frac{(c+d)^2}{cd} \geqslant 2(a+b)(c+d)$$

$$\left( \frac{a+b}{\sqrt{ab}} - \frac{c+d}{\sqrt{cd}} \right)^2 \geqslant 0$$

证毕. 等式适用于 $a=b=c=d=1$.

**问题 2.102** 设 $a,b,c,d$ 是正实数,且满足 $a \geqslant b \geqslant c \geqslant d$ 和
$$3(a^2+b^2+c^2+d^2) = (a+b+c+d)^2$$

求证:

(a) $\dfrac{a+d}{b+c} \leqslant 2$;

(b) $\dfrac{a+c}{b+d} \leqslant \dfrac{7+2\sqrt{6}}{5}$;

(c) $\dfrac{a+c}{c+d} \leqslant \dfrac{3+\sqrt{5}}{2}$.

(Vasile Cîrtoaje, 2010)

**证明** (a) 因为

$$(a+d)(b+c) - 2(ad+bc) = (a-b)(c-d) + (a-c)(b-d) \geqslant 0$$

我们有

$$a^2+b^2+c^2+d^2 = (a+d)^2 + (b+c)^2 - 2(ad+bc)$$
$$\geqslant (a+d)^2 + (b+c)^2 - 2(a+d)(b+c)$$

因此

$$\frac{1}{3}(a+b+c+d)^2 \geqslant (a+d)^2 + (b+c)^2 - (a+d)(b+c)$$

$$\left(\frac{a+d}{b+c} - 2\right)\left(\frac{a+d}{b+c} - \frac{1}{2}\right) \leqslant 0$$

接下来是期望的结果. 等式适用于 $a=b=c=d$.

(b) 由 $(a-d)(b-c) \geqslant 0$ 和 AM－GM 不等式，我们有

$$2(ac+bd) \leqslant (a+c)(b+d) \leqslant \left(\frac{a+b+c+d}{2}\right)^2$$

因此

$$a^2+b^2+c^2+d^2 = (a+c)^2 + (b+d)^2 - 2(ac+bd)$$

$$\geqslant (a+c)^2 + (b+d)^2 - \frac{(a+b+c+d)^2}{4}$$

$$\frac{1}{3}(a+b+c+d)^2 \geqslant (a+c)^2 + (b+d)^2 - \frac{(a+b+c+d)^2}{4}$$

$$\left(\frac{a+c}{b+d} - \frac{7+2\sqrt{6}}{2}\right)\left(\frac{a+c}{b+d} - \frac{7-2\sqrt{6}}{2}\right) \leqslant 0$$

由此可得期望不等式. 等式适用于

$$(3-\sqrt{6})a = b = c = (3+\sqrt{6})d$$

(c) 将假设 $3(a^2+b^2+c^2+d^2) = (a+b+c+d)^2$ 写为

$$b^2 - (a+c+d)b + a^2 + c^2 + d^2 - ac - cd - da = 0$$

$$(2b-a-c-d)^2 = 3(2ac+2cd+2da-a^2-c^2-d^2)$$

我们得到

$$2(ac+cd+da) \geqslant a^2+c^2+d^2$$

$$a^2 - 2(c+d)a + (c-d)^2 \leqslant 0$$

$$a \leqslant c+d+2\sqrt{cd}$$

因此，只需证

$$\frac{2c+d+2\sqrt{cd}}{c+d} \leqslant \frac{3+\sqrt{5}}{2}$$

这等价于

$$(\sqrt{5}-1)c + (\sqrt{5}+1)d \geqslant 4\sqrt{cd}$$

这个不等式可由 AM－GM 不等式立刻得到，等式适用于

$$\frac{a}{3+\sqrt{5}} = \frac{b}{4} = \frac{c}{2} = \frac{d}{3-\sqrt{5}}$$

**问题 2.103** 设 $a,b,c,d$ 是正实数，且满足 $a \geqslant b \geqslant c \geqslant d$ 和

$$2(a^2+b^2+c^2+d^2) = (a+b+c+d)^2$$

求证

$$a \geqslant b + 3c + (2\sqrt{3} - 1)d$$

(Vasile Cîrtoaje, 2010)

**证明 1**　当 $c = d = 0$ 时,期望不等式为一等式.进一步假设 $c > 0$.由假设条件

$$2(a^2 + b^2 + c^2 + d^2) = (a + b + c + d)^2$$

我们得到

$$a = b + c + d \pm 2\sqrt{bc + cd + db}$$

不可能有

$$a = b + c + d - 2\sqrt{bc + cd + db}$$

因为这个等式及 $a \geqslant b$ 意味着

$$c + d \geqslant 2\sqrt{bc + cd + db}$$
$$(c - d)^2 \geqslant 4b(c + d)$$
$$(c - d)^2 \geqslant 4c(c + d)$$
$$d^2 \geqslant 3c(c + 2d)$$

这是不可能的.因此,我们有

$$a = b + c + d + 2\sqrt{bc + cd + db}$$

利用这个等式,我们将期望不等式重写为

$$b + c + d - 2\sqrt{bc + cd + db} \geqslant b + 3c + (2\sqrt{3} - 1)d$$
$$\sqrt{b(c + d) + cd} \geqslant c + (\sqrt{3} - 1)d$$

因为 $b \geqslant c$,它足以证明

$$\sqrt{c(c + d) + cd} \geqslant c + (\sqrt{3} - 1)d$$

通过平方,我们得到一个显然成立的不等式 $d(c - d) \geqslant 0$.等式适用于 $a = b, c = d = 0$,也适用于 $\frac{a}{4} = b = c, d = 0$,或 $\dfrac{a}{3 + 2\sqrt{3}} = b = c = d$.

**证明 2**(Vo Quoc Ba Can)　将假设写为

$$(a - b)^2 + (c - d)^2 = 2(a + b)(c + d)$$

因为

$$a + b \geqslant (a - b) + 2c$$

我们得到

$$(a - b)^2 + (c - d)^2 = 2[(a - b) + 2c](c + d)$$

这等价于

$$(a - b)^2 - 2(c + d)(a - b) - 3c^2 - 6cd + d^2 \geqslant 0$$

由此,我们得到

$$a - b \geqslant c + d + 2\sqrt{c^2 + 2cd}$$

因此,期望不等式

$$a - b \geqslant 3c + (2\sqrt{3} - 1)d$$

是成立的,如果

$$c + d + 2\sqrt{c^2 + 2cd} \geqslant 3c + (2\sqrt{3} - 1)d$$

也就是

$$\sqrt{c^2 + 2cd} \geqslant c + (\sqrt{3} - 1)d$$

通过平方,我们得到明显的不等式 $d(c - d) \geqslant 0$.

**问题 2.104**  如果 $a \geqslant b \geqslant c \geqslant d \geqslant 0$,那么:

(a)$a + b + c + d - 4\sqrt[4]{abcd} \geqslant \dfrac{3}{2}\left(\sqrt{b} - 2\sqrt{c} + \sqrt{d}\right)^2$;

(b)$a + b + c + d - 4\sqrt[4]{abcd} \geqslant \dfrac{2}{9}\left(3\sqrt{b} - 2\sqrt{c} - \sqrt{d}\right)^2$;

(c)$a + b + c + d - 4\sqrt[4]{abcd} \geqslant \dfrac{4}{19}\left(3\sqrt{b} - \sqrt{c} - 2\sqrt{d}\right)^2$;

(d)$a + b + c + d - 4\sqrt[4]{abcd} \geqslant \dfrac{3}{8}\left(\sqrt{b} - 3\sqrt{c} + 2\sqrt{d}\right)^2$;

(e)$a + b + c + d - 4\sqrt[4]{abcd} \geqslant \dfrac{1}{2}\left(2\sqrt{b} - 3\sqrt{c} + \sqrt{d}\right)^2$;

(f)$a + b + c + d - 4\sqrt[4]{abcd} \geqslant \dfrac{1}{6}\left(2\sqrt{b} + \sqrt{c} - 3\sqrt{d}\right)^2$.

(Vasile Cîrtoaje,2010)

**证明**  我们先来证明

$$a - 4\sqrt[4]{abcd} \geqslant b - 4\sqrt[4]{b^2 cd}$$

将这个不等式写为

$$a - b \geqslant 4\sqrt[4]{bcd}\left(\sqrt[4]{a} - \sqrt[4]{b}\right)$$

并证明下面更强的不等式成立

$$a - b \geqslant 4\sqrt[4]{b^3}\left(\sqrt[4]{a} - \sqrt[4]{b}\right)$$

事实上

$$a - b - 4\sqrt[4]{b^3}\left(\sqrt[4]{a} - \sqrt[4]{b}\right)$$
$$= \left(\sqrt[4]{a} - \sqrt[4]{b}\right)\left(\sqrt[4]{a^3} + \sqrt[4]{a^2 b} + \sqrt[4]{ab^2} - 3\sqrt[4]{b^3}\right)$$
$$\geqslant 0$$

因此,我们有

$$a + b + c + d - 4\sqrt[4]{abcd} \geqslant 2b + c + d - 4\sqrt[4]{b^2 cd}$$

这等价于

$$a + b + c + d - 4\sqrt[4]{abcd} \geqslant 2\left(\sqrt{b} - \sqrt[4]{cd}\right)^2 + \left(\sqrt{c} - \sqrt{d}\right)^2$$

405

因为

$$\sqrt{b} - \sqrt[4]{cd} \geqslant \sqrt{b} - \frac{\sqrt{c} + \sqrt{d}}{2} \geqslant 0$$

我们有

$$a + b + c + d - 4\sqrt[4]{abcd} \geqslant \frac{1}{2}(2\sqrt{b} - \sqrt{c} - \sqrt{d})^2 + (\sqrt{c} - \sqrt{d})^2$$

使用代换

$$x = \sqrt{b} - \sqrt{c}, \quad y = \sqrt{c} - \sqrt{d}, \quad x, y \geqslant 0$$

我们得到

$$a + b + c + d - 4\sqrt[4]{abcd} \geqslant \frac{1}{2}(2x + y)^2 + y^2$$

也就是

$$a + b + c + d - 4\sqrt[4]{abcd} \geqslant \frac{1}{2}(4x^2 + 4xy + 3y^2) \qquad (*)$$

当 $a = b, c = d$ 时,不等式 $(*)$ 是一个等式.

(a) 根据式 $(*)$,它足以证明

$$4x^2 + 4xy + 3y^2 \geqslant 3(x - y)^2$$

这等价于

$$x(x + 10y) \geqslant 0$$

等式适用于 $a = b = c = d$.

(b) 根据式 $(*)$,它足以证明

$$9(4x^2 + 4xy + 3y^2) \geqslant 4(3x + y)^2$$

这等价于

$$y(12x + 23y) \geqslant 0$$

等式适用于 $a = b, c = d$.

(c) 根据式 $(*)$,它足以证明

$$19(4x^2 + 4xy + 3y^2) \geqslant 8(3x + 2y)^2$$

这等价于

$$(2x - 5y)^2 \geqslant 0$$

等式适用于 $a = b = c = d$.

(d) 根据式 $(*)$,它足以证明

$$4(4x^2 + 4xy + 3y^2) \geqslant 3(x - 2y)^2$$

这等价于

$$x(13x + 28y) \geqslant 0$$

等式适用于 $a = b = c = d$.

(e) 根据式 $(*)$,它足以证明

$$4x^2 + 4xy + 3y^2 \geqslant (2x - y)^2$$

这等价于

$$y(4x + y) \geqslant 0$$

等式适用于 $a = b, c = d$.

(f) 根据式( * ),它足以证明

$$3(4x^2 + 4xy + 3y^2) \geqslant (2x + 3y)^2$$

这等价于

$$x^2 \geqslant 0$$

等式适用于 $a = b = c = d$.

**问题 2.105**　如果 $a \geqslant b \geqslant c \geqslant d \geqslant 0$,那么:

(a) $a + b + c + d - 4\sqrt[4]{abcd} \geqslant (\sqrt{a} - \sqrt{d})^2$;

(b) $a + b + c + d - 4\sqrt[4]{abcd} \geqslant 2(\sqrt{b} - \sqrt{c})^2$;

(c) $a + b + c + d - 4\sqrt[4]{abcd} \geqslant \dfrac{4}{3}(\sqrt{b} - \sqrt{d})^2$;

(d) $a + b + c + d - 4\sqrt[4]{abcd} \geqslant \dfrac{3}{2}(\sqrt{c} - \sqrt{d})^2$.

(Vasile Cîrtoaje, 2010)

**证明**　(a) 将原不等式改写为

$$b + c + 2\sqrt{ad} \geqslant 4\sqrt[4]{abcd}$$

这可由 AM $-$ GM 不等式立刻得到. 等式适用于 $b = c = \sqrt{ad}$.

(b) **方法 1**　因为

$$a + b + c + d - 4\sqrt[4]{abcd} \geqslant 2\sqrt{ab} + 2\sqrt{cd} - 4\sqrt[4]{abcd}$$
$$= 2(\sqrt[4]{ab} - \sqrt[4]{cd})^2$$

我们只需要证明

$$\sqrt[4]{ab} - \sqrt[4]{cd} \geqslant \sqrt{b} - \sqrt{c}$$

这等价于一个显然成立的不等式

$$\sqrt[4]{b}(\sqrt[4]{a} - \sqrt[4]{b}) + \sqrt[4]{c}(\sqrt[4]{c} - \sqrt[4]{d}) \geqslant 0$$

等式适用于 $a = b, c = d$.

**方法 2**　根据问题 2.104 证明中的不等式( * ),只需证明这一点就够了

$$4x^2 + 4xy + 3y^2 \geqslant 4x^2$$

这是很明显的.

(c) 根据问题 2.104 证明中的不等式( * ),它足以证明

$$3(4x^2 + 4xy + 3y^2) \geqslant 8(x + y)^2$$

这等价于

$$(2x-y)^2 \geqslant 0$$

等式适用于 $a=b=c=d$.

(d) 根据问题 2.104 证明中的不等式 (\*), 它足以证明

$$4x^2 + 4xy + 3y^2 \geqslant 3y^2$$

这是很明显的. 等式适用于 $a=b=c=d$.

**问题 2.106** 如果 $a \geqslant b \geqslant c \geqslant d \geqslant e \geqslant 0$, 那么

$$a+b+c+d+e-5\sqrt[5]{abcde} \geqslant 2\left(\sqrt{b}-\sqrt{d}\right)^2$$

(Vasile Cîrtoaje,2010)

**证明** 由 AM-GM 不等式, 我们有

$$c+4\sqrt[4]{abde} \geqslant 5\sqrt[5]{abcde}$$

这能重写为

$$c-5\sqrt[5]{abcde} \geqslant -4\sqrt[4]{abde}$$

因此, 它足以证明这一点

$$a+b+d+e-4\sqrt[4]{abde} \geqslant 2\left(\sqrt{b}-\sqrt{d}\right)^2$$

因为

$$a+b+d+e-4\sqrt[4]{abde} \geqslant 2\sqrt{ab}+2\sqrt{de}-4\sqrt[4]{abde}$$
$$= 2\left(\sqrt[4]{ab}-\sqrt[4]{de}\right)^2$$

我们只需证明

$$\sqrt[4]{ab}-\sqrt[4]{de} \geqslant \sqrt{b}-\sqrt{d}$$

这等价于显然成立的不等式

$$\sqrt[4]{b}\left(\sqrt[4]{a}-\sqrt[4]{b}\right)+\sqrt[4]{d}\left(\sqrt[4]{d}-\sqrt[4]{e}\right) \geqslant 0$$

等式适用于

$$a=b, \quad d=e, \quad c^2=ad$$

**问题 2.107** 如果 $a,b,c,d,e$ 是实数, 那么

$$\frac{ab+bc+cd+de}{a^2+b^2+c^2+d^2+e^2} \leqslant \frac{\sqrt{3}}{2}$$

**证明** 应用 AM-GM 不等式, 我们有

$$a^2+b^2+c^2+d^2+e^2$$
$$= \left(a^2+\frac{1}{3}b^2\right)+\left(\frac{2}{3}b^2+\frac{1}{2}c^2\right)+\left(\frac{1}{2}c^2+\frac{2}{3}d^2\right)+\left(\frac{1}{3}d^2+e^2\right)$$
$$\geqslant \frac{2}{\sqrt{3}}(ab+bc+cd+da)$$

等式适用于

$$a=\frac{b}{\sqrt{3}}=\frac{c}{2}=\frac{d}{\sqrt{3}}=e$$

**备注** 下列更一般的结论成立

$$\frac{a_1 a_2 + a_2 a_3 + \cdots + a_{n-1} a_n}{a_1^2 + a_2^2 + \cdots + a_n^2} \leqslant \cos \frac{\pi}{n+1}$$

等式适用于

$$\frac{a_1}{\sin \frac{\pi}{n+1}} = \frac{a_2}{\sin \frac{2\pi}{n+1}} = \cdots = \frac{a_n}{\sin \frac{n\pi}{n+1}}$$

记

$$c_i = \frac{\sin \frac{(i+1)\pi}{n+1}}{2\sin \frac{i\pi}{n+1}}, \quad i = 1, 2, \cdots, n-1$$

我们有

$$c_1 = \cos \frac{\pi}{n+1}, \quad 4c_{n-1} = \frac{1}{\cos \frac{\pi}{n+1}}$$

$$\frac{1}{4c_i} + c_{i+1} = \cos \frac{\pi}{n+1}, \quad i = 1, 2, \cdots, n-2$$

因此

$$\left(a_1^2 + a_2^2 + \cdots + a_n^2\right) \cos \frac{\pi}{n+1}$$

$$= c_1 a_1^2 + \left(\frac{1}{4c_1} + c_2\right) a_2^2 + \cdots + \left(\frac{1}{4c_{n-2}} + c_{n-1}\right) a_{n-1}^2 + \frac{1}{4c_{n-1}} a_n^2$$

$$= \left(c_1 a_1^2 + \frac{1}{4c_1} a_2^2\right) + \left(c_2 a_2^2 + \frac{1}{4c_2} a_3^2\right) + \cdots + \left(c_{n-1} a_{n-1}^2 + \frac{1}{4c_{n-1}} a_n^2\right)$$

$$\geqslant a_1 a_2 + a_2 a_3 + \cdots + a_{n-1} a_n$$

**问题 2.108** 如果 $a, b, c, d, e$ 是实数，那么

$$\frac{a^2 b^2}{bd + ce} + \frac{b^2 c^2}{cd + ae} + \frac{c^2 a^2}{ad + be} \geqslant \frac{3abc}{d+e}$$

**证明** 应用柯西－施瓦兹不等式

$$\frac{a^2 b^2}{bd + ce} + \frac{b^2 c^2}{cd + ae} + \frac{c^2 a^2}{ad + be}$$

$$\geqslant \frac{(ab + bc + ca)^2}{(bd + ce) + (cd + ae) + (ad + be)}$$

它足以证明这一点

$$\frac{(ab + bc + ca)^2}{(bd + ce) + (cd + ae) + (ad + be)} \geqslant \frac{3abc}{d+e}$$

这等价于

$$\frac{(ab + bc + ca)^2}{a + b + c} \geqslant 3abc$$

$$a^2 (b-c)^2 + b^2 (c-a)^2 + c^2 (a-b)^2 \geqslant 0$$

等式适用于 $a=b=c$.

**问题 2.109** 如果 $a,b,c,d,e,f$ 是非负实数,且

$$a \geqslant b \geqslant c \geqslant d \geqslant e \geqslant f$$

那么

$$(a+b+c+d+e+f)^2 \geqslant 8(ac+bd+ce+df)$$

(Vasile Cîrtoaje,2005)

**证明** 设

$$x = b+c+d+e+f$$

可将原不等式改写为

$$(a+x)^2 - 8(ac+bd+ce+df) \geqslant 0$$
$$(a+x-4c)^2 + 8(a+x)c - 16c^2 - 8(ac+bd+ce+df) \geqslant 0$$
$$(a+x-4c)^2 - 8[c^2 - (b+d+f)c + d(b+f)] \geqslant 0$$
$$(a+x-4c)^2 - 8(c-d)(c-b-f) \geqslant 0$$
$$(a+x-4c)^2 + 8(c-d)(b+f-c) \geqslant 0$$

最后一个不等式是成立的. 等式适用于 $c=d=\dfrac{a+b+e+f}{2}$,也适用于 $c=b+$

$f=\dfrac{a+d+e}{2}$,也就是

$$a=b=c=d, e=f=0$$

或

$$a \geqslant d+e, \quad b=c=\frac{a+d+e}{2}, \quad f=0$$

**问题 2.110** 如果 $a \geqslant b \geqslant c \geqslant d \geqslant e \geqslant f \geqslant 0$,那么

$$a+b+c+d+e+f-6\sqrt[6]{abcdef} \geqslant 2(\sqrt{b}-\sqrt{e})^2$$

(Vasile Cîrtoaje,2010)

**证明** 因为

$$a+b \geqslant 2\sqrt{ab}, \quad c+d \geqslant 2\sqrt{cd}, \quad e+f \geqslant 2\sqrt{ef}$$

于是只需证明

$$\sqrt{ab} + \sqrt{cd} + \sqrt{ef} - 3\sqrt[6]{abcdef} \geqslant (\sqrt{b}-\sqrt{e})^2$$

根据 AM－GM 不等式,我们有

$$\sqrt{cd} + 2\sqrt[4]{abef} \geqslant 3\sqrt[6]{abcdef}$$

将它重写为

$$\sqrt{cd} - 3\sqrt[6]{abcdef} \geqslant -2\sqrt[4]{abef}$$

因此,它足以证明这一点

410

$$\sqrt{ab} + \sqrt{ef} - 2\sqrt[4]{abef} \geqslant (\sqrt{b} - \sqrt{e})^2$$

因为

$$\sqrt{ab} + \sqrt{ef} - 2\sqrt[4]{abef} \geqslant (\sqrt[4]{ab} - \sqrt[4]{ef})^2$$

我们只需证明

$$\sqrt[4]{ab} - \sqrt[4]{ef} \geqslant \sqrt{b} - \sqrt{e}$$

这等价于一个显然成立的不等式

$$\sqrt[4]{b}(\sqrt[4]{a} - \sqrt[4]{b}) + \sqrt[4]{e}(\sqrt[4]{e} - \sqrt[4]{f}) \geqslant 0$$

等式适用于

$$a = b, \quad c = d, \quad e = f, \quad c^2 = ae$$

**问题 2.111**  设 $a,b,c$ 和 $x,y,z$ 都是正实数，且满足

$$x + y + z = a + b + c$$

求证

$$ax^2 + by^2 + cz^2 + xyz \geqslant 4abc$$

（Vasile Cîrtoaje,1989）

**证明 1**  将原不等式写为 $E \geqslant 0$，其中

$$E = ax^2 + by^2 + cz^2 + xyz - 4abc$$

在如下数据

$$a - \frac{y+z}{2}, \quad b - \frac{z+x}{2}, \quad c - \frac{x+y}{2}$$

中，一定存在两个符号相同的实数；设

$$pq \geqslant 0$$

其中

$$p = b - \frac{z+x}{2}, \quad q = c - \frac{x+y}{2}$$

我们有

$$b = p + \frac{z+x}{2}, \quad c = q + \frac{x+y}{2}, \quad a = x + y + z - b - c = \frac{y+z}{2} - p - q$$

那么

$$E = \left(\frac{y+z}{2} - p - q\right)x^2 + \left(p + \frac{z+x}{2}\right)y^2 + \left(q + \frac{x+y}{2}\right)z^2 + xyz -$$

$$\quad 4\left(\frac{y+z}{2} - p - q\right)\left(p + \frac{z+x}{2}\right)\left(q + \frac{x+y}{2}\right)$$

$$= 4pq(p+q) + 2p^2(x+y) + 2q^2(x+z) + 4pqx$$

$$= 4q^2\left(p + \frac{x+z}{2}\right) + 4p^2\left(q + \frac{x+y}{2}\right) + 4pqx$$

$$= 4(q^2 b + p^2 c + pqx)$$

411

$$\geqslant 0$$

等式适用于 $a=\dfrac{y+z}{2}, b=\dfrac{z+x}{2}, c=\dfrac{x+y}{2}$.

**证明 2** 考虑下列两种情形.

**情形 1** $x^2 \geqslant 4bc$. 我们有
$$ax^2+by^2+cz^2+xyz-4abc>ax^2-4abc \geqslant 0$$

**情形 2** $x^2 \leqslant 4bc$. 设
$$u=x+y+z=a+b+c$$

应用代换
$$z=u-x-y, \quad a=u-b-c$$

原不等式可表述为
$$Au^2+Bu+C \geqslant 0$$

其中
$$A=c$$
$$B=(x^2-4bc)-2c(x+y)+xy$$
$$C=-(b+c)(x^2-4bc)+by^2+c(x+y)^2-xy(x+y)$$

因为二次函数 $Au^2+Bu+C$ 的判别式
$$D=(x^2-4bc)(2c-x-y)^2 \leqslant 0$$

故结论成立.

**问题 2.112** 设 $a,b,c$ 和 $x,y,z$ 都是正实数,且满足
$$x+y+z=a+b+c$$

求证
$$\frac{x(3x+a)}{bc}+\frac{y(3y+b)}{ca}+\frac{z(3z+c)}{ab} \geqslant 12$$

(Vasile Cîrtoaje,1990)

**证明** 将原不等式改写为
$$ax^2+by^2+cz^2+\frac{1}{3}(a^2x+b^2y+c^2z) \geqslant 4abc$$

应用柯西 — 施瓦兹不等式,我们有
$$a^2x+b^2y+c^2z \geqslant \frac{(a+b+c)^2}{\dfrac{1}{x}+\dfrac{1}{y}+\dfrac{1}{z}}$$
$$=\frac{(x+y+z)^2}{\dfrac{1}{x}+\dfrac{1}{y}+\dfrac{1}{z}}$$
$$=\frac{xyz(x+y+z)^2}{xy+yz+zx}$$

$$\geqslant 3xyz$$

因此,只需证

$$ax^2 + by^2 + cz^2 + xyz \geqslant 4abc$$

这恰好是问题 2.111. 等式适用于

$$x = y = z = a = b = c$$

**问题 2.113**  设 $a,b,c$ 是给定的正实数,寻找 $E(x,y,z)$ 的最小值 $F(a,b,c)$

$$E(x,y,z) = \frac{ax}{y+z} + \frac{by}{z+x} + \frac{cz}{x+y}$$

其中 $x,y,z$ 是非负实数,且 $x,y,z$ 无两个同时为零.

（Vasile Cîrtoaje,2006）

**解**  假设

$$a = \max\{a,b,c\}$$

分两种情形讨论.

**情形 1**  $\sqrt{a} < \sqrt{b} + \sqrt{c}$. 应用柯西－施瓦兹不等式,我们得到

$$E = \sum \frac{a(x+y+z) - a(y+z)}{y+z}$$

$$= (x+y+z) \sum \frac{a}{y+z} - \sum a$$

$$\geqslant (x+y+z) \frac{\left(\sum \sqrt{a}\right)^2}{\sum(y+z)} - \sum a$$

$$= \sqrt{ab} + \sqrt{bc} + \sqrt{ca} - \frac{1}{2}(a+b+c)$$

等式适用于

$$\frac{y+z}{\sqrt{a}} = \frac{z+x}{\sqrt{y}} = \frac{x+y}{\sqrt{c}}$$

也就是

$$\frac{x}{\sqrt{b} + \sqrt{c} - \sqrt{a}} = \frac{y}{\sqrt{c} + \sqrt{a} - \sqrt{b}} = \frac{z}{\sqrt{a} + \sqrt{b} - \sqrt{c}}$$

**情形 2**  $\sqrt{a} \geqslant \sqrt{b} + \sqrt{c}$. 记

$$A = \left(\sqrt{b} + \sqrt{c}\right)^2$$

$$X = \frac{y+z}{2}, \quad Y = \frac{z+x}{2}, \quad Z = \frac{x+y}{2}$$

我们有

$$E(x,y,z)$$

413

$$\geqslant \frac{Ax}{y+z} + \frac{by}{z+x} + \frac{cz}{x+y}$$

$$= \frac{A(Y+Z-X)}{2X} + \frac{b(Z+X-Y)}{2Y} + \frac{c(X+Y-Z)}{2Z}$$

$$= \frac{1}{2}\left(A\frac{Y}{X} + b\frac{X}{Y}\right) + \frac{1}{2}\left(b\frac{Z}{Y} + c\frac{Y}{Z}\right) + \frac{1}{2}\left(c\frac{X}{Z} + A\frac{Z}{X}\right) - b - c - \sqrt{bc}$$

$$\geqslant \sqrt{Ab} + \sqrt{bc} + \sqrt{cA} - b - c - \sqrt{bc} = 2\sqrt{bc}$$

等式适用于 $x=0, \dfrac{y}{z}=\sqrt{\dfrac{c}{b}}$. 因此, 当 $a = \max\{a,b,c\}$ 时, 我们有

$$F(a,b,c) = \begin{cases} \sqrt{ab} + \sqrt{bc} + \sqrt{ca} - \dfrac{1}{2}(a+b+c), & \sqrt{a} < \sqrt{b} + \sqrt{c} \\ 2bc, & \sqrt{a} \geqslant \sqrt{b} + \sqrt{c} \end{cases}$$

**问题 2.114** 设 $a,b,c$ 和 $x,y,z$ 都是实数.

(a) 如果 $ab + bc + ca > 0$, 那么

$$[(b+c)x + (c+a)y + (a+b)z]^2 \geqslant 4(ab + bc + ca)(xy + yz + zx)$$

(b) 如果 $a,b,c \geqslant 0$, 那么

$$[(b+c)x + (c+a)y + (a+b)z]^2 \geqslant 4(a+b+c)(ayz + bzx + cxy)$$

(Vasile Cîrtoaje, 1995)

**证明** (a) **方法 1** 条件 $ab + bc + ca > 0$ 意味着 $b+c \neq 0$. 事实上, 如果 $b+c=0$, 那么 $ab + bc + ca = -b^2 \leqslant 0$, 矛盾. 期望不等式等价于 $D \geqslant 0$, 其中 $D$ 为二次函数 $f(t)$ 的判别式, 其中

$$f(t) = (at-x)(bt-y) + (bt-y)(ct-z) + (ct-z)(at-x)$$

为了验证矛盾, 假设对于某些实数 $a,b,c$ 和 $x,y,z$ 使得 $D < 0$, 因为 $t^2$ 的系数是正数, 我们有对于所有实数 $t$ 都有 $f(t) > 0$. 这是成立的, 因为对于

$$(bt-y) + (ct-z) = 0$$

我们得到

$$f\left(\frac{y+z}{b+c}\right) = -\left(\frac{bz-cy}{b+c}\right)^2 \leqslant 0$$

对于 $abc \neq 0$, 等式当 $\dfrac{x}{a} = \dfrac{y}{b} = \dfrac{z}{c}$ 时成立.

**方法 2** 如果 $xy + yz + zx \leqslant 0$, 不等式是显然成立的. 此外, 由于不等式的齐次性, 我们可以假设

$$x + y + z = a + b + c$$

那么, 根据 AM $-$ GM 不等式, 我们有

$$2\sqrt{(ab + bc + ca)(xy + yz + zx)}$$

$$\leqslant (ab + bc + ca) + (xy + yz + zx)$$

$$= \frac{(a+b+c)^2-(a^2+b^2+c^2)}{2}+\frac{(x+y+x)^2-(x^2+y^2+z^2)}{2}$$

$$= (a+b+c)(x+y+z)-\frac{a^2+x^2}{2}-\frac{b^2+y^2}{2}-\frac{c^2+z^2}{2}$$

$$\leqslant (a+b+c)(x+y+z)-ax-by-cz$$

$$= (b+c)x+(c+a)y+(a+b)z$$

（b）假设 $x$ 介于 $y,z$ 之间,换言之

$$(x-y)(x-z)\leqslant 0$$

考虑非平凡情况

$$a+b+c>0$$

期望不等式等价于 $D\geqslant 0$,其中 $D$ 为二次函数 $f(t)$ 的判别式

$$f(t)=a(t-y)(t-z)+b(t-z)(t-x)+c(t-x)(t-y)$$

为了矛盾,假设对于一些非负实数 $a,b,c$ 和实数 $x,y,z$ 使得 $D<0$. 因为 $t^2$ 的系数为正,我们得到对于一切实数 $t$ 有 $f(t)>0$,这是不成立的,因为

$$f(x)=a(x-y)(x-z)\leqslant 0$$

等式适用于 $x=y=z$,也适用于 $a=0,x=\dfrac{cy+bz}{c+b}$,或 $b=0,y=\dfrac{az+cx}{a+c}$,或 $c=0,z=\dfrac{bx+ay}{b+a}$.

**备注 1**  当 $x=b,y=c,z=a$ 时,由不等式(b) 我们得到下列循环不等式

$$(a^2+b^2+c^2+ab+bc+ca)^2\geqslant 4(a+b+c)(ab^2+bc^2+ca^2)$$

这里 $a,b,c\geqslant 0$. 等式适用于 $a=b=c$,也适用于 $a=0,\dfrac{b}{c}=\dfrac{\sqrt{5}-1}{2}$(或其任何循环排列). 注意到这个不等式等价于

$$a^4+b^4+c^4-a^2b^2-b^2c^2-c^2a^2\geqslant 2(ab^3+bc^3+ca^3-a^3b-b^3c-c^3a)$$

这就是第 1 卷问题 3.93 中的不等式.

**备注 2**  当 $x=\dfrac{1}{c},y=\dfrac{1}{a},z=\dfrac{1}{b}$ 时,由不等式(b) 我们得到下列循环不等式

$$\left(\frac{a}{b}+\frac{b}{c}+\frac{c}{a}+3\right)^2\geqslant 4(a+b+c)\left(\frac{1}{a}+\frac{1}{b}+\frac{1}{c}\right)$$

这就是问题 1.49(c) 中的不等式.

**备注 3**  当 $a=x(x-y+z),b=y(y-z+x),c=z(z-x+y)$ 时,不等式(b) 转化为

$$(x^2y+y^2z+z^2x)^2\geqslant xyz(x+y+z)(x^2+y^2+z^2)$$

这里 $x,y,z$ 是一个三角形的三边长(见问题 1.184).

**问题 2.115**  设 $a,b,c$ 和 $x,y,z$ 都是正实数,且满足

$$\frac{a}{yz} + \frac{b}{zx} + \frac{c}{xy} = 1$$

求证：

(a) $x + y + z \geqslant \sqrt{4\left(a + b + c + \sqrt{ab} + \sqrt{bc} + \sqrt{ca}\right) + 3\sqrt[3]{bc}}$；

(b) $x + y + z \geqslant \sqrt{a + b} + \sqrt{b + c} + \sqrt{c + a}$.

**证明** (a) 将原不等式改写为

$$\left(\frac{a}{yz} + \frac{b}{zx} + \frac{c}{xy}\right)(x + y + z)^2 \geqslant 4\left(a + b + c + \sqrt{ab} + \sqrt{bc} + \sqrt{ca}\right) + 3\sqrt[3]{abc}$$

我们有

$$\left(\frac{a}{yz} + \frac{b}{zx} + \frac{c}{xy}\right)(x^2 + y^2 + z^2) = \sum \frac{ax^2}{yz} + \sum \frac{a(y^2 + z^2)}{yz}$$

此外，根据 $AM - GM$ 不等式，我们得到

$$\sum \frac{ax^2}{yz} \geqslant 3\sqrt[3]{abc}$$

$$\sum \frac{a(y^2 + z^2)}{yz} \geqslant 2(a + b + c)$$

因此

$$\left(\frac{a}{yz} + \frac{b}{zx} + \frac{c}{xy}\right)(x^2 + y^2 + z^2) \geqslant 3\sqrt[3]{abc} + 2(a + b + c)$$

将这个不等式与柯西-施瓦兹不等式

$$2\left(\frac{a}{yz} + \frac{b}{zx} + \frac{c}{xy}\right)(xy + yz + zx) \geqslant 2\left(\sqrt{a} + \sqrt{b} + \sqrt{c}\right)^2$$

相加，即得到期望不等式. 等式适用于 $x = y = z = \sqrt{3a} = \sqrt{3b} = \sqrt{3c}$.

(b) 根据不等式(a)，我们证明这一点就足够了

$$4\left(a + b + c + \sqrt{ab} + \sqrt{bc} + \sqrt{ca}\right)$$
$$\geqslant \left(\sqrt{a + b} + \sqrt{b + c} + \sqrt{c + a}\right)^2$$

这个不等式等价于

$$\left(\sqrt{a} + \sqrt{b} + \sqrt{c}\right)^2 \geqslant \sum \sqrt{(a + b)(a + c)}$$

这个不等式可由第 2 卷问题 2.23 立刻得到.

**问题 2.116** 如果 $a, b, c$ 和 $x, y, z$ 都是非负实数，那么

$$\frac{2}{(b + c)(y + z)} + \frac{2}{(c + a)(z + x)} + \frac{2}{(a + b)(x + y)}$$
$$\geqslant \frac{9}{(b + c)x + (c + a)y + (a + b)z}$$

(Ji Chen and Vasile Cîrtoaje, 2010)

**证明** 因为

$$(b+c)x+(c+a)y+(a+b)z=a(y+z)+(b+c)x+bz+cy$$

我们能将原不等式改写成

$$\sum \frac{2a(y+z)+2(b+c)x+2(bz+cy)}{(b+c)(y+z)} \geqslant 9$$

$$\sum \frac{2a}{b+c}+\sum \frac{2x}{y+z} \geqslant 9-\sum \frac{2(bz+cy)}{(b+c)(y+z)}$$

$$\sum \frac{2a}{b+c}+\sum \frac{2x}{y+z} \geqslant 6+\sum \left[1-\frac{2(bz+cy)}{(b+c)(y+z)}\right]$$

$$\sum \frac{2a}{b+c}+\sum \frac{2x}{y+z} \geqslant 6+\sum \frac{(b-c)(y-z)}{(b+c)(y+z)}$$

因为

$$\sum \frac{(b-c)(y-z)}{(b+c)(y+z)} \leqslant \frac{1}{2}\sum \left(\frac{b-c}{b+c}\right)^2+\frac{1}{2}\sum \left(\frac{y-z}{y+z}\right)^2$$

只需证明这一点就足够了

$$\sum \frac{2a}{b+c}+\sum \frac{2x}{y+z} \geqslant 6+\frac{1}{2}\sum \left(\frac{b-c}{b+c}\right)^2+\frac{1}{2}\sum \left(\frac{y-z}{y+z}\right)^2$$

这等价于

$$\sum \frac{2a}{b+c}+\sum \frac{2x}{y+z} \geqslant 9-\sum \frac{2bc}{(b+c)^2}-\sum \frac{2yz}{(y+z)^2}$$

$$\sum \left[\frac{2a}{b+c}+\frac{2bc}{(b+c)^2}\right]+\sum \left[\frac{2x}{y+z}+\frac{2yz}{(y+z)^2}\right] \geqslant 9$$

$$(ab+bc+ca)\sum \frac{1}{(b+c)^2}+(xy+yz+zx)\sum \frac{1}{(y+z)^2} \geqslant \frac{9}{2}$$

这个不等式由下列伊朗不等式相加得到(见第2卷问题1.72,$k=2$)

$$(ab+bc+ca)\sum \frac{1}{(b+c)^2} \geqslant \frac{9}{2}$$

$$(xy+yz+zx)\sum \frac{1}{(y+z)^2} \geqslant \frac{9}{2}$$

等式适用于 $a=b=c,x=y=z$,也适用于 $a=x=0,b=c,y=z$(或其任何循环排列).

**备注** 当 $x=a,y=b,z=c$,我们得到熟知不等式(伊朗 1996)

$$\frac{1}{(a+b)^2}+\frac{1}{(b+c)^2}+\frac{1}{(c+a)^2} \geqslant \frac{9}{4(ab+bc+ca)}$$

**问题 2.117** 设 $a,b,c$ 是一个三角形的三边长,$x,y,z$ 是实数,那么

$$(ya^2+zb^2+xc^2)(za^2+xb^2+yc^2) \geqslant (xy+yz+zx)(a^2b^2+b^2c^2+c^2a^2)$$

(Vasile Cîrtoaje,2001)

**证明 1** 将原不等式依次改写为

$$x^2b^2c^2+y^2c^2a^2+z^2a^2b^2 \geqslant \sum yza^2(b^2+c^2-a^2)$$

417

$$x^2 b^2 c^2 + y^2 c^2 a^2 + z^2 a^2 b^2 \geqslant 2abc \sum yza \cos A$$

$$\frac{x^2}{a^2} + \frac{y^2}{b^2} + \frac{z^2}{c^2} \geqslant \frac{2yz \cos A}{bc} + \frac{2zx \cos B}{ca} + \frac{2xy \cos C}{ab}$$

$$\left(\frac{x}{a} - \frac{y}{b} \cos C - \frac{z}{c} \cos B\right)^2 + \left(\frac{y}{b} \sin C - \frac{z}{c} \sin B\right)^2 \geqslant 0$$

等式适用于

$$\frac{x}{a^2} = \frac{y}{b^2} = \frac{z}{c^2}$$

**证明 2**　将原不等式改写为

$$b^2 c^2 x^2 - Bx + C \geqslant 0$$

其中

$$B = c^2 (a^2 + b^2 - c^2) y + b^2 (a^2 - b^2 + c^2) z$$
$$C = a^2 [c^2 y^2 - (b^2 + c^2 - a^2) yz + b^2 z^2]$$

只需证明这一点就够了

$$B^2 - 4b^2 c^2 C \leqslant 0$$

这等价于

$$A (c^2 y - b^2 z)^2 \geqslant 0$$

其中

$$A = 2a^2 b^2 + 2b^2 c^2 + 2c^2 a^2 - a^4 - b^4 - c^4$$

这个不等式是成立的,因为

$$A = (a + b + c)(a + b - c)(b + c - a)(c + a - b) \geqslant 0$$

**备注 1**　当 $x = \frac{1}{b}$, $y = \frac{1}{c}$, $z = \frac{1}{a}$ 时,我们得到众所周知的不等式

$$a^3 b + b^3 c + c^3 a \geqslant a^2 b^2 + b^2 c^2 + c^2 a^2$$

**备注 2**　当 $x = \frac{1}{c^2}$, $y = \frac{1}{a^2}$, $z = \frac{1}{b^2}$ 时,我们得到优雅的循环不等式

$$3\left(\frac{a^2}{b^2} + \frac{b^2}{c^2} + \frac{c^2}{a^2}\right) \geqslant (a^2 + b^2 + c^2)\left(\frac{1}{a^2} + \frac{1}{b^2} + \frac{1}{c^2}\right)$$

**问题 2.118**　如果 $a_1 \geqslant a_2 \geqslant \cdots \geqslant a_8 \geqslant 0$,那么

$$a_1 + a_2 + \cdots + a_8 - 8\sqrt[8]{a_1 a_2 \cdots a_8} \geqslant 3\left(\sqrt{a_6} - \sqrt{a_7}\right)^2$$

**证明**　我们记

$$x = \sqrt[6]{a_1 a_2 \cdots a_6}, \quad y = \sqrt{a_7 a_8}, \quad x \geqslant a_6 \geqslant a_7 \geqslant y$$

根据 AM $-$ GM 不等式,我们有

$$a_1 + a_2 + \cdots + a_6 \geqslant 6x, \quad a_7 + a_8 \geqslant 2y$$

同样,我们有

$$\sqrt{a_6} - \sqrt{a_7} \leqslant \sqrt{x} - \sqrt{y}$$

因此，证明这一点就够了

$$6x + 2y - 8\sqrt[8]{x^6 y^2} \geqslant 3 \left( \sqrt{x} - \sqrt{y} \right)^2$$

对于非平凡情况 $y \neq 0$，我们可以设 $y = 1$（由于齐次性）．此外，设 $x = t^4 , t \geqslant 1$，这个不等式可以表述为

$$6t^4 + 2 - 8t^3 \geqslant 3 \ (t^2 - 1)^2$$

这等价于

$$(t - 1)^3 (3t + 1) \geqslant 0$$

等式适用于 $a_1 = a_2 = \cdots = a_8$．

**问题 2.119**  设 $a_1 , a_2 , \cdots , a_n$ 和 $b_1 , b_2 , \cdots , b_n$ 都是实数．求证

$$\sum_{i=1}^{n} a_i b_i + \sqrt{\left( \sum_{i=1}^{n} a_i^2 \right) \left( \sum_{i=1}^{n} b_i^2 \right)} \geqslant \frac{2}{n} \left( \sum_{i=1}^{n} a_i \right) \left( \sum_{i=1}^{n} b_i \right)$$

（Vasile Cîrtoaje，1989）

**证明 1**  将原不等式改写为

$$\sqrt{\left( \sum_{i=1}^{n} a_i^2 \right) \left( \sum_{i=1}^{n} b_i^2 \right)} \geqslant \sum_{i=1}^{n} a_i (2b - b_i)$$

其中

$$b = \frac{1}{n} \sum_{i=1}^{n} b_i$$

设 $x_i = 2b - b_i , i = 1, 2, \cdots , n$，我们有

$$\sum_{i=1}^{n} x_i = 2nb - \sum_{i=1}^{n} b_i = 2nb - nb = nb$$

$$\sum_{i=1}^{n} b_i^2 = \sum_{i=1}^{n} (2b - x_i)^2 = 4nb^2 - 4b \sum_{i=1}^{n} x_i + \sum_{i=1}^{n} x_i^2 = \sum_{i=1}^{n} x_i^2$$

因此，期望不等式可以表述为

$$\sqrt{\left( \sum_{i=1}^{n} a_i^2 \right) \left( \sum_{i=1}^{n} x_i^2 \right)} \geqslant \sum_{i=1}^{n} a_i x_i$$

这恰好是柯西－施瓦兹不等式，在 $a_1 a_2 \cdots a_n \neq 0$ 的情况下，等式成立的条件为

$$\frac{2b - b_1}{a_1} = \frac{2b - b_2}{a_2} = \cdots = \frac{2b - b_n}{a_n} \geqslant 0$$

**证明 2**  考虑非平凡情况 $a_1^2 + a_2^2 + \cdots + a_n^2 \neq 0$ 和 $b_1^2 + b_2^2 + \cdots + b_n^2 \neq 0$，记

$$p = \sqrt{\frac{b_1^2 + b_2^2 + \cdots + b_n^2}{a_1^2 + a_2^2 + \cdots + a_n^2}}$$

应用代换

$$b_i = p x_i , \quad i = 1, 2, \cdots , n$$

我们有

$$\sum_{i=1}^{n} a_i^2 = \sum_{i=1}^{n} x_i^2$$

期望不等式变成

$$\sum_{i=1}^{n} a_i x_i + \sum_{i=1}^{n} a_i^2 \geqslant \frac{2}{n} \left( \sum_{i=1}^{n} a_i \right) \left( \sum_{i=1}^{n} x_i \right)$$

$$\sum_{i=1}^{n} (a_i + x_i)^2 \geqslant \frac{4}{n} \left( \sum_{i=1}^{n} a_i \right) \left( \sum_{i=1}^{n} x_i \right)$$

因为

$$4 \left( \sum_{i=1}^{n} a_i \right) \left( \sum_{i=1}^{n} x_i \right) \leqslant \left( \sum_{i=1}^{n} a_i + \sum_{i=1}^{n} x_i \right)^2$$

这足以证明

$$\sum_{i=1}^{n} (a_i + x_i)^2 \geqslant \frac{1}{n} \left[ \sum_{i=1}^{n} (a_i + x_i) \right]^2$$

这可由柯西－施瓦兹不等式立刻得到.

**备注**  作代换 $b_i = \dfrac{1}{a_i}, i = 1, 2, \cdots, n$，我们得到下列不等式

$$n^2 + n \sqrt{(a_1^2 + a_2^2 + \cdots + a_n^2) \left( \frac{1}{a_1^2} + \frac{1}{a_2^2} + \cdots + \frac{1}{a_n^2} \right)}$$

$$\geqslant 2(a_1 + a_2 + \cdots + a_n) \left( \frac{1}{a_1} + \frac{1}{a_2} + \cdots + \frac{1}{a_n} \right)$$

如果 $a_1 \leqslant a_2 \leqslant \cdots \leqslant a_n, n$ 是偶数,$n = 2k$,那么等式适用于

$$a_1 = a_2 = \cdots = a_k, \quad a_{k+1} = a_{k+2} = \cdots = a_{2k}$$

如果 $n$ 为奇数,那么等式适用于 $a_1 = a_2 = \cdots = a_n$.

**猜想**  如果 $a_1, a_2, \cdots, a_n$ 是正实数,$n$ 为奇数,那么

$$n^2 + 1 + \sqrt{(n^2 - 1)(a_1^2 + a_2^2 + \cdots + a_n^2) \left( \frac{1}{a_1^2} + \frac{1}{a_2^2} + \cdots + \frac{1}{a_n^2} \right) - n^2 + 1}$$

$$\geqslant 2(a_1 + a_2 + \cdots + a_n) \left( \frac{1}{a_1} + \frac{1}{a_2} + \cdots + \frac{1}{a_n} \right)$$

如果 $a_1 \leqslant a_2 \leqslant \cdots \leqslant a_n, n$ 是奇数,$n = 2k + 1$. 等式适用于

$$a_1 = a_2 = \cdots = a_k, \quad a_{k+1} = a_{k+2} = \cdots = a_{2k+1}$$

$$a_1 = a_2 = \cdots = a_{k+1}, \quad a_{k+2} = a_{k+3} = \cdots = a_{2k+1}$$

**问题 2.120**  设 $a_1, a_2, \cdots, a_n$ 是正实数,且 $a_1 \geqslant 2a_2$,求证

$$(5n - 1)(a_1^2 + a_2^2 + \cdots + a_n^2) \geqslant 5(a_1 + a_2 + \cdots + a_n)^2$$

(Vasile Cîrtoaje, 2009)

**证明**  设

$$a_1 = k a_2, \quad k \geqslant 2$$

根据柯西－施瓦兹不等式,我们有

$$a_1^2 + a_2^2 + \cdots + a_n^2$$

$$= (k^2 + 1) a_2^2 + a_3^2 + \cdots + a_n^2$$

$$\geqslant \frac{[(k+1) a_2 + a_3 + \cdots + a_n]^2}{\frac{(k+1)^2}{k^2 + 1} + n - 2}$$

$$= \frac{(a_1 + a_2 + \cdots + a_n)^2}{\frac{2k}{k^2 + 1} + n - 1}$$

于是只需证

$$\frac{5n-1}{5} \geqslant \frac{2k}{k^2 + 1} + n - 1$$

这个不等式等价于

$$(k-2)(2k-1) \geqslant 0$$

这对于 $k \geqslant 2$ 是显然成立的. 如果 $k = 2$ 时, 那么等式成立, 当且仅当

$$5a_2^2 + a_3^2 + \cdots + a_n^2 = \frac{(3a_2 + a_3 + \cdots + a_n)^2}{\frac{9}{5} + n - 2}$$

也就是, 当且仅当

$$\frac{5a_1}{6} = \frac{5a_2}{3} = a_3 = \cdots = a_n$$

**问题 2.121** 设 $a_1, a_2, \cdots, a_n$ 是正实数, 且 $a_1 \geqslant 4a_2$, 那么

$$(a_1 + a_2 + \cdots + a_n)\left(\frac{1}{a_1} + \frac{1}{a_2} + \cdots + \frac{1}{a_n}\right) \geqslant \left(n + \frac{1}{2}\right)^2$$

**证明** 设

$$a_1 = ka_2, \quad k \geqslant 4$$

原不等式变成

$$[(1+k) a_2 + \cdots + a_n]\left(\frac{1+k}{ka_2} + \frac{1}{a_3} + \cdots + \frac{1}{a_n}\right)$$

$$\geqslant \left(n + \frac{1}{2}\right)^2$$

根据柯西－施瓦兹不等式, 我们有

$$[(1+k) a_2 + a_3 + \cdots + a_n]\left(\frac{1+k}{ka_2} + \frac{1}{a_3} + \cdots + \frac{1}{a_n}\right)$$

$$\geqslant \left(\frac{1+k}{\sqrt{k}} + n - 2\right)^2$$

因此, 只需证明

$$\frac{1+k}{\sqrt{k}} + n - 2 \geqslant n + \frac{1}{2}$$

421

化简得

$$(\sqrt{k}-2)(2\sqrt{k}-1) \geqslant 0$$

等式成立,当且仅当 $k=4$ 和

$$\frac{a_1}{2}=2a_2=a_3=\cdots=a_n$$

**问题 2.122** 如果 $a_1 \geqslant a_2 \geqslant \cdots \geqslant a_n > 0$,且 $a_1+a_2+\cdots+a_n=n$,那么

$$\frac{1}{a_1}+\frac{1}{a_2}+\cdots+\frac{1}{a_n}-n \geqslant \frac{4(n-1)^2}{n^3}(a_1-a_2)^2$$

(Vasile Cîrtoaje,2009)

**证明** 因为

$$\frac{1}{a_2}+\cdots+\frac{1}{a_n} \geqslant \frac{(n-1)^2}{a_2+a_3+\cdots+a_n}=\frac{(n-1)^2}{n-a_1}$$

$$a_1-a_2 \leqslant a_1-\frac{a_2+\cdots+a_n}{n-1}=a_1-\frac{n-a_1}{n-1}=\frac{n(a_1-1)}{n-1}$$

于是只需证

$$\frac{1}{a_1}+\frac{(n-1)^2}{n-a_1}-n \geqslant \frac{4(n-1)^2}{n^3} \cdot \left[\frac{n(a_1-1)}{n-1}\right]^2$$

$$\frac{1}{a_1}+\frac{(n-1)^2}{n-a_1}-n \geqslant \frac{4(a_1-1)^2}{n}$$

这等价于明显的不等式

$$(a_1-1)^2(2a_1-n)^2 \geqslant 0$$

等式适用于

$$a_1=a_2=\cdots=a_n=1$$

也适用于

$$a_1=\frac{n}{2}, \quad a_2=a_3=\cdots=a_n=\frac{n}{2(n-1)}$$

**问题 2.123** 如果 $a_1,a_2,\cdots,a_n,n \geqslant 3$ 是实数,且满足

$$a_1 \leqslant a_2 \leqslant \cdots \leqslant a_n, \quad a_1+a_2+\cdots+a_n=0$$

那么

$$a_1^2+a_2^2+\cdots+a_n^2+na_1a_n \leqslant 0$$

(Vasile Cîrtoaje,2009)

**证明** 对于非平凡情况 $a_1^2+a_2^2+\cdots+a_n^2 \neq 0$,设 $a_1=a<0,a_n=b>0$ 是固定的. 我们断言

$$a \leqslant a_2 \leqslant \cdots \leqslant a_{n-1} \leqslant b, \quad a_2+\cdots+a_{n-1}=-a-b$$

当 $a_2,\cdots,a_{n-1}$ 中至少有 $n-3$ 个等于 $a$ 或 $b$ 时,其和 $S=a_2^2+\cdots+a_{n-1}^2$ 达到最大. 在本题中,如果

$$a < a_i \leqslant a_j < b$$

那么对于所有的 $c_i,c_j$ 有

$$a_i^2 + a_j^2 < c_i^2 + c_j^2$$

其中 $c_i,c_j$ 满足

$$a \leqslant c_i < a_i \leqslant a_j < c_j \leqslant b, \quad c_i + c_j = a_i + a_j$$

事实上

$$a_i^2 + a_j^2 - c_i^2 - c_j^2 = (a_i - c_i)(a_i + c_i) + (a_j - c_j)(a_j + c_j)$$
$$= (a_i - c_i)(a_i + c_i - a_j - c_j)$$
$$< 0$$

这个结果证实了我们的断言. 因此,只需要考虑 $a_2,\cdots,a_{n-1}$ 中的 $n-3$ 个等于 $a$ 或 $b$ 的情况,更准确地说,假设 $a_2,\cdots,a_{n-1}$ 中的 $k$ 个等于 $a$,$m$ 个等于 $b$,其中

$$k + m = n - 3, \quad k \geqslant 0, \quad m \geqslant 0$$

因此,只需证

$$(k+1)a^2 + c^2 + (m+1)b^2 + (k+m+3)ab \leqslant 0$$

其中

$$a \leqslant c \leqslant b, \quad (k+1)a + c + (m+1)b = 0$$

我们有

$$(k+1)a^2 + c^2 + (m+1)b^2 + (k+m+3)ab$$
$$= c^2 + (a+b)[(k+1)a + (m+1)b] + ab$$
$$= c^2 - (a+b)c + ab$$
$$= (c-a)(c-b)$$
$$\leqslant 0$$

等式成立,当且仅当

$$a_2,\cdots,a_{n-1} \in \{a_1,a_n\}, a_1 + a_2 + \cdots + a_n = 0$$

**问题 2.124** 如果 $a_1,a_2,\cdots,a_n,n \geqslant 4$ 是非负实数,且满足

$$a_1 \geqslant a_2 \geqslant \cdots \geqslant a_n$$
$$(a_1 + a_2 + \cdots + a_n)^2 = 4(a_1^2 + a_2^2 + \cdots + a_n^2)$$

求证

$$1 \leqslant \frac{a_1 + a_2}{a_3 + a_4 + \cdots + a_n} \leqslant 1 + \sqrt{\frac{2n-8}{n-2}}$$

(Vasile Cîrtoaje,2007)

**证明** 记

$$A = a_1 + a_2, \quad B = a_3 + \cdots + a_n$$

因为

$$2(a_1^2 + a_2^2) \geqslant A^2, \quad (n-2)(a_3^2 + a_4^2 + \cdots + a_n^2) \geqslant B^2$$

从假设条件

423

$$(a_1 + a_2 + \cdots + a_n)^2 = 4(a_1^2 + a_2^2 + \cdots + a_n^2)$$

我们得到

$$(A+B)^2 \geqslant 2A^2 + \frac{4}{n-2}B^2$$

$$A \leqslant \left(1 + \sqrt{\frac{2n-8}{n-2}}\right)B$$

右边不等式取等号的条件为

$$a_1 = a_2 = ka_3 = \cdots = ka_n, \quad k = \frac{n-2+\sqrt{2(n-2)(n-4)}}{2}$$

为了证明左边不等式,设

$$a_1 \geqslant a_2 \geqslant x \geqslant a_3 \geqslant \cdots \geqslant a_n$$

从

$$\frac{A}{a_1 a_2} = \frac{1}{a_1} + \frac{1}{a_2} \leqslant \frac{1}{x} + \frac{1}{x} = \frac{2}{x}$$

我们得到

$$Ax \leqslant 2a_1 a_2$$

因此

$$a_1^2 + a_2^2 = A^2 - 2a_1 a_2 \leqslant A^2 - Ax$$

此外

$$a_3^2 + a_4^2 + \cdots + a_n^2 \leqslant a_3 x + \cdots + a_n x = Bx$$

因此,从假设条件

$$(a_1 + a_2 + \cdots + a_n)^2 = 4(a_1^2 + a_2^2 + \cdots + a_n^2)$$

我们得到

$$(A+B)^2 \leqslant 4(A^2 - Ax) + 4Bx$$

$$4(A-B)x - 3A^2 + 2AB + B^2 \leqslant 0$$

$$(A-B)(3A+B-4x) \geqslant 0$$

因为

$$3A + B - 4x \geqslant 3A - 4x \geqslant 6x - 4x \geqslant 0$$

这说明 $A - B \geqslant 0$. 左边不等式在 $n=4, a_1 = a_2 = a_3 = a_4$ 时等号成立.

**问题 2.125** 如果 $a_1 \geqslant a_2 \geqslant \cdots \geqslant a_n \geqslant 0$,那么:

(a) $a_1 + a_2 + \cdots + a_n - n\sqrt[n]{a_1 a_2 \cdots a_n} \geqslant \frac{1}{3}\left(\sqrt{a_1} + \sqrt{a_2} - 2\sqrt{a_n}\right)^2$;

(b) $a_1 + a_2 + \cdots + a_n - n\sqrt[n]{a_1 a_2 \cdots a_n} \geqslant \frac{1}{4}\left(2\sqrt{a_1} - \sqrt{a_{n-1}} - \sqrt{a_n}\right)^2$.

(Vasile Cîrtoaje, 2010)

**证明** (a) 当 $n=2$ 时,不等式等价于 $\left(\sqrt{a_1} - \sqrt{a_2}\right)^2 \geqslant 0$. 进一步考虑 $n \geqslant$

3 的情形. 根据 AM－GM 不等式,我们有

$$a_3 + \cdots + a_{n-1} + 3\sqrt[3]{a_1 a_2 a_n} \geqslant n\sqrt[n]{a_1 a_2 \cdots a_n}$$

因此,只需证

$$a_1 + a_2 + a_n - 3\sqrt[3]{a_1 a_2 a_n} \geqslant \frac{1}{3}\left(\sqrt{a_1} + \sqrt{a_2} - 2\sqrt{a_n}\right)^2$$

设

$$x = \left(\frac{\sqrt{a_1} + \sqrt{a_2}}{2}\right)^2, \quad x \geqslant a_n$$

因为 $a_1 + a_2 \geqslant 2x, a_1 a_2 \leqslant x^2$,它足以证明

$$2x + a_n - 3\sqrt[3]{x^2 a_n} \geqslant \frac{4}{3}\left(\sqrt{x} - \sqrt{a_n}\right)^2$$

对于非平凡情况 $a_n \neq 0$,我们可以假设 $a_n = 1$(由于齐次性). 此外,设 $x = y^6$, $y \geqslant 1$,这个不等式可重新表述为

$$2y^6 + 1 - 3y^4 \geqslant \frac{4}{3}\left(y^3 - 1\right)^2$$

$$(y-1)^2\left[3(y+1)^2(2y^2+1) - 4(y^2+y+1)^2\right] \geqslant 0$$

这个不等式是成立的,如果

$$(y+1)\sqrt{3(2y^2+1)} \geqslant 2(y^2+y+1)$$

因为

$$\sqrt{3(2y^2+1)} \geqslant 2y+1$$

我们有

$$(y+1)\sqrt{3(2y^2+1)} - 2(y^2+y+1)$$
$$\geqslant (y+1)(2y+1) - 2(y^2+y+1)$$
$$= y-1$$
$$\geqslant 0$$

这就完成了证明. 等式适用于 $a_1 = a_2 = \cdots = a_n$.

(b) 当 $n=2$ 时,不等式等价于 $\left(\sqrt{a_1} - \sqrt{a_2}\right)^2 \geqslant 0$. 进一步考虑 $n \geqslant 3$. 根据 AM－GM 不等式,我们有

$$a_2 + a_3 + \cdots + a_{n-2} + 3\sqrt[3]{a_1 a_{n-1} a_n} \geqslant n\sqrt[n]{a_1 a_2 \cdots a_n}$$

因此,只需证

$$a_1 + a_{n-1} + a_n - 3\sqrt[3]{a_1 a_{n-1} a_n} \geqslant \frac{1}{4}\left(2\sqrt{a_1} - \sqrt{a_{n-1}} - \sqrt{a_n}\right)^2$$

设

$$x = \sqrt{a_{n-1} a_n}, \quad x \leqslant a_1$$

因为 $a_{n-1} + a_n \geqslant 2x, \sqrt{a_{n-1}} + \sqrt{a_n} \geqslant 2\sqrt{x}$,证明这一点就足够了

$$a_1 + 2x - 3\sqrt[3]{a_1 x^2} \geqslant (\sqrt{a_1} - \sqrt{x})^2$$

由齐次性,我们可以设 $a_1 = 1$. 此外,应用代换 $x = y^6, y \leqslant 1$,这个不等式变成

$$1 + 2y^6 - 3y^4 \geqslant (1 - y^3)^2$$

这等价于显然成立的不等式

$$y^3 (y-1)^2 (y+2) \geqslant 0$$

这就完成了证明. 等式适用于 $a_1 = a_2 = \cdots = a_n$. 如果 $n \geqslant 3$,那么等式也适用于 $a_1 = a_2 = \cdots = a_n = 0$.

**问题 2.126**　如果 $a_1 \geqslant a_2 \geqslant \cdots \geqslant a_n \geqslant 0, n \geqslant 3$,那么

$$a_1 + a_2 + \cdots + a_n - n\sqrt[n]{a_1 a_2 \cdots a_n} \geqslant \frac{n-1}{2n} (\sqrt{a_{n-2}} + \sqrt{a_{n-1}} - 2\sqrt{a_n})^2$$

(Vasile Cîrtoaje,2010)

**证明**　记

$$x = \frac{a_1 + a_2 + \cdots + a_{n-1}}{n-1}, \quad x \geqslant a_n$$

根据 AM - GM 不等式,我们有

$$a_1 a_2 \cdots a_{n-1} \leqslant x^{n-1}$$

并且

$$\frac{\sqrt{a_{n-2}} + \sqrt{a_{n-1}}}{2} \leqslant \sqrt{\frac{a_{n-2} + a_{n-1}}{2}}$$

$$\leqslant \sqrt{\frac{a_1 + a_2 + \cdots + a_{n-1}}{n-1}}$$

$$= \sqrt{x}$$

因此,只需证

$$(n-1)x + a_n - n\sqrt[n]{x^{n-1} a_n} \geqslant \frac{2(n-1)}{n} (\sqrt{x} - \sqrt{a_n})^2$$

对于非平凡情况 $a_n \neq 0$,我们可以假设 $a_n = 1$(由于齐次性),此外,我们做代换 $x = t^{2n}, t \geqslant 1$,这个不等式变成 $g(t) \geqslant 0$,其中

$$g(t) = (n-1)t^{2n} + 1 - nt^{2n-2} - \frac{2(n-1)}{n} (t^n - 1)^2$$

我们有

$$g'(t) = 2(n-1)t^{n-1}h(t)$$

其中

$$h(t) = n(t^n - t^{n-2}) - 2(t^n - 1)$$

因为

$$h'(t) = n(n-2)t^{n-3} (t^2 - 1) \geqslant 0$$

$h(t)$ 是增函数,$h(t) \geqslant h(1) = 0, g'(t) \geqslant 0, g(t)$ 是递增的,因此 $g(t) \geqslant g(1) =$

0, 这就完成了证明. 等式适用于 $a_1 = a_2 = \cdots = a_n$.

**问题 2.127** 设 $a_1 \geqslant a_2 \geqslant \cdots \geqslant a_n \geqslant 0$. 如果 $\dfrac{n}{2} \leqslant k \leqslant n-1$, 那么

$$a_1 + a_2 + \cdots + a_n - n\sqrt[n]{a_1 a_2 \cdots a_n} \geqslant \frac{2k(n-k)}{n}\left(\sqrt{a_k} - \sqrt{a_{k+1}}\right)^2$$

(Vasile Cîrtoaje, 2010)

**证明** 记

$$x = \sqrt[k]{a_1 a_2 \cdots a_k}, \quad y = \sqrt[n-k]{a_{k+1}a_{k+2}\cdots a_n}, \quad x \geqslant a_k \geqslant a_{k+1} \geqslant y$$

根据 AM - GM 不等式, 我们有

$$a_1 + a_2 + \cdots + a_k \geqslant kx, \quad a_{k+1} + \cdots + a_n \geqslant (n-k)y$$

并且, 我们有

$$\sqrt{a_k} - \sqrt{a_{k+1}} \leqslant \sqrt{x} - \sqrt{y}$$

因此, 只需证

$$kx + (n-k)y - n\sqrt[n]{x^k y^{n-k}} \geqslant \frac{2k(n-k)}{n}\left(\sqrt{x} - \sqrt{y}\right)^2$$

对于非平凡情况 $y > 0$, 我们可以考虑 $y = 1$ (由于齐次性). 此外, 应用代换 $x = t^{2n}, t \geqslant 1$, 这个不等式变成 $f(t) \geqslant 0$, 其中

$$f(t) = kt^{2n} + n - k - nt^{2k} - \frac{2k(n-k)}{n}(t^n - 1)^2$$

我们有

$$f'(t) = 2kt^{n-1}h(t)$$

其中

$$h(t) = n(t^n - t^{2k-n}) - 2(n-k)(t^n - 1)$$

因为

$$h'(t) = n(2k-n)(t^{n-1} - t^{2k-n-1}) \geqslant 0$$

$h(t)$ 是增函数, $h(t) \geqslant h(1) = 0$, $f'(t) \geqslant 0$, $f(t)$ 是递增的, 因此 $f(t) \geqslant f(1) = 0$, 这就完成了证明. 等式适用于 $a_1 = a_2 = \cdots = a_n$. 如果 $n$ 为偶数, 且 $2k = n$, 那么等式也适用于 $a_1 = a_2 = \cdots = a_k, a_{k+1} = a_{k+2} = \cdots = a_n$.

**问题 2.128** 设 $a_1 \geqslant a_2 \geqslant \cdots \geqslant a_n \geqslant 0, n \geqslant 4$. 如果

$$1 \leqslant k < j \leqslant n, \quad k + j \geqslant n + 1$$

那么

$$a_1 + a_2 + \cdots + a_n - n\sqrt[n]{a_1 a_2 \cdots a_n} \geqslant \frac{2k(n-j+1)}{n+k-j+1}\left(\sqrt{a_k} - \sqrt{a_j}\right)^2$$

(Vasile Cîrtoaje, 2010)

**证明** 我们记

$$P = \frac{k(n-j+1)}{n+k-j+1}$$

$$x = \sqrt[k]{a_1 a_2 \cdots a_k}, \quad y = \sqrt[n-j+1]{a_j a_{j+1} \cdots a_n}, \quad x \geqslant a_k \geqslant a_j \geqslant y$$

根据 AM－GM 不等式，我们有

$$a_1 + a_2 + \cdots + a_k \geqslant kx, \quad a_j + a_{j+1} + \cdots + a_n = (n-j+1)y$$

$$a_{k+1} + \cdots + a_{j-1} \geqslant (j-k-1) \sqrt[j-k-1]{a_{k+1} \cdots a_{j-1}}$$

同样，我们有

$$\sqrt{a_k} - \sqrt{a_j} \leqslant \sqrt{x} - \sqrt{y}$$

因此，我们只需证

$$kx + (n-j+1)y + (j-k-1) \sqrt[j-k-1]{a_{k+1} \cdots a_{j-1}} - n \sqrt[n]{a_1 a_2 \cdots a_n}$$

$$\geqslant 2P \left( \sqrt{x} - \sqrt{y} \right)^2$$

根据 AM－GM 不等式，我们有

$$(j-k-1) \sqrt[j-k-1]{a_{k+1} \cdots a_{j-1}} + (n-j+k+1) \sqrt[n-j+k+1]{(a_1 \cdots a_k)(a_j \cdots a_n)}$$

$$\geqslant n \sqrt[n]{a_1 a_2 \cdots a_n}$$

这等价于

$$(j-k-1) \sqrt[j-k-1]{a_{k+1} \cdots a_{j-1}} - n \sqrt[n]{a_1 a_2 \cdots a_n}$$

$$\geqslant -(n-j+k+1) \sqrt[n-j+k+1]{(a_1 \cdots a_k)(a_j \cdots a_n)}$$

$$= -(n-j+k+1) x^{\frac{k}{n-j+k+1}} y^{\frac{n-j+1}{n-j+k+1}}$$

因此，我们只需证

$$kx + (n-j+1)y - (n-j+k+1) x^{\frac{k}{n-j+k+1}} y^{\frac{n-j+1}{n-j+k+1}} \geqslant 2P \left( \sqrt{x} - \sqrt{y} \right)^2$$

对于非平凡情况 $y \neq 0$，由于齐次性，我们设 $y = 1$. 因此，我们需要证明对于 $x \geqslant 1, f(x) \geqslant 0$，其中

$$f(x) = kx + n - j + 1 - (n-j+k+1) x^{\frac{k}{n-j+k+1}} - 2P \left( \sqrt{x} - 1 \right)^2$$

其导数

$$f'(x) = k - kx^{\frac{k}{n-j+k+1}-1} + 2P \left( \frac{1}{\sqrt{x}} - 1 \right)$$

$$f''(x) = P \left( x^{\frac{k}{n-j+k+1}-2} - x^{-\frac{3}{2}} \right)$$

因为 $f''(x) \geqslant 0 (x \geqslant 1)$，$f'$ 递增，$f'(x) \geqslant f'(1) = 0$，$f$ 是递增的，$f(x) \geqslant f(1) = 0$. 这就完成了证明. 等式适用于 $a_1 = a_2 = \cdots = a_n$. 如果 $n$ 是偶数，$k = \frac{n}{2}$，$j = k+1$，那么等式适用于 $a_1 = a_2 = \cdots = a_k, a_{k+1} = \cdots = a_n$.

**备注** 当 $j = k+1$ 时，我们得到问题 2.127 中的不等式.

**问题 2.129** 如果 $a_1 \geqslant a_2 \geqslant \cdots \geqslant a_n \geqslant 0, n \geqslant 4$. 那么：

（a）
$$a_1 + a_2 + \cdots + a_n - n \sqrt[n]{a_1 a_2 \cdots a_n}$$

$$\geqslant \frac{1}{2} \left( 1 - \frac{1}{n} \right) \left( \sqrt{a_{n-2}} - 3 \sqrt{a_{n-1}} + 2 \sqrt{a_n} \right)^2$$

(b)
$$a_1 + a_2 + \cdots + a_n - n\sqrt[n]{a_1 a_2 \cdots a_n}$$
$$\geqslant \left(1 - \frac{2}{n}\right)\left(2\sqrt{a_{n-2}} - 3\sqrt{a_{n-1}} + \sqrt{a_n}\right)^2$$

(Vasile Cîrtoaje, 2010)

**证明** 设
$$x = \sqrt{a_{n-2}} - \sqrt{a_{n-1}} \geqslant 0, \quad y = \sqrt{a_{n-1}} - \sqrt{a_n} \geqslant 0$$
在问题 2.127 中,令 $k = n-2$ 和 $k = n-1$,依次得到
$$a_1 + a_2 + \cdots + a_n - n\sqrt[n]{a_1 a_2 \cdots a_n} \geqslant \frac{4(n-2)x^2}{n}$$
$$a_1 + a_2 + \cdots + a_n - n\sqrt[n]{a_1 a_2 \cdots a_n} \geqslant \frac{2(n-1)y^2}{n}$$
因此
$$a_1 + a_2 + \cdots + a_n - n\sqrt[n]{a_1 a_2 \cdots a_n} \geqslant \frac{2}{n}\max\{2(n-2)x^2, (n-1)y^2\}$$

(a) 足以证明
$$\max\{8(n-2)x^2, 4(n-1)y^2\} \geqslant (n-1)(x-2y)^2$$
这是成立的,因为对于 $x - 2y \geqslant 0$
$$8(n-2)x^2 \geqslant (n-1)x^2 \geqslant (n-1)(x-2y)^2$$
对于 $x - 2y \leqslant 0$
$$4(n-1)y^2 \geqslant (n-1)(2y-x)^2$$
等式适用于 $a_1 = a_2 = \cdots = a_n$.

(b) **方法 1** 只需要证明这一点就足够了
$$\max\{4(n-2)x^2, 2(n-1)y^2\} \geqslant (n-2)(2x-y)^2$$
这是成立的,因为当 $2x - y \geqslant 0$ 时,我们有
$$4(n-2)x^2 \geqslant (n-2)(2x-y)^2$$
当 $2x - y \leqslant 0$ 时,我们有
$$2(n-1)y^2 \geqslant (n-2)y^2 \geqslant (n-2)(2x-y)^2$$
等式适用于 $a_1 = a_2 = \cdots = a_n$. 如果 $n = 4$,那么等式也适用于 $a_1 = a_2, a_3 = a_4$.

**方法 2** 让我们记
$$A = \sqrt[n-2]{a_1 a_2 \cdots a_{n-2}}, \quad B = \sqrt{a_{n-1}a_n}, \quad A \geqslant a_{n-2} \geqslant B$$
根据 AM − GM 不等式,我们有
$$a_1 + a_2 + \cdots + a_{n-2} = (n-2)A$$
$$a_{n-1} + a_n \geqslant 2B$$
$$\sqrt{a_{n-1}} + \sqrt{a_n} \geqslant 2\sqrt{B}$$
那么,我们证明这一点就足够了

$$(n-2)A + 2B - n\sqrt[n]{A^{n-2}B^2} \geqslant \frac{4(n-2)}{n}(\sqrt{A} - \sqrt{B})^2$$

对于非平凡情况 $B \neq 0$,我们可以假设 $B=1$(由于齐次性). 此外,作变换 $A = t^{2n}, t \geqslant 1$,这个不等式变成 $g(t) \geqslant 0$,其中

$$g(t) = (n-2)t^{2n} + 2 - nt^{2n-4} - \frac{4(n-2)}{n}(t^n - 1)^2$$

我们有

$$g'(t) = 2(n-2)t^{n-1}h(t)$$

其中

$$h(t) = (n-4)t^n - nt^{n-4} + 4$$

因为

$$h'(t) = n(n-4)t^{n-5}(t^4 - 1) \geqslant 0$$

$h(t)$ 是递增函数,$h(t) \geqslant h(1) = 0$,$g'(t) \geqslant 0$,$g(t)$ 是递增函数,因此 $g(t) \geqslant g(1) = 0$,这就完成了证明.

# 不等式术语

1. AM−GM(算术平均−几何平均) 不等式

如果 $a_1, a_2, \cdots, a_n$ 为非负实数,那么
$$a_1 + a_2 + \cdots + a_n \geqslant n \sqrt[n]{a_1 a_2 \cdots a_n}$$
等号成立当且仅当 $a_1 = a_2 = \cdots = a_n$.

2. 加权 AM−GM 不等式

设 $p_1, p_2, \cdots, p_n$ 是正实数,且满足
$$p_1 + p_2 + \cdots + p_n = 1$$
如果 $a_1, a_2, \cdots, a_n$ 是非负实数,那么
$$p_1 a_1 + p_2 a_2 + \cdots + p_n a_n \geqslant a_1^{p_1} a_2^{p_2} \cdots a_n^{p_n}$$
等号成立当且仅当 $a_1 = a_2 = \cdots = a_n$.

3. AM−HM(算术平均−调和平均) 不等式

如果 $a_1, a_2, \cdots, a_n$ 是非负实数,那么
$$(a_1 + a_2 + \cdots + a_n)\left(\frac{1}{a_1} + \frac{1}{a_2} + \cdots + \frac{1}{a_n}\right) \geqslant n^2$$
等号成立当且仅当 $a_1 = a_2 = \cdots = a_n$.

4. 幂平均不等式

正实数 $a_1, a_2, \cdots, a_n$ 的 $k$ 次幂的平均值,即
$$M_k = \begin{cases} \left(\dfrac{a_1^k + a_2^k + \cdots + a_n^k}{n}\right)^{\frac{1}{k}}, & k \neq 0 \\ \sqrt[n]{a_1 a_2 \cdots a_n}, & k = 0 \end{cases}$$

431

是关于 $k \in \mathbf{R}$ 的递增函数,例如 $M_2 \geqslant M_1 \geqslant M_0 \geqslant M_{-1}$,等价于

$$\sqrt{\frac{a_1^2 + a_2^2 + \cdots + a_n^2}{n}}$$

$$\geqslant \frac{a_1 + a_2 + \cdots + a_n}{n}$$

$$\geqslant \sqrt[n]{a_1 a_2 \cdots a_n}$$

$$\geqslant \frac{n}{\dfrac{1}{a_1} + \dfrac{1}{a_2} + \cdots + \dfrac{1}{a_n}}$$

**5.伯努利不等式**

对于任意实数 $x \geqslant -1$,我们有

(a) $(1+x)^r \geqslant 1 + rx$,其中 $r \geqslant 1$ 或 $r \leqslant 0$;

(b) $(1+x)^r \leqslant 1 + rx$,其中 $0 \leqslant r \leqslant 1$.

如果 $a_1, a_2, \cdots, a_n$ 是实数,且满足 $a_1, a_2, \cdots, a_n \geqslant 0$ 或 $-1 \leqslant a_1, a_2, \cdots,$ $a_n \leqslant 0$,那么

$$(1+a_1)(1+a_2) \cdots (1+a_n) \geqslant 1 + a_1 + a_2 + \cdots + a_n$$

**6.舒尔不等式**

对于任意非负实数 $a, b, c$ 和任意正实数 $k$,以下不等式成立

$$a^k (a-b)(a-c) + b^k (b-a)(b-c) + c^k (c-a)(c-b) \geqslant 0$$

等号成立的条件是 $a = b = c$,或 $a = 0, b = c$(或其任何循环排列).

当 $k = 1$ 时,我们得到三次舒尔不等式,它可以写为

$$a^3 + b^3 + c^3 + 3abc \geqslant ab(a+b) + bc(b+c) + ca(c+a)$$

$$(a+b+c)^3 + 9abc \geqslant 4(a+b+c)(ab+bc+ca)$$

$$a^2 + b^2 + c^2 + \frac{9abc}{a+b+c} \geqslant 2(ab+bc+ca)$$

$$(b-c)^2 (b+c-a) + (c-a)^2 (c+a-b) + (a-b)^2 (a+b-c) \geqslant 0$$

当 $k = 2$ 时,我们得到四次舒尔不等式,对于任何实数 $a, b, c$,可以重写为

$$a^4 + b^4 + c^4 + abc(a+b+c) \geqslant ab(a^2+b^2) + bc(b^2+c^2) + ca(c^2+a^2)$$

$$a^4 + b^4 + c^4 - a^2 b^2 - b^2 c^2 - c^2 a^2 \geqslant (ab+bc+ca)(a^2+b^2+c^2-ab-bc-ca)$$

$$(b-c)^2 (b+c-a)^2 + (c-a)^2 (c+a-b)^2 + (a-b)^2 (a+b-c)^2 \geqslant 0$$

$$6abcp \geqslant (p^2-q)(4q-p^2), \quad p = a+b+c, \quad q = ab+bc+ca$$

对于任何实数 $a, b, c$ 和任何实数 $m$ 都成立的四次舒尔不等式的推广为(Vasile Cîrtoaje 2008)

$$\sum (a-mb)(a-mc)(a-b)(a-c) \geqslant 0$$

等号成立仅当 $a = b = c$,或 $\dfrac{a}{m} = b = c$(及其任何循环排列),这个不等式等价于

$$\sum a^4 + m(m+2) \sum a^2 b^2 + (1-m^2) abc \sum a \geqslant (m+1) \sum ab(a^2+b^2)$$

$$\sum (b-c)^2 (b+c-a-ma)^2 \geqslant 0$$

下面的定理给出了一个更一般的结果(Vasile Cîrtoaje 2008):

**定理** 设

$$f_4(a,b,c) = \sum a^4 + \alpha \sum a^2 b^2 + \beta abc \sum a - \gamma \sum ab(a^2+b^2)$$

其中 $\alpha, \beta, \gamma$ 是实常数,且满足 $1+\alpha+\beta = 2\gamma$. 那么:

(a) 对所有 $a,b,c \in \mathbf{R}, f_4(a,b,c) \geqslant 0$,当且仅当

$$1 + \alpha \geqslant \gamma^2$$

(b) 对所有 $a,b,c \geqslant 0, f_4(a,b,c) \geqslant 0$,当且仅当

$$\alpha \geqslant (\gamma-1) \max\{2, \gamma+1\}$$

7. 柯西不等式

如果 $a_1, a_2, \cdots, a_n$ 和 $b_1, b_2, \cdots, b_n$ 都是实数,那么

$$(a_1^2 + a_2^2 + \cdots + a_n^2)(b_1^2 + b_2^2 + \cdots + b_n^2) \geqslant (a_1 b_1 + a_2 b_2 + \cdots + a_n b_n)^2$$

当

$$\frac{a_1}{b_1} = \frac{a_2}{b_2} = \cdots = \frac{a_n}{b_n}$$

时,等式成立. 注意到当 $a_i = b_i = 0, 1 \leqslant i \leqslant n$ 时,等式也是成立的.

8. 赫尔德不等式

如果 $x_{ij}, i=1,2,\cdots,m; j=1,2,\cdots,n$ 是非负实数,那么

$$\prod_{i=1}^{m} \left( \sum_{j=1}^{n} x_{ij} \right) \geqslant \left( \sum_{j=1}^{n} \sqrt[m]{\prod_{i=1}^{m} x_{ij}} \right)^m$$

9. 切比雪夫不等式

设 $a_1 \geqslant a_2 \geqslant \cdots \geqslant a_n$ 是实数序列.

(a) 如果 $b_1 \geqslant b_2 \geqslant \cdots \geqslant b_n$,那么

$$n \sum_{i=1}^{n} a_i b_i \geqslant \left( \sum_{i=1}^{n} a_i \right) \left( \sum_{i=1}^{n} b_i \right)$$

(b) 如果 $b_1 \leqslant b_2 \leqslant \cdots \leqslant b_n$,那么

$$n \sum_{i=1}^{n} a_i b_i \leqslant \left( \sum_{i=1}^{n} a_i \right) \left( \sum_{i=1}^{n} b_i \right)$$

10. 排序不等式

(1) 如果 $(a_1, a_2, \cdots, a_n)$ 和 $(b_1, b_2, \cdots, b_n)$ 是两个递增(或递减)的实数序列,$(i_1, i_2, \cdots, i_n)$ 是 $(1,2,\cdots,n)$ 的一个任意排列,那么

$$a_1 b_1 + a_2 b_2 + \cdots + a_n b_n \geqslant a_1 b_{i_1} + a_2 b_{i_2} + \cdots + a_n b_{i_n}$$

$$n(a_1 b_1 + a_2 b_2 + \cdots + a_n b_n) \geqslant (a_1 + a_2 + \cdots + a_n)(b_1 + b_2 + \cdots + b_n)$$

(2) 如果 $(a_1, a_2, \cdots, a_n)$ 是递减的实数序列,$(b_1, b_2, \cdots, b_n)$ 是递增的实数序列,那么

$$a_1 b_1 + a_2 b_2 + \cdots + a_n b_n \leqslant a_1 b_{i_1} + a_2 b_{i_2} + \cdots + a_n b_{i_n}$$

$$n(a_1 b_1 + a_2 b_2 + \cdots + a_n b_n) \leqslant (a_1 + a_2 + \cdots + a_n)(b_1 + b_2 + \cdots + b_n)$$

(3) 设 $(b_1, b_2, \cdots, b_n)$ 和 $(c_1, c_2, \cdots, c_n)$ 是两个实数序列,且满足

$$b_1 + b_2 + \cdots + b_k \geqslant c_1 + c_2 + \cdots + c_k, \quad k = 1, 2, \cdots, n$$

如果 $a_1 \geqslant a_2 \geqslant \cdots \geqslant a_n \geqslant 0$,那么

$$a_1 b_1 + a_2 b_2 + \cdots + a_n b_n \geqslant a_1 c_1 + a_2 c_2 + \cdots + a_n c_n$$

注意,所有这些不等式都可由下面恒等式立刻得到

$$\sum_{i=1}^{n} a_i (b_i - c_i) = \sum_{i=1}^{n} (a_i - a_{i+1}) \left( \sum_{j=1}^{i} b_j - \sum_{j=1}^{i} c_j \right), \quad a_{n+1} = 0$$

11.凸函数

定义在实区间 $I$ 上的函数 $f$ 称为凸函数,如果对于所有的 $x, y \in I, \alpha, \beta \geqslant 0$,且满足 $\alpha + \beta = 1$,如果不等式

$$f(\alpha x + \beta y) \leqslant \alpha f(x) + \beta f(y)$$

成立.如果不等式是反向的,那么 $f$ 称为凹函数.

如果 $f$ 在 $I$ 上是可微的,那么 $f$ 是(严格)凸函数,当且仅当其导数 $f'(x)$ 是(严格)递增的.如果在 $I$ 上,$f''(x) \geqslant 0$,那么 $f$ 在 $I$ 上是凸函数.

**琴生不等式**　设 $p_1, p_2, \cdots, p_n$ 是正实数.如果 $f$ 在实数区间 $I$ 上是凸函数,那么对于任意 $a_1, a_2, \cdots, a_n \in I$,下列不等式成立

$$\frac{p_1 f(a_1) + p_2 f(a_2) + \cdots + p_n f(a_n)}{p_1 + p_2 + \cdots + p_n} \geqslant f \left( \frac{p_1 a_1 + p_2 a_2 + \cdots + p_n a_n}{p_1 + p_2 + \cdots + p_n} \right)$$

若 $p_1 = p_2 = \cdots = p_n$,琴生不等式变为

$$f(a_1) + f(a_2) + \cdots + f(a_n) \geqslant n f \left( \frac{a_1 + a_2 + \cdots + a_n}{n} \right)$$

12.平方乘积不等式

设 $a, b, c \in \mathbf{R}$,并记

$$p = a + b + c, \quad q = ab + bc + ca, \quad r = abc$$

$$s = \sqrt{p^2 - 3q} = \sqrt{a^2 + b^2 + c^2 - ab - bc - ca}$$

由恒等式

$$27(a-b)^2 (b-c)^2 (c-a)^2 = 4(p^2 - 3q)^3 - (2p^3 - 9pq + 27r)^2$$

可知

$$\frac{-2p^3 + 9pq - 2(p^2 - 3q)\sqrt{p^2 - 3q}}{27} \leqslant r \leqslant \frac{-2p^3 + 9pq + 2(p^2 - 3q)\sqrt{p^2 - 3q}}{27}$$

这等价于

$$\frac{p^3-3ps^2-2s^3}{27} \leqslant r \leqslant \frac{p^3-3ps^2+2s^3}{27}$$

因此,对于常数 $p$ 和 $q$,当 $a,b,c$ 相等时,$r$ 分别取得最小值和最大值。

13. 卡拉玛特(Karamata)优化不等式

设 $f$ 在实数区间 $I$ 上是凸函数.如果一个递减有序序列

$$A=(a_1,a_2,\cdots,a_n)\,, \quad a_i \in I$$

优于一个递减有序序列

$$B=(b_1,b_2,\cdots,b_n)\,, \quad b_i \in I$$

那么

$$f(a_1)+f(a_2)+\cdots+f(a_n) \geqslant f(b_1)+f(b_2)+\cdots+f(b_n)$$

我们说序列 $A=(a_1,a_2,\cdots,a_n)$ $(a_1 \geqslant a_2 \geqslant \cdots \geqslant a_n)$ 优于序列 $B=(b_1,b_2,\cdots,b_n)$ $(b_1 \geqslant b_2 \geqslant \cdots \geqslant b_n)$,并写为

$$A > B$$

如果

$$a_1 \geqslant b_1$$
$$a_1+a_2 \geqslant b_1+b_2$$
$$\vdots$$
$$a_1+a_2+\cdots+a_{n-1} \geqslant b_1+b_2+\cdots+b_{n-1}$$
$$a_1+a_2+\cdots+a_n = b_1+b_2+\cdots+b_n$$

14. Vasc 幂指不等式

**定理** 设 $0 < k \leqslant e.$

(a) 如果 $a,b > 0$,那么(Vasile Cîrtoaje,2006)

$$a^{ka}+b^{kb} \geqslant a^{kb}+b^{ka}$$

(b) 如果 $a,b \in (0,1]$,那么(Vasile Cîrtoaje,2010)

$$2\sqrt{a^{ka}b^{kb}} \geqslant a^{kb}+b^{ka}$$

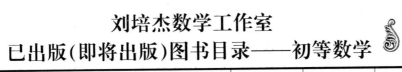

# 刘培杰数学工作室
# 已出版(即将出版)图书目录——初等数学

| 书　名 | 出版时间 | 定　价 | 编号 |
|---|---|---|---|
| 新编中学数学解题方法全书(高中版)上卷(第2版) | 2018—08 | 58.00 | 951 |
| 新编中学数学解题方法全书(高中版)中卷(第2版) | 2018—08 | 68.00 | 952 |
| 新编中学数学解题方法全书(高中版)下卷(一)(第2版) | 2018—08 | 58.00 | 953 |
| 新编中学数学解题方法全书(高中版)下卷(二)(第2版) | 2018—08 | 58.00 | 954 |
| 新编中学数学解题方法全书(高中版)下卷(三)(第2版) | 2018—08 | 68.00 | 955 |
| 新编中学数学解题方法全书(初中版)上卷 | 2008—01 | 28.00 | 29 |
| 新编中学数学解题方法全书(初中版)中卷 | 2010—07 | 38.00 | 75 |
| 新编中学数学解题方法全书(高考复习卷) | 2010—01 | 48.00 | 67 |
| 新编中学数学解题方法全书(高考真题卷) | 2010—01 | 38.00 | 62 |
| 新编中学数学解题方法全书(高考精华卷) | 2011—03 | 68.00 | 118 |
| 新编平面解析几何解题方法全书(专题讲座卷) | 2010—01 | 18.00 | 61 |
| 新编中学数学解题方法全书(自主招生卷) | 2013—08 | 88.00 | 261 |
| 数学奥林匹克与数学文化(第一辑) | 2006—05 | 48.00 | 4 |
| 数学奥林匹克与数学文化(第二辑)(竞赛卷) | 2008—01 | 48.00 | 19 |
| 数学奥林匹克与数学文化(第二辑)(文化卷) | 2008—07 | 58.00 | 36' |
| 数学奥林匹克与数学文化(第三辑)(竞赛卷) | 2010—01 | 48.00 | 59 |
| 数学奥林匹克与数学文化(第四辑)(竞赛卷) | 2011—08 | 58.00 | 87 |
| 数学奥林匹克与数学文化(第五辑) | 2015—06 | 98.00 | 370 |
| 世界著名平面几何经典著作钩沉——几何作图专题卷(共3卷) | 2022—01 | 198.00 | 1460 |
| 世界著名平面几何经典著作钩沉(民国平面几何老课本) | 2011—03 | 38.00 | 113 |
| 世界著名平面几何经典著作钩沉(建国初期平面三角老课本) | 2015—08 | 38.00 | 507 |
| 世界著名解析几何经典著作钩沉——平面解析几何卷 | 2014—01 | 38.00 | 264 |
| 世界著名数论经典著作钩沉(算术卷) | 2012—01 | 28.00 | 125 |
| 世界著名数学经典著作钩沉——立体几何卷 | 2011—02 | 28.00 | 88 |
| 世界著名三角学经典著作钩沉(平面三角卷Ⅰ) | 2010—06 | 28.00 | 69 |
| 世界著名三角学经典著作钩沉(平面三角卷Ⅱ) | 2011—01 | 38.00 | 78 |
| 世界著名初等数论经典著作钩沉(理论和实用算术卷) | 2011—07 | 38.00 | 126 |
| 发展你的空间想象力(第3版) | 2021—01 | 98.00 | 1464 |
| 空间想象力进阶 | 2019—05 | 68.00 | 1062 |
| 走向国际数学奥林匹克的平面几何试题诠释.第1卷 | 2019—07 | 88.00 | 1043 |
| 走向国际数学奥林匹克的平面几何试题诠释.第2卷 | 2019—09 | 78.00 | 1044 |
| 走向国际数学奥林匹克的平面几何试题诠释.第3卷 | 2019—03 | 78.00 | 1045 |
| 走向国际数学奥林匹克的平面几何试题诠释.第4卷 | 2019—09 | 98.00 | 1046 |
| 平面几何证明方法全书 | 2007—08 | 35.00 | 1 |
| 平面几何证明方法全书习题解答(第2版) | 2006—12 | 18.00 | 10 |
| 平面几何天天练上卷·基础篇(直线型) | 2013—01 | 58.00 | 208 |
| 平面几何天天练中卷·基础篇(涉及圆) | 2013—01 | 28.00 | 234 |
| 平面几何天天练下卷·提高篇 | 2013—01 | 58.00 | 237 |
| 平面几何专题研究 | 2013—07 | 98.00 | 258 |
| 几何学习题集 | 2020—10 | 48.00 | 1217 |
| 通过解题学习代数几何 | 2021—04 | 88.00 | 1301 |

| 书　　名 | 出版时间 | 定　价 | 编号 |
|---|---|---|---|
| 最新世界各国数学奥林匹克中的平面几何试题 | 2007－09 | 38.00 | 14 |
| 数学竞赛平面几何典型题及新颖解 | 2010－07 | 48.00 | 74 |
| 初等数学复习及研究(平面几何) | 2008－09 | 68.00 | 38 |
| 初等数学复习及研究(立体几何) | 2010－06 | 38.00 | 71 |
| 初等数学复习及研究(平面几何)习题解答 | 2009－01 | 58.00 | 42 |
| 几何学教程(平面几何卷) | 2011－03 | 68.00 | 90 |
| 几何学教程(立体几何卷) | 2011－07 | 68.00 | 130 |
| 几何变换与几何证题 | 2010－06 | 88.00 | 70 |
| 计算方法与几何证题 | 2011－06 | 28.00 | 129 |
| 立体几何技巧与方法 | 2014－04 | 88.00 | 293 |
| 几何瑰宝——平面几何500名题暨1500条定理(上、下) | 2021－07 | 168.00 | 1358 |
| 三角形的解法与应用 | 2012－07 | 18.00 | 183 |
| 近代的三角形几何学 | 2012－07 | 48.00 | 184 |
| 一般折线几何学 | 2015－08 | 48.00 | 503 |
| 三角形的五心 | 2009－06 | 28.00 | 51 |
| 三角形的六心及其应用 | 2015－10 | 68.00 | 542 |
| 三角形趣谈 | 2012－08 | 28.00 | 212 |
| 解三角形 | 2014－01 | 28.00 | 265 |
| 探秘三角形:一次数学旅行 | 2021－10 | 68.00 | 1387 |
| 三角学专门教程 | 2014－09 | 28.00 | 387 |
| 图天下几何新题试卷.初中(第2版) | 2017－11 | 58.00 | 855 |
| 圆锥曲线习题集(上册) | 2013－06 | 68.00 | 255 |
| 圆锥曲线习题集(中册) | 2015－01 | 78.00 | 434 |
| 圆锥曲线习题集(下册·第1卷) | 2016－10 | 78.00 | 683 |
| 圆锥曲线习题集(下册·第2卷) | 2018－01 | 98.00 | 853 |
| 圆锥曲线习题集(下册·第3卷) | 2019－10 | 128.00 | 1113 |
| 圆锥曲线的思想方法 | 2021－08 | 48.00 | 1379 |
| 圆锥曲线的八个主要问题 | 2021－10 | 48.00 | 1415 |
| 论九点圆 | 2015－05 | 88.00 | 645 |
| 近代欧氏几何学 | 2012－03 | 48.00 | 162 |
| 罗巴切夫斯基几何学及几何基础概要 | 2012－07 | 28.00 | 188 |
| 罗巴切夫斯基几何学初步 | 2015－06 | 28.00 | 474 |
| 用三角、解析几何、复数、向量计算解数学竞赛几何题 | 2015－03 | 48.00 | 455 |
| 美国中学几何教程 | 2015－04 | 88.00 | 458 |
| 三线坐标与三角形特征点 | 2015－04 | 98.00 | 460 |
| 坐标几何学基础.第1卷,笛卡儿坐标 | 2021－08 | 48.00 | 1398 |
| 坐标几何学基础.第2卷,三线坐标 | 2021－09 | 28.00 | 1399 |
| 平面解析几何方法与研究(第1卷) | 2015－05 | 18.00 | 471 |
| 平面解析几何方法与研究(第2卷) | 2015－06 | 18.00 | 472 |
| 平面解析几何方法与研究(第3卷) | 2015－07 | 18.00 | 473 |
| 解析几何研究 | 2015－01 | 38.00 | 425 |
| 解析几何学教程.上 | 2016－01 | 38.00 | 574 |
| 解析几何学教程.下 | 2016－01 | 38.00 | 575 |
| 几何学基础 | 2016－01 | 58.00 | 581 |
| 初等几何研究 | 2015－02 | 58.00 | 444 |
| 十九和二十世纪欧氏几何学中的片段 | 2017－01 | 58.00 | 696 |
| 平面几何中考.高考.奥数一本通 | 2017－07 | 28.00 | 820 |
| 几何学简史 | 2017－08 | 28.00 | 833 |
| 四面体 | 2018－01 | 48.00 | 880 |
| 平面几何证明方法思路 | 2018－12 | 68.00 | 913 |

# 刘培杰数学工作室
## 已出版(即将出版)图书目录——初等数学

| 书　名 | 出版时间 | 定　价 | 编号 |
|---|---|---|---|
| 平面几何图形特性新析.上篇 | 2019—01 | 68.00 | 911 |
| 平面几何图形特性新析.下篇 | 2018—06 | 88.00 | 912 |
| 平面几何范例多解探究.上篇 | 2018—04 | 48.00 | 910 |
| 平面几何范例多解探究.下篇 | 2018—12 | 68.00 | 914 |
| 从分析解题过程学解题:竞赛中的几何问题研究 | 2018—07 | 68.00 | 946 |
| 从分析解题过程学解题:竞赛中的向量几何与不等式研究(全2册) | 2019—06 | 138.00 | 1090 |
| 从分析解题过程学解题:竞赛中的不等式问题 | 2021—01 | 48.00 | 1249 |
| 二维、三维欧氏几何的对偶原理 | 2018—12 | 38.00 | 990 |
| 星形大观及闭折线论 | 2019—03 | 68.00 | 1020 |
| 立体几何的问题和方法 | 2019—11 | 58.00 | 1127 |
| 三角代换论 | 2021—05 | 58.00 | 1313 |
| 俄罗斯平面几何问题集 | 2009—08 | 88.00 | 55 |
| 俄罗斯立体几何问题集 | 2014—03 | 58.00 | 283 |
| 俄罗斯几何大师——沙雷金论数学及其他 | 2014—01 | 48.00 | 271 |
| 来自俄罗斯的5000道几何习题及解答 | 2011—03 | 58.00 | 89 |
| 俄罗斯初等数学问题集 | 2012—05 | 38.00 | 177 |
| 俄罗斯函数问题集 | 2011—03 | 38.00 | 103 |
| 俄罗斯组合分析问题集 | 2011—01 | 48.00 | 79 |
| 俄罗斯初等数学万题选——三角卷 | 2012—11 | 38.00 | 222 |
| 俄罗斯初等数学万题选——代数卷 | 2013—01 | 68.00 | 225 |
| 俄罗斯初等数学万题选——几何卷 | 2014—01 | 68.00 | 226 |
| 俄罗斯《量子》杂志数学征解问题100题选 | 2018—08 | 48.00 | 969 |
| 俄罗斯《量子》杂志数学征解问题又100题选 | 2018—08 | 48.00 | 970 |
| 俄罗斯《量子》杂志数学征解问题 | 2020—05 | 48.00 | 1138 |
| 463个俄罗斯几何老问题 | 2012—01 | 28.00 | 152 |
| 《量子》数学短文精粹 | 2018—09 | 38.00 | 972 |
| 用三角、解析几何等计算解来自俄罗斯的几何题 | 2019—11 | 88.00 | 1119 |
| 基谢廖夫平面几何 | 2022—01 | 48.00 | 1461 |
| 数学:代数、数学分析和几何(10—11年级) | 2021—01 | 48.00 | 1250 |
| 立体几何.10—11年级 | 2022—01 | 58.00 | 1472 |
| | | | |
| 谈谈素数 | 2011—03 | 18.00 | 91 |
| 平方和 | 2011—03 | 18.00 | 92 |
| 整数论 | 2011—05 | 38.00 | 120 |
| 从整数谈起 | 2015—10 | 28.00 | 538 |
| 数与多项式 | 2016—01 | 38.00 | 558 |
| 谈谈不定方程 | 2011—05 | 28.00 | 119 |
| | | | |
| 解析不等式新论 | 2009—06 | 68.00 | 48 |
| 建立不等式的方法 | 2011—03 | 98.00 | 104 |
| 数学奥林匹克不等式研究(第2版) | 2020—07 | 68.00 | 1181 |
| 不等式研究(第二辑) | 2012—02 | 68.00 | 153 |
| 不等式的秘密(第一卷)(第2版) | 2014—02 | 38.00 | 286 |
| 不等式的秘密(第二卷) | 2014—01 | 38.00 | 268 |
| 初等不等式的证明方法 | 2010—06 | 38.00 | 123 |
| 初等不等式的证明方法(第二版) | 2014—11 | 38.00 | 407 |
| 不等式·理论·方法(基础卷) | 2015—07 | 38.00 | 496 |
| 不等式·理论·方法(经典不等式卷) | 2015—07 | 38.00 | 497 |
| 不等式·理论·方法(特殊类型不等式卷) | 2015—07 | 48.00 | 498 |
| 不等式探究 | 2016—03 | 38.00 | 582 |
| 不等式探秘 | 2017—01 | 88.00 | 689 |
| 四面体不等式 | 2017—01 | 68.00 | 715 |
| 数学奥林匹克中常见重要不等式 | 2017—09 | 38.00 | 845 |

# 刘培杰数学工作室
# 已出版(即将出版)图书目录——初等数学

| 书　名 | 出版时间 | 定　价 | 编号 |
|---|---|---|---|
| 三正弦不等式 | 2018－09 | 98.00 | 974 |
| 函数方程与不等式:解法与稳定性结果 | 2019－04 | 68.00 | 1058 |
| 数学不等式. 第1卷,对称多项式不等式 | 2022－01 | 78.00 | 1455 |
| 数学不等式. 第2卷,对称有理不等式与对称无理不等式 | 2022－01 | 88.00 | 1456 |
| 数学不等式. 第3卷,循环不等式与非循环不等式 | 2022－01 | 88.00 | 1457 |
| 数学不等式. 第4卷,Jensen不等式的扩展与加细 | 即将出版 | 88.00 | 1458 |
| 数学不等式. 第5卷,创建不等式与解不等式的其他方法 | 即将出版 | 88.00 | 1459 |
| 同余理论 | 2012－05 | 38.00 | 163 |
| [x]与{x} | 2015－04 | 48.00 | 476 |
| 极值与最值. 上卷 | 2015－06 | 28.00 | 486 |
| 极值与最值. 中卷 | 2015－06 | 38.00 | 487 |
| 极值与最值. 下卷 | 2015－06 | 28.00 | 488 |
| 整数的性质 | 2012－11 | 38.00 | 192 |
| 完全平方数及其应用 | 2015－08 | 78.00 | 506 |
| 多项式理论 | 2015－10 | 88.00 | 541 |
| 奇数、偶数、奇偶分析法 | 2018－01 | 98.00 | 876 |
| 不定方程及其应用. 上 | 2018－12 | 58.00 | 992 |
| 不定方程及其应用. 中 | 2019－01 | 78.00 | 993 |
| 不定方程及其应用. 下 | 2019－02 | 98.00 | 994 |

| 书　名 | 出版时间 | 定　价 | 编号 |
|---|---|---|---|
| 历届美国中学生数学竞赛试题及解答(第一卷)1950－1954 | 2014－07 | 18.00 | 277 |
| 历届美国中学生数学竞赛试题及解答(第二卷)1955－1959 | 2014－04 | 18.00 | 278 |
| 历届美国中学生数学竞赛试题及解答(第三卷)1960－1964 | 2014－06 | 18.00 | 279 |
| 历届美国中学生数学竞赛试题及解答(第四卷)1965－1969 | 2014－04 | 28.00 | 280 |
| 历届美国中学生数学竞赛试题及解答(第五卷)1970－1972 | 2014－06 | 18.00 | 281 |
| 历届美国中学生数学竞赛试题及解答(第六卷)1973－1980 | 2017－07 | 18.00 | 768 |
| 历届美国中学生数学竞赛试题及解答(第七卷)1981－1986 | 2015－01 | 18.00 | 424 |
| 历届美国中学生数学竞赛试题及解答(第八卷)1987－1990 | 2017－05 | 18.00 | 769 |

| 书　名 | 出版时间 | 定　价 | 编号 |
|---|---|---|---|
| 历届中国数学奥林匹克试题集(第3版) | 2021－10 | 58.00 | 1440 |
| 历届加拿大数学奥林匹克试题集 | 2012－08 | 38.00 | 215 |
| 历届美国数学奥林匹克试题集:1972～2019 | 2020－04 | 88.00 | 1135 |
| 历届波兰数学竞赛试题集. 第1卷,1949～1963 | 2015－03 | 18.00 | 453 |
| 历届波兰数学竞赛试题集. 第2卷,1964～1976 | 2015－03 | 18.00 | 454 |
| 历届巴尔干数学奥林匹克试题集 | 2015－05 | 38.00 | 466 |
| 保加利亚数学奥林匹克 | 2014－10 | 38.00 | 393 |
| 圣彼得堡数学奥林匹克试题集 | 2015－01 | 38.00 | 429 |
| 匈牙利奥林匹克数学竞赛题解. 第1卷 | 2016－05 | 28.00 | 593 |
| 匈牙利奥林匹克数学竞赛题解. 第2卷 | 2016－05 | 28.00 | 594 |
| 历届美国数学邀请赛试题集(第2版) | 2017－10 | 78.00 | 851 |
| 普林斯顿大学数学竞赛 | 2016－06 | 38.00 | 669 |
| 亚太地区数学奥林匹克竞赛题 | 2015－07 | 18.00 | 492 |
| 日本历届(初级)广中杯数学竞赛试题及解答. 第1卷(2000～2007) | 2016－05 | 28.00 | 641 |
| 日本历届(初级)广中杯数学竞赛试题及解答. 第2卷(2008～2015) | 2016－05 | 38.00 | 642 |
| 越南数学奥林匹克题选:1962－2009 | 2021－07 | 48.00 | 1370 |
| 360个数学竞赛问题 | 2016－08 | 58.00 | 677 |
| 奥数最佳实战题. 上卷 | 2017－06 | 38.00 | 760 |
| 奥数最佳实战题. 下卷 | 2017－05 | 58.00 | 761 |
| 哈尔滨市早期中学数学竞赛试题汇编 | 2016－07 | 28.00 | 672 |
| 全国高中数学联赛试题及解答:1981—2019(第4版) | 2020－07 | 138.00 | 1176 |
| 2021年全国高中数学联合竞赛模拟题集 | 2021－04 | 30.00 | 1302 |
| 20世纪50年代全国部分城市数学竞赛试题汇编 | 2017－07 | 28.00 | 797 |

# 刘培杰数学工作室
## 已出版(即将出版)图书目录——初等数学

| 书　名 | 出版时间 | 定　价 | 编号 |
|---|---|---|---|
| 国内外数学竞赛题及精解:2018~2019 | 2020—08 | 45.00 | 1192 |
| 国内外数学竞赛题及精解:2019~2020 | 2021—11 | 58.00 | 1439 |
| 许康华竞赛优学精选集.第一辑 | 2018—08 | 68.00 | 949 |
| 天问叶班数学问题征解100题.Ⅰ,2016—2018 | 2019—05 | 88.00 | 1075 |
| 天问叶班数学问题征解100题.Ⅱ,2017—2019 | 2020—07 | 98.00 | 1177 |
| 美国初中数学竞赛:AMC8准备(共6卷) | 2019—07 | 138.00 | 1089 |
| 美国高中数学竞赛:AMC10准备(共6卷) | 2019—08 | 158.00 | 1105 |
| 王连笑教你怎样学数学:高考选择题解题策略与客观题实用训练 | 2014—01 | 48.00 | 262 |
| 王连笑教你怎样学数学:高考数学高层次讲座 | 2015—02 | 48.00 | 432 |
| 高考数学的理论与实践 | 2009—08 | 38.00 | 53 |
| 高考数学核心题型解题方法与技巧 | 2010—01 | 28.00 | 86 |
| 高考思维新平台 | 2014—03 | 38.00 | 259 |
| 高考数学压轴题解题诀窍(上)(第2版) | 2018—01 | 58.00 | 874 |
| 高考数学压轴题解题诀窍(下)(第2版) | 2018—01 | 48.00 | 875 |
| 北京市五区文科数学三年高考模拟题详解:2013~2015 | 2015—08 | 48.00 | 500 |
| 北京市五区理科数学三年高考模拟题详解:2013~2015 | 2015—09 | 68.00 | 505 |
| 向量法巧解数学高考题 | 2009—08 | 28.00 | 54 |
| 高中数学课堂教学的实践与反思 | 2021—11 | 48.00 | 791 |
| 数学高考参考 | 2016—01 | 78.00 | 589 |
| 新课程标准高考数学解答题各种题型解法指导 | 2020—08 | 78.00 | 1196 |
| 全国及各省市高考数学试题审题要津与解法研究 | 2015—02 | 48.00 | 450 |
| 高中数学章节起始课的教学研究与案例设计 | 2019—05 | 28.00 | 1064 |
| 新课标高考数学——五年试题分章详解(2007~2011)(上、下) | 2011—10 | 78.00 | 140,141 |
| 全国中考数学压轴题审题要津与解法研究 | 2013—04 | 78.00 | 248 |
| 新编全国及各省市中考数学压轴题审题要津与解法研究 | 2014—05 | 58.00 | 342 |
| 全国及各省市5年中考数学压轴题审题要津与解法研究(2015版) | 2015—04 | 58.00 | 462 |
| 中考数学专题总复习 | 2007—04 | 28.00 | 6 |
| 中考数学较难题常考题型解题方法与技巧 | 2016—09 | 48.00 | 681 |
| 中考数学难题常考题型解题方法与技巧 | 2016—09 | 48.00 | 682 |
| 中考数学中档题常考题型解题方法与技巧 | 2017—08 | 68.00 | 835 |
| 中考数学选择填空压轴好题妙解365 | 2017—05 | 38.00 | 759 |
| 中考数学:三类重点考题的解法例析与习题 | 2020—04 | 48.00 | 1140 |
| 中小学数学的历史文化 | 2019—11 | 48.00 | 1124 |
| 初中平面几何百题多思创新解 | 2020—01 | 58.00 | 1125 |
| 初中数学中考备考 | 2020—01 | 58.00 | 1126 |
| 高考数学之九章演义 | 2019—08 | 68.00 | 1044 |
| 化学可以这样学:高中化学知识方法智慧感悟疑难辨析 | 2019—07 | 58.00 | 1103 |
| 如何成为学习高手 | 2019—09 | 58.00 | 1107 |
| 高考数学:经典真题分类解析 | 2020—04 | 78.00 | 1134 |
| 高考数学解答题破解策略 | 2020—11 | 58.00 | 1221 |
| 从分析解题过程学解题:高考压轴题与竞赛题之关系探究 | 2020—08 | 88.00 | 1179 |
| 教学新思考:单元整体视角下的初中数学教学设计 | 2021—03 | 58.00 | 1278 |
| 思维再拓展:2020年经典几何题的多解探究与思考 | 即将出版 | | 1279 |
| 中考数学小压轴汇编初讲 | 2017—07 | 48.00 | 788 |
| 中考数学大压轴专题微言 | 2017—09 | 48.00 | 846 |
| 怎么解中考平面几何探索题 | 2019—06 | 48.00 | 1093 |
| 北京中考数学压轴题解题方法突破(第7版) | 2021—11 | 68.00 | 1442 |
| 助你高考成功的数学解题智慧:知识是智慧的基础 | 2016—01 | 58.00 | 596 |
| 助你高考成功的数学解题智慧:错误是智慧的试金石 | 2016—04 | 58.00 | 643 |
| 助你高考成功的数学解题智慧:方法是智慧的推手 | 2016—04 | 68.00 | 657 |
| 高考数学奇思妙解 | 2016—04 | 38.00 | 610 |
| 高考数学解题策略 | 2016—05 | 48.00 | 670 |
| 数学解题泄天机(第2版) | 2017—10 | 48.00 | 850 |

# 刘培杰数学工作室
# 已出版(即将出版)图书目录——初等数学

| 书　名 | 出版时间 | 定　价 | 编号 |
|---|---|---|---|
| 高考物理压轴题全解 | 2017—04 | 58.00 | 746 |
| 高中物理经典问题25讲 | 2017—05 | 28.00 | 764 |
| 高中物理教学讲义 | 2018—01 | 48.00 | 871 |
| 高中物理答疑解惑65篇 | 2021—11 | 48.00 | 1462 |
| 中学物理基础问题解析 | 2020—08 | 48.00 | 1183 |
| 2016年高考文科数学真题研究 | 2017—04 | 58.00 | 754 |
| 2016年高考理科数学真题研究 | 2017—04 | 78.00 | 755 |
| 2017年高考理科数学真题研究 | 2018—01 | 58.00 | 867 |
| 2017年高考文科数学真题研究 | 2018—01 | 48.00 | 868 |
| 初中数学、高中数学脱节知识补缺教材 | 2017—06 | 48.00 | 766 |
| 高考数学小题抢分必练 | 2017—10 | 48.00 | 834 |
| 高考数学核心素养解读 | 2017—09 | 38.00 | 839 |
| 高考数学客观题解题方法和技巧 | 2017—10 | 38.00 | 847 |
| 十年高考数学精品试题审题要津与解法研究 | 2021—10 | 98.00 | 1427 |
| 中国历届高考数学试题及解答. 1949—1979 | 2018—01 | 38.00 | 877 |
| 历届中国高考数学试题及解答. 第二卷,1980—1989 | 2018—10 | 28.00 | 975 |
| 历届中国高考数学试题及解答. 第三卷,1990—1999 | 2018—10 | 48.00 | 976 |
| 数学文化与高考研究 | 2018—03 | 48.00 | 882 |
| 跟我学解高中数学题 | 2018—07 | 58.00 | 926 |
| 中学数学研究的方法及案例 | 2018—05 | 58.00 | 869 |
| 高考数学抢分技能 | 2018—07 | 68.00 | 934 |
| 高一新生常用数学方法和重要数学思想提升教材 | 2018—06 | 38.00 | 921 |
| 2018年高考数学真题研究 | 2019—01 | 68.00 | 1000 |
| 2019年高考数学真题研究 | 2020—05 | 88.00 | 1137 |
| 高考数学全国卷六道解答题常考题型解题诀窍:理科(全2册) | 2019—07 | 78.00 | 1101 |
| 高考数学全国卷16道选择、填空题常考题型解题诀窍.理科 | 2018—09 | 88.00 | 971 |
| 高考数学全国卷16道选择、填空题常考题型解题诀窍.文科 | 2020—01 | 88.00 | 1123 |
| 新课程标准高中数学各种题型解法大全.必修一分册 | 2021—06 | 58.00 | 1315 |
| 高中数学一题多解 | 2019—06 | 58.00 | 1087 |
| 历届中国高考数学试题及解答:1917—1999 | 2021—08 | 98.00 | 1371 |
| 突破高原:高中数学解题思维探究 | 2021—08 | 48.00 | 1375 |
| 高考数学中的"取值范围" | 2021—10 | 48.00 | 1429 |
| 新课程标准高中数学各种题型解法大全.必修二分册 | 2022—01 | 68.00 | 1471 |
| 新编640个世界著名数学智力趣题 | 2014—01 | 88.00 | 242 |
| 500个最新世界著名数学智力趣题 | 2008—06 | 48.00 | 3 |
| 400个最新世界著名数学最值问题 | 2008—09 | 48.00 | 36 |
| 500个世界著名数学征解问题 | 2009—06 | 48.00 | 52 |
| 400个中国最佳初等数学征解老问题 | 2010—01 | 48.00 | 60 |
| 500个俄罗斯数学经典老题 | 2011—01 | 28.00 | 81 |
| 1000个国外中学物理好题 | 2012—04 | 48.00 | 174 |
| 300个日本高考数学题 | 2012—05 | 38.00 | 142 |
| 700个早期日本高考数学试题 | 2017—02 | 88.00 | 752 |
| 500个前苏联早期高考数学试题及解答 | 2012—05 | 28.00 | 185 |
| 546个早期俄罗斯大学生数学竞赛题 | 2014—03 | 38.00 | 285 |
| 548个来自美苏的数学好问题 | 2014—11 | 28.00 | 396 |
| 20所苏联著名大学早期入学试题 | 2015—02 | 18.00 | 452 |
| 161道德国工科大学生必做的微分方程习题 | 2015—05 | 28.00 | 469 |
| 500个德国工科大学生必做的高数习题 | 2015—06 | 28.00 | 478 |
| 360个数学竞赛问题 | 2016—08 | 58.00 | 677 |
| 200个趣味数学故事 | 2018—02 | 48.00 | 857 |
| 470个数学奥林匹克中的最值问题 | 2018—10 | 88.00 | 985 |
| 德国讲义日本考题.微积分卷 | 2015—04 | 48.00 | 456 |
| 德国讲义日本考题.微分方程卷 | 2015—04 | 38.00 | 457 |
| 二十世纪中叶中、英、美、日、法、俄高考数学试题精选 | 2017—06 | 38.00 | 783 |

# 刘培杰数学工作室
## 已出版(即将出版)图书目录——初等数学

| 书　　名 | 出版时间 | 定　价 | 编号 |
|---|---|---|---|
| 中国初等数学研究　2009 卷(第 1 辑) | 2009—05 | 20.00 | 45 |
| 中国初等数学研究　2010 卷(第 2 辑) | 2010—05 | 30.00 | 68 |
| 中国初等数学研究　2011 卷(第 3 辑) | 2011—07 | 60.00 | 127 |
| 中国初等数学研究　2012 卷(第 4 辑) | 2012—07 | 48.00 | 190 |
| 中国初等数学研究　2014 卷(第 5 辑) | 2014—02 | 48.00 | 288 |
| 中国初等数学研究　2015 卷(第 6 辑) | 2015—06 | 68.00 | 493 |
| 中国初等数学研究　2016 卷(第 7 辑) | 2016—04 | 68.00 | 609 |
| 中国初等数学研究　2017 卷(第 8 辑) | 2017—01 | 98.00 | 712 |
| 初等数学研究在中国.第 1 辑 | 2019—03 | 158.00 | 1024 |
| 初等数学研究在中国.第 2 辑 | 2019—10 | 158.00 | 1116 |
| 初等数学研究在中国.第 3 辑 | 2021—05 | 158.00 | 1306 |
| 几何变换(Ⅰ) | 2014—07 | 28.00 | 353 |
| 几何变换(Ⅱ) | 2015—06 | 28.00 | 354 |
| 几何变换(Ⅲ) | 2015—01 | 38.00 | 355 |
| 几何变换(Ⅳ) | 2015—12 | 38.00 | 356 |
| 初等数论难题集(第一卷) | 2009—05 | 68.00 | 44 |
| 初等数论难题集(第二卷)(上、下) | 2011—02 | 128.00 | 82,83 |
| 数论概貌 | 2011—03 | 18.00 | 93 |
| 代数数论(第二版) | 2013—08 | 58.00 | 94 |
| 代数多项式 | 2014—06 | 38.00 | 289 |
| 初等数论的知识与问题 | 2011—02 | 28.00 | 95 |
| 超越数论基础 | 2011—03 | 28.00 | 96 |
| 数论初等教程 | 2011—03 | 28.00 | 97 |
| 数论基础 | 2011—03 | 18.00 | 98 |
| 数论基础与维诺格拉多夫 | 2014—03 | 18.00 | 292 |
| 解析数论基础 | 2012—08 | 28.00 | 216 |
| 解析数论基础(第二版) | 2014—01 | 48.00 | 287 |
| 解析数论问题集(第二版)(原版引进) | 2014—05 | 88.00 | 343 |
| 解析数论问题集(第二版)(中译本) | 2016—04 | 88.00 | 607 |
| 解析数论基础(潘承洞,潘承彪著) | 2016—07 | 98.00 | 673 |
| 解析数论导引 | 2016—07 | 58.00 | 674 |
| 数论入门 | 2011—03 | 38.00 | 99 |
| 代数数论入门 | 2015—03 | 38.00 | 448 |
| 数论开篇 | 2012—07 | 28.00 | 194 |
| 解析数论引论 | 2011—03 | 48.00 | 100 |
| Barban Davenport Halberstam 均值和 | 2009—01 | 40.00 | 33 |
| 基础数论 | 2011—03 | 28.00 | 101 |
| 初等数论 100 例 | 2011—05 | 18.00 | 122 |
| 初等数论经典例题 | 2012—07 | 18.00 | 204 |
| 最新世界各国数学奥林匹克中的初等数论试题(上、下) | 2012—01 | 138.00 | 144,145 |
| 初等数论(Ⅰ) | 2012—01 | 18.00 | 156 |
| 初等数论(Ⅱ) | 2012—01 | 18.00 | 157 |
| 初等数论(Ⅲ) | 2012—01 | 28.00 | 158 |

# 刘培杰数学工作室
## 已出版(即将出版)图书目录——初等数学

| 书　名 | 出版时间 | 定　价 | 编号 |
|---|---|---|---|
| 平面几何与数论中未解决的新老问题 | 2013—01 | 68.00 | 229 |
| 代数数论简史 | 2014—11 | 28.00 | 408 |
| 代数数论 | 2015—09 | 88.00 | 532 |
| 代数、数论及分析习题集 | 2016—11 | 98.00 | 695 |
| 数论导引提要及习题解答 | 2016—01 | 48.00 | 559 |
| 素数定理的初等证明.第2版 | 2016—09 | 48.00 | 686 |
| 数论中的模函数与狄利克雷级数(第二版) | 2017—11 | 78.00 | 837 |
| 数论:数学导引 | 2018—01 | 68.00 | 849 |
| 范氏大代数 | 2019—02 | 98.00 | 1016 |
| 解析数学讲义.第一卷,导来式及微分、积分、级数 | 2019—04 | 88.00 | 1021 |
| 解析数学讲义.第二卷,关于几何的应用 | 2019—04 | 68.00 | 1022 |
| 解析数学讲义.第三卷,解析函数论 | 2019—04 | 78.00 | 1023 |
| 分析·组合·数论纵横谈 | 2019—04 | 58.00 | 1039 |
| Hall代数:民国时期的中学数学课本:英文 | 2019—08 | 88.00 | 1106 |
| 数学精神巡礼 | 2019—01 | 58.00 | 731 |
| 数学眼光透视(第2版) | 2017—06 | 78.00 | 732 |
| 数学思想领悟(第2版) | 2018—01 | 68.00 | 733 |
| 数学方法溯源(第2版) | 2018—08 | 68.00 | 734 |
| 数学解题引论 | 2017—05 | 58.00 | 735 |
| 数学史话览胜(第2版) | 2017—01 | 48.00 | 736 |
| 数学应用展观(第2版) | 2017—08 | 68.00 | 737 |
| 数学建模尝试 | 2018—04 | 48.00 | 738 |
| 数学竞赛采风 | 2018—01 | 68.00 | 739 |
| 数学测评探营 | 2019—05 | 58.00 | 740 |
| 数学技能操握 | 2018—03 | 48.00 | 741 |
| 数学欣赏拾趣 | 2018—02 | 48.00 | 742 |
| 从毕达哥拉斯到怀尔斯 | 2007—10 | 48.00 | 9 |
| 从迪利克雷到维斯卡尔迪 | 2008—01 | 48.00 | 21 |
| 从哥德巴赫到陈景润 | 2008—05 | 98.00 | 35 |
| 从庞加莱到佩雷尔曼 | 2011—08 | 138.00 | 136 |
| 博弈论精粹 | 2008—03 | 58.00 | 30 |
| 博弈论精粹.第二版(精装) | 2015—01 | 88.00 | 461 |
| 数学 我爱你 | 2008—01 | 28.00 | 20 |
| 精神的圣徒 别样的人生——60位中国数学家成长的历程 | 2008—09 | 48.00 | 39 |
| 数学史概论 | 2009—06 | 78.00 | 50 |
| 数学史概论(精装) | 2013—03 | 158.00 | 272 |
| 数学史选讲 | 2016—01 | 48.00 | 544 |
| 斐波那契数列 | 2010—02 | 28.00 | 65 |
| 数学拼盘和斐波那契魔方 | 2010—07 | 38.00 | 72 |
| 斐波那契数列欣赏(第2版) | 2018—08 | 58.00 | 948 |
| Fibonacci数列中的明珠 | 2018—06 | 58.00 | 928 |
| 数学的创造 | 2011—02 | 48.00 | 85 |
| 数学美与创造力 | 2016—01 | 48.00 | 595 |
| 数海拾贝 | 2016—01 | 48.00 | 590 |
| 数学中的美(第2版) | 2019—04 | 68.00 | 1057 |
| 数论中的美学 | 2014—12 | 38.00 | 351 |

— 8 —

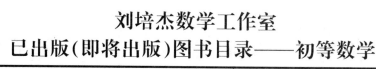

# 刘培杰数学工作室
## 已出版(即将出版)图书目录——初等数学

| 书　名 | 出版时间 | 定　价 | 编号 |
|---|---|---|---|
| 数学王者　科学巨人——高斯 | 2015—01 | 28.00 | 428 |
| 振兴祖国数学的圆梦之旅:中国初等数学研究史话 | 2015—06 | 98.00 | 490 |
| 二十世纪中国数学史料研究 | 2015—10 | 48.00 | 536 |
| 数字谜、数阵图与棋盘覆盖 | 2016—01 | 58.00 | 298 |
| 时间的形状 | 2016—01 | 38.00 | 556 |
| 数学发现的艺术:数学探索中的合情推理 | 2016—07 | 58.00 | 671 |
| 活跃在数学中的参数 | 2016—07 | 48.00 | 675 |
| 数海趣史 | 2021—05 | 98.00 | 1314 |
| 数学解题——靠数学思想给力(上) | 2011—07 | 38.00 | 131 |
| 数学解题——靠数学思想给力(中) | 2011—07 | 48.00 | 132 |
| 数学解题——靠数学思想给力(下) | 2011—07 | 38.00 | 133 |
| 我怎样解题 | 2013—01 | 48.00 | 227 |
| 数学解题中的物理方法 | 2011—06 | 28.00 | 114 |
| 数学解题的特殊方法 | 2011—06 | 48.00 | 115 |
| 中学数学计算技巧(第2版) | 2020—10 | 48.00 | 1220 |
| 中学数学证明方法 | 2012—01 | 58.00 | 117 |
| 数学趣题巧解 | 2012—03 | 28.00 | 128 |
| 高中数学教学通鉴 | 2015—05 | 58.00 | 479 |
| 和高中生漫谈:数学与哲学的故事 | 2014—08 | 28.00 | 369 |
| 算术问题集 | 2017—03 | 38.00 | 789 |
| 张教授讲数学 | 2018—07 | 38.00 | 933 |
| 陈永明实话实说数学教学 | 2020—04 | 68.00 | 1132 |
| 中学数学学科知识与教学能力 | 2020—06 | 58.00 | 1155 |
| 怎样把课讲好:大罕数学教学随笔 | 2022—03 | 58.00 | 1484 |
| 中国高考评价体系下高考数学探秘 | 2022—03 | 48.00 | 1487 |
| 自主招生考试中的参数方程问题 | 2015—01 | 28.00 | 435 |
| 自主招生考试中的极坐标问题 | 2015—04 | 28.00 | 463 |
| 近年全国重点大学自主招生数学试题全解及研究.华约卷 | 2015—02 | 38.00 | 441 |
| 近年全国重点大学自主招生数学试题全解及研究.北约卷 | 2016—05 | 38.00 | 619 |
| 自主招生数学解证宝典 | 2015—09 | 48.00 | 535 |
| 中国科学技术大学创新班数学真题解析 | 2022—03 | 48.00 | 1488 |
| 格点和面积 | 2012—07 | 18.00 | 191 |
| 射影几何趣谈 | 2012—04 | 28.00 | 175 |
| 斯潘纳尔引理——从一道加拿大数学奥林匹克试题谈起 | 2014—01 | 28.00 | 228 |
| 李普希兹条件——从几道近年高考数学试题谈起 | 2012—10 | 18.00 | 221 |
| 拉格朗日中值定理——从一道北京高考试题的解法谈起 | 2015—10 | 18.00 | 197 |
| 闵科夫斯基定理——从一道清华大学自主招生试题谈起 | 2014—01 | 28.00 | 198 |
| 哈尔测度——从一道冬令营试题的背景谈起 | 2012—08 | 28.00 | 202 |
| 切比雪夫逼近问题——从一道中国台北数学奥林匹克试题谈起 | 2013—04 | 38.00 | 238 |
| 伯恩斯坦多项式与贝齐尔曲面——从一道全国高中数学联赛试题谈起 | 2013—03 | 38.00 | 236 |
| 卡塔兰猜想——从一道普特南竞赛试题谈起 | 2013—06 | 18.00 | 256 |
| 麦卡锡函数和阿克曼函数——从一道前南斯拉夫数学奥林匹克试题谈起 | 2012—08 | 18.00 | 201 |
| 贝蒂定理与拉姆贝克莫斯尔定理——从一个拣石子游戏谈起 | 2012—08 | 18.00 | 217 |
| 皮亚诺曲线和豪斯道夫分球定理——从无限集谈起 | 2012—08 | 18.00 | 211 |
| 平面凸图形与凸多面体 | 2012—10 | 28.00 | 218 |
| 斯坦因豪斯问题——从一道二十五省市自治区中学数学竞赛试题谈起 | 2012—07 | 18.00 | 196 |

# 刘培杰数学工作室
## 已出版(即将出版)图书目录——初等数学

| 书　名 | 出版时间 | 定　价 | 编号 |
|---|---|---|---|
| 纽结理论中的亚历山大多项式与琼斯多项式——从一道北京市高一数学竞赛试题谈起 | 2012—07 | 28.00 | 195 |
| 原则与策略——从波利亚"解题表"谈起 | 2013—04 | 38.00 | 244 |
| 转化与化归——从三大尺规作图不能问题谈起 | 2012—08 | 28.00 | 214 |
| 代数几何中的贝祖定理(第一版)——从一道IMO试题的解法谈起 | 2013—08 | 18.00 | 193 |
| 成功连贯理论与约当块理论——从一道比利时数学竞赛试题谈起 | 2012—04 | 18.00 | 180 |
| 素数判定与大数分解 | 2014—08 | 18.00 | 199 |
| 置换多项式及其应用 | 2012—10 | 18.00 | 220 |
| 椭圆函数与模函数——从一道美国加州大学洛杉矶分校(UCLA)博士资格考题谈起 | 2012—10 | 28.00 | 219 |
| 差分方程的拉格朗日方法——从一道2011年全国高考理科试题的解法谈起 | 2012—08 | 28.00 | 200 |
| 力学在几何中的一些应用 | 2013—01 | 38.00 | 240 |
| 从根式解到伽罗华理论 | 2020—01 | 48.00 | 1121 |
| 康托洛维奇不等式——从一道全国高中联赛试题谈起 | 2013—03 | 28.00 | 337 |
| 西格尔引理——从一道第18届IMO试题的解法谈起 | 即将出版 | | |
| 罗斯定理——从一道前苏联数学竞赛试题谈起 | 即将出版 | | |
| 拉克斯定理和阿廷定理——从一道IMO试题的解法谈起 | 2014—01 | 58.00 | 246 |
| 毕卡大定理——从一道美国大学数学竞赛试题谈起 | 2014—07 | 18.00 | 350 |
| 贝齐尔曲线——从一道全国高中联赛试题谈起 | 即将出版 | | |
| 拉格朗日乘子定理——从一道2005年全国高中联赛试题的高等数学解法谈起 | 2015—05 | 28.00 | 480 |
| 雅可比定理——从一道日本数学奥林匹克试题谈起 | 2013—04 | 48.00 | 249 |
| 李天岩—约克定理——从一道波兰数学竞赛试题谈起 | 2014—06 | 28.00 | 349 |
| 整系数多项式因式分解的一般方法——从克朗耐克算法谈起 | 即将出版 | | |
| 布劳维不动点定理——从一道前苏联数学奥林匹克试题谈起 | 2014—01 | 38.00 | 273 |
| 伯恩赛德定理——从一道英国数学奥林匹克试题谈起 | 即将出版 | | |
| 布查特—莫斯特定理——从一道上海市初中竞赛试题谈起 | 即将出版 | | |
| 数论中的同余数问题——从一道普特南竞赛试题谈起 | 即将出版 | | |
| 范·德蒙行列式——从一道美国数学奥林匹克试题谈起 | 即将出版 | | |
| 中国剩余定理:总数法构建中国历史年表 | 2015—01 | 28.00 | 430 |
| 牛顿程序与方程求根——从一道全国高考试题解法谈起 | 即将出版 | | |
| 库默尔定理——从一道IMO预选试题谈起 | 即将出版 | | |
| 卢丁定理——从一道冬令营试题的解法谈起 | 即将出版 | | |
| 沃斯滕霍姆定理——从一道IMO预选试题谈起 | 即将出版 | | |
| 卡尔松不等式——从一道莫斯科数学奥林匹克试题谈起 | 即将出版 | | |
| 信息论中的香农熵——从一道近年高考压轴题谈起 | 即将出版 | | |
| 约当不等式——从一道希望杯竞赛试题谈起 | 即将出版 | | |
| 拉比诺维奇定理 | 即将出版 | | |
| 刘维尔定理——从一道《美国数学月刊》征解问题的解法谈起 | 即将出版 | | |
| 卡塔兰恒等式与级数求和——从一道IMO试题的解法谈起 | 即将出版 | | |
| 勒让德猜想与素数分布——从一道爱尔兰竞赛试题谈起 | 即将出版 | | |
| 天平称重与信息论——从一道基辅市数学奥林匹克试题谈起 | 即将出版 | | |
| 哈密尔顿—凯莱定理:从一道高中数学联赛试题的解法谈起 | 2014—09 | 18.00 | 376 |
| 艾思特曼定理——从一道CMO试题的解法谈起 | 即将出版 | | |

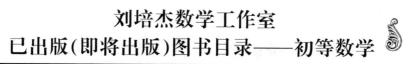 

# 刘培杰数学工作室
## 已出版(即将出版)图书目录——初等数学

| 书　名 | 出版时间 | 定价 | 编号 |
|---|---|---|---|
| 阿贝尔恒等式与经典不等式及应用 | 2018—06 | 98.00 | 923 |
| 迪利克雷除数问题 | 2018—07 | 48.00 | 930 |
| 幻方、幻立方与拉丁方 | 2019—08 | 48.00 | 1092 |
| 帕斯卡三角形 | 2014—03 | 18.00 | 294 |
| 蒲丰投针问题——从2009年清华大学的一道自主招生试题谈起 | 2014—01 | 38.00 | 295 |
| 斯图姆定理——从一道"华约"自主招生试题的解法谈起 | 2014—01 | 18.00 | 296 |
| 许瓦兹引理——从一道加利福尼亚大学伯克利分校数学系博士生试题谈起 | 2014—08 | 18.00 | 297 |
| 拉姆塞定理——从王诗宬院士的一个问题谈起 | 2016—04 | 48.00 | 299 |
| 坐标法 | 2013—12 | 28.00 | 332 |
| 数论三角形 | 2014—04 | 38.00 | 341 |
| 毕克定理 | 2014—07 | 18.00 | 352 |
| 数林掠影 | 2014—09 | 48.00 | 389 |
| 我们周围的概率 | 2014—10 | 38.00 | 390 |
| 凸函数最值定理:从一道华约自主招生题的解法谈起 | 2014—10 | 28.00 | 391 |
| 易学与数学奥林匹克 | 2014—10 | 38.00 | 392 |
| 生物数学趣谈 | 2015—01 | 18.00 | 409 |
| 反演 | 2015—01 | 28.00 | 420 |
| 因式分解与圆锥曲线 | 2015—01 | 18.00 | 426 |
| 轨迹 | 2015—01 | 28.00 | 427 |
| 面积原理:从常庚哲命的一道CMO试题的积分解法谈起 | 2015—01 | 48.00 | 431 |
| 形形色色的不动点定理:从一道28届IMO试题谈起 | 2015—01 | 38.00 | 439 |
| 柯西函数方程:从一道上海交大自主招生的试题谈起 | 2015—02 | 28.00 | 440 |
| 三角恒等式 | 2015—02 | 28.00 | 442 |
| 无理性判定:从一道2014年"北约"自主招生试题谈起 | 2015—01 | 38.00 | 443 |
| 数学归纳法 | 2015—03 | 18.00 | 451 |
| 极端原理与解题 | 2015—04 | 28.00 | 464 |
| 法雷级数 | 2014—08 | 18.00 | 367 |
| 摆线族 | 2015—01 | 38.00 | 438 |
| 函数方程及其解法 | 2015—05 | 38.00 | 470 |
| 含参数的方程和不等式 | 2012—09 | 28.00 | 213 |
| 希尔伯特第十问题 | 2016—01 | 38.00 | 543 |
| 无穷小量的求和 | 2016—01 | 28.00 | 545 |
| 切比雪夫多项式:从一道清华大学金秋营试题谈起 | 2016—01 | 38.00 | 583 |
| 泽肯多夫定理 | 2016—03 | 38.00 | 599 |
| 代数等式证题法 | 2016—01 | 28.00 | 600 |
| 三角等式证题法 | 2016—01 | 28.00 | 601 |
| 吴大任教授藏书中的一个因式分解公式:从一道美国数学邀请赛试题的解法谈起 | 2016—06 | 28.00 | 656 |
| 易卦——类万物的数学模型 | 2017—08 | 68.00 | 838 |
| "不可思议"的数与数系可持续发展 | 2018—01 | 38.00 | 878 |
| 最短线 | 2018—01 | 38.00 | 879 |
| 幻方和魔方(第一卷) | 2012—05 | 68.00 | 173 |
| 尘封的经典——初等数学经典文献选读(第一卷) | 2012—07 | 48.00 | 205 |
| 尘封的经典——初等数学经典文献选读(第二卷) | 2012—07 | 38.00 | 206 |
| 初级方程式论 | 2011—03 | 28.00 | 106 |
| 初等数学研究(Ⅰ) | 2008—09 | 68.00 | 37 |
| 初等数学研究(Ⅱ)(上、下) | 2009—05 | 118.00 | 46,47 |

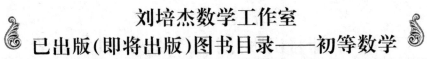

# 刘培杰数学工作室
## 已出版(即将出版)图书目录——初等数学

| 书　名 | 出版时间 | 定　价 | 编号 |
|---|---|---|---|
| 趣味初等方程妙题集锦 | 2014—09 | 48.00 | 388 |
| 趣味初等数论选美与欣赏 | 2015—02 | 48.00 | 445 |
| 耕读笔记(上卷):一位农民数学爱好者的初数探索 | 2015—04 | 28.00 | 459 |
| 耕读笔记(中卷):一位农民数学爱好者的初数探索 | 2015—05 | 28.00 | 483 |
| 耕读笔记(下卷):一位农民数学爱好者的初数探索 | 2015—05 | 28.00 | 484 |
| 几何不等式研究与欣赏.上卷 | 2016—01 | 88.00 | 547 |
| 几何不等式研究与欣赏.下卷 | 2016—01 | 48.00 | 552 |
| 初等数列研究与欣赏·上 | 2016—01 | 48.00 | 570 |
| 初等数列研究与欣赏·下 | 2016—01 | 48.00 | 571 |
| 趣味初等函数研究与欣赏.上 | 2016—09 | 48.00 | 684 |
| 趣味初等函数研究与欣赏.下 | 2018—09 | 48.00 | 685 |
| 三角不等式研究与欣赏 | 2020—10 | 68.00 | 1197 |
| 新编平面解析几何解题方法研究与欣赏 | 2021—10 | 78.00 | 1426 |
| | | | |
| 火柴游戏 | 2016—05 | 38.00 | 612 |
| 智力解谜.第1卷 | 2017—07 | 38.00 | 613 |
| 智力解谜.第2卷 | 2017—07 | 38.00 | 614 |
| 故事智力 | 2016—07 | 48.00 | 615 |
| 名人们喜欢的智力问题 | 2020—01 | 48.00 | 616 |
| 数学大师的发现、创造与失误 | 2018—01 | 48.00 | 617 |
| 异曲同工 | 2018—09 | 48.00 | 618 |
| 数学的味道 | 2018—01 | 58.00 | 798 |
| 数学千字文 | 2018—10 | 68.00 | 977 |
| | | | |
| 数贝偶拾——高考数学题研究 | 2014—04 | 28.00 | 274 |
| 数贝偶拾——初等数学研究 | 2014—04 | 38.00 | 275 |
| 数贝偶拾——奥数题研究 | 2014—04 | 48.00 | 276 |
| | | | |
| 钱昌本教你快乐学数学(上) | 2011—12 | 48.00 | 155 |
| 钱昌本教你快乐学数学(下) | 2012—03 | 58.00 | 171 |
| | | | |
| 集合、函数与方程 | 2014—01 | 28.00 | 300 |
| 数列与不等式 | 2014—01 | 38.00 | 301 |
| 三角与平面向量 | 2014—01 | 28.00 | 302 |
| 平面解析几何 | 2014—01 | 38.00 | 303 |
| 立体几何与组合 | 2014—01 | 28.00 | 304 |
| 极限与导数、数学归纳法 | 2014—01 | 38.00 | 305 |
| 趣味数学 | 2014—03 | 28.00 | 306 |
| 教材教法 | 2014—04 | 68.00 | 307 |
| 自主招生 | 2014—05 | 58.00 | 308 |
| 高考压轴题(上) | 2015—01 | 48.00 | 309 |
| 高考压轴题(下) | 2014—10 | 68.00 | 310 |
| | | | |
| 从费马到怀尔斯——费马大定理的历史 | 2013—10 | 198.00 | I |
| 从庞加莱到佩雷尔曼——庞加莱猜想的历史 | 2013—10 | 298.00 | II |
| 从切比雪夫到爱尔特希(上)——素数定理的初等证明 | 2013—07 | 48.00 | III |
| 从切比雪夫到爱尔特希(下)——素数定理100年 | 2012—12 | 98.00 | III |
| 从高斯到盖尔方特——二次域的高斯猜想 | 2013—10 | 198.00 | IV |
| 从库默尔到朗兰兹——朗兰兹猜想的历史 | 2014—01 | 98.00 | V |
| 从比勃巴赫到德布朗斯——比勃巴赫猜想的历史 | 2014—02 | 298.00 | VI |
| 从麦比乌斯到陈省身——麦比乌斯变换与麦比乌斯带 | 2014—02 | 298.00 | VII |
| 从布尔到豪斯道夫——布尔方程与格论漫谈 | 2013—10 | 198.00 | VIII |
| 从开普勒到阿诺德——三体问题的历史 | 2014—05 | 298.00 | IX |
| 从华林到华罗庚——华林问题的历史 | 2013—10 | 298.00 | X |

# 刘培杰数学工作室
# 已出版(即将出版)图书目录——初等数学

| 书　名 | 出版时间 | 定　价 | 编号 |
|---|---|---|---|
| 美国高中数学竞赛五十讲.第1卷(英文) | 2014—08 | 28.00 | 357 |
| 美国高中数学竞赛五十讲.第2卷(英文) | 2014—08 | 28.00 | 358 |
| 美国高中数学竞赛五十讲.第3卷(英文) | 2014—09 | 28.00 | 359 |
| 美国高中数学竞赛五十讲.第4卷(英文) | 2014—09 | 28.00 | 360 |
| 美国高中数学竞赛五十讲.第5卷(英文) | 2014—10 | 28.00 | 361 |
| 美国高中数学竞赛五十讲.第6卷(英文) | 2014—11 | 28.00 | 362 |
| 美国高中数学竞赛五十讲.第7卷(英文) | 2014—12 | 28.00 | 363 |
| 美国高中数学竞赛五十讲.第8卷(英文) | 2015—01 | 28.00 | 364 |
| 美国高中数学竞赛五十讲.第9卷(英文) | 2015—01 | 28.00 | 365 |
| 美国高中数学竞赛五十讲.第10卷(英文) | 2015—02 | 38.00 | 366 |
| | | | |
| 三角函数(第2版) | 2017—04 | 38.00 | 626 |
| 不等式 | 2014—01 | 38.00 | 312 |
| 数列 | 2014—01 | 38.00 | 313 |
| 方程(第2版) | 2017—04 | 38.00 | 624 |
| 排列和组合 | 2014—01 | 28.00 | 315 |
| 极限与导数(第2版) | 2016—04 | 38.00 | 635 |
| 向量(第2版) | 2018—08 | 58.00 | 627 |
| 复数及其应用 | 2014—08 | 28.00 | 318 |
| 函数 | 2014—01 | 38.00 | 319 |
| 集合 | 2020—01 | 48.00 | 320 |
| 直线与平面 | 2014—01 | 28.00 | 321 |
| 立体几何(第2版) | 2016—04 | 38.00 | 629 |
| 解三角形 | 即将出版 | | 323 |
| 直线与圆(第2版) | 2016—11 | 38.00 | 631 |
| 圆锥曲线(第2版) | 2016—09 | 48.00 | 632 |
| 解题通法(一) | 2014—07 | 38.00 | 326 |
| 解题通法(二) | 2014—07 | 38.00 | 327 |
| 解题通法(三) | 2014—05 | 38.00 | 328 |
| 概率与统计 | 2014—01 | 28.00 | 329 |
| 信息迁移与算法 | 即将出版 | | 330 |
| | | | |
| IMO 50年.第1卷(1959—1963) | 2014—11 | 28.00 | 377 |
| IMO 50年.第2卷(1964—1968) | 2014—11 | 28.00 | 378 |
| IMO 50年.第3卷(1969—1973) | 2014—09 | 28.00 | 379 |
| IMO 50年.第4卷(1974—1978) | 2016—04 | 38.00 | 380 |
| IMO 50年.第5卷(1979—1984) | 2015—04 | 38.00 | 381 |
| IMO 50年.第6卷(1985—1989) | 2015—04 | 58.00 | 382 |
| IMO 50年.第7卷(1990—1994) | 2016—01 | 48.00 | 383 |
| IMO 50年.第8卷(1995—1999) | 2016—06 | 38.00 | 384 |
| IMO 50年.第9卷(2000—2004) | 2015—04 | 58.00 | 385 |
| IMO 50年.第10卷(2005—2009) | 2016—01 | 48.00 | 386 |
| IMO 50年.第11卷(2010—2015) | 2017—03 | 48.00 | 646 |

# 刘培杰数学工作室
## 已出版(即将出版)图书目录——初等数学

| 书　名 | 出版时间 | 定　价 | 编号 |
|---|---|---|---|
| 数学反思(2006—2007) | 2020—09 | 88.00 | 915 |
| 数学反思(2008—2009) | 2019—01 | 68.00 | 917 |
| 数学反思(2010—2011) | 2018—05 | 58.00 | 916 |
| 数学反思(2012—2013) | 2019—01 | 58.00 | 918 |
| 数学反思(2014—2015) | 2019—03 | 78.00 | 919 |
| 数学反思(2016—2017) | 2021—03 | 58.00 | 1286 |
| 历届美国大学生数学竞赛试题集.第一卷(1938—1949) | 2015—01 | 28.00 | 397 |
| 历届美国大学生数学竞赛试题集.第二卷(1950—1959) | 2015—01 | 28.00 | 398 |
| 历届美国大学生数学竞赛试题集.第三卷(1960—1969) | 2015—01 | 28.00 | 399 |
| 历届美国大学生数学竞赛试题集.第四卷(1970—1979) | 2015—01 | 18.00 | 400 |
| 历届美国大学生数学竞赛试题集.第五卷(1980—1989) | 2015—01 | 28.00 | 401 |
| 历届美国大学生数学竞赛试题集.第六卷(1990—1999) | 2015—01 | 28.00 | 402 |
| 历届美国大学生数学竞赛试题集.第七卷(2000—2009) | 2015—08 | 18.00 | 403 |
| 历届美国大学生数学竞赛试题集.第八卷(2010—2012) | 2015—01 | 18.00 | 404 |
| 新课标高考数学创新题解题诀窍:总论 | 2014—09 | 28.00 | 372 |
| 新课标高考数学创新题解题诀窍:必修1~5分册 | 2014—08 | 38.00 | 373 |
| 新课标高考数学创新题解题诀窍:选修2—1,2—2,1—1,1—2分册 | 2014—09 | 38.00 | 374 |
| 新课标高考数学创新题解题诀窍:选修2—3,4—4,4—5分册 | 2014—09 | 18.00 | 375 |
| 全国重点大学自主招生英文数学试题全攻略:词汇卷 | 2015—07 | 48.00 | 410 |
| 全国重点大学自主招生英文数学试题全攻略:概念卷 | 2015—01 | 28.00 | 411 |
| 全国重点大学自主招生英文数学试题全攻略:文章选读卷(上) | 2016—09 | 38.00 | 412 |
| 全国重点大学自主招生英文数学试题全攻略:文章选读卷(下) | 2017—01 | 58.00 | 413 |
| 全国重点大学自主招生英文数学试题全攻略:试题卷 | 2015—07 | 38.00 | 414 |
| 全国重点大学自主招生英文数学试题全攻略:名著欣赏卷 | 2017—03 | 48.00 | 415 |
| 劳埃德数学趣题大全.题目卷.1:英文 | 2016—01 | 18.00 | 516 |
| 劳埃德数学趣题大全.题目卷.2:英文 | 2016—01 | 18.00 | 517 |
| 劳埃德数学趣题大全.题目卷.3:英文 | 2016—01 | 18.00 | 518 |
| 劳埃德数学趣题大全.题目卷.4:英文 | 2016—01 | 18.00 | 519 |
| 劳埃德数学趣题大全.题目卷.5:英文 | 2016—01 | 18.00 | 520 |
| 劳埃德数学趣题大全.答案卷:英文 | 2016—01 | 18.00 | 521 |
| 李成章教练奥数笔记.第1卷 | 2016—01 | 48.00 | 522 |
| 李成章教练奥数笔记.第2卷 | 2016—01 | 48.00 | 523 |
| 李成章教练奥数笔记.第3卷 | 2016—01 | 38.00 | 524 |
| 李成章教练奥数笔记.第4卷 | 2016—01 | 38.00 | 525 |
| 李成章教练奥数笔记.第5卷 | 2016—01 | 38.00 | 526 |
| 李成章教练奥数笔记.第6卷 | 2016—01 | 38.00 | 527 |
| 李成章教练奥数笔记.第7卷 | 2016—01 | 38.00 | 528 |
| 李成章教练奥数笔记.第8卷 | 2016—01 | 48.00 | 529 |
| 李成章教练奥数笔记.第9卷 | 2016—01 | 28.00 | 530 |

# 刘培杰数学工作室
# 已出版(即将出版)图书目录——初等数学

| 书　名 | 出版时间 | 定　价 | 编号 |
|---|---|---|---|
| 第19~23届"希望杯"全国数学邀请赛试题审题要津详细评注(初一版) | 2014—03 | 28.00 | 333 |
| 第19~23届"希望杯"全国数学邀请赛试题审题要津详细评注(初二、初三版) | 2014—03 | 38.00 | 334 |
| 第19~23届"希望杯"全国数学邀请赛试题审题要津详细评注(高一版) | 2014—03 | 28.00 | 335 |
| 第19~23届"希望杯"全国数学邀请赛试题审题要津详细评注(高二版) | 2014—03 | 38.00 | 336 |
| 第19~25届"希望杯"全国数学邀请赛试题审题要津详细评注(初一版) | 2015—01 | 38.00 | 416 |
| 第19~25届"希望杯"全国数学邀请赛试题审题要津详细评注(初二、初三版) | 2015—01 | 58.00 | 417 |
| 第19~25届"希望杯"全国数学邀请赛试题审题要津详细评注(高一版) | 2015—01 | 48.00 | 418 |
| 第19~25届"希望杯"全国数学邀请赛试题审题要津详细评注(高二版) | 2015—01 | 48.00 | 419 |
| 物理奥林匹克竞赛大题典——力学卷 | 2014—11 | 48.00 | 405 |
| 物理奥林匹克竞赛大题典——热学卷 | 2014—04 | 28.00 | 339 |
| 物理奥林匹克竞赛大题典——电磁学卷 | 2015—07 | 48.00 | 406 |
| 物理奥林匹克竞赛大题典——光学与近代物理卷 | 2014—06 | 28.00 | 345 |
| 历届中国东南地区数学奥林匹克试题集(2004~2012) | 2014—06 | 18.00 | 346 |
| 历届中国西部地区数学奥林匹克试题集(2001~2012) | 2014—07 | 18.00 | 347 |
| 历届中国女子数学奥林匹克试题集(2002~2012) | 2014—08 | 18.00 | 348 |
| 数学奥林匹克在中国 | 2014—06 | 98.00 | 344 |
| 数学奥林匹克问题集 | 2014—01 | 38.00 | 267 |
| 数学奥林匹克不等式散论 | 2010—06 | 38.00 | 124 |
| 数学奥林匹克不等式欣赏 | 2011—09 | 38.00 | 138 |
| 数学奥林匹克超级题库(初中卷上) | 2010—01 | 58.00 | 66 |
| 数学奥林匹克不等式证明方法和技巧(上、下) | 2011—08 | 158.00 | 134,135 |
| 他们学什么:原民主德国中学数学课本 | 2016—09 | 38.00 | 658 |
| 他们学什么:英国中学数学课本 | 2016—09 | 38.00 | 659 |
| 他们学什么:法国中学数学课本.1 | 2016—09 | 38.00 | 660 |
| 他们学什么:法国中学数学课本.2 | 2016—09 | 28.00 | 661 |
| 他们学什么:法国中学数学课本.3 | 2016—09 | 38.00 | 662 |
| 他们学什么:苏联中学数学课本 | 2016—09 | 28.00 | 679 |
| 高中数学题典——集合与简易逻辑·函数 | 2016—07 | 48.00 | 647 |
| 高中数学题典——导数 | 2016—07 | 48.00 | 648 |
| 高中数学题典——三角函数·平面向量 | 2016—07 | 48.00 | 649 |
| 高中数学题典——数列 | 2016—07 | 58.00 | 650 |
| 高中数学题典——不等式·推理与证明 | 2016—07 | 38.00 | 651 |
| 高中数学题典——立体几何 | 2016—07 | 48.00 | 652 |
| 高中数学题典——平面解析几何 | 2016—07 | 78.00 | 653 |
| 高中数学题典——计数原理·统计·概率·复数 | 2016—07 | 48.00 | 654 |
| 高中数学题典——算法·平面几何·初等数论·组合数学·其他 | 2016—07 | 68.00 | 655 |

# 刘培杰数学工作室
# 已出版(即将出版)图书目录——初等数学

| 书　名 | 出版时间 | 定　价 | 编号 |
|---|---|---|---|
| 台湾地区奥林匹克数学竞赛试题.小学一年级 | 2017—03 | 38.00 | 722 |
| 台湾地区奥林匹克数学竞赛试题.小学二年级 | 2017—03 | 38.00 | 723 |
| 台湾地区奥林匹克数学竞赛试题.小学三年级 | 2017—03 | 38.00 | 724 |
| 台湾地区奥林匹克数学竞赛试题.小学四年级 | 2017—03 | 38.00 | 725 |
| 台湾地区奥林匹克数学竞赛试题.小学五年级 | 2017—03 | 38.00 | 726 |
| 台湾地区奥林匹克数学竞赛试题.小学六年级 | 2017—03 | 38.00 | 727 |
| 台湾地区奥林匹克数学竞赛试题.初中一年级 | 2017—03 | 38.00 | 728 |
| 台湾地区奥林匹克数学竞赛试题.初中二年级 | 2017—03 | 38.00 | 729 |
| 台湾地区奥林匹克数学竞赛试题.初中三年级 | 2017—03 | 28.00 | 730 |
| 不等式证题法 | 2017—04 | 28.00 | 747 |
| 平面几何培优教程 | 2019—08 | 88.00 | 748 |
| 奥数鼎级培优教程.高一分册 | 2018—09 | 88.00 | 749 |
| 奥数鼎级培优教程.高二分册.上 | 2018—04 | 68.00 | 750 |
| 奥数鼎级培优教程.高二分册.下 | 2018—04 | 68.00 | 751 |
| 高中数学竞赛冲刺宝典 | 2019—04 | 68.00 | 883 |
| 初中尖子生数学超级题典.实数 | 2017—07 | 58.00 | 792 |
| 初中尖子生数学超级题典.式、方程与不等式 | 2017—08 | 58.00 | 793 |
| 初中尖子生数学超级题典.圆、面积 | 2017—08 | 38.00 | 794 |
| 初中尖子生数学超级题典.函数、逻辑推理 | 2017—08 | 48.00 | 795 |
| 初中尖子生数学超级题典.角、线段、三角形与多边形 | 2017—07 | 58.00 | 796 |
| 数学王子——高斯 | 2018—01 | 48.00 | 858 |
| 坎坷奇星——阿贝尔 | 2018—01 | 48.00 | 859 |
| 闪烁奇星——伽罗瓦 | 2018—01 | 58.00 | 860 |
| 无穷统帅——康托尔 | 2018—01 | 48.00 | 861 |
| 科学公主——柯瓦列夫斯卡娅 | 2018—01 | 48.00 | 862 |
| 抽象代数之母——埃米·诺特 | 2018—01 | 48.00 | 863 |
| 电脑先驱——图灵 | 2018—01 | 58.00 | 864 |
| 昔日神童——维纳 | 2018—01 | 48.00 | 865 |
| 数坛怪侠——爱尔特希 | 2018—01 | 68.00 | 866 |
| 传奇数学家徐利治 | 2019—09 | 88.00 | 1110 |
| 当代世界中的数学.数学思想与数学基础 | 2019—01 | 38.00 | 892 |
| 当代世界中的数学.数学问题 | 2019—01 | 38.00 | 893 |
| 当代世界中的数学.应用数学与数学应用 | 2019—01 | 38.00 | 894 |
| 当代世界中的数学.数学王国的新疆域(一) | 2019—01 | 38.00 | 895 |
| 当代世界中的数学.数学王国的新疆域(二) | 2019—01 | 38.00 | 896 |
| 当代世界中的数学.数林撷英(一) | 2019—01 | 38.00 | 897 |
| 当代世界中的数学.数林撷英(二) | 2019—01 | 48.00 | 898 |
| 当代世界中的数学.数学之路 | 2019—01 | 38.00 | 899 |

# 刘培杰数学工作室
## 已出版(即将出版)图书目录——初等数学

| 书　　名 | 出版时间 | 定　价 | 编号 |
|---|---|---|---|
| 105 个代数问题:来自 AwesomeMath 夏季课程 | 2019—02 | 58.00 | 956 |
| 106 个几何问题:来自 AwesomeMath 夏季课程 | 2020—07 | 58.00 | 957 |
| 107 个几何问题:来自 AwesomeMath 全年课程 | 2020—07 | 58.00 | 958 |
| 108 个代数问题:来自 AwesomeMath 全年课程 | 2019—01 | 68.00 | 959 |
| 109 个不等式:来自 AwesomeMath 夏季课程 | 2019—04 | 58.00 | 960 |
| 国际数学奥林匹克中的 110 个几何问题 | 即将出版 | | 961 |
| 111 个代数和数论问题 | 2019—05 | 58.00 | 962 |
| 112 个组合问题:来自 AwesomeMath 夏季课程 | 2019—05 | 58.00 | 963 |
| 113 个几何不等式:来自 AwesomeMath 夏季课程 | 2020—08 | 58.00 | 964 |
| 114 个指数和对数问题:来自 AwesomeMath 夏季课程 | 2019—09 | 48.00 | 965 |
| 115 个三角问题:来自 AwesomeMath 夏季课程 | 2019—09 | 58.00 | 966 |
| 116 个代数不等式:来自 AwesomeMath 全年课程 | 2019—04 | 58.00 | 967 |
| 117 个多项式问题:来自 AwesomeMath 夏季课程 | 2021—09 | 58.00 | 1409 |
| 紫色彗星国际数学竞赛试题 | 2019—02 | 58.00 | 999 |
| 数学竞赛中的数学:为数学爱好者、父母、教师和教练准备的丰富资源.第一部 | 2020—04 | 58.00 | 1141 |
| 数学竞赛中的数学:为数学爱好者、父母、教师和教练准备的丰富资源.第二部 | 2020—07 | 48.00 | 1142 |
| 和与积 | 2020—10 | 38.00 | 1219 |
| 数论:概念和问题 | 2020—12 | 68.00 | 1257 |
| 初等数学问题研究 | 2021—03 | 48.00 | 1270 |
| 数学奥林匹克中的欧几里得几何 | 2021—10 | 68.00 | 1413 |
| 数学奥林匹克题解新编 | 2022—01 | 58.00 | 1430 |
| 澳大利亚中学数学竞赛试题及解答(初级卷)1978～1984 | 2019—02 | 28.00 | 1002 |
| 澳大利亚中学数学竞赛试题及解答(初级卷)1985～1991 | 2019—02 | 28.00 | 1003 |
| 澳大利亚中学数学竞赛试题及解答(初级卷)1992～1998 | 2019—02 | 28.00 | 1004 |
| 澳大利亚中学数学竞赛试题及解答(初级卷)1999～2005 | 2019—02 | 28.00 | 1005 |
| 澳大利亚中学数学竞赛试题及解答(中级卷)1978～1984 | 2019—03 | 28.00 | 1006 |
| 澳大利亚中学数学竞赛试题及解答(中级卷)1985～1991 | 2019—03 | 28.00 | 1007 |
| 澳大利亚中学数学竞赛试题及解答(中级卷)1992～1998 | 2019—03 | 28.00 | 1008 |
| 澳大利亚中学数学竞赛试题及解答(中级卷)1999～2005 | 2019—03 | 28.00 | 1009 |
| 澳大利亚中学数学竞赛试题及解答(高级卷)1978～1984 | 2019—05 | 28.00 | 1010 |
| 澳大利亚中学数学竞赛试题及解答(高级卷)1985～1991 | 2019—05 | 28.00 | 1011 |
| 澳大利亚中学数学竞赛试题及解答(高级卷)1992～1998 | 2019—05 | 28.00 | 1012 |
| 澳大利亚中学数学竞赛试题及解答(高级卷)1999～2005 | 2019—05 | 28.00 | 1013 |
| 天才中小学生智力测验题.第一卷 | 2019—03 | 38.00 | 1026 |
| 天才中小学生智力测验题.第二卷 | 2019—03 | 38.00 | 1027 |
| 天才中小学生智力测验题.第三卷 | 2019—03 | 38.00 | 1028 |
| 天才中小学生智力测验题.第四卷 | 2019—03 | 38.00 | 1029 |
| 天才中小学生智力测验题.第五卷 | 2019—03 | 38.00 | 1030 |
| 天才中小学生智力测验题.第六卷 | 2019—03 | 38.00 | 1031 |
| 天才中小学生智力测验题.第七卷 | 2019—03 | 38.00 | 1032 |
| 天才中小学生智力测验题.第八卷 | 2019—03 | 38.00 | 1033 |
| 天才中小学生智力测验题.第九卷 | 2019—03 | 38.00 | 1034 |
| 天才中小学生智力测验题.第十卷 | 2019—03 | 38.00 | 1035 |
| 天才中小学生智力测验题.第十一卷 | 2019—03 | 38.00 | 1036 |
| 天才中小学生智力测验题.第十二卷 | 2019—03 | 38.00 | 1037 |
| 天才中小学生智力测验题.第十三卷 | 2019—03 | 38.00 | 1038 |

# 刘培杰数学工作室
## 已出版(即将出版)图书目录——初等数学

| 书　名 | 出版时间 | 定　价 | 编号 |
|---|---|---|---|
| 重点大学自主招生数学备考全书:函数 | 2020－05 | 48.00 | 1047 |
| 重点大学自主招生数学备考全书:导数 | 2020－08 | 48.00 | 1048 |
| 重点大学自主招生数学备考全书:数列与不等式 | 2019－10 | 78.00 | 1049 |
| 重点大学自主招生数学备考全书:三角函数与平面向量 | 2020－08 | 68.00 | 1050 |
| 重点大学自主招生数学备考全书:平面解析几何 | 2020－07 | 58.00 | 1051 |
| 重点大学自主招生数学备考全书:立体几何与平面几何 | 2019－08 | 48.00 | 1052 |
| 重点大学自主招生数学备考全书:排列组合·概率统计·复数 | 2019－09 | 48.00 | 1053 |
| 重点大学自主招生数学备考全书:初等数论与组合数学 | 2019－08 | 48.00 | 1054 |
| 重点大学自主招生数学备考全书:重点大学自主招生真题.上 | 2019－04 | 68.00 | 1055 |
| 重点大学自主招生数学备考全书:重点大学自主招生真题.下 | 2019－04 | 58.00 | 1056 |
| 高中数学竞赛培训教程:平面几何问题的求解方法与策略.上 | 2018－05 | 68.00 | 906 |
| 高中数学竞赛培训教程:平面几何问题的求解方法与策略.下 | 2018－06 | 78.00 | 907 |
| 高中数学竞赛培训教程:整除与同余以及不定方程 | 2018－01 | 88.00 | 908 |
| 高中数学竞赛培训教程:组合计数与组合极值 | 2018－04 | 48.00 | 909 |
| 高中数学竞赛培训教程:初等代数 | 2019－04 | 78.00 | 1042 |
| 高中数学讲座:数学竞赛基础教程(第一册) | 2019－06 | 48.00 | 1094 |
| 高中数学讲座:数学竞赛基础教程(第二册) | 即将出版 | | 1095 |
| 高中数学讲座:数学竞赛基础教程(第三册) | 即将出版 | | 1096 |
| 高中数学讲座:数学竞赛基础教程(第四册) | 即将出版 | | 1097 |
| 新编中学数学解题方法 1000 招丛书.实数(初中版) | 即将出版 | | 1291 |
| 新编中学数学解题方法 1000 招丛书.式(初中版) | 即将出版 | | 1292 |
| 新编中学数学解题方法 1000 招丛书.方程与不等式(初中版) | 2021－04 | 58.00 | 1293 |
| 新编中学数学解题方法 1000 招丛书.函数(初中版) | 即将出版 | | 1294 |
| 新编中学数学解题方法 1000 招丛书.角(初中版) | 即将出版 | | 1295 |
| 新编中学数学解题方法 1000 招丛书.线段(初中版) | 即将出版 | | 1296 |
| 新编中学数学解题方法 1000 招丛书.三角形与多边形(初中版) | 2021－04 | 48.00 | 1297 |
| 新编中学数学解题方法 1000 招丛书.圆(初中版) | 即将出版 | | 1298 |
| 新编中学数学解题方法 1000 招丛书.面积(初中版) | 2021－07 | 28.00 | 1299 |
| 高中数学题典精编.第一辑.函数 | 2022－01 | 58.00 | 1444 |
| 高中数学题典精编.第一辑.导数 | 2022－01 | 68.00 | 1445 |
| 高中数学题典精编.第一辑.三角函数·平面向量 | 2022－01 | 68.00 | 1446 |
| 高中数学题典精编.第一辑.数列 | 2022－01 | 58.00 | 1447 |
| 高中数学题典精编.第一辑.不等式·推理与证明 | 2022－01 | 58.00 | 1448 |
| 高中数学题典精编.第一辑.立体几何 | 2022－01 | 58.00 | 1449 |
| 高中数学题典精编.第一辑.平面解析几何 | 2022－01 | 68.00 | 1450 |
| 高中数学题典精编.第一辑.统计·概率·平面几何 | 2022－01 | 58.00 | 1451 |
| 高中数学题典精编.第一辑.初等数论·组合数学·数学文化·解题方法 | 2022－01 | 58.00 | 1452 |

联系地址:哈尔滨市南岗区复华四道街 10 号　哈尔滨工业大学出版社刘培杰数学工作室
网　　址:http://lpj.hit.edu.cn/
邮　　编:150006
联系电话:0451－86281378　　13904613167
E-mail:lpj1378@163.com